Norbert Tonner/Catja Dickmann/Leonhard Rudel/
Ralf Sommer/Reinolf Schwandt/Jasmin Schwunk

Kurzvorträge für das Wirtschaftsprüferexamen

2016
HDS-Verlag
Weil im Schönbuch

Bibliografische Information der Deutschen Nationalbibliothek
Die Deutsche Nationalbibliothek verzeichnet diese Publikation
in der Deutschen Nationalbibliografie; detaillierte bibliografische Daten
sind im Internet über http://dnb.de abrufbar

Gedruckt auf säure- und chlorfreiem, alterungsbeständigem Papier

ISBN: 978-3-95554-087-6

© 2016 HDS-Verlag
www.hds-verlag.de
info@hds-verlag.de

Layout und Einbandgestaltung: Peter Marwitz – etherial.de
Druck und Bindung: STANDARTU SPAUSTUVE Druckerei

Printed in Lithuania
2016

HDS-Verlag Weil im Schönbuch

Die Autoren

Prof. Dr. jur. Norbert Tonner, Steuerberater, ist Hochschullehrer für Steuerrecht und Wirtschaftsprivatrecht an der Hochschule Osnabrück, Studiengangsleiter des Masterstudiengangs MAFT mit Anerkennung nach § 8a WPO, der auf das Wirtschaftsprüferexamen vorbereitet.

Catja Dickmann, M.A., Wirtschaftsprüferin ist Absolventin des § 8a WPO-Studiengangs MAFT und als angestellte Wirtschaftsprüferin in einer mittelständischen Wirtschaftsprüfungsgesellschafts in Münster tätig.

Leonhard Rudel, Studium der BWL (Schwerpunkt Steuer- und Revisionswesen) an der Fachhochschule der Wirtschaft (FHDW) in Hannover, Diplom Kaufmann (FH) 2007. Mitarbeiter in einer international tätigen Steuerberatungs- und Wirtschaftsprüfungsgesellschaft 2008 bis 2013. Berufsbegleitender Masterstudiengang an der Hochschule Osnabrück (M.A.) 2013. Seit 2013 tätig bei Dr. Rudel, Schäfer & Partner. Bestellung zum Wirtschaftsprüfer 2015.

Ralf Sommer, M.A., Steuerberater, Wirtschaftsprüfer, Rechtsanwalt und Fachanwalt für Steuerrecht ist tätig in einer mittelständischen Steuer- und Wirtschaftsprüfungskanzlei in Bielefeld und unterrichtet als Lehrbeauftragter Steuerrecht. Ebenfalls ist er Mitglied im Beirat des Masterstudiengangs MAFT.

Reinolf Schwandt, ist Wirtschaftsprüfer in eigener Praxis mit dem Schwerpunkt Prüfung und Beratung von Non-Profit-Unternehmen im Sozial- und Gesundheitswesen.

Jasmin Schwunk, Wirtschaftsprüferin, ist Alumni des Masterstudiengangs MAFT mit Anerkennung nach § 8a WPO. Heute arbeitet sie in einer mittelständischen Wirtschaftsprüfungsgesellschaft mit den Schwerpunkten „Non-Profit-Organisation" und „Health Care".

Bearbeiterübersicht

Tonner	Vorwort, Kapitel 1–2, Vorträge 1–15, 52, 69–70
Dickmann	Vorträge 16–27
Hoffmann	Kapitel 3
Sommer	Vorträge 28–39
Schwandt	Vorträge 40–51
Schwunk	Vorträge 53–62
Rudel	Vorträge 63–68

Vorwort

In den letzten Jahren sind die Anforderungen an das Wirtschaftsprüferexamen ständig gestiegen. Die Stoffvielfalt, die Anzahl der Verlautbarungen des Instituts der Wirtschaftsprüfer und die zunehmende Rechtsprechung sind kaum noch für die Prüfungskandidaten zu überblicken. Daher ist es für diese von besonderer Bedeutung, sich an einer bewährten Leitlinie zur Vorbereitung auf das mündliche Wirtschaftsprüferexamen orientieren zu können. Da sich das vorliegende Buch an in einzelnen Prüfungsstandorten tatsächlich gestellten Vortragsthemen orientiert, bietet es dem Examenskandidaten diese Hilfe. Das Buch vermittelt ein methodisches Vorgehen zur Erarbeitung und Strukturierung des komplexen Stoffes für einen erfolgreichen mündlichen Vortrag.

Berücksichtigt werden dazu viele Themen aus den Examina 2012–2014, die an den Prüfungsstandorten Berlin, Düsseldorf, Frankfurt, Hamburg, München und Stuttgart abgefragt wurden. Insgesamt werden 70 aktuelle Examensthemen ausgearbeitet. Die Themen entsprechen dem neuesten Stand der Literatur, den Prüfungsstandards des IDW und der Rechtsprechung.

Es empfiehlt sich, die wesentlichen Punkte eines Themas beim Lesen zu vermerken, um mit den Gliederungszusammenfassungen im Anhang eine Schnellwiederholung vor der Prüfung vorzunehmen.

Die Autoren sind ein Team von Hochschullehrern, Wirtschaftsprüfern, Steuerberatern und Rechtsanwälten, die als Mitglied der Prüfungskommission für das Wirtschaftsprüferexamen bzw. als erfolgreiche Examensabsolventen praktische Erfahrungen im Wirtschaftsprüferexamen gesammelt haben.

Mein Dank gilt Prof. Dr. Erwin Hoffmann, der als ausgewiesener Experte für Schlüsselqualifikationen in der Wirtschaftsprüferbranche Kapitel 3 „Hinweise zur Vorbereitung auf das Wirtschaftsprüferexamen" erstellt hat.

Das vorliegende Buch berücksichtigt die Rechtslage bis zum 14.01.2016.

Osnabrück   **Prof. Dr. Norbert Tonner**

Inhaltsverzeichnis

Abkürzungsverzeichnis

Abs.	Absatz
Abschn.	Abschnitt
a.F.	alte(r) Fassung
AfA	Absetzung für Abnutzung
AG	Aktiengesellschaft
AHK	Anschaffungs-oder Herstellungskosten
AktG	Aktiengesetz
AO	Abgabenordnung
Art.	Artikel
BewG	Bewertungsgesetz
BFH	Bundesfinanzhof
BFH/NV	Sammlung der Entscheidungen des Bundesfinanzhofs (Zeitschrift)
BGB	Bürgerliches Gesetzbuch
BGH	Bundesgerichtshof
BilRuG	Bilanzrichtlinie-Umsetzungsgesetz
BMF	Bundesfinanzministerium
BStBl	Bundessteuerblatt
BT	Bundestag
BVerfG	Bundesverfassungsgericht
BWL	Betriebswirtschaftslehre
bzw.	beziehungsweise
DBA	Doppelbesteuerungsabkommen
DCGK	Deutsche Corporate Governance Kodex
DStR	Deutsches Steuerrecht (Zeitschrift)
EFG	Entscheidungen der Finanzgerichte (Zeitschrift)
ErbStG	Erbschaftsteuergesetz
EStG	Einkommensteuergesetz
EuGH	Europäischer Gerichtshof
EStDV	Einkommensteuerdurchführungsverordnung
EStR	Einkommensteuerrichtlinien
ff.	fortfolgende
FG	Finanzgericht
gem.	gemäß
GG	Grundgesetz
GmbH	Gesellschaft mit beschränkter Haftung
GrEStG	Grunderwerbsteuergesetz
GrS	Großer Senat
GuV	Gewinn- und Verlustrechnung
H	Hinweis
HFA	Hauptfachausschuss
HGB	Handelsgesetzbuch
HS	Halbsatz

IAS	International Accounting Standards
IDW	Institut der Wirtschaftsprüfer
IDW RS	IDW Stellungnahmen zur Rechnungslegung
IFRS	International Financial Reporting Standards
i.H.v.	in Höhe von
InsO	Insolvenzordnung
i.S.d.	im Sinne des
i.V.m.	in Verbindung mit
i.Z.m.	im Zusammenhang mit
KGaA	Kommanditgesellschaft auf Aktien
KStG	Körperschaftsteuergesetz
LStDV	Lohnsteuerdurchführungsverordnung
Mio.	Millionen
m.w.N.	mit weiterem Nachweis/mit weiteren Nachweisen
Nr.	Nummer
n.F.	neue(r) Fassung
OHG	Offene Handelsgesellschaft
PS	Prüfungsstandard
R	Richtlinie
Rz.	Randziffer
sog.	sogenannt(e)
StGB	Strafgesetzbuch
u.ä.	und ähnlich(e)
u.a.	unter anderem
vgl.	vergleiche
VO	Verordnung
WiPrPrüfV	Prüfungsverordnung für Wirtschaftsprüfer nach §§ 14 und 131l der Wirtschaftsprüferordnung
WPK	Wirtschaftsprüferkammer
WP	Wirtschaftsprüfer
WPO	Wirtschaftsprüferordnung
z.B.	zum Beispiel
ZPO	Zivilprozessordnung

1. Inhalt des Wirtschaftsprüferexamens

Die **Inhalte des Wirtschaftsprüfungsexamens** sind in § 4 WiPrPrüfV festgelegt. Prüfungsgebiete sind:

A. Wirtschaftliches Prüfungswesen, Unternehmensbewertung und Berufsrecht,

B. Angewandte Betriebswirtschaftslehre, Volkswirtschaftslehre,

C. Wirtschaftsrecht,

D. Steuerrecht.

Der Zielsetzung eines Berufsexamens folgend werden die Examensinhalte aus der Berufsarbeit abgeleitet. Nach § 2 Abs. 1 WPO haben Wirtschaftsprüfer die berufliche Aufgabe, betriebswirtschaftliche Prüfungen, insbesondere solche von Jahresabschlüssen wirtschaftlicher Unternehmen, durchzuführen. Zu den Kernkompetenzen der Wirtschaftsprüfer zählt neben der Prüfungstätigkeit vorrangig die steuerliche Beratung und Vertretung sowie die Tätigkeit als Gutachter oder Sachverständiger in allen Bereichen der wirtschaftlichen Betriebsführung.

Darüber hinaus ist die Verordnung zur Konkretisierung der Prüfungsgebiete im Wirtschaftsprüferexamen des IDW/WPK-Arbeitskreises, insbesondere § 4 WiPrPrüfV, und die von der Prüfungsstelle für das Wirtschaftsprüferexamen bei der WPK erlassenen Hinweise für die Mitglieder der Prüfungskommission zu beachten. Die **Durchführung des Wirtschaftsprüferexamens** ist auf die sechs Landesgeschäftsstellen der Wirtschaftsprüferkammer (Berlin, Düsseldorf, Frankfurt, Hamburg, München, Stuttgart) verlagert.

2. Ablauf der mündlichen Prüfung

Nach §§ 15 ff. der WiPrPrüfV besteht die mündliche Prüfung bei einer **Vollprüfung** aus einem kurzen Vortrag und fünf Prüfungsabschnitten, und zwar zwei Prüfungsabschnitten aus dem wirtschaftlichen Prüfungswesen, Unternehmensbewertung und Berufsrecht, ein Prüfungsabschnitt aus dem Gebiet der Betriebswirtschaftslehre, Volkswirtschaftslehre und ein Prüfungsabschnitt aus dem Gebiet des Wirtschaftsrechts und bei Vollprüfung zusätzlich aus dem Gebiet des Steuerrechts.

Die **mündliche Prüfung** beginnt mit einem kurzen Vortrag über einen Gegenstand aus der Berufsarbeit der Wirtschaftsprüfer, für den dem Kandidaten 30 Minuten vor der Prüfung aus jedem der vier o.g. Prüfungsgebiete ein Thema zur Wahl gestellt wird. Bei verkürzten Prüfungen (§ 6 WiPrPrüfVO i.V.m. § 13 WPO), d.h. soweit der/die Kandidat bereits die Steuerberaterprüfung abgelegt hat, entfällt das Thema aus dem Bereich des Steuerrechts, es werden dann drei Themen zur Wahl gestellt.

Vergleichbares gilt, wenn bei einem Kandidaten eine Anerkennung aus einem Studiengang nach § 13b WPO erfolgt. In diesem Fall entfällt je nach Anerkennung der Vortrag aus dem Prüfungsgebiet der Betriebswirtschaft oder des Wirtschaftsrechts. Umfasst die Prüfung weniger als drei Prüfungsgebiete, was bei Studierenden mit einer Anerkennung von Studienleistungen nach § 3a oder § 13b WpO der Fall ist, erhöht sich die Zahl der Themen aus dem Prüfungsgebiet nach § 4 Buchstabe A (Wirtschaftliches Prüfungswesen, Unternehmensbewertung und Berufsrecht) entsprechend.

Die **Dauer des Vortrags** soll 10 Minuten nicht überschreiten. Zeitlich optimal ist ein Vortrag mit einer Länge von 10 Minuten oder geringfügig weniger (maximal 2 Minuten). Eine wesentliche zeitliche Unterschreitung kann die Prüfer zur Beurteilung verleiten, dass noch etwas zum Thema hätte gesagt werden können.

Um die Prüfung insgesamt zu bestehen, müssen folgende Noten erreicht werden. Die Gesamtnote ergibt sich aus dem schriftlichen Teil (60 %) und dem mündlichen Teil (40 %) der Prüfung. Die schriftlichen Arbeiten werden von jeweils 2 Mitgliedern des Prüfungsausschusses bewertet. Bei abweichender Beurteilung ergibt sich die Note aus dem Durchschnitt der Einzelnoten. Im Anschluss daran wird eine Gesamtnote für die schriftliche Prüfung über alle Fächer gebildet.

Für die Zulassung zur mündlichen Prüfung muss dies Note mindestens 5,0 betragen. Ebenfalls ausgeschlossen für die mündliche Prüfung wird der Kandidat, wenn trotz zulässiger Gesamtnote die Beurteilung im Fach Wirtschaftliches Prüfungswesen nicht die Note 5,0 erreicht.

In der mündlichen Prüfung werden für den Vortrag und für die einzelnen Prüfungsabschnitte **gesonderte Noten** vergeben. Hierbei wird die Note des Kurzvortrages dem Fach zugerechnet, aus dem der Vortrag gehalten wurde. Für die Fächer Betriebs- und Volkswirtschaft, Wirtschaftsrecht und ggf. Steuern wird eine Gesamtnote in der mündlichen Prüfung erteilt, auf die sich die Prüfer des Fachgebiets einigen müssen.

Für das Fach **Wirtschaftliches Prüfungswesen** werden von beiden Prüfern getrennte Noten vergeben, sodass nach der Addition der Einzelnoten bei der Ermittlung der mündlichen Gesamtnote durch 5 bzw. bei der Vollprüfung durch 6 geteilt wird. Der Vortrag zählt ebenso viel wie die Fachnote, sodass sich z.B. bei einem Vortrag im Fach Wirtschaftliches Prüfungswesen die mündliche Note aus drei Teilnoten zusammensetzt.

Aus den **Durchschnittsnoten des schriftlichen und mündlichen Prüfungsabschnitts** ist dann eine Prüfungsgesamtnote zu bilden. Sie errechnet sich durch Multiplikation der schriftlichen Note mit 6 und der mündlichen Note mit 4. Im Anschluss daran wird die Summe durch 10 geteilt. Die Prüfung ist in vollem Umfang bestanden, wenn sowohl die Note in jedem einzelnen Prüfungsgebiet als auch die Gesamtnote mindestens 4,0 beträgt.

Wurde die Gesamtnote von 4,0 erreicht und hat der Kandidat gleichzeitig in einem oder mehreren Prüfungsgebieten keine ausreichende Benotung, so ist in diesen Fächern eine Ergänzungsprüfung abzulegen. Ergibt sich rechnerisch eine schlechtere Gesamtnote als 4,0, so ist eine Ergänzungsprüfung nur dann zulässig, wenn der Bewerber in zwei Prüfungsgebieten keine ausreichende Note erzielt hat. Bei der **Ergänzungsprüfung** in einem Fach ist die Gesamtnote irrelevant. In allen anderen Fällen gilt die Prüfung als nicht bestanden.

3. Hinweise zur Vorbereitung auf das Wirtschaftsprüferexamen

Überzeugend auftreten beim Kurzvortrag

Die mündliche Prüfung ist ein wichtiger Teil des Wirtschaftsprüfungsexamens. Vor allem mit dem zehnminütigen Kurzvortrag kann der Kandidat beweisen, dass er über das nötige Fachwissen verfügt, sich für den Beruf des Wirtschaftsprüfers eignet und den Berufsstand insgesamt würdig vertreten kann. Fest steht aber leider: Kaum jemand hält wirklich gern einen Vortrag. Die Angst, eine Rede halten zu müssen gehört zu den sogenannten sozialen Ängsten. Etwa vierzig Prozent aller Menschen sollen Angst, ja sogar Panik haben, vor einer Gruppe zu sprechen. Man befürchtet sich zum Narren zu machen, den Faden zu verlieren, nicht die richtigen Worte zu finden oder auch nicht zu wissen, was man während des Vortrags eigentlich mit seinen Händen anstellen soll. Und leider ist gerade auch die **Vermittlung von Präsentationstechniken** häufig genug ein Stiefkind der betrieblichen Personalentwicklung, obwohl es sich hierbei eigentlich – ähnlich wie bei anderen Kommunikationstechniken – um eine Basisqualifikation insbesondere für Vertreter des Berufsstandes handeln sollte. Die folgenden Hinweise sollen Ihnen das Rüstzeug für Ihren überzeugenden Kurzvortrag liefern.

Vorbereitung

Es ist sehr zu empfehlen, die Vorbereitung so früh wie möglich zu beginnen. Auch wenn nach dem Abschluss der schriftlichen Prüfungen immer noch eine gewisse Unsicherheit bestehen wird, ob man diese tatsächlich bestanden hat, sollte man doch nicht bis zum Zugang des Eingangs der Einladung zur mündlichen Prüfung warten. Immerhin: nach Abschluss der schriftlichen Prüfung ist der Lernstoff noch „frisch" und abrufbar. Dies sollte man nutzen und die weitere Vorbereitung auf dieser Wissensbasis aufbauen. Allerdings geht es eben nicht nur um die „Ablieferung von Wissen": Für die mündliche Prüfung müssen Sie neben den notwendigen Fachkenntnissen auch die Methodik beherrschen, wie Sie innerhalb von dreißig Minuten aus drei alternativen Themen Ihr Vortragsthema auswählen, hierzu ein Redemanuskript verfassen und anschließend in maximal zehn Minuten einen überzeugenden Vortrag halten. All dies will geübt sein.

Der Vorschlag: Schließen Sie sich gleich nach der schriftlichen Prüfung mit drei bis fünf Gleichgesinnten zu einer **Vorbereitungsgruppe** zusammen und bereiten Sie sich gemeinsam auf die mündliche Prüfung vor. Bei den wöchentlichen Treffen sollten Sie sich reihum in Kurzvorträgen den Stoff vortragen. Dabei ist es sinnvoll, von Anfang an unter Echt-Bedingungen zu üben; d.h. jedes Gruppenmitglied erhält drei alternative Vortragsthemen, muss innerhalb von 30 Minuten hiervon ein Thema auswählen und hierzu ein Vortragsmanuskript erarbeiten. Anschließend werden die Vorträge in maximal zehn Minuten präsentiert. Die Zeit wird gestoppt und man erhält von allen Gruppenmitgliedern ein fachliches Feedback, sowie ein Feedback zum eigenen Auftritt und zur Struktur und Wirkung des Vortrags. Auf diese Weise entsteht im Laufe der Zeit eine sehr gute Routine im Vorbereiten und Durchführen der Kurzvorträge. Die mündliche Prüfung kann so viel von ihrem etwaigen Schrecken verlieren und das Lampenfieber am Prüfungstag wird sicherlich weniger stark ausgeprägt sein, als ohne eine solche fundierte Vorbereitung. Ganz im Gegenteil: Sie werden sicherer und souveräner in die Prüfung gehen!

Es kann sich auch anbieten, dass die Vorträge bei den Treffen mitgefilmt werden (z.B. per Mobiltelefon-Kamera mit anschließendem Abspielen des Films über den PC), sodass man selbst sehen kann, wie man als Vortragender wirkt. Viele Menschen sind erstaunt darüber, welche Grundhaltung sie bei einer Präsentation einnehmen, welche (Fehl-)Gesten sie machen und wie sich eigentlich die eigene Stimme anhört.

Die **Prüfungsvorbereitung in einer Arbeitsgruppe** hat übrigens noch weitere Vorteile:

- Sie hören die Vorträge der anderen Kandidaten und werden so im Laufe der Zeit auch noch einmal auditiv durch den kompletten Lernstoff geführt.
- Die Teammitglieder können als „extrinsische Motivatoren" wirken, die Sie wieder aufrichten können, wenn sich bei Ihnen mal ein Motivationstief in der Vorbereitung abzeichnet.
- Sie erhalten durch das Feedback eine laufende Einschätzung bezüglich Ihres Lernstandes.

Für die Zeit der Vorbereitung gelten folgende Hinweise: Stellen Sie sich einen **Zeitplan zur Vorbereitung** auf. Eine strukturierte geplante Vorbereitung wird Ihnen helfen, möglicherweise aufkommender Hektik vorzubeugen. Ziel muss es sein, am Prüfungstag gut vorbereitet, ruhig und ausgeruht in die mündliche Prüfung zu gehen. Hierzu gehört übrigens auch, sich nicht noch kurz vorher mit detailliertem Prüfungsstoff vollzustopfen, sondern ab einem bestimmten unumstößlichen Punkt (allerspätestens 17.00 Uhr des Vortages) aufzuhören mit dem Üben.

Lernstress erkennen Sie übrigens an Überreaktionen (Gereiztheit), verminderter Belastbarkeit (Selbstmitleid, Nörgelei), körperlichen Beschwerden (Kopfschmerz, Nackenschmerzen), Konzentrations- und Gedächtnisschwächen und Denkblockaden. Hören Sie dann auf Ihren Körper und entspannen Sie sich zwischendurch!

Die Vorbereitung des Vortrags am Prüfungstag

Mit Ihrer Einladung bekommen die Kandidaten grundsätzlich um jeweils 15 Minuten verschobene Anfangszeiten mitgeteilt. Die Vorträge werden nicht gemeinsam, sondern nacheinander abgehalten, sodass jeder Kandidat alleine den Prüfern gegenüber stehen wird. Vor Beginn der mündlichen Prüfung bereiten Sie in einem separaten Raum die jeweiligen Vorträge vor. Hierzu erhalten Sie drei **Vortragsthemen**. Die Vorbereitungszeit beträgt 30 Minuten. Die erste Herausforderung besteht darin, aus den drei Themen zügig das eigene Vortragsthema auszuwählen. Dabei sollte versucht werden, die Auswahl primär danach auszurichten, zu welchem Thema man über das meiste Wissen verfügt und sich sicher fühlt. Für den Fall, dass alle drei Themen für einen selbst gleich gut (oder schlecht) sind, entscheiden Sie sich am besten für ein eher allgemeines Thema, da dies die meisten Prüfer interessieren dürfte. Wenn Sie Ihre Entscheidung getroffen haben, vergessen Sie bitte sofort die anderen zwei Themen. Auf keinen Fall sollten Sie sich noch einmal umentscheiden; der Zeitverlust wäre zu groß.

Oft sind die Themen so gestellt, dass man Sie unmöglich umfassend in zehn Minuten darstellen kann. Das ist aber auch gar nicht notwendig. Wenn Sie die richtigen Schwerpunkte in der vorgegebene Zeit strukturiert in Ihrem Vortrag behandeln haben Sie im Grunde die fachliche Seite des Vortrages bereits gemeistert. Überlegen Sie, was für den Vortrag an Fakten erwartet wird, was auf jeden Fall erläutert oder interpretiert werden muss (Hauptpunkte), wo Sie Beispiele benennen können/sollten und wie sich ggf. eigene Wissensschwerpunkte in den Mittelpunkt stellen lassen.

Beginnen Sie nun damit Ihr **Vortragsskript zu erstellen**. Die Gliederung sollte folgendermaßen aufgebaut sein:

- Einleitung (ggf. mit ausformuliertem Einstiegssatz),
- Hauptteil, mit drei bis fünf Inhaltsabschnitten in systematischer Reihenfolge und entsprechenden Schwerpunkten (Dramaturgie!),

• Schluss mit Fazit und Ausblick (und ggf. ausformuliertem Abschlusssatz).

Die **Gliederung** sollten Sie so auf das DIN A4 Papier schreiben, dass Sie zwischen den Gliederungspunkten genug Platz für Notizen lassen. Im zweiten Schritt können Sie nun die Zwischenräume mit weiteren fachlichen Stichpunkten und Beispielen füllen. Beispiele machen Ihren Vortrag lebendiger und zeigen den Prüfern, dass Sie das Prüfungsthema auf die Praxis übertragen können. Denken Sie beim Schreiben unbedingt daran, nur in Stichworten zu formulieren. Ganze Sätze verleiten dazu, den Vortrag komplett abzulesen. Eine Ausnahme können der Einstiegs- und der Abschlusssatz sein. Hiermit kann man einen schönen ersten und letzten Eindruck hinterlassen und den Vortrag „rund" wirken lassen.

Sie müssen übrigens so groß auf Ihrem Vortragsskript schreiben, dass Sie es noch gut lesen können, wenn Sie das Skript beim Vortrag etwa auf Magenhöhe halten. Eine zu kleine Schrift, würde Sie dazu zwingen, das Skript sehr hoch vor dem Körper zu halten, sodass man glauben könnte, Sie müssten sich hinter Ihrem Skript verstecken.

Wenn Sie Ihr Skript fertig gestellt haben, sollten Sie Ihren Vortrag einmal in stummer Rede einüben. Dies ermöglicht Ihnen, sich den „roten Faden" Ihres Vortrages zu vergegenwärtigen und ggf. noch Ergänzungen einzufügen, die Ihnen ggf. erst bei diesem zweiten Durchgang einfallen.

Für den Vortrag haben Sie dann maximal zehn Minuten Zeit. Diese sollten Sie auch nutzen. Ein etwas zu kurzer Vortrag (acht bis zehn Minuten) macht für die Benotung übrigens nicht so viel aus, wie eine Zeitüberschreitung. Auch die Einhaltung der Vortragzeit lässt sich üben!

Erster Eindruck

Die Bestellung zum Wirtschaftsprüfer oder zur Wirtschaftsprüferin setzt nach der WPO den Nachweis der fachlichen und persönlichen Eignung voraus. Daher ist es wichtig, im Vortrag neben den Fachinhalten auch sich selbst überzeugend zu präsentieren.

Der Vortrag wird gleich zu Beginn der mündlichen Prüfung gehalten. Er ist also für die Prüfer der erste Eindruck zu Ihrer Person. Um genau zu sein, macht Ihr erstes Erscheinen im Prüfungsraum bzw. Ihre erste Begegnung mit den Mitgliedern der Prüfungskommission den ersten Eindruck für diese aus. Der Volksmund sagt: „Für den ersten Eindruck gib es keine zweite Chance"; und er hat Recht. Der erste Eindruck, der – je nach Situation – in den ersten Sekunden oder gar Zehntelsekunden einer Begegnung entsteht, entscheidet darüber, ob man eher positiv, neutral oder positiv beim anderen „ankommt". In der Regel versuchen sich Menschen von anderen Menschen, die sie noch nicht kennen, schnell ein Bild zu machen, um einschätzen zu können, wie sich diese Person verhalten wird. Dabei orientiert man sich an leicht erfassbaren – bewussten oder unbewussten Signalen, die diese Person ausstrahlt. Diese Signale werden bewertet und führen zu einem ersten Urteil über den anderen – möglicherweise zu einem Vorurteil, welches das weitere Verhalten gegenüber der Person beeinflusst. Hinterlassen Sie also beispielsweise im ersten Moment der Prüfung einen negativen Eindruck, dann kann es sein, dass sich dies entsprechend auch auf die Bewertung Ihrer fachlichen Leistung im Vortrag auswirkt. Auch Prüfer sind (nur) Menschen.

Für den ersten Eindruck gilt übrigens auch: „Die Menschen erkennen uns an, nicht wie wir sind, sondern wie wir scheinen" – und zwar äußerlich! Der Psychologe Albert Mehrabian hat bereits in den sechziger Jahren herausgefunden, dass der Gehalt menschlicher Aussagen zu 55 % aus visueller Kommunikation, zu 38 % aus stimmlicher Verlautbarung und nur zu 7 % aus Wortbedeutung besteht. An diesen Zahlen lässt sich ganz gut erkennen, welchen Stellenwert die Faktoren ausmachen, mit denen die Prüfer versuchen, Ihre Persönlichkeit einzuschätzen, bzw. ob man sich vorstellen kann, dass Sie den Berufsstand würdig vertreten werden. Neben den Inhalten Ihres Vortrages wirken hier vor allem

• Ihre Körperhaltung und Ihr Stand (sicher? selbstbewusst? gehemmt?),
• Ihr Blickkontakt,
• die von Ihnen gezeigte (bewusste und unbewusste) Gestik (bzw. „Fehlgestik"),
• Ihre Mimik (offen? verschlossen? grimmig? angespannt? freundlich?) und
• Ihre Stimmführung (Tonfall? Geschwindigkeit? Modulation?).

Man hat auch herausgefunden, was die meisten Zuschauer am Auftreten eines Vortragenden stört:
- ein fehlender Blickkontakt und ein unruhiger, umschweifender Blick,
- eine steife und starre Haltung aber auch, nervöses Hin-und-her-Gehen,
- heftiges Gestikulieren,
- Spielereien mit Kugelschreiber, Manuskript, Brille etc.,
- das „Putzen" und Herumzupfen an Kleidung und Schmuck,
- Anklammern am Tisch/Stuhl und
- das „Verkriechen" im Manuskript.

Ihre Mutter hatte Recht!

Vielleicht erinnern Sie sich ja wie viele anderen an die Ratschläge, die Sie in Ihrer Kindheit von Ihrer Mutter gehört haben, wie z.B. „Steh aufrecht!", „Nimm die Hand aus der Tasche!" oder „Zieh Dir etwas Anständiges an!" Diese weit verbreiteten Erfahrungen zeigen, dass auch unseren Eltern bewusst war, dass ein guter oder schlechter Eindruck tatsächlich zu einem großen Teil von reinen Äußerlichkeiten abhängt. Übertragen auf den Kurzvortrag bedeuten die genannten elterlichen Ratschläge, dass Sie eine überzeugende und selbstbewusste Körperhaltung einnehmen, die Grundformen des guten Benehmens und der Höflichkeit beherrschen (z.B. keine Hand in der Tasche beim Vortrag) und sich dem Anlass entsprechend kleiden sollten. Für Männer gilt dabei der zweiteilige oder dreiteilige Businessanzug in gedeckter Farbe mit einem passenden Hemd und einer dezenten Krawatte. Für Frauen bietet sich ebenfalls ein professionelles Businessoutfit der Branche an, also Hosenanzug oder Kostüm, ggf. mit einem dezenten Schal/Halstuch kombiniert.

Selbstsicher und überzeugend auftreten

Während der Prüfung sollten Sie einen selbstbewussten Eindruck machen. Hierzu ist es hilfreich, wenn man weiß, was bei anderen Menschen als selbstbewusst „wirkt":
- ein ruhiger fester Gang (z.B. wenn man den Raum betritt),
- ein fester Händedruck (falls sich hierzu die Gelegenheit ergeben sollte), aber bitte nicht „quetschen",
- ein fester Stand (beim Vortrag im Stehen) und eine in sich ruhende Körperhaltung, bei der sich Kopf und Becken in der Mitte des Körpers befinden sollten. Die Füße stehen etwa schulterbreit auseinander und die Schultern sind leicht zurückgezogen,
- eine ruhige Atmung,
- ein offener Blick und ein möglichst durchgehender Blickkontakt (aber bitte nicht starren). Während der gesamten Vortragszeit sollten Sie Blickkontakt zur Prüfungskommission haben. Hierzu ist es sinnvoll, das „Publikum" imaginär zu dritteln und regelmäßig beim Sprechen vom linken Drittel über das mittlere Drittel, hin zum rechten Drittel und dann wieder zurück mit dem Blick zu wandern,
- ein erhobener Kopf, bei dem Kinn und Hals einen rechten Winkel bilden,
- eine klare und ruhige Sprache, die Sie modulieren sollten, um bestimmte wichtige Sachverhalte Ihres Vortrages zu verdeutlichen,
- eine klare (kontrollierte) Gestik im neutralen Körperbereich (um den Bauch herum) bzw. im positiven Bereich (= zwischen Bauch und Schultern). Gesten unterhalb des Bauches/der Gürtelhöhe wirken für die meisten Menschen eher negativ.

Bezüglich der verbalen und nonverbalen Sprache sollten Sie sich im Rahmen der Vorbereitung rechtzeitig von den Mitgliedern Ihrer Lerngruppe (oder von anderen Menschen Ihres Vertrauens) Rückmeldungen geben lassen zu möglichen „Fehlgesten" (unbewusste Gesten, die man macht wenn man sich unsicher fühlt) und zu etwaigen Füllwörtern (wie „ähhh" oder „ähm"). Je öfter Sie diese Rückmeldungen bekommen, desto eher werden Sie versuchen, diese sprachlichen Fehler zukünftig zu vermeiden.

Rhetorik

„Beredsamkeit ist die Kunst, die Dinge so auszudrücken, dass die, zu denen wir sprechen, mit Vergnügen zuhören." (Blaise Pascal)

Sie sollten laut und klar und mit einer abwechslungsreichen (also nicht monotonen) Satzmelodie sprechen. Dabei sollten Sie einfache Formulierungen in Hauptsätzen verwenden und Schachtelsätze vermeiden (letzteren ist für Zuhörer oft nur schwierig zu folgen). Anders als in „normalen" Vorträgen (vor eher unkundigem Publikum), dürfen und sollten Sie im Prüfungsvortrag Fachsprache sprechen.

Formulieren Sie einen Gedanken nach dem anderen in verständlichen Worten und versuchen Sie mit Redewendungen den Inhalt für die Zuhörer zu strukturieren. Die Verwendung von Beispielen macht Ihren Vortrag lebendiger.

Sprechen Sie langsam und legen Sie zwischendurch Pausen ein. Pausen ermöglichen es Ihnen, über den nächsten Satz nachzudenken, bzw. diesen zu formulieren, und Ihre Zuhörer erhalten die Chance, die von Ihnen vorgetragenen Inhalte besser zu verarbeiten. Sie werden Ihnen dann besser folgen können. Gesetzte Pausen reduzieren in der Regel auch Füllwörter („ähm"), zu denen man ggf. neigt.

Zu Beginn des Vortrages sprechen Sie die Mitglieder der Prüfungskommission an, z.B. mit einem „Sehr geehrte (Damen und) Herren, mein Thema lautet ..... Gegliedert habe ich meinen Vortrag folgendermaßen ..... Abschließen werde ich meinen Vortrag mit ....". Jetzt weiß die Kommission um was es geht und wie Sie vorgehen wollen. Sie können nun mit Ihrem ersten Gliederungspunkt beginnen und tragen dann weiter entsprechend Ihrer Gliederung vor. Gegen Ende Ihres Vortrages sollten Sie deutlich machen, dass Sie zum Ende kommen werden („Als letzten Gesichtspunkt möchte ich ...") und schließlich mit einer Zusammenfassung und einem etwaigen Ausblick Ihren Vortrag schließen. Natürlich können Sie sich ganz am Ende auch noch für die Aufmerksamkeit der Anwesenden bedanken.

Wenn Sie mit dem Skript arbeiten, sollten Sie nicht den typischen Fehler machen, aus dem Skript abzulesen oder in das Skript hineinzusprechen. Unterscheiden Sie stattdessen folgende Phasen:

- **Eingabe-Phase:** Konzentrierte Aufnahme des jeweiligen Textstückes mit gesenktem Kopf,
- **Kontakt-Phase:** Hochnehmen des Kopfes und Blickkontakt mit der Prüfungskommission,
- **Ausgabe-Phase:** Vortragen des gespeicherten Textes unter Einsatz der gesamten rhetorischen Wirkkräfte,
- **Ausstrahlungs- und Rückkopplungs-Phase:** Blickkontakt in der entstehenden Pause aufrechterhalten um die Wirkung der Worte zu verstärken und die Reaktion der Zuhörer zu erkennen,
- **Rückschalt-Phase:** Senken des Kopfes zur erneuten Informationsaufnahme, dabei versuchen die Blickspanne zu erweitern, um mehr Information mit einem Blick speichern zu können.

Umgang mit Lampenfieber

Vor der Prüfung kann man sich eine Menge Dinge einreden, warum es nicht klappen wird. Beispiele sind: „Ich werde die Erwartungen nicht erfüllen!", „Ich finde nicht die richtigen Worte!", „Ich werde den Faden verlieren!" Denken Sie aber bitte daran: „Ein bisschen Lampenfieber ist notwendig." Bei fehlendem Lampenfieber besteht die Gefahr, dass Sie sich nicht richtig vorbereiten, und Ihre Zuhörer könnten das Gefühl bekommen, dass Sie die Präsentation zu „locker" angehen und die Prüfung vielleicht gar nicht „ernst nehmen". Eine gewisse Grundspannung sorgt dafür, dass Sie engagiert sind und an alles Notwendige denken und dass Sie engagiert wirken.

Die oben genannten Dinge, die man sich einreden kann, verlieren auch schnell ihre Brisanz, wenn man einmal darüber nachdenkt:

- „Ich werde die Erwartungen nicht erfüllen!": Die Erwartungen erfüllen Sie bereits, wenn Sie sich gut vorbereiten!
- „Ich finde nicht die richtigen Worte!" und „Ich werde den Faden verlieren!": Der rote Faden und die richtigen Worte sind – durch häufiges Üben – in Ihrem Kopf verankert. Außerdem finden Sie sie auf Ihrem Skript.

Gehen Sie auch davon aus, dass jeder Prüfer Ihnen grundsätzlich wohlgesonnen ist und Sie gerne bestehen lässt. Prüfer sind keine Gegner! Betrachten Sie die Mitglieder der Kommission als Ihre persönlichen Lotsen auf dem Weg zum Wirtschaftsprüfer.

Gegen stark ausgeprägtes **Lampenfieber** wird es Ihnen auch helfen, wenn Sie nicht an eine Niederlage denken, oder daran, was so alles schief gehen kann. Denken Sie vielmehr an Ihren Erfolg und malen Sie sich schon vorher aus, wie souverän Sie Ihren Vortrag halten werden. Möglicherweise kann Ihnen auch eine kleine Entspannungsübung kurz vor der Prüfung helfen, wie z.B. eine der folgenden Übungen:

- **Atemtrick:** Aufrecht hinsetzen, die Augen schließen, auf den Atem konzentrieren; langsame, ruhige und gleichmäßige Atemzüge; ca. 10-15 mal wiederholen.
- **Fokussieren:** Aufrecht hinsetzen, einen Punkt in Augenhöhe für einige Minuten anschauen. Diese Übung hilft Ihnen, ruhig zu werden; sich innerlich auf einen Punkt zu fokussieren – und macht den Blick klar.
- **Visualisieren:** Augen schließen, entspannen, – und erinnern sie sich an eine Situation, in der Sie sehr selbstbewusst und erfolgreich waren. Sehen Sie sich vor Ihrem geistigen Auge – erleben Sie sich noch einmal wieder in dieser angenehmen Situation. Stellen sie sich vor wie Sie sich damals fühlten, wie stolz, aufgeregt und selbstbewusst sie waren.

Lampenfieber kann natürlich auch während der Präsentation auftreten. Auch hierzu einige Hinweise:

- Wenn Ihnen zu einem Stichwort nichts einfällt, gehen Sie zum nächsten über.
- Wenn Sie mitten im Satz stecken bleiben und das richtige Wort fehlt, brechen Sie ab und fangen den Satz neu an. Vermeiden Sie dabei das betreffende Wort.
- Überspielen Sie ggf. mit folgenden Redewendungen die „Panne": „Lassen Sie es mich noch besser formulieren"; „Lassen Sie es mich anders sagen"; „Anders ausgedrückt"; „Besser formuliert…"
- Sprechen Sie bewusst langsam, machen Sie mehr Pausen (zum geistigen Vorformulieren)!
- Wenn Sie merken, dass Sie vor Aufregung beginnen, innerlich zu zittern und sich dieses Zittern auch auf Ihre Hände überträgt, mit denen Sie Ihr Redeskript halten, sollten Sie das Skript in eine kleinere (z.B. DIN A5) Form falten, damit das Zittern nicht für alle sichtbar wird.

Wenn Sie trotzdem noch starkes Lampenfieber empfinden, denken Sie einfach an die Geschichte von der Hummel:

„Die Hummel hat eine Flügelfläche von ca. 0,7 Quadratzentimetern. Im Verhältnis zu Ihrem Körpergewicht ist es nach den Gesetzen der Aerodynamik unmöglich, zu fliegen.

Die Hummel weiß das nicht. Sie fliegt einfach!"

4. 70 ausgewählte Themen mit Gliederung und ausformuliertem Kurzvortrag

Die Autoren haben 70 Prüfungsvorträge ausgewählt, die in jüngerer Zeit im Wirtschaftsprüferexamen vorgeschlagen bzw. gehalten wurden. Schwerpunktmäßig betreffen sie das **Prüfungsbiet Prüfungswesen,** das auch in den Examen überwiegend gewählt wird. Daneben sind aber auch noch zahlreiche Vorträge aus den **Prüfungsgebieten Steuerrecht und Wirtschaftsrecht** abgedruckt.

Vortrag I
IDW S 10 – Bewertungen von Immobilien (Prüfungswesen)

Sehr geehrte/r Frau/Herr Vorsitzende/r, sehr geehrte Prüfungskommission,
aus den mir zur Auswahl gestellten Themen habe ich mich für das Thema **„IDW S 10 – Bewertungen von Immobilien"** entschieden. Meinen Vortrag gliedere ich wie folgt:

I.	Einleitung
II.	Bewertungsanlässe, Bewertungsobjekte
III.	Immobilienbewertung nach HGB
IV.	Immobilienbewertung nach IFRS
V.	Zielsetzung des IDW S 10
VI.	Bewertungsverfahren nach dem IDW S 10
VII.	Dokumentation
VIII.	Fazit

Vortragszeit: 0,5 Minuten

I. Einleitung
Der **Wert des Immobilienvermögens** wird durch Unsicherheiten auf den Finanzmärkten und das damit einhergehende niedrige Zinsniveau mit hoher Wahrscheinlichkeit in den nächsten Jahren weiter ansteigen. Daher besteht ein erheblicher Bedarf an verlässlichen Entscheidungshilfen für die Bewertungsgutachten von Immobilien. Das Institut der Wirtschaftsprüfer hat 2013 mit dem IDW S 10 „Grundsätze zur Bewertung von Immobilien" eine Empfehlung zur Bewertung von Immobilien veröffentlicht. Dieser soll dem Berufsstand Anhaltspunkte für die Bewertung von Immobilien geben.

Vortragszeit: 1/1 Minuten

II. Bewertungsanlässe und Bewertungsobjekte
Die Anwendung eines bestimmten Bewertungsverfahrens richtet sich i.d.R. nach dem Bewertungsanlass und dem zugrunde liegenden Bewertungsobjekt. Eine Bewertung von Immobilien bzw. eine Überprüfung von Wertansätzen ist oft aufgrund von Rechnungslegungsvorschriften (HGB, IFRS) im Rahmen der regelmäßigen Abschlusserstellung und Prüfung erforderlich. Darüber hinaus erfolgen Immobilienbewertungen im Rahmen von unternehmerischen Initiativen, insbesondere dem Kauf bzw. Verkauf von Immobilien oder von ganzen Unternehmen. So können beispielsweise folgende besondere Anlässe eine Immobilienbewertung erforderlich machen:
- Werthaltigkeitsprüfung und Ermittlung des niedrigeren beizulegenden Werts von Immobilien im Anlagevermögen (§ 253 Abs. 3 S. 3 HGB),
- Prüfung und Bewertung von Investment Property (IAS 40),
- Purchase Price Allocation (IFRS 3) und
- Ermittlung des Liquidationswerts des nicht betriebsnotwendigen Vermögens in der Unternehmensbewertung (IDW S 1).

Vortragszeit: 1,5/2,5 Minuten

III. Immobilienbewertung nach HGB
Für die **Immobilienbewertung nach HGB** gilt der Grundsatz der Einzelbewertung, § 252 Abs. 1 Nr. 3 HGB, d.h. jeder Vermögensgegenstand (VG) und jede Schuld ist im Jahresabschluss einzeln zu bewerten, eine Verrechnung mit anderen VG darf grundsätzlich nicht erfolgen. Zu differenzieren ist zwischen dem

nicht abnutzbaren unbeweglichen Vermögensgegenstand Grund- und Boden sowie dem abnutzbaren unbeweglichen Vermögensgegenstand Gebäude, der wiederum von beweglichen Vermögensgegenständen wie Betriebsvorrichtungen zu differenzieren ist.

Nach § 253 Abs. 1 S. 1 HGB sind Vermögensgegenstände höchstens mit den Anschaffungs- oder Herstellungskosten (AHK) vermindert um die Abschreibungen anzusetzen.

Die AHK bilden somit eine Obergrenze. Eine darüber hinausgehende Bewertung ist somit nicht zulässig. Anschaffungskosten sind die Aufwendungen, die geleistet werden, um einen Vermögensgegenstand zu erwerben und ihn in einen betriebsbereiten Zustand zu versetzen, soweit sie dem Vermögensgegenstand einzeln zugeordnet werden können. Zu den Anschaffungskosten gehören auch die Nebenkosten sowie die nachträglichen Anschaffungskosten. **Anschaffungspreisminderungen** sind abzusetzen. Bei selbst geschaffenen Vermögensgegenständen sind die Herstellungskosten anzusetzen. Diese sind in § 255 Abs. 2 HGB abschließend aufgezählt. Sie unterteilen sich in aktivierungspflichtige Herstellungskosten (Einzelkosten und fertigungsbezogene Gemeinkosten) und Einbeziehungswahlrechte (z.B. Verwaltungskosten, Bauzeitzinsen). In § 255 Abs. 2 S. 4 HGB werden darüber hinaus Kosten genannt, die nicht angesetzt werden dürfen.

Nach § 253 Abs. 3 S. 1 HGB sind bei VG des Anlagevermögens, deren Nutzung zeitlich begrenzt ist, die AHK um planmäßige Abschreibungen zu vermindern. Nach § 253 Abs. 3 S. 3 HGB sind bei Grund und Boden sowie Gebäuden zum Abschlussstichtag außerplanmäßige Abschreibungen auf den niedrigeren beizulegenden Wert vorzunehmen, wenn eine voraussichtliche dauernde Wertminderung vorliegt. Nach herrschender Meinung liegt diese vor, wenn der beizulegende Zeitwert für einen erheblichen Teil der Restnutzungsdauer (mindestens 50 % oder 5 Jahre) unter dem planmäßigen Restbuchwert liegt. Grundlage für die Bewertung der Immobilie und die damit verbundene Beurteilung der künftigen Wertentwicklung ist nach IDW ERS IFA 2 eine entsprechende Planung des Bilanzierenden. Dabei wird zum einen in den intersubjektiv nachprüfbaren Immobilienwert und zum anderen in den subjektiven Immobilienwert unterschieden. Letzterer berücksichtigt die individuellen Verhältnisse des Eigentümers/Erwerbers.

> **Vortragszeit: 1,5/4 Minuten**

IV. Immobilienbewertung nach IFRS

Bestimmungen nach IFRS finden sich in IAS 16, der die Bilanzierung von Sachanlagen (z.B. Immobilien) regelt. Nach IAS 16.6 sind **Sachanlagen** materielle Vermögenswerte, die länger als eine Periode genutzt werden und unter anderem zur Vermietung an Dritte oder für Verwaltungszwecke gehalten werden. Nach IAS 16.37 sind unbebaute Grundstücke sowie Grundstücke und Gebäude eine eigenständige Gruppe von Sachanlagen. Grundsätzlich findet in den IFRS bei der Erstbewertung das Anschaffungskostenprinzip Anwendung. Die Bestandteile der Anschaffungs- oder Herstellkosten sind in IAS 16.16 definiert. Gemäß IAS 16.29 wird die Folgebewertung der Sachanlagen entweder nach dem **Anschaffungskostenmodell** oder nach der Neubewertungsmethode für die gesamte Gruppe nach IAS 16.37 angewandt.

Nach dem Anschaffungskostenmodell ist der Vermögenswert mit den Anschaffungskosten abzüglich kumulierter Abschreibungen und kumulierter Wertminderungsaufwendungen zu bilanzieren. Beim Neubewertungsmodell ist die Sachanlage mit dem beizulegenden Zeitwert zu bilanzieren. Neubewertungen sind in hinreichend regelmäßigen Abständen vorzunehmen um mit einem Buchwert nahe dem beizulegenden Zeitwert auszuweisen.

IAS 40 beschreibt die Behandlung der **Immobilie als Finanzinvestition**. Die Erstbewertung erfolgt analog zum IAS 16 gemäß IAS 40.20 zu AHK. Die Folgebewertung erfolgt ebenso analog zu IAS 16. Es besteht ein Wahlrecht zwischen dem Anschaffungskostenmodell (IAS 40.56) und dem Modell des beizulegenden Zeitwerts (IAS 40.33–55).

> **Vortragszeit: 1/5 Minuten**

V. Zielsetzung und Umfang des IDW S 10

IDW S 10 stellt **Grundsätze zur Bewertung von Immobilien** auf um dem Berufsstand eine Grundlage für die Beurteilung von Immobilienbewertung an die Hand zu geben. IDW S 10 betrifft die reine Immobilienbewertung. Diese ist zu unterscheiden von der Bewertung von Immobilienunternehmen. Immobilienunternehmen werden nach IDW S 1 betreffend Unternehmensbewertungen, d.h. nach dem Ertragswertverfahren bzw. Discounted Cash Flow-Verfahren, bei dem die gesamten Zahlungsüberschüsse eines Unternehmens erfasst und diskontiert werden, bewertet. Nach IDW S 1 werden in Abgrenzung zur Immobilienbewertung nach IDW S 10 unternehmensspezifische Faktoren, wie Objektfinanzierung und steuerliche Besonderheiten des Unternehmens, in der Bewertung berücksichtigt.

Nach IDW S 10 sollte das Bewertungsgutachten folgende Punkte enthalten:

- **Darstellung der Bewertungsaufgabe.** Der Wirtschaftsprüfer kann als Abschlussprüfe, neutraler Gutachter, Berater oder Schiedsgutachter involviert sein. Als neutraler Gutachter ermittelt der Wirtschaftsprüfer, aus Sicht eines fremden Dritten, einen von den individuellen Wertevorstellungen geprägten unabhängigen intersubjektiv nachprüfbaren Wert der Immobilie. Tritt der WP hingegen als Berater auf, wird die Ermittlung des Werts auf die individuellen Möglichkeiten und Planungen des Mandanten abgestellt. Es wird ein subjektiver Entscheidungswert in Form einer Preisobergrenze (für den Käufer) oder eine Preisuntergrenze (für den Verkäufer) ermittelt.
- Auftraggeber.
- Auftrag (Auftragsgegenstand, Bewertungsanlass, Funktion, in der die Wertermittlung durchgeführt wird, angewandtes Wertkonzept).
- Bewertungsstichtag.
- Angewandte Bewertungsmethode(n).
- Beschreibung des Bewertungsobjekts.
- **Abgrenzung des Bewertungsobjekts**
  - Objektlage, Markt-, Gebäude- und Zustandsbeschreibung,
  - wirtschaftliche Grundlagen (z.B. Miet- und Bewirtschaftungsverträge) und
  - rechtliches Umfeld (z.B. Eigentumsverhältnisse).
- **Darstellung der der Bewertung zugrunde liegenden Informationen**
  - Verfügbarkeit und Qualität der Ausgangsdaten (einschließlich Gutachten Dritter),
  - Vergangenheitsanalyse,
  - Planungsrechnungen vor dem Hintergrund der zugrunde liegenden Annahmen,
  - Beurteilung der den Planungen zugrunde liegenden Parameter auf ihre Angemessenheit/Widerspruchsfreiheit,
  - Abgrenzung der Verantwortung für übernommene Auskünfte.
- **Darstellung der Bewertung**
  - Beschreibung der Bewertungsmethode(n),
  - Darstellung der Annahmen und Prämissen,
  - Darstellung des Bewertungsergebnisses.
- Abschließende Feststellung.

> **Vortragszeit: 1,5/6,5 Minuten**

VI. Bewertungsverfahren nach IDW S 10

Es kommen drei Arten von Bewertungsverfahren in Betracht, deren Eignung im Einzelfall zu überprüfen ist:

1. Ertragsorientierte Verfahren,
2. Sachwertverfahren und
3. Vergleichswertverfahren.

Ertragsorientierte Verfahren sind für die Immobilienbewertung sachgerecht, wenn die Immobilien nach allgemeiner Marktauffassung zur Erzielung von Erträgen geeignet sind. Der IDW S 10 beschreibt bei den ertragsorientierten Verfahren die Vorgehensweise des **Discounted-Cash-flow-Verfahrens** (DCFM-Verfahren). Insbesondere werden die Wertparameter, der Detailplanungszeitraum, die Ableitung des Restwertes und vor allem die Ermittlung bzw. Ableitung des Diskontierungszinssatzes umfassend erläutert. Nach der ImmoWertV bestehen drei Verfahren zur Ermittlung des Ertragswertes. Die beiden sogenannten statischen Verfahren allgemeines Ertragswertverfahren und vereinfachtes Ertragswertverfahren. Bei diesen wird der

Ertragswert durch Kapitalisierung des Reinertrags der Immobilie ermittelt. Das **vereinfachte Ertrags-wertverfahren** unterscheidet sich vom allgemeinen Ertragswertverfahren darin, dass eine Aufteilung des Gesamtertragswerts der Immobilie in einen Boden- und einen Gebäudewertanteil nicht erfolgt. Beim dritten Verfahren erfolgt die Bewertung auf Grundlage periodisch unterschiedlicher Erträge, die zu einer Summe der kapitalisierten Reinerträge innerhalb eines zu bestimmenden Zeitraums zusammengefasst werden. Außerdem wird das Grundstück mit einem diskontierten Restwert berücksichtigt.

Das **Sachwertverfahren** dagegen kann als Bewertungsverfahren dann angewandt werden, wenn die Ersatzbeschaffungskosten im gewöhnlichen Geschäftsverkehr preisbestimmend sind. Das wird überwiegend bei selbstgenutzten Ein- und Zweifamilienhäusern sowie Immobilien mit öffentlicher Zweckbindung, die am Immobilienmarkt nicht unter Renditegesichtspunkten gehandelt werden, der Fall sein.

Das **Vergleichswertverfahren**, bei dem grundsätzlich am Markt festgestellte Kaufpreise hinreichend vergleichbarer Immobilien heranzuziehen sind, ist in der Theorie zwar das präferierte Verfahren, wenn entsprechende Vergleichspreise vorliegen. Allerdings besteht bei diesem Verfahren in der Praxis das Problem, dass es meist an geeigneten Vergleichsobjekten in unmittelbarer Umgebung mangelt. Ferner müssen die beobachteten Kaufpreise im gewöhnlichen Geschäftsverkehr zustande gekommen sein. Praktische Relevanz erlangt das Vergleichswertverfahren deshalb vor allem bei Ermittlung der Bodenrichtwerte.

> **Vortragszeit: 1,5/8 Minuten**

VII. Dokumentation

Die Dokumentation zur Ermittlung des Immobilienwerts hat der Wirtschaftsprüfer in seinen Arbeitspapieren niederzuschreiben, wenn diese nicht in dem Bewertungsgutachten schriftlich aufgeführt wurden. Für einen sachkundigen Dritten müssen die Arbeitspapiere nachvollziehbar sein und den Grundsätzen des IDW S 10 entsprechen. Außerdem müssen sie Erläuterungen zu den getroffenen Annahmen sowie den verwendeten Dokumenten/Fakten enthalten. Zu den Arbeitspapieren gehören beispielsweise Kopien von Urkunden, Schriftstücken, der Bewertungsauftrag bzw. Auftragsbestätigung, Fotos und Protokolle der Ortsbesichtigungen, Kataster- und Grundbuchauszüge, Grundstücksmarktberichte und Bodenrichtwertkarten sowie Miet- und Pachtverträge. Ferner hat der WP eine Vollständigkeitserklärung seines Auftraggebers und evtl. weiterer Auskunftspersonen, die bedeutsame für die Immobilienbewertung liefern, vor Abgabe seines Bewertungsgutachtens einzuholen.

Das **Bewertungsgutachten** soll dem Empfänger einen Überblick über die Wertfindung und ihre Methodik, Grundsatzüberlegungen, getroffene Annahmen und Schlussfolgerungen des Wirtschaftsprüfers vermitteln. Das Gutachten soll somit eine Grundlage einer sachlichen Beurteilung für einen Dritten darstellen. Die Grundsätze der ordnungsgemäßen Berichterstattung der Wirtschaftsprüfer sind auch für das Gutachten zur Immobilienbewertung anzuwenden. In dem Gutachten hat der WP einen eindeutigen Wert oder eine Wertspanne für die Immobilie auf einen Bewertungsstichtag zu benennen und zu begründen. Darüber hinaus muss der WP in dem Bewertungsgutachten deutlich machen, in welcher Funktion er die Bewertung vorgenommen hat und auf welcher Basis das Wertkonzept (intersubjektiv nachprüfbarer Immobilienwert, subjektiver Entscheidungswert, Einigungswert) der Bewertung beruht.

Für eine angemessene Beschreibung der Vorgehensweise bei der Bewertung ist es erforderlich auf die angewandten Bewertungsmethoden einzugehen. Es ist auch auf den Umfang und die Qualität der zugrunde liegenden Daten einzugehen sowie die Schätzungen und die wesentlichen Annahmen zu erläutern.

> **Vortragszeit: 1,5/9,5 Minuten**

VIII. Fazit

IDW S 10 enthält ein Rahmenkonzept für den Berufsstand zur Bewertung von Immobilien. Er beschreibt die allgemeinen Grundsätze zur Bewertung von Immobilien. Dazu wurden verschiedene mögliche Bewertungsmethoden vorgestellt (Ertragsorientierte Verfahren, Sachwertverfahren und Vergleichswertverfahren). Die Bewertungsverfahren sollen einen intersubjektiv nachprüfbaren Wert der zu bewertenden Immobilie (Verkehrswert, Marktwert) auf den Bewertungsstichtag bestimmen.

Der IDW S 10 ermöglicht Chancen für den Berufsstand der Wirtschaftsprüfer ein neues Geschäftsfeld für sich zu erschließen. Er erfordert allerdings eine Beherrschung der vorgestellten Bewertungsverfahren und einen hinreichenden Marktüberblick.

Vielen Dank für Ihre Aufmerksamkeit.

Vortragszeit: 1/10 Minuten

Vortrag 2
Mängelhaftung des Wirtschaftsprüfers (Wirtschaftsrecht)

Sehr geehrte/r Frau/Herr Vorsitzende/r, sehr geehrte Prüfungskommission,
aus den mir zur Auswahl gestellten Themen habe ich mich für das Thema „Mängelhaftung des Wirtschaftsprüfers" entschieden. Meinen Vortrag gliedere ich wie folgt:

I.	Einleitung
II.	Rechtsbeziehungen/Pflichtverletzung
III.	Rechtswidrigkeit
IV.	Verschulden
V.	Deliktische Ansprüche
VI.	Schaden
VII.	Verjährung
VIII.	Fazit

Vortragszeit: 0,5 Minuten

I. Einleitung

Unterlaufen Wirtschaftsprüfern bei der Prüfung von Jahresabschlüssen oder im Rahmen ihrer sonstigen z.B. gutachterlichen Tätigkeit Fehler und handeln sie schuldhaft, können sie sich Schadensersatzansprüchen ihrer Vertragspartner oder Dritter entgegensehen. Da die Schadenssummen leicht extrem hohe Werte annehmen können, besteht in Deutschland, wie in vielen anderen Ländern eine gesetzliche Begrenzung der Haftung sowie die Pflicht zum Abschluss einer Haftpflichtversicherung.

Vortragszeit: 0,5/1 Minuten

II. Rechtsbeziehungen/Pflichtverletzung

Eine **Haftung** setzt ein gesetzliches oder vertragliches Schuldverhältnis zwischen dem Geschädigten und dem Schädiger voraus. Ein gesetzliches Schuldverhältnis wird, ohne dass ein Vertrag erforderlich ist, dadurch begründet, dass die Tatbestandsvoraussetzungen einer **gesetzlichen Haftungsnorm**, z.B. § 823 Abs. 1 BGB, auf Seiten des Geschädigten und des Schädigers erfüllt werden. Ein vertragliches Schuldverhältnis wird durch ausdrücklichen oder konkludenten Abschluss eines Vertrages begründet. Die jeweiligen Pflichten ergeben sich dann aus dem Gesetz, aus der Natur des Vertrages und den konkreten Vereinbarungen mit dem Mandanten. **Haftungsrelevante Rechtsbeziehungen des Wirtschaftsprüfers** können aus seinen Aufgaben nach § 2 WPO entstehen. Dazu gehören:
- die Prüfungstätigkeit,
- die Steuerberatung,
- die Sachverständigentätigkeit,
- die Beratung und Interessenvertretung in wirtschaftlichen Angelegenheiten und
- die treuhänderische Verwaltung.

Gesetzliche Pflichten

Im Bereich der Haftung des Wirtschaftsprüfers ist vor allem der gesetzlich normierte Pflichtenkreis im Bereich der **gesetzlich vorgeschriebenen Pflichtprüfung** von Bedeutung. Diese Pflichten finden sich in § 323 Abs. 1 HGB. § 323 Abs. 1 HGB geht in seinem Anwendungsbereich als Spezialvorschrift den sonstigen vertraglichen Haftungsnormen des BGB vor.

Vertragliche Pflichten

Nicht gesetzlich geregelt ist dagegen der **vertragliche Pflichtenkreis**. Dieser wird im Rahmen der Vertragsfreiheit durch die Parteien des Mandatsverhältnisses und den Inhalt des konkreten Vertragsverhältnisses bestimmt. Neben den von den Vertragsparteien selbst bestimmten Hauptleistungspflichten, hat die Rechtsprechung eine Reihe vertraglicher Nebenpflichten entwickelt. Daneben sind noch vorvertragliche und nachvertragliche Pflichten zu beachten. Die zentrale Haftungsnorm im Bereich der **Vertragshaftung** ist § 280 BGB.

Die Mandatsbeziehungen eines Wirtschaftsprüfers sind i.d.R. als **Geschäftsbesorgungsverträge** mit werkvertraglichem (§ 675 i.V.m. §§ 631 ff. BGB) oder dienstvertraglichem (§ 675 i.V.m. §§ 611 ff. BGB) Charakter oder als echte Werk- oder Dienstverträge einzuordnen.

Bei einem **Werkvertrag** schuldet der Auftragnehmer (WP), dem Auftraggeber (Mandanten) die Herstellung eines Werkes. Der Vertrag ist auf die Herbeiführung eines bestimmten Erfolges gerichtet. Werkverträge können immer dann vorliegen, wenn Gegenstand des Mandates die Erstellung eines konkreten Arbeitsergebnisses ist.

Dies ist regelmäßig der Fall bei:
- Buchführungsarbeiten und Entwurf des Jahresabschlusses;
- Prüfung von Jahresabschlüssen;
- Mittelverwendungskontrollen oder
- Gutachteraufträgen.

Bei einem **Dienstvertrag** schuldet der WP dagegen nicht die Erstellung eines bestimmten Werkes oder die Herbeiführung eines Erfolges. Hier wird lediglich die Beratungshandlung Gegenstand des Vertrages.

Häufig haben **Mandatsverträge** sowohl Beratungshandlungen, als auch die Herstellung konkreter Arbeitsergebnisse zum Inhalt. Zu erwähnen sind die Erstellung von Jahresabschlüssen, Steuererklärungen und Buchhaltungsarbeiten. Das geschuldete Werk ist dabei nicht die objektive Rechtmäßigkeit der Ergebnisse, sondern die ordnungsgemäße Verarbeitung der vom Mandanten gelieferten Daten. Sind diese, für den Berater nicht erkennbar, unzutreffend, die Verarbeitung auf dieser Grundlage aber zutreffend, ist eine Haftung des Beraters ausgeschlossen.

Haftungsrechtlich unterscheiden sich die Vertragspflichten zwischen Dienst- oder Werkvertrag nicht. Die **Unterscheidung zwischen Dienst- und Werkvertrag** kann aber erhebliche Bedeutung für die Frage eines Nachbesserungsrechts, die Vergütung, den Beginn der Verjährung und die Mandatskündigung haben.

Ist eine **Werkleistung mangelhaft**, kann der Besteller nach §§ 633, 634 BGB Nacherfüllung verlangen und soweit diese fehlschlägt Minderung verlangen, vom Vertrag zurücktreten und – bei Verschulden des Vertragspartners – Schadensersatz verlangen.

Bei dem Nachbesserungs-, Rücktritts- oder Minderungsanspruch handelt es sich um verschuldensunabhängige Ansprüche. Das heißt, es kommt bei der Geltendmachung dieser Rechte nicht darauf an, ob dem Werkhersteller (WP) der Mangel in irgendeiner Form vorzuwerfen ist.

Macht der Mandant dagegen einen **Schadensersatzanspruch** geltend, § 634 Nr. 3 BGB, kann der Wirtschaftsprüfer diesen vermeiden, wenn er beweisen kann, dass er den Mangel nicht zu vertreten hat, § 280 Abs. 1 S. 2 BGB. Nach § 323 Abs. 1 HGB ist der Wirtschaftsprüfer, seine Gehilfen und bei der Prüfung mitwirkende gesetzliche Vertreter zur gewissenhaften und unparteiischen Prüfung und zur Verschwiegenheit verpflichtet.

Vortragszeit: 2,5/3,5 Minuten

III. Rechtswidrigkeit

Die **Pflichtverletzung muss rechtswidrig** sein. Grundsätzlich indiziert die Pflichtverletzung die Rechtswidrigkeit. Maßgeblich ist die Verletzung einer vertraglichen Pflicht, nicht dagegen, ob der Mandant womöglich ein rechtswidriges Ziel verfolgt oder diesem durch die konkret erteilten Maßnahmen Nachteile drohen. Hat der Berater den Mandanten über die nachteiligen Folgen hinreichend gewarnt und beraten, begeht der Berater gegenüber dem Mandanten keine rechtswidrige Pflichtverletzung.

> **Vortragszeit: 0,5/4 Minuten**

IV. Verschulden

Eine Haftung setzt grundsätzlich ein **schuldhaftes Handeln gem. § 276 BGB** voraus. Danach haftet der WP für Vorsatz und Fahrlässigkeit. Für **vorsätzliches Handeln** genügt bedingter Vorsatz. Danach reicht es aus, wenn der WP seine Pflichtverletzung und eine Schadenverursachung nur als möglich erkennt, diese aber billigend in Kauf nimmt.

Fahrlässig handelt gem. § 276 Abs. 2 BGB, wer die im Verkehr erforderliche Sorgfalt außer Acht lässt. Anzusetzen ist ein objektiver Maßstab. Es muss die Sorgfalt beachtet werden, die nach den Erfordernissen des Verkehrs in der konkreten Lage erwartet werden darf. Nicht entscheidend sind dagegen die persönliche Eigenart des Haftpflichtigen, seine individuellen Fähigkeiten, Kenntnisse und Erfahrungen. Vielmehr ist auf die berechtigte Verkehrserwartung an die Berufsgruppe allgemein abzustellen, also auf das Maß an Fähigkeiten, Umsicht und Sorgfalt, das von Angehörigen bei Erledigung der betreffenden Aufgabe typischerweise verlangt werden kann. Dieser objektive Maßstab führt dazu, dass bei Feststellung einer Pflichtverletzung unter Berücksichtigung des erheblichen Vertrauens der Allgemeinheit in den Berufsstand der Wirtschaftsprüfer, i.d.R. zumindest eine Fahrlässigkeit angenommen werden kann.

Nur in Ausnahmefällen kann das Verschulden unter Berücksichtigung der Besonderheiten des Einzelfalles entfallen. So z.B. bei einer plötzlichen Erkrankung, die den WP an der Einhaltung einer Frist hindert. Bei lang anhaltender Erkrankung besteht dagegen die Pflicht, für eine anderweitige Bearbeitung Sorge zu tragen. Eine Arbeitsüberlastung allein führt nicht zu einem Verschuldensausschluss.

Für das Verschulden von Personen, derer sich der WP bei der Erfüllung des übernommenen Auftrags bedient, haftet er gem. § 278 BGB. Eine **Eigenhaftung der Erfüllungsgehilfen**, zu denen auch der freie Mitarbeiter gehört, gegenüber dem Mandanten kommt nur in Ausnahmefällen in Betracht. Für den Bereich der gesetzlichen Pflichtprüfung sieht § 323 Abs. 1 HGB dagegen eine Eigenhaftung der Gehilfen des Wirtschaftsprüfers vor. Eine Wirtschaftsprüfungsgesellschaft haftet gem. § 31 BGB für das Verschulden Ihrer Organe. Nach § 54a Abs. 2 WPO kann die persönliche Haftung von Mitgliedern einer Sozietät auf Schadensersatz auch durch vorformulierte Vertragsbedingungen auf einzelne namentlich bezeichnete Mitglieder der Sozietät beschränkt werden, die die vertragliche Leistung erbringen sollen.

Ein **Schadensersatzanspruch nach den Grundsätzen des Vertrages mit Schutzwirkung zugunsten Dritter** bei Prüfungen von Jahresabschlüssen setzt unter Berücksichtigung von § 323 Abs. 1 Satz 3 HGB voraus, dass dem Prüfer deutlich wird, dass von ihm im Drittinteresse eine besondere Leistung erwartet wird, die über die Erbringung der Prüfungshandlung hinausgeht.

Der Wirtschaftsprüfer kann unter dem Gesichtspunkt des **Vertrages mit Schutzwirkung zugunsten Dritter**, § 328 BGB analog, aus einem Beratungs- oder Prüfungsvertragsverhältnis nicht im Hinblick auf Schäden seines Vertragspartners (Mandanten), sondern auch solchen Dritter schadensersatzpflichtig werden. Den Anspruch kann lediglich der Vertragspartner geltend machen. Die Einbeziehung Dritter in den Vertragsbereich setzt die Leistungsnähe des Dritten und ein erkennbares Interesse des Gläubigers an der Einbeziehung des Dritten in den Schutzbereich des Vertrages voraus.

Ein Wirtschaftsprüfer haftet dem Anleger wegen **fehlerhafter Prospektprüfung** auf Schadensersatz, wenn er als Abschlussprüfer einer Kapitalgesellschaft über das Ergebnis der Prüfung eines Jahresabschlusses oder eines Lageberichts unrichtig berichtet, im Prüfungsbericht erhebliche Umstände verschweigt oder einen unrichtigen Bestätigungsvermerk (Testat) erteilt, sofern der Prüfbericht oder der Bestätigungsvermerk für die Anlageentscheidung ursächlich war. Insoweit sollte der angekündigte Prospektprüfungsbericht nach

Fertigstellung nur den von den Vertriebspartnern vorgeschlagenen ernsthaften Interessenten auf Anforderung zur Verfügung gestellt werden.

Denkbar ist auch ein eigener Anspruch des Dritten gegenüber dem Wirtschaftsprüfer unter dem Gesichtspunkt der §§ 280 Abs. 1, 311 Abs. 3, 241 Abs. 2 BGB. Voraussetzung ist, dass zwischen dem Dritten und dem Wirtschaftsprüfer ein Schuldverhältnis mit Rücksichtnahmepflichten gemäß § 241 Abs. 2 BGB bestanden hat. Dies ist nach § 311 Abs. 3 S. 2 BGB insbesondere der Fall, wenn der Wirtschaftsprüfer für sich besonderes Vertrauen in Anspruch nimmt und dadurch die Vertragsverhandlungen oder den Vertragsschluss zwischen dem Mandanten und dem Dritten erheblich beeinflusst. Hat der Wirtschaftsprüfer seine Pflicht zur richtigen und vollständigen Prüfung des Prospektes schuldhaft verletzt, so ist er dem Anleger zum Ersatz des diesem entstandenen Schadens verpflichtet. Eine **Haftung des Wirtschaftsprüfers** kommt allerdings nur in Betracht, wenn er eine zusätzliche, von ihm persönlich ausgehende Gewähr für die Erfüllung des Geschäfts bietet, die für den Willensentschluss des anderen Teils bedeutsam ist.

> **Vortragszeit: 2/6 Minuten**

V.   Deliktische Ansprüche

Im Rahmen **deliktischer Ansprüche** ist § 823 Abs. 1 BGB regelmäßig ausgeschlossen, da kein absolutes Recht verletzt ist, sondern es sich um bloße Vermögensschäden handelt. Hat der Wirtschaftsprüfer jedoch vorsätzlich ein falsches Gutachten erstellt und damit den strafrechtlichen Tatbestand des Betruges, des Kapitalanlagebetruges oder der Untreue verwirklicht, so ist er auch den Anlegern zivilrechtlich zum Ausgleich des dadurch entstandenen Schadens nach §§ 823 Abs. 2 i.V.m. 263, 264a oder 266 StGB verpflichtet. Da diese Voraussetzungen allerdings nur schwer nachzuweisen sind, sind diese Anspruchsgrundlagen in der Praxis selten. Das erforderliche Verschulden richtet nach dem Haftungsmaßstab des verletzten Schutzgesetztes. Setzt dieses, wie z.B. beim **Betrug** gem. § 263 StGB ein vorsätzliches Handeln voraus, ist Vorsatz erforderlich. Kann dem Wirtschaftsprüfer eine vorsätzlich sittenwidrige Schädigung der Anleger nachgewiesen werden, kann § 826 BGB greifen.

> **Vortragszeit: 1/7 Minuten**

VI. Schaden

Zur Ermittlung der **Höhe des nach §§ 249 ff. BGB zu ersetzenden Schadens** ist ein rechnerischer Vergleich zu ziehen zwischen der durch das schädigende Ereignis bewirkten Vermögenslage mit derjenigen, die ohne diesen Umstand eingetreten wäre. Der geschädigte Mandant ist vermögensmäßig so zu stellen, wie dieser bei pflichtgemäßem Verhalten des Beraters stünde. Zu diesem Zweck muss die tatsächliche Gesamtvermögenslage nach der Pflichtverletzung derjenigen gegenübergestellt werden, die sich ohne den Fehler des Beraters ergeben hätte. Die Differenzrechnung darf nicht nur auf einzelne Rechnungsposten beschränkt werden, sondern erfordert einen **Gesamtvermögensvergleich**, der alle von dem haftungsbegründenden Ereignis betroffenen Vermögensdispositionen umfasst. § 323 Abs. 2 HGB sieht eine Beschränkung der Haftung von Prüfern, den an der Prüfung mitwirkenden gesetzlichen Vertretern einer Prüfungsgesellschaft sowie den Gehilfen des Prüfers auf 1 Million € vor, wenn die ersatzpflichtige Person fahrlässig gehandelt hat. Bei der Prüfung von Aktiengesellschaften, die Aktien mit amtlicher Notierung ausgegeben haben, erhöht sich diese Haftungsgrenze auf 4 Millionen €.

> **Vortragszeit: 1/8 Minuten**

VII. Verjährung

Vertragliche Mängelansprüche verjähren innerhalb von zwei Jahren, § 634a Abs. 1 Nr. 3 BGB. Die Verjährung beginnt mit der Abnahme des Werkes, § 634a Abs. 2, § 328, § 323 Abs. 1 Satz 3, § 311 Abs. 3, § 305, § 280 Abs. 1 BGB, §§ 316 ff. HGB. Schadensersatzansprüche wegen Vermögensschäden unterliegen der dreijährigen Verjährungsfrist, § 195 BGB. Nach § 199 BGB beginnt die Verjährungsfrist i.d.R. erst, wenn der Mandant oder im Einzelfall ein anspruchsberechtigter Dritter die anspruchsbegründenden Tatsachen kennt.

> **Vortragszeit: 1/9 Minuten**

VIII. Fazit

Wirtschaftsprüfer sehen sich bei der Prüfung von Jahresabschlüssen oder im Rahmen ihrer sonstigen z.B. gutachterlichen Tätigkeit umfangreichen Haftungsrisiken seitens der Mandanten aber auch Dritter ausgesetzt. Es ist wichtig, dass Sie die Risiken einschätzen und sich entsprechend dagegen absichern.

    Vielen Dank für Ihre Aufmerksamkeit.

> **Vortragszeit: 1/10 Minuten**

Vortrag 3
Der Investitionsabzugsbetrag nach § 7g EStG (Steuerrecht)

Sehr geehrte/r Frau/Herr Vorsitzende/r, sehr geehrte Prüfungskommission,
aus den mir zur Auswahl gestellten Themen habe ich mich für das Thema „**Der Investitionsabzugsbetrag nach § 7g EStG**" entschieden. Meinen Vortrag gliedere ich wie folgt:

I.	Einleitung
II.	Sachlicher, persönlicher und räumlicher Geltungsbereich
III.	Investitionsabzugsbetrag
IV.	Rechtsfolge bei Durchführung der Investition
V.	Rechtsfolge bei Nichtdurchführung der Investition
VI.	Sonderabschreibungen
VII.	Fazit

> **Vortragszeit: 0,5 Minuten**

I. Einleitung

§ 7g EStG soll die Wettbewerbssituation „kleiner und mittlerer Betriebe" dadurch verbessern, dass deren „Liquidität und Eigenkapitalbildung gestärkt wird". Die Förderung erfolgt sowohl in der „Ansparphase", d.h. während der Investitionsplanung als auch in der „Nutzungsphase" d.h. nach Anschaffung/Herstellung.

> **Vortragszeit: 0,5/1 Minuten**

II. Sachlicher, persönlicher und räumlicher Geltungsbereich

§ 7g EStG **begünstigt die geplante Anschaffung/Herstellung** von neuen oder gebrauchten abnutzbaren beweglichen Wirtschaftsgütern des Anlagevermögens, d.h. begünstigt eine Anschaffung innerhalb der Gewinneinkunftsarten. Für **immaterielle Wirtschaftsgüter**, z.B. Software, kann § 7g EStG nicht in Anspruch genommen werden, allerdings für sog. Trivialsoftware, die nach R 5.5 Abs. 1 EStR zu den abnutzbaren beweglichen und selbständig nutzbaren Wirtschaftsgütern gehört.

    § 7g EStG ist eine betriebsbezogene Begünstigung. Gefördert wird der einzelne Betrieb, bei einer Mitunternehmerschaft ist die Gesellschaft der Begünstigte, d.h. ein Gesellschafterwechsel ist grundsätzlich unschädlich. Anders verhält es sich bei einer **Investition im Sondervermögensbereich eines Gesellschafters**, hier ist der Gesellschafter der Begünstigte (BMF vom 20.11.2013, BStBl I 2013, 1493, Tz. 2).

    Das **Betriebsvermögen** des Betriebs, zu dessen Anlagevermögen das anzuschaffende/herzustellende Wirtschaftsgut zugeordnet wird, darf am Schluss des Wirtschaftsjahres, in dem die liquiditätsschonende Maßnahme vorgenommen wird („Abzugsjahr"), nicht mehr als 235.000 € betragen, § 7g Abs. 1 Satz 2 Nr. 1 Buchst. a) EStG. **§ 7g EStG** ist eine betriebsvermögensbezogene Vergünstigung. Hat der Steuerpflichtige **mehrere Betriebe**, ist für jeden Betrieb gesondert zu prüfen, ob die Grenzen des § 7g Abs. 1 Satz 2

Nr. 1 EStG überschritten werden. Bei der **Prüfung des Größenmerkmals** im Sinne von § 7g Abs. 1 Satz 2 Nr. 1 EStG sind das Gesamthandsvermögen und das Sonderbetriebsvermögen unter Berücksichtigung der Korrekturposten in den Ergänzungsbilanzen zusammenzurechnen. Außerbilanzielle Korrekturen bleiben unberücksichtigt.

Ermittelt der Steuerpflichtige seine **Einkünfte aus Gewerbebetrieb oder selbständiger Arbeit** nach § 4 Abs. 3 EStG, können Investitionsabzugsbeträge nur geltend gemacht werden, wenn der Gewinn 100.000 € nicht übersteigt. Für **Betriebe der Land- oder Forstwirtschaft gilt eine (Ersatz-)Wirtschaftswertgrenze von 125.000 €.** Ermittelt ein solcher Betrieb seine Einkünfte aus Land- und Forstwirtschaft nach § 4 Abs. 3 EStG, reicht es aus, wenn entweder die Gewinngrenze von 100.000 € oder der Wirtschaftswert/Ersatzwirtschaftswert nicht überschritten wird.

Ein **Überschreiten der Grenzen** im weiteren Verlauf des Investitionszeitraums beeinträchtigt die frühere Inanspruchnahme der Begünstigung nicht; umgekehrt eröffnet ein späteres Unterschreiten der Grenze nicht die Begünstigung rückwirkend.

> **Vortragszeit: 2/3 Minuten**

III. Investitionsabzugsbetrag, § 7g Abs. 1–4, 7 EStG

Als **Investitionsabzugsbetrag** können bis zu 40 % der voraussichtlichen Anschaffungs- oder Herstellungskosten gewinnmindernd geltend gemacht werden. Der Investitionsabzugsbetrag kann nur in Anspruch genommen werden, wenn der Steuerpflichtige beabsichtigt, das begünstigte Wirtschaftsgut voraussichtlich in einem der dem Abzugsjahr folgenden drei Wirtschaftsjahre anzuschaffen oder herzustellen.

Neben der Angabe der voraussichtlichen Anschaffungs- oder Herstellungskosten hat der Steuerpflichtige das Wirtschaftsgut seiner Funktion nach zu benennen, § 7g Abs. 1 Satz 2 Nr. 3 EStG. Hierfür reicht es aus, die betriebsinterne Bestimmung stichwortartig darzulegen. Dabei muss erkennbar sein, für welchen Zweck das Wirtschaftsgut angeschafft oder hergestellt werden soll. Lässt sich die geplante Investition einer stichwortartigen Bezeichnung zuordnen, aus der sich die Funktion des Wirtschaftsgutes ergibt, reicht die Angabe dieses Stichwortes aus. Allgemeine Bezeichnungen, aus denen sich die Funktion des Wirtschaftsgutes nicht hinreichend bestimmen lässt (z.B. „Maschinen" oder „Fuhrpark"), sind dagegen nicht zulässig.

Bei einer **Funktionsbeschreibung** oder der Verwendung einer zulässigen stichwortartigen Bezeichnung ist der jeweilige Investitionsabzugsbetrag grundsätzlich für jedes einzelne Wirtschaftsgut gesondert zu dokumentieren. Die **Vorlage eines Investitionsplanes** oder eine feste Bestellung eines bestimmten Wirtschaftsgutes ist nicht erforderlich. Eine Zusammenfassung mehrerer funktionsgleicher Wirtschaftsgüter, deren voraussichtliche Anschaffungs- oder Herstellungskosten übereinstimmen, ist zulässig. Dabei ist die Anzahl dieser Wirtschaftsgüter anzugeben. Bei einem neu gegründeten Betrieb ist anhand geeigneter Unterlagen wie beispielsweise Kostenvoranschlägen, Informationsmaterial, konkreten Verhandlungen oder verbindlichen Bestellungen die Investitionsabsicht am Bilanzstichtag darzulegen.

Nach dem Steueränderungsgesetz 2015 wird auf die **Funktionsbeschreibung verzichtet**: Die Anwendung erfolgt auf Investitionsabzugsbeträge, die in nach dem 31.12.2015 endenden Wirtschaftsjahren in Anspruch genommen werden, § 52 Abs. 16 Satz 1 EStG. Nach der Neuregelung kann der Steuerpflichtige – nunmehr ohne weitere Angaben – Abzugsbeträge abziehen. Allerdings muss der Steuerpflichtige die Summe aller Abzugsbeträge bzw. der rückgängig gemachten oder hinzugerechneten Beträge nach amtlich vorgeschriebenen Datensätzen durch Datenfernübertragung übermitteln.

Die **Inanspruchnahme eines Investitionsabzugsbetrages** setzt voraus, dass das begünstigte Wirtschaftsgut mindestens bis zum Ende des dem Wirtschaftsjahr der Anschaffung oder Herstellung folgenden Wirtschaftsjahres (Verbleibens- und Nutzungszeitraum) in einer inländischen Betriebsstätte des Betriebes ausschließlich oder fast ausschließlich betrieblich genutzt wird (§ 7g Abs. 1 Satz 2 Nr. 2 Buchst. b EStG).

Ein **Wirtschaftsgut wird ausschließlich oder fast ausschließlich betrieblich genutzt**, wenn es der Steuerpflichtige zu nicht mehr als 10 % privat nutzt (BMF vom 20.11.2013, BStBl I 2013, 1493). Wird eine **Fotovoltaikanlage** gewerblich betrieben, ist der private Verbrauch des Stroms keine schädliche außerbetriebliche Nutzung im Sinne des § 7g EStG, sondern eine Sachentnahme des produzierten Stroms, auch soweit für den selbst verbrauchten Strom keine Vergütung mehr gezahlt wird.

Die Summe der am Ende des Wirtschaftsjahres in Anspruch genommenen Investitionsabzugsbeträge darf je Betrieb 200.000 € nicht übersteigen, § 7g Abs. 1 S. 4 EStG. Dieser Betrag vermindert sich um die in den drei vorangegangenen Wirtschaftsjahren berücksichtigten Abzugsbeträge nach § 7g Abs. 1 EStG, die noch „vorhanden" sind.

> **Vortragszeit: 2/5 Minuten**

IV. Rechtsfolge bei Durchführung der geplanten Investition, § 7g Abs. 2 EStG

Der **Gewinn des Wirtschaftsjahres der Investition** des begünstigten Wirtschaftsgutes ist zwingend um 40 % der tatsächlichen Anschaffungs- oder Herstellungskosten, höchstens jedoch in Höhe des für diese Investition nach § 7g Abs. 1 EStG geltend gemachten Abzugsbetrages, zu erhöhen. Soweit der für das begünstigte Wirtschaftsgut beanspruchte Investitionsabzugsbetrag den Hinzurechnungsbetrag übersteigt, kann der übersteigende Betrag für innerhalb des verbleibenden Investitionszeitraumes nachträglich anfallende Anschaffungs- oder Herstellungskosten beansprucht werden.

Liegen die Voraussetzungen für die Inanspruchnahme eines Investitionsabzugsbetrages nach § 7g Abs. 1 EStG vor, kann der **Gewinn im Sinne von § 2 Abs. 2 Satz 1 Nr. 1 EStG** entsprechend gemindert werden. Bei einer Gewinnermittlung nach § 4 Abs. 1 oder § 5 EStG erfolgt der Abzug außerhalb der Bilanz. Die notwendigen Angaben zur Funktion des begünstigten Wirtschaftsgutes und zur Höhe der voraussichtlichen Anschaffungs- oder Herstellungskosten müssen sich aus den gemäß § 60 EStDV der Steuererklärung beizufügenden Unterlagen ergeben. Zum Ausgleich der Gewinnerhöhung durch die Hinzurechnung des Investitionsabzugsbetrages können die tatsächlichen Anschaffungs- oder Herstellungskosten des begünstigten Wirtschaftsgutes im Wirtschaftsjahr der Anschaffung oder Herstellung um bis zu 40 % gewinnmindernd herabgesetzt werden (Buchung bei Bilanzierung: a. o. Aufwand/Wirtschaftsgut).

Das gilt nicht bei einer **Ermittlung des Gewinns aus Land- und Forstwirtschaft nach Durchschnittssätzen** (§ 13a EStG). Die Minderung ist beschränkt auf die Hinzurechnung nach § 7g Abs. 2 Satz 1 EStG. Damit wird im Ergebnis – entsprechend dem Sinn und Zweck des § 7g EStG – Abschreibungsvolumen in einem Jahr vor der tatsächlichen Investition gewinnmindernd berücksichtigt.

> **Vortragszeit: 2/7 Minuten**

V. Rechtsfolgen bei Nichtdurchführung der geplanten Investition, § 7g Abs. 3, 4 EStG

Wird nicht wie geplant investiert, ist der bereits gewährte Investitionsabzugsbetrag rückgängig zu machen (**§ 7g** Abs. 3 EStG). Wird nicht in ausreichender Höhe investiert, ist der Investitionsabzugsbetrag teilweise rückgängig zu machen. Ein Investitionsabzugsbetrag ist bereits vor dem Ende des Investitionszeitraums vollumfänglich rückgängig zu machen, wenn der Steuerpflichtige vorzeitig von der geplanten und begünstigten Investition Abstand nimmt oder das Wirtschaftsgut tatsächlich nicht innerhalb des Investitionszeitraums angeschafft oder hergestellt wird. Verfahrensrechtlich ist der Steuerbescheid im Abzugsjahr nach § 164 oder § 175 Abs. 1 Satz 1 Nr. 2 AO rückwirkend zu berichtigen. Dies löst eine Verzinsung der **Steuernachforderung nach § 233a AO** aus. Aufgrund ausdrücklicher nachträglich eingefügter Regelung in § 7g Abs. 3 S. 4 ESG gilt die 15-monatige Karenzzeit des § 233a AO nicht. Kommt es zu einer von der Prognose abweichenden tatsächlichen Nutzung innerhalb der genannten Frist sind die Begünstigungen des Investitionsabzugsbetrages ebenfalls rückgängig zu machen, § 7g Abs. 4 EStG.

> **Vortragszeit: 1/8 Minuten**

VI. Sonderabschreibung, § 7g Abs. 5, 6, 7 EStG

Ein Betrieb, der am Ende des der Anschaffung/Herstellung des Wirtschaftsguts vorangegangenen Jahres die in Kap. II genannten Größenmerkmale (z.B. BV von 235.000 €) nicht überschreitet, kann unabhängig davon, ob er für das Wirtschaftsgut den Investitionsabzugsbetrag in Anspruch genommen hat, 20 % der Anschaffungs- bzw. Herstellungskosten als **Sonderabschreibung** geltend machen. Der **Begünstigungszeitraum** beträgt fünf Jahre (Jahr der Anschaffung/Herstellung und die vier folgenden Jahre). Die Sonderabschreibung kann neben der gesetzlich vorgegebenen AfA gem. § 7 Abs. 1 EStG, oder soweit zeitlich anwendbar nach § 7 Abs. 2 EStG nach freier Wahl in Anspruch genommen werden. Die Sonderabschreibung ist von den ggf. in Höhe des aufgelösten Investitionsabzugsbetrages gekürzten Anschaffungs- bzw. Herstellungskosten vorzunehmen. Sind Sonderabschreibungen vorgenommen worden, bemessen sich nach Ablauf des Begünstigungszeitraums (Jahr der Anschaffung und vier Folgejahre) die Absetzungen für Abnutzung nach dem ggf. noch vorhandenen Restwert und der Restnutzungsdauer, § 7a Abs. 9 EStG.

> **Vortragszeit: 1/9 Minuten**

VII. Fazit

§ 7g EStG bietet durch die **Kombination von Investitionsabzugsbetrag in der Ansparphase und Sonderabschreibungen in der Nutzungsphase** für kleinere und mittlere Betriebe steuerliche Anreize um betriebsnotwendige Investitionen vorzunehmen. Durch gesetzliche Restriktionen, z.B. das Erfordernis der ausschließlichen betriebliche Nutzung oder die Verzinsungsnachteile bei einer möglicherweise zunächst wirklich beabsichtigten, dann aber nicht mehr möglichen oder sinnvollen Investition wird die Fördermöglichkeit zunehmend weniger genutzt.

Vielen Dank für Ihre Aufmerksamkeit.

> **Vortragszeit: 1/10 Minuten**

Vortrag 4
Besitz und Eigentum – Gemeinsamkeiten und Unterschiede (Wirtschaftsrecht)

Sehr geehrte/r Frau/Herr Vorsitzende/r, sehr geehrte Prüfungskommission,
aus den mir zur Auswahl gestellten Themen habe ich mich für das Thema „**Besitz und Eigentum – Gemeinsamkeiten und Unterschiede**" entschieden. Meinen Vortrag gliedere ich wie folgt:

I.	Einleitung
II.	Gemeinsamkeiten Eigentum – Besitz
III.	Unterschiede Eigentum – Besitz
IV.	Arten des Eigentums
V.	Erwerb und Schutz des Eigentums
VI.	Arten des Besitzes
VII.	Erwerb und Schutz des Besitzes
VIII.	Fazit

> **Vortragszeit: 0,5 Minuten**

I. Einleitung

Eigentum und Besitz sind die zentralen Begriffe des **Sachenrechts** und in den §§ 903–1011 BGB (Eigentum) bzw. in den §§ 854–872 BGB (Besitz) gesetzlich geregelt.

Eigentum stellt das umfassendste dingliche Recht dar, das an Sachen, seien sie beweglich (Fahrnis) oder unbeweglich (Grundstücke, Immobilien), bestehen kann. Es beinhaltet gemäß § 903 BGB die rechtliche Herrschaft über eine Sache. Als **absolutes Recht** wirkt es gegenüber jedermann. Das Eigentum wird durch Art. 14 Grundgesetz garantiert und ist ein elementares Grundrecht. Mit der Anerkennung des Privateigentums nicht nur an den persönlichen Bedarfsgütern, sondern auch an Grund und Boden sowie Produktionsmitteln stellt das Sachenrecht zugleich die Basis des marktwirtschaftlichen Systems dar, das die Investitions- und Produktionsentscheidungen in die Hand der einzelnen Privateigentümer gibt.

Besitz dagegen ist kein Recht sondern lediglich die tatsächliche Herrschaft über eine Sache (§ 854 BGB). Ohne dass er ein Rechtsverhältnis darstellt, wird er jedoch in verschiedener Hinsicht wie ein Recht behandelt, z.B. durch den Besitzschutz gemäß §§ 858 ff. BGB („verbotene Eigenmacht") oder als sonstiges Recht im Sinne von § 823 Abs. 1 BGB.

> **Vortragszeit: 1/1,5 Minuten**

II. Gemeinsamkeiten Eigentum – Besitz

Beide Rechtsbegriffe sind gesetzlich im Sachenrecht, dem 3. Buch des BGB geregelt. Sowohl das Eigentum wie auch der Besitz werden gegen unrechtmäßige Beeinträchtigungen geschützt, §§ 985 ff., 1004 BGB einerseits und §§ 858 ff. BGB andererseits. **Verletzungen von Eigentum und Besitz** können Schadensersatzverpflichtungen gemäß § 823 Abs. 1 BGB zur Folge haben.

> **Vortragszeit: 0,5/2 Minuten**

III. Unterschiede Eigentum – Besitz

Im Gegensatz zum Eigentum stellt der Besitz kein dingliches und absolutes Recht dar. Der Besitz ist auch nicht durch das Grundgesetz geschützt. Abgesehen von gesetzlich geregelten Fällen (z.B. durch Verarbeitung, § 950 BGB, oder Vonselbsterwerb, § 1922 BGB) erfolgt der Erwerb von Eigentum durch **Rechtsgeschäft**, §§ 929 ff., 873 BGB, der Erwerb von Besitz dagegen nicht rechtsgeschäftlich, sondern mittels **Erlangung der tatsächlichen Sachherrschaft**. Eine Ausnahme hiervon stellt die Einigung nach § 854 Abs. 2 BGB dar, die nach h.M. ein Rechtsgeschäft ist.

> **Vortragszeit: 0,5/2,5 Minuten**

IV. Arten des Eigentums

1. Alleineigentum – Miteigentum – Gesamthandeigentum

Im Falle des Alleineigentums steht das **subjektive Eigentumsrecht** einem einzigen Berechtigten, im Falle des Miteigentums mehreren Berechtigten zu. Im letzten Fall wird zwischen Miteigentum nach Bruchteilen und Gesamthandseigentum unterschieden.

Beim **Miteigentum** steht zwei oder mehr Personen ein Bruchteil an der Sache zu, § 1008 BGB. Das heißt nicht, dass die Sache real zwischen ihnen geteilt ist, sondern jeder zu einem gedanklich-rechnerischen Anteil an der Sache beteiligt ist (sog. ideeller Bruchteil). Sie bilden eine **Bruchteilsgemeinschaft** im Sinne der §§ 741 ff. BGB: Jeder kann die gemeinsame Sache soweit nutzen als nicht der Mitgebrauch der anderen Teilhaber beeinträchtigt wird, § 743 II BGB. Die Verwaltung steht den Miteigentümern gemeinschaftlich zu, § 744 I BGB. Lasten und Kosten müssen anteilsmäßig getragen werden, § 748 BGB. Jeder kann über seinen Anteil verfügen, über den ganzen Gegenstand können nur alle gemeinschaftlich verfügen, § 747 BGB. Beim **Gesamthandseigentum** – gesetzliche Fälle: Gesellschaftsvermögen (§§ 718, 719 BGB), eheliche Gütergemeinschaft und Miterbengemeinschaft – sind die zwei oder mehreren Miteigentümer nicht quotenmäßig mit einem bestimmten Anteil an dem einzelnen Vermögensgegenstand beteiligt. Dieser steht vielmehr allen Miteigentümern zur gesamten Hand zu, diese können nicht über ihren Anteil an der einzelnen Sache selbständig verfügen, § 719 BGB.

Beim Gesamthandseigentum sind alle gemeinsame Eigentümer des gesamten Gegenstandes und nicht nur eines Bruchteils. Eine Verfügung über den Anteil ist ausgeschlossen: Alle können nur gemeinschaftlich über die ganze Sache verfügen. Das BGB kennt drei **Gesamthandsgemeinschaften mit Gesamthandseigentum**:

- Personengesellschaften (GbR, oHG, KG), vgl. §§ 718 ff. BGB, §§ 105 ff. HGB,
- die eheliche Gütergemeinschaft, vgl. §§ 1416, 1419 BGB,
- die Erbengemeinschaft, vgl. §§ 2032 ff. BGB.

2.   Wohnungseigentum, Sondereigentum und Teileigentum

Wohnungseigentum ist eine spezielle Form des Eigentums an einer einzelnen Wohnung. Es wird durch Eintragung in das Grundbuch begründet, d.h. jede Wohnung erhält bei der Begründung ein eigenes Grundbuchblatt und kann damit wie jede andere Immobilie verkauft, verschenkt oder belastet werden.

Teileigentum ist das Sondereigentum an nicht zu Wohnzwecken dienenden Räumen eines Gebäudes in Verbindung mit dem Miteigentumsanteil an dem gemeinschaftlichen Eigentum, zu dem es gehört und ist in § 1 Abs. 3 WEG geregelt.

Teileigentum ist ein Parallelbegriff zu Wohnungseigentum. Im Unterschied zum Wohnungseigentum geht es dabei um Räume, die nicht zu Wohnzwecken dienen. **Nicht zu Wohnzwecken dienende Räume** sind z.B. Ladengeschäfte, Praxis-, Büro- oder Kellerräume und häufig Garagen.

3.   Treuhandeigentum

Der Treuhandeigentümer ist **Volleigentümer** wie der Alleineigentümer, jedoch aufgrund des Treuhandverhältnisses schuldrechtlich gegenüber dem Treugeber gebunden, mit dem Treuhandeigentum nach Maßgabe des Treuhandauftrages zu verfahren.

Zu unterscheiden sind die **uneigennützige Treuhand** und die **eigennützige Treuhand**. Im ersteren Fall (Verwaltungstreuhand) darf der Treuhandeigentümer das Eigentum nur zu Zwecken nutzen, die den Interessen des Treugebers als dem wirtschaftlichen Eigentümer dienen (Beispiel: Investment-Fonds aufgrund des Gesetzes über Kapitalanlagegesellschaften). Im letzteren Fall kann die Treuhandsache nach Maßgabe des Treuhandvertrages auch in gewissem Umfang den Interessen des Treuhänders dienen, z.B. bei der sog. Sicherungstreuhand (Beispiel: Sicherungsübereignung).

4.   Geistiges Eigentum

Unter geistigem Eigentum versteht man im Gegensatz zum Sacheigentum das „Eigentum" im Sinne von Herrschaftsrechten an unkörperlichen Gegenständen wie z.B. Patent- und Urheberrechten an Erfindungen oder geistigen Schöpfungen sowie Markenrechten an Namen oder Schutzrechte an Gebrauchs- und Geschmackmustern.

5.   Wirtschaftliches Eigentum

Der **Begriff des wirtschaftlichen Eigentums**, § 246 HGB bzw. § 39 Abs. 2 AO spielt dort eine Rolle, wo das formelle Eigentum an einer Sache und die Verfügungsmacht über die Sache auseinander-fallen wie z.B. bei der Sicherungsübereignung, beim Leasing oder beim Eigentumsvorbehalt. Insbesondere im Bilanzrecht und im Steuerrecht stellt sich die Frage, ob und welche Rechtsfolgen sich aus rechtlichen Position des Sicherungsgebers, des Leasingnehmers oder des Vorbehaltskäufers, die nicht „rechtliche" Eigentümer der Sache sind, im Sinne eines wirtschaftlichen Eigentums ergeben können. Der Bundesgerichtshof ist mit der Annahme eines solchen „wirtschaftlichen" Eigentums zurückhaltend.

6.   Vorbehaltseigentum

So wird das beim Verkäufer verbleibende Eigentum an der Kaufsache im Fall des **Kaufs unter Eigentumsvorbehalt** gemäß § 449 BGB bezeichnet. Der Käufer erwirbt mit der (aufschiebend) bedingten Übereignung eine rechtlich geschützte, dingliche Anwartschaft, einer Vorstufe zum Vollrecht Eigentum.

> **Vortragszeit: 2,5/5 Minuten**

V.   Erwerb und Schutz des Eigentums

1.   Erwerb

Der **Eigentumserwerb** geschieht durch Rechtsgeschäft oder aufgrund gesetzlicher Regelung. Er ist, je nachdem, ob es sich um bewegliche Sachen oder unbewegliche Sachen handelt, an unterschiedliche Voraussetzungen geknüpft.

Durch die Übereignung wird das Eigentum an einer Sache von einer Person auf eine andere übertragen. Handelt es sich dabei um eine bewegliche Sache, so richten sich die Voraussetzungen der Übereignung nach den §§ 929 ff. BGB. Danach hat der der berechtigte Eigentümer die Sache dem Erwerber zu übergeben und beide müssen darüber einig sein, dass das Eigentum übergehen soll.

Liegt eine Berechtigung des Verfügenden zur Übertragung des Eigentums nicht vor, kann gleichwohl ein Eigentumserwerb stattfinden, sofern die Voraussetzungen eines **gutgläubigen Erwerbs** gem. §§ 932–936 BGB vorliegen. Der gute Glaube des Erwerbers wird vermutet. Er ist nicht gegeben, wenn der Erwerber bei Besitzerhalt weiß oder grob fahrlässig nicht erkannt hat, dass der Veräußerer nicht Eigentümer ist, § 932 Abs. 2 BGB. Ein gutgläubiger Erwerb ist ausgeschlossen, wenn die Sache dem Eigentümer gestohlen worden, verloren gegangen oder ansonsten abhandengekommen ist, § 935 BGB.

Kraft Gesetzes findet bei **beweglichen Sachen ein Eigentumserwerb** in folgenden Fällen statt:
* der Ersitzung (§§ 937 ff. BGB),
* der Verbindung, Vermischung, Verarbeitung (§§ 946 ff. BGB),
* bei Aneignung herrenloser Sachen (§§ 958 ff. BGB),
* beim Fund (§§ 965 ff. BGB),
* sowie im Erbfall (§ 1922 BGB).

Bei Grundstücken ist zur rechtsgeschäftlichen Eigentumsübertragung ebenfalls eine Einigung zwischen Veräußerer und Erwerber über den Eigentumsübergang nötig. Diese Einigung ist nur wirksam, wenn sie vor einem Notar erfolgt, § 925 BGB, sog. **Auflassung**. Sie muss bei gleichzeitiger Anwesenheit beider Teile vor dem Notar erklärt und von diesem nach den Regeln des Beurkundungsgesetzes beurkundet werden. Dabei können die Parteien sich auch vertreten lassen.

Ferner ist für den rechtsgeschäftlichen Eigentumserwerb die **Eintragung der Rechtsänderung im Grundbuch** erforderlich, d.h. diese hat konstitutive Wirkung.

2. Eigentumsschutz
Das Eigentum wird zivilrechtlich in mehrfacher Hinsicht vor **unzulässigen Eingriffen Dritter** geschützt, z.B. durch:
* den Schadensersatzanspruch gegen den Schädiger nach § 823 Abs. 1 BGB bei einer Eigentumsverletzung oder -entziehung,
* den Eigentumsherausgabeanspruch nach §§ 985, 986 BGB gegen den nichtberechtigten Besitzer im Falle der Besitzentziehung,
* Nutzungsherausgabe- und Schadensersatzansprüche nach §§ 987 ff. BGB gegen den unberechtigten Besitzer,
* den Beseitigungs- und Unterlassungsanspruch nach § 1004 BGB gegen den Störer im Falle einer Besitzstörung.

> **Vortragszeit: 2/7 Minuten**

VI. Arten des Besitzes
1. Eigen- und Fremdbesitz, Besitzdiener
Der **Eigenbesitzer** besitzt eine Sache als ihm gehörend, § 872 BGB. Fremdbesitzer ist dagegen, wer bei seinem Besitz einen anderen als Eigenbesitzer oder sonst besser Berechtigten anerkennt. Dies ist so beispielsweise im Fall des Mieters im Verhältnis zum Vermieter.

Der **Besitzdiener** ist weder Eigen- noch Fremdbesitzer, § 855 BGB.

2. Unmittelbarer – mittelbarer Besitz
Der **unmittelbare Besitzer** übt selbst die tatsächliche Sachherrschaft aus, § 854 BGB, der mittelbare Besitzer (§ 868 BGB) dagegen nicht. Dieser kann nicht direkt auf die Sache zugreifen. Ihm ist der unmittelbare Besitzer als sog. **Besitzmittler** „vorgeschaltet". Zwischen beiden besteht ein vorübergehendes Besitzmitt-

lungsverhältnis wie z.B. im Rahmen eines Miet-. Pacht- oder Verwahrungsverhältnisses. Auch der (nur) mittelbare Besitz wird rechtlich geschützt, z.B. gegen verbotene Eigenmacht, vgl. § 869 BGB.

3.   Alleinbesitz und Mitbesitz, Teilbesitz

Während der Alleinbesitzer die Sache allein besitzt, besitzen im Falle des Mitbesitzes mehrere Berechtigte die ganze Sache gemeinschaftlich, § 866 BGB. Beim **schlichten Mitbesitz** ist die Sache jedem Mitbesitzer allein (z.B. Fahrstuhl oder Waschküche), beim **qualifizierten Mitbesitz** nur mehreren Mitbesitzern gemeinsam zugänglich (z.B. Mitverschluss bei einem Schließfach). Ein **gesamthänderischer Mitbesitz** liegt beispielsweise dann vor, wenn eine Erbengemeinschaft eine Sache vermietet.

Teilbesitz liegt vor, wenn jemand nur einen Teil einer Sache, z.B. einzelne abgesonderte Räume eines Gebäudes oder einer Wohnung besitzt, § 865 BGB.

> **Vortragszeit: 1/8 Minuten**

VI.   Erwerb und Schutz des Besitzes
1.   Erwerb

Zum **Erwerb des Besitzes** sind die Erlangung der tatsächlichen Gewalt und ein Sachbeherrschungswille nötig. Dabei genügt ein genereller, nicht auf eine bestimmte Sache gerichteter Wille. Ein Beispiel für den generellen Besitzwillen ist der Briefkasten, für alle eingeworfenen Briefe etc.

Der **Besitz geht verloren** durch die bewusste Aufgabe der tatsächlichen Gewalt oder einen sonstigen Verlust der tatsächlichen Gewalt, § 856 BGB.

2.   Besitzschutz

Ungeachtet der Rechtsqualität des Besitzes, wird er rechtlich vor Störungen, Entzug, unrechtmäßiger Nutzung oder Beschädigung umfassend geschützt. Zu erwähnen sind z.B. die nachfolgenden Ansprüche:
- die Vorschriften über die ungerechtfertigte Bereicherung nach §§ 812 ff. BGB sowie
- die Schadensersatzregelungen der §§ 823 ff. BGB,
- die spezifischen Besitzschutzansprüche nach §§ 859 ff. BGB.

> **Vortragszeit: 1/9 Minuten**

VII. Fazit

Das Gesetz unterscheidet zwischen dem Eigentümer und dem Besitzer. Eigentum und Besitz sind zu differenzieren. Ein Besitzer ist derjenige, in dessen Einflussbereich sich die Sache befindet und der deshalb auf sie zugreifen kann. Der Besitzer darf mit der Sache jedoch nicht alles machen, was er möchte, sondern nur das, was der Eigentümer ihm erlaubt hat. Zwischen verschiedenen Arten des Eigentums und des Besitzes ist zu differenzieren. Ebenso ergeben sich Unterschiede beim Erwerb und dem Rechtsschutz betreffend Eigentum und Besitz.

Vielen Dank für Ihre Aufmerksamkeit.

> **Vortragszeit: 1/10 Minuten**

Vortrag 5
Die Bilanzierung entgeltlich erworbener Software in der Handelsbilanz (Prüfungswesen)

Sehr geehrte/r Frau/Herr Vorsitzende/r, sehr geehrte Prüfungskommission,
aus den mir zur Auswahl gestellten Themen habe ich mich für das Thema „**Die Bilanzierung entgeltlich erworbener Software in der Handelsbilanz**" entschieden. Meinen Vortrag gliedere ich wie folgt:

I.	Einleitung und Begriffsbestimmungen (Softwarearten)
II.	Klassifizierung der Software
III.	Einstufung der Software als immaterieller oder materieller Vermögensgegenstand des Anlagevermögens
IV.	Abgrenzung zwischen Anschaffungs- und Herstellungskosten
V.	Investitionen in bestehende Software
VI.	Bewertung der Software
VII.	Fazit

Vortragszeit: 0,5 Minuten

I. Einleitung und Begriffsbestimmungen (Softwarearten)
Die **bilanzielle Behandlung von Software** ist in der handels- und steuerrechtlichen Bilanzierungspraxis und im Rahmen der Jahresabschlussprüfung ein bedeutsames Thema, da es sich regelmäßig um wesentliche Investitionen handelt. Zentrales Problem der bilanziellen Behandlung entgeltlich erworbener Software ist die Abgrenzung zwischen Herstellung und Anschaffung. Ist von einer Anschaffung auszugehen, müssen die Anschaffungskosten aktiviert und mit der betriebsgewöhnlichen Nutzungsdauer abgeschrieben werden. Ist jedoch von einer Herstellung der Software auszugehen, so greift das Aktivierungsverbot von § 248 Abs. 2 HGB und § 5 Abs. 2 EStG. Folglich müssen die Aufwendungen in der Entstehungsperiode gewinnmindernd angesetzt werden.

Vortragszeit: 1/1,5 Minuten

II. Klassifizierung der Software
Der IDW RS HFA 11 vom 23.06.2010 behandelt die Frage, unter welchen Voraussetzungen und in welcher Höhe Ausgaben, die im Zusammenhang mit Software anfallen, im handelsrechtlichen Abschluss des Softwareanwenders zu aktivieren oder sofort als Aufwand zu erfassen sind. Die Frage stellt sich, wenn der Softwareanwender von dem Aktivierungswahlrecht für selbst geschaffene immaterielle Vermögensgegenstände des Anlagevermögens nach § 248 Abs. 2 Satz 1 HGB keinen Gebrauch macht, z.B. weil er insoweit eine einheitliche Vorgehensweise in Handels- und Steuerbilanz anstrebt.

   Zunächst ist zu differenzieren, ob es sich bei den Computerprogrammen um **materielle oder immaterielle Vermögensgegenstände des Anlagevermögens** handelt. Bei letzteren, ist im Hinblick auf § 248 Abs. 2 HGB zu klären, ob diese entgeltlich erworben oder selbst geschaffen worden sind. Soweit entgeltlich erworbene immaterielle Vermögensgegenständen vorliegen, ist weiterhin der Umfang der aktivierungspflichtigen Anschaffungskosten zu klären.

   Der Standard klassifiziert folgende Softwarearten:
1. **Firmware**, d.h. mit dem Computer fest verbundene, in das Gerät eingebettete Programmbausteine, die die Grundfunktionen des Computers steuern und die Hardware miteinander verbinden.
2. **Systemsoftware**, d.h. die Gesamtheit der im Betriebssystem zusammengefassten Programme, die die Ressourcen des Computers verwalten, Programmabläufe steuern und Befehle der Benutzer ausführen,

aber unmittelbar keiner konkreten praktischen Anwendung dienen); die genutzte Systemsoftware kann jederzeit gelöscht oder durch andere Systemsoftware ersetzt werden.

3. **Anwendungssoftware**, d.h. alle Anwendungsprogramme, die die Datenverarbeitungsaufgaben des Anwenders lösen. Bei der Anwendungssoftware lassen sich Individual- und Standardsoftware unterscheiden. Während Individualsoftware ausschließlich für die Bedürfnisse eines bestimmten Anwenders entwickelt wird, ist Standardsoftware für den Einsatz bei einer Vielzahl von Anwendern konzipiert.

> **Vortragszeit: 2/3,5 Minuten**

III. Einstufung der Software als immaterieller oder materieller Vermögensgegenstand des Anlagevermögens

Die Bilanzierung von Software als immaterieller oder materieller Vermögensgegenstand richtet sich nach der vorgenannten Klassifizierung der Software.

Firmware ist als unselbständiger Teil der Hardware als Sachanlagevermögen zu aktivieren.

System- oder Anwendungssoftware sind hingegen aufgrund ihrer selbstständigen Verwertbarkeit grundsätzlich losgelöst von der Hardware als immaterielle Vermögensgegenstände zu bilanzieren. Dies gilt selbst dann, wenn sie für eine ganz bestimmte Datenverarbeitungsanlage angeschafft werden und ohne diese nicht nutzbar sind. Durch das Einspeisen in den Computer verlieren sie nicht ihre Eigenschaft als selbstständiger Vermögensgegenstand.

Beim sog. **Bundling** wird die Systemsoftware zusammen mit der Hardware ohne gesonderte Berechnung erworben. Kann man das Entgelt in dem Fall nicht aufteilen, etwa weil Hardware und Systemsoftware am Markt nicht einzeln gehandelt werden, ist die Software zusammen mit der Hardware wie ein einheitlicher Vermögensgegenstand des Sachanlagevermögens zu behandeln.

Anwendungssoftware ist ebenfalls grundsätzlich als immaterieller Vermögensgegenstand zu aktivieren. Ausnahmsweise liegt ein materieller Vermögensgegenstand vor, wenn bei ihrer Verwendung weder aus ihrem Inhalt resultierende besondere wirtschaftliche Vorteile noch die Fähigkeit der Software zur Steuerung von Abläufen im Vordergrund stehen; dies gilt insbesondere, wenn Software allgemein zugängliche Datenbestände auf einem Datenträger enthält (z.B. Telefon- oder Kursbücher in elektronischer Form). Bei diesen kann entsprechend den ertragsteuerlichen Vorgaben der Finanzverwaltung (H 6.13 EStH ABC der nichtselbständigen Wirtschaftsgüter „Trivialsoftware") die Vereinfachungsmöglichkeit für geringwertige Wirtschaftsgüter auch für Software in Anspruch genommen werden, die nach den genannten Grundsätzen zu den immateriellen Vermögensgegenständen gehören würden.

> **Vortragszeit: 1,5/5 Minuten**

IV. Abgrenzung zwischen Anschaffungs- und Herstellungskosten

Ist **Software entgeltlich erworben** worden, liegen regelmäßig aktivierungspflichtige Anschaffungskosten vor, § 255 Abs. 1 HGB. In Einzelfällen können sich Herstellungskosten i.S.v. § 255 Abs. 2 HGB ergeben, wenn im Rahmen der Neuimplementierung oder Veränderung von Software immaterielle Vermögensgegenstände des Anlagevermögens durch den Bilanzierenden selbst geschaffen werden. In diesem Falle besteht ein Aktivierungswahlrecht gemäß § 248 Abs. 2 Satz 1 HGB.

Bei **Individualsoftware** kommt eine Herstellung in Betracht, wenn der Anwender das Herstellungsrisiko trägt. Die Eigenherstellung setzt den Einsatz eigener materieller und personeller Ressourcen des Softwareanwenders voraus (z.B. die eigene IT-Abteilung). Diese ist auch dann nicht ausgeschlossen, wenn der bilanzierende Softwareanwender mit einem Softwareanbieter einen Dienstvertrag geschlossen hat und der Softwareanbieter ihn bei der Erstellung der Software unterstützt hat. Hier trägt der Anwender das wirtschaftliche Risiko einer nicht erfolgreichen Realisierung des Projekts. Wird hingegen ein Werkvertrag mit dem Softwareanbieter geschlossen, so liegt aus der Sicht des bilanzierenden Anwenders ein Anschaffungsvorgang vor, sofern das Herstellungsrisiko beim Softwareanbieter verbleibt.

Erwirbt der Softwareanwender im Rahmen einer Erstellung von Individualsoftware vom Softwareanbieter **Teile der Software**, so sind die hieraus resultierenden Anschaffungskosten nur dann selbständig zu aktivieren, wenn die erworbenen Programmteile auch künftig selbständig genutzt werden könnten. Nimmt der Anwender **Maßnahmen zur Erweiterung oder Verbesserung von Software** vor, gelten die gleichen Grundsätze. Liegt das wirtschaftliche Risiko einer erfolgreichen Realisierung der Erweiterungs- oder Verbesserungsmaßnahmen beim Softwareanwender, so handelt es sich um nachträgliche Herstellungskosten, was ein Aktivierungswahlrecht zur Folge hat.

Aufgrund des **Grundsatzes der Ansatzstetigkeit gem. § 246 Abs. 3 HGB** ist der Bilanzierende bei Maßnahmen zur Erweiterung oder wesentlicher Verbesserung von Software an den Ansatz, den er bei Zugang der Software getroffen hat, gebunden.

Erworbene Standardsoftware ist mit den Anschaffungskosten zu aktivieren. Wenn die zuvor käuflich erworbene Standardsoftware an die betrieblichen Erfordernisse des Softwareanwenders angepasst wurde, ist zu prüfen, ob die Standardsoftware dabei eine sog. Wesensänderung vollzogen hat und der Bilanzierende einen neuen immateriellen Vermögensgegenstand des Anlagevermögens selbst geschaffen hat. In diesem Fall liegen Herstellungskosten vor und die Standardsoftware wird zur Individualsoftware.

Auch beim sog. **Customizing**, d.h. Aufwendungen, die dem Softwareanwender bei der Einbettung der Software in das individuelle betriebliche Umfeld z.B. in sein ERP-System entstehen, ist zu fragen, ob sich hieraus Anschaffungs- oder Herstellungskosten ergeben. Dies gilt für Beratungshonorare, Programmierungskosten oder Kosten für die Einrichtung von Schnittstellen oder die Kosten der Installation der Software auf die Computer. Soweit die Kosten dafür anfallen, die Standardsoftware in einen betriebsbereiten Zustand zu versetzen, handelt es sich um aktivierungspflichtige Anschaffungskosten, § 255 Abs. 1 HGB.

> **Vortragszeit: 2/7 Minuten**

V. Investitionen in bestehende Software

Kosten für eine umfangreiche Bearbeitung und Ergänzung der Software, die über die Versetzung in die Betriebsbereitschaft hinausgehen (z.B. zusätzliche Funktionalitäten) führen im Falle einer Eigenherstellung zu Herstellungskosten.

Kosten des Softwareanwenders für Updates stellen grundsätzlich laufenden Erhaltungsaufwand dar, sofern sie lediglich der Aufrechterhaltung der Funktionsfähigkeit der bestehenden Software dienen. Etwas anderes gilt, wenn die getroffenen Maßnahmen zu einer tiefgreifenden Überarbeitung der bisherigen Programmversion, z.B. zu einem vollständigen Generationswechsel, führen. In dem Fall sind die Aufwendungen zu aktivieren. Die nachträglichen Anschaffungskosten sind ab dem Zeitpunkt ihrer Aktivierung innerhalb der Restnutzungsdauer der Software planmäßig abzuschreiben. Der Restbuchwert der alten Programmversion ist aufgrund einer voraussichtlich dauernden Wertminderung außerplanmäßig abzuschreiben, § 253 Abs. 3 Satz 3 HGB.

> **Vortragszeit: 1/8 Minuten**

VI. Bewertung der Software

Gemäß § 255 Abs. 1 HGB sind **Anschaffungskosten** die Aufwendungen, die geleistet werden, um einen Vermögensgegenstand zu erwerben und ihn in einen betriebsbereiten Zustand zu versetzen, soweit diese dem Vermögensgegenstand einzeln zugeordnet werden können. Zu den Anschaffungskosten zählen auch die **Anschaffungsnebenkosten** sowie die nachträglichen Anschaffungskosten. Sind **Anschaffungspreisminderungen** gewährt worden, so sind diese abzusetzen.

Soweit die entgeltlich erworbene Software zu Anschaffungskosten aktiviert worden ist, sind diese ab dem Zeitpunkt der Realisierung der Betriebsbereitschaft um die planmäßigen Abschreibungen zu vermindern. Im Hinblick auf die betriebsgewöhnliche Nutzungsdauer ist zu berücksichtigen, dass Software im Hinblick auf die hohe Innovationsgeschwindigkeit regelmäßig einer raschen wirtschaftlichen Entwertung unterliegt. Für den Beginn der planmäßigen Abschreibungen ist die Betriebsbereitschaft ausreichend, die tatsächliche Ingebrauchnahme durch den Softwareanwender ist nicht erforderlich. Die Vereinfachungsmöglichkeit für geringwertige Wirtschaftsgüter kann auch für Software in Anspruch genommen werden.

> **Vortragszeit: 1/9 Minuten**

VII. Fazit

Die Frage, unter welchen Voraussetzungen und in welcher Höhe Ausgaben, die im Zusammenhang mit Software anfallen, in einem handelsrechtlichen Abschluss des Softwareanwenders zu aktivieren oder sofort als Aufwand zu erfassen sind, falls der Softwareanwender von dem Aktivierungswahlrecht nach § 248 Abs. 2 Satz 1 HGB keinen Gebrauch macht, spielt in der Praxis eine große Rolle. Der IDW RS HFA 11 gibt hierfür praxistaugliche Beurteilungskriterien. Er differenziert danach, ob es sich bei den Computerprogrammen um materielle oder immaterielle Vermögensgegenstände des Anlagevermögens handelt und ob Anschaffungs- oder Herstellungskosten gegeben sind. Ausgehend davon werden Zweifelsfragen zur Aktivierung sowie der Erst- und Folgebewertung nachvollziehbar beantwortet.

Vielen Dank für Ihre Aufmerksamkeit.

> **Vortragszeit: 1/10 Minuten**

Vortrag 6
Die E-Bilanz (Steuerrecht)

Sehr geehrte/r Frau/Herr Vorsitzende/r, sehr geehrte Prüfungskommission,
aus den mir zur Auswahl gestellten Themen habe ich mich für das Thema „**Die E-Bilanz**" entschieden.
Meinen Vortrag gliedere ich wie folgt:

I.	Einleitung
II.	Persönlicher und sachlicher Geltungsbereich
III.	Gegenstand der elektronischen Übermittlung
IV.	Form und Inhalt
V.	Datenübermittlung
VI.	Verzicht auf die E-Bilanz aus Billigkeitsgründen
VII.	Fazit

> **Vortragszeit: 0,5 Minuten**

I. Einleitung

Um weitere Bürokratiekosten einzusparen, hatte die Bundesregierung beispielsweise die elektronische Steuererklärung **ELSTER** oder die **elektronische Lohnsteuerkarte** eingeführt. § 5b EStG sieht darüber hinaus den Ersatz der Papierbilanz durch elektronische Dokumente vor. Der Inhalt der Bilanz, der Gewinn- und Verlustrechnung sowie einer ggf. notwendigen Überleitungsrechnung sind nach amtlich vorgeschriebenen Datensatz durch Datenfernübertragung an die Finanzbehörden zu übermitteln. Zugleich sollen Medienbrüche, beim Wechsel zwischen Papier- und elektronischer Form durch manuelle Eingaben vermieden werden. Weiteres Ziel ist die dauerhafte und verlässliche Sicherstellung der Finanzierung staatlicher Aufgaben (BT-Drucks. 16/10188, 13). Aus den standardisierten und elektronisch verarbeitbaren Bilanzdaten können die Finanzbehörden wichtige Informationen (z.B. Bilanzkennzahlen) für die Anordnung und Durchführung von Außenprüfungen (§§ 193 f. AO) und die Plausibilität und Verprobung der Angaben in den Steuererklärungen gewinnen.

§ 5b EStG ergänzt § 25 Abs. 4 EStG, § 31 Abs. 1a KStG und § 3 Abs. 2 der VO über die gesonderte Feststellung von Besteuerungsgrundlagen nach § 180 Abs. 2 AO. § 60 Abs. 4 EStDV enthält eine Parallelregelung bezüglich der Pflicht zur **Übermittlung von Einnahme-Überschussrechnungen durch Datenfernübertragung**. § 150 Abs. 7 AO, ist für die Übermittlungen nach § 5b Abs. 1 entsprechend anzuwenden.

Vortragszeit: 1,5/2 Minuten

II. Persönlicher und sachlicher Geltungsbereich

Persönlich gilt § 5b EStG für alle Unternehmen unabhängig von der Rechtsform, d.h. natürliche Personen, Personengesellschaften und Körperschaftsteuerpflichtige, § 31 Abs. 1 KStG, die ihren Gewinn nach § 4 Abs. 1 EStG, § 5 EStG oder § 5a EStG ermitteln. Unerheblich ist, ob sie nach §§ 140 oder 141 AO verpflichtet sind, den Gewinn durch Vermögensvergleich zu ermitteln oder dies freiwillig tun (BMF vom 28.09.2011, IV C 6 – S 2133-b/11/10009 :004, BStBl I 2011, 855, Rz. 1). Ermittelt der Steuerpflichtige den Gewinn nach § 4 Abs. 3 EStG durch Einnahme-Überschussrechnung, ist diese nach amtlich vorgeschriebenem Datensatz durch Datenfernübertragung zu übermitteln, vgl. § 60 Abs. 4 EStDV.

Die **Verpflichtung zur Datenfernübertragung** betrifft die Inhalte der Bilanz sowie Gewinn- und Verlustrechnung (sog. E-Bilanz). Betroffen sind auch die anlässlich einer Betriebsveräußerung, Betriebsaufgabe, Änderung der Gewinnermittlungsart oder in Umwandlungsfällen aufzustellenden Bilanzen, Zwischenbilanzen, die auf den Zeitpunkt eines Gesellschafterwechsels aufgestellt werden, als Sonderform einer Schlussbilanz, sowie wie Liquidationsbilanzen nach § 11 KStG.

Hat ein inländisches Unternehmen eine ausländische Betriebsstätte, ist – soweit der Gewinn nach § 4 Abs. 1 EStG, § 5 EStG oder § 5a EStG ermittelt wird – **für das Unternehmen als Ganzes eine Bilanz und Gewinn- und Verlustrechnung mit entsprechendem Datensatz durch Fernübertragung** abzugeben (BMF vom 28.09.2011, a.a.O. Rz. 3 unter Hinweis auf BFH-Urteil vom 16.02.1996, I R 43/95, BStBl II 1997, 128).

Bei **inländischen Betriebsstätten ausländischer Unternehmen** oder gewerblicher Vermietung i.S.v. § 49 Abs. 1 Nr. 2 Buchst. f Doppelbuchst. aa EStG beschränkt sich die Aufstellung der Bilanz und Gewinn- und Verlustrechnung auf die inländische Betriebsstätte bzw. die überlassenen WG als unselbständiger Teil des Unternehmens (BMF vom 28.09.2011 a.a.O. Rz. 7; BMF vom 16.05.2011, BStBl I 2011, 530 Rz. 3 und 7). Auf **persönlich befreite Körperschaftsteuerpflichtige** (z.B. §§ 5 Abs. 1 Nr. 1, 2, 2a, 15 KStG), findet § 5b EStG keine Anwendung. Bei teilweiser Befreiung (z.B. §§ 5 Abs. 1 Nr. 5, 6, 7, 9, 10, 14, 16, 19, 22 KStG) besteht für eine aufzustellende Bilanz und Gewinn- und Verlustrechnung die Verpflichtung nach § 5b EStG. Gleiches gilt für Betriebe gewerblicher Art von juristischen Personen des öffentlichen Rechts i.S.v. § 1 Nr. 6 KStG.

Vortragszeit: 1,5/3,5 Minuten

III. Gegenstand der elektronischen Übermittlung

Gem. § 5b EStG kann der Steuerpflichtige wie bei der Übermittlung in Papierform gem. § 60 Abs. 1, 2 EStDV zwischen zwei Alternativen wählen. Die erste Alternative ergibt sich aus § 5b Abs. 1 S. 1 und S. 2 EStG. Danach übermittelt der Steuerpflichtige den Inhalt der Handelsbilanz und den Inhalt der handelsrechtlichen Gewinn- und Verlustrechnung. Weichen dabei handels- und steuerrechtliche Ansätze und Bewertungen voneinander ab, ist eine **Überleitungsrechnung auf die steuerlichen Werte** ebenfalls elektronisch zu übermitteln. Alternativ kann der Steuerpflichtige gem. § 5b Abs. 1 S. 1 und S. 3 EStG eine den steuerlichen Vorschriften entsprechende Bilanz, d.h. eine Steuerbilanz und eine Gewinn- und Verlustrechnung übermitteln. Unklar ist, ob aufgrund dieses Wahlrechts eine Steuerbilanz statt der Handelsbilanz nebst der Überleitungsrechnung oder nur zusätzlich zu diesen übermittelt werden darf. Der Zweck der Vorschrift spricht für die erste Alternative (so auch BMF vom 19.01.2010, BStBl I 2010, 47, Rz. 2).

Durch die E-Bilanz kann es zu einer Doppel- oder Dreifachübermittlung derselben Daten kommen, da einige Daten der E-Bilanz ebenfalls im Rahmen der elektronischen Steuererklärung übermittelt werden.

Neben der Bilanz nebst GuV-Rechnung auf den Schluss des jeweiligen Geschäftsjahres (Abs. 1 S. 1) einschließlich der steuerlichen Modifikationen sind auch die **Eröffnungsbilanzen** oder auch Schluss- und Anfangsbilanzen gemäß § 13 KStG von § 5b EStG erfasst. Nicht erfasst werden Bilanzen und GuV-Rechnungen, die für die Besteuerung des Gewinns ohne Bedeutung sind, wie z.B. Quartals- oder Halbjahresbilanzen, Überschuldungsbilanzen.

Vortragszeit: 1,5/5 Minuten

IV. Form und Inhalt

Vorgeschriebener Datensatz (Taxonomie)

Der Inhalt der Bilanz und GuV-Rechnung und die etwaige Überleitungsrechnung müssen nach amtlich vorgeschriebenem Datensatz durch Datenfernübertragung der zuständigen Finanzbehörde übermittelt werden. Die Einzelheiten der Übermittlung nach amtlich vorgeschriebenem Datensatz durch Datenfernübertragung werden durch Rechtsverordnung festgelegt (§ 150 Abs. 7 AO i.V.m. § 5b Abs. 1 S. 4 EStG). Das BMF ist gem. § 51 Abs. 4 Nr. 1b EStG ermächtigt, im Einvernehmen mit den obersten Finanzbehörden der Länder, den Inhalt der zu übermittelnden Daten, nähere Ausführungen zum vorgeschriebenen Datensatz und zur Fernübertragung festzulegen. Mittlerweile hat das BMF die aktualisierte **Taxonomie 5.3** vom 02.04.2014 veröffentlicht (BMF vom 13.06.2014, IV C 6 – S 2133 b/11/10016: 004, BStBl I 2014, 886).

Das für steuerliche Zwecke angepasste Datenschema enthält die Bilanzposten und Gewinn- und Verlustpositionen des amtlichen Datensatzes nach § 5b EStG. Es umfasst ein Stammdaten-Modul („GCD-Modul") und ein Jahresabschluss-Modul („GAAP-Modul").

Mindestumfang der Taxonomie nach § 51 Abs. 4 Nr. 1b EStG

Die elektronische Übermittlung der Inhalte der Bilanz und der Gewinn- und Verlustrechnung erfolgt grundsätzlich nach der Kerntaxonomie. Sie beinhaltet die Positionen für alle Rechtsformen, wobei im jeweiligen Einzelfall nur die Positionen zu befüllen sind, zu denen auch tatsächlich Geschäftsvorfälle vorliegen. Für bestimmte Wirtschaftszweige wurden Branchentaxonomien erstellt, die in diesen Fällen für die Übermittlung der Datensätze zu verwenden sind. Dies sind Spezialtaxonomien (Banken und Versicherungen) oder Ergänzungstaxonomien (Wohnungswirtschaft, Verkehrsunternehmen, Land- und Forstwirtschaft, Krankenhäuser, Kommunale Eigenbetriebe). Individuelle Erweiterungen der Taxonomien können nicht übermittelt werden.

Die **Steuertaxonomie** unterscheidet folgende Positionseinheiten:

„Mussfeld", „Mussfeld, Kontennachweis erwünscht" und „Summenmussfeld". Alle in der Taxonomie als Mussfelder gekennzeichneten Positionen sind zwingend zu übermitteln und werden auf Vollständigkeit elektronisch geprüft. Den Mussfeldern mit erwünschtem Kontennachweis kann der Kontennachweis freiwillig elektronisch beigefügt werden, z.B. als Summen- und Saldenliste.

Auffangpositionen sollen der vorhandenen Individualität der Buchhaltung Rechnung tragen und die Übermittlung erleichtern. Sie sind erkennbar durch die Bezeichnung „nicht zuordenbar".

Es besteht die Möglichkeit eine Position leer zu übermitteln, sog. **NIL-Wert** (not in list). Dieses soll möglich sein, wenn sich ein Feld nicht mit Daten füllen lässt, z.B. weil aufgrund der Rechtsform des Unternehmens kein entsprechendes Konto in der Buchführung existiert. Soweit in der Taxonomie für Einzelunternehmer, für Körperschaften und für Personengesellschaften steuerlich unzulässige Positionen vorhanden sind, z.B. Aktivierung selbsterstellter immaterieller VG des Anlagevermögens lässt das BMF-Schreiben vom 28.09.2011, BStBl I 2011, 855 einen Ansatz ohne Wert (NIL-Wert) zu.

Der XBRL-Datensatz

Die Übermittlung soll in Form eines XBRL-Datensatzes durch Datenfernübertragung erfolgen. XBRL steht für **eXtensible Business Reporting Language**, es handelt sich um eine einheitliche Computersprache zum elektronischen Austausch und zur Veröffentlichung von Finanzinformationen. Soweit in der Taxonomie Positionen nicht rechnerisch zur jeweiligen Oberposition verknüpft sind (erkennbar daran, dass eine entsprechende rechnerische Verknüpfung im Datenschema nicht enthalten ist), handelt es sich um sogenannte „davon-Positionen". Diese Positionen enthalten in der Positionsbezeichnung das Wort „davon". Dementsprechend werden Rechenregeln nicht geprüft.

> **Vortragszeit: 2/7 Minuten**

V. Datenübermittlung

Wegen des Umfangs der Steuertaxonomie im Rahmen des § 5b EStG und des erheblichen Umstellungsaufwands stellt sich die Frage nach der Zumutbarkeit für den Steuerpflichtigen. Die Mitwirkung des Steuerpflichtigen muss zur Sachverhaltsaufklärung notwendig, geeignet, erfüllbar und zumutbar sein. Da die für die Ermittlung der Besteuerung relevanten Tatsachen der Finanzverwaltung i.d.R. nicht bekannt, sind ist deren Amtsermittlungsgrundsatz nach § 88 AO insoweit zu relativieren, als dem Steuerpflichtigen umfangreiche Aufklärungspflichten auferlegt werden dürfen. Das insoweit der Finanzverwaltung zugestandene weitgehende Ermessen ist für den Fall der E-Bilanz gesetzlich konkretisiert. Eine **Schätzung wegen Nichtvorlage von Büchern oder Aufzeichnungen** wegen Nichtübermittlung der Unterlagen gem. § 162 Abs. 2 AO kann allerdings in Betracht kommen, wenn die gemäß Abs. 1 zu übermittelnden Daten nicht, nicht vollständig elektronisch oder in anderer Form dem Finanzamt übermittelt werden und das Finanzamt deshalb nicht klären kann, ob die Angaben zum Gewinn in der Steuererklärung zutreffen (Levedag H/H/R, EStG/KStG, § 5b EStG Rn. 6; Hofmeister Blümich, EStG/KStG/GewStG, § 5b EStG Rn. 40).

Erstmals verpflichtend anzuwenden ist die E-Bilanz auf **Jahresabschlüsse für Wirtschaftsjahre, die nach dem 31.12.2011 beginnen**. Die Nichtbeanstandungsregelung der Papiereinreichung im Erstjahr der Anwendung erlaubt es, die Jahresabschlüsse 2012 noch wie bisher auf Papier an das Finanzamt zu übermitteln. Jahresabschlüsse für das Geschäftsjahr 2013 müssen elektronisch übermittelt werden.

Für inländische Betriebsstätten ausländischer Unternehmen, steuerbefreit Körperschaften und Betriebe gewerblicher Art wird es nicht beanstandet, wenn die Inhalte der Bilanz und GuV erstmals für Wirtschaftsjahre, die nach dem 31.12.2014 beginnen, durch Datenfern**übertragung übermittelt werden**.

> **Vortragszeit: 1/8 Minuten**

VI. Verzicht auf die E-Bilanz aus Billigkeitsgründen

§ 5b Abs. 2 S. 2 EStG i.V.m. § 150 Abs. 8 AO sieht eine **allgemeine Härtefallregelung** vor. Danach kann die Finanzbehörde auf Antrag zur Vermeidung unbilliger Härten auf eine elektronische Übermittlung verzichten. Dem Antrag ist zu entsprechen, wenn eine elektronische Übermittlung für den Steuerpflichtigen wirtschaftlich oder persönlich unzumutbar ist. Dies ist insbesondere der Fall, wenn die Schaffung der technischen Möglichkeiten für eine elektronische Übermittlung nur mit einem nicht unerheblichen finanziellen Aufwand möglich wäre oder wenn der Steuerpflichtige nach seinen individuellen Kenntnissen und Fähigkeiten nicht oder nur eingeschränkt in der Lage ist, die Möglichkeiten der elektronischen Übermittlung zu nutzen, § 5b Abs. 2 Satz 2 EStG i.V.m. § 150 Abs. 8 AO.

> **Vortragszeit: 1/9 Minuten**

VII. Fazit

Der Gesetzgeber hat mit § 5b EStG eine Verfahrensvorschrift erlassen, die die Bürokratiekosten des Staates verringert, den Steuerpflichtigen jedoch durch die vorgeschriebene Taxonomie belastet. Aus den standardisierten und elektronisch verarbeitbaren Bilanzdaten können die Finanzbehörden zudem wichtige Informationen gewinnen.

Zweifelhaft ist, ob sich aus den §§ 5b, 51 Abs. 4 Nr. 1b EStG eine ausreichende Ermächtigungsgrundlage für die geforderten Bestandteile der Steuertaxonomie ergibt (Heinsen/Adrian in DStR 2010, 2593). Die Zweifel bestehen hinsichtlich der Übermittlung einer steuerlichen GuV, bzw. eine Überleitungsrechnung der handelsrechtlichen GuV zur steuerlichen GuV. Für originär Buchführungspflichtige gem. § 141 AO ist ein Bestandsvergleich hinreichend. Ebenso ist die Forderung eines Anhangs und Lageberichts nicht von der Ermächtigung gedeckt, da § 5b EStG nicht vom Inhalt des gesamten Jahresabschlusses spricht, sondern nur von Bilanz und GuV. Gem. § 60 Abs. 3 EStDV sind Anhang und Lagebericht der Steuererklärung in Abschrift beizufügen, und zwar weiterhin in Papierform.

Vielen Dank für Ihre Aufmerksamkeit.

> **Vortragszeit: 1/10 Minuten**

Vortrag 7
Rechtliche Gemeinsamkeiten und Unterschiede zwischen BGB-Gesellschaft, offener Handelsgesellschaft und Kommanditgesellschaft (Wirtschaftsrecht)

Sehr geehrte/r Frau/Herr Vorsitzende/r, sehr geehrte Prüfungskommission,
aus den mir zur Auswahl gestellten Themen habe ich mich für das Thema „**Rechtliche Gemeinsamkeiten und Unterschiede zwischen BGB-Gesellschaft, offener Handelsgesellschaft und Kommanditgesellschaft**" entschieden. Meinen Vortrag gliedere ich wie folgt:

I.	Einleitung
II.	Gesellschaftsgründung
III.	Rechtsfähigkeit
IV.	Handelsregister, Firma
V.	Vertretung, Geschäftsführung, Haftung
VI.	Ausscheiden, Auflösung
VII.	Bilanzierung, Steuerliche Behandlung
VIII.	Fazit

Vortragszeit: 0,5 Minuten

I. Einleitung
BGB-Gesellschaft (GbR), offener Handelsgesellschaft (OHG) und Kommanditgesellschaft (KG) sind Personengesellschaften. Eine **Personengesellschaft** ist keine juristische Person, hat aber eingeschränkte Rechtsfähigkeit, d.h. ist mit der Fähigkeit ausgestattet ist, Rechte zu erwerben und Verbindlichkeiten einzugehen. Die Besteuerung der Gewinne einer Personengesellschaft erfolgt nach dem Transparenzprinzip. Sie entsteht, wenn sich mindestens zwei natürliche und/oder juristische Personen zur Erreichung eines gemeinsamen Zweckes zusammenschließen, wobei je nach Art der Personengesellschaft der Zweck differiert.

Vortragszeit: 0,5/1 Minute

II. Gesellschaftsgründung
GbR
Die **Gründung einer GbR** erfolgt durch Gesellschaftsvertrag mit mindestens zwei Gesellschaftern, die sich zur Erreichung eines gemeinsamen Zwecks zusammenschließen. Der Vertrag mit konstitutiver Wirkung kann schriftlich, mündlich, oder auch durch konkludentes Handeln erfolgen. Eine **notarielle Beurkundungspflicht** besteht jedoch dann, wenn ein Gesellschafter sich verpflichtet, ein Grundstück oder einen GmbH-Anteil in die GbR einzubringen. Mitglieder einer GbR können natürliche und juristische Personen sein sowie nichtrechtsfähige Personenvereinigungen, insbesondere auch Personenhandelsgesellschaften, GbR, Vereine, nicht jedoch Erbengemeinschaften. Alle Gesellschafter **haften grundsätzlich gesamtschuldnerisch**. Im Außenverhältnis haftet besteht für jeden Gesellschafter damit eine unbegrenzte persönliche Haftung für alle Verbindlichkeiten der GbR. Im Innenverhältnis kann ggf. ein Regressanspruch gegen Mitgesellschafter bestehen, der aber im Außenverhältnis keine schuldbefreiende Wirkung entfaltet.

OHG
Auch die OHG wird durch Gesellschaftsvertrag mindestens zweier Personen gegründet. Der Zweck ist auf den **Betrieb eines Handelsgewerbes** gerichtet. Die OHG muss in das Handelsregister unter Einschaltung

eines Notars eingetragen werden. Für die Gründung einer OHG ist kein bestimmtes Mindestkapital erforderlich. Eine OHG kann auch dadurch entstehen, dass ein oder mehrere Gesellschafter ohne Haftungsbeschränkung in das Geschäft eines Einzelkaufmanns eintreten. Auch juristische Personen, beispielsweise eine GmbH, können Gesellschafter einer OHG sein, nicht dagegen eine GbR, eine Erbengemeinschaft oder eine eheliche Gütergemeinschaft.

KG

Hinsichtlich der **Gründung** gibt es grundsätzlich keine Unterschiede zur OHG. Das **Haftungsrisiko der Gesellschafter** ist jedoch unterschiedlich. Der/die Komplementäre haften unbeschränkt, daneben gibt es mindesten einen Kommanditisten, der nur bis zur Höhe seiner auf das Gesellschaftsvermögen geleisteten Kommanditeinlage einzustehen hat (§ 161 Abs. 1 HGB).

> **Vortragszeit: 2/3 Minuten**

III. Rechtsfähigkeit

Nach der neuesten BGH-Rechtsprechung ist die GbR rechtsfähig. Sie kann also selber Vertragspartner werden und Ansprüche begründen. Aus ihrer Rechtsfähigkeit ergibt sich weiterhin ihre Parteifähigkeit im Zivilprozess. Die GbR kann nämlich als Partei selber klagen und Leistung an sich selbst verlangen. Ebenso kann die GbR als solche verklagt werden, es ist nicht mehr erforderlich, jeden einzelnen Gesellschafter zu verklagen. Dies ist aber weiterhin möglich und aus prozesstaktischen Gründen oft ratsam.

OHG/KG

Obwohl die OHG keine eigene Rechtspersönlichkeit hat, wird sie in vielen Belangen wie eine **juristische Person** behandelt. So kann sie beispielsweise vor Gericht klagen und verklagt werden sowie Rechte erwerben und Verbindlichkeiten eingehen, § 124 Abs. 1 HGB. Dies gilt auch für die KG, §§ 161 i.V.m. 124 Abs. 1 HGB.

> **Vortragszeit: 1/4 Minuten**

IV. Handelsregister, Firma
GbR

Eine GbR ist kein Handelsgewerbe im Sinne des HGB. Es besteht keine Eintragungspflicht ins Handelsregister; nur soweit dies bei Ausweitung der Geschäftätigkeit der GbR nach Art und Umfang eine kaufmännische Einrichtung erfordert. Eine **Firma im Sinne des HGB** kann die GbR daher auch nicht führen. Die Geschäftsbezeichnung hat die Namen der Gesellschafter zu enthalten, von denen mindestens einer mit ausgeschriebenem Vornamen zu bezeichnen ist. Der Beginn der Gesellschaft, die Änderung der Gesellschaftsverhältnisse sowie die Einstellung des Geschäftsbetriebes sind dem Gewerbeamt durch jeden einzelnen Gesellschafter anzuzeigen.

OHG

Die OHG ist eintragungspflichtig. Anzugeben ist die Bezeichnung der Gesellschafter, der Sitz der Gesellschaft und Gründungszeitpunkt, § 106 Abs. 2 HGB. Für die Namensgebung bestehen weite Gestaltungsspielräume. Die Firma muss lediglich zur Kennzeichnung geeignet sein und Unterscheidungskraft besitzen. Zulässig sind deshalb, wie bisher, Namensfirmen, zusätzlich aber auch Sachfirmierungen, ferner Fantasiebezeichnungen oder aussagefähige Buchstabenkombinationen. Vorgeschrieben ist zwingend der Gesellschaftszusatz „**offene Handelsgesellschaft**" oder die Abkürzung „OHG". Auf allen Geschäftsbriefen an deutlich erkennbarer Stelle: Firma, Rechtsformbezeichnung, Ort Handelsniederlassung, Registergericht und Registernummer.

KG

Für die KG gelten die gleichen Eintragungsvoraussetzungen. Anzumelden sind auch sämtliche **Kommanditisten**, §§ 106 Abs. 2, 162 Abs. 1 HGB. Darüber hinaus ist die Haftsumme, d.h. die geleistete oder eingetragene Einlage jedes Kommanditisten anzugeben. Bekannt gemacht wird allerdings nicht der volle Inhalt der Eintragung, sondern nur die Zahl der Kommanditisten (§ 162 Abs. 2 HGB). Der Gesellschaftszusatz muss „Kommanditgesellschaft" oder „KG" lauten. Sofern keine natürliche Person Vollhafter ist, ist stattdessen der Zusatz „GmbH & Co. KG" erforderlich.

> **Vortragszeit: 1,5/5,5 Minuten**

V. Vertretung, Geschäftsführung, Haftung

GbR

Grundsätzlich erstreckt sich die **Geschäftsführungsbefugnis** im Zweifelsfalle auch auf die Vertretungsbefugnis. Gesetzlicher Regelfall ist die Gesamtgeschäftsführungsbefugnis, § 709 Abs. 1 BGB. Daher wird die GbR durch alle Gesellschafter gemeinschaftlich vertreten. Hiervon kann im Gesellschaftsvertrag dahingehend abgewichen werden, dass Einzelgeschäftsführung mit der Folge der Einzelvertretung, Übertragung bestimmter Geschäftsbereiche auf einzelne Gesellschafter oder getrennte Ausgestaltung von Geschäftsführung und Vertretung vereinbart wird.

Die wirksam vertretene GbR haftet für die Erfüllung vertraglich begründeter Verbindlichkeiten mit ihrem gesamten Gesellschaftsvermögen. Nach dem **Doppelverpflichtungsgrundsatz** haften daneben auch die Gesellschafter der GbR persönlich. Eine Haftungsbegrenzung kann durch die Verpflichtung der/des vertretungsberechtigten Gesellschafter/s im Gesellschaftsvertrag, gegenüber Geschäftspartnern die Haftung der GbR auf das Gesellschaftsvermögen zu beschränken, erreicht werden. Die **Haftungsbeschränkung** ist allerdings nur wirksam, wenn sie für einen Dritten objektiv erkennbar ist. Dies kann unter anderem durch Vorlage des Gesellschaftsvertrages geschehen. Eine Haftungsbeschränkung auf das Gesellschaftsvermögen ist auch durch Abrede mit dem Dritten möglich. Die Gesellschafter werden dann als Teilschuldner entsprechend ihrer jeweiligen Beteiligung verpflichtet. Die Gesellschaft haftet nach dem Ausscheiden eines Gesellschafters für die bis zu diesem Zeitpunkt begründeten Verbindlichkeiten, wenn sie vor Ablauf von fünf Jahren nach dem Ausscheiden des Gesellschafters fällig werden und daraus Ansprüche gegen ihn gerichtlich geltend gemacht sind.

OHG

Zur **Vertretung der Gesellschaft** ist grundsätzlich jeder Gesellschafter ermächtigt. Die Vertretungsbefugnis einzelner Gesellschafter kann jedoch durch den Gesellschaftsvertrag ausgeschlossen oder es kann gemäß § 125 HGB Gesamtvertretung vereinbart werden.

Hinsichtlich der Haftung gelten die gleichen Grundsätze wie die der GbR. Gemäß § 105 Abs. 1 HGB darf die **Haftung gegenüber den Gesellschaftsgläubigern** bei keinem der Gesellschafter beschränkt sein. Bei Eintritt eines Gesellschafters kann dessen Haftung für bereits bestehenden Verbindlichkeiten der OHG gegenüber Dritten ausgeschlossen werden, wenn unverzüglich eine entsprechende Eintragung in das Handelsregister erfolgt, §§ 28 Abs. 2, 128 HGB.

KG

Vertretungsberechtigt sind nur die Komplementäre. Auch durch Gesellschaftsvertrag kann keinem Kommanditisten organschaftliches Vertretungsrecht eingeräumt werden. Nicht ausgeschlossen ist es dem Kommanditisten eine rechtsgeschäftliche Vertretungsbefugnis, z.B. eine Prokura, zu erteilen. Auch die Geschäftsführung der KG obliegt den Komplementären. Gemäß § 164 HGB sind die Kommanditisten von der Geschäftsführung ausgeschlossen, sie können den Handlungen der Komplementäre nicht widersprechen. Ausnahmen hiervon sind Grundlagengeschäfte und Rechtsgeschäfte, die über den üblichen Betrieb eines Handelsgewerbes hinausgehen. Im Gegensatz zur Vertretung ist es möglich den Kommanditisten durch abweichende Regelungen im Gesellschaftsvertrag Geschäftsführung einzuräumen.

Bei den Gesellschaftern bestehen unterschiedliche **Haftungsrisiken**. Der/die Komplementäre haften unbeschränkt, daneben gibt es mindestens einen Kommanditisten, der nur bis zur Höhe seiner auf das Gesellschaftsvermögen geleisteten Kommanditeinlage einzustehen hat (§ 161 Abs. 1 HGB).

> **Vortragszeit: 1,5/7 Minuten**

VI.   Ausscheiden, Auflösung

Das **Ausscheiden eines Gesellschafters** hat grundsätzlich Auflösung und Liquidation zur Folge, es sei denn, es besteht eine Fortsetzungsklausel. Dann wird die Gesellschaft von den mindestens zwei übrigen Gesellschaftern fortgesetzt, wobei der Anteil des Ausscheidenden Übrigen im Verhältnis ihrer Anteile zuwächst. Die Gesellschaft kann aber auch als Einzelunternehmen fortgeführt werden. Neu eintretender Gesellschaft erwirbt Anteil am Gesellschaftsvermögen (i.d.R. an der Höhe der geleisteten Einlage orientiert). Für Schulden, die der GbR vor seinem Eintritt entstanden sind, haftet Neuer nur mit seinem Anteil am Gesellschaftsvermögen.

Die wichtigsten Gründe für die Auflösung der GbR sind:
* Zeitablauf,
* Erreichung Gesellschafts-zwecks, Unmöglichkeit der Zweckerreichung oder Kündigung,
* Tod eines Gesellschafters,
* Auflösungsbeschluss und
* Insolvenzverfahren.

> **Vortragszeit: 0,5/7,5 Minuten**

VII.   Bilanzierung, Steuerliche Behandlung

OHG und KG sind als Kaufleute nach §§ 238 ff. HGB und § 140 AO handels- und steuerrechtlich buchführungspflichtig. Die GbR kann nach § 141 AO buchführungspflichtig sein, soweit sie gewerbliche oder land- und forstwirtschaftliche Einkünfte hat und gewisse Gewinn oder Umsatzgrenzen überschreitet.

Die **steuerliche Behandlung von Personengesellschaften** unterscheidet sich je nach Steuerart. Entscheidend ist, ob man bei der betreffenden Steuerart die Personengesellschaften selbst als das steuerpflichtige Subjekt ansieht oder ob die Personengesellschaften als Zusammenschluss ihrer Gesellschafter angesehen werden, mit der Folge, dass Vermögen und Gewinne der Gesellschaft anteilig den Gesellschaftern entsprechend ihrer Beteiligungsquote zugerechnet werden.

Bei der Einkommensteuer/Körperschaftsteuer sind Personengesellschaften keine eigenständigen Steuersubjekte. Dort wird das Einkommen der Personengesellschaft anteilig den Personengesellschaftern (Mitunternehmern) zugerechnet. Bei der **Umsatzsteuer** werden Personengesellschaften als eigenständige Gebilde angesehen; die Personengesellschaft wird zum steuerpflichtigen Unternehmer (§ 2 UStG), während ihre Gesellschafter umsatzsteuerlich von der Personengesellschaft zu unterscheidende Dritte bleiben. Bei der Gewerbesteuer wird die Personengesellschaft als selbständiger steuerpflichtiger Betrieb angesehen, wobei nach § 7 GewStG die Regeln zur Gewinnermittlung aus dem Einkommensteuerrecht angewendet werden. In den Doppelbesteuerungsabkommen wird der Anteil an einer Personengesellschaft als Betriebsstätte angesehen, sodass Deutschland die Abkommensvorteile den Gesellschaftern gewährt, der Vertragsstaat aber, wenn er bei sich die Personengesellschaft selbst zur Einkommensteuer oder Körperschaftsteuer heranzieht, die Vergünstigungen aus dem Abkommen der Personengesellschaft einräumt. Für die **Erbschaftsteuer** erfolgt die Bewertung erfolgt grundsätzlich nach dem Unternehmenswert, abgeleitet aus Verkäufen unter fremden Dritten. Alternativ kann der Wert nach der Ertragswertmethode ermittelt werden, jedoch gilt als Mindestwert der Substanzwert, d.h. die Summe der gemeinen Werte aller Einzelwirtschaftsgüter abzüglich der Schulden. In gewissen Fällen wird ein sog. Verschonungsabschlag gewährt.

> **Vortragszeit: 1,5/9 Minuten**

VIII. Fazit

Eine Personengesellschaft ist der Zusammenschluss von mindestens zwei Personen zur Verwirklichung eines bestimmten Zweckes. Bei der OHG und KG ist der Zweck der Betrieb eines Handelsgewerbes. Im Gegensatz zur Kapitalgesellschaft ist die Personengesellschaft keine juristische Person, hat also keine eigene juristische Persönlichkeit wie die Kapitalgesellschaft. Sie ist der juristischen Person teilweise aber angenähert, so hat sie als Trägerin eines Gesamtvermögens gewisse selbstständige Rechte und Pflichten. Grundsätzlich arbeiten die Gesellschafter persönlich mit und haften persönlich mit ihrem Vermögen. Die Gesellschafter sind stärker an die Gesellschaft gebunden als die Gesellschafter der Kapitalgesellschaft.

Vielen Dank für Ihre Aufmerksamkeit.

> **Vortragszeit: 1/10 Minuten**

Vortrag 8
Das Handelsregister – Inhalt, Publizität und Offenlegungspflicht (Wirtschaftsrecht)

Sehr geehrte/r Frau/Herr Vorsitzende/r, sehr geehrte Prüfungskommission,
aus den mir zur Auswahl gestellten Themen habe ich mich für das Thema „**Das Handelsregister – Inhalt, Publizität und Offenlegungspflicht**" entschieden. Meinen Vortrag gliedere ich wie folgt:

I.	Einleitung
II.	Grundlagen
III.	Inhalt
IV.	Publizität
V.	Offenlegungspflicht
VI.	Elektronisches Handelsregister
VII.	Schlussbemerkung

> **Vortragszeit: 0,5 Minuten**

I. Einleitung

Das Handelsregister ist ein öffentliches Verzeichnis, das Eintragungen über die angemeldeten Kaufleute und Gesellschaften im Bezirk des zuständigen Registergerichts führt und das über die dort hinterlegten Dokumente Auskunft erteilt. Das Handelsregister informiert über wesentliche rechtliche und wirtschaftliche Verhältnisse („Tatsachen") von Kaufleuten und Unternehmen und kann von jedermann eingesehen werden. Eintragungen in das Handelsregister genießen einen umfassenden **Verkehrs- und Vertrauensschutz** nach § 15 HGB. Das Registerrecht gehört zum Gebiet der freiwilligen Gerichtsbarkeit.

> **Vortragszeit: 0,5/1 Minute**

II. Grundlagen

Die rechtlichen und technischen Grundlagen sind in §§ 8 bis 12 **HGB** und in der **Handelsregisterverordnung** (HRV) geregelt.

Das Register besteht aus zwei Abteilungen,

- **Abteilung A** (Einzelunternehmen, Personengesellschaften und rechtsfähige wirtschaftliche Vereine) und

- **Abteilung B** (Kapitalgesellschaften), welche mit HRA bzw. HRB abgekürzt werden. Anmeldungen zum Register (Neueintragung, Veränderung, Löschung) müssen elektronisch in öffentlich beglaubigter Form erfolgen (§ 12 Abs. 1 HGB). Eintragungen erfolgen in der Regel auf Antrag. Eine unterbliebene, aber erforderliche Anmeldung kann mit Zwangsgeld von bis zu 5.000 € belegt werden (§ 14 HGB).

Ein von einer natürlichen Person (ohne Zwischenschaltung einer juristischen Person) oder einer Personengesellschaft betriebenes Unternehmen muss in das Handelsregister eingetragen werden, wenn es nach Art und Umfang einen kaufmännischen Geschäftsbetrieb erfordert (§ 1, § 29 HGB). Ausgenommen sind sogenannte „**Kleingewerbetreibende**", die zwar ein Gewerbe ausüben, aber nicht den Regelungen für Kaufleute unterliegen (§ 1 Abs. 2 HGB). Alle Kapitalgesellschaften sind stets in das Register einzutragen (Formkaufmann § 6 HGB).

> **Vortragszeit: 1,5/2,5 Minuten**

III. Inhalt

I.   Eintragungspflichtige Tatsachen

Eintragungspflichtig sind die im HGB, AktG und GmbHG abschließend aufgezählten Tatsachen oder Rechtsverhältnisse (Gesetzesformulierung: „ist anzumelden"). Die am Handelsverkehr Beteiligten trifft daher ein gesetzlicher Zwang, diese Tatsachen eintragen zu lassen. Diese Eintragungspflicht kann gegebenenfalls mit Zwangsgeldern (§ 14 HGB) von Amts wegen durchgesetzt werden (**Registerzwang**). Eintragungspflichtig sind folgende Tatsachen:

- § 29 HGB (Firma des Kaufmanns),
- § 31 HGB (Veränderungen und Erlöschen der Firma),
- § 34 HGB (Satzung, Auflösung),
- § 53 HGB (Erteilung und Erlöschen Prokura),
- § 106 HGB (Anmeldung OHG),
- § 144 Abs. 2 HGB (Fortsetzung OHG),
- § 148 HGB (Anmeldung Liquidatoren),
- § 143 Abs. 1 HGB (Auflösung OHG) und
- § 162 HGB (Anmeldung KG);
- § 7 GmbHG (Anmeldung GmbH),
- § 39 GmbHG (Geschäftsführer),
- § 40 GmbHG (Gesellschafter),
- § 54 GmbHG (Satzungsänderung),
- § 57 GmbHG (Erhöhung Stammkapital),
- § 67 GmbHG (Liquidatoren);
- § 45 AktG (Sitzverlegung AG),
- § 81 AktG (Änderung Vorstand),
- § 181 AktG (Satzungsänderung).

Folgende Unternehmen müssen im Handelsregister eingetragen werden:

- Kaufleute (Einzelunternehmen),
- Gesellschaft mit beschränkter Haftung (GmbH),
- Unternehmergesellschaft (haftungsbeschränkt),
- Offene Handelsgesellschaft (OHG),
- Kommanditgesellschaft (KG),
- Aktiengesellschaft (AG).

Obwohl das GmbH-Gesetz die Eintragung von Unternehmensverträgen bei einer GmbH als abhängiger Gesellschaft im Handelsregister weder anordnet noch sie ausdrücklich zulässt, ist nach der höchstrichterlichen Rechtsprechung die Eintragung im Handelsregister entsprechend § 53, § 54 GmbHG erforderlich. Dem

BGH zufolge gebieten Inhalt und Wirkungen des Vertrages eine entsprechende Anwendung der bei einer Änderung des Gesellschaftsvertrages einzuhaltenden Formvorschriften.

Die **Handelsregisteranmeldung** muss grundsätzlich über einen Notar erfolgen.

Die **Handelsregistereintragung** hat Bedeutung, da z.B.

- sie Vertragspartnern einen ersten Eindruck vom Unternehmen vermittelt, nicht jedoch über Bonität und Seriosität,
- einen Firmennamen im rechtlichen Sinne nur das im Handelsregister eingetragene Unternehmen führen kann,
- der Kaufmann nur unter seiner Firma klagen und verklagt werden kann,
- der Firmenname gegenüber gleich- oder ähnlich lautenden Firmierungen geschützt wird,
- nur der im Handelsregister eingetragene Firmenname zusammen mit dem Geschäftsbetrieb verkauft, vererbt oder verpachtet werden kann,
- nur der im Handelsregister eingetragene Kaufmann Prokuristen bestellen kann,
- die Jahresabschlüsse veröffentlichungspflichtiger Unternehmen einsehbar sind. Spätestens zwölf Monate nach dem Ende des Geschäftsjahrs sind die Abschlüsse aller Kapitalgesellschaften (§ 325 HGB), Personenhandelsgesellschaften ohne natürliche Person als persönlich haftende Gesellschafter, z.B. die GmbH & Co. KG (§ 264a HGB) und sonstige Unternehmen, die eine gewisse Größe überschreiten (§ 1 Publizitätsgesetz) im Bundesanzeiger zu veröffentlichen. Kleinst-Kapitalgesellschaften (§ 326 Abs. 2 HGB) brauchen **für Jahresabschlüsse** ab dem 31. Dezember 2012 ihren Jahresabschlüsse nicht mehr offenlegen, sondern nur noch hinterlegen. Damit kann eine Recherche des Abschlusses durch Dritte nicht mehr via Internet über das elektronische Handelsregister sondern nur noch kostenpflichtig erfolgen.

2. Eintragungsfähige Tatsachen

Die Eintragung einer Tatsache im Handelsregister, deren Eintragung nicht vom Gesetz bestimmt oder zugelassen wird (**eintragungsfähige Tatsache**), ist nach ständiger Rechtsprechung des BGH nur dann zulässig, wenn Sinn und Zweck des Handelsregisters die Eintragung erfordern und für ihre Eintragung ein erhebliches Interesse des Rechtsverkehrs besteht.

3. Nichteintragungsfähige Tatsachen

In das Handelsregister wird nicht alles eingetragen, was für den Rechts- und Handelsverkehr bedeutsam ist. So darf die **Handlungsvollmacht** (§ 54 HGB) nicht eingetragen werden, obwohl diese Vertretungsform im Geschäftsalltag der Unternehmen von herausragender Bedeutung ist und im Handelsverkehr zwischen Unternehmen täglich vorkommt.

> **Vortragszeit: 2,5/5 Minuten**

IV. Publizität

Um die Funktionsfähigkeit des Registers als Informationsquelle zu gewährleisten, wird dem öffentlichen Register ein spezifischer „öffentlicher Glaube" beigemessen. Das Handelsregister hat in dem gesetzlich festgelegten Umfang vertrauensschützende, aber auch vertrauenszerstörende Wirkung. Diese **Publizitätswirkung** des Handelsregisters ist in § 15 HGB geregelt. Die Vorschrift ist wie folgt gegliedert:

- § 15 Abs. 1 HGB schützt das Vertrauen in die Vollständigkeit (nicht die Richtigkeit) des Registers. Im Hinblick auf das Schweigen des Handelsregisters über eine eintragungspflichtige Tatsache schützt die Vorschrift das Vertrauen in das Nichtvorliegen der Tatsache (sog. negative Publizität). Ist eine Änderung der Rechtslage, die im Handelsregister zu offenbaren ist, etwa der Widerruf eine Prokura, nicht eingetragen und bekannt gemacht, so kann der Anmeldepflichtige sie einem gutgläubigen Dritten nicht entgegenhalten. Der Dritte wird also vor den Folgen nicht eingetragener und nicht bekannt gemachter richtiger Tatsachen geschützt. Vereinfacht ausgedrückt Nicht das Vertrauen auf das Reden, sondern das Vertrauen auf das Schweigen des Handelsregisters wird geschützt.

- Nach § 15 Abs. 2 HGB zerstört die richtige Eintragung einen möglicherweise außerhalb des Registers entstandenen Rechtsschein. Es gilt der Grundsatz, dass eine eintragungspflichtige Tatsache einem Dritten entgegengehalten werden kann, wenn sie eingetragen und bekannt gemacht ist: Publizität zerstört das evtl. bestehende Vertrauen auf eine vormalig bestehende Rechtslage.
- § 15 Abs. 3 HGB schützt den Rechtsverkehr in seinem Vertrauen auf die Richtigkeit bekannt gemachter Tatsachen (**positive Publizität**). Dies gilt auch dann, wenn die Verlautbarung in Wirklichkeit fehlerhaft ist.
- § 15 Abs. 4 HGB erstreckt diese Wirkungen auf die Eintragung und Bekanntmachung der inländischen Zweigniederlassung eines ausländischen Unternehmensträgers. Die Bestimmung stellt klar, dass im Geschäftsverkehr mit einer Zweigniederlassung eines Unternehmens mit Sitz bzw. Hauptniederlassung im Ausland, die Eintragung und Bekanntmachung durch das Gericht der Zweigniederlassung für Zwecke der Publizität nach den vorgehenden Absätzen den Ausschlag geben sollen.

Neben den Eintragungen sind im Handelsregister auch verschiedene Dokumente einsehbar. Dazu gehören etwa die Gesellschafterliste einer GmbH (§ 40 Abs. 1 GmbHG), die Satzungen der Kapitalgesellschaften, Listen der Aufsichtsratsmitglieder (§ 106 AktG) oder auch Unternehmensverträge.

> **Vortragszeit: 2/7 Minuten**

V. Offenlegungspflicht

Kapitalgesellschaften und Personengesellschaften ohne eine natürliche Person als persönlich haftenden Gesellschafter sind verpflichtet, ihre Jahresabschlüsse beim Betreiber des elektronischen Bundesanzeigers offenzulegen. Jahresabschlüsse für die Geschäftsjahre bis einschließlich 2005 sind jedoch beim Handelsregister offenzulegen. Je nach Größe des Unternehmens sind die offenzulegenden Unterlagen unterschiedlich umfangreich (§§ 325 ff. HGB). Die Offenlegungspflicht wurde mit Wirkung zum Abschluss 2006 auf **elektronische Übertragung** ergänzt.

In das Handelsregister erfolgte Eintragungen werden im Internet (§ 10 HGB) bekannt gegeben.

Vor einer Eintragung sind die Registergerichte verpflichtet, die formelle und materielle Berechtigung des Eintragungsantrags zu prüfen und nicht eintragungsfähige Anträge zurückzuweisen. Gegen diese Entscheidungen und gegen die in Registern vorgenommenen Eintragungen ist als Rechtsmittel nicht der ordentliche Gerichtsweg möglich, da es sich um Entscheidungen des Registergerichts im Rahmen der freiwilligen Gerichtsbarkeit handelt.

Die elektronische Einsicht in das Handelsregister und die zum Handelsregister eingereichten Dokumente kann **jeder** nach Registrierung über die Internetseite https://www.handelsregister.de vornehmen. Der Abruf von Dokumenten ist gebührenpflichtig.

> **Vortragszeit: 1/8 Minuten**

VI. Elektronisches Handelsregister

Durch das am 01.07.2007 in Kraft getretene Gesetz über elektronische Handelsregister und Genossenschaftsregister sowie das Unternehmensregister (EHUG) ist das elektronische Handels- und Unternehmensregister eingeführt worden. Er ist zum zentralen Veröffentlichungsorgan für wirtschaftsrechtliche Bekanntmachung geworden. Das elektronische Handelsregister soll Handelsregistereintragungen beschleunigen sowie zu größerer Transparenz und zur Entbürokratisierung führen. Zugleich wird aber auch die Publizitätspflicht verschärft.

Zuständig zur Führung des Handelsregisters bleiben die Amtsgerichte, bei denen die Unterlagen in Zukunft nur noch elektronisch eingereicht werden. Für die Anmeldungen ist weiterhin eine öffentliche Beglaubigung (§ 129 BGB) erforderlich. Über Anmeldungen zur Eintragung wird grundsätzlich „unverzüglich" entschieden. Die Handelsregistereintragungen werden elektronisch bekannt gemacht, damit sind sie leichter zugänglich sind. Die **Einsichtnahme „vor Ort"** ist grundsätzlich bei jedem Amtsgericht über Terminals möglich. Für die Offenlegung oder Hinterlegung der Jahresabschlüsse sind nicht mehr die Amtsgerichte zuständig. Jahresabschlüsse werden elektronisch entgegengenommen, gespeichert und im elektronischen Bundesanzeiger veröffentlicht.

Das **elektronische Unternehmensregister**, das seit dem 01.01.2007 unter www.unternehmensregister. de abgerufen werden kann, fungiert gegenüber dem elektronische Handelsregister als Portal und enthält wesentliche publikationspflichtige Daten eines Unternehmens abrufbereit.

> **Vortragszeit: 1/9 Minuten**

VII. Schlussbemerkung

Das Handelsregister und die Bekanntmachungspflichten haben die Aufgabe, die für den Verkehr bedeutsamen Tatsachen kundzutun. Zweck des § 15 HGB ist es, die zivilrechtliche Relevanz richtiger und unrichtiger Eintragungen und Bekanntmachungen sowie des Unterlassens von gebotenen Eintragungen und Bekanntmachungen zu regeln. Aufgabe des Handelsregisters ist es somit, die Öffentlichkeit über die eingetragenen Unternehmen zu informieren. Die Informationen sind verbindlich und tragen insofern zur Rechtssicherheit (z.B. bei Vertragsabschlüssen) im Geschäftsverkehr bei.

Vielen Dank für Ihre Aufmerksamkeit.

> **Vortragszeit: 1/10 Minuten**

Vortrag 9
Gründung der Gesellschaft mit beschränkter Haftung und der Aktiengesellschaft (Wirtschaftsrecht)

Sehr geehrte/r Frau/Herr Vorsitzende/r, sehr geehrte Prüfungskommission,
aus den mir zur Auswahl gestellten Themen habe ich mich für das Thema „**Gründung der Gesellschaft mit beschränkter Haftung und der Aktiengesellschaft**" entschieden. Meinen Vortrag gliedere ich wie folgt:

I.	Einleitung
II.	Vorgründergesellschaft
III.	Vorgesellschaft
IV.	Eingetragene GmbH/AG
V.	Fazit

> **Vortragszeit: 0,5 Minuten**

I. Einleitung

Die **Errichtung einer GmbH** ist nach § 1 GmbHG zu jedem rechtlich zulässigen Zweck möglich. Die GmbH ist nach § 13 Abs. 3 GmbHG i.V.m. § 6 Abs. 2 HGB stets Handelsgesellschaft und Formkaufmann. Unzulässige Zwecke sind Zwecke, die gegen ein gesetzliches Verbot (§ 134 BGB) oder die guten Sitten (§ 138 BGB) verstoßen. Für die Ausübung von freiberuflichen Tätigkeiten sind standesrechtliche Vorschriften zu beachten. Die Rechtsform der GmbH ist bspw. für die Ausübung der Tätigkeit als Notar und Arzt ausgeschlossen. Sie ist zulässig für die Tätigkeit einer Steuerberatungsgesellschaft (§ 49 Abs. 1 StBerG), einer Wirtschaftsprüfergesellschaft (§ 27 Abs. 1 WPO). Die **Gründung der GmbH** und ebenso der AG erfolgt in drei Stufen:
1. Vorgründungsgesellschaft,
2. Vorgesellschaft,
3. eingetragene GmbH/AG.

> **Vortragszeit: 0,5/1 Minuten**

II. Vorgründergesellschaft

Eine **Vorgründungsgesellschaft** liegt vor, wenn sich der/die Gründungsgesellschafter vor Abschluss des notariellen Gesellschaftsvertrages zum Zwecke der Gründung einer GmbH/AG zusammenschließen. Die Vorgründungsgesellschaft hat die Rechtsform einer BGB-Gesellschaft, deren Zweck in der Gründung einer anderen Gesellschaft besteht. Ausnahmsweise kann die Vorgründungsgesellschaft auch eine OHG darstellen, wenn sie bereits ein Handelsgewerbe aufgenommen hat. Da es sich bei der Vorgründungsgesellschaft um eine GbR bzw. OHG handelt, haften deren Gesellschafter (d.h. alle Gründer) unmittelbar im Außenverhältnis gegenüber den Gläubigern persönlich als Gesamtschuldner.

Ertragsteuerlich ist die Vorgründungsgesellschaft ist als **Mitunternehmerschaft nach § 15 Abs. 1 Nr. 2 EStG** zu behandeln. Deren Einkünfte sind nach § 180 Abs. 1 Nr. 2a AO einheitlich und gesondert festzustellen und den Gesellschaftern anteilig und unmittelbar zuzurechnen. Verluste der Vorgründungsgesellschaft sind nicht mit späteren Gewinnen der GmbH verrechenbar, da es sich bei den Gesellschaftern der GbR und der GmbH um unterschiedliche Besteuerungssubjekte handelt.

> **Vortragszeit: 1/2 Minuten**

III. Vorgesellschaft

Die **Vorgesellschaft** entsteht mit Abschluss des Gesellschaftsvertrages. Der notariell zu beurkundende Gesellschaftsvertrag muss nach § 3 Abs. 1 GmbHG als Mindestinhalt angeben: Firma und der Sitz der GmbH, Gegenstand des Unternehmens, Betrag des Stammkapitals und die Höhe der von den Gründungsgesellschaftern jeweils übernommenen Stammeinlagen und deren Stückelung.

Die Firma muss die Bezeichnung „Gesellschaft mit beschränkter Haftung" oder eine allgemein verständliche Abkürzung dieser Bezeichnung enthalten (§ 4 GmbHG). Die durch das Gesetz zur Modernisierung des GmbH-Rechts (MoMiG) eingeführte GmbH, deren Stammkapital weniger als 25.000 € beträgt (**haftungsbeschränkte Unternehmergesellschaft** nach § 5a GmbHG; sog. 1 €-GmbH), muss den Zusatz UG (haftungsbeschränkt) tragen. Die Unternehmergesellschaft kann sowohl mit einer individuellen Satzung als auch mit einem beurkundungspflichtigen Musterprotokoll gegründet werden.

Die **Festlegung des Sitzes** unterliegt der freien Entscheidung der Gesellschafter. In der Regel befindet sich der Sitz dort, wo sich die Geschäftsleitung oder die Verwaltung befindet. Nach der Rechtsprechung des EuGH (Überseering, EuGH vom 05.11.2002, C-208/00, NJW 2002, 3614) bleibt die Rechtsfähigkeit der Gesellschaft bei einer Sitzverlegung in einen EU-/EWR-Staat erhalten.

Das **Stammkapital** muss mindestens 25.000 € betragen (§ 5 GmbHG). Die Höhe der Stammeinlage kann individuell festgelegt werden; sie muss mindestens 1 € betragen. Die Stammeinlage muss auf volle € lauten (§ 5 Abs. 2 GmbHG). Da jeder Gesellschafter auch mehrere Geschäftsanteile übernehmen darf, ist in der Satzung deshalb die Stückelung der Geschäftsanteile als Mindestinhalt anzugeben (§ 3 Abs. 1 Nr. 4 GmbHG). Bei der Anmeldung zum Handelsregister muss die Geldeinlage eines jeden Gesellschafters zu mindestens einem Viertel und mindestens die Hälfte des Mindeststammkapitals eingezahlt worden sein (§ 7 Abs. 2 und § 5 Abs. 1 GmbHG). Bei der Gründung einer Einmann-GmbH wird auf die Stellung besonderer Sicherheitsleistungen für den noch nicht erbrachten Teil der Einlage verzichtet.

Bestehen die Stammeinlagen in Sacheinlagen, müssen diese vor der Anmeldung zur Eintragung in das Handelsregister zur freien Verfügung der Geschäftsführer stehen. Werden Stammeinlagen durch Sacheinlagen erbracht, muss dies im Gesellschaftsvertrag festgelegt sein (§ 5 Abs. 4 GmbHG). Bei **Erbringung von Sacheinlagen** ist die Erstellung eines Sachgründungsberichtes bzw. von Unterlagen darüber, dass der Wert der Sacheinlagen den Nennbetrag der dafür erhaltenen Geschäftsanteile erreicht, und dessen Einreichung beim Handelsregister nach § 8 Abs. 1 Nr. 4 und Nr. 5 GmbHG erforderlich. Bei einer Überbewertung der Sacheinlagen ist der Differenzbetrag in Geld zu entrichten (§§ 9 und 9a GmbHG). Bei einer **verschleierten Sacheinlage** gilt die Einlageverpflichtung des Gesellschafters ggf. als nicht erbracht und es wird der Wert der Sacheinlage, die anstelle des Barbetrages der Gesellschaft verbleibt, auf die Einlageverpflichtung angerechnet und der Gesellschafter muss die verbleibende Differenz nachzahlen (**reine Differenzhaftung**). Eine verschleierte Sacheinlage liegt vor, wenn der Gründungsgesellschafter zunächst eine Bareinlage leistet, diese aber im sachlichen und zeitlichen Zusammenhang durch die Veräußerung eines Wirtschaftsgutes an die GmbH in Form des Kaufpreises wieder zurückerlangt.

Die haftungsbeschränkte Unternehmergesellschaft hat ein **Mindeststammkapital** von 1 €, darf aber ihre Gewinne aber nicht in vollem Umfang ausschütten, es müssen ¼ des Gewinns in die Rücklagen bis zur Erreichung des GmbH-Mindeststammkapitals eingestellt werden.

Das **Grundkapital einer Aktiengesellschaft** beträgt mindestens 50.000 € und ist in Aktien zerlegt. Es wird durch Übernahme der Aktien durch den oder die Gründer aufgebracht. Bei einer Bargründung genügt es, dass ¼ des Nennbetrags jeder Aktie eingezahlt wird, § 36a Abs. 1 AktG (insgesamt also mindestens 12.500 € – genau so viel wie bei einer GmbH). Wurden die Aktien über dem Emissionskurs ausgegeben sog. „Agio" oder „Aufgeld" muss das volle **Agio** vor der Gründung entrichtet werden (§ 36a Abs. 1 AktG). Der Mindestnennbetrag einer Aktie liegt bei einem Euro. Höhere Nennbeträge müssen auf volle Euro lauten. Bei den **Stückaktien** wird ein prozentualer Anteil des Grundkapitals des Unternehmens angegeben. Die **Gründung der Aktiengesellschaft** ist vom Vorstand, dem Aufsichtsrat und in bestimmten Fällen (z.B. bei Sachgründungen oder wenn Gründer zugleich Vorstands- oder Aufsichtsratsmitglieder sind, § 33 Abs. 2 AktG) von einem fachkundigen Dritten (z.B. Wirtschaftsprüfer) zu prüfen. Die notariell zu beurkundende Satzung der Aktiengesellschaft ist durch die Gründer festzustellen (§§ 2, 23, 28 AktG). Die Satzung muss Folgendes bestimmen:

1. Firma und Sitz der Gesellschaft;
2. Gegenstand des Unternehmens;
3. Höhe des Grundkapitals;
4. die Nennbeträge der Aktien sowie die Zahl der Aktien jeden Nennbetrags bzw. die Zahl der Stückaktien und Angaben über die Aktiengattungen;
5. ob die Aktien auf den Inhaber oder auf den Namen ausgestellt werden;
6. die Zahl der Mitglieder des Vorstands oder die Regeln zur Festlegung dieser Zahl;
7. die Form der Bekanntmachungen der Gesellschaft;
8. ggf. die einzelnen Aktionären eingeräumten Sondervorteile;
9. ggf. den Gründerlohn;
10. im Fall der Sachgründung den Gegenstand der Sacheinlage bzw. Sachübernahme, die Person, von der die Gesellschaft den Gegenstand erwirbt, und den Nennbetrag der bei der Sacheinlage zu gewährenden Aktien oder die bei der Sachübernahme zu gewährende Vergütung (§§ 23, 25–27 AktG).

Mit der **Feststellung der Satzung** findet die Übernahme der Aktien durch die Gründer gegen Einlagen statt. Mit Übernahme aller Aktien durch die Gründer ist die Gesellschaft errichtet (§ 29 AktG). Die Bestellung der Aufsichtsratsmitglieder ist ebenso wie die der Vorstände notariell zu beurkunden.

Die **Vorgesellschaft** ist aufgrund der Identitätstheorie mit der später entstehenden GmbH/AG identisch und nach § 1 Abs. 1 Nr. 1 KStG bereits als Kapitalgesellschaft zu behandeln.

Die Gläubiger der Vorgesellschaft müssen sich an deren Vermögen halten. Die Vorgesellschaft hat wiederum einen Anspruch gegen die Gesellschafter in Höhe des Verlusts (sog. **Verlustdeckungshaftung** als reine Innenhaftung, BGHZ 134, 333 ff.).

Steuerlich wirkt die Eintragung auf den Tag des Abschlusses des Gesellschaftsvertrages zurück. Die Identität von Vorgesellschaft und GmbH gilt nicht bei der so genannten **misslückten GmbH-Gründung**, bei der eine Eintragung der Gesellschaft in das Handelsregister nicht erfolgt. Die GmbH in Gründung fällt dann in die Rechtsform einer GbR oder OHG zurück.

Neben der „klassischen" GmbH mit Gesellschaftsvertrag, der der notariellen Form bedarf, haben Unternehmensgründer für Standardgründungen, wie z.B. Bargründungen oder bei einer Gesellschaft mit höchstens drei Gesellschaftern und nur einem Geschäftsführer, auch die Möglichkeit, eine **GmbH mit einem vom Gesetzgeber vorgegebenen Musterprotokoll** zu errichten (§ 2 Abs. 1a GmbHG). Das Musterprotokoll ist dem GmbHG als Anlage beigefügt. Es gilt zugleich als Gesellschafterliste. Dabei werden drei Dokumente – Gesellschaftsvertrag, Geschäftsführerbestellung und Gesellschafterliste – zusammengefasst. Eine notarielle Beurkundung ist dennoch erforderlich.

Vortragszeit: 5/7 Minuten

IV. Eingetragene GmbH

Mit der **Eintragung der GmbH** in das Handelsregister entsteht die GmbH als juristische Person (§ 11 Abs. 1 GmbHG). Die Eintragung hat also konstitutive Wirkung. Die **Anmeldung der GmbH zur Eintragung ins Handelsregister** ist Voraussetzung der Eintragung. Die Anmeldung zur Eintragung ins Handelsregister hat bei dem Gericht zu erfolgen, in dessen Bezirk die Gesellschaft ihren Sitz hat. Die Anmeldung hat durch sämtliche Geschäftsführer der Vorgesellschaft höchstpersönlich zu erfolgen (§ 8 Abs. 2, 3 GmbHG).

Auch die gegründete AG ist von allen Gründern, dem ersten Vorstand und dem ersten Aufsichtsrat zum Handelsregister **anzumelden** (§ 36 Abs. 1 AktG). Nach § 37 Abs. 1 AktG sind der Betrag, zu dem die Aktien ausgegeben werden, und der darauf eingezahlte Betrag anzugeben; des Weiteren ist die Verfügbarkeit des eingezahlten Betrags durch Einzahlungsbelege nachzuweisen. Ferner sind der Anmeldung die Satzung und Urkunden über die Gründung einer AG, Urkunden über die Bestellung von Vorstand und Aufsichtsrat, eine Liste der Mitglieder des Aufsichtsrats samt Adressen und ausgeübten Berufen, der Gründungsbericht, die Prüfungsberichte von Vorstand, Aufsichtsrat und Gründungsprüfer sowie die Verträge, die den Festsetzungen zu Sondervorteilen von Aktionären und zu Sacheinlagen und Sachübernahmen zugrunde liegen, und eine Berechnung des der Gesellschaft zur Last fallenden Gründungsaufwands beizufügen. Das Registergericht prüft, ob die Gesellschaft ordnungsgemäß errichtet und angemeldet ist (§ 38 AktG). GmbH und AG werden als Kapitalgesellschaften in Abteilung B des Handelsregisters eingetragen. Für die Verbindlichkeiten der Gesellschaften haftet den Gläubigern der Gesellschaft ab dann nur das Gesellschaftsvermögen. Die Haftung ist auf die Höhe des Haftkapitals beschränkt. Für die Gesellschaft als solche und ihre Gesellschafter gilt das Trennungsprinzip.

> **Vortragszeit: 2,5/9,5 Minuten**

V. Fazit

Die **Gründung von GmbH und AG** vollzieht sich in drei Stufen:

1. **Vorgründergesellschaft**, die vorliegt, wenn sich der/die Gründungsgesellschafter vor Abschluss des notariellen Gesellschaftsvertrages zum Zwecke der Gründung einer GmbH/AG zusammenschließen. Die Vorgründergesellschaft hat die Rechtsform einer GbR bzw. OHG.
2. **Vorgesellschaft**, die mit Abschluss des notariell zu beurkundeten Gesellschaftsvertrages entsteht. Im Hinblick auf den Inhalt des Gesellschaftsvertrages, die Aufbringung des notwendigen Stamm- bzw. Grundkapitals sind diverse Formalien zu beachten. Im Falle der AG ist erforderlich, dass die Gründer alle Aktien übernommen haben. Auch hat häufig eine Gründungsprüfung zu erfolgen. Zivil- und steuerrechtlich wird die Vorgesellschaft bereits wie eine Kapitalgesellschaft behandelt.
3. **Eingetragene GmbH und AG**. Erst mit der Eintragung der Gesellschaft, die im Handelsregister anzumelden ist, entsteht die Kapitalgesellschaft und ist die Haftung der Gesellschafter beschränkt.

Vielen Dank für Ihre Aufmerksamkeit.

> **Vortragszeit: 0,5/10 Minuten**

Vortrag 10
Das Insolvenzeröffnungsverfahren – Eröffnunggründe, Sicherungsmaßnahmen sowie Mitwirkungs- bzw. Auskunftspflichten (Wirtschaftsrecht)

Sehr geehrte/r Frau/Herr Vorsitzende/r, sehr geehrte Prüfungskommission,
aus den mir zur Auswahl gestellten Themen habe ich mich für das Thema „**Das Insolvenzeröffnungs-verfahren – Eröffnungsgründe, Sicherungsmaßnahmen sowie Mitwirkungs- bzw. Auskunftspflichten**" entschieden. Meinen Vortrag gliedere ich wie folgt:

I.	Einleitung
II.	Eröffnungsgründe
III.	Antragsrecht/-pflicht
IV.	Entscheidung des Insolvenzgerichts, Eröffnungsverfahren
V.	Sicherungsmaßnahmen
VI.	Mitwirkungs- bzw. Auskunftspflichten
VII.	Fazit

Vortragszeit: 0,5 Minuten

I. Einleitung
Die **Insolvenzordnung** hat zwei Ziele:
1. Die gleichmäßige Befriedung der Gläubiger über die Verwertung des Vermögens des Schuldners und eine geregelte Abführung seiner Einnahmen. Dabei wird dem Schuldner das für seinen Lebensunterhalt notwendige Einkommen gesichert. Nach Abschluss des Insolvenzverfahrens wird der Verwertungserlös abzüglich der Verfahrenskosten an die Gläubiger ausgezahlt.
2. Dem redlichen Schuldner Gelegenheit zu geben, sich von seinen Verbindlichkeiten zu befreien und nach einem Wohlverhaltenszeitraum (Dauer bis zu 6 Jahre ab Eröffnung des Verfahrens) ein von den Alt-schulden befreites Leben zu führen. Unternehmen erhalten durch verschiedene Regelungen im Rahmen der Insolvenzordnung ebenfalls die Möglichkeit zu einem Neuanfang.

Das **Insolvenzeröffnungsverfahren** beginnt mit der Stellung des Insolvenzantrags über das Vermögen des Schuldners (§§ 13, 15, 305–310 InsO) und endet mit der Entscheidung des Gerichts über den Eröffnungsan-trag (§§ 26, 27 InsO). Im Eröffnungsverfahren wird vom Gericht geprüft, ob der Insolvenzantrag zulässig (§§ 2, 3, 11–15, 18 Abs. 3 InsO) und begründet ist (§§ 16–19, 5 Abs. 1, 20 Abs. 1 InsO), also die formellen und materiellen Voraussetzungen für eine Insolvenzeröffnung vorliegen.

Vortragszeit: 1,5/2 Minuten

II. Eröffnungsgründe
Die Insolvenzordnung kennt drei Eröffnungsgründe:
1. Zahlungsunfähigkeit, diese ist der allgemeine, d.h. für alle Schuldner geltende Eröffnungsgrund (§ 17 InsO).
2. Drohende Zahlungsunfähigkeit. Dies gilt allerdings nur für den Fall, dass der Schuldner den Antrag stellt (§ 18 InsO).
3. Überschuldung bei juristischen Personen und bei der GmbH & Co KG (§ 19 InsO).

Vortragszeit: 1/3 Minuten

III. Antragsrecht/-pflicht

Das **Insolvenzverfahren** wird nicht von Amts wegen eingeleitet, sondern nur auf schriftlichen Antrag eröffnet – entweder beim Insolvenzgericht der Niederlassung des Schuldners oder wenn diese fehlt, da wo sich das Wesentliche des Vermögens des Schuldners befindet. Das Antragserfordernis gilt nicht nur für die Insolvenzeröffnung, sondern auch für das Eröffnungsverfahren. Berechtigt zur Stellung des Insolvenzantrags sind die Gläubiger und der Schuldner (§ 13 Abs. 1 und § 14 InsO). Ist der Schuldner eine Gesellschaft oder eine juristische Person, so kann der Antrag von jedem Mitglied des Vertretungsorgans (Vorstand, Geschäftsführer), jedem persönlich haftenden Gesellschafter und jedem Liquidator gestellt werden (§ 15 InsO).

Das **Eigenantragsrecht des Schuldners** gibt diesem die Möglichkeit, das Verfahren rechtzeitig zur Eröffnung zu bringen. Dies kann für ihn interessant sein, weil die InsO ihm die Chance eröffnet, sein Unternehmen zu sanieren bzw. als natürliche Person eine Restschuldbefreiung zu erhalten und damit einen wirtschaftlichen Neuanfang zu ermöglichen. Allerdings birgt der Eigenantrag auch Gefahren, z.B. dass die Gläubiger einen vom Schuldnerunternehmen vorgelegten Sanierungsplan ablehnen und beschließen, dass das Unternehmen des Schuldners stillgelegt wird (§ 157 S. 1 InsO). Auch ist die Gläubigerversammlung berechtigt, den Verwalter zu beauftragen, ebenfalls einen Insolvenzplan auszuarbeiten, und ihm das Ziel des Plans vorzugeben (§ 157 S. 2 InsO) oder Assets des Schuldnerunternehmens auf eine Auffanggesellschaft zu übertragen. D.h. ist das Verfahren einmal eröffnet, hat der Schuldner keinen Einfluss mehr auf die Bestimmung des Verfahrensziels.

Eine **Antragspflicht** besteht für den Schuldner grundsätzlich nicht. Bei Ehegatten ist nach Güterart zu differenzieren. Bei Gütertrennung und Zugewinngemeinschaft kann jeder Ehegatte das Insolvenzverfahren über sein Vermögen beantragen. Beim Gesamtgut einer Gütergemeinschaft das von den Ehegatten gemeinschaftlich verwaltet wird, ist jeder Ehegatte berechtigt den Antrag zu stellen (§ 333 Abs. 2 S. 1 InsO). Wird der Antrag nicht von beiden Ehegatten gestellt, ist er nur zulässig, wenn die Zahlungsunfähigkeit des Gesamtguts glaubhaft gemacht wird. Der Insolvenzantrag wegen drohender Zahlungsunfähigkeit ist beim gemeinschaftlich verwalteten Gesamtgut einer Gütergemeinschaft nur zulässig, wenn beide Ehegatten den Antrag stellen (§ 333 Abs. 2 S. 3 InsO).

Bei juristischen Personen und Personengesellschaften ist außer den Gläubigern gem. § 15 Abs. 1 InsO jedes Mitglied des Vertretungsorgans sowie jeder Liquidator antragsberechtigt. Bei der GmbH sind daher der Geschäftsführer oder Abwickler, bei der GmbH & Co. KG der Geschäftsführer der Komplementär-GmbH, bei der Aktiengesellschaft jedes Mitglied des Vorstands und der Liquidator, bei der OHG und der GbR jeder einzelne Gesellschafter und bei der Kommanditgesellschaft der Komplementär antragsberechtigt. Für den rechtsfähigen Verein ist jedes Vorstandsmitglied und jeder Liquidator berechtigt den Insolvenzantrag zu stellen (§§ 26 ff., 48 ff. BGB). Prokuristen und Handlungsbevollmächtigte können keinen Insolvenzantrag für das von ihnen vertretene Unternehmen stellen, denn es handelt sich nicht um ein **Prinzipalgeschäft** handelt. Wird der Antrag durch eine nicht zur Vertretung befugte Person gestellt, beseitigt die Genehmigung des Berechtigten den Antragsmangel rückwirkend (BGH vom 27.03.2003, ZIP 2003, 1007).

Dem Antrag des Schuldners ist ein **Verzeichnis der Gläubiger und ihrer Forderungen** beizufügen. Wenn der Schuldner einen Geschäftsbetrieb hat, der nicht eingestellt ist, sollen in dem Verzeichnis besonders z.B. kenntlich gemacht werden, die höchsten Forderungen, die höchsten gesicherten Forderungen oder die Forderungen der Finanzverwaltung, der Sozialversicherungsträger sowie aus betrieblicher Altersversorgung. In dem Fall sind auch Angaben zur Bilanzsumme, zu den Umsatzerlösen und zur durchschnittlichen Zahl der Arbeitnehmer des vorangegangenen Geschäftsjahres zu machen, § 13 Abs. 1 S. 3 InsO.

Gläubiger dürfen einen Insolvenzantrag stellen, soweit sie ein rechtlich geschütztes Interesse an der Eröffnung des Insolvenzverfahrens über das Vermögen seines Schuldners haben, § 14 Abs. 1 S. 1 InsO. Gläubiger, die nicht am Insolvenzverfahren teilnehmen oder nach der Art ihres Anspruchs keine Befriedigung aus dem Schuldnervermögen erlangen können, haben grundsätzlich kein rechtlich geschütztes Interesse an der Verfahrenseröffnung. Ihr Insolvenzantrag ist mangels Rechtsschutzinteresses unzulässig.

Vortragszeit: 2/5 Minuten

IV. Entscheidung des Insolvenzgerichts, Eröffnungsverfahren

Das Insolvenzgericht, bei dem ein Antrag auf Eröffnung eines Insolvenzverfahrens eingeht, prüft, ob der Insolvenzantrag zulässig ist. Dies ist der Fall, wenn er von einem Antragsberechtigten gestellt ist und die allgemeinen Zulässigkeitsvoraussetzungen gegeben sind. Bei einem Eigenantrag müssen darüber hinaus die in § 13 Abs. 1 S. 3 bis 7 InsO geregelten speziellen **Zulässigkeitsvoraussetzungen** erfüllt sein. Bei dem Antrag eines Gläubigers ist nach § 14 Abs. 1 InsO neben den allgemeinen Zulässigkeitsvoraussetzungen zusätzlich erforderlich, dass ein rechtliches Interesse an der Verfahrenseröffnung besteht und der Eröffnungsgrund und der Anspruch des Gläubigers glaubhaft gemacht sind. Die Begründetheit des Antrags setzt voraus, dass der Eröffnungsgrund vom Gericht festgestellt (§ 16 InsO) und eine die Kosten des Verfahrens deckende Masse vorhanden ist (vgl. § 26 Abs. 1 InsO). Die **Verfahrenskosten**, die von der Masse gedeckt sein müssen, sind die Gerichtskosten und die Kosten von Insolvenzverwalter und Gläubigerausschuss (§ 54 InsO). Bei unzureichender Masse weist das Gericht den Antrag ab und trägt den Schuldner in das vom Gericht geführte Schuldnerverzeichnis (die „Schwarze Liste") ein (§ 26 Abs. 2 InsO).

Durch den Insolvenzantrag wird das Eröffnungsverfahren eingeleitet, das in zwei Verfahrensabschnitte unterteilt ist:

1. Vorprüfungs- oder Zulassungsverfahren und
2. das Hauptprüfungsverfahren.

Im **Vorprüfungsverfahren** prüft das Insolvenzgericht zunächst die Zulässigkeit des eingereichten Insolvenzantrags. Es gilt hier kein Amtsermittlungsgrundsatz, d.h. die Zulässigkeitsprüfung des Insolvenzantrages erfolgt ausschließlich anhand der Angaben des Antragstellers und der von ihm vorgelegten Unterlagen. Es hat dem Antragsteller allerdings Gelegenheit zu geben, unvollständige Angaben binnen angemessener Frist zu ergänzen bzw. fehlenden Unterlagen nachzureichen.

Mit der **Zulassung des Insolvenzantrags** erfolgt der Übergang vom Zulassungs- zum Hauptprüfungsverfahren. Im **Hauptprüfungsverfahren** besteht eine Amtsermittlungspflicht des Gerichtes. Das Insolvenzgericht hat von Amts wegen insbesondere zu ermitteln, ob ein Eröffnungsgrund vorliegt. Zur Vorbereitung der Entscheidung schaltet das Gericht meist Sachverständige ein, um, zu ermitteln, ob einer oder mehrere der Insolvenzgründe (§§ 17–19 InsO) im konkreten Fall vorliegen und ausreichende Masse vorhanden ist. Ergebnis der Hauptprüfung können die Eröffnung des Insolvenzverfahrens (§ 27 InsO), die Abweisung des Antrags mangels Masse (§ 26 InsO) oder die Abweisung des Insolvenzantrags als unbegründet sein.

> **Vortragszeit: 1,5/6,5 Minuten**

V. Sicherungsmaßnahmen

Während des Eröffnungsverfahrens kann das Gericht Maßnahmen ergreifen, um eine weitere Schmälerung der Masse zu verhindern; vor allem kann es einen vorläufigen Insolvenzverwalter einsetzen, der den Schuldner überwacht (§ 21 Abs. 2 Nr. 1 InsO). Wird die Einsetzung mit dem **Erlass eines allgemeinen Veräußerungsverbots an den Schuldner** verbunden, so erlangt der vorläufige Verwalter das Verwaltungs- und Verfügungsrecht über die Masse und wird dann **Sequester** genannt (§ 21 Abs. 2 Nr. 2, § 22 Abs. 1 InsO).

Liegen die Voraussetzungen für die Eröffnung vor, so eröffnet das Gericht das eigentliche Insolvenzverfahren durch einen Beschluss, in dem auch der Insolvenzverwalter (vorläufig) bestellt, die Gläubiger zur Anmeldung ihrer Forderungen beim Insolvenzverwalter aufgerufen und die beiden ersten **Gläubigerversammlungen** – der Berichtstermin und der Prüfungstermin – festgesetzt werden. Außerdem werden die Schuldner des Schuldners aufgefordert, nur noch an den Verwalter zu leisten. Wegen der einschneidenden Bedeutung der Eröffnung ist im Beschluss die Stunde der Eröffnung genau anzugeben; wird dies versäumt, so gilt als Eröffnungszeit die Mittagsstunde (§§ 27-29 InsO) Der Beschluss wird veröffentlicht und zur Eintragung an die Registergerichte (Grundbuch, Handelsregister usw.) weitergeleitet (§§ 31, 32 InsO).

> **Vortragszeit: 1/7,5 Minuten**

VI. Mitwirkungs- bzw. Auskunftspflichten

Im Rahmen seiner **Mitwirkungspflichten** (und in den Grenzen des Verfahrenszwecks) ist der Geschäftsführer u.U. auch verpflichtet, Banken, Steuerberater, Rechtsanwälte oder Wirtschaftsprüfer von ihrer Schweigepflicht zu entbinden. § 97 Abs. 2 InsO gilt gemäß § 101 Abs. 1 Satz 2 InsO nicht für solche Geschäftsführer, die vor Antragstellung aus ihrem Amt ausgeschieden sind. Sie trifft lediglich eine Auskunfts-, jedoch keine Mitwirkungspflicht.

Ein generelles Akteneinsichtsrecht des Geschäftspartners des Schuldners in die Insolvenzakten des Gerichts gibt es nicht. § 299 Abs. 1 ZPO, auf den § 4 InsO verweist, sieht ein **Akteneinsichtsrecht** nur für die Parteien des Insolvenzantragsverfahrens vor. Hierzu kann auch der Geschäftspartner des Schuldners gehören, wenn er als Insolvenzgläubiger selbst den Antrag auf Eröffnung des Insolvenzverfahrens über das Vermögen des Schuldners gestellt hat.

Das Insolvenzgericht beauftragt im Regelfall einen Sachverständigen mit der Prüfung des Vorliegens von Insolvenzgründen und der Verfahrenskostendeckung durch die verfügbaren Vermögenswerte. Für die Ermittlungsbefugnisse des Sachverständigen ist danach zu differenzieren, ob der Sachverständige zugleich zum vorläufigen Insolvenzverwalter bestellt worden ist.

Ist der Sachverständige nicht auch zugleich vorläufiger Insolvenzverwalter, ist er allein darauf angewiesen, dass der Schuldner ihm gegenüber entsprechend seiner insolvenzrechtlichen Pflichten Auskunft erteilt. Dem **Sachverständigen** stehen dagegen keine umfassenden Ermittlungsbefugnisse zu, die er über den Schuldner hinweg aufgrund eigener Kompetenzen wahrnehmen könnte. Die Reichweite seiner Befugnisse bestimmt sich nach den §§ 402 ff. ZPO. Daraus folgt, dass Dritte dem Sachverständigen gegenüber nicht zur Auskunft verpflichtet sind. Dies ist im Verhältnis zu Banken von erheblicher Bedeutung, weil diese zu Auskünften – ohne Zustimmung des Schuldners – nicht gezwungen werden können. Entsprechendes gilt auch für Steuerberater und Rechtsanwälte des Schuldners, denen zu empfehlen ist, dem Sachverständigen nur nach vorheriger ausdrücklicher Zustimmung des Schuldners Auskünfte zu erteilen.

Dritte sind jedenfalls gegenüber dem sog. „starken" vorläufigen Insolvenzverwalter zur umfassenden Auskunft verpflichtet oder berechtigt. Inwieweit auch der „schwache" vorläufige Insolvenzverwalter gegenüber dem Vertragspartner des Schuldners **Auskunftsansprüche** hat, richtet sich nach den dem vorläufigen Insolvenzverwalter seitens des Insolvenzgerichts auf der Grundlage von § 21 Abs. 1 InsO zugewiesenen Einzelkompetenzen.

> **Vortragszeit: 1,5/9 Minuten**

VII. Fazit

Das Insolvenzverfahren dient der gleichmäßigen Befriedung der Gläubiger und gibt dem redlichen Schuldner Gelegenheit, nach einem Wohlverhaltenszeitraum sich von seinen Verbindlichkeiten zu befreien oder sein Unternehmen zu erhalten. Das Eröffnungsverfahren soll den Schuldner oder Gläubiger vor den schweren Nachteilen zu bewahren, welche eine schematische Eröffnung des Insolvenzverfahrens mit sich bringen könnte.

Vielen Dank für Ihre Aufmerksamkeit.

> **Vortragszeit: 1/10 Minuten**

Vortrag 11
Die Aktienarten – Wesensmerkmale, Übertragbarkeit und Umwandlungsmöglichkeit (Wirtschaftsrecht)

Sehr geehrte/r Frau/Herr Vorsitzende/r, sehr geehrte Prüfungskommission,
aus den mir zur Auswahl gestellten Themen habe ich mich für das Thema „**Die Aktienarten – Wesensmerkmale, Übertragbarkeit und Umwandlungsmöglichkeit**" entschieden. Meinen Vortrag gliedere ich wie folgt:

I.	Wesensmerkmale
II.	Rechtstellung
III.	Übertragbarkeit
IV.	Nennwertaktien und Nennwertlose Aktien
V.	Sonderformen
VI.	Umwandlungsmöglichkeit
VII.	Fazit

> **Vortragszeit: 0,5 Minuten**

I. Wesensmerkmale

Die **Aktiengesellschaft** hat ein in Aktien zerlegtes **Grundkapital** (§ 1 Abs. 2 AktG), das auf einen Nennbetrag in € lautet, § 6 AktG und sich auf mindestens 50.000 € beläuft, § 7 AktG. Das Grundkapital wird im Handelsregister eingetragen und bildet einen notwendigen Satzungsbestandteil, § 23 Abs. 3 Nr. 3 AktG. Es ist im Jahresabschluss als Passivposten auszuweisen, § 266 Abs. 3 A I HGB. Aktien können in einem Buch verbrieft sein oder als effektive Stücke gedruckt und herausgegeben werden. Die Ausgabe von Aktien bezeichnet man als **Emission**. Eine weitere Emission ist auch im Rahmen einer **Kapitalerhöhung** möglich. Aktien können an einer Wertpapierbörse oder außerbörslich gehandelt werden, was aber nicht zwingend ist. Daher sind sie geeignet, die Eigenkapitalbeschaffung zu erleichtern. Der **Buchwert einer Aktie** berechnet sich als Eigenkapital/Anzahl der Aktien. Der **Börsenwert einer Aktiengesellschaft** errechnet sich nach der Formel: Börsenwert = Anzahl der Aktien × Börsenkurs.

Gemäß § 1 Abs. 2 AktG verkörpert eine Aktie einen Bruchteil des Grundkapitals und gibt damit Auskunft über die **Beteiligungsquote**. Begrifflich versteht man unter Aktie zweierlei:
- Zum einen den Inbegriff sämtlicher Rechte und Pflichten, die einem Aktionär aufgrund seiner durch die Aktie vermittelten Beteiligung an der Gesellschaft zustehen und
- zum anderen als Bezeichnung des die Mitgliedschaft verbriefenden Wertpapiers (§ 10 Abs. 5 AktG).

Die Beteiligungsquote ergibt sich
a) bei Nennbetragsaktien (§ 8 Abs. 2 AktG) aus dem Verhältnis zwischen dem Betrag des Grundkapitals und dem Nennbetrag der Aktie (§ 8 Abs. 4 AktG),
b) bei Stückaktien (§ 8 Abs. 3 AktG) aus deren Gesamtanzahl (§ 8 Abs. 4 AktG).

Eine grundsätzlich zulässige Quotenaktie hat das Gesetz nicht zugelassen.

> **Vortragszeit: 1,5/2 Minuten**

II. Rechtsstellung

Hier ist zu unterscheiden zwischen Stammaktien, Vorzugsaktien und Mehrstimmrechtsaktien.
Nach § 12 Abs. 1 AktG gewährt jede Aktie das Stimmrecht (**Stammaktie**). Dies bedeutet dreierlei:

a) Es gibt grundsätzlich keine Aktie ohne Stimmrecht.

b) Es gibt kein Stimmrecht ohne Aktie und

c) grundsätzlich gewährt jede Aktie das gleiche Stimmrecht.

Dabei wird der Begriff der Aktie i.S.v. Mitgliedschaft gebraucht. Dies bedeutet, dass die **Stimmberechtigung** eng mit der Mitgliedschaft verknüpft ist und nicht von ihr getrennt werden kann. Weiterhin folgt daraus, dass jeder Aktionär den Inhalt von Hauptversammlungsbeschlüssen nur nach Maß seiner Beteiligung am Grundkapital beeinflussen soll. Diese **Stammaktien** stellen somit den Normaltyp Aktie dar. Sie beinhalten das Recht auf:

• den Anteil am Bilanzgewinn,

• die Teilnahme an der Hauptversammlung,

• die Auskunftserteilung bei der Hauptversammlung,

• das Stimmrecht in der Hauptversammlung einschließlich der Anfechtung von Hauptversammlungsbeschlüssen sowie

• den Anteil am Liquidationserlös.

Da es kein Stimmrecht ohne Aktieneigentum gibt, kann das Stimmrecht nach dem Rechtsgedanken des § 717 S. 1 BGB nicht durch isolierte Übertragung einem Nichtaktionär verschafft werden. Dieses **Abspaltungsverbot** ist durch die Rechtsprechung mehrfach bestätigt worden (RGZ 132, 149, 159; BGH NJW 1987, 780). Nicht stimmberechtigt sind auch Inhaber von Anleihen oder Genussscheinen, die von Aktiengesellschaft ausgegeben worden sind; denn dadurch werden nur Gläubigerrechte, keine Mitgliedschaften begründet.

Gemäß § 134 Abs.1 AktG wird das Stimmrecht nach Aktiennennbeträgen, bei **Stückaktien** nach deren Zahl ausgeübt. Für den Fall, dass einem Aktionär mehrere Aktien gehören, kann bei einer nichtbörsennotierten Gesellschaft die Satzung das Stimmrecht durch Festsetzung eines Höchstbetrags oder von Abstufungen beschränken. Die Satzung kann außerdem bestimmen, dass zu den Aktien, die dem Aktionär gehören, auch die Aktien rechnen, die einem anderen für seine Rechnung gehören. Für den Fall, dass der Aktionär ein Unternehmen ist, kann sie ferner bestimmen, dass zu den Aktien, die ihm gehören, auch die Aktien rechnen, die einem von ihm abhängigen oder ihn beherrschenden oder einem mit ihm konzernverbundenen Unternehmen oder für Rechnung solcher Unternehmen einem Dritten gehören.

Das **Stimmrecht** beginnt nach § 134 Abs. 2 AktG mit der vollständigen Leistung der Einlage. Entspricht der Wert einer verdeckten Sacheinlage nicht dem in § 36a Abs. 2 Satz 3 AktG genannten Wert, so steht dies dem Beginn des Stimmrechts nicht entgegen; das gilt nicht, wenn der Wertunterschied offensichtlich ist. Die Satzung kann bestimmen, dass das Stimmrecht beginnt, wenn auf die Aktie die gesetzliche oder höhere satzungsmäßige Mindesteinlage geleistet ist. In diesem Fall gewährt die Leistung der **Mindesteinlage** eine Stimme; bei höheren Einlagen richtet sich das Stimmenverhältnis nach der Höhe der geleisteten Einlagen. Nach § 134 Abs. 3 AktG kann das Stimmrecht durch einen Bevollmächtigten ausgeübt werden.

Aktionäre werden grundsätzlich über Dividenden am Gewinn des Unternehmens beteiligt. Die **Dividende** ist eine pro Aktie geleistete Zahlung an die Besitzer der Aktien. Die Höhe der Dividende wird vom Vorstand vorgeschlagen (Gewinnverwendungsvorschlag) und von der Hauptversammlung des Unternehmens beschlossen, § 174 AktG.

Private Aktionäre versteuern die Dividenden grundsätzlich nach § 20 Abs. 1 Nr. 1 i.V.m. § 32d Abs. 1 EStG als der **Abgeltungssteuer** unterliegende Kapitaleinkünfte. Gleiches gilt für Veräußerungsgewinne nach § 20 Abs. 2 Nr. 1 EStG.

Nach § 12 Abs. 1 S. 2 AktG dürfen auch **Vorzugsaktien** nach den Vorschriften der §§ 139–141 AktG als Aktien ohne Stimmrecht ausgegeben werden. Im Einzelnen gilt für Vorzugsaktien, dass

• das Stimmrecht nur ausgeschlossen werden kann, wenn die Aktien mit einem nachzuzahlenden Dividendenvorzug ausgestattet sind, § 139 Abs. 1 AktG,

• die Verteilung von Vorzügen und Stämmen das Verhältnis 1:1 nicht übersteigen darf, § 139 Abs. 2 AktG,

• der Vorzugsaktionär alle Rechte mit Ausnahme des Stimmrechts hat und Stimmrechtsausschluss zurücktritt, sobald und solange der Dividendenvorzug zwei Jahre rückständig ist, § 140 AktG,

• die Beschlüsse, durch die die Rechtsstellung der Vorzugsaktionäre beeinträchtigt wird, mit qualifizierter Mehrheit zu fassen sind, § 141 AktG und

• gegen den Willen ihres Inhabers eine Stamm- nicht zur Vorzugsaktie werden kann.

Im Gegenzug für den Stimmrechtsausschluss wird ein erhöhter Dividendenanspruch gewährt. Dieser kann wie folgt ausgestaltet sein:

1. **Prioritätischer Dividendenanspruch** (zuerst Vorzugsaktionäre),
2. **Prioritätischer Dividendenanspruch mit Überdividende** (vorrangig und höherer Dividendensatz),
3. **Limitierte Vorzugsdividende**,
4. **Kumulative Vorzugsdividende** (Anspruch auch in Verlustjahren und auf Nachzahlung im nächsten Jahr, bei Nichterfüllung lebt das Stimmrecht auf, § 140 Abs. 2 AktG).

Stimmrechtsausübung darf unter bestimmten Voraussetzungen beschränkt werden. Nach § 134 Abs. 1 S. 2 AktG darf die Satzung bei nichtbörsennotierten Gesellschaften ein **Höchststimmrecht** einführen. Es handelt sich dabei nicht um einen Ausschluss des Stimmrechts, sondern um eine **Ausübungsbeschränkung.** Diese erlaubt, das Stimmrecht auf Aktien zu beschränken, deren Gesamtnennbetrag oder gesamter anteiliger Betrag des Grundkapitals 1 Mio. € ausmacht; darüber hinausgehender Aktienbesitz schlägt sich dann nicht mehr in Stimmrechten nieder. Mit der Stimmrechtsbeschränkung soll Einflusspotenzial von Großaktionären beschnitten werden. Dies kann aber nur generell, nicht zu Lasten einzelner Aktionäre erfolgen. Wenn Aktien veräußert werden, hat der Erwerber das Stimmrecht, solange er festgesetzte Höchstgrenze nicht seinerseits überschreitet.

Mehrstimmrechte, d.h. Satzungsgestaltungen, nach denen eine Aktie ihrem Inhaber mehr Stimmen gibt als ihrer auf das Grundkapital bezogenen Beteiligungsquote entspricht, sind nach § 12 Abs. 2 AktG unzulässig.

> **Vortragszeit: 3/5 Minuten**

III. Übertragbarkeit

Hinsichtlich der Übertragbarkeit wird zwischen Inhaberaktien, Namensaktien und vinkulierten Namensaktien unterschieden.

Die **Inhaberaktie** lautet auf den Inhaber. Die Eigentumsübertragung erfolgt gemäß § 929 BGB durch Einigung und Übergabe. Damit ist die Inhaberaktie leicht handelbar und wird am häufigsten an der Börse gehandelt, weil die Übertragung an neue Besitzer schnell und unproblematisch ist. Die Ausgabe von Inhaberaktien ist nur zulässig bei Volleinzahlung, ansonsten erfolgt eine Ausgabe von Interimsscheinen, die auf Namen lauten und wie Namenspapiere behandelt werden. Die Stimmrechtsquote errechnet sich als Quotient des Gesamtnennwerts der gehaltenen Stammaktien zum stimmberechtigten Grundkapital.

Die **Namensaktie** lautet auf den Aktionär, der im Aktienbuch der Gesellschaft steht, § 67 AktG. Sie ist ein geborenes Orderpapier. Die Übertragung erfolgt durch Indossament, Übergabe und Umschreibung im Aktienbuch. Ein Nachteil der Namensaktie ist daher, dass deren Handelbarkeit erschwert wird. Ein Vorteil ist die größere Publizität der Eigentumsverhältnisse.

Die **vinkulierte Namensaktie** entspricht in ihrer Ausstattung der Namensaktie. Zusätzlich wird aber die Übertragung an die Zustimmung der Gesellschaft gebunden, § 68 AktG. Der Vorteil besteht darin, dass das Unternehmen die Besitzverhältnisse ziemlich genau steuern und Übernahmeabsichten durch andere Unternehmen frühzeitig erkennen kann. Die Übertragbarkeit kann in vielen Fällen jedoch durch bestimmte Großaktionäre (Banken), die viele Kleinanleger vertreten, erleichtert werden.

> **Vortragszeit: 1/6 Minuten**

IV. Nennwertaktien und Nennwertlose Aktien

Nennwertaktien, § 6 AktG, lauten auf einen bestimmten in Geld ausgedrückten Nenn- oder Nominalbetrag. Dieser muss nach § 8 Abs. 1 AktG mindestens 1 € betragen. Nennwertaktien dürfen nicht unter pari ausgegeben werden. Die Summe der Nennwerte ergibt das Grundkapital der Aktiengesellschaft.

Stückaktien lauten nicht auf einen Nennbetrag. Sie verkörpern aber den Anteil am Grundkapital. Damit lässt sich allerdings ein „fiktiver Nennbetrag" errechnen.

Quotenaktien, die einen Bruchteil am Unternehmen und keinen bestimmten Mindestbetrag am Grundkapital verkörpern, z.B. 1/10.000.000, sind nach dem Aktiengesetz nicht vorgesehen und kommen in Deutschland nicht vor.

Vortragszeit: 1/7 Minuten

V. Sonderformen

Unter **Vorratsaktien**, § 56 AktG, auch als Verwaltungs- oder Verwertungsaktien bezeichnet, versteht man Aktien, die im Rahmen einer Kapitalerhöhung über den aktuellen Kapitalbedarf hinaus geschaffen und für Rechnung der Gesellschaft übernommen wurden, ohne zunächst in den Verkehr zu gelangen. Sie sind in der Praxis wohl überflüssig, da § 202 AktG das sog. genehmigte Kapital kennt.

Eigene Aktien, d.h. von der Aktiengesellschaft selbst erworbene Aktien des eigenen Unternehmens, sind grundsätzlich verboten, weil dies dem Verbot der Rückgewähr der Einlage an den Aktionär widerspricht, § 57 Abs. 1 AktG. Nach § 71 AktG bestehen jedoch eine Reihe von Ausnahmen, die den Erwerb eigener Aktien zulassen:

a) Wenn der Erwerb notwendig ist, um einen schweren unmittelbar bevorstehenden Schaden von der Gesellschaft abzuwenden;

b) bei Belegschaftsaktien;

c) wenn der Erwerb geschieht, um Aktionäre im Fall von Beherrschungs- und Gewinnabführungsverträgen oder bei Eingliederungen abzufinden;

d) wenn der Erwerb unentgeltlich geschieht oder ein Kreditinstitut mit dem Erwerb eine Einkaufskommission ausführt;

e) durch Gesamtrechtsnachfolge;

f) durch Beschluss der Hauptversammlung zur Einziehung bei Herabsetzung des Grundkapitals;

g) bei einem Kredit- oder Finanzdienstleistungsinstitut auch zum Zweck des Wertpapierhandels;

h) aufgrund zweckfreier, höchstens fünf Jahre geltender Ermächtigung der Hauptversammlung, soweit ein Anteil von 10 % des Grundkapitals nicht überschritten wird, sog. Aktienrückkauf.

Eigene Aktien sind eine gesonderte Position auf der Passivseite der Bilanz, die als Korrekturposten zum Eigenkapital ausgewiesen wird. Rechte, insbesondere das Stimmrecht, stehen der Gesellschaft aus eigenen Aktien nicht zu, § 71b AktG.

Ein **Verstoß gegen das Verbot des Erwerbs eigener Aktien** macht den Erwerb nicht unwirksam, die Gesellschaft muss die Aktien aber wieder verkaufen (§§ 71c, 71 Abs. 4 AktG).

Berichtigungsaktien

Berichtigungsaktien, auch **Gratis- oder Zusatzaktien** genannt, sind neue Aktien, die im Rahmen einer Kapitalerhöhung aus Gesellschaftsmitteln ausgegeben werden. Insoweit stellen sie keine besondere Aktienart dar.

Belegschaftsaktien

Durch die Ausgabe von Belegschaftsaktien können Unternehmen die Vermögensbildung ihrer Arbeitnehmer fördern. Der Erwerb von Belegschaftsaktien wird oft erleichtert, z.B. durch Stundung des marktüblichen Kaufpreises, Umwandlung eines Gewinnanteils in Belegschaftsaktien oder unentgeltliche Überlassung der Belegschaftsaktien.

Vortragszeit: 1,5/8,5 Minuten

VI. Umwandlungsmöglichkeit

Die Satzung kann gemäß § 24 AktG bestimmen, dass auf Verlangen eines Aktionärs seine Inhaberaktie in eine Namensaktie oder seine Namensaktie in eine Inhaberaktie umzuwandeln ist.

Vortragszeit: 0,5/9 Minuten

VII. Fazit

Die Aktie ist ein Wertpapier, das der Beteiligungsfinanzierung dient und das Mitgliedschaftsrecht des Aktionärs verbrieft. Nach der Übertragung unterscheidet man Inhaberaktien als auf den Inhaber lautende Aktien und Namensaktien. Nach dem Umfang der verbrieften Rechte gibt es Stammaktien (diese gewähren dem Aktionär alle gesetzlichen und satzungsmäßigen Aktionärsrechte) und Vorzugsaktien (das sind Aktien mit zusätzlichen Vorrechten, z.B. auf eine Mindestdividende). Nach der Art der Beteiligung am Grundkapital der AG gibt es Nennbetragsaktien, auf eine feste Summe (Nennwert) lautende Aktie und Quotenaktien, die einen für alle Aktien gleichen Anteil am Grundkapital verkörpern. Die Aktie dient der Beschaffung von Eigenkapital und hat für Unternehmen enorme Bedeutung als Finanzierungsinstrument. Für Unternehmen, institutionelle Anleger und private Haushalte dient sie als Anlage- und Vermögensbildungsinstrument.

Vielen Dank für Ihre Aufmerksamkeit.

> **Vortragszeit: 1/10 Minuten**

Vortrag 12
Bilanzierung und Bewertung von Rückstellungen nach HGB und deutschem Steuerrecht – Unterschiede und Auswirkungen auf den handelsrechtlichen Jahresabschluss (Prüfungswesen und Steuerrecht)

Sehr geehrte/r Frau/Herr Vorsitzende/r, sehr geehrte Prüfungskommission,
aus den mir zur Auswahl gestellten Themen habe ich mich für das Thema „**Bilanzierung und Bewertung von Rückstellungen nach HGB und deutschem Steuerrecht – Unterschiede und Auswirkungen auf den handelsrechtlichen Jahresabschluss**" entschieden. Meinen Vortrag gliedere ich wie folgt:

I.	Einleitung, Rückstellungsbegriff
II.	Bilanzierung nach HGB
III.	Bilanzierung nach EStG
IV.	Bewertung nach HGB
V.	Bewertung nach Steuerrecht
VI.	Übernahme einer Rückstellung
VII.	Auswirkung der Abweichungen im Hinblick auf latente Steuern
VIII.	Fazit

> **Vortragszeit: 0,5 Minuten**

I. Einleitung, Rückstellungsbegriff

Rückstellungen sind Schulden, die noch nicht ausreichend konkretisiert sind, aber für die Bilanzadressaten erkennbar sein sollen. Im Hinblick auf das **Vollständigkeitsgebot** müssen Rückstellungen, soweit sie vermögensschmälernde Verpflichtungen enthalten, ausgewiesen werden. Das Gesetz enthält keine Definition. § 249 HGB zählt jedoch Einzelfälle auf. Danach sind Rückstellungen zu bilden für ungewisse Verbindlichkeiten, drohende Verluste aus schwebenden Geschäften sowie bestimmte Aufwandsrückstellungen. Zu unterscheiden ist zwischen **Schuldrückstellungen** und **Aufwandsrückstellungen**. Schuldrückstellungen, § 249 Abs. 1 HGB werden für rechtliche oder faktische Verpflichtungen gegenüber Dritten gebildet, die das

Vermögen am Abschlussstichtag belasten. Zu ihnen rechnen die Rückstellungen für ungewisse Verbindlichkeiten (Verbindlichkeitsrückstellungen) und die Rückstellungen für drohende Verluste aus schwebenden Geschäften (Drohverlustrückstellungen). Grundsätzlich besteht für Schuldrückstellungen eine Passivierungspflicht. Bei einer Schuldrückstellung besteht gegenüber Dritten eine ungewisse Rechtsverpflichtung, während bei einer Aufwandsrückstellung eine Selbstverpflichtung vorliegt, etwa bei der beschlossenen – und noch nicht vollzogenen – Durchführung von betrieblichen Instandhaltungsmaßnahmen. Das Gliederungsschema des § 266 Abs. 3 B I–III HGB unterteilt die Rückstellungen in Pensions-, Steuer- und sonstige Rückstellungen.

> **Vortragszeit: 1,5/2 Minuten**

II. Bilanzierung nach HGB

Handelsrechtlich ist die **Bildung von Rückstellungen** nach § 249 HGB vorgesehen für:

* **ungewisse Verbindlichkeiten** (einschließlich Pensionsrückstellungen für sog. Neuzusagen), Wahlrecht für Altzusagen von 01.01.1987,
* **drohende Verluste aus schwebenden Geschäften**,
* **im Geschäftsjahr unterlassene Aufwendungen für Instandhaltung**, die im folgenden Geschäftsjahr innerhalb von drei Monaten nachgeholt werden,
* **im Geschäftsjahr unterlassene Aufwendungen für Abraumbeseitigung**, die im folgenden Geschäftsjahr nachgeholt werden,
* Gewährleistungen, die ohne rechtliche Verpflichtung erbracht werden.

Die Aufzählung ist abschließend, d.h. für andere Arten von Rückstellungen besteht ein **Rückstellungsverbot**.

Hinweise zur Bilanzierung enthalten zudem die Verlautbarungen des Hauptfachausschusses des IDW zur Rechnungslegung; für Rückstellungen: IDW RS HFA 3, 4, 7, 23, 30, 35 (siehe darüber hinaus IDW RH HFA 1.009). Sie legen die Berufsauffassung der Wirtschaftsprüfer zu Rechnungslegungsfragen dar.

> **Vortragszeit: 1,5/3,5 Minuten**

III. Bilanzierung nach EStG

Aufgrund des Maßgeblichkeitsprinzips in **§ 5 Abs. 1 EStG** erfolgt regelmäßig eine Übernahme der handelsrechtlichen Rückstellungen in die Steuerbilanz. Steuerrechtlich bestehen darüber hinaus aber eigene **Ansatz- und Bewertungsvorschriften**:

* Nach § 5 Abs. 2a EStG besteht ein **Ansatzverbot für von Drohverlustrückstellungen**. Ausnahmen gibt es für sog. Bewertungseinheiten.
* Nach § 5 Abs. 3 EStG besteht ein **Passivierungsverbot für Patent- oder Urheberrechtsverletzungen**, aus denen mit einer Inanspruchnahme nicht ernsthaft zu rechnen ist.
* Nach § 5 Abs. 4 EStG dürfen **Rückstellungen für Dienstjubiläen** nur unter qualifizierten zeitlichen und formellen Voraussetzungen erfolgen.
* Nach § 5 Abs. 4a EStG darf Aufwand, der in künftigen Wirtschaftsjahren als AK/HK zu aktivieren ist, nicht durch eine Rückstellung vorweggenommen werden. Gleiches gilt für Verpflichtung zur schadlosen Verwertung Reststoffe, im Zusammenhang mit der Wiederaufbereitung von Kernbrennstoffen.
* § 6a Abs. 1 und 2 EStG sieht die **Passivierung von Pensionsrückstellungen** nur unter qualifizierten Voraussetzungen vor.

Insgesamt sind durch das BilMoG verstärkte Abweichungen zwischen Handels- und Steuerbilanz und eine Durchbrechung Maßgeblichkeit erfolgt.

> **Vortragszeit: 1,5/5 Minuten**

IV. Bewertung nach HGB

Die **handelsbilanzielle Bewertung der Rückstellungen** erfolgt gemäß § 253 Abs. 1 HGB mit dem „nach vernünftiger kaufmännischer Beurteilung notwendigen Erfüllungsbetrag". Maßgebend sind dabei die Wertverhältnisse im Erfüllungszeitpunkt. Einzubeziehen sind daher künftige Preis- und Kostensteigerungen. Sachleistungsverpflichtungen sind unter Vollkosten zu bewerten. Bei einer Restlaufzeit von mehr als einem Jahr sind Rückstellungen mit ihrem **Barwert** zu passivieren. Handelsbilanziell ermittelt er sich auf Basis eines in § 253 Abs. 2 HGB normierten, von der Deutschen Bundesbank zu ermittelnden Abzinsungssatzes der zurückliegenden sieben Jahre.

> **Vortragszeit: 0,5/5,5 Minuten**

V. Bewertung nach Steuerrecht

Die steuerrechtliche Bewertung von Rückstellungen ist zu weiten Teilen eigenständig geregelt, was zu erheblichen Abweichungen im Vergleich zur Handelsbilanz führen kann. § 6 Abs. 1 Nr. 3a EStG enthält folgende besondere **Bewertungsbestimmungen**:

- Nach Buchst. a sind bei gleichartigen Verpflichtungen, wie z.B. **Gewährleistungsverpflichtungen** die Erfahrungen der Vergangenheit zu berücksichtigen.
- Nach Buchst. b sind **Sachleistungsverpflichtungen** nicht mit den Vollkosten, sondern nur mit den Einzelkosten und angemessene Teile der notwendigen Gemeinkosten (ohne Fixkosten) anzusetzen.
- Nach Buchst. c besteht ein Saldierungsgebot von Verpflichtungen mit Vorteilen die mit der künftigen Erfüllung anfallen (Beispiele bei Nachbetreuungsverpflichtungen von Optikern oder selbständigen Versicherungsvertretern).
- Nach Buchst. d sind **Ansammlungsrückstellungen** (Beispiel: Pachterneuerungsverpflichtungen) zeitanteilig in gleichen Raten anzusammeln.
- Nach Buchst. e besteht bei **Geld- und Sachleistungsverpflichtungen** mit über einjähriger Laufzeit ein Gebot zur Abzinsung mit 5,5 %, bei Pensionsrückstellungen nach § 6a EStG mit 6 %, also deutlich unter den aktuellen handelsrechtlichen Abzinsungssätzen.
- Nach Buchst. f sind bei Geld- und Sachleistungsverpflichtungen die Wertverhältnisse des Bilanzstichtags maßgeblich, also im Gegensatz zur Handelsbilanz keine künftigen Preis- und Kostensteigerungen zu berücksichtigen.

> **Vortragszeit: 1,5/7 Minuten**

VI. Übernahme einer Rückstellung

Nach der Rechtsprechung des BFH darf der Erwerber einer steuerlich ansatzbeschränkten Rückstellung diese nach dem **Anschaffungskostenprinzip** mit den höheren handelsrechtlichen Werten ausweisen (z.B. BFH, Urteil vom 14.12.2011, I R 72/10, BFH/NV 2012; dagegen BMF, Schreiben vom 24.06.2011, IV C 6 – S 2137/0 – 03, BStBl I 2011, 627). Der Gesetzgeber hat hierauf die Vorschriften des § 5 Abs. 7 und § 4f EStG eingeführt. Nach § 5 Abs. 7 EStG hat der Erwerber die ansatzbeschränkten Verbindlichkeiten zunächst erfolgsneutral mit den Anschaffungskosten, d.h. ohne Ansatzbeschränkung auszuweisen. In der ersten Schlussbilanz wird die Ansatzbeschränkung ertragswirksam aufgenommen. Der hieraus entstehende Ertrag darf auf 15 Jahre verteilt werden. Der Veräußerer einer passivierungsbeschränkten Verbindlichkeit weist nach § 4f EStG korrespondierend einen Verlust aus. Dieser ist allerdings nicht sofort abzugsfähig, sondern muss über einen Zeitraum von 15 Jahren steuerlich verteilt werden.

> **Vortragszeit: 0,5/7,5 Minuten**

VII. Auswirkung der Abweichungen im Hinblick auf latente Steuern

Die durch die genannten Abweichungen zwischen handelsrechtlichen und steuerrechtlichen Ansatz- und Bewertungsvorschriften, führen zu **Steuerlatenzen**. Deren Ermittlung richtet sich gem. **§ 274 HGB** nach dem international üblichen **Temporary-Konzept**. Das Temporary-Konzept ist bilanzorientiert, wodurch jeder Unterschied zwischen Handels- und Steuerbilanz für die Abgrenzung latenter Steuern herangezogen wird, wenn dieser zukünftig zur Steuerent- bzw. -belastung führt, ausgenommen sind nur außerbilanzielle Hinzurechnungen und Kürzungen (z.B. Investitionsabzugsbetrag nach § 7g EStG). Einbezogen werden temporäre und quasi-permanente Differenzen. Die Bilanzierung latenter Steuern ist daher unabhängig davon, wann sich die Differenzen zwischen Handelsbilanz und Steuerbilanz ausgleichen bzw. ob die Bilanzierungs- und Bewertungsunterschiede ergebniswirksam oder ergebnisneutral entstanden.

Passive latente Steuern entstehen, wenn das Handelsbilanzergebnis höher als das Steuerbilanzergebnis ist, also bei höherer Aktivierung bzw. niedriger Passivierung in der Handelsbilanz.

Aktive latente Steuern entstehen, wenn das Handelsbilanzergebnis niedriger als das Steuerbilanzergebnis ist, also bei niedrigerer Aktivierung bzw. höherer Passivierung in der Handelsbilanz.

Die **Bilanzierung latenter Steuern** ist unabhängig davon, wann sich die Differenzen zwischen Handelsbilanz und Steuerbilanz ausgleichen bzw. ob die Bilanzierungs- und Bewertungsunterschiede ergebniswirksam oder ergebnisneutral entstanden.

Wegen der restriktiven steuerrechtlichen Ansatz- und Bewertungsvorschriften ist der **steuerliche** Rückstellungsausweis regelmäßig niedriger, d.h. das Handelsbilanzergebnis niedriger als das steuerpflichtige Ergebnis. Dies hat zur Folge, dass eine aktive latente Steuerposition zu bilden ist. Aktive latente Steuern ergeben sich grundsätzlich, falls niedrigere Werte für Vermögensgegenstände bzw. höhere Werte für Schulden in der Handelsbilanz im Vergleich zu Steuerbilanz vorliegen. Aktive latente Steuern liegen z.B. auch vor, wenn Vermögensgegenstände nicht in der Handelsbilanz, aber in der Steuerbilanz angesetzt werden bzw. wie z.B. bei den Drohverlustrückstellungen ein Ansatz der Schulden in Handelsbilanz aber kein Ansatz in Steuerbilanz erfolgt. Im Gegensatz zu passiven latenten Steuern, die bei einem niedrigeren handelsbilanziellen Ansatz von Rückstellungen zu bilden wären und deren Ansatz nach § 274 Abs. 1 HGB verpflichtend ist, besteht bei aktiven latenten Steuern nach § 274 Abs. 2 HGB ein Bilanzierungswahlrecht (**Bilanzierungshilfe**). Die dazugehörige Erläuterung ist im Anhang zu machen. Das Aktivierungswahlrecht als Bilanzierungshilfe ist mit einer Ausschüttungssperre verbunden. Eine Ausschüttungssperre besteht nach § 274 Abs. 2 S. 3 bzw. § 268 Abs. 8 S. 2 HGB, soweit die aktiven latenten Steuern die passiven latenten Steuern übersteigen.

> **Vortragszeit: 2/9,5 Minuten**

VIII. Fazit

Die Rückstellungsbegriffe in Handels- und Steuerbilanz sind infolge des Maßgeblichkeitsprinzips nach § 5 Abs. 1 EStG, i.V.m. § 249 HGB gleich. Durch restriktive Maßnahmen des Gesetzgebers sind die Rückstellungsansätze steuerlich zunehmend reglementiert worden. Auch die Bewertungsansätze sind zunehmenden Einschränkungen unterworfen. Der i.d.R. niedrigere steuerliche Rückstellungsansatz führt zu aktiven latenten Steuern. Ein höherer passiver Rückstellungsansatz in der Steuerbilanz, der passive latente Steuern zur Folge hätte, ist theoretisch möglich, nach Auffassung der Finanzverwaltung dürfen die handelsrechtlichen Werte jedoch nicht überschritten werden. Zur Begründung wird auf die Formulierung in § 6 Abs. 1 Nr. 3a EStG „höchstens" verwiesen.

Vielen Dank für Ihre Aufmerksamkeit.

> **Vortragszeit: 0,5/10 Minuten**

Vortrag 13
Der neue IFRS 16 zur Leasingbilanzierung (Prüfungswesen)

Sehr geehrte/r Frau/Herr Vorsitzende/r, sehr geehrte Prüfungskommission,
aus den mir zur Auswahl gestellten Themen habe ich mich für das Thema „**Der neue IFRS 16 zur Leasingbilanzierung**" entschieden. Meinen Vortrag gliedere ich wie folgt:

I.	Einleitung
II.	Leasingbilanzierung nach IFRS
III.	IASB Projekt Leases
IV.	Neuer IFRS 16
V.	Fazit

Vortragszeit: 0,5 Minuten

I. Einleitung

Leasing hat sich als bedeutende Finanzierungsform im Wirtschaftsleben entwickelt. Über 25 % der betrieblichen mobilen Investitionen werden über Leasing finanziert. Bei kapitalmarktorientierten Unternehmen, die nach den IAS/IFRS bilanzieren richtet sich die **Bilanzierung von Leasingverhältnissen** danach, ob das wirtschaftliche Eigentum am Leasinggegenstand dem Leasinggeber oder dem Leasingnehmer zugerechnet wird. Erfolgt eine Zurechnung aller wesentlichen mit dem Eigentum verbundenen Chancen und Risiken zum Leasingnehmer, liegt ein Finanzierungsleasing mit der Folge vor, dass der Leasingnehmer den Leasinggegenstand und eine Leasingverbindlichkeit zu bilanzieren hat. Diese Bilanzierung beim Leasingnehmer wird aktuell durch Vereinbarungen von Operating-Leasingverhältnissen vermieden, die so gestaltet werden können, dass gerade eben nicht alle wesentlichen mit dem Eigentum verbundenen Chancen und Risiken dem Leasingnehmer zugeordnet werden. Durch diese sogenannte **Off-Balance-Gestaltung** wird die Bilanz des Leasingnehmers „entlastet" und – nach Auffassung des Standardsetzers – der Informationsgehalt des Jahresabschlusses verringert. Die Unternehmen müssen sich auf wesentliche Änderungen in der Leasingbilanzierung einstellen, die Auswirkungen auf mehrere Unternehmensbereiche haben werden.

Vortragszeit: 1/1,5 Minuten

II. Leasingbilanzierung nach IFRS

Der bisherige Standard **IAS 17** mit Bestimmungen in IFRIC 4, SIC 27 und SIC 15 ist durch den in ihm verankerten „**all-or-nothing-approach**" geprägt.

IAS 17 unterscheidet zwischen **Finanzierungs-Leasingverhältnissen** und **Operating-Leasingverhältnissen**. Für die Klassifizierung eines Leasingverhältnisses nach IAS 17 ist nicht in erster Linie die rechtliche Gestaltung des Vertragsverhältnisses von Bedeutung, sondern der wirtschaftliche Gehalt (Grundsatz der wirtschaftlichen Betrachtungsweise – substance over form).

Beim **Finanzierungsleasing** werden im Wesentlichen alle mit dem Eigentum verbundenen Risiken und Chancen des Leasingobjekts an den Leasingnehmer übertragen (IAS 17.4). Der Vorgang ist daher eher als Kauffinanzierung denn als Mietvertrag anzusehen.

Unter **Operating Lease** versteht man jedes Leasingverhältnis, bei dem es sich nicht um ein Finanzierungsleasing handelt. Der wichtigste Unterschied zum Finanzierungsleasing besteht darin, dass die wesentlichen Chancen und Risiken im Zusammenhang mit der Nutzung des Vermögenswertes beim Leasinggeber verbleiben.

Beim Finanzierungsleasing hat der Leasingnehmer das wirtschaftliche Eigentum und daher den Vermögenswert des Leasinggegenstandes und Schulden (= Zahlungsverpflichtungen gegenüber dem Leasinggeber) in gleicher Höhe in seiner Bilanz auszuweisen. Die Bewertung des Vermögenswerts bzw. der Schulden erfolgt entweder mit dem beizulegenden **Zeitwert des Leasinggegenstandes** oder mit dem **Barwert der Mindestleasingzahlungen**, sofern dieser Wert niedriger ist. Der Leasinggeber hat in seiner Bilanz eine Forderung in Höhe des Nettoinvestitionswertes aus dem Leasingverhältnis zu aktivieren. Die ausstehenden Leasingzahlungen werden vom Leasinggeber als Kapitalrückzahlung und Finanzertrag behandelt.

Beim **Operating-Leasingverhältnis** ist der Leasinggeber rechtlicher und wirtschaftlicher Eigentümer der Leasingobjekte und hat diese in seiner Bilanz zu aktivieren. Die Bewertung beim erstmaligen Ansatz erfolgt zu Anschaffungs- oder Herstellungskosten. In der Folgebewertung ist das Leasingobjekt entsprechend den üblichen Grundsätzen planmäßig und ggf. außerplanmäßig abzuschreiben. Beim Leasingnehmer beschränkt sich die Abbildung des Leasingverhältnisses auf die Erfassung der Leasingraten in der Erfolgsrechnung. Die Leasingraten sind als Aufwand i.d.R. linear über die Laufzeit des Leasingverhältnisses zu erfassen, soweit nicht ein anderer Verlauf sachgerechter ist.

Bei der Einordnung in ein Operating-Leasingverhältnis wird dem Leasingnehmer durch das bilanzneutrale Geschäft ein „**off-balance-sheet-Effekt**" ermöglicht. Folge dieses Effekts ist, dass die Informationsfunktion von IFRS-Abschlüssen, aufgrund fehlender Angaben über das Leasingobjekt und die Leasingverbindlichkeiten, eingeschränkt wird. Trotz der Überarbeitung des Standards in den Jahren 1990 und 2003 befindet sich die Leasingbilanzierung insbesondere durch Vorkommnisse in der Finanzmarktkrise seit langem in der Kritik.

> **Vortragszeit: 3/4,5 Minuten**

III. IASB Projekt Leases

Durch die anhaltende Kritik an dem derzeitigen Standard, wurde 2006 ein „joint project" von IASB und FASB über die Reform die Bilanzierung von Leasingverhältnissen in die Wege geleitet. Am 19. März 2009 wurde zuerst ein Diskussionspapier „Leases" und dem folgend im Jahr 2010 der **„Exposure Draft ED/2010/09 Leases"** veröffentlicht. Der Grundgedanke des neuen Konzepts basiert auf den Erörterungen der sog. G4 + 1-Gruppe und ihrem veröffentlichten McGregor-Papier. Dabei wurde eine Abkehr von der bisherigen Bilanzierung von Leasingverhältnissen beim wirtschaftlichen Eigentümer gefordert und zugleich mit dem „Right-of-Use-Approach" ein Ansatzmodell, das zu einer durchgehenden **on-balance-Bilanzierung** führt. Das IASB hat am 16.05.2013 den Standardentwurf ED/213/6 Leases veröffentlicht. Der Entwurf sieht vor, dass generell alle Leasingverhältnisse in die Bilanz des Leasingnehmers aufzunehmen sind. Die Leasingverhältnisse werden in zwei Kategorien unterteilt, Typ A und Typ B.

Ein Typ A-Leasingverhältnis liegt vor, wenn der Leasingnehmer voraussichtlich einen mehr als unwesentlichen Teil des wirtschaftlichen Nutzens des Leasinggegenstandes während der Leasinglaufzeit verbraucht. Ist dies nicht der Fall, ist das Leasingverhältnis als Typ B zu klassifizieren. Folglich sind Leasingverhältnisse über Immobilien regelmäßig als Typ B zu klassifizieren, es sei denn

- die Grundmietzeit erstreckt sich über den größten Teil der restlichen wirtschaftlichen Nutzungsdauer oder
- der Barwert der Leasingzahlungen ist unwesentlich im Vergleich zum Zeitwert des Leasinggegenstandes.

Beim Leasingnehmer ist – unabhängig von der Klassifizierung des Leasingverhältnisses als Typ A oder Typ B – zu Beginn der Laufzeit ein Vermögenswert für das gewährte Nutzungsrecht am Leasingobjekt (Right-of-Use) und eine Verbindlichkeit für die Verpflichtung zur Zahlung der Leasingraten zu erfassen. Die Erstbewertung der Leasingverbindlichkeit erfolgt mit dem Barwert der Leasingzahlungen (fixe auch variable), die an einen Index oder Zinssatz gekoppelt sind (ED/2013/6.38 (a)). Der Buchwert der Leasingverbindlichkeit ist an den folgenden Bilanzstichtagen unter Anwendung der Effektivzinsmethode fortzuschreiben und um die gezahlten Leasingraten zu reduzieren (ED/2013/6.41 (a)).

Das Nutzungsrecht wird bei **Typ A-Leasingverhältnissen** linear über die Vertragslaufzeit abgeschrieben, sofern nicht eine andere planmäßige Verteilung dem erwarteten Nutzenverbrauch eher entspricht (ED/2013/6.47).

Bei **Typ B-Leasingverhältnissen** ist ein jährlich gleichbleibend hoher Gesamtaufwand zu erfassen. Dieser setzt sich aus dem Fortschreibungsbetrag der Leasingverbindlichkeit und der Abschreibung des Nutzungsrechts zusammen. Die Höhe der jährlichen Abschreibung ergibt sich dann aus der Differenz zwischen Gesamtaufwand und dem Fortschreibungsbetrag. Durch den über die Leasingdauer degressiven Verlauf der Zinsaufwendungen ergibt sich ein progressiver Verlauf der Abschreibungen auf das Nutzungsrecht (ED/2013/6.42 (b)).

Die bilanzielle Abbildung beim Leasinggeber ist von der Klassifikation des Leasingverhältnisses abhängig und ist damit weder spiegelbildlich noch komplementär zu der des Leasingnehmers.

Bei Typ A-Leasingverhältnissen hat der Leasinggeber zu Vertragsbeginn den Leasinggegenstand auszubuchen und gleichzeitig eine Leasingforderung und einen Restvermögenswert (**receivable and residual**

approach, entspricht dem nicht zur Nutzung überlassenen Anteil am Leasingobjekt). Die Leasingforderung wird mit dem Barwert der anfänglichen Kosten und zukünftigen Leasingzahlungen bewertet. Der Restvermögenswert wird mit dem Barwert des vom Leasinggeber erwarteten Restwerts am Ende der Leasinglaufzeit zuzüglich des Barwerts der erwarteten variablen Leasingzahlungen bewertet.

In den Folgeperioden werden Leasingforderung und Restvermögenswert fortgeschrieben und sind gem. IAS 36 bzw. IAS 39 auf Wertminderung zu prüfen.

Bei Typ B-Leasingverhältnissen verbleibt das Leasingobjekt in der Bilanz des Leasinggebers. Es wird zu Anschaffungs- bzw. Herstellungskosten abzüglich der planmäßigen Abschreibung und eventueller Wertminderungen bewertet.

Das Anwendungsdatum ist noch offen; eine Anwendung ab 2017 gilt aber als wahrscheinlich.

> **Vortragszeit: 2,5/7 Minuten**

IV. Neuer IFRS 16

Das IASB hat am 13.01.2016 den neuen Standard IFRS 16 „Leasingverhältnisse" veröffentlicht. IFRS 16 ersetzt IAS 17 sowie die Interpretationen IFRIC 4, SIC-15 und SIC-27. Mit dem neuen Standard wird es zukünftig keinen Unterschied mehr zwischen finance und operating leasing geben. Nach Erhebungen des IASB ist gut jedes zweite nach IFRS bilanzierende Unternehmen von den Änderungen betroffen. Der neue Standard findet Anwendung auf alle Leasingbeziehungen mit wenigen Ausnahmen z.B. bei Nutzungsrechten gem. IAS 38, IFRS 6 oder IAS 41, sog. Short-Term-Leases (Leasingverhältnisse mit einer Laufzeit von weniger als 12 Monaten und keiner Verlängerungsoption) sowie bei sog. small Ticket Leases (bei Einkaufspreis unter 5.000 $, z.B. small IT equipment).

Nach IFRS 16 hat der Leasingnehmer mit der Bereitstellung des Leasinggegenstands ein Nutzungsrecht (right-of-use asset) und eine Leasingverbindlichkeit zu bilanzieren. Homogene Leasingvereinbarungen können zu einem Bilanzierungsobjekt zusammengefasst werden (Portfolio-Option). Die Leasingverbindlichkeit umfasst den Barwert der ausstehenden Leasingzahlungen zuzüglich der Restwertgarantien o.ä. Die Leasingverbindlichkeit ist in der Folgebewertung aufzuzinsen. Das Nutzungsrecht ist i.d.R. linear abzuschreiben.

Im Gegensatz zum Leasingnehmer, der künftig alle Leasingvorfälle in der Bilanz ausweisen muss, werden für Leasinggeber die bisherigen Regelungen des IAS 17 fortgesetzt. Bei ihm bleibt es bei der Unterscheidung nach finance und operating leasing. Dies ist insofern problematisch, als dass im Einzelfall ein Vermögenswert sowohl beim Leasingnehmer als auch beim -geber aktiviert werden kann.

Der Standard ist verpflichtend ab dem 1. Januar 2019 anzuwenden. Die freiwillige vorzeitige Anwendung ist gestattet, jedoch nur wenn zu diesem Zeitpunkt auch IFRS 15 Revenue Recognition angewendet wird. IFRS 16 lässt die Option zwischen einer vollen retrospektiven Anwendung nach IAS 8 und einer modifizierten, bei der die Vergleichszahlen nicht angepasst und Leasingverhältnisse mit einer Restnutzungsdauer von weniger als 12 Monaten nicht nach IFRS 16 neu beurteilt werden müssen. Eine Anwendung in der EU setzt eine Übernahme der Vorschriften in europäisches Gemeinschaftsrecht voraus (EU-Endorsement).

> **Vortragszeit: 2,5/9,5 Minuten**

V. Fazit

Mit dem neuen IFRS 16 hat das IASB Projekt Leasing nach 10 Jahren sein Ende gefunden. Insbesondere bei leasingintensiven Unternehmen wird er erhebliche Auswirkungen auf die Bilanzrelationen haben, da er kaum noch Möglichkeiten zur Off-Balance-Darstellung von Leasingvereinbarungen ermöglicht. Für den Leasinggeber sind die Auswirkungen geringer, da die Unterscheidung in finance und operating leasing im Wesentlichen bleibt. Dies kann zu einer beiderseitigen Aktivierung führen.

Vielen Dank für Ihre Aufmerksamkeit.

> **Vortragszeit: 1/10 Minuten**

Vortrag 14
Sicherheiten an beweglichen und unbeweglichen Sachen (Wirtschaftsrecht)

Sehr geehrte/r Frau/Herr Vorsitzende/r, sehr geehrte Prüfungskommission,
aus den mir zur Auswahl gestellten Themen habe ich mich für das Thema „**Sicherheiten an beweglichen und unbeweglichen Sachen**" entschieden. Meinen Vortrag gliedere ich wie folgt:

I.	Einleitung
II.	Pfandrecht an beweglichen Sachen
III.	Alternative Sicherungsinstrumente
IV.	Pfandrecht an unbeweglichen Sachen
V.	Fazit

Vortragszeit: 0,5 Minuten

I. Einleitung

Die Absicherung von Geschäften insbesondere von Kreditgeschäften wird in der Wirtschaft allgemein als Instrument der Risikominimierung betrachtet. Überall dort, wo ein Gläubiger ein Forderungsrisiko nicht tragen will, sucht er die Möglichkeit, es abzusichern. Das kann geschehen z.B. durch Bürgschaften, Pfandrechte, Eigentumsvorbehalte oder Versicherungen (Delkredereversicherungen hinsichtlich Lieferanten, Kreditoren, Exporte etc.). Es ist die Funktion von Sicherheiten, das dem Kreditgeschäft eigene Moment der Unsicherheit möglichst weitgehend zu reduzieren.

Neben den Sicherheiten an Gegenständen, d.h. beweglichen und unbeweglichen Sachen sowie Forderungen (Realsicherheiten) gibt es Personalsicherheiten. Bei diesen geht es um die Gewinnung zusätzlicher Schuldner mit deren Gesamtvermögen als weiterer Haftungsmasse. Gesetzliche Regelungen solcher zusätzlicher Sicherheiten finden sich etwa in der Schuldübernahme (§§ 414 ff. BGB), in der Gesamtschuld (§§ 421 ff. BGB), in der Garantie (§ 443 BGB), in der Bürgschaft (§§ 765 ff. BGB) und in der Gesellschafterhaftung (§ 128 HGB).

Vortragszeit: 1/1,5 Minuten

II. Pfandrecht an beweglichen Sachen

1. Bedeutung

Realsicherheiten, also die Sicherheiten an beweglichen und unbeweglichen Sachen sowie Forderungen, sind dadurch gekennzeichnet, dass der Gläubiger bestimmte Rechte an ganz bestimmten Vermögensgegenständen (Realien) vom Schuldner oder einem Dritten eingeräumt bekommt. Er genießt dann spätestens bei der Verwertung der Vermögenswerte Vorrechte vor den anderen Gläubigern. Das Gesetz sieht als Realsicherheiten in erster Linie **Pfandrechte** vor: nämlich Grundpfandrechte an unbeweglichen Sachen (Hypotheken, Grundschulden, Rentenschulden), und Pfandrechte an beweglichen Sachen sowie Pfandrechte an Forderungen.

Das Pfandrecht (§§ 1204 ff. BGB) ist ein dingliches Recht an fremden Sachen oder Rechten zur Sicherung einer Forderung. Der Gläubiger ist berechtigt, sich durch die Verwertung des verpfändeten Gegenstandes zu befriedigen. Das Pfandrecht ist eine akzessorische Sicherheit, d.h. es ist von dem Bestehen einer Forderung abhängig. Das Pfandrecht entsteht:

a) **aufgrund gesetzlicher Vorschriften** (sog. **gesetzliches Pfandrecht**). Gesetzliche Vorschriften finden sich im BGB und HGB:
   - Vermieterpfandrecht, § 562 BGB,

- Verpächterpfandrecht, § 583 BGB,
- Werkunternehmerpfandrecht, § 647 BGB,
- Pfandrecht des Hoteliers und Gastwirtes, § 704 BGB,
- Pfandrecht des Kommissionärs, § 397 HGB,
- Pfandrecht des Frachtführers, § 441 HGB,
- Pfandrecht des Spediteurs, § 464 HGB,
- Pfandrecht des Lagerhalters, § 475b HGB.

b) **durch Vertrag = vertragliches Pfandrecht.**

c) durch **Pfändung im Rahmen der Zwangsvollstreckung**, sog. Pfändungspfandrecht. Das Pfändungspfandrecht steht dem Vollstreckungsgläubiger durch Pfändung im Wege der Zwangsvollstreckung zu. Es entsteht durch Pfändung einer Sache durch einen Gerichtsvollzieher.

2. Bestellung

Die **Bestellung eines Pfandrechts** an einer beweglichen Sache erfordert eine Einigung darüber, dass dem Gläubiger das Pfandrecht zustehen soll (§ 1205 Abs. 1 BGB) und durch Übergabe der Sache, die gegebenenfalls durch ein Übergabesurrogat ersetzt werden kann, § 1205 Abs. 1 S. 1 BGB, § 1206 BGB. So ist die Übergabe an den Pfandgläubiger nicht erforderlich, wenn dieser bereits im Besitz der Sache ist. Bei Übertragung des mittelbaren Besitzes ersetzt die Anzeige an den unmittelbaren Besitzer die Übergabe. Da das Pfandrecht streng akzessorisch ist, bedingt die Pfandrechtsbestellung eine zu sichernde Forderung, § 1204 BGB. Diese kann grundsätzlich auch eine (auch künftige oder bedingte) Forderung sein. Der Pfandrechtsbesteller muss auch Berechtigter sein und Verfügungsbefugnis haben. Gehört die Pfandsache nicht dem Verpfänder ist ein gutgläubiger Erwerb möglich, soweit die Sache nicht abhandengekommen ist, §§ 1207 i.V.m. 932 ff. BGB. Pfandgläubiger und Eigentümer erlangen gemeinschaftliches Eigentum an der Sache.

3. Übertragung

Eine Übertragung **des Pfandrechts** kann entweder durch eine Abtretung der Forderung (§ 1250 BGB, § 398 BGB, § 401 BGB) oder durch gesetzlichen Forderungsübergang (§ 1250 BGB, § 412 BGB, § 401 BGB) erfolgen. Aufgrund der strengen Akzessorietät kann das Pfandrecht in jedem Fall nur durch Übertragung der gesicherten Forderung übergehen, § 1250 Abs. 1 S. 2 BGB. Der neue Pfandgläubiger braucht für den Erwerb des Pfandes die verpfändete Sache nicht in seinem Besitz zu haben. Es genügt ein Herausgabeanspruch gegen den alten Pfandgläubiger, vgl. § 1251 Abs. 1 BGB.

4. Verwertung

Die **Verwertung des Pfandes** ist erst möglich, wenn folgende Voraussetzungen erfüllt sind:

- Die Forderung muss ganz oder zum Teil fällig gestellt werden, § 1228 Abs. 2 S. 1 BGB. Bei der Forderung muss sich um eine Geldforderung handeln.
- Die Verwertung muss dem Eigentümer vorher angedroht werden.
- Der Vollzug darf erst nach einer Wartefrist von einem Monat seit der Androhung geschehen, § 1234 Abs. 2 BGB (unter Kaufleuten frühestens nach einer Woche).
- Der Eigentümer muss vor der Versteigerung benachrichtigt werden, § 1237 S. 2 BGB.
- Der Verkauf kann entweder im Wege einer öffentlichen Versteigerung gemäß § 1235 BGB erfolgen, wobei Zeit und Ort der Versteigerung unter allgemeiner Bezeichnung des Pfandes öffentlich bekanntzumachen sind (§ 1237 S. 1 BGB) oder durch einen freihändigen Verkauf nach § 1221 BGB, über einen Makler, wenn das Pfand einen Börsen- oder Marktwert hat, § 1235 Abs. 2 BGB.

Dass **Pfandrecht kann aus folgenden Gründen erlöschen:**

- durch Erlöschen der gesicherten Forderung aufgrund der Akzessorietät,
- durch Rückgabe der Pfandsache nach § 1253 BGB,

- durch dauernde Einreden gegen das Pfandrecht (das Pfandrecht geht zwar nicht unter, aber der Verpfänder und der Eigentümer haben einen Anspruch auf Rückgabe des Pfandes. Durch diesen erlischt das Pfandrecht, § 1254 BGB),
- durch Aufhebung des Pfandrechts (= Verzicht gem. § 1255 BGB),
- durch rechtmäßige Veräußerung (Verwertung) der Sache.

> **Vortragszeit: 4,5/6 Minuten**

III. Alternative Sicherungsinstrumente

Da es kein **besitzloses Pfandrecht** im BGB gibt, hilft sich der Rechtsverkehr häufig mit alternativen Gestaltungen. Braucht der Eigentümer, etwa als Unternehmer den Besitz an seiner Maschine zu betrieblichen Zwecken, erfolgt die Sicherung häufig über eine Sicherungsübereignung. Will ein Verkäufer bei einer Kaufpreisstundung seine Kaufpreisforderung absichern, erfolgt die Übergabe an den Käufer häufig unter Vereinbarung eines Eigentumsvorbehalts gemäß § 449 BGB. Beide Sicherungsmaßnahmen haben den zusätzlichen Vorteil, dass der Gläubiger im Insolvenzfall ein Aussonderungsrecht nach § 47 InsO hat.

IV. Pfandrecht an unbeweglichen Sachen

1. Formen des Pfandrechts

Pfandrechte an unbeweglichen Sachen (sog. **Grundpfandrechte**) entstehen durch die Einigung zwischen dem Grundstückseigentümer und dem Gläubiger über die Entstehung des Grundpfandrechts und die Eintragung der Grundpfandrechtsbestellung im Grundbuch. Grundpfandrechte sind die Verkehrshypothek, die Sicherungshypothek, die Höchstbetragshypothek und die Grundschuld.

2. Hypothek

Die Hypothek ist ein Sicherungsmittel, das ein Grundstück dinglich belastet. Sie erstreckt sich grundsätzlich auch auf Erzeugnisse, Bestandteile und Zubehör des Grundstücks, § 1120 BGB. Sie ist streng akzessorisch zur Forderung, § 1113 Abs. 1 BGB, d.h. ohne eine zu sichernde Forderung kann keine Hypothek entstehen. Dies hat Auswirkungen auf die Übertragung einer Hypothek. Sie kann nach § 1143 Abs. 1 BGB nur durch Abtretung der Forderung übertragen werden. Soweit der Schuldner die Forderung nicht erfüllt, darf der Gläubiger gemäß § 1147 BGB zwangsvollstrecken und sich aus dem Versteigerungserlös befriedigen.

Man unterscheidet zwischen Verkehrshypothek und der Sicherungshypothek. Bei der **Verkehrshypothek**, die der Normalfall ist, ist die Akzessorietät wesentlich lockerer als bei der Sicherungshypothek. Nach § 1138 BGB darf der Gläubiger einer Verkehrshypothek sich in Bezug auf die Forderung auf die Eintragung im Grundbuch berufen. Auch kann die Forderung für Zwecke der Hypothek gutgläubig erworben werden, § 892 BGB. Die Verkehrshypothek kann sowohl als Brief- sowie als Buchhypothek bestellt werden. Bei der Briefhypothek erhält der Gläubiger nach Eintragung der Hypothek ins Grundbuch einen Hypothekenbrief. Sie entsteht mit Übergabe der Hypothek gemäß § 1117 Abs. 1 BGB.

Bei der **Buchhypothek** ist die Erteilung eines Hypothekenbriefs ausgeschlossen, § 1116 Abs. 1 BGB. Daher ist nur im Grundbuch ersichtlich, ob eine Hypothek vorliegt. Sie entsteht entsprechend § 873, § 1115 Abs. 1 BGB durch Einigung und Eintragung. Die Einigung ist notariell zu beurkunden, um die Bindungswirkung des § 873 Abs. 2 BGB herbeizuführen, und eine Eintragung ins Grundbuch zu ermöglichen, vgl. § 29 GBO.

Es ist ferner zwischen der **Fremd- und der Eigentümerhypothek** zu unterscheiden. Bei einer **Fremdhypothek** bestellt der Grundstückseigentümer für einen Dritten, der Schuldner einer Forderung des Gläubigers ist, eine Hypothek. Bei einer **Eigentümerhypothek** wird eine Hypothek bestellt, obwohl noch keine Forderung entstanden oder eine bestandene Forderung erlischt, vgl. § 1163 Abs. 1 BGB. In beiden Fällen liegt der Hypothek keine Forderung zu Grunde. Die Hypothek steht dann dem Eigentümer zu. Die Hypothek kann für jede Art von Forderungen, also auch für künftige oder bedingte bestellt werden. Ist die Forderung noch nicht entstanden, liegt zwingend eine Eigentümergrundschuld vor, § 1163 Abs. 1 S. 1, § 1177 Abs. 1 S. 1 BGB. Gleiches gilt, wenn der Schuldner die Forderung erfüllt hat.

3. Grundschuld

Die **Grundschuld** eignet sich besonders für Kredite. Im Gegensatz zur Hypothek ist eine Grundschuld nicht akzessorisch zu einer Forderung, d.h. ist nicht von Bestand und Umfang der gesicherten Forderung abhängig und kann für sich allein übertragen oder genutzt werden. In der Praxis wird die Grundschuld allerdings fast nur – wie die Hypothek – zur Sicherung einer Forderung bewilligt. Diese wird als Sicherungsgrundschuld bezeichnet, § 1192 BGB. Gemäß § 1192 Abs. 1 BGB finden grundsätzlich alle Vorschriften der Hypothek Anwendung, solange sie keine Akzessorietät voraussetzen.

Auch die Grundschuld entsteht durch Einigung und Eintragung im Grundbuch, § 873 Abs. 1 BGB, § 1191 BGB. Neben dieser sog. **Buchgrundschuld** gibt es die in der Praxis allerdings eher seltene **Briefgrundschuld**. Für diese wird vom Grundbuchamt (auf einem Formular der Bundesdruckerei) ein Grundschuldbrief ausgestellt.

Da die Forderung nicht mit der Grundschuld verbunden ist, müssen die Parteien einen schuldrechtlichen Vertrag schließen, der diese Verknüpfung herstellt, sog. Sicherungsvertrag oder Zweckerklärung. Der Sicherungsvertrag stellt einen schuldrechtlichen Rechtsgrund für die Bestellung der Grundschuld nach § 812 BGB dar.

Wird die Forderung durch den Schuldner nicht oder nur teilweise erfüllt, so ist der Gläubiger aus dem Sicherungsvertrag berechtigt, sich aus dem Versteigerungserlös des zwangsvollstreckten Grundstücks zu befriedigen. Damit der Gläubiger nicht erst ein Urteil abwarten muss, ist es üblich, dass sich sowohl der Schuldner als auch der Eigentümer des Grundstücks durch eine Erklärung der sofortigen Zwangsvollstreckung unterwerfen.

Die Grundschuld kann vom Inhaber des Rechts auf einen anderen übertragen werden. Die Übertragung erfolgt nach § 1192 Abs. 1 BGB, § 1154 BGB entsprechend der Übertragung der Forderung bei der Hypothek. Jedoch wird hier nicht die Forderung, sondern die Grundschuld nach § 398 BGB abgetreten.

> **Vortragszeit: 3/9 Minuten**

V. Fazit

Realsicherheiten spielen in der Praxis eine gewichtige Rolle bei der Absicherung von Kreditgeschäften. Zur Einschätzung der Sicherungsfunktion sollte der Unternehmer als Gläubiger oder Schuldner aber auch sein Abschlussprüfer mit den formalen rechtlichen Voraussetzungen vertraut sein.

Vielen Dank für Ihre Aufmerksamkeit.

> **Vortragszeit: 1/10 Minuten**

Vortrag 15
Die Haftung des Vorstands bei Verstoß gegen den Deutschen Corporate Governance Kodex (Wirtschaftsrecht)

Sehr geehrte/r Frau/Herr Vorsitzende/r, sehr geehrte Prüfungskommission,
aus den mir zur Auswahl gestellten Themen habe ich mich für das Thema „**Die Haftung des Vorstands bei Verstoß gegen den Deutschen Corporate Governance Kodex**" entschieden. Meinen Vortrag gliedere ich wie folgt:

I.	Einleitung
II.	Begriff Corporate Governance
III.	Der Deutsche Corporate Governance Kodex

IV.	Pflichten des Vorstands
V.	Haftung des Vorstands bei Verstoß
VI.	Fazit

Vortragszeit: 0,5 Minuten

I. Einleitung

Für Vorstände von Unternehmen wird die **Corporate Governance** (zu deutsch: Grundsätze der Unternehmensführung) immer bedeutender. Hierunter wird der Ordnungsrahmen für die Leitung und Überwachung von Unternehmen verstanden. Dieser wird insbesondere durch den Gesetzgeber aber auch durch den Eigentümer bestimmt. Eine Verletzung der Grundsätze kann schwerwiegende Folgen für das Unternehmen aber auch deren Organe Vorstand oder Aufsichtsrat haben.

Vortragszeit: 0,5/1 Minute

II. Begriff Corporate Governance

Unter „Corporate Governance" versteht man die Grundsätze verantwortungsvoller Leitung und Überwachung eines Unternehmens, d.h. eine **vorbildliche Unternehmensführung**. Der Begriff ist nicht legal definiert und umfasst daher in der Unternehmenspraxis ein Bündel von Maßnahmen und Aktivitäten, die aber sämtlich der Sicherstellung, der Einhaltung von internen wie externen Regelungen, wie auch der Erreichung der Unternehmensziele dienen sollen. Corporate Governance bezeichnet daher in erster Linie **Führungsgrundsätze für das Unternehmen**. Corporate Governance betrifft hauptsächlich kapitalmarktorientierte Aktiengesellschaften und wendet sich vornehmlich an den Vorstand, aber auch an den Aufsichtsrat und teilweise auch an den Wirtschaftsprüfer.

Vortragszeit: 1,5/2,5 Minuten

III. Der Deutsche Corporate Governance Kodex

Im Jahr 2002 hat das Bundesministerium der Justiz den **Deutschen Corporate Governance Kodex** (DCGK) veröffentlicht.

Der DCGK gliedert sich in eine Präambel und folgende sechs Teile:
1. Aktionäre und Hauptversammlung,
2. Zusammenwirken von Vorstand und Aufsichtsrat,
3. Vorstand,
4. Aufsichtsrat,
5. Transparenz,
6. Rechnungslegung und Abschlussprüfung.

Inhaltlich enthält der Kodex drei Arten von **Bestimmungen**:
1. Die Wiedergabe wesentlicher gesetzlicher Regelungen, insbesondere des Aktiengesetzes,
2. Empfehlungen („Soll"-Vorschriften) und
3. Anregungen („Kann"-Vorschriften).

Vorstand und Aufsichtsrat einer börsennotierten Aktiengesellschaft müssen gemäß § 161 AktG jährlich eine **Erklärung** abgeben, inwieweit sie den DCGK befolgen, d.h.
- dass den Empfehlungen des DCGK entsprochen wurde/wird und
- welche Empfehlungen nicht angewendet wurden/werden.

Die Erklärung muss den Aktionären und allen anderen Interessierten (Stakeholder) auf der Internetseite der Gesellschaft dauerhaft zugänglich gemacht werden. Zu den **Stakeholdern** eines Unternehmens gehören alle natürlichen Personen und Institutionen, die auf der Grundlage unvollständiger Verträge Transaktionen mit dem Unternehmen durchführen und aus diesem Grund ein (im weiten Sinne) ökonomisches Interesse am Unternehmensgeschehen haben.

Man unterscheidet drei Arten der **Entsprechenserklärung**:

1. Kodex wird als Ganzes angenommen wird (= **Einverständniserklärung**),
2. Kodex wird als Ganzes abgelehnt wird (= **Ablehnungserklärung**),
3. Nur Teile des Kodex werden befolgt (= **Qualifizierte Abweichungserklärung**).

Die Aktionäre haben zwei Möglichkeiten zur **externen Überwachung der Unternehmensleitung**:

1. Die **Voice-Option**: Hauptversammlung als Forum (§ 118 Abs. 1 AktG). Beschlussfassung über die Entlastung der Mitglieder des Vorstands und Aufsichtsrats (§ 120 Abs. 1, 2 AktG), bis hin zur Entlastungsverweigerung. Ein Entlastungsbeschluss ist anfechtbar, wenn er die Amtsführung eines Vorstands trotz „gravierender" Pflichtverletzung billigt (BGH vom 25.11.2002, II ZR 133/01 Fall Macroton Delisting). Gleiches gilt, wenn die Entsprechenserklärung in einem nicht unwesentlichen Punkt nicht der tatsächlichen Praxis der Gesellschaft entspricht (BGH vom 21.09.2009, II ZR 174/08 Fall Dt. Bank: Kirch).
2. Die **Exit-Option**: Verkauf von Aktien auf dem Sekundärmarkt (Markt für Unternehmenskontrolle bis hin zu (feindlichen) Übernahmen).

> **Vortragszeit: 2,5/5 Minuten**

IV. Pflichten des Vorstands

Die Vorstandsmitglieder haben infolge ihrer Stellung als Vertreter der Gesellschaft **Organpflichten**. Diese sind insbesondere begründet durch das Aktiengesetz. Weitere vertragliche Verpflichtungen können auf dem Anstellungsvertrag beruhen. Wichtige Organpflichten sind:

1. § 76 Abs. 1 AktG als Hauptpflicht, die besagt, dass der **Vorstand die Gesellschaft aus eigener Verantwortung zu leiten hat,**
2. die **Berichtspflicht gemäß § 90 AktG** und
3. die **Sorgfalts- und Verschwiegenheitspflicht nach § 93 Abs. 1 AktG**.

Der **Anstellungsvertrag** kann **weitere Pflichten** vorsehen, z.B. ein nachvertragliches Wettbewerbsverbot oder eine Regelung, die Empfehlungen des DCGK und der internen Corporate Governance-Grundsätze und Compliance Richtlinien zu beachten.

Die Mitglieder des Vorstands handeln eigenverantwortlich und sind grundsätzlich weder an Weisungen der Hauptversammlung noch des Aufsichtsrats gebunden. Der Vorstand legt die strategische Unternehmensplanung fest, besetzt und koordiniert Führungsposten und hat sie zu überwachen. Die Unternehmensführung umfasst die Einrichtung eines Risikofrüherkennungs- und internen Überwachungssystems, § 91 Abs. 2 AktG. Weiterhin obliegt dem Vorstand die Verantwortung für die Erstellung der Rechnungslegungsunterlagen.

> **Vortragszeit: 1,5/6,5 Minuten**

V. Haftung des Vorstands bei Verstoß

I. Haftung im Innenverhältnis

Ein **Verstoß gegen den DCGK** kann einen Anspruch der Aktiengesellschaft gegen den Vorstand/Aufsichtsrat aus §§ 93 Abs. 2 S. 1, 116 S. 1 AktG begründen.

Eine Pflichtverletzung ist ein Verstoß gegen die allgemeine Pflicht einer ordentlichen und gewissenhaften Geschäftsausübung, § 93 Abs. 1 Satz 1 AktG. Zu berücksichtigen ist dabei, dass unternehmerische Fehlentscheidungen im Rahmen der **business judgement rule** vertretbar sind und grundsätzlich keine Haftung auslösen.

Ein **Verstoß** gegen **Entsprechenserklärung** nach § 161 AktG stellt eine Pflichtverletzung dar.

Für das **Verschulden** genügt einfache Fahrlässigkeit.

Ein **Schaden** ist dabei jede Beeinträchtigung des Gesellschaftsvermögens, auch ein entgangener Gewinn (§ 252 BGB) oder Gesellschaftsschulden.

Weiterhin muss die Pflichtverletzung für den Schaden adäquat-kausal, d.h. messbar ursächlich sein. Ein Mitverursachen reicht aus.

Will die Aktiengesellschaft eine Geldstrafe, Geldbuße oder Geldauflage eines ihrer Vorstandsmitglieder übernehmen, muss die Hauptversammlung zustimmen, wenn das Vorstandsmitglied durch die der Verhängung zugrundeliegende Handlung gleichzeitig seine Pflichten gegenüber der Aktiengesellschaft verletzt hat.

2.   Haftung im Außenverhältnis

a)   Vertraglicher Anspruch aus § 311 Abs. 3 S. 2 BGB

Eine **Eigenhaftung des Vorstands** gegenüber Vertragspartnern der Gesellschaft unter dem Gesichtspunkt der **culpa in contrahendo** kommt nur in Betracht, wenn das Vorstandsmitglied ein eigenes wirtschaftliches Interesse hat oder ein besonderes Vertrauen in Anspruch genommen hat und hierdurch Vertragsverhandlungen maßgeblich beeinflusst hat (BGH vom 27.03.1995, II ZR 136/94, NJW 1995, 1544). I.d.R. scheidet eine Eigenhaftung aus. Ausnahmsweise kann eine Haftung bestehen, soweit ein selbständiges Garantieversprechen vorliegt oder wenn der Vorstand selbst wirtschaftlich am Vertragsabschluss interessiert ist und aus dem Geschäft mit Dritten einen eigenen Nutzen erstrebt.

b)   Deliktischer Anspruch aus § 823 Abs. 1 BGB

Dies setzt die Verletzung eines absoluten Rechts voraus. Grundsätzlich liegt nur ein durch die Vorschrift nicht geschützter Vermögensschaden vor. Das Mitgliedschaftsrecht des Aktionärs als mögliches absolutes Recht ist durch eine fehlerhafte Entsprechenserkläung und einen damit verbundenen geringeren Börsenkurs nicht substanziell beeinträchtigt.

c)   Deliktischer Anspruch aus § 823 Abs. 2 BGB i.V.m. § 161 AktG

Der Anspruch scheidet ebenfalls aus, da § 161 AktG kein Schutzgesetz i.S.v. § 823 Abs. 2 BGB ist. Nach h.M. dient § 161 AktG nur dem Informationsbedürfnis aller Anleger, nicht dem Individualschutz.

d)   Deliktischer Anspruch aus § 826 BGB

Für eine **vorsätzlich sittenwidrige Schädigung** fehlt es i.d.R. am nachweisbaren Vorsatz.

e)   Kapitalmarktrechtliche Ansprüche

§ 44 BörsG analog bzw. §§ 37b, 37c WpHG scheiden regelmäßig ebenfalls aus (BGH vom 08.07.2014, II ZR 174/13).

Will die Aktiengesellschaft eine Geldstrafe, Geldbuße oder Geldauflage eines ihrer Vorstandsmitglieder übernehmen, muss die Hauptversammlung zustimmen, wenn das Vorstandsmitglied durch die der Verhängung zugrundeliegende Handlung gleichzeitig seine Pflichten gegenüber der Aktiengesellschaft verletzt hat.

> **Vortragszeit: 2,5/9 Minuten**

VI. Fazit

Gerade durch die Unternehmensskandale der jüngeren Vergangenheit, bei der Unregelmäßigkeiten in der Unternehmensführung hervorgetreten sind, wurde die Bedeutung des Corporate Governance verdeutlicht. Eine Missachtung der Empfehlungen des DCGK bzw. interner Corporate Governance-Grundsätze und eine unvollständige oder fehlerhafte Entsprechenserklärung können schwerwiegende Folgen für das Unternehmen und die Unternehmensleitung haben. Der Vorstand sieht sich Haftungsansprüchen der Gesellschaft oder in Einzelfällen auch der Aktionäre und anderer Stakeholder ausgesetzt. Schließlich muss er auch mit der Kündigung seines Anstellungsvertrages und im Extremfall mit der Gefährdung von Pensionsansprüchen rechnen.

Vielen Dank für Ihre Aufmerksamkeit.

> **Vortragszeit: 1/10 Minuten**

Vortrag 16
Die Beurteilung der Fortführung der Unternehmenstätigkeit im Rahmen der Abschlussprüfung (Prüfungswesen)

Sehr geehrte/r Frau/Herr Vorsitzende/r, sehr geehrte Prüfungskommission,
aus den mir zur Auswahl gestellten Themen habe ich mich für das Thema **„Die Beurteilung der Fortführung der Unternehmenstätigkeit im Rahmen der Abschlussprüfung"** entschieden. Meinen Vortrag gliedere ich wie folgt:

I.	Grundlagen
II.	Verantwortlichkeiten
III.	Prüfung
IV.	Berichterstattung
V.	Fazit

Vortragszeit: 0,5 Minuten

I.   Grundlagen

Die **Annahme der Fortführung der Unternehmens gem. § 252 Abs. 1 Nr. 2 HGB** ist zunächst eine gesetzliche Regelvermutung, die dem Jahresabschluss eines Unternehmens zugrunde liegt. Dieser ist immer dann zu folgen, wenn der Fortführung des Unternehmens (im Folgenden „going-concern" und „going-concern-Prämisse") keine rechtlichen und tatsächlichen Gegebenheiten entgegenstehen, wie z.B. ein Liquidationsbeschluss oder aber bestandsgefährdende Tatsachen. Von der Fortführung eines Unternehmens kann immer dann ausgegangen werden, wenn in der Vergangenheit nachhaltige Gewinne erzielt wurden, leicht auf finanzielle Mittel zurückgegriffen werden kann und keine bilanzielle Überschuldung droht. Im Folgenden werde ich mich auf diese drei Sachverhalte mit dem Begriff „die drei Kriterien" beziehen.

Kann von der Fortführung eines Unternehmens nicht mehr ausgegangen werden, kann die Bewertung nicht mehr zu **Fortführungswerten** erfolgen. Vielmehr müssen fallbezogen sachgerechte Bewertungsmethoden ermittelt werden. Die Rechnungslegungshinweise des IDW Hauptfachausschusses IDW RH HFA 1.010–1.012 sowie die Rechnungslegungsstellungnahme IDW RS HFA 17 – Auswirkungen einer Abkehr von der Going-Concern-Prämisse auf den handelsrechtlichen Jahresabschluss – enthalten entsprechende Hinweise.

Die gesetzlichen Vertreter nehmen die Einschätzung der **going-concern-Prämisse** im Rahmen der Auf- und Erstellung des Jahresabschlusses vor, die Beurteilung dieser Einschätzung erfolgt im Rahmen der Jahresabschlussprüfung durch den Jahresabschlussprüfer nach den Grundsätzen des IDW Prüfungsstandards 270.

Vortragszeit: 1,5/2 Minuten

II.   Verantwortlichkeiten

Die soeben skizzierten Verantwortlichkeiten werde ich im zweiten Punkt meines Vortrags näher konkretisieren.

Die gesetzlichen Vertreter sind für die Auf- und Erstellung des Jahresabschlusses verantwortlich. Im Rahmen dessen müssen diese für einen Prognosezeitraum von 12 Monaten eine Einschätzung vornehmen, ob die Unternehmenstätigkeit fortgeführt werden kann. In Einzelfällen kommt ein **abweichender Prognosezeitraum** in Betracht, beispielsweise, wenn das Unternehmen einen längeren Produktzyklus als 12 Monate hat.

Die gesetzlichen Vertreter können vom „going-concern" immer dann ausgehen, wenn die drei Kriterien vorliegen. Liegen diese Voraussetzungen allerdings nicht vor oder deuten finanzielle, betriebliche oder sonstige Umstände darauf hin, dass an der „**going-concern-Prämisse**" nicht festgehalten werden kann, müssen die gesetzlichen Vertreter mittels einer integrierten Unternehmensplanung darlegen, dass der Fortbestand des Unternehmens gesichert ist. Dabei ist zu berücksichtigen, wie sich die einzelnen Indikatoren (z.B. übersteigen die Schulden das Vermögen des Unternehmens, da das Unternehmen Darlehen in CHF aufgenommen hatte und dem Wertverlust durch den Kurseinbruch nach Aufgabe der Kursbindung an den Euro keine entsprechenden Vermögensgegenstände gegenüberstehen) auf die Vermögens-, Finanz- und Ertragslage des Unternehmens auswirken und ob diese durch objektiv und subjektiv durchsetzbare Gegenmaßnahmen abgefangen werden können, oder ob aus den Indikatoren bestandsgefährdende Tatsachen entstehen. Das Ergebnis der Unternehmensplanung ist sodann bei der Bewertung, bei der Erstellung des Lageberichts und ggf. vor dem Hintergrund etwaiger insolvenzrechtlicher Verpflichtungen zu würdigen.

Der Abschlussprüfer hat die der Rechnungslegung, dem Jahresabschluss und dem Lagebericht zugrunde liegende Prämisse auf ihre Angemessenheit hin zu untersuchen. Da die **Grundsätze der Wirtschaftlichkeit und Wesentlichkeit der Abschlussprüfung** den Abschlussprüfer lediglich zu einer hinreichenden Prüfungssicherheit führen, gibt es Grenzen in der Möglichkeit des Abschlussprüfers, die Prämisse einzuschätzen. Auch ein uneingeschränkter Bestätigungsvermerk ohne Berichterstattung über bestandsgefährdende Tatsachen ist keine Garantie dafür, dass die Geschäftstätigkeit des Unternehmens nicht während des Prognosezeitraums eingestellt werden muss.

> **Vortragszeit: 2/4 Minuten**

III. Prüfung

Ich komme nun zum Kern meines Kurzvortrags. Im Folgenden stelle ich die Prüfungshandlungen dar, mit dem der Abschlussprüfer die „going-concern-Prämisse" der gesetzlichen Vertreter beurteilt.

Die Beurteilung beginnt bei der **Prüfungsplanung** und stellt einen dynamischen Prozess innerhalb der Abschlussprüfung dar. Grundsätzlich kann der Abschlussprüfer davon ausgehen, dass die „going-concern-Annahme" des Managements gefolgt werden kann, wenn die drei Kriterien vorliegen. Vor dem Hintergrund der Finanzmarkt- und Bankenkrise empfahl das IDW allerdings insbesondere hinsichtlich des Kriteriums „leichter Rückgriff auf finanzielle Mittel" eine genaue Prüfung der Umstände.

Zunächst gibt es zwei Beurteilungszeiträume, die der Abschlussprüfer im Rahmen seiner Prüfung zu berücksichtigen hat. Die Beurteilung der Einschätzung der gesetzlichen Vertreter erfolgt zunächst für den Zeitraum, den diese ihrer Einschätzung zugrunde gelegt haben. Der **Prognosezeitraum** muss mindestens 12 Monate nach dem Bilanzstichtag betragen, wenn sich nicht aufgrund unternehmensindividueller Besonderheiten ein längerer Prognosezeitraum ergibt. Innerhalb dieses Zeitraumes ist die Angemessenheit der angewendeten Prognoseverfahren und die Qualität der in die Planung eingehenden Basisdaten zu überprüfen. Auch sind künftige Vorhaben, die in die Planung einfließen auf ihre objektive Durchsetzbarkeit und den zugrunde liegenden Durchsetzungswillen hin zu untersuchen. Umfasst der Beurteilungszeitraum der gesetzlichen Vertreter nicht den gesamten Prognosezeitraum, sind diese aufzufordern den Beurteilungszeitraum entsprechend zu verlängern, es ist nicht die Aufgabe des Abschlussprüfers diese Prognose zu ersetzen.

Der zweite Beurteilungszeitraum ist der **sich dem Prognosezeitraum anschließende Zeitraum**. Der Abschlussprüfer hat mehrere Möglichkeiten festzustellen, ob sich für diesen Zeitraum gegebenenfalls Anhaltspunkte für bestandsgefährdende Ereignisse ergeben können. Neben dem Gespräch mit dem Management können sich aus der laufenden Prüfung der Ereignisse nach dem Bilanzstichtag oder des Lageberichts, insbesondere des Prognose- und Nachtragsberichts entsprechende Hinweise ergeben. Diese sind dann aufgrund ihrer Auswirkungen für die „going-concern-Prämisse" und die aktuelle Abschlussprüfung zu würdigen. Da die Unsicherheit über Tatsachen mit zunehmender Zeit abnimmt, müssen die Anzeichen für den Eintritt bestandsgefährdende Ereignisse sehr überzeugend sein, damit weitere Maßnahmen eingeleitet werden. Werden dem Abschlussprüfer nach den oben genannten Prüfungshandlungen keine Hinweise auf bestandsgefährdende Tatsachen außerhalb des Prognosezeitraums bekannt, ist er nicht verpflichtet weiter zu prüfen.

Auch wenn der Abschlussprüfer zu dem Ergebnis kommt, dass der going-concern-Prämisse grundsätzlich gefolgt werden kann, hat er dennoch während der gesamten Prüfung zu berücksichtigen, ob sich durch etwaige Prüfungsfeststellungen Anhaltspunkte für **bestandsgefährdende Tatsachen** ergeben.

Stellt der Abschlussprüfer fest, dass entweder die drei Kriterien nicht vorliegen oder sich Anhaltspunkte für bestandsgefährdende Tatsachen ergeben, hat der Abschlussprüfer dies mit dem Management zu erörtern und die vorliegenden Planungen zu besprechen.

Der IDW PS 270 sieht **besondere Prüfungshandlungen des Abschlussprüfers** vor, wenn diesem Anhaltspunkte für bestandsgefährdende Tatsachen vorliegen. Diese Prüfungshandlungen sind zu jedem Zeitpunkt im Prüfungsprozess durchzuführen, sobald das Risiko bestandsgefährdender Tatsachen aufgedeckt wird. Im Wesentlichen ergeben sich zwei notwendige Prüfungsschritte.

Zunächst sind die internen Planungsrechnungen des Managements daraufhin zu prüfen, ob diese die aufgedeckten Anhaltspunkte angemessen berücksichtigen und die Auswirkungen derselben auf die Vermögens-, Finanz- und Ertragslage des Unternehmens hinreichend detailliert berücksichtigen. Je konkreter sich die **Gefährdung des Unternehmens** darstellt, desto höhere Anforderungen sind auch an die Unternehmensplanung zu stellen. Neben der Berücksichtigung der potentiell bestandsgefährdenden Tatsachen sind auch die vorgesehenen Gegenmaßnahmen zu würdigen. Auch hier gilt: Je konkreter die Gefährdung des Unternehmens ist, desto wahrscheinlicher muss die Durchführung der Gegenmaßnahmen sein. Sollten die Gegenmaßnahmen in der Zeit zwischen erster Einschätzung der gesetzlichen Vertreter und der Prüfung der Unternehmensplanung nicht schon realisiert worden sein, hat sich der Abschlussprüfer den Durchsetzungswillen schriftlich bestätigen zu lassen. Weigert sich das Management zur Abgabe einer solchen Erklärung kann der Abschlussprüfer die Erteilung eines Versagungsvermerks in Betracht ziehen (vgl. IDW PS 303, Tz. 27). Der Abschlussprüfer hat sich auch ein Bild von der Güte vorangegangener Planungsrechnungen zu machen. Durch einen einfachen Soll-/Ist-Vergleich kann er sich davon überzeugen, ob das Management grundsätzlich in der Lage ist, belastbare Planaussagen zu tätigen.

Sodann kommen weiterführende **Einzelfallprüfungshandlungen** in Betracht, wenn weiterhin erhebliche Zweifel an der Fortführung der Unternehmenstätigkeit bestehen. Beispielsweise sollte der Abschlussprüfer die Darlehensbedingungen der Verträge mit den Kreditinstituten daraufhin durchsehen, ob sich diese Sonderkündigungsrechte in Fällen sich verschlechternder finanzieller Kennzahlen haben einräumen lassen. Ebenfalls hat der Abschlussprüfer sich davon zu überzeugen, dass Vereinbarungen und Zusagen mit und von nahe stehenden Personen und Dritten über die Bereitstellung und Aufrechterhaltung finanzieller Mittel vorhanden und weiterhin gültig sind. Eine denkbare Prüfungshandlung zur Aufdeckung weiterer Hinweise auf finanzielle Schwierigkeiten ist auch das Lesen von Sitzungsprotokollen des Aufsichtsgremiums.

Die Ergebnisse dieser Prüfungshandlungen sind zu einer Einschätzung zu verdichten, ob bestandsgefährdende Tatsachen vorliegen und ob auf diese angemessen reagiert wurde. Stellt der Abschlussprüfer einen **Insolvenzantragsgrund** fest, hat er das Management auf seine Pflicht zur Insolvenzantragsstellung hinzuweisen. Dies sollte zusätzlich zur Berichterstattung im Prüfungsbericht bereits vorab geschehen.

> **Vortragszeit: 3/7 Minuten**

IV. Berichterstattung

Im vierten Teil meines Kurzvortrags möchte ich Ihnen kurz die Auswirkungen unterschiedlicher Prüfungsergebnisse auf die **Berichterstattung** und den Bestätigungsvermerk darlegen. Der IDW PS 270 unterscheidet vier Fallgruppen:

1. Die Annahme der Fortführung der Unternehmenstätigkeit ist angemessen, es besteht hierüber aber eine erhebliche Unsicherheit.
2. Die Annahme der Fortführung der Unternehmenstätigkeit ist nicht angemessen.
3. Fehlende oder unzureichende Einschätzung der Fortführung der Unternehmenstätigkeit durch die gesetzlichen Vertreter.
4. Verzögerung der Aufstellung des Jahresabschlusses.

Ist der going-concern-Prämisse grundsätzlich zu folgen, besteht hierüber aber eine erhebliche Unsicherheit, hat der Abschlussprüfer zu berücksichtigen, ob im Lagebericht in angemessener Weise über die bestandsgefährdenden Tatsachen und die entsprechend vorgesehenen Gegenmaßnahmen berichtet und auf die erhebliche Unsicherheit über die Fortführung des Unternehmens hingewiesen wird oder diese Berichterstattung im Lagebericht entfällt. Im Fall der **angemessenen Berichterstattung** kann der Abschlussprüfer einen uneingeschränkten Bestätigungsvermerk erteilen, muss diesen jedoch um einen Pflichthinweis gem. § 322 Abs. 2 S. 3 HGB ergänzen. Im Prüfungsbericht sind in der Vorwegberichterstattung zum einen Stellung zur Lage des Unternehmens zu nehmen sowie ein eingehender Hinweis auf die bestandsgefährdenden Tatsachen aufzunehmen. Dies hat in solch einer Weise zu erfolgen, dass deutlich wird, dass erhebliche Zweifel an der Fortführung des Unternehmens bestehen.

Entfällt die angemessene Berichterstattung im Rahmen des Lageberichts, ist der **Bestätigungsvermerk unter Angabe der Gründe hierfür einzuschränken**. Ebenfalls ist dieser um den **Pflichthinweis gem. § 322 Abs. 2 S. 3 HGB** zu ergänzen. Der Grund für die Einschränkung ist eingehend im Prüfungsbericht zu erläutern.

Wurde der Abschluss unter Abkehr von der „going-concern-Prämisse" erstellt und sind die Auswirkungen richtigerweise im Jahresabschluss und Lagebericht erfasst und dargestellt worden, kann ein **uneingeschränkter Bestätigungsvermerk** erteilt werden. Im Hinweis auf die bestandsgefährdenden Tatsachen gem. § 322 Abs. 2 S. 3 HGB ist dann unter Bezugnahme auf Anhang und Lagebericht zu berichten, dass der Jahresabschluss unter Abkehr von § 252 Abs. 1 Nr. 2 aufgestellt wurde.

Im Fall, dass die Fortführung des Unternehmens nicht der Bewertung zugrunde gelegt werden kann, diesem Umstand im Jahresabschluss allerdings keine Rechnung getragen wird, ist der Bestätigungsvermerk zu versagen, da keine Aussage über die Richtigkeit der Rechnungslegung gemacht werden kann. Dies gilt unabhängig davon, ob über die Bestandsgefährdung in angemessener Weise im Lagebericht berichtet wird. Die Versagung ist im Prüfungsbericht zu erläutern.

Verweigern die gesetzlichen Vertreter die Vornahme oder Ausweitung einer Einschätzung über die „going-concern-Prämisse", liegt gegebenenfalls ein Prüfungshemmnis vor, wenn der Abschlussprüfer nicht durch anderweitige Prüfungshandlungen zu dem Ergebnis kommt, dass die Fortführung des Unternehmens gesichert ist. In offenkundigen Fällen, in denen die drei Kriterien vorliegen, kann der Abschlussprüfer unproblematisch von „going-concern" ausgehen. Liegt allerdings ein **Prüfungshemmnis** vor, kann der Abschlussprüfer keine positive Gesamtaussage über die Rechnungslegung machen, der Bestätigungsvermerk ist zu versagen. Über die Gründe der Versagung ist im Prüfungsbericht zu berichten. Die Weigerung der gesetzlichen Vertreter stellt einen Verstoß gegen ihre Auskunftspflichten gem. § 320 Abs. 2 HGB dar, über die im Rahmen der Vorwegberichterstattung im Prüfungsbericht zu berichten ist.

Sollte sich die **Aufstellung des Jahresabschlusses wesentlich verzögern**, ist dem Grund hierfür nachzugehen. Gegebenenfalls kann dies auf das Vorliegen bestandsgefährdender Tatsachen hinweisen, die entweder erweiterte Prüfungshandlungen erfordern oder die zu einer wesentlichen Unsicherheit über die Fortführung des Unternehmens führen, auf die im Rahmen der Berichterstattung und im Bestätigungsvermerk einzugehen ist.

> **Vortragszeit: 2,5/9,5 Minuten**

V. Fazit

Abschließend möchte ich noch einmal unterstreichen, dass die **Fortführungsannahme des § 252 Abs. 1 Nr. 2 HGB** eine der wesentlichen Bewertungsgrundlagen des Handelsgesetzbuches ist. Die Entscheidung für oder gegen die Fortführung der Unternehmenstätigkeit hat Einfluss auf ausnahmslos alle Teile der Rechnungslegung und des Lageberichts und bringt daneben zumeist noch insolvenzrechtliche Sachverhalte mit sich. So eng die handelsrechtliche Fortführungsprognose und die insolvenzrechtliche Fortbestehensprognose auch auf den ersten Blick miteinander verknüpft sind, so sehr unterscheiden diese sich doch hinsichtlich ihrer Details. Im seinem Positionspapier **Zusammenwirken von handelsrechtlicher Fortführungsannahme und insolvenzrechtlicher Fortbestehensprognose** vom 13.08.2012 nahm das IDW zu den beiden Prognosen Stellung.

Der Abschlussprüfer hat in jeder Phase des Prozesses der Abschlussprüfung aufmerksam zu verfolgen, ob sich nicht Indizien für **bestandsgefährdende Tatsachen** ergeben, die im Ergebnis zur Abkehr von der Fortführungsannahme führen können. Nicht zuletzt aufgrund seiner Sorgfaltspflichten im Rahmen des Vertragsverhältnisses mit dem Mandanten erwächst für ihn hieraus ein großes Haftungsrisiko bei nicht rechtzeitiger Mitteilung an denselben. Auch aufgrund der öffentlichen Wirkung des Prüfungsurteils muss der Abschlussprüfer höchste Ansprüche an die Beurteilung der Fortführung der Unternehmenstätigkeit im Rahmen der Abschlussprüfung stellen.

Vielen Dank für Ihre Aufmerksamkeit.

> **Vortragszeit: 0,5/10 Minuten**

Vortrag 17
Die sogenannte Abgeltungssteuer – Anwendungsbereiche und Ausnahmen (Steuerrecht)

Sehr geehrte/r Frau/Herr Vorsitzende/r, sehr geehrte Prüfungskommission,
aus den mir zur Auswahl gestellten Themen habe ich mich für das Thema „**Die sogenannte Abgeltungssteuer – Anwendungsbereiche und Ausnahmen**" entschieden. Meinen Vortrag gliedere ich wie folgt:

I.	Einordnung
II.	Systematik/Anwendungsbereiche im Regelfall
III.	Ausnahmen
IV.	Aktuelle Entwicklungen

> **Vortragszeit: 0,5 Minuten**

I. Einordnung

Mit dem Unternehmensteuerreformgesetz 2008 wurde ab dem Veranlagungszeitraum 2009 das System der sogenannten **Abgeltungssteuer** eingeführt. Dieses System regelt seit dem 01.01.2009 die **Besteuerung der Einkünfte aus Kapitalvermögen gem. § 20 KStG**. Es gilt gem. § 2 Abs. 5b EStG grundsätzlich, dass die Kapitaleinkünfte aus der Ermittlung des zu versteuernden Einkommens ausgenommen sind, da für diese ein Abzug der Steuer an der Quelle vorgenommen werden soll, mit dem der Steuerabzug dann abgegolten ist, § 43 Abs. 5 EStG. § 43 EStG definiert genau, welche Kapitalerträge dem Steuereinbehalt durch den Gläubiger der Kapitalerträge unterliegen. Der **gesonderte Steuertarif** beträgt 25 % zzgl. des Solidaritätszuschlags und etwaigen Kirchensteuern. Der besondere Steuersatz, sowie die Ausnahmen zu der Besteuerung zum Abgeltungssteuersatz sind in § 32d EStG geregelt.

Systematisch kann die Abgeltungssteuer allerdings nur bei Steuerpflichtigen gelten, die ihre Kapitalerträge im Privatvermögen erzielen. Fließen die Kapitalerträge des Steuerpflichtigen in ein Betriebsvermögen findet regelmäßig das **Teileinkünfteverfahren** Anwendung, werden Kapitalerträge durch eine Kapitalgesellschaft vereinnahmt, wird grundsätzlich eine 95 %ige Steuerbefreiung durch § 8b KStG erzielt werden können. Ein Abzug der Kapitalertragsteuer wird allerdings davon unabhängig vorgenommen.

Mit dem Einbehalt der Kapitalertragsteuer auf Kapitaleinkünfte sollte das Steuereinkommen auf Kapitalerträge sichergestellt werden. Die Pflicht zur Erklärung und Veranlagung der Einkünfte aus Kapitalvermögen sollte entfallen und die Besteuerung der Einkünfte aus Kapitalvermögen so vereinfacht werden. Ob der Gesetzgeber dieses Ziel allerdings erreichen konnte ist fraglich und soll unter anderem mit diesem Vortrag ein wenig eingehender betrachtet werden.

> **Vortragszeit: 1,5/2 Minuten**

II. Systematik/Anwendungsbereiche im Regelfall

Zunächst werde ich die oben bereits skizzierte Systematik der Abgeltungssteuer noch einmal etwas detaillierter darstellen und dabei auf die Regelbesteuerung der Einkünfte aus Kapitalvermögen eingehen.

Grundsätzlich fließen alle Einkünfte gem. § 2 Abs. 1 EStG in das zu versteuernde Einkommen ein, das die Bemessungsgrundlage für die festzusetzende Einkommensteuer bildet. Gem. § 2 Abs. 5b EStG sind Kapitalerträge, nach § 32d Abs. 1 und § 43 Abs. 5 EStG nunmehr hiervon ausgenommen. Die auf diese Kapitalerträge entfallende Steuer wird von der auszahlenden Stelle einbehalten, die Steuer ist durch diesen Abzug abgegolten. Die **Steuer auf Einkünfte aus Kapitalvermögen**, die nicht unter § 20 Abs. 8 EStG fallen, beträgt nach § 32d EStG 25 % zzgl. Solidaritätszuschlag und etwaigen Kirchensteuern. Die in § 32d EStG enthaltene Formel berücksichtigt die Abziehbarkeit von Kirchensteuern im Rahmen des Sonderausgabenabzugs, sofern Kirchensteuerpflicht besteht.

Zur Ermittlung der **Einkünfte, die unter den gesonderten Steuersatz des § 32d Abs. 1 EStG fallen**, ist in einem ersten Schritt also zu prüfen, ob die Einkünfte aus Kapitalvermögen nicht im Rahmen einer anderen Einkunftsart erzielt worden sind. Sodann sind diese gem. des Subsidiaritätsprinzips des § 20 Abs. 8 EStG bei der Ermittlung dieser Einkunftsart zu berücksichtigen. Dies können beispielsweise Dividenden sein, die aufgrund des im Betriebsvermögen eines Einzelunternehmers liegenden Anteils an einer Kapitalgesellschaft ausgeschüttet werden.

Sind die Einkünfte nicht anderweitig zuordenbar, sind diese sodann Einkünfte aus Kapitalvermögen. Klassische Einkünfte aus Kapitalvermögen gem. § 20 EStG sind insbesondere alle laufenden Einnahmen, wie **Dividenden** (Abs. 1 Nr. 1) und Zinsen (Abs. 1 Nr. 7) sowie Veräußerungsgewinne aus der Veräußerung von Anteilen und Kapitalforderungen, die den Inhaber zum Bezug von Kapitalerträgen im Sinne des Abs. 1 berechtigen. Die **einjährige Spekulationsfrist**, nach der insbesondere die Veräußerung von Aktien steuerfrei war, entfällt. Den Einnahmen wird gem. § 20 Abs. 9 EStG ein sogenannter **Sparerpauschbetrag** entgegen gestellt. Dieser beträgt 801 € in Fällen der Einzelveranlagung und verdoppelt sich in Fällen der Zusammenveranlagung auf 1.602 €. Ein weiterer Werbungskostenabzug wird im Regime der Abgeltungssteuer zugunsten der Ermöglichung eines Abzugssteuersystems versagt. Die Bemessungsgrundlage für die Abgeltungssteuer sind somit die Kapitalerträge abzüglich des Sparerpauschbetrags.

Die Steuer auf diese Einkünfte wird durch Abzug erhoben. Der Abzug erfolgt durch die auszahlende Stelle. § 43 EStG regelt, bei welchen Kapitalerträgen der Steuereinbehalt verpflichtend ist. Dies ist beispielsweise der Fall bei Kapitalerträgen im Sinne des § 20 Abs. 1 Nr. 1 EStG, also dem klassischen Fall der **Ausschüttung von Dividenden an Anteilseigner**, oder bei Einkünften gem. § 20 Abs. 1 Nr. 7 EStG, den Zinserträgen. Der Abzug erfolgt unabhängig davon, ob der Gläubiger der Kapitalerträge diese nach dem Teileinkünfteverfahren oder § 8b KStG zu 40 % oder 95 % frei stellen kann, oder diese gem. § 20 Abs. 8 EStG einer anderen Einkunftsart zuzuordnen sind. Die einbehaltenen Steuern werden an das zuständige Finanzamt des Steuerpflichtigen abgeführt.

Die Systematik der Abgeltungssteuer ist grundsätzlich angemessen, um den Steuerabzug mit Einbehalt der Steuer an der Quelle abzugelten. Dem Gläubiger der Kapitalerträge fließt grundsätzlich der Nettobetrag nach Einbehalt der Steuer zu, diese wird an das Finanzamt abgeführt und die Steuerlast auf die Kapitalerträge ist abgegolten.

> **Vortragszeit: 2,5/4,5 Minuten**

III. Ausnahmen

Diese Abzugssystematik muss allerdings oft aufgrund nicht optimaler Umstände im Rahmen der Veranlagung des Steuerpflichtigen ergänzt werden. Zudem regelt das Gesetz selber diverse **Ausnahmen**, in denen die Abgeltungssteuer keine Anwendung findet und die Einkünfte aus Kapitalvermögen der tariflichen Einkommensteuer unterworfen werden. In beiden Fällen befreit die Abgeltungssteuersystematik den Steuerpflichtigen nicht von der Abgabe einer Steuererklärung.

Im dritten Teil meines Kurzvortrags möchte ich zur Festigung der soeben angerissenen These daher folgende zwei Themengebiete beleuchten:

1. Zunächst erläutere ich den Fall, in dem aufgrund nicht optimaler Verteilung des Freistellungsauftrags eine Veranlagung in Betracht kommt.
2. Sodann gehe ich auf die im Gesetz geregelten Ausnahmen vom Tarif der Abgeltungssteuer ein.

Wie soeben dargestellt, findet der Steuerabzug durch die auszahlende Stelle der Kapitaleinkünfte statt. Angenommen, ein einzeln veranlagter Steuerpflichtiger bezieht Kapitalerträge nach § 20 Abs. 1 Nr. 1 EStG, d.h. Ausschüttungen aus einem bei Bank 1 verwahrten Depot sowie Zinserträge aus einem Festgeldkonto bei Bank 2. Dann hat er die Möglichkeit den ihm zustehenden Sparerpausbetrag von 801 € über einen sogenannten **Freistellungauftrag** auf beide Banken zu verteilen, die diesen dann bei der Ermittlung der Bemessungsgrundlage des Steuerabzugs berücksichtigen müssen. Er verteilt diesen mit 400 € an Bank 1 und mit 401 € an Bank 2. Im Jahr 2016 erzielt er nun von Bank 1 Kapitaleinkünfte in Höhe von 500 € und von Bank 2 solche in Höhe von 301 €. Dann wäre grundsätzlich keine Kapitalertragsteuer für ihn einzubehalten, da nach Berücksichtigung des Sparerpauschbetrags Einkünfte aus Kapitalvermögen von 0 € vorliegen würden. Allerdings wird im vorliegenden Beispiel Bank 1 25 % Kapitalertragsteuer und 5,5 % Solidaritätszuschlag einbehalten. Diese zu viel einbehaltenen Steuern kann der Steuerpflichtige sich nur über die Erklärung der Einkünfte in seiner Steuererklärung wieder holen. Dieser Fall ist in § 32d Abs. 4 EStG ausdrücklich ein Fall, in dem die sogenannte Antragsveranlagung zum Zuge kommt. Die einbehaltenen Steuern werden gem. § 36 Abs. 1 Nr. 2 EStG wie Vorauszahlungen behandelt und dem Steuerpflichtigen im Rahmen der Steuerfestsetzung erstattet.

Der **besondere Abgeltungssteuersatz** sollte von Beginn an nicht für besondere Fallgestaltungen zur Anwendung kommen. Diese Ausnahmen von der Abgeltungssteuer sind in § 32d Abs. 2 EStG geregelt. Hier möchte ich insbesondere auf die sogenannte **Steuersatzspreizung** und die **Back-to-Back-Finanzierung** eingehen, in denen die Besteuerung der Kapitalerträge zum Tarif verpflichtend ist. Anschließend stelle ich dar, wann ein Antrag auf Besteuerung der Kapitalerträge zum persönlichen Einkommensteuertarif möglich und sinnvoll ist.

Die sogenannte Steuersatzspreizung ist in § 32d Abs. 2 Nr. 1 lit. a) EStG geregelt. Hier findet der Abgeltungssteuersatz dann keine Anwendung, wenn zwischen Gläubiger und Schuldner Kapitalerträge im Sinne des § 20 Abs. 1 Nr. 4 und 7 sowie Abs. 2 S. 1 Nr. 4 und 7 EStG fließen (insbesondere Zinsen auf Kapitalforderungen), die Parteien einander nahe stehende Personen sind und die Kapitalerträge beim Schuldner zum Werbungskosten oder Betriebsausgabenabzug zugelassen sind. Würde hier der Abgeltungssteuersatz Anwendung finden, hätte der Schuldner einen Steuerspareffekt in Höhe seines persönlichen Steuersatzes auf die Höhe der zum Abzug zugelassenen auszuzahlenden Kapitalerträge, die der Gläubiger nur mit 25 % zu versteuern hätte. In Fällen, in denen der Gläubiger einen beherrschenden Einfluss auf den Schuldner hat, dieser also eine nahe stehende Person ist, sind so missbräuchliche Fallgestaltungen denkbar. Aus diesem Grund hat der Gesetzgeber die Pflicht zur Besteuerung solcher Kapitalerträge mit dem persönlichen Steuertarif eingeführt. Erfolgt die Veranlagung zum persönlichen Tarif, findet die Versagung des Werbungskostenabzugs allerdings keine Anwendung und sämtliche im Zusammenhang mit diesen Kapitaleinkünften stehende Ausgaben werden zum Werbungskostenabzug zugelassen. Ebenfalls kommt die Verlustausgleichsbeschränkung des § 20 Abs. 6 EStG nicht in Betracht.

Eine zu vermeidende Steuersatzspreizung sah der Gesetzgeber ebenfalls in dem Fall, in dem der Gläubiger der Kapitalerträge zu mehr als 10 % an der Kapitalgesellschaft beteiligt und die Schuldnerin der Kapitalerträge ist. Auch hier ist die Besteuerung der (klassischerweise) Zinserträge mit dem persönlichen Einkommensteuertarif unter Berücksichtigung der Werbungskosten verpflichtend.

Die sogenannte **Back-to-Back-Finanzierung** beschreibt Fälle, in deren Grundfall der Gläubiger von Kapitalerträgen im Sinne des § 20 Abs. 1 Nr. 4, 7 und Abs. 2 S. 1 Nr. 4, Nr. 7 EStG einem Dritten Kapital überlassen hat und diese Kapitalüberlassung im Zusammenhang mit einer Kapitalüberlassung des Dritten an den Betrieb des Gläubigers steht. Auch hier nimmt der Gesetzgeber an, dass es hier zu missbräuchlichen Fallgestaltungen kommen kann, in denen der Steuereffekt durch die steuerliche Abziehbarkeit insbesondere von Zinsen ausgenutzt wird und diesem Spareffekt keine adäquate Besteuerung der sich hieraus ergebenden Kapitalerträge entgegensteht.

In den bislang dargestellten Fällen kommt es zu einer verpflichtenden Besteuerung der Kapitalerträge mit dem persönlichen Tarif. Die Werbungskosten werden zum Abzug zugelassen, die Einkünfte aus Kapitalvermögen fließen in die Ermittlung des zu versteuernden Einkommens ein und die einbehaltenen Kapitalertragsteuern werden wie Vorauszahlungen auf die Einkommensteuer behandelt.

Des Weiteren möchte ich noch kurz darauf eingehen, dass der Gesetzgeber dem Steuerpflichtigen auch ein **Antragswahlrecht auf Versteuerung zum Tarif** eingeräumt hat. Bei Inanspruchnahme des Wahlrechts ergeben sich die soeben dargestellten Rechtsfolgen.

Ein Wahlrecht besteht für den Steuerpflichtigen insbesondere dann, wenn er Gläubiger von Kapitalerträgen im Sinne des § 20 Abs. 1 Nr. 1 und 2 EStG, also regelmäßig von Dividenden, ist und an der auszahlenden Kapitalgesellschaft entweder zu mehr als 25 % beteiligt ist, oder er zu mehr als 1 % an ihr beteiligt und beruflich für diese tätig ist. Die Inanspruchnahme des Wahlrechts auf Versteuerung zum persönlichen Tarif kann immer dann sinnvoll sein, wenn der Gläubiger der Kapitalerträge seinen **Anteil an der Kapitalgesellschaft fremdfinanziert** hat und die Zinsen für das Fremdkapital Werbungskosten werden sollen. Der Antrag gilt ohne Widerruf für den Veranlagungszeitraum der Veranlagung und die folgenden vier Veranlagungszeiträume.

Zum Abschluss dieses Teils meines Vortrags weise ich noch kurz darauf hin, dass der Steuerpflichtige im Rahmen der sogenannten Günstigerprüfung auch dann eine Wahlmöglichkeit hat, seine Kapitalerträge mit dem persönlichen Steuersatz zu besteuern, wenn dieser unter Berücksichtigung der Kapitalerträge bei der Ermittlung des zu versteuerndes Einkommens zu einer geringeren Einkommensteuer führen würde.

> **Vortragszeit: 4,5/9 Minuten**

IV. Aktuelle Entwicklungen

Die soeben dargestellte sogenannte Abgeltungssteuer und ihre Ausnahmen sorgen für viel Diskussionsbedarf. Am 29.04.2014 wurden beispielsweise drei Urteile des Bundesfinanzhofs (s. BFH, VIII R 9/13, VIII R 44/13 und VIII R 35/13) veröffentlicht, in denen entschieden wurde, dass nicht allein deshalb das Verhältnis „**nahestehende Person**" gem. § 32d Abs. 2 Nr. 1 lit. a) EStG angenommen werden darf, weil Gläubiger und Schuldner Angehörige im Sinne des § 15 AO sind, denn hier liege nicht per se eine Beherrschungsmöglichkeit vor. Auch die generelle Versagung des Werbungskostenabzugs ist hinsichtlich der Frage, ob dies das Leistungsfähigkeitsprinzip verletze zurzeit beim BFH unter dem Aktenzeichen BFH IX R 48/14 anhängig. Abschließend möchte ich auf den eingangs dargestellten Willen des Gesetzgebers zurückkommen, der mit der Abgeltungsteuer die Besteuerung der Kapitalerträge vereinfachen wollte. Meines Erachtens hat er ein grundsätzlich angemessenes System der Abzugsteuer geschaffen, dessen Wirksamkeit sich vor dem Hintergrund der vielfachen Ausnahmen und Sonderfälle allerdings fraglich ist.

Aktuell wird aus Teilen der Regierungspateien und der Opposition für eine Abschaffung der Abgeltungssteuer auf Kapitalerträge plädiert. Nachdem der Hauptgrund der Einführung, die Bekämpfung der Steuerflucht, großenteils weggefallen ist, will man den „ungerechtfertigten Steuervorteil" gegenüber anderen Einkunftsarten aufheben. Dabei ist jedoch zu bedenken, dass dann systematisch der Abzug von Werbungskosten und der Verlustausgleich mit anderen Einkunftsarten ermöglicht werden müsste. Zudem entspicht bei Dividenden die Abgeltungssteuer einem Steuersatz von nahezu 42 % im Teileinkünfteverfahren.

Vielen Dank für Ihre Aufmerksamkeit.

> **Vortragszeit: 1/10 Minuten**

Vortrag 18
Pflichten des Abschlussprüfers des Tochterunternehmens und des Konzernabschlussprüfers im Zusammenhang mit § 264 Abs. 3 HGB (Prüfungswesen)

Sehr geehrte/r Frau/Herr Vorsitzende/r, sehr geehrte Prüfungskommission,
aus den mir zur Auswahl gestellten Themen habe ich mich für das Thema „**Pflichten des Abschlussprüfers des Tochterunternehmens und des Konzernabschlussprüfers im Zusammenhang mit § 264 Abs. 3 HGB**" entschieden. Meinen Vortrag gliedere ich wie folgt:

I.	Erläuterung des § 264 Abs. 3 HGB
II.	Pflichten des Abschlussprüfers des Tochterunternehmens
III.	Pflichten des Konzernabschlussprüfers
IV.	Die Einstandspflicht nach § 264 Abs. 3 Nr. 2 HGB
V.	Fazit

Vortragszeit: 0,5 Minuten

I.　Erläuterung des § 264 Abs. 3 HGB

Der § 264 Abs. 3 HGB ermöglicht Erleichterungen für in Konzernabschlüsse einbezogene Unternehmen. Das am 23.07.2015 in Kraft getretene Bilanzrichtlinienumsetzungsgesetz (BilRUG) brachte eine Überarbeitung der Prämissen für die Inanspruchnahme der Erleichterungen mit sich. Auf eine davon – die Einstandspflicht – werde ich im Ausblick kurz eingehen.

§ 264 Abs. 3 HGB eröffnet Kapitalgesellschaften, die in den Konzernabschluss eines Mutterunternehmens mit Sitz in einem Mitgliedstaat der Europäischen Union oder einem anderen Vertragsstaat des Europäischen Wirtschaftsraums im Rahmen der Vollkonsolidierung einbezogen sind, das Wahlrecht unter bestimmten Voraussetzungen die Vorschriften des Ersten, Dritten und Vierten Unterabschnitts des zweiten Abschnitts des Dritten Buchs über die Aufstellung des Jahresabschlusses, die Abschlussprüfung und die Offenlegung nicht anzuwenden. Diese **Erleichterungsvorschriften** können dann wahlweise ganz oder in Teilen in Anspruch genommen werden, wenn:

1. Ein einstimmiger Gesellschafterversammlungsbeschluss der Gesellschafter des Tochterunternehmens über die Befreiung für das jeweilige Geschäftsjahr vorliegt und dieser gem. § 325 HGB im Bundesanzeiger offen gelegt worden ist.
2. Der Gläubigerschutz dadurch gewährleistet ist, dass das Mutterunternehmen sich bereit erklärt, für die vom Tochterunternehmen bis zum Abschlussstichtag eingegangenen Verpflichtungen im folgenden Geschäftsjahr einzustehen. Diese Erklärung muss nach § 325 HGB offen gelegt werden.
3. Die Kapitalgesellschaft in den nach europäischem Recht aufgestellten und geprüften Konzernabschluss einbezogen worden ist.
4. Über die Befreiung des Tochterunternehmens im Anhang des vom Mutterunternehmens aufgestellten Konzernabschlusses berichtet wird.
5. Die aufgezählten Beschlüsse, Erklärungen sowie der Konzernabschluss und -lagebericht inklusive des Bestätigungsvermerks sind durch das Tochterunternehmen offen zu legen, es sei denn, dass das Mutterunternehmen diese in deutscher oder englischer Sprache offen gelegt hat und diese im Bundesanzeiger zum Tochterunternehmen gefunden werden können.

Eine vergleichbare Vorschriften findet sich in § 264b HGB für in einen Konzernabschluss einbezogene Personengesellschaften nach § 264a HGB, mit dem Unterschied, dass eine Verlustübernahmeerklärung hier nicht erforderlich ist. Im Folgenden gemachte Ausführungen gelten sowohl für die Inanspruchnahme der Erleichterung nach § 264 Abs. 3 als auch nach § 264b HGB.

Vortragszeit: 1/1,5 Minuten

II. Pflichten des Abschlussprüfers des Tochterunternehmens

Im Folgenden werde ich auf die Auswirkungen eingehen, die sich aus der Erleichterungsvorschrift für den Abschlussprüfer des Tochterunternehmens ergeben. Diese Pflichten sind insbesondere im Prüfungshinweis des IDW PH 9.200.1 näher definiert. Es sei darauf hingewiesen, dass sich dieser auf die Fassung des § 264 Abs. 3 HGB vor dem BilRUG bezieht. Meines Erachtens dürfte dieser jedoch weiterhin in wesentlichen Punkten für das berufs- und fachgerechte Prüfungsvorgehen relevant sein.

Zunächst ergeben sich dreierlei Fälle, aus denen sich Besonderheiten bei der Beauftragung des Abschlussprüfers ergeben können. Je nach Umfang der Inanspruchnahme der Erleichterungsvorschrift kann die Gesellschafterversammlung auf die **Inanspruchnahme der Befreiung von der Abschlussprüfung verzichten**. Sodann findet eine Pflichtprüfung der Berichtsgesellschaft gem. §§ 317 ff. HGB statt. Wurde auf die Aufstellung eines Anhangs und eines Lageberichtes verzichtet, ist der Prüfungsgegenstand im Vergleich zur „normalen" Abschlussprüfung entsprechend im Umfang vermindert.

Wird von der Erleichterungsvorschrift in dem Sinne Gebrauch gemacht, dass das Berichtsunternehmen von der Abschlussprüfung befreit ist und werden die Voraussetzungen für die Inanspruchnahme später nicht erfüllt, liegt eine ordnungsmäßige Beauftragung zur Pflichtprüfung vor, wenn die Wahl und die Bestellung des Abschlussprüfers korrekt erfolgten.

In Fällen, in denen schließlich eine Beauftragung zur freiwilligen Prüfung vorliegt, kann die **Ordnungsmäßigkeit des Jahresabschlusses** nur bestätigt werden, wenn die Voraussetzungen des § 264 Abs. 3 HGB vorliegen.

Das Prüfungsziel des Abschlussprüfers im Zusammenhang mit § 264 Abs. 3 HGB ist es, festzustellen, ob die Voraussetzungen für die Inanspruchnahme der Erleichterungen vorliegen. Grundsätzlich ist es dem Abschlussprüfer möglich, die Voraussetzungen gem. § 264 Abs. 3 Nr. 1 und 2 HGB im Rahmen der **Prüfung des Tochterunternehmens** zu prüfen. Ob das Tochterunternehmen in den Konzernabschluss des Mutterunternehmens einbezogen wird, eine Mitteilung über die Befreiung des Tochterunternehmens im Konzernanhang erfolgt und der Konzernabschluss gem. § 325 HGB im Bundesanzeiger offen gelegt wird, ist allerdings regelmäßig bei Beendigung der Prüfung des Tochterunternehmens noch ausstehend. Der Abschlussprüfer kann lediglich Prüfungsnachweise darüber einholen, dass die Voraussetzungen voraussichtlich erfüllt werden. Kann der Abschlussprüfer sich davon überzeugen, dass die Voraussetzungen voraussichtlich erfüllt werden, kann er (bei ansonsten beanstandungsfreier Abschlussprüfung) einen **uneingeschränkten Bestätigungsvermerk** erteilen. Das Eintreten der Voraussetzungen sollte er sich im Nachgang bestätigen lassen. Grundsätzlich ist das Vorliegen von Tatsachen, deren Realisation Rückwirkungen auf den Berichtszeitraum hat und mit deren Eintreten höchstwahrscheinlich gerechnet wird, ein Grund für die Erteilung eines bedingten Bestätigungsvermerks. Ein solcher **bedingter Bestätigungsvermerk** gilt allerdings als nicht erteilt, der Jahresabschluss ist noch nicht geprüft, eine Feststellung kann nicht vorgenommen werden. Da dies regelmäßig nicht im Interesse des Tochterunternehmens liegt, kommt die Erteilung eines **unbedingten Bestätigungsvermerks** in Betracht. In diesen ist zunächst im zweiten Satz des einleitenden Teils des Bestätigungsvermerks ein Hinweis darauf zu geben, dass die Buchführung und die Aufstellung des geprüften Jahresabschlusses unter Inanspruchnahme der Erleichterungen des § 264 Abs. 3 HGB nach den Vorschriften des Ersten Abschnitts des Dritten Buchs des HGB erfolgten. Zudem ist in einem ergänzenden Absatz nach dem Prüfungsurteil darüber zu berichten, dass die vollständige Erfüllung der Voraussetzungen des § 264 Abs. 3 HGB noch aussteht.

Bei der Prüfung, ob die Voraussetzungen des § 264 Abs. 3 HGB vorliegen, kann dem Abschlussprüfer auffallen, dass diese auch nach Beendigung der Prüfung nicht erfüllt werden. IDW PH 9.200.1 führt das Beispiel an, dass das Tochterunternehmen im Vorjahr aufgrund § 296 HGB nicht in den Konzernabschluss einbezogen wurde und sich im Verlauf der aktuellen Prüfung kein Hinweis darauf ergibt, dass sich an den Verhältnissen etwas geändert hat. In diesem Fall ist die Inanspruchnahme der Erleichterungen nicht möglich. Der Abschlussprüfer hat dies den gesetzlichen Vertreter zu kommunizieren und darauf hinzuwirken, dass alle Voraussetzungen geschaffen werden, dass eine ordnungsgemäße Pflichtprüfung erfolgen kann. Das bedeutet, dass der Abschlussprüfer ordnungsgemäß gewählt und bestellt werden muss und die Buchführung und die Aufstellung des Jahresabschlusses und des Lageberichts nach den allgemeingültigen Bestimmungen des HGB zu erfolgen hat.

Wird dem Abschlussprüfer nach Beendigung der Prüfung gewahr, dass die Voraussetzungen des § 264 Abs. 3 HGB nicht eingetreten sind, hat er dies unverzüglich mit den gesetzlichen Vertretern des Tochterunternehmens zu besprechen. Erfolgt daraufhin eine Änderung und Ergänzung des Jahresabschlusses durch die gesetzlichen Vertreter, hat der Abschlussprüfer eine **Nachtragsprüfung** vorzunehmen, soweit die Änderung reicht (§ 316 Abs. 3 HGB). Es ist eine Ergänzung des Prüfungsurteils um einen gesonderten Absatz vorzunehmen, in der über das Ergebnis der Nachtragsprüfung berichtet wird. Der **Bestätigungsvermerk ist mit dem sogenannten Doppeldatum** – also dem Datum des Abschlusses der ursprünglichen Prüfung und dem Abschluss der Nachtragsprüfung – zu unterzeichnen (vgl. IDW PS 400, Tz. 110).

Besteht seitens der Geschäftsleitung keinerlei Bereitschaft, die notwendigen Änderungen vorzunehmen und die Abschlussadressaten zu informieren, ist der Abschlussprüfer zum **Widerruf des Bestätigungsvermerks** berechtigt und verpflichtet, um die Irreführung der Öffentlichkeit durch den fehlerhaften Bestätigungsvermerk zu vermeiden. Aufgrund seines Prüfungsauftrags ist der Abschlussprüfer daraufhin zur Abgabe eines neuen Prüfungsurteils verpflichtet. Wird die Offenlegung des Jahresabschlusses in diesem Fall aufgrund der unzulässigen Inanspruchnahme des § 264 Abs. 3 HGB unterlassen, ist im folgenden Prüfungsjahr im Rahmen der Redepflicht nach § 321 Abs. 1 S. 3 HGB über diese pflichtwidrige Unterlassung zu berichten.

Vortragszeit: 4,5/6 Minuten

III. Pflichten des Konzernabschlussprüfers

Nach den Ausführungen zu den Pflichten des Abschlussprüfers des Tochterunternehmens, werde ich nun die **Pflichten des Konzernabschlussprüfers** darstellen.

Der Teil des Prüfungsgegenstands des Konzernabschlussprüfers, der von der Vorschrift des § 264 Abs. 3 HGB betroffen ist, ist der Konzernanhang. In diesem muss über die Befreiung des Tochterunternehmens berichtet werden. Diese Mitteilung hat reinen Informationscharakter für die Adressaten des Tochterunternehmens und keine Auswirkungen auf die Ordnungsmäßigkeit des Konzernabschlusses. Der Konzernabschlussprüfer prüft daher das Vorhandensein der Angabe, nicht allerdings ob deren Inhalt zutreffend ist.

Erkennt der Konzernabschlussprüfer im Verlauf seiner Prüfung, dass die Voraussetzungen nicht vorliegen, z.B. weil von der Befreiung eines Tochterunternehmens berichtet wird, das aufgrund § 296 HGB nicht in den Konzernabschluss einbezogen wird, berührt dies nicht die **Ordnungsmäßigkeit des Konzernabschlusses**. Gleichwohl ist nach pflichtgemäßem Ermessen des Konzernprüfers abzuwägen, ob der Bestätigungsvermerk um einen Hinweis nach § 322 Abs. 3 S. 2 HGB zu ergänzen ist. Dies sollte regelmäßig erfolgen, um die Irreführung der Abschlussadressaten des Konzern- vor allem des Jahresabschlusses zu vermeiden.

Vortragszeit: 2/8 Minuten

IV. Die Einstandspflicht nach § 264 Abs. 3 Nr. 2 HGB

Abschließend soll die neue eingeführte Einstandspflicht erläutert werden. Diese ersetzt bzw. erweitert die bislang notwendige Verlustübernahmeerklärung. Der Grundgedanke der Einstandspflicht folgt dem Gläubigerschutzgedanken: Der Gesetzgeber Vertragspartner und Kreditgeber des Tochterunternehmens besserstellen, in dem diese ihre wirtschaftlichen Risiken und Chancen mit Blick auf den Jahresabschluss des Mutterunternehmens einschätzen können, da dieses aufgrund der Einstandspflicht aus den Vertragsverhältnisses des Tochterunternehmens mitverpflichtet ist.

Die Einstandspflicht fordert, dass das Mutterunternehmen sich bereit erklärt, für die vom Tochterunternehmen bis zum Abschlussstichtag eingegangenen Verpflichtungen im folgenden Geschäftsjahr einzustehen. Für die dem Abschlussstichtag folgenden 12 Monate muss beim Mutterunternehmen eine Bereitschaft zur Verlustübernahme sowie eine zum Ausgleich von Liquiditätsengpässen bestehen, auch wenn das Tochterunternehmen einen Jahresüberschuss ausweist.

Das IDW führte hierzu im Rahmen des Gesetzgebungsprozesses in seiner Stellungnahme zum Referentenentwurf vom 10.10.2014 aus, dass dem Gläubigerschutz aus seiner Ansicht mit der aktuell notwendigen Verlustübernahmeverpflichtung ausreichend Rechnung getragen würde. Zudem hätte sich in der relevanten Passage der EU-Richtlinie keinerlei Änderung ergeben. Sei die aktuelle Rechtlage doch richtlinienkonform gewesen, sei fraglich, aus welchem Grund nunmehr die Einstandsverpflichtung eingeführt werden solle. Sollte durch den Gesetzgeber hierdurch eine materiell-rechtliche Änderung eingeführt werden, sei weiter zu konkretisieren, in welcher Form eine solche Einstandsverpflichtung übernommen werden solle.

Zwar änderte sich daraufhin nicht die Formulierung der Einstandspflicht: diese ist unverändert Gesetz geworden. Allerdings präzisierte der Ausschuss für Recht und Verbraucherschutz, dass die Anpassung des Gesetzeswortlauts nicht als materiell-rechtliche Änderung sondern vielmehr als redaktionelle Anpassung an den Text der EU-Richtlinie zu sehen sei.

> **Vortragszeit: 1,5/9,5 Minuten**

V. Fazit

Im Ergebnis erfüllen damit bestehende Beherrschungs- und Gewinnabführungsverträge oder Verlustübernahmeerklärungen nach § 302 AktG weiterhin die Voraussetzungen nach § 264 Abs. 3 HGB, sofern diese zum Bilanzstichtag noch mindestens ein Jahr Bestand haben. Damit sind noch nicht alle Zweifelsfragen abschließend geklärt. Allerdings dürften sich die Wogen, die die Gesetzesinitiative im Vorfeld geschlagen hatte, vorerst geglättet haben.

Vielen Dank für Ihre Aufmerksamkeit.

> **Vortragszeit: 0,5/10 Minuten**

Vortrag 19
Die Betriebsaufspaltung – Entstehung, Beendigung, Folgen (Steuerrecht)

Sehr geehrte/r Frau/Herr Vorsitzende/r, sehr geehrte Prüfungskommission,
aus den mir zur Auswahl gestellten Themen habe ich mich für das Thema „**Die Betriebsaufspaltung – Entstehung, Beendigung, Folgen**" entschieden. Meinen Vortrag gliedere ich wie folgt:

I.	Einordnung
II.	Entstehung
III.	Beendigung
IV.	Besonderheiten
V.	Fazit

> **Vortragszeit: 0,5 Minuten**

I. Einordnung

Einführend möchte ich ausführen, dass die Betriebsaufspaltung ein von der Rechtsprechung entwickeltes **Rechtsinstitut** ist. Für die Einordnung, ob ein Gewerbebetrieb gem. § 15 Abs. 2 EStG vorliegt, ist unter anderem die Abgrenzung notwendig, ob es sich bei der zu beurteilenden Tätigkeit um die Verwaltung eigenen Vermögens handelt. Ein Steuerpflichtiger, der seine Tätigkeit auf die Verwaltung eigenen Vermögens ausgerichtet hat, nimmt regelmäßig nicht am allgemeinen wirtschaftlichen Verkehr teil. Sofern es aufgrund der nachfolgend noch darzustellenden Merkmale allerdings zu einer Betriebsaufspaltung kommt, wird dem Steuerpflichtigen ein **einheitlicher Betätigungswille** unterstellt, der zu einer Teilnahme des Steuerpflichtigen am allgemeinen wirtschaftlichen Verkehr und damit zum Vorliegen eines Gewerbebetriebs führt. Die Grundsätze der Betriebsaufspaltung finden sich nicht im Gesetz, sondern werden in R 15.7 Abs. 4 ff. EStR näher erläutert.

Klassischerweise erfolgt die **Begründung einer Betriebsaufspaltung** aus haftungstechnischen Gründen, da die wesentlichen Betriebsgrundlagen durch Verlagerung des unternehmerischen Risikos auf eine Kapitalgesellschaft vor Inanspruchnahme aus der Haftung geschützt werden sollen.

Das Steuerrecht kennt diverse Arten der Betriebsaufspaltung. Bei der **echten Betriebsaufspaltung** wird das operative Geschäft inklusive des Umlaufvermögens klassischerweise auf eine Betriebsgesellschaft übertragen. Das Anlagevermögen verbleibt bei der Besitzpersonengesellschaft, die dieses an die operative Betriebsgesellschaft verpachtet. Aus einem Unternehmen werden zwei rechtlich selbstständige Einheiten.

Bei der **unechten Betriebsaufspaltung** bestehen von voneherein zwei rechtlich selbstständige Unternehmen, die später aufgrund der Verpachtung wesentlicher Betriebsgrundlagen an die Betriebsgesellschaft miteinander verbunden werden.

Sowohl bei der echten als auch bei der unechten Betriebsaufspaltung können auf Ebene des Besitz- und des Betriebsunternehmens jeweils Personen- oder Kapitalgesellschaften beteiligt sein. Handelt es sich bei beiden Parteien um eine Kapitalgesellschaft, liegt eine **kapitalistische Betriebsaufspaltung** vor. Da Kapitalgesellschaften allerdings immer gewerbliche Einkünfte haben, hat die Betriebsaufspaltung in diesem Fall nahezu keine Bedeutung. Sofern beide Parteien Personengesellschaften sind, liegt eine **mitunternehmerische Betriebsaufspaltung** vor. Im Folgenden sollen die steuerlichen Aspekte des klassischen Falls der Betriebsaufspaltung betrachtet werden, in dem der Inhaber des Besitzunternehmens eine natürliche Person und das Betriebsunternehmen eine Kapitalgesellschaft ist. Die, sich aus der Entstehung und der Beendigung der Betriebsaufspaltung ergebenden Rechtsfolgen werde ich bei den jeweiligen Punkten darstellen.

> **Vortragszeit: 1,5/2 Minuten**

II. Entstehung

Eine Betriebsaufspaltung entsteht, wenn die in H 15.7 Abs. 4 [Allgemeines] EStH dargelegten Voraussetzungen erfüllt sind. Hier ist definiert, dass eine Betriebsaufspaltung vorliegt, wenn „ein Unternehmen (Besitzunternehmen) eine wesentliche Betriebsgrundlage an eine gewerblich tätige Personen- oder Kapitalgesellschaft (Betriebsunternehmen) zur Nutzung überlässt (**sachliche Verflechtung**) und eine Person oder mehrere Personen zusammen (Personengruppe) sowohl das Besitzunternehmen als auch das Betriebsunternehmen in dem Sinne beherrschen, dass sie in der Lage sind, in beiden Unternehmen einen **einheitlichen geschäftlichen Betätigungswillen** durchzusetzen".

Die sachliche Verflechtung ist dem Wortlaut nach immer dann gegeben, wenn eine **wesentliche Betriebsgrundlage** überlassen wird. Dabei ist hier darauf abzustellen, ob diese Betriebsgrundlage funktional wesentlich für das Betriebsunternehmen ist. Ob in der Betriebsgrundlage erhebliche stille Reserven vorhanden sind, ist irrelevant. Grundstücke sind grundsätzlich immer wesentliche Betriebsgrundlagen und auch der klassische Gegenstand der sachlichen Verflechtung. Die wesentliche Betriebsgrundlage muss dem Betriebs- vom Besitzunternehmen überlassen werden. Ob dies entgeltlich oder unentgeltlich geschieht, spielt für die Entstehung der Betriebsaufspaltung zunächst keine Rolle. Ebenfalls keine Rolle spielt, ob sich die wesentliche Betriebsgrundlage im Eigentum des Besitzunternehmens befindet. So kann auch die Lagerhalle, die das Besitzunternehmen angemietet hat, im Rahmen eines Untermietverhältnisses an die Betriebsgesellschaft vermietet werden. Auch in diesem Fall liegt eine sachliche Verflechtung vor.

Das Tatbestandsmerkmal der **personellen Verflechtung** ist vielschichtiger als das der sachlichen Verflechtung. Die Betriebsaufspaltung setzt voraus, dass die Personen, die hinter beiden Unternehmen stehen einen einheitlichen geschäftlichen Betätigungswillen haben. Hierbei muss nicht zwingend das gleiche Beteiligungsverhältnis bei beiden Unternehmen bestehen, es ist ausreichend, wenn die, das Besitzunternehmen beherrschenden Personen in der Lage sind, ihren Willen auch im Betriebsunternehmen durchzusetzen. Bei einer Kapitalgesellschaft ist ein Wille grundsätzlich mit der einfachen Mehrheit der Stimmrechte durchsetzbar, vgl. § 47 Abs. 1 GmbHG. Bei GbRs, oHGs und KGs hingegen können Entscheidungen grundsätzlich nur einstimmig getroffen werden, sofern im Gesellschaftsvertrag nichts Abweichendes geregelt ist. Beispielsweise wäre in Fällen, in denen ein Mehrheitsgesellschafter der Kapitalgesellschaft zusammen mit einem Dritten an der Besitzgesellschaft beteiligt ist, eine personelle Verflechtung dann nicht gegeben, wenn aufgrund der **gesetzlichen Einstimmigkeitsabrede** das Veto des fremden Besitzunternehmensgesellschafters dazu führt, dass der Mehrheitsbetriebsunternehmensgesellschafter seinen Willen in der Besitzpersonengesellschaft nicht durchsetzen kann (BMF vom 07.10.2002, IV A 6 – S 2240 – 134/02). In die Betrachtung der Beherrschungsverhältnisse sind auch **faktische Beherrschungsverhältnisse** einzubeziehen. Dabei kann von einer Beherrschung im Einzelfall auch dann ausgegangen werden, wenn dem Mehrheitsgesellschafter des einen Unternehmens zwar nicht die rechtliche Mehrheit der Stimmrechte an dem anderen Unternehmen zusteht, er jedoch faktischen Einfluss auf die Entscheidung des Minderheitsgesellschafters nehmen kann.

Besonders hinweisen möchte ich noch auf Fälle, in denen Angehörige, insbesondere Ehegatten und Kinder an der einen oder anderen Unternehmung beteiligt sind. Die **Zusammenrechnung von Ehegattenanteilen** kommt grundsätzlich nicht in Betracht. In Einzelfällen können aber weitere Anzeichen dafür vorliegen, dass ein einheitlicher Betätigungswille vorliegt. Das **Wiesbadener Modell**, in dem der eine Ehegatte an dem Besitz- und der andere Ehegatte an dem Betriebsunternehmen beteiligt ist, führt nicht zur personellen Verflechtung (vgl. H 15.7 Abs. 7 [Allgemeines] EStH).

Anteile von minderjährigen Kindern hingegen sind grundsätzlich mit den Anteilen der Eltern zusammenzurechnen, wenn diesen das Vermögenssorgerecht für die Kinder zusteht, vgl. R 15.7 Abs. 8 EStR.

Die Rechtsfolgen des Vorliegens der soeben dargestellten sachlichen und personellen Verflechtung ist ebenfalls in H 15.7 Abs. 4 [Allgemeines] EStH definiert: „Liegen die Voraussetzungen […] vor, ist die Vermietung oder Verpachtung keine Vermögensverwaltung mehr, sondern eine gewerbliche Vermietung oder Verpachtung. Das Besitzunternehmen ist Gewerbebetrieb."

Dies bedeutet für den Gesellschafter des Besitzunternehmens, dass durch das Vorliegen der Betriebsaufspaltung Betriebsvermögen begründet wird. Die zur Nutzung überlassene wesentliche Betriebsgrundlage wird nach den Vorschriften des EStG in das Betriebsvermögen eingelegt. Dies erfolgt grundsätzlich zum Teilwert, es sei denn die Anschaffung oder Herstellung des Wirtschaftsguts liegt noch nicht länger als drei Jahre zurück. Dann kommt eine Einlage zu (fortgeführten) Anschaffungs- oder Herstellungskosten in Betracht (vgl. § 6 Abs. 1 Nr. 5 EStG). Sofern das die wesentliche Betriebsgrundlage abnutzbar ist und vor Begründung der Betriebsaufspaltung zur Erzielung von Einkünften genutzt wurde, sind für die Folgebewertung gegebenenfalls Besonderheiten bei der Ermittlung der Bemessungsgrundlage der Absetzung für Abnutzung gem. § 7 Abs. 1 S. 5 EStG zu beachten. Neben der wesentlichen Betriebsgrundlage wird der **Anteil an der Betriebskapitalgesellschaft** ebenfalls notwendiges Betriebsvermögen. Die Einlage erfolgt regelmäßig zu den Anschaffungskosten.

Die Beteiligten der Besitzpersonengesellschaft erzielen nunmehr Einkünfte aus Gewerbebetrieb gem. § 15 EStG. Der Gewinn aus dem Gewerbebetrieb unterliegt neben der Einkommensteuer nun auch der Gewerbesteuer. Die erzielten Erträge aus der Überlassung der wesentlichen Betriebsgrundlage, regelmäßig Mieterträge, erhöhen den Gewerbeertrag nach § 7 GewStG. Sofern es sich bei der wesentlichen Betriebsgrundlage um eine Immobilie handelt, kommen die Kürzungsvorschriften des § 9 Nr. 1 GewStG – Kürzung um 1,2 % des Einheitswerts – in Betracht. Die erweiterte Kürzung für Grundstücksunternehmen kommt bei Vorliegen einer Betriebsaufspaltung gerade nicht in Betracht, da es sich nicht um eine rein vermögensverwaltende Tätigkeit handelt. Etwaige **Ausschüttungen der Betriebskapitalgesellschaft** sind bei der Ermittlung der Einkünfte aus Gewerbebetrieb nach dem Teileinkünfteverfahren gem. §§ 3 Nr. 40 d), 3c Abs. 2 EStG zu 40 % als steuerfrei zu behandeln. Gewerbesteuerlich sind die im Gewerbeertrag verbleibenden 60 % gem. des regelmäßig anzuwenden Schachtelprivilegs des § 9 Nr. 2a GewStG zu kürzen.

Für die **Betriebskapitalgesellschaft** ergibt sich grundsätzlich durch die Begründung der Betriebsaufspaltung keine abweichende Rechtsfolge der Besteuerung. Hier sei lediglich auf die Besonderheit hingewiesen, dass sich etwaige gezahlte Mietzinsen in dem Unternehmensverbund gewerbesteuerlich doppelt auswirken können, da sie bei der Besitzgesellschaft den Gewerbeertrag erhöhen und bei der Betriebsgesellschaft dem Gewerbeertrag wieder hinzuzurechnen sind.

Grundsätzlich sind die Leistungen zwischen den durch die Betriebsaufspaltung verbundenen Unternehmen umsatzsteuerbar und -pflichtig. Sofern es sich bei der Überlassung um eine gem. § 4 Nr. 12 ff. UStG **umsatzsteuerfreie Vermietungsleistung** handelt, kommt gegebenenfalls die Optierung zur Umsatzsteuer gem. § 9 UStG in Betracht. Denkbar ist im klassischen Fall der Betriebsaufspaltung auch das Vorliegen einer **umsatzsteuerlichen Organschaft**, in der die Leistungen dann nicht steuerbare Innenumsätze wären. Hierzu wären die Kriterien organisatorische, wirtschaftliche und finanzielle Eingliederung zu prüfen, wobei die ersteren regelmäßig unstrittig sein werden.

> **Vortragszeit: 4/6 Minuten**

III. Beendigung

Nach den ausführlichen Erläuterungen zur Entstehung der Betriebsaufspaltung, werde ich im Folgenden auf die **Beendigung der Betriebsaufspaltung** eingehen.

Die Betriebsaufspaltung endet, sobald eine der Voraussetzungen sachliche oder persönliche Verflechtung entfällt. Dies kann z.B. dann der Fall sein, wenn die Anteile an der Betriebskapitalgesellschaft oder die Immobilie, die die wesentliche Betriebsgrundlage darstellt veräußert werden. Auch denkbar ist die Beendigung der Betriebsaufspaltung in Fällen, in denen Kinder, deren Anteile denen der Eltern hinzugerechnet werden, volljährig werden.

Regelmäßig liegt dann eine **Betriebsaufgabe** im Sinne des § 16 Abs. 3 EStG vor. Hieraus folgt, dass die im Betriebsvermögen des früheren Besitzunternehmens enthaltenen stillen Reserven aufzulösen sind. Die Wirtschaftsgüter des Betriebsvermögens werden zum Teilwert aus dem Betriebsvermögen ins Privatvermögen entnommen. Der **Aufgabegewinn** ist nach § 16 Abs. 2 EStG zu ermitteln. Dem Teilwert des Betriebsvermögens ist das Kapital zu Buchwerten entgegen zu stellen. Der Teil des Aufgabegewinns, der auf die Anteile an der Betriebskapitalgesellschaft entfallen, unterliegt dem Teileinkünfteverfahren gem. §§ 3 Nr. 40 S. 1 lit. b), 3c Abs. 2 EStG. Der restliche Aufgabegewinn ist gegebenenfalls gem. §§ 16 Abs. 4, 34 Abs. 1 oder 3 EStG mit dem einmaligen Freibetrag und der Fünftel-Regelung oder dem modifizierten halben Steuersatz begünstigt.

> **Vortragszeit: 2/8 Minuten**

IV. Besonderheiten

Bevor ich zum Ende meines Kurzvortrags komme, möchte ich noch kurz auf die **Anwendung des Teileinkünfteverfahrens** bei der steuerlichen Gewinnermittlung des Besitzunternehmens eingehen. Das Bundesministerium für Finanzen hat sich im Schreiben vom 23.10.2010 mit den Fällen beschäftigt, in denen der Betriebskapitalgesellschaft die wesentliche Betriebsgrundlage nicht zu fremdüblichen Konditionen überlassen wird. Da die Anteile an der Betriebsgesellschaft immer zum Betriebsvermögen der Besitzgesellschaft gehören, fließen etwaige spätere Ausschüttungen ebenfalls in das Betriebsvermögen der Besitzgesellschaft. Werden nun von der Betriebskapitalgesellschaft keine fremdüblichen Konditionen verlangt, sieht das BMF vom 23.10.2013, IV C 6 – S 2128/07/10001 dies als Vergünstigung im Zusammenhang mit späteren nach dem Teileinkünfteverfahren begünstigten Kapitalerträgen aus der Betriebsgesellschaft an. Laufende Aufwendungen, wie z.B. Aufwendungen für Strom, Gas, Wasser, Heizkosten, Gebäudereinigungskosten, Versicherungsbeiträge und Finanzierungskosten sind dann im Verhältnis der tatsächlichen zur fremdüblichen Gegenleistung nur zu 60 % zum Abzug zugelassen. Diese **Anwendung des Teilabzugsverbots** gilt ausweislich des BMF-Schreibens allerdings nicht für laufende Aufwendungen für die Substanz des überlassenden Betriebsvermögens, wie z.B. die Abschreibung auf die überlassene Immobilie.

> **Vortragszeit: 1/9 Minuten**

V. Fazit

Ich komme nun zum Ende meines Kurzvortrags und möchte zusammenfassend darauf hinweisen, dass das Rechtsinstitut der Betriebsaufspaltung weitreichende Folgen für die Besteuerung der Gesellschafter des Besitzunternehmens haben kann. Insbesondere sollten die Besitzgesellschafter auf die Folgen der Beendigung der Betriebsaufspaltung hingewiesen werden, bei der es zur Aufdeckung der stillen Reserven im Betriebsvermögen kommt. Dies kann zu einer spürbaren Steuerbelastung vor allem in dem Fall führen, in dem der Wert der Anteile an der Betriebskapitalgesellschaft während der Zeit der Betriebsaufspaltung gestiegen ist. Erfolgt die Beendigung der Betriebsaufspaltung nicht durch Verkauf von Anteilen oder Betriebsgrundlagen steht der entstehenden Verbindlichkeit gegenüber dem Finanzamt keinerlei Liquiditätszufluss zu. Hier ist es auch die Aufgabe des steuerlichen Beraters den Steuerpflichtigen vor einem Liquiditätsengpass, geschweige denn der Zahlungsunfähigkeit zu bewahren.

Vielen Dank für Ihre Aufmerksamkeit.

> **Vortragszeit: 1/10 Minuten**

Vortrag 20
Bilanzierung und Bewertung latenter Steuern im Einzelabschluss nach HGB (Prüfungswesen)

Sehr geehrte/r Frau/Herr Vorsitzende/r, sehr geehrte Prüfungskommission,
aus den mir zur Auswahl gestellten Themen habe ich mich für das Thema „**Bilanzierung und Bewertung latenter Steuern im Einzelabschluss nach HGB**" entschieden. Meinen Vortrag gliedere ich wie folgt:

I.	Einleitung und Abgrenzung des Anwendungsbereichs
II.	Ansatz
III.	Bewertung
IV.	Ausweis
V.	Fazit

> **Vortragszeit: 0,5 Minuten**

I. Einleitung und Abgrenzung des Anwendungsbereichs

Latente Steuern im Jahresabschluss dienen dazu, den Bilanzleser darauf hinzuweisen, dass sich aufgrund bestehender, in Zukunft abzubauender Bewertungsdifferenzen zwischen Handels- und Steuerrecht künftige Steuerbe- oder -entlastungen für das Berichtsunternehmen ergeben können. Mit dem Bilanzrechtmodernisierungsgesetz (BilMoG) wurde dabei das Konzept zur Ermittlung der Bewertungsdifferenzen vom ergebnisorientierten **Timing-Konzept** hin zum bilanzorientierten **Temporary-Konzept** geändert und damit eine Annäherung an die internationale Bilanzierungspraxis geschafft.

§ 274 HGB regelt die Bilanzierung latenter Steuern. Dabei besteht ein **Passivierungsgebot** für einen Überhang an passiven latenten Steuern und ein Aktivierungswahlrecht für einen Überhang aktiver latenter Steuern. Aufgrund der Stellung des § 274 HGB im Zweiten Abschnitt des Dritten Unterabschnitts des HGB gilt derselbe nur für Kapitalgesellschaften sowie diesen gleichgestellten haftungsbeschränkten Personenhandelsgesellschaften gem. § 264a HGB. **Nicht haftungsbeschränkte Personenhandelsgesellschaften** haben damit grundsätzlich keine latenten Steuern zu bilanzieren. Allerdings sieht IDW RS HFA 7 die Pflicht zur Bildung einer Verbindlichkeitsrückstellung nach § 249 Abs. 1 HGB vor, sofern die Voraussetzungen zur Bildung latenter Steuern vorliegen. Kleine Kapitalgesellschaften und solche Gesellschaften nach § 264a HGB sind gem. § 274a Nr. 5 HGB von der Anwendung des § 274 HGB befreit, haben im Zweifel aber auch die Pflicht Rückstellungen für passive latente Steuern zu bilden.

> **Vortragszeit: 0,5/1 Minute**

II. Ansatz

Nach dieser kurzen Einleitung möchte ich nun eingehender auf den Ansatz und den Ausweis latenter Steuern eingehen, bevor ich die Bewertung derselben darstelle.

Latente Steuern sind zu bilden, wenn zwischen dem handelsrechtlichen Wert eines Vermögensgegenstandes oder einer Schuld und dem steuerlichen Wert des Wirtschaftsguts oder der Schuld eine Bewertungsdifferenz besteht, die temporärer oder quasi-permanenter Natur ist. **Temporär** bedeutet, dass sich die Bewertungsdifferenz im Zeitablauf automatisch umkehrt, wie beispielsweise bei handels- und steuerrechtlich abweichender Abschreibung. **Quasi-permanente Differenzen** sind solche, die sich nicht durch Zeitablauf umkehren, die sich aber durch unternehmerische Alternativen ausgleichen. Dies ist beispielweise der Fall, wenn Differenzen bei nicht abnutzbaren Vermögensgegenständen bestehen, die sich im Rahmen des Verkaufs derselben allerdings ausgleichen. Der Ausgleich der Bewertungsdifferenz führt zu einer Steuerbe- oder -entlastung in den folgenden Geschäftsjahren.

Die gegenüberzustellenden Wertansätze sind zum einen der Wert in der Handelsbilanz, der sich aus den HGB-Vorschriften über die Bilanzierung ergibt und zum anderen der Wert, der sich aus den steuerlich relevanten Vorschriften des EStG und des KStG ergibt. Nach Aufgabe der Maßgeblichkeit der Handels- für die Steuerbilanz sowie der umgekehrten Maßgeblichkeit sowie vor dem Hintergrund diverser steuerlicher Bewertungsvorbehalte, haben die Bewertungsunterschiede seit der Einführung des BilMoG zugenommen. Ein Beispiel für die Komplexität der Gegenüberstellung der unterschiedlichen Wertansätze ist beispielsweise der **Wert einer Beteiligung an einer Personenhandelsgesellschaft**. Handelsrechtlich besteht lediglich ein Vermögensgegenstand, während steuerlich Eigentum an den einzelnen Wirtschaftsgütern der Gesamthands-, Ergänzungs- und Sonderbilanz besteht. Die Wirtschaftsgüter der Sonderbilanz sind regelmäßig weitere aktivierte Vermögensgegenstände in der Bilanz des Gesellschafters. All diese Werte sind im Rahmen des Bilanzwertvergleichs zu berücksichtigen.

Ein weiterer Sachverhalt, der gem. § 274 Abs. 1 S. 4 HGB zu latenten Steuern führen kann (**Aktivierungswahlrecht**) ist der, in dem bestehende steuerliche Verlustvorträge in den nächsten fünf Jahren mit zu erwartenden Überschüssen verrechnet werden können. Die Erweiterung der Sachverhalte aktiver latenter Steuern um diese Möglichkeit ist konsequent, da es auch hier zu einer Steuerentlastung in folgenden Geschäftsjahren kommt.

In einem kurzen Zwischenfazit kann festgestellt werden, das künftige Steuerentlastungen zu aktiven latenten Steuern und künftige Steuerbelastungen zu passiven latenten Steuern führen oder bilanziell gesprochen, die höhere handelsbilanzielle Bewertung von Aktiva zu passiven, die niedrigere Bewertung zu aktiven latenten Steuern führt. Bei der Betrachtung der Passiva dreht sich diese Logik um und die höhere handelsbilanzielle Bewertung von Schulden führt zu aktiven, die niedrigere Bewertung zu passiven latenten Steuern.

> **Vortragszeit: 2/3 Minuten**

III. Bewertung

Die **Zugangsbewertung von latenten Steuern** erfolgt im Zeitpunkt des erstmaligen Entstehens der Bewertungsansätze zwischen Handels- und Steuerbilanz. Zu bilanzieren ist der Betrag der zukünftigen Steuerbe- oder -entlastung. Dies bedeutet, dass die Differenz aus den gegenüberzustellenden Wertdifferenzen mit dem Steuersatz zu multiplizieren ist, der im Zeitpunkt des Abbaus der Wertdifferenz für das jeweilige Unternehmen relevant ist. In dem rechtlich sehr stabilen Rechtsraum Deutschlands ist dies regelmäßig der aktuell im Gesetz festgeschriebene Steuersatz. Bei der Bewertung dürfen Änderungen von Steuersätzen nur berücksichtig werden, wenn die Änderung derselben rechtlich verbindlich ist. Vor dem Hintergrund deutscher Legislative wäre dies der Fall, wenn die Änderung des Steuersatzes durch das zuständige Gesetzgebungsorgan (je nach Länder- oder Bundeszuständigkeit) verabschiedet ist.

Körperschaftsteuer fiele nach derzeitiger Rechtslage i.H.v. 15 % gemäß § 23 KStG zuzüglich 5,5 % Solidaritätszuschlag an. Die **Gewerbesteuer** variiert je nach Hebesatz der hebeberechtigten Gemeinde, beträgt aber durchschnittlich regelmäßig 14 %. Zu beachten ist immer, ob sich die Differenz sowohl auf die körperschaftsteuerliche als auch auf die gewerbesteuerliche Bemessungsgrundlage niederschlägt. In Fällen, in denen sich eine Bewertungsdifferenz daraus ergibt, dass der Bilanzierende (Annahme GmbH) an einer Personenhandelsgesellschaft beteiligt ist und der steuerlich phasengleich vereinnahmte Gewinn handelsrecht-lich phasenverschoben vereinnahmt wird, kommt es zu einer Bewertungsdifferenz im Beteiligungswert-ansatz. Diese wirkt sich allerdings nur auf die körperschaftsteuerliche Bemessungsgrundlage aus, da sich aufgrund gewerbesteuerlicher Kürzungsvorschriften der Gewinnanteil aus der Personenhandelsgesellschaft nicht im Gewerbeertrag niederschlägt.

Trotz der in vielen Fällen vorliegenden Langfristigkeit der latenten Steuern kommt eine Abzinsung der Position ausweislich des Gesetzeswortlauts nicht in Betracht.

In der Folgebewertung folgt die Entwicklung der latenten Steuern der Entwicklung der Bilanzposition, deren Bewertungsdifferenz zum Ansatz latenter Steuern geführt hat. Dabei werden die latenten Steuern aufgelöst, wenn die Steuerbe- oder -entlastung eintritt bzw. mit dieser nicht mehr zu rechnen ist. Die **Auf-lösung** erfolgt erfolgswirksam.

Aktive latente Steuern auf Verlustvorträge werden ebenfalls nach oben dargestellter Systematik durch Anwendung des relevanten Steuersatzes auf das Verlustverrechnungspotenzial gebildet. Bei der Ausübung des Wahlrechts sollte allerdings eine verlässliche und hinreichend konkrete Planung des künftigen Verlust-verrechnungspotentials zugrunde gelegt werden. Zwar kann die Aktivierung aktiver latenter Steuern auf die Verlustvorträge vorübergehend Ertrag generieren und somit das Jahresergebnis verbessern. Es ist aber zu berücksichtigen, dass eine Pflicht zur aufwandswirksamen Auflösung der aktiven latenten Steuern besteht, sobald das Verlustverrechnungspotential entfällt. **Steuerliche Verlustvorträge** können auf eine in der Ver-gangenheit angespannte Ertragslage hindeuten. Sofern sich diese trotz anders lautender Planungen aber tatsächlich nicht erholt, müssen im Zweifel hohe Aufwendungen aus der Auflösung der aktiven latenten Steuern erfasst werden, die die angespannte Ertragslage noch verschlechtern.

> **Vortragszeit: 3/6 Minuten**

IV. Ausweis

Beim **Ausweis latenter Steuern** hat der Bilanzierende ein Wahlrecht zum saldierten oder unsaldierten Ausweis. Macht der Bilanzierende vom Saldierungswahlrecht Gebrauch, werden die einzeln ermittelten latenten Steuern zusammengefasst. Kommt es zu einem Überhang aktiver latenter Steuern, besteht für diese ein Aktivierungswahlrecht. Führt die Saldierung zu einem Überhang passiver latenter Steuern, ist dieser Überhang zu passivieren. Bei einem **unsaldierten Ausweis** sind die entsprechenden Ausweispflichten und -wahlrechte entsprechend für die unsaldierten latenten Steuern vorzunehmen. Der Ausweis erfolgt entweder auf der Aktivseite als aktive latente Steuern gem. § 266 Abs. 2 D. HGB oder auf der Passivseite als passive latente Steuern unter § 266 Abs. 3 E. HGB. Letztere Bilanzposition ist ein solcher eigener Art, da der Charak-ter latenter Steuern als Schuld lange Zeit umstritten war. Um relative Rechtssicherheit zu schaffen und die Diskussion zu beenden, wurde mit dem BilMoG die soeben genannte Bilanzposition eingeführt.

Die **Ergebniseffekte aus der Anpassung latenter Steuern** sind in der Gewinn- und Verlustrechnung unter der Position Steuern vom Einkommen und Ertrag zu erfassen.

Im Zusammenhang mit der Bildung latenter Steuern ist auch die Verpflichtung zur Ergänzung des Jah-resabschlusses um weitere Angaben zu beachten. Zum einen ist gem. § 285 Nr. 29 HGB anzugeben, auf welchen Differenzen oder steuerlichen Verlustvorträgen die latenten Steuern beruhen und mit welchen Steu-ersätzen diese bewertet wurden. Da kleine Gesellschaften von der Bildung latenter Steuern befreit sind, sind diese auch von der Anhangangabe befreit. Zum anderen kommt beim **Vorliegen eines Überhangs aktiver latenter Steuern** nach § 285 Nr. 28 HGB die Angabe der insgesamt ausschüttungsgesperrten Beträge gem. § 268 Abs. 8 HGB in Betracht. Im Zusammenhang mit latenten Steuern ist ein Betrag in der Höhe von der Ausschüttung ausgeschlossen, in der die aktiven latenten Steuern die passiven latenten Steuern übersteigen.

> **Vortragszeit: 3/9 Minuten**

V. Fazit

Abschließend möchte ich zusammenfassen, dass durch die Aufgabe der Einheitsbilanz im Rahmen des BilMoG die Sachverhalte zugenommen haben, in denen es zu Wertdifferenzen kommt, die die Beschäfti-gung mit dem Thema latente Steuern notwendig macht. Zudem wurden das Thema „latente Steuern" durch die Einführung der Rückstellungspflicht für nicht haftungsbeschränkte Personenhandelsgesellschaften gem. IDW RS HFA 7 zu einem, das tatsächlich alle Bilanzierenden angeht. Standen die Bilanzierenden in den ersten Geschäftsjahren nach Einführung des BilMoG dem Thema latente Steuern größtenteils noch skeptisch gegenüber, nimmt die Akzeptanz und das Verständnis in der täglichen Bilanzierungspraxis nach und nach zu. Nichtsdestotrotz erfordert die Bilanzierung latenter Steuern neben handelsrechtlicher auch fundierte steuerrechtliche Kenntnis. Mit dieser müssen die Wirtschaftsprüfer den Mandanten beiseite stehen, damit gewährleistet wird, dass die Bilanzierung latenter Steuern im handelsrechtlichen Jahresabschluss frei von Fehlern ist.

Vielen Dank für Ihre Aufmerksamkeit.

> **Vortragszeit: 1/10 Minuten**

Vortrag 21
Die Angabepflichten von Haftungsverhältnissen im handelsrechtlichen Jahres- und Konzernabschluss (Prüfungswesen)

Sehr geehrte/r Frau/Herr Vorsitzende/r, sehr geehrte Prüfungskommission,
aus den mir zur Auswahl gestellten Themen habe ich mich für das Thema „**Die Angabepflichten von Haftungsverhältnissen im handelsrechtlichen Jahres- und Konzernabschluss**" entschieden. Meinen Vortrag gliedere ich wie folgt:

I.	Einleitung
II.	Haftungsverhältnisse im handelsrechtlichen Jahresabschluss
III.	Haftungsverhältnisse im handelsrechtlichen Konzernabschluss
IV.	Fazit

> **Vortragszeit: 0,5 Minuten**

I. Einleitung

Einleitend möchte ich den Begriff **Haftungsverhältnisse** definieren. Gemäß der Kommentierung des § 251 HGB, in: Ellrott, Helmut u.a. (Hrsg.), Beck'scher Bilanz-Kommentar, 9. Aufl. sind dies „alle Verbindlichkeiten aufgrund von Rechtsverhältnissen, aus denen der Kaufman nur unter bestimmten Umständen, mit denen er nicht rechnet in Anspruch genommen werden kann." Neben dem Ausweis aller Schulden in der Bilanz gem. § 264 Abs. 1 HGB ergänzt § 251 HGB die Angabepflichten des Kaufmanns um die Pflicht zur Angabe der vertraglichen Haftungsverhältnisse unter der Bilanz zur vollständigen Darstellung der Vermögens-, Finanz- und Ertragslage (VFE-Lage). § 251 HGB zählt diese wie folgt abschließend auf:

1. Verbindlichkeiten aus der Begebung und Übertragung von Wechseln (Wechselobligo),
2. Verbindlichkeiten aus Bürgschaften, Wechsel- und Scheckbürgschaften,
3. Verbindlichkeiten aus Gewährleistungsverträgen,
4. Haftungsverhältnisse aus der Bestellung von Sicherheiten für fremde Verbindlichkeiten.

Der Kaufmann darf die abschließend aufgezählten Haftungsverhältnisse in einem Betrag angeben. Kapitalgesellschaften und Personenhandelsgesellschaften (PHG) im Sinne des § 264a HGB sind gem. § 268 Abs. 7 HGB zur gesonderten Angabe der vier Gruppen verpflichtet. Die Angabepflicht des § 251 HGB wird von der Vorschrift § 285 Nr. 3a und Nr. 3 HGB flankiert und erweitert. Nach diesen müssen auch sonstige finanzielle Verpflichtungen und nicht in der Bilanz enthaltene Geschäfte zur besseren Darstellung der VFE-Lage angegeben werden.

Über die Vorschrift des § 298 Abs. 1 HGB, der auf die Anwendbarkeit der §§ 251, 268 Abs. 7 HGB verweist, sind auch im Konzernabschluss die Haftungsverhältnisse des Konzerns anzugeben. Auch auf den IDW RH HFA 1.013 ist hinzuweisen.

> **Vortragszeit: 0,5/1 Minute**

II. Haftungsverhältnisse im handelsrechtlichen Jahresabschluss

Abgrenzung

Um meinen Hauptteil einzuleiten, nehme ich zunächst die Abgrenzung der Haftungsverhältnisse zu anderen Angaben in der Bilanz vor. Es unterliegen lediglich die vier im Gesetz genannten Fallgruppen der Angabepflicht – aus diesem Grund werden auch nur diese Gegenstand meiner Ausführungen sein. Dabei fallen laut der Kommentierung des § 251 HGB, in: Ellrott, Helmut u.a. (Hrsg.), Beck'scher Bilanz-Kommentar, 9. Aufl. nur solche Haftungsverhältnisse unter die Angabepflicht, die sich aus besonderen Geschäftsvorfällen ergeben und daher zur Vermittlung des tatsächlichen Bildes der VFE-Lage notwendig sind.

Eine **Angabe als Haftungsverhältnis** kommt lediglich in Betracht, wenn eine Inanspruchnahme lediglich möglich ist. Sobald diese wahrscheinlich ist, ist eine Rückstellung oder eine Verbindlichkeit zu passivieren.

I. Ansatz/Angabepflicht

Zur Darstellung, wann ein Haftungsverhältnis Eingang in den Jahresabschluss finden muss, werde ich für jede der vier Fallgruppen ein Beispiel geben, aus dem sich die Angabepflicht eines Haftungsverhältnisses ergibt.

Wechselobligo

Der Begriff **Wechselobligo** ist die kurze Bezeichnung der Verbindlichkeit aus der Begebung und Übertragung von Wechseln.

Die Angabe eines Haftungsverhältnisses aufgrund eines Wechselobligos ist verpflichtend, wenn der Kaufmann am Bilanzstichtag einen Wechsel gem. § 1 WG als Aussteller begeben (§ 9 WG) oder als Indossant (§ 15 WG) übertragen hat und der Wechsel noch nicht fällig oder eingelöst war. Sodann besteht noch die Möglichkeit, dass der Kaufmann bei Nichteinlösung in die Pflicht genommen wird.

Verbindlichkeiten aus der Begebung aus Bürgschaften, Wechsel- und Scheckbürgschaften

Geht der Kaufmann gegenüber dem Gläubiger eines Dritten die Verpflichtung ein, für die Verbindlichkeiten des Dritten einzustehen und besteht die Hauptschuld des Dritten am Bilanzstichtag, so ist eine Angabe von Haftungsverhältnissen aus Bürgschaften verpflichtend.

Verbindlichkeiten aus Gewährleistungsverträgen

Hier kommen nur **vertragliche Gewährleistungen** in Betracht. Angabepflichtig sind zum einen die Gewährleistungen für eigene und solche für fremde Leistungen. Ein Beispiel für angabepflichtige Gewährleistungen für eigene Verpflichtungen ist die Zusage eines über die übliche Beschaffenheit einer Sache oder Dienstleistung hinausgehenden Erfolgs, der außerhalb der Verfügungsmacht des Kaufmanns liegt, so wie wenn bei der Veräußerung einer Immobilie noch eine Mietgarantie übernommen wird. Die meisten angabepflichtigen Haftungsverhältnisse ergeben sich sicherlich aus **Gewährleistungen für fremde Verbindlichkeiten**. Diese sind immer dann anzugeben, wenn der Kaufmann eine Garantie für den Erfolg der Verbindlichkeit eines Dritten dessen Vertragspartner gegenüber übernimmt. Ein Beispiel hierfür ist die sogenannte **Patronatserklärung**. In sogenannten weichen oder harten Patronatserklärung verpflichten sich insbesondere in Konzernstrukturen Mutterunternehmen den Gläubigern ihrer Tochterunternehmen gegenüber, die Kreditwürdigkeit der Tochterunternehmen aufrecht zu erhalten. Dabei führen lediglich „harte" Patronatserklärungen zu einer Vermerkpflicht. Dies sind Verpflichtungen, in denen das Mutterunternehmen garantiert, bei Inanspruchnahme einen tatsächlichen Liquiditätsfluss an das Tochterunternehmen zu generieren.

Haftungsverhältnisse aus der Bestellung von Sicherheiten für fremde Verbindlichkeiten

Ein angabepflichtiges Haftungsverhältnis besteht, wenn der Kaufmann dem Gläubiger eines Dritten Sicherheiten an den, in seinem Eigentum stehenden Vermögensgegenständen einräumt, z.B. die **Bestellung von Grundschulden**.

2. Bewertung

In der Kommentierung des § 251 HGB, in: Ellrott, Helmut u.a. (Hrsg.), Beck'scher Bilanz-Kommentar, 9. Aufl. gibt es folgende Hinweise zu der im HGB nicht näher konkretisierten **Bewertung von Haftungsverhältnissen**. Die Bewertung erfolgt ausweislich des § 251 HGB mit dem Bruttowert, eine Saldierung mit Rückgriffsrechten kommt nicht in Betracht. Der Zweck der Angabepflicht ist die Darstellung der potentiellen Haftungsrisiken des Kaufmanns, sodass auch nur die Angabe der vollständigen potentiellen Haftsumme in Betracht kommt. Ist ein Wert bezifferbar, für den die Inanspruchnahme wahrscheinlich ist, so ist in dieser Höhe eine Verbindlichkeit zu passivieren. Sofern ein Wert nicht bezifferbar ist, kommt eine bestmögliche kaufmännische Schätzung und im Zweifel die Angabe des Haftungsverhältnisses mit 1 € in Betracht.

3. Ausweis

Für die Haftungsverhältnisse ist grundsätzlich für alle Kaufleute die Angabe unter der Bilanz unter Benutzung der im § 251 HGB aufgeführten Bezeichnungen geboten. Die Angabe kann in einem Betrag erfolgen.

Für **Kapitalgesellschaften und Personenhandelsgesellschaften** i.S.d. § 264a HGB findet darüber hinaus das Dritte Buch des HGB Anwendung. Diese Kaufleute haben ihren Jahresabschluss um einen Anhang zu erweitern. Für diese ergibt sich gem. § 268 Abs. 7 HGB das Wahlrecht, die Angaben im Anhang zu machen. Diese Wahlrecht geht einher mit der Verpflichtung die Haftungsverhältnisse der jeweiligen Positionen gesondert anzugeben und wird erweitert durch § 285 Nr. 27 HGB, nach dem Angaben zu den Gründen der Einschätzung des Risikos der Inanspruchnahme aus den einzelnen Haftungsverhältnissen zu machen sind. Dabei müssen konkrete Tatsachen dargestellt werden, gem. denen der Bilanzierende zu dem Schluss kommt, dass er mit einer Inanspruchnahme nicht zu rechnen hat. Beispielsweise kann sich die Kreditwürdigkeit eines Tochterunternehmens aufgrund seiner positiven VFE-Lage, der guten Eigenkapitalquote und der guten Liquiditätsausstattung zum Bilanzstichtag als so positiv darstellen, dass mit der Inanspruchnahme aus einer harten Patronatserklärung mit hoher Wahrscheinlichkeit nicht zu rechnen ist.

Die Angabe von Haftungsverhältnissen gegenüber verbundenen Unternehmen hat gesondert zu erfolgen.

> **Vortragszeit: 6/7 Minuten**

III. Haftungsverhältnisse im handelsrechtlichen Konzernabschluss

Im Folgenden werde ich kurz auf die Besonderheiten im **handelsrechtlichen Konzernabschluss** eingehen. Gem. § 300 Abs. 2 HGB sind die Haftungsverhältnisse der in den Konsolidierungskreis einbezogenen Unternehmen nicht in den Konzernabschluss aufzunehmen. Dafür, dass diese dennoch Eingang in den Konzernabschluss finden, sorgt der Verweis in § 298 HGB auf §§ 251, 268 Abs. 7 HGB. Daher gelten meine bisherigen Ausführungen auch für den Konzern als Einheit (§ 297 Abs. 3 HGB) aller in den Konsolidierungskreis einbezogenen Unternehmen.

Die Haftungsverhältnisse aller zu konsolidierender Unternehmen finden zunächst Eingang in die **Konzernsummenbilanz**. Im Rahmen der Schuldenkonsolidierung gem. § 303 HGB entfallen jedoch die zwischen den einzelnen Konzernunternehmen eingegangenen Haftungsverhältnisse. Bei den bereits erläuterten Patronatserklärungen ist im Rahmen der Schuldenkonsolidierung beispielsweise zu ermitteln, inwieweit beim Tochterunternehmen bereits eine Verbindlichkeit passiviert ist. Da eine Passivierung zusammen mit einer Angabe der Patronatserklärung zu einer Doppelerfassung der Verpflichtung führen würde, kommt nur die Angabe des über die Verbindlichkeit des Tochterunternehmens bestehenden Umfangs der Patronatserklärung in Betracht (Beck'scher Bilanzkommentar, 9. Aufl. § 303 Tz. 41).

Für die Bewertung und den Ausweis der Haftungsverhältnisse im handelsrechtlichen Konzernabschluss gilt das zum Jahresabschluss Gesagte, bezieht sich aber auf die nach der Schuldenkonsolidierung bestehenden Haftungsverhältnisse.

Vortragszeit: 2/9 Minuten

IV. Fazit

Zum Abschluss meines Kurzvortrags möchte ich unter Zuhilfenahme der durch das MicroBilG eingeführten Vorschriften noch einmal auf das Gewicht hinweisen, dass der Gesetzgeber den Angaben zu den Haftungsverhältnissen nach § 251 HGB zuweist.

Nach dem MicroBilG können Kleinstkapitalgesellschaften von der Möglichkeit Gebrauch machen, keinen Anhang aufzustellen. Dies ist gem. § 264 Abs. 1 S. 4 HGB aber nur möglich, wenn die Angaben nach §§ 251 und 268 Abs. 7 HGB unter der Bilanz gemacht werden. Trotz der gewollten und weitgreifenden Erleichterung für Kleinstkapitalgesellschaften besteht der Gesetzgeber dennoch auf der Angabe der Haftungsverhältnisse, da diese für die Bilanzadressaten notwendig sind, um sich ein Bild vom gesamten Haftungsumfeld des Kaufmanns zu machen.

Vielen Dank für Ihre Aufmerksamkeit.

Vortragszeit: 1/10 Minuten

Vortrag 22
Auswirkungen einer skalierten Prüfungsdurchführung (Prüfungswesen)

Sehr geehrte/r Frau/Herr Vorsitzende/r, sehr geehrte Prüfungskommission,
aus den mir zur Auswahl gestellten Themen habe ich mich für das Thema „**Auswirkungen einer skalierten Prüfungsdurchführung**" entschieden. Meinen Vortrag gliedere ich wie folgt:

I.	Grundlagen der Skalierung
II.	Anwendungsbereiche
III.	Auswirkungen der Skalierung im Prüfungsprozess
IV.	Fazit

Vortragszeit: 0,5 Minuten

I.   Grundlagen der Skalierung

Einführend möchte ich den abstrakten Begriff „**Skalierung**" einmal definieren. Eine skalierte Abschlussprüfung ist eine Prüfung, die sich in Art und Umfang all ihrer Prozessschritte an Größe, Komplexität und Risiko des Prüfungsgegenstandes orientiert und sich im Rahmen der Eigenverantwortlichkeit nach pflichtgemäßem Ermessen des Prüfers bestimmt. Dabei ist die Skalierung kein neues Konzept, sondern wird bereits in den berufsständischen Verlautbarungen aufgegriffen. Insbesondere gem. § 24b Abs. 1 BS WP/vBP haben Wirtschaftsprüfer „für eine den Verhältnissen des zu prüfenden Unternehmens entsprechende Prüfungsdurchführung" zu sorgen. Diese Regelung folgt dem § 43a des Vorschlages zur Änderung der Abschlussprüferrichtlinie, der eine entsprechende Abstufung der Prüfungshandlungen nach den gegebenen Umständen fordert. Die berufsständischen Verlautbarungen des IDW sowie die ISA integrieren den Skalierungsaspekt, in dem diese immer wieder darauf hinweisen, dass die einzelnen Prüfungsschritte von der Größe, Komplexität und des Risikos des Prüfungsgegenstands abhängen. Der klassische Fall der Auswirkungen der Skalierung wird schließlich im Prüfungshinweis zur Prüfung kleiner und mittlerer Unternehmen des IDW (IDW PH 9.100.1) dargestellt.

> **Vortragszeit: 1/1,5 Minuten**

II. Anwendungsbereiche

Der **Grad der Skalierung** hängt, wie soeben dargestellt also von der Größe, der Komplexität und des Risikos des Prüfungsgegenstandes ab. Zwar ist die Größe ein erstes Indiz dafür, dass es bei der Prüfung eines Unternehmens eines gewissen Maßes an Skalierung bedarf. Dies muss allerdings durch die Einschätzung der Komplexität der Unternehmenstätigkeit sowie insbesondere durch die Beurteilung der Risiken verifiziert und untermauert werden, die gegebenenfalls Auswirkungen auf die Aussagen in der Rechnungslegung haben können. Dabei kann klassischerweise von der Notwendigkeit und Möglichkeit der Skalierung ausgegangen werden, wenn es sich bei dem Prüfungsgegenstand um ein kleines oder mittleres Unternehmen handelt. Zur Verdeutlichung der Charakteristika eines solchen sog. KMU zähle ich im Folgenden die im IDW PH 9.100.1 aufgeführten **typischen Merkmale eines KMU** auf:

- Eigentum bei einer kleinen Anzahl von Personen,
- Eigentümer mit geschäftsführender Funktion,
- wenige Geschäftsbereiche,
- Einfaches Rechnungswesen,
- Einfache interne Kontrollen,
- Rechnungslegungsrelevante Informationen sind bei nur wenigen im Rechnungswesen zuständigen Mitarbeitern vorhanden,
- Unternehmensspezifisches Wissen ist nur bei wenigen Personen angesiedelt.

Auch eine skalierte Prüfung kommt weiterhin zu einem hinreichend sicheren Prüfungsurteil, lediglich der Weg zum Prüfungsurteil kann und muss sich von Art und Umfang her von Prüfungen großer und komplexer Unternehmen unterscheiden.

> **Vortragszeit: 1,5/3 Minuten**

III. Auswirkungen der Skalierung im Prüfungsprozess

Nach dieser einleitenden Einordnung des Begriffs der Skalierung möchte ich im Folgenden vertiefend darauf eingehen, welche Möglichkeiten der Skalierung sich im Rahmen des klassischen Prüfungsprozesses eröffnen. Dabei werde ich mich an der Darstellung zunächst der Prüfungsplanung, dann der -durchführung und schließlich der Dokumentation orientieren.

Prüfungsplanung

Bereits die Auswahl der Größe des Prüfungsteams ist ein Skalierungsaspekt. Die Prüfung eines KMU mit einer wenig komplexen Geschäftstätigkeit und einem geringen Risiko bedarf nur weniger Prüfungsteammitglieder, wenn nicht der Auftragsverantwortliche die Abschlussprüfung sogar ganz alleine durchführt. Der Aufwand für die angemessene Koordination und Kommunikation kann entsprechend gering gehalten werden. Eine einmal erarbeitete Prüfungsstrategie kann unter Berücksichtigung von Besonderheiten des Geschäftsjahres beibehalten und unter Zuhilfenahme entsprechender Checklisten abgearbeitet werden.

Im Rahmen des **risikoorientierten Prüfungsansatzes** hat der Abschlussprüfer zunächst ein Verständnis vom zu prüfenden Unternehmen zu gewinnen. Bereits in dieser Phase des Prüfungsprozesses hat der Abschlussprüfer die Möglichkeit eine Skalierung seiner Prüfung vorzunehmen. Dabei kann es dem Abschlussprüfer leichter fallen, ein Verständnis vom Mandanten und dessen Umfeld zu gewinnen, wenn er auf Informationen aus dem Vorjahr zurückgreifen kann. Dabei sind etwaige Veränderungen der Verhältnisse des Vorjahres entsprechend zu beachten.

Bei der **Einschätzung des Kontrollrisikos** sieht sich der Abschlussprüfer oftmals einem einfach strukturierten internen Kontrollsystem gegenüber. Das Verständnis des Systems ist daher regelmäßig leicht zu erlangen und konzentriert sich auf die entsprechenden rechnungslegungsrelevanten Kontrollen. Nichtsdestoweniger ist auch bei der Einschätzung des Kontrollrisikos eines KMU eine Aufbauprüfung der fünf Elemente eines IKS notwendig. Da Kontrollen in KMU regelmäßig so ausgestaltet sind, dass das Geschäftsführungsorgan die kontrollierende Instanz ist, kommt der Einschätzung des Kontrollumfelds eine erhöhte Bedeutung zu. Für die Annahme der Angemessenheit des Kontrollsystems muss insbesondere die Integrität der Geschäftsführung und die hohe Bedeutung von Werten im Unternehmen eindeutig bejaht werden.

Die **Risikobeurteilung** erfolgt bei KMU regelmäßig nicht im Rahmen eines entsprechend eingerichteten Systems, sondern durch die Geschäftsleitung aus dem laufenden Geschäft. Zur Gewinnung eines Verständnisses kommt hier insbesondere die Befragung des Managements in Betracht.

In KMU werden rechnungslegungsrelevante Kontrollen und Systeme nicht notwendigerweise dokumentiert, sondern mündlich und durch betriebliche Übung an die zuständigen Mitarbeiter kommuniziert und weiter gegeben. Zur Prüfung des dritten Bausteins des **IKS-Modells** ist eine Befragung der zuständigen Mitarbeiter zielführend. Sofern der Abschlussprüfer sich auf diesem Weg vom Vorhandensein rechnungslegungsbezogener Kontrollen überzeugen kann, stellt die fehlende Dokumentation des IKS kein Prüfungshindernis dar.

Die Kontrollaktivitäten werden regelmäßig durch die Geschäftsführung durchgeführt. Hier ist die eingangs erwähnte Integrität und Wertschätzung der Geschäftsleitung ins Kalkül zu ziehen, um die Gefahr eines **Management-Overrides** zu kalkulieren und einzuschätzen, ob die Ergebnisse der Kontrollüberwachung Eingang in die Fortentwicklung des Überwachungssystems finden. Für letzteren Punkt kann die Einsichtnahme in die Entwicklung der Unternehmensplanung hilfreich sein, sofern die Geschäftsleitung diese laufend an die Entwicklungen im Unternehmen anpasst. Insbesondere sollte aber für die Beurteilung der Kontrollrisiken das Gespräch mit der Geschäftsleitung gesucht werden. Diese wird bei KMU regelmäßig leichter greifbar sein als bei großen Prüfungsmandaten.

Prüfungsdurchführung

Nach der entsprechenden Risikobeurteilung muss der Abschlussprüfer seine Reaktionen auf die identifizierten Risiken festlegen. Hier kommen regelmäßig zunächst **Funktionsprüfungshandlungen** in Betracht, wenn der Abschlussprüfer wesentliche Risiken identifiziert hat, sich für die Prüfungssicherheit auf die Wirksamkeit von IKS-Kontrollen verlassen will oder aussagebezogenen Prüfungshandlungen allein keine hinreichende Prüfungssicherheit generieren können, da vielfach automatisierte Routinetransaktionen vorhanden sind. Der Aspekt der Skalierung führt allerdings dazu, dass Funktionsprüfungen nicht immer erforderlich sind. Zum Beispiel kann es sein, dass aufgrund der Struktur des Unternehmens ein IKS nur in geringen Umfang besteht. In diesem Fall wird die Durchführung allein von aussagebezogenen Prüfungshandlungen eine höhere Aussagekraft für den Abschlussprüfer haben. Werden allerdings Funktionsprüfungen durchgeführt, können diese vor dem Hintergrund der Skalierung so ausgerichtet werden, dass sie neben der Wirksamkeit des IKS auch direkt weitere Aussagen in der Rechnungslegung verifizieren. Der sogenannte **dual-purpose-test** führt mit minimalem Aufwand zu maximalen Prüfungsnachweisen und sollte daher für die Skalierung in Betracht gezogen werden.

Für den weiteren Verlauf des Prüfungsprozesses muss der Abschlussprüfer als Reaktion auf die beurteilten Fehlerrisiken auch **aussagebezogene Prüfungshandlungen** durchführen. Dabei ist stets der Grundsatz zu beachten, dass die Erlangung einer hinreichenden Prüfungssicherheit nicht bedeutet, dass eine Vollprüfung statt zu finden hat, sondern dass sich die Prüfungshandlungen auf solche Prüffelder beziehen, in denen der Abschlussprüfer entsprechende Risiken festgestellt hat. Klassischerweise sind dies z.B. Prüffelder, die geschätzte Werte enthalten, die aus der Interaktion mit nahe stehenden Personen entstanden sind oder die einer vorausschauenden integrierten Unternehmensplanung bedürfen (z.B. Einschätzung der Fortführung der Unternehmenstätigkeit). Bei Vorliegen von Geschäftsvorfällen mit nahe stehenden Personen ist der Einfluss der nahestehenden Personen auf das Unternehmen einzuschätzen, um auszuschließen, dass sich für das Unternehmen steuerliche Risiken ergeben. Auch die **Fortführung der Unternehmenstätigkeit** ist bei KMU regelmäßig von der finanziellen Unterstützung durch den Eigentümer abhängig. Hier hat sich der Abschlussprüfer nachweisen zu lassen, dass etwaige notwendige Gesellschafterfinanzierungen während der 12 Monate nach dem Bilanzstichtag aufrechterhalten werden können und sollen.

Vielfach wird sich bei der Prüfung von KMU die Erlangung einer hinreichenden Prüfungssicherheit auf die hauptsächliche Durchführung von aussagebezogenen Prüfungshandlungen stützen, da die Notwendigkeit rechnungslegungsbezogener Prozesse aufgrund eines geringen Geschäftsumfangs oftmals nicht gegeben ist. Skalierung bedeutet also auch, sich auf diese Gegebenheiten entsprechend einzulassen.

Dokumentation

Der **Umfang der Dokumentation** wird die skalierte Prüfung entsprechend widerspiegeln. Sofern ein Prüfer ausschließlich alleine tätig ist, wird eine Dokumentation, die allein Informationszwecken des Prüfungsteams dient, vollständig entfallen. Der Mindestumfang der Dokumentation umfasst die Dokumentation von Art und Umfang der Prüfungshandlungen, der Prüfungsnachweise und der daraus erzielten Prüfungsfeststellungen sowie bedeutsamer Sachverhalte. Dabei sollen insbesondere bei Belegprüfungen nicht alle eingesehenen Belege zu den Akten genommen werden, sondern diese lediglich eindeutig bezeichnet werden. Grundlage einer angemessenen Prüfungsdokumentation kann zum Beispiel das im neuen **IDW Prüfungsnavigator** eingeführte Zentraldokument sein, in dem der Prüfer in einem Dokument sein gesamtes Prüfungsvorgehen beginnend bei der Gewinnung eines Verständnisses des Unternehmens, endend mit dem abschließenden Prüfungsurteil dokumentiert und an wesentlichen Stellen durch Verknüpfung mit der Dokumentation besonderer Prüfungshandlungen ergänzt.

> **Vortragszeit: 6/9 Minuten**

IV. Fazit

Bevor ich zum Ende meines Vortrags komme, möchte ich noch einmal herausstellen, dass der risikoorientierte Prüfungsansatz allein bereits den Grundgedanken der Skalierung verinnerlicht. Der Abschlussprüfer muss bei korrekter Anwendung des Risikomodells entsprechend identifizieren können, dass sich für KMU zwar häufig keine bedeutsamen Risiken aus der Komplexität der Geschäftstätigkeit ergeben, häufig aber spezielle Sachverhalte, wie z.B. die Abhängigkeit des going-concern von der Gesellschafterfinanzierung, gegeben sind, die eine entsprechende Ausrichtung der Prüfungshandlungen bedürfen. Eine weitere Besonderheit bei der Prüfung von KMU ist allerdings auch, dass seitens des Mandanten oftmals das Bedürfnis nach detaillierter Erläuterung jeder Position des Jahresabschlusses besteht. Die Erweiterung des Prüfungsberichts um einen sogenannten Erläuterungsteil erfordert aber die, über das eigentlich vom Gedanken der Skalierung erforderte Maß hinausgehende, Auseinandersetzung mit dem Jahresabschluss. Es entsteht hier daher die skurrile Situation, dass gerade Prüfungen, die Musterbeispiele für eine skalierte Prüfungsdurchführung wären, zeitliche und personelle Ressourcen in unverhältnismäßiger Weise binden. Dies sollte entsprechend bei der Auftragsannahme mit dem Mandanten thematisiert werden, damit dieser nicht eine falsche Vorstellung vom Wesen der Abschlussprüfung erlangt.

Vielen Dank für Ihre Aufmerksamkeit.

> **Vortragszeit: 1/10 Minuten**

Vortrag 23
Die steuerbilanzielle Behandlung von Einlagen in das Betriebsvermögen (Zugangs- und Folgebewertung nach den Vorschriften des EStG) (Steuerrecht)

Sehr geehrte/r Frau/Herr Vorsitzende/r, sehr geehrte Prüfungskommission,
aus den mir zur Auswahl gestellten Themen habe ich mich für das Thema „**Die steuerbilanzielle Behandlung von Einlagen in das Betriebsvermögen (Zugangs- und Folgebewertung nach den Vorschriften des EStG)**" entschieden. Meinen Vortrag gliedere ich wie folgt:

I.	Begriffsbestimmung und Abgrenzungen
II.	Einlagetatbestand
III.	Rechtsfolge der Einlage
IV.	Besonderheiten
V.	Fazit

Vortragszeit: 0,5 Minuten

I. Begriffsbestimmung und Abgrenzungen

Lassen Sie mich zu Beginn meines Vortrags die **Legaldefinition der Einlage** zitieren. Gem. § 4 Abs. 1 S. 8 EStG sind „Einlagen […] alle Wirtschaftsgüter (Bareinzahlungen und sonstige Wirtschaftsgüter), die der Steuerpflichtige dem Betrieb im Laufe des Wirtschaftsjahres zugeführt hat; […]".

Den **Tatbestand der Einlage** können alle Steuerpflichtigen erfüllen, bei denen es eine private und eine betriebliche Sphäre gibt, mithin alle Steuerpflichtigen, die Einkünfte aus einer Gewinneinkunftsart gem. § 2 Abs. 2 S. 1 Nr. 1 i.V.m. §§ 4 bis 7k und 13a EStG erzielen. Einlagen werden bei der Ermittlung des Gewinns durch Betriebsvermögensvergleich wieder abgezogen. Für die Ermittlung des Gewinns im Rahmen der Einnahmen-Überschuss-Rechnung sind die Grundsätze zur Einlage zu befolgen, um aus den korrekten Anschaffungskosten die zutreffende Folgebewertung abzuleiten.

Der Steuerpflichtige kann bzw. muss somit **einlagefähige Wirtschaftsgüter** aus dem Privatvermögen in das gewillkürte Betriebsvermögen (10 % < betriebliche Nutzung des Wirtschaftsguts < 50 %) bzw. notwendige Betriebsvermögen (betriebliche Nutzung des Wirtschaftsguts > 50 %) überführen. Dazu ist die vorherige Zuordnung des Wirtschaftsguts zum Privatvermögen notwendig. Eine sofortige Zuordnung eines neu angeschafften Wirtschaftsguts zum Betriebsvermögen stellt eine Anschaffung oder Herstellung dar.

Bei **Kapitalgesellschaften** existiert lediglich eine betriebliche Sphäre, sodass die Grundsätze über die Einlage hier grundsätzlich keine Anwendung finden. Wirtschaftsgüter aus dem Privatvermögen können dem Vermögen der Kapitalgesellschaft über eine offene oder verdeckte Einlage zugeführt werden. Dies führt regelmäßig zu Erhöhung der Anschaffungskosten an der Kapitalgesellschaft.

Vortragszeit: 1/1,5 Minuten

II. Einlagetatbestand

Im Folgenden werde ich den **Einlagetatbestand** hinsichtlich des Gegenstands der Einlage und der Einlagehandlung näher beleuchten.

Einlagefähig sind nach dem Gesetzeswortlaut bare Einzahlungen und sonstige Wirtschaftsgüter. Die Wirtschaftsgüter müssen bilanzierbar sein. Der **Begriff des Wirtschaftsguts** entspricht dem Vermögensgegenstand des § 246 Abs. 1 S. 1 HGB. R 4.3 [Einlagen und Entnahmen] Abs. 1 S. 1 EStR geht noch weiter ins Detail und definiert als einlagefähig alle abnutzbaren und nicht abnutzbaren, materiellen und immateriellen Wirtschaftsgüter, die dem Anlage- oder Umlaufvermögen zuzuordnen sind. Besonders zu beachten ist, dass bei fremdfinanzierten Wirtschaftsgütern, die Gegenstand einer Einlage sind, die private Schuld durch die Einlage zu einer betrieblichen Schuld wird (s. R 4.2 Abs. 15 [Verbindlichkeiten] EStR). Nutzungen und Leistungen sind nur mit den damit verbundenen Aufwendungen einlegbar, d.h. dass der Steuerpflichtige betriebliche Aufwendungen (z.B. Kosten einer betrieblich veranlassten Flugreise), die er auf privater Ebene getragen hat, als Einlage dem Betriebsvermögen zuordnet: Per Reisekosten Unternehmer an Privateinlage.

Die Einlage erfolgt durch die ausdrückliche oder konkludente Zuordnung des Wirtschaftsgutes zum Betriebsvermögen des Steuerpflichtigen. Hier kommen insbesondere die zeitnahe Einbuchung des Einlagegegenstandes in das Betriebsvermögens oder aber die **Mitteilung der Einlageabsicht** an das Finanzamt in Betracht. Darüber hinaus hat der Steuerpflichtige das Wirtschaftsgut auch tatsächlich im zugeordneten Umfang betrieblich zu nutzen. Besondere Bedeutung kommt der eindeutigen Einlagehandlung bei der Einlage in das gewillkürte Betriebsvermögen zu. Wird ein, zunächst dem Privatvermögen zugeordnetes Wirtschaftsgut, zu mehr als 50 % betrieblich genutzt, gehört es schon per Definition zum notwendigen Betriebsvermögen. Eine Einlagehandlung muss vorliegen, allerdings kann sich der Steuerpflichtige der Zuordnung zum Betriebsvermögen nicht entziehen.

Die **Einlagehandlung** stellt eine tatsächliche Handlung dar, die nicht rückgängig gemacht werden und stets nur ex nunc erfolgen kann.

> **Vortragszeit: 3/4,5 Minuten**

III. Rechtsfolge der Einlage

Nun komme ich zum Schwerpunkt meiner Ausführungen, in dem ich die Zugangs- und Folgebewertung von Einlagen als Rechtsfolgen des vollendeten Einlagetatbestands darstellen werde.

Die **Zugangsbewertung der Einlagen** ist in § 6 Abs. 1 Nr. 5 bis 7 EStG geregelt. Der Grundsatz besagt, dass Einlagen im Zeitpunkt der Zuführung mit dem Teilwert anzusetzen sind. Zur Vermeidung von Missbrauchstatbeständen wurden allerdings die in lit. a) bis c) niedergeschriebenen Ausnahmen festgelegt. Danach erfolgt die Zugangsbewertung von

1. Wirtschaftsgütern, die innerhalb der letzten drei Jahre vor der Einlage angeschafft oder hergestellt worden sind,
2. Anteilen an Kapitalgesellschaften, an denen der Steuerpflichtige wesentlich im Sinne des § 17 EStG (d.h. zu mehr als 1 %) beteiligt ist und
3. bei Wirtschaftsgütern im Sinne des § 20 Abs. 2 EStG, also insbesondere aller Anteile an Kapitalgesellschaften, die das Recht auf den Bezug von Kapitaleinkünften begründen,

mit den Anschaffungs- oder Herstellungskosten. Handelt es sich um abnutzbare Wirtschaftsgüter, sind die bis zu diesem Zeitpunkt anfallenden Absetzungen für Abnutzungen bei der Zugangsbewertung zu beachten. War der Gegenstand der Einlage zuvor selbst Gegenstand einer Entnahme, tritt anstelle der Anschaffungs- oder Herstellungskosten der Wert der Entnahme.

Der hierdurch verhinderte **Missbrauchstatbestand** stellt sich wie folgt dar: Die Einlage löst auf privater Ebene grundsätzlich keine Steuerpflicht aus, die stillen Reserven werden im Betriebsvermögen steuerlich verhaftet. Kommt es nun innerhalb kurzer Zeit (Auffassung des Gesetzgebers hier: innerhalb von drei Jahren nach Anschaffung) zur Einlage des Wirtschaftsgutes in das Betriebsvermögen, würde der (auf privater Ebene steuerfreie) Ansatz des Teilwerts des Wirtschaftsgutes dazu führen, dass stille Reserven steuerfrei in das Betriebsvermögen überführt würden, die auch im Zeitpunkt der **betrieblichen Entstrickung** nicht der Besteuerung unterliegen würden. Bei „normalen Wirtschaftsgütern" wird dem Steuerpflichtigen nach dem Ablauf von drei Jahren nicht mehr unterstellt, dass er zur Vermeidung der Besteuerung stiller Reserven die soeben dargestellte Gestaltung wählt. Bei Anteilen an Kapitalgesellschaften, an denen der Steuerpflichtige wesentlich im Sinne des § 17 EStG (d.h. zu mehr als 1 %) beteiligt ist und bei Wirtschaftsgütern im Sinne des § 20 Abs. 2 EStG kann diese Vermutung nicht, auch nicht durch Zeitablauf, entkräftet werden.

Die **Folgebewertung** stellt sich im Grundsatz ebenfalls simpel dar. Da das eingelegte Wirtschaftsgut nunmehr zum Betriebsvermögen des Steuerpflichtigen gehört, sind die Vorschriften über die Bewertung zu befolgen. Für Steuerpflichtige, die ihren Gewinn durch Betriebsvermögensvergleich ermitteln, sind dafür neben den auch für § 4 Abs. 3 EStG-Rechnern geltenden Vorschriften über geringwertige Wirtschaftsgüter (§ 6 Abs. 2 und 2a EStG) und über die Absetzung für Abnutzung, die Bewertungsvorschriften des § 6 Abs. 1 Nr. 1 und Nr. 2 EStG zu beachten.

Grundsätzlich wird dem **Wertverlust** durch Nutzung der abnutzbaren Wirtschaftsgüter durch die AfA gem. § 7 EStG Rechnung getragen. Dabei wird der Zugangswert des eingelegten Wirtschaftsguts linear über die betriebsgewöhnliche Nutzungsdauer abgeschrieben. Gebäude sind abweichend hiervon gem. § 7 Abs. 4 S. 1 Nr. 1 EStG grundsätzlich mit 3 % abzuschreiben.

Allerdings definiert § 7 Abs. 1 S. 5 EStG eine **Ausnahme vom Grundsatz, dass das Wirtschaftsgut von seinem Einlagewert abgeschrieben wird**. Über § 7 Abs. 4 S. 1, letzter Halbsatz EStG gilt diese auch bei Gebäuden. Die Ausnahme greift ein, wenn das Wirtschaftsgut vor der Einlage zur Erzielung von Überschusseinkünften, wie z.B. Vermietung und Verpachtung gedient hat. Die Bemessungsgrundlage für die AfA wird dann gegebenenfalls abweichend vom Einlagewert festgesetzt, um zu verhindern, dass etwaiges Abschreibungsvolumen sich doppelt steuermindernd auswirkt. Die Formulierung des Gesetzestextes bedurfte einer Klarstellung durch das BMF, das in seinem Schreiben vom 27.10.2010, IV C 3 – S 2190/09/10007 vier Fallgruppen festgelegt hat. Diese werde ich im Folgenden kurz skizzieren:

- **Fallgruppe 1:** Ist der Einlagewert des Wirtschaftsguts höher oder gleich den historischen Anschaffungs- oder Herstellungskosten, ist die AfA ab dem Zeitpunkt der Einlage nach dem um die bereits in Anspruch genommenen AfA oder Substanzverringerungen (planmäßigen AfA), Sonderabschreibungen oder erhöhten Absetzungen geminderten Einlagewert zu bemessen.
- **Fallgruppe 2:** Ist der Einlagewert des Wirtschaftsguts geringer als die historischen Anschaffungs- oder Herstellungskosten, aber nicht geringer als die fortgeführten Anschaffungs- oder Herstellungskosten, ist die AfA ab dem Zeitpunkt der Einlage nach den fortgeführten Anschaffungs- oder Herstellungskosten zu bemessen.
- **Fallgruppe 3:** Ist der Einlagewert des Wirtschaftsguts geringer als die fortgeführten Anschaffungs- oder Herstellungskosten, bemisst sich die weitere AfA nach diesem ungeminderten Einlagewert.
- **Fallgruppe 4:** Der Einlagewert eines Wirtschaftsguts nach § 6 Abs. 1 Nr. 5 Satz 1 Halbsatz 2 Buchstabe a i.V.m. Satz 2 EStG gilt gleichzeitig auch als AfA-Bemessungsgrundlage gemäß § 7 Abs. 1 Satz 5 EStG.

Besondere Aufmerksamkeit bei der Ermittlung der Bemessungsgrundlage für die AfA ist somit insbesondere dann geboten, wenn die Einlage mehr als drei Jahre nach der Anschaffung im Privatvermögen erfolgt, da der Ansatz des Teilwert des Wirtschaftsguts dann gegebenenfalls zu einer doppelten oder auch Nicht-Berücksichtigung von Abschreibungsvolumen führen kann.

> **Vortragszeit: 3,5/8 Minuten**

IV. Besonderheiten

Bevor ich zum Ende meines Kurzvortrags komme, möchte ich gerne noch kurz auf die **Einlagefiktion** des § 4 Abs. 1 S. 8, 2. HS EStG zu sprechen kommen. Der Gesetzgeber definiert, dass die Begründung des Besteuerungsrechts der Bundesrepublik Deutschland hinsichtlich des Gewinns aus der Veräußerung eines Wirtschaftsgutes einer Einlage gleich steht. Dies sind Fälle, in denen beispielsweise Wirtschaftsgüter aus einer ausländischen Betriebsstätte in das deutsche Betriebsvermögen des Steuerpflichtigen überführt werden, wenn die Einkünfte der ausländischen Betriebsstätte nach DBA in Deutschland steuerfrei gestellt sind (vgl. R 4.3 Abs. 1 S. 3 EStR).

Die **Zugangsbewertung** erfolgt gem. § 6 Abs. 1 Nr. 5a EStG mit dem gemeinen Wert, die Folgebewertung entspricht den zuvor dargestellten allgemeinen Grundsätzen.

> **Vortragszeit: 1/9 Minuten**

V. Fazit

Ich komme hiermit zum Ende meines Kurzvortrags und möchte abschließend zusammenfassen, dass die Zugangs- und Folgebewertung der Einlage nach den Grundsätzen des deutschen Steuerrechts systematisch den Grundsätzen des deutschen Steuerrechts folgt, nach denen stille Reserven zu jederzeit steuerverhaftet bleiben. Dies stellt sich zum einen in den Ausnahmen der Zugangsbewertung dar, die einen etwaigen Missbrauch durch Gestaltungen des Steuerpflichtigen wirksam verhindern können. Zum anderen führt die abweichende Bemessungsgrundlage für die AfA in besonderen Fällen zur Steuergerechtigkeit, da sichergestellt wird, dass sich das gesamte Abschreibungsvolumen in der Totalperiode nur einmal auswirkt. Schließlich ist die Einlagefiktion des § 4 Abs. 1 S. 8, 2. HS EStG eine logische Ergänzung dieser Grundsätze.

Vielen Dank für Ihre Aufmerksamkeit.

> **Vortragszeit: 1/10 Minuten**

Vortrag 24
Die Bilanzierung und Prüfung von Anteilen an Personenhandelsgesellschaften (Prüfungswesen)

Sehr geehrte/r Frau/Herr Vorsitzende/r, sehr geehrte Prüfungskommission,
aus den mir zur Auswahl gestellten Themen habe ich mich für das Thema „**Die Bilanzierung und Prüfung von Anteilen an Personenhandelsgesellschaften**" entschieden. Meinen Vortrag gliedere ich wie folgt:

I.	Rechtliche Einordnung, Begriff und Abgrenzung
II.	Bilanzierung und Bewertung
III.	Prüfung von Anteilen an Personenhandelsgesellschaften
IV.	Fazit

Vortragszeit: 0,5 Minuten

I. Rechtliche Einordnung, Begriffe und Abgrenzung

Als **Personenhandelsgesellschaften** (PHG) bezeichnet man die offene Handelsgesellschaft gem. §§ 105 ff. HGB sowie die Kommanditgesellschaft gem. §§ 161 ff. HGB. Diese sind gem. § 124 HGB bzw. §§ 161 Abs. 2 i.V.m. 124 HGB zivilrechtlich eigenständig. Für steuerliche Zwecke gilt diese Eigenständigkeit nicht, vielmehr ist die PHG steuerlich transparent. Im Ergebnis bedeutet dies, dass der Gesellschafter einer PHG zivilrechtliches Eigentum an einer eigenständigen Gesellschaft hat, während ihm steuerlich das anteilige Eigentum an den Wirtschaftsgütern der Beteiligung zusteht.

Die **Bilanzierung von Anteilen an PHG** erfolgt nach den allgemeinen Grundsätzen des HGB. Die Zugangsbewertung erfolgt gem. §§ 253 Abs. 1, 255 Abs. 1 HGB, die Folgebewertung hat gem. den Grundsätzen des § 253 Abs. 3 HGB zu erfolgen. Einzelheiten zur Zugangs- und Folgebewertung regeln die IDW Rechnungslegungsstandards des Hauptfachausschusses (IDW RS HFA) 18 und 10. Die Bewertung von Anteilen an PHG erfolgt nach dem IDW Standard 1 i.d.F. 2008.

Die **Prüfung von Anteilen an PHG** erfolgt abhängig von der Zuordnung derselben zum Prüffeld Anlage- oder Umlaufvermögen.

Vortragszeit: 0,5/1 Minute

II. Bilanzierung und Bewertung

Ich werde nun zunächst auf die Bilanzierung und Bewertung von Anteilen an PHG eingehen und neben der Zugangs- und Folgebewertung auch auf den Ausweis, die Gewinnvereinnahmung, die in den Anhang aufzunehmenden Angaben und auf latente Steuern im Zusammenhang mit Anteilen an PHG.

Gem. § 246 Abs. 2 HGB sind in der Bilanz sämtliche Vermögensgegenstände zu erfassen, die im Eigentum des Bilanzierenden stehen. Wie bereits eingangs erwähnt hat der Gesellschafter einer PHG das Eigentum an einem Vermögensgegenstand, nämlich der Beteiligung an der PHG. Diese Beteiligung kann dem Finanzanlagevermögen (FAV) oder dem Umlaufvermögen (UV) zuzuordnen sein, je nachdem, ob die Beteiligung dem Geschäftsbetrieb dauerhaft dienen soll (§ 247 Abs. 2 HGB) oder ob die Halteabsicht nur kurzfristiger Natur ist. Die folgenden Ausführungen zur Bilanzierung der Beteiligung werden sich auf die Darstellung der Bilanzierung von im FAV gehaltenen Beteiligungen konzentrieren.

Sofern der Gesellschafter nicht die **Mehrheit der Stimmrechte** an der PHG hält und dieses damit ein verbundenes Unternehmen i.S.d. § 271 Abs. 2 HGB ist, erfolgt der Ausweis immer als Beteiligungsunternehmen gem. § 266 Abs. 2 A. III. Nr. 3 HGB.

Zugangsbewertung

Der Gesellschafter begründet oder verstärkt seine Gesellschafterstellung entweder durch Kauf von Anteilen an der PHG, durch Gründung einer PHG (nur möglich zusammen mit einem zweiten Gesellschafter) oder durch Einlage in das Kapital der PHG. Dieser Vorgang führt zu einem Zugang der Beteiligung, die zu Anschaffungskosten gem. § 255 Abs. 1 HGB zu bewerten ist. Fälle, in denen die im Handelsregister eingetragene Haftsumme die bedungene Einlage übersteigt, führen nicht zu Anschaffungskosten des Gesellschafters. Die Höhe der Anschaffungskosten richtet sich beim Kauf nach dem vereinbarten und gezahlten Kaufpreis. Bei der Gründung und der Einlage ist danach zu unterscheiden, ob die Einlage durch Barmittel oder durch eine Sacheinlage erbracht werden muss. Bei einer **Bareinlage** erfolgt die Zugangsbewertung zum Nominalwert der Barmittel, bei der Sacheinlage bestimmt sich die Höhe der Anschaffungskosten nach den Tauschgrundsätzen. Hier kann sich der Gesellschafter zwischen den drei Möglichkeiten Buchwert, Zeitwert oder erfolgsneutraler Zeitwert entscheiden. Bei letzterem kann die auf die aufgedeckten stillen Reserven entfallende Steuer aktiviert werden. Sofern Einlagen eingefordert aber noch nicht eingezahlt sind, wird dieser Betrag in der Bilanz des Gesellschafters passiviert. Für die Passivierung der Sacheinlageverpflichtung kommt lediglich die Passivierung zum Buchwert in Betracht.

Nicht eingeforderte, noch nicht eingezahlte Einlagen sind als sonstige finanzielle Verpflichtungen im Jahresabschluss aufzunehmen.

Folgebewertung

Beteiligungen an PHG sind dem FAV zuzuordnen und unterliegen daher den Vorschriften über die Folgebewertung gem. § 253 Abs. 3 S. 3 und 4 HGB. Beteiligungen haben grundsätzlich eine zeitlich unbegrenzte Nutzungsdauer. Ihr Wert wird daher nur abgeschrieben, wenn eine Wertminderung vorliegt. Für VG des FAV steht dem Bilanzierenden ein Wahlrecht zur Abschreibung auf den niedrigeren beizulegenden Wert zu, auch wenn diese Wertminderung voraussichtlich nicht dauerhaft ist. Bei dauerhafter Wertminderung besteht eine Pflicht zur Abschreibung auf den niedrigeren beizulegenden Wert.

Der **Wert einer Beteiligung** kann durch verschiedene Gründe gemindert werden. Zum einen kommen Liquiditätsausschüttungen in Betracht, die grundsätzlich zu einer vor Abschreibungen aufgrund anderer Wertminderungen vorrangigen Abschreibung des Beteiligungsbuchwerts führen. Zum anderen sind anhaltend defizitäre Ergebnisse Indikatoren für eine Minderung des Beteiligungsbuchwerts. Der Wert der Beteiligung ist gem. den Grundsätzen des IDW S 1 i.d.F. 2008 i.V.m. IDW RS HFA 10 im Rahmen eines Ertragswertverfahrens unter Berücksichtigung der individuellen Umstände des Gesellschafters zu ermitteln.

Sollte sich der Wert einer Beteiligung in den Folgeperioden wieder erholen, ist eine Zuschreibung auf die fortgeführten Anschaffungskosten zwingend vorgeschrieben (§ 253 Abs. 4 HGB).

Nach der Darstellung der Grundsätze der Bilanzierung, gehe ich im Folgenden auf die **Gewinnvereinnahmung durch den Gesellschafter einer PHG**, insbesondere auf den Zeitpunkt der Entstehung des Anspruchs auf Gewinnausschüttung und damit dem Zeitpunkt der Aktivierung einer Forderung gegenüber der PHG ein.

Anders als bei Kapitalgesellschaften, bei denen dem Gesellschafter der Gewinnanspruch erst nach Gesellschafterbeschluss über die Gewinnverwendung zusteht, regelt das Gesetz in §§ 120 ff. HGB, dass der aus der Bilanz ermittelte Gewinn (oder Verlust) einer PHG dem Gesellschafter grundsätzlich unmittelbar zusteht. Sofern im Gesellschaftsvertrag der PHG nichts anderes vereinbart ist, erfolgt die **Vereinnahmung des Gewinns** durch den Gesellschafter dann phasengleich, d.h. im selben Geschäftsjahr, wenn die folgenden Voraussetzungen vorliegen:

1. Das Geschäftsjahr der PHG darf nicht später enden als das des Gesellschafters,
2. Die Höhe des Gewinns muss hinreichend konkret sein. Dies ist dann gewährleistet, wenn der für den Gewinn relevante Jahresabschluss im maßgeblichen Wertaufhellungszeitraum des Gesellschafters festgestellt oder zumindest aufgestellt und von der Geschäftsführung unterschrieben ist.

Der **Gesellschaftsvertrag** kann die Gewinnverwendung allerdings der individuellen Verfügungsmacht der Gesellschafter entziehen, in dem dieser entweder die Bildung von Rücklagen oder aber einen Gesellschafterbeschluss über die Ergebnisverwendung vorsieht. Sofern ein Gesellschafterbeschluss vorgesehen ist, kommt eine phasengleiche Gewinnvereinnahmung regelmäßig nicht in Betracht. Besitzt allerdings ein Gesellschafter die absolute Mehrheit der Stimmrechte kann für diesen dennoch eine pphasengleiche Gewinnvereinnahmung in Betracht kommen, wenn die Forderung auf Gewinn hinreichend konkretisiert ist. Hierfür hat der BGH (II ZR 67/73 vom 03.11.1975, BGHZ 65, 230) folgende Grundsätze festgesetzt:

1. Der Gesellschafter besitzt eine Mehrheitsbeteiligung.
2. Die Geschäftsjahre der Gesellschaften sind deckungsgleich, bzw. das Geschäftsjahr des Tochterunternehmens endet vor dem Geschäftsjahr des Gesellschafters.
3. Die Feststellung des Jahresabschlusses des Tochterunternehmens erfolgt vor dem Abschluss der Jahresabschlussprüfung des herrschenden Unternehmens (sofern dieses prüfungspflichtig ist).
4. Es liegt ein Gewinnverwendungsbeschluss, zumindest aber ein Gewinnverwendungsvorschlag, vor.

Im Rahmen des Bilanzrichtlinie-Umsetzungsgesetz wurde mit dem § 272 Abs. 5 HGB eine bilanziell auszuweisende Ausschüttungssperre in Form einer Rücklage für den Fall der **phasengleichen Gewinnvereinnahmung** eingeführt. Die Rücklage ist für solche Beträge zu bilden, die den auf eine Beteiligung entfallenden Teil des Jahresüberschusses in der Gewinn- und Verlustrechnung überschreiten, die als Dividende oder Gewinnanteil eingegangen sind oder auf deren Zahlung die Kapitalgesellschaft einen Anspruch hat. Im Klartext heißt dies, dass die ausschüttungsgesperrte Rücklage dann nicht zu bilden ist, wenn ein Zahlungsanspruch besteht. Nach Anwendung der soeben dargestellten Grundsätze der Gewinnvereinnahmung sollte ein solcher immer bestehen. Die Anwendungsfälle der Ausschüttungssperre dürften somit begrenzt sein.

Im Zusammenhang mit der steuerlich zum Teil abweichenden Behandlung der Ergebnisvereinnahmung kann es bei der Bilanzierung von Anteilen an PHG zu Bewertungsunterschieden zwischen Steuer- und Handelsbilanz kommen, die zur Bildung von latenten Steuern führen kann. Steuerlich kommt eine phasengleiche Gewinnvereinnahmung immer in Betracht und Verluste werden dem Kapitalkonto des Gesellschafters auch dann belastet, wenn handelsrechtlich kein Wertminderungsbedarf besteht. Diese **quasi-temporäre Differenz** führt dann zu latenten Steuern, wenn der Gesellschafter der PHG eine Kapitalgesellschaft ist, bei dem diese Differenz zu späterer Be- oder Entlastung mit Körperschaftsteuer führt. Die gewerbesteuerlichen Hinzurechnungs- und Kürzungsvorschriften verhindern die Belastung des Gesellschafters mit Gewerbesteuer. Auf die weiteren Gründe, die zu einer Bewertungsdifferenz im Beteiligungswert führen können, gehe ich aus Zeitgründen nicht weiter ein.

Zum Abschluss dieses Teils meines Vortrags möchte ich noch kurz darauf hinweisen, dass für persönlich haftende Gesellschafter einer PHG Angaben zur Gesellschafterstellung als unbeschränkt haftender Gesellschafter im Anhang gem. § 285 Nr. 11a HGB und zur unbeschränkten Haftung in der Bilanz oder im Anhang zu machen sind. Letzteres gilt auch für Kommanditisten, deren Einlage die bedungene Einlage unterschreitet.

> **Vortragszeit: 5/6 Minuten**

III. Prüfung von Anteilen an Personenhandelsgesellschaften

Wie eingangs erwähnt, hängt die Prüfung von Anteilen an PHG davon ab, ob diese zum AV oder UV gehören. Diese Zuordnung kann grundsätzlich nur durch die Aussage des gesetzlichen Vertreters verifiziert werden, der für die strategische Ausrichtung des Unternehmens zuständig ist (vgl. auch IDW PS 303 Tz. 18). Im Folgenden gehe ich auf die Prüfung der Beteiligung im FAV ein.

Im Rahmen der **Prüfungsplanung** ist das Fehlerrisiko einzuschätzen, dass sich aus der Bilanzierung von Beteiligungen ergibt und daraufhin festzulegen, welche Aussagen der Rechnungslegung durch welche Prüfungshandlungen nachgewiesen werden sollen. Zunächst kommt die Angemessenheitsprüfung des mit dem Beteiligungsmanagement zusammenhängenden internen Kontrollsystems in Betracht. Es ist festzustellen, ob ein System vorhanden ist, dass den Prozess der Zugangs- und Folgebewertung von Beteiligungen vollumfänglich umfasst und Kontrollen eingerichtet sind, die verhindern, dass dieser Prozess zu Falschaussagen in der Rechnungslegung führt. Es ist sicherzustellen, dass der Prozess den relevanten Mitarbeitern bekannt ist. Sofern der Prozess vorhanden aber nicht verschriftlicht ist, kommt zunächst die Aufnahme desselben in Betracht. Kommt der Abschlussprüfer zu dem Schluss, dass das IKS angemessen ist, kann er hieraus und aus der ersten Risikoeinschätzung ableiten, welche Aussagen im Rahmen der aussagebezogenen Prüfungshandlungen noch überprüft werden sollen. Dies können beispielsweise folgende Aussagen sein:

- Die Vollständigkeit des Ansatzes der Beteiligungen an PHG.
- Die richtige Folgebewertung und zeitgerechte Vereinnahmung von Gewinnanteilen.
- Die Richtigkeit der den latenten Steuern zugrunde liegenden Bewertungsdifferenzen.
- Die Richtigkeit der Anhangangaben.

Neben der **Funktionsprüfung des IKS**, in dem vor allem die durchgängige Wirksamkeit des Systems anhand von einem sog. Walk-Through geprüft werden muss, kommen in diesem Prüffeld diverse Einzelfallprüfungshandlungen in Betracht. Das Prüffeld Beteiligungen an PHG ist klassischerweise keines, in denen aussagebezogene Prüfungshandlungen alleine zur Erzielung einer hinreichenden Sicherheit nicht ausreichen. Somit sollte der Abschlussprüfer für die soeben genannten Aussagen in der Rechnungslegung mit den folgenden Prüfungshandlungen ausreichende und angemessene Prüfungsnachweise erzielen können:

Zur Überprüfung der Vollständigkeit des Ansatzes kommt die Einsichtnahme in die Vertragsakten der Gesellschaft in Betracht. Ebenfalls sollten Gesellschafterbeschlüsse über etwaige Einlagen und die Umwandlung von Gewinnen in Rücklagen eingesehen werden.

Für die richtige Folgebewertung sind aktuelle Jahresabschlüsse der Tochterunternehmen sowie Ertrags- und Liquiditätsplanungen anzufordern und mit dem Beteiligungsbuchwert abzugleichen. Gegebenenfalls kommt **die Erstellung einer eigenen IDW S 1-Bewertung** zu Vergleichszwecken in Betracht. Die Einsichtnahme in Gesellschafterversammlungsprotokolle der Gesellschafterversammlungen der PHG können Hinweise auf ggf. notwendige Wertminderungen geben.

Zur Feststellung, ob ein Gewinn richtigerweise phasengleich vereinnahmt wurde, ist zunächst anhand des Gesellschaftsvertrags heraus zu arbeiten, ob die Gewinnvereinnahmung nach dem gesetzlichen Regelstatut erfolgt, oder diese vom Beschluss der Gesellschafterversammlung abhängig ist. Zudem sollten die unterschriebenen oder festgestellten Jahresabschlüsse oder Gewinnverwendungsvorschläge oder -beschlüsse angefordert und zeitlich mit der etwaigen Erfassung einer Forderung abgeglichen werden.

Für die Überprüfung der richtigen Ermittlung der Bewertungsdifferenzen, die den latenten Steuern zugrunde liegen, sollte sichergestellt werden, dass der Abschlussprüfer in alle steuerlich relevanten Unterlagen der PHG Einsicht nehmen kann. Dies betrifft vor allem Fälle, in denen Sonder- und Ergänzungsbilanzen des Gesellschafters vorliegen. Auch muss überprüft werden, ob die steuerlichen Besonderheiten auf Ebene des Gesellschafters korrekt berücksichtigt wurden.

Schließlich kann die Richtigkeit der Anhangangaben gem. § 285 Nr. 11a HBG des Gesellschafters beispielsweise dadurch überprüft werden, dass die Angaben zu Name, Sitz und Rechtsform der Unternehmen, deren unbeschränkt haftender Gesellschafter das Berichtunternehmen ist, mit den jeweiligen Handelsregisterauszügen der Tochterunternehmen abgeglichen werden.

Durch die **Einholung einer Vollständigkeitserklärung** können die Prüfungshandlungen abgerundet werden. Ersetzen kann diese die einzelnen Prüfungshandlungen allerdings nicht.

Führen die oben genannten Prüfungshandlungen zu keinen Beanstandungen kann ein uneingeschränkter Bestätigungsvermerk erteilt werden, im Prüfungsbericht ist auf die Art und den Umfang der Prüfungshandlungen einzugehen, die im Rahmen der Prüfung vorgenommen wurden.

In Fällen in denen wesentliche Unterlagen der PHG aufgrund wie auch immer gearteter Hindernisse nicht beschafft werden können, kann gegebenenfalls ein Prüfungshemmnis vorliegen, dass je nach Wesentlichkeit des Prüfungsfeldes zu einer **Einschränkung des Prüfungsurteils** führen kann. Die Einschränkung desselben führt zu entsprechender Vorwegberichterstattung sowie Berichterstattung im Hauptteil des Prüfungsberichts und im Bestätigungsvermerk. Solch ein Fall liegt zum Beispiel vor, wenn die den latenten Steuern zugrunde liegenden Bewertungsdifferenzen aufgrund nicht vorliegender steuerlicher Grunddaten der PHG nicht verifiziert werden können.

> **Vortragszeit: 4/9,5 Minuten**

IV. Fazit

Zum Ende meines Kurzvortrags möchte ich zusammenfassend noch einmal die Aufmerksamkeit darauf lenken, dass bei der Bilanzierung von Anteilen an PHG insbesondere aufgrund haftungs- und steuerrechtlicher Besonderheiten eine besondere Sorgfalt zu gewährleisten ist. Das Vorliegen vollständiger Unterlagen ist eine essentielle Voraussetzung dafür, dass es bei dem Ansatz und der Bewertung sowie der weiteren Angaben im Jahresabschluss nicht zu wesentlichen Falschaussagen kommt. Im Rahmen der Abschlussprüfung sollte dieses inhärente Risiko immer in Betracht gezogen werden.

Vielen Dank für Ihre Aufmerksamkeit.

> **Vortragszeit: 0,5/10 Minuten**

Vortrag 25
Bilanzierung und Prüfung von Drohverlustrückstellungen im Jahresabschluss nach HGB (Prüfungswesen)

Sehr geehrte/r Frau/Herr Vorsitzende/r, sehr geehrte Prüfungskommission,
aus den mir zur Auswahl gestellten Themen habe ich mich für das Thema „**Bilanzierung und Prüfung von Drohverlustrückstellungen im Jahresabschluss nach HGB**" entschieden. Meinen Vortrag gliedere ich wie folgt:

I.	Rechtliche Einordnung, Begriff und Abgrenzung
II.	Bilanzierung und Bewertung
III.	Prüfung von Drohverlustrückstellungen
IV.	Fazit

> **Vortragszeit: 0,5 Minuten**

I. Rechtliche Einordnung, Begriff und Abgrenzung

Aus dem, dem deutschen Handelsrecht zugrunde liegenden Grundsatz der vorsichtigen Bilanzierung, § 252 Abs. 1 Nr. 4 HGB, ergibt sich für den Kaufmann die Verpflichtung Verluste im Jahresabschluss zu berücksichtigen, wenn diese entstanden sind. Gem. § 249 Abs. 1 S. 1 HGB sind darüber hinaus bereits erfolgswirksame **Rückstellungen für drohende Verluste aus schwebenden Geschäften** zu bilden. Steuerrechtlich besteht gem. § 5 Abs. 4a S. 1 EStG ein Verbot zur Passivierung von Rückstellungen für drohende Verluste.

Der Berufsstand der Wirtschaftsprüfer befasst sich im IDW RS HFA 4 mit Zweifelsfragen in Zusammenhang mit dem Ansatz und der Bilanzierung von Drohverlustrückstellungen. Die **Prüfung der Bewertung von Drohverlustrückstellungen** orientiert sich an den in IDW PS 314 – Prüfung von Zeit- und Schätzwerten erfassten Grundsätzen des Berufsstandes.

Zur weiteren Eingrenzung des Themas werde ich den Begriff „schwebendes Geschäft" und „drohender Verlust" kurz skizzieren und die Drohverlustrückstellungen von den Rückstellungen für ungewisse Verbindlichkeiten abgrenzen.

Unter einem **schwebenden Geschäft** sind gegenseitige Geschäfte zwischen zwei Vertragsparteien zu verstehen, die auf einen gegenseitigen Leistungsaustausch gerichtet sind und die zum Bilanzstichtag noch nicht erfüllt worden sind. Diese gegenseitigen Geschäfte können sowohl Lieferungen von Gegenständen des Anlage- oder Umlaufvermögens (Kaufvertrag über ein Grundstück, Werkvertrag über die Herstellung einer Maschine) oder Leistungen (Mietverhältnis) zum Gegenstand haben. Der Bilanzierende kann aus diesen gegenseitigen Verträgen entweder der Verpflichtete (Absatzgeschäft) oder der Empfangende (Beschaffungsgeschäft) sein. Ein schwebendes Geschäft beginnt grundsätzlich mit dem rechtlich verbindlichen Abschluss eines gegenseitigen Vertrags und endet mit der Erfüllung der Verpflichtung, der sogenannten Sachleistung. Die Zahlung der Geldleistung führt hingegen nicht zum Abschluss eines schwebenden Geschäfts.

Ein **drohender Verlust** liegt vor, wenn sich aus dem gegenseitigen Geschäft ein Verpflichtungsüberschuss ergibt, der Wert der Leistung des Bilanzierenden also den Wert seiner Gegenleistung übersteigt. Beispielsweise kann der Bilanzierende aus einem Werkvertrag verpflichtet sein, ein Gebäude für eine vereinbarte Gegenleistung herzustellen. Wenn sich nunmehr herausstellt, dass unter Berücksichtigung der Umstände der Vertragsabwicklung die Aufwendungen für die Erfüllung der Sachleistungsverpflichtung die zu erzielende Gegenleistung übersteigen werden (beispielsweise die Verhandlung von Nachträgen nicht erfolgversprechend ist), ist ein drohender Verlust aus einem Absatzgeschäft entstanden.

Im dargestellten Beispiel hätte die Abwertung des unfertigen Erzeugnisses im Rahmen des strengen Niederstwertprinzips gem. § 253 Abs. 4 HGB auf den niedrigeren beizulegenden Wert Vorrang vor der Bildung einer Drohverlustrückstellung. Nur ein den Wert des Vermögensgegenstandes übersteigender drohender Verlust würde zur Bildung einer Drohverlustrückstellung führen. Sofern Vermögensgegenstände nur mittelbar Gegenstand eines schwebenden Geschäfts sind (Vermietung von Anlagevermögen), kommt die Abwertung des Vermögenstandes nur bei voraussichtlich dauernder Wertminderung in Betracht.

Wie bei einer Drohverlustrückstellung beruhen auch **Rückstellungen für ungewisse Verbindlichkeiten** auf der Leistungsverpflichtung des Bilanzierenden einem Dritten gegenüber. Im Gegensatz zur Drohverlustrückstellung, die einen Verpflichtungsüberschuss erfasst, ergibt sich die Verpflichtung zur Bildung einer Rückstellung für ungewisse Verbindlichkeiten jedoch daraus, dass zukünftige Aufwendungen aus in der Vergangenheit realisierten Erträgen erwachsen (z.B. Gewährleistungsverpflichtungen) oder aber zukünftigen Aufwendungen keine Erträge (z.B. Verpflichtung zur Leistung von Schadensersatz) gegenüber stehen.

> **Vortragszeit: 2/2,5 Minuten**

II. Bilanzierung und Bewertung

Lassen Sie mich nunmehr vertiefend auf die **Bilanzierung** und insbesondere die **Bewertung von Drohverlustrückstellungen** eingehen.

Wie eingangs bereits erwähnt, führt das Vorliegen eines Verpflichtungsüberschusses aus einem schwebenden Geschäfts grundsätzlich zur Verpflichtung, eine Rückstellung für drohende Verluste gem. § 249 Abs. 1 S. 1 HGB zu bilden, wenn dieser drohende Verlust nicht zuvor vorrangig durch die Abwertung von Vermögensgegenständen des Anlage- oder Umlaufvermögens abgebildet wird.

Drohverlustrückstellungen sind gem. § 253 Abs. 1 S. 2 und Abs. 2 HGB mit dem nach vernünftiger kaufmännischer Beurteilung notwendigen Erfüllungsbetrag zu bewerten. Maßgeblich sind dabei nicht nur die am Bilanzstichtag vorliegenden Verhältnisse. Auch **künftige Preis- und Kostensteigerungen** fließen in die Bewertung ein, wenn die Erwartung derselben begründet ist. Im vorangegangenen Beispiel, in dem der Bilanzierende zur Herstellung eines Gebäudes verpflichtet ist, wären z.B. künftig erwartete Tariflohnsteigerungen des zur Erfüllung der Sachleistungsverpflichtung eingesetzten Personals wertbeeinflussend.

Preis- und Kostensteigerungen, die auf singulären Ereignissen beruhen, sind hingegen nicht in die Bewertung mit einzubeziehen.

Gem. § 253 Abs. 2 S. 1 HGB sind Rückstellungen mit einer Restlaufzeit von mehr als einem Jahr mit dem ihrer Restlaufzeit entsprechenden durchschnittlichen Marktzinssatz der vergangenen sieben Geschäftsjahre abzuzinsen. Aus dem schwebenden Geschäft ergeben sich in Zukunft voraussichtlich erfolgswirksame Ein- und Auszahlungen. Diese sind auf den Bilanzstichtag abzuzinsen. Durch die Berücksichtigung der verschiedenen Ein- und Auszahlungszeitpunkte wird den Zinseffekten der unterschiedlichen Zahlungszeitpunkte Rechnung getragen. Zudem berücksichtigt die Abzinsung die durch die Rückstellungsbildung begründete Mittelbindung im Unternehmen und die Möglichkeit ihrer zwischenzeitlich möglichen verzinslichen Verwendung.

Besonders möchte ich noch die **Notwendigkeit der Differenzierung schwebender Absatz- und Beschaffungsgeschäfte** für die Findung der korrekten Wertansätze herausstellen.

Bei dem bislang bemühten Beispiel der Verpflichtung zur Herstellung eines Gebäudes handelt es sich um ein **schwebendes Absatzgeschäft**. Für die Ermittlung der Höhe des drohenden Verlusts sind die bislang aktivierten Herstellungskosten maßgeblich. Die voraussichtlich noch anfallenden Material- und Fertigungseinzel- und -gemeinkosten sind zu Vollkosten zu bewerten. Bei der Ermittlung der zu erwartenden weiteren Gemeinkosten ist von normaler Kapazitätsauslastung auszugehen.

Bei **schwebenden Beschaffungsgeschäften** ist in solche über bilanzierungsfähige Vermögensgegenstände und solche über nicht bilanzierungsfähige Leistungen zu unterscheiden.

Bei schwebenden Beschaffungsgeschäften liegt aus Sicht des Bilanzierenden ein **Verpflichtungsüberschuss der Geldleistungsverpflichtung** vor. Handelt es sich bei der zu empfangenden Sachleistungsverpflichtung **um einen bilanzierungsfähigen Gegenstand**, stellt die Drohverlustrückstellung eine vorweggenommene Abschreibung auf den Vermögensgegenstand dar. Ob der drohende Verlust aus dem schwebenden Geschäft zu einer Drohverlustrückstellung führt, korrespondiert mit dem Wesen der zu empfangenden Sachleistung. Sofern es sich bei der zu empfangenden Sachleistungsverpflichtung um einen Gegenstand des Umlaufvermögens handelt, kommt es aufgrund der aus dem strengen Niederstwertprinzip erwachsenden Abschreibungsverpflichtung zu einer Passivierungspflicht für die Drohverlustrückstellung. Bei Sachanlagevermögen kommt eine Passivierung bei voraussichtlich nicht dauernder Wertminderung nicht in Betracht. Bei Finanzanlagevermögen korrespondiert die Passivierung hingegen nicht etwa mit der Ausübung des Abschreibungswahlrechts gem. § 253 Abs. 3 Satz 4 HGB. In diesem Fall besteht ein Verbot zur Bildung einer Drohverlustrückstellung.

In Fällen von schwebenden Beschaffungsgeschäften (z.B. Mietverhältnis) über nicht bilanzierungsfähige Leistungen ist auf den Beitrag der Sachleistung zum Unternehmenswert abzustellen. Nur sofern dieser nicht objektiv ermittelbar ist, d.h. der Leistung keine Erträge zugerechnet werden können, ist die Bildung einer Drohverlustrückstellung zulässig, wenn die beschaffte Leistung vollends nicht verwertet werden kann.

> **Vortragszeit: 3,5/6 Minuten**

III. Prüfung von Drohverlustrückstellungen

Im Folgenden werde ich beispielhaft die **Prüfung der vollständigen Erfassung von Drohverlustrückstellungen** für schwebende Absatzgeschäfte im klassischen Prüfungsprozess darstellen.

Verantwortlich für die vollständige Erfassung von Rückstellungen für drohende Verluste aus schwebenden Absatzgeschäften ist das Management des zu prüfenden Unternehmens. Dieses hat organisatorische Vorkehrungen zu treffen, dass alle schwebenden Geschäfte zum Abschlussstichtag erfasst sind und die einzelnen Geschäfte auf die potentielle Gefahr eines Verpflichtungsüberschusses hin untersucht werden.

Der Abschlussprüfer ist dafür verantwortlich seine Prüfungshandlungen so auszurichten, dass er Fehler in der Rechnungslegung mit hinreichender Sicherheit erkennt. Er muss **ausreichende und angemessene Prüfungsnachweise** einholen, die belegen, dass die bilanzierten Rückstellungen für drohende Verluste sämtliche schwebende Absatzgeschäfte berücksichtigt, aus denen dem Bilanzierenden ein Verpflichtungsüberschuss erwächst, dem nicht zuvor durch Abwertung des Aktivvermögens Rechnung getragen werden konnte.

Hierfür ist zunächst im Rahmen der **Risikobeurteilung** ein Verständnis von den organisatorischen Vorkehrungen zu gewinnen, die getroffen wurden, um die vollständige Erfassung aller schwebenden Absatzgeschäfte zu gewährleisten. Dieses Verständnis erlangt der Abschlussprüfer generell durch die Gewinnung eines Verständnisses von der Geschäftätigkeit des Unternehmens und speziell beispielsweise durch Gespräche mit dem Management, das den Prozess erläutert. Unter Berücksichtigung der so gewonnen Informationen hat der Abschlussprüfer im Rahmen seines Ermessens einzuschätzen, ob gegebenenfalls sogar ein bedeutsames Risiko vorliegt, dass die vollständige Erfassung von Drohverlustrückstellungen aus schwebenden Absatzgeschäften nicht gegeben ist.

In den nächsten Phasen der Prüfung erfolgen aufgrund der Ergebnisse aus der Risikobeurteilung eine System- sowie gegebenenfalls weitere aussagebezogene Prüfungshandlungen. Im Rahmen der **Systemprüfungshandlung** wird überprüft, ob die vom Management vorgesehenen Kontrollen angemessen und wirksam sind, um sicherzustellen, dass alle schwebenden Absatzgeschäfte erfasst und auf ihr Verlustpotenzial hin überprüft werden. Hierzu sollte der Abschlussprüfer in einem ersten Schritt Einsicht in die Arbeitsanweisungen zur Erfassung und Überprüfung von schwebenden Geschäften nehmen. Kommt er zu dem Schluss, dass das System zur Erfassung von schwebenden Geschäften angemessen ist, die Vollständigkeit zu gewährleisten, ist im Rahmen der Funktionsprüfung zu klären, ob die vorhandenen Maßnahmen im

Unternehmen bekannt sind und durchgängig umgesetzt werden. Hierzu ist idealerweise anhand eines eingehenden Werkvertrags die Behandlung desselben im Auftragsprozess zu überprüfen, sog. **walk-trough**.

Die Ergebnisse der Risikobeurteilung und der Systemprüfungshandlung beeinflussen den Einsatz und den Umfang aussagebezogener Prüfungshandlungen. Vor dem Hintergrund des Grundsatzes der Wirtschaftlichkeit und Wesentlichkeit der Abschlussprüfungen sind aussagebezogene Prüfungshandlungen einzusetzen, wenn es sich nach Einschätzung des Abschlussprüfers bei der Vollständigkeit der Drohverlustrückstellungen um ein wesentliches Fehlerrisiko handelt oder aber wenn die aus den Systemprüfungshandlungen erlangten Prüfungsnachweise noch nicht zu einem hinreichenden sicheren Prüfungsurteil führen. Als aussagebezogene Prüfungshandlungen kommen Erkenntnisse aus dem walk-through durch den Auftragsprozess in Betracht. Zudem wären Prüfungshandlungen wie beispielweise die Einsichtnahme in die offenen Kauf- und Werkverträge des Unternehmens und deren Abgleich mit dem offenen Auftragsbestand denkbar. Auch kann die Einsichtnahme in Vertragsunterlagen über zu verhandelnde Nachträge Hinweise auf potentielle Verpflichtungsüberschüsse geben. Außerdem kommen Gespräche mit zuständigen Projektleitern sowie der Abgleich projektbezogener Kostenstellenrechnungen mit den Angebotszahlen einzelner Projekte in Betracht.

Schließlich hat der Abschlussprüfer eine **schriftliche Vollständigkeitserklärung des Managements** einzuholen.

Der Abschlussprüfer hat auf Grundlage der eingeholten Prüfungsnachweise zu beurteilen, ob die bilanzierten Drohverlustrückstellungen die drohenden Verluste aus schwebenden Absatzgeschäften vollständig abbilden. Auswirkungen auf den Bestätigungsvermerk ergeben sich lediglich, wenn Verpflichtungsüberschüsse nicht ordnungsgemäß in der Rechnungslegung abgebildet werden, sei es durch Abwertung der betreffenden Aktivposition, sei es durch die Bildung einer Drohverlustrückstellung. Die Berichterstattung im Prüfungsbericht korrespondiert mit der Behandlung im Bestätigungsvermerk. Die vorgenommen Prüfungshandlungen und die erlangten Prüfungsnachweise sind in den Arbeitspapieren zu dokumentieren.

> **Vortragszeit: 3/9 Minuten**

IV. Fazit

Hiermit komme ich zum Ende meines heutigen Kurzvortrags. Ich habe dargestellt, dass die Bilanzierung und Bewertung von Drohverlustrückstellungen ein komplexes Gebiet der Rechnungslegung sind. Insbesondere für die Bewertung ist die Unterscheidung der schwebenden Geschäfte als Absatz- oder Beschaffungsgeschäft von hoher Bedeutung. Komplexität gewinnt die Bilanzierung von schwebenden Geschäften zudem auch dadurch, dass sich die Erfassung der drohenden Verluste in einigen Fällen zunächst auf Ebene der Bewertung von Vermögensgegenständen niederschlägt.

Die komplexe Materie machen die „Drohverlustrückstellungen" zu einem oftmals wesentlichen Prüfungsfeld. Neben der Bewertung der Rückstellungen können Fehlerrisiken insbesondere auch in der Vollständigkeit der Erfassung drohender Verluste liegen. Vor allem vor dem Hintergrund der Entwicklung der Abschlussprüfung hin zu einer skalierten Prüfung sollte man bei der Risikobeurteilung „drohender Verluste aus schwebenden Geschäften" die Augen offen halten.

Vielen Dank für Ihre Aufmerksamkeit.

> **Vortragszeit: 1/10 Minuten**

Vortrag 26
Die neue Kapitalflussrechnung nach DRS 21 (Prüfungswesen)

Sehr geehrte/r Frau/Herr Vorsitzende/r, sehr geehrte Prüfungskommission,
aus den mir zur Auswahl gestellten Themen habe ich mich für das Thema „**Die neue Kapitalflussrechnung nach DRS 21**" entschieden. Meinen Vortrag gliedere ich wie folgt:

I.	Einleitung
II.	Anwendungsbereich
III.	Darstellung der einzelnen Bestandteile unter besonderer Hervorhebung der Neuerungen durch den DRS 21
IV.	Praxisauswirkungen

Vortragszeit: 0,5 Minuten

I. Einleitung

Bevor ich anhand der Erläuterungen der einzelnen Bestandteile der Kapitalflussrechnung (KFR) den neuen Deutschen Rechnungslegungsstandard (DRS) 21 erläutere, möchte ich einleitend zunächst den Zweck und die Zielsetzung des Instruments der Kapitalflussrechnung erläutern.

Die **Kapitalflussrechnung** erklärt die Veränderung des Finanzmittelfonds des Unternehmens durch eine Mittelzufluss- und -verwendungsrechnung. Ausgehend vom Finanzmittelfonds des Vorjahres wird dargestellt, welche zahlungswirksamen Mittelzu- und -abflüsse aus der operativen, der Investitions- und der Finanzierungstätigkeit des Unternehmens resultieren. Dabei wird dargestellt, ob das Unternehmen in der Lage ist, aus seinem Jahresergebnis laufende Zahlungsverpflichtungen zu erfüllen, Ausschüttungen an die Anteilseigner zu leisten und dabei künftige finanzielle Überschüsse zu erwirtschaften.

Bislang waren die **Grundsätze der Kapitalflussrechnung** in DRS 2 niedergeschrieben. Dieser ist nunmehr mit Wirkung für Geschäftsjahre, die nach dem 31.12.2014 beginnen, durch das DRSC durch den DRS 21 ersetzt worden. Mit dem DRS 21 wird insbesondere die Zuordnung von Mittelzu- und -abflüssen zu den drei Zahlungsströmen sowie die Definition des Zahlungsmittelfonds verändert.

Vortragszeit: 0,5/1 Minute

II. Anwendungsbereich

Die Kapitalflussrechnung ist gem. § 297 Abs. 1 HGB **Pflichtbestandteil eines Konzernabschlusses**. Diese ist nach den Grundsätzen ordnungsmäßiger Buchführung aufzustellen. Die Grundsätze der DRS haben keinen Gesetzescharakter, erhalten aber **Konzern-GoB-Vermutung**, wenn diese gem. § 342 Abs. 2 HGB durch das Bundesministerium für Justiz im Bundesanzeiger bekannt gemacht worden sind. Am 08.04.2014 hat das BMJV den DRS 21 im Bundesanzeiger veröffentlicht. Seitdem besitzt dieser Konzern-GoB-Vermutung und ersetzt für alle Geschäftsjahre, die nach dem 31.12.2014 beginnen den bislang gültigen DRS 2. Die frühere Anwendung des DRS 21 wird empfohlen. Verpflichtend ist der DRS 21 zwar grundsätzlich nur von Mutterunternehmen anzuwenden, die einen Konzernabschluss aufzustellen haben. Sofern Jahresabschlüsse jedoch um eine freiwillige Kapitalflussrechnung erweitert werden, spricht DRS 21 die Empfehlung aus, diesen ebenfalls anzuwenden.

Vortragszeit: 2/3 Minuten

III. Darstellung der einzelnen Bestandteile unter besonderer Hervorhebung der Neuerungen durch den DRS 21

Im Schwerpunkt meines Kurzvortrags werde ich einzelne Bestandteile der KFR unter besonderer Hervorhebung der **Neuerungen durch den DRS 21** vorstellen.

Finanzmittelfonds

Die Kapitalflussrechnung erklärt vorrangig die **Veränderung des Finanzmittelfonds** während eines Geschäftsjahres. Die knappe Definition des DRS 21 zum Finanzmittelfonds lautet: „Bestand an Zahlungsmitteln und Zahlungsmitteläquivalenten." Unter Zahlungsmittel sind die liquiden Mittel des Unternehmens zu verstehen, klassischerweise die Position § 266 Abs. 2 B., IV. HGB – Kassenbestand, Bundesbankguthaben,

Guthaben bei Kreditinstituten und Schecks. Jederzeit fällige Verbindlichkeiten gegenüber Kreditinstituten sind dabei von den Zahlungsmitteln offen abzusetzen. Hier bestand im DRS 2 noch ein Wahlrecht.

Zahlungsmitteläquivalente sind liquide Finanzmittel, die jederzeit in Zahlungsmittel umgewandelt werden können. Im DRS 21 wird nunmehr klarstellend geregelt, dass die Restlaufzeit der Zahlungsmitteläquivalente im Erwerbszeitpunkt drei Monate betragen muss, damit diese in den Finanzmittelfonds mit aufgenommen werden dürfen. Der DRS 2 stellte nur auf die Restlaufzeit der Zahlungsmitteläquivalente ab. Dies führte zum Teil zur Erfassung von Finanzmitteln mit längeren ursprünglichen Laufzeiten im Finanzmittelfonds. Dies war nicht länger gewünscht.

Veränderungen des Finanzmittelfonds, die aus der Währungsumrechnung zum Bilanzstichtag in Euro resultieren, sowie aus Änderungen des Konsolidierungskreises aufgrund § 296 HGB werden gesondert in der Kapitalflussrechnung ausgewiesen. Dabei fordert DRS 21 nunmehr nicht nur den gesonderten Ausweis der wechselkurs- und bewertungsbedingten Änderungen des Finanzmittelfonds, sondern eben auch solche aus Änderungen des Konsolidierungskreises.

Cashflow aus operativer Tätigkeit

Der Cashflow aus der laufenden Geschäftstätigkeit stellt die Zahlungsströme dar, die sich aus der Geschäftstätigkeit des Unternehmens ergeben, die in der Satzung im Gesellschaftszweck näher definiert ist. In Negativabgrenzung sind dies solche Zahlungsströme, die nicht der Investitions- und Finanzierungstätigkeit zuzuordnen sind.

DRS 21 lässt weiterhin die direkte, unsaldierte, wie auch die indirekte Methode zur Ermittlung des Cashflows zu, bei der das Jahresergebnis um alle zahlungsunwirksamen Effekte eliminiert wird. Im Unterschied zu DRS 2 wird der Cashflow aus operativer Tätigkeit nunmehr auch um solche Effekte bereinigt, die auf die Investitions- und Finanzierungstätigkeit entfallen. Insbesondere sind Zinsaufwendungen dem Jahresergebnis wieder hinzuzurechnen und Beteiligungs- und Zinserträge abzuziehen.

Neu ist auch die **Notwendigkeit die Ertragsteueraufwendungen- und -erträge** stets in Bezug auf ihre Zahlungswirksamkeit zu korrigieren und dies offen in der Ermittlung des operativen Cashflow auszuweisen. DRS 21 ordnet dabei den Steuereffekt stets dem operativen Cashflow zu, auch wenn dieser ebenfalls mit Transaktionen der Investitions- und Finanzierungstätigkeit zusammenhängen kann.

Die außerordentlichen Effekte sind nach DRS 21 ebenfalls verursachungsgerecht auf die einzelnen Zahlungsströme zu verteilen.

Cashflow aus Investitionstätigkeit

Die Investitionstätigkeit eines Unternehmens wird im DRS 21 erstmalig definiert und zwar als eine auf den Zu- und Abgang von Vermögensgegenständen des Anlage- und Umlaufvermögens gerichtete Tätigkeit, die weder dem operativen noch dem Finanzierungsbereich des Unternehmens zugeordnet werden kann.

Die Ermittlung des Cashflow aus Investitionstätigkeit erfolgt nach der direkten Methode, bei der Ein- und Auszahlungen aus der Durchführung dieser Aktivitäten dem Finanzmittelfonds vom Beginn des Geschäftsjahres zu- bzw. abgerechnet werden. Klassischerweise ist dies die Zurechnung von Einzahlungen aus dem Abgang und die Abrechnung von Auszahlungen aus dem Zugang von Gegenständen des Anlagevermögens.

Nach DRS 21 sind die Zahlungsströme nun gesondert gem. den Aktivposten auszuweisen, auf deren Veränderungen sich diese beziehen. Neu ist vor allem die eindeutige Zuordnung der Zahlungsströme aus erhaltenen Zinsen und Dividenden zum Cashflow aus Investitionstätigkeit. DRS 21 geht davon aus, dass dies Früchte aus der Mittelverwendung in Form der Zuführung von Fremd- oder Eigenkapital bei anderen Unternehmen sind.

Auch sind außerordentliche Effekte aus der Investmenttätigkeit diesem Cashflow zuzuordnen.

Cashflow aus der Finanzierungstätigkeit

Die Definition der Finanzierungstätigkeit war in DRS 2 ebenfalls enthalten und beschreibt diese damals wie heute als „Aktivität, die sich auf die Höhe und/oder Zusammensetzung der Eigenkapitalposten und/oder Finanzschulden auswirkt, einschließlich der Vergütungen für die Kapitalüberlassung."

Die explizite Zuordnung insbesondere von gezahlten Zinsen zum Cashflow aus Finanzierungstätigkeit wird durch DRS 21 neu eingeführt. Weiterhin Bestand hat die **direkte Ermittlungsmethode**. Neben der Erweiterung des Cashflow-Begriffs durch die verpflichtende Zuordnung von gezahlten Entgelten für überlassenes Fremdkapital sowie die Erfassung von außerordentlichen Effekten aus der Finanzierungstätigkeit zu diesem Cashflow, schreibt DRS 21 wie schon im Rahmen der Ermittlung des Cashflow aus der Investitionstätigkeit eine detailliertere Darstellung der Entwicklung des Cashflow aus Finanzierungstätigkeit vor.

So werden insbesondere der Mittelzufluss und die -verwendung bei Veränderungen des Eigenkapitals getrennt nach Gesellschaftern des Mutterunternehmens und anderen Gesellschaftern des Tochterunternehmens dargestellt.

Grundsätze

Die im Vergleich zum DRS 2 trennschärfere **Zuordnung der Zahlungsströme** zu den einzelnen Cashflows sowie eine detaillierte Aufgliederung der einzelnen Zu- und Abflüsse folgt schließlich der Tatsache, dass das DRSC die Notwendigkeit sah, allgemeingültige Grundsätze für die Darstellung der Zahlungsströme festzulegen und damit den Abschnitt „Darstellung und Ermittlung der Zahlungsströme einer Kapitalflussrechnung" des DRS 2 zu ersetzen. Von den zehn Grundsätzen erwähnte ich hier insbesondere den der Zuordnung von Zahlungsströmen zu den Tätigkeitsbereichen, in dem eindeutig festgelegt wurde, dass erhaltene Zinsen und Dividenden der Investitionstätigkeit, Ertragssteuererstattungen- und -zahlungen grundsätzlich dem operativen Cashflow und gezahlte Zinsen der Finanzierungstätigkeit zuzuordnen sind.

Flankiert wird dieser Grundsatz durch allgemeine Prinzipien wie beispielsweise den **Wesentlichkeits- und den Stetigkeitsgrundsatz**.

> **Vortragszeit: 6/9 Minuten**

IV. Praxisauswirkungen

Zum Abschluss meines Vortrags möchte ich kurz auf die **Auswirkungen des neuen DRS 21 auf die Praxis** eingehen. Die Ersteller von Konzernabschlüssen sind verpflichtet, sich intensiv mit den neuen Vorschriften des DRS 21 auseinanderzusetzen, da diese denselben erstmalig für das laufende Geschäftsjahr 2015 anzuwenden haben, wenn dieses nach dem 31.12.2014 begonnen hat. Dies hat insbesondere zur Folge, dass etwaige bestehende Systeme zur Ermittlung der Kapitalflussrechnung überprüft, angepasst und/oder erweitert werden müssen. Diesem Umstellungsbedarf kann ein erhöhtes Fehlerrisiko innewohnen, dem im Rahmen der Konzernabschlussprüfung durch den Prüfer durch entsprechende Prüfungshandlungen Rechnung getragen werden sollte, denn ein Verstoß gegen die Konzern-GoB hätte insbesondere Auswirkungen auf das Prüfungsurteil zur Folge.

Somit sind nicht nur die Ersteller von Konzernabschlüssen, sondern insbesondere die Prüfer und Berater derselben dazu angehalten, sich die geänderte Kapitalflussrechnung zu verinnerlichen, damit die Umsetzung des DRS 21 durch optimale Beratung und Anwendung problemlos gelingen kann.

Vielen Dank für Ihre Aufmerksamkeit.

> **Vortragszeit: 1/10 Minuten**

Vortrag 27
Die Bilanzierung und Prüfung von Steuern im handelsrechtlichen Jahresabschluss (Prüfungswesen)

Sehr geehrte/r Frau/Herr Vorsitzende/r, sehr geehrte Prüfungskommission,
aus den mir zur Auswahl gestellten Themen habe ich mich für das Thema „**Die Bilanzierung und Prüfung von Steuern im handelsrechtlichen Jahresabschluss**" entschieden. Meinen Vortrag gliedere ich wie folgt:

I.	Einführung
II.	Bilanzierung und Bewertung
III.	Prüfung von Steuern
IV.	Fazit

Vortragszeit: 0,5 Minuten

I. Einführung

Das Thema **Steuern im handelsrechtlichen Jahresabschluss** ist weitreichend und erfasst zunächst die Steuern aus Einkommen und Ertrag, wie die **Körperschaftsteuer, Kapitalertragsteuer und die Gewerbe-steuer**. Eine weitere wichtige Steuerart, die den handelsrechtlichen Jahresabschluss erfasst, ist die **Umsatz-steuer**. Zudem werden im Jahresabschluss regelmäßig weitere Steuerarten, wie beispielsweise **Lohnsteuern, Grund- und Kfz-Steuern** oder in selteneren Fällen auch die **Grunderwerbsteuer** zu berücksichtigen sein. Im Folgenden werde ich mich mit der Bilanzierung und Prüfung von Körperschaftsteuer und Gewerbesteuer beschäftigen.

Wer Steuersubjekt der **Körperschaftsteuer** ist, regelt § 1 Abs. 1 KStG. Demnach unterliegen grundsätzlich alle **juristischen Personen** der Besteuerung mit Körperschaftsteuer. Die juristische Person betreibt daneben regelmäßig einen Gewerbebetrieb, der Steuergegenstand im Sinne des § 2 Abs. 2 GewStG ist. Die sich aus dem Betrieb dieses Gewerbebetriebs ergebende **Gewerbesteuer** schuldet die juristische Person als Unternehmer gem. § 5 Abs. 1 GewStG.

Neben den juristischen Personen sind aber unter anderem auch **Personenhandelsgesellschaften** (haftungsbeschränkt und nicht haftungsbeschränkt) verpflichtet, einen Jahresabschluss nach den Vorschriften des HGB aufzustellen. Zwar sind Personengesellschaften zivilrechtlich gem. § 124 HGB eigenständige Rechtssubjekte. Ertragsteuerlich unterliegen diese allerdings dem **Transparenzprinzip**, nach dem die Besteuerung nicht auf Ebene der Gesellschaft, sondern auf Ebene der Gesellschafter, der steuerlichen Mitunternehmer, stattfindet. Gewerbesteuerlich gilt dieses Transparenzprinzip allerdings nicht. Hier ist wiederrum der stehende Gewerbebetrieb Gegenstand der Besteuerung (§ 2 Abs. 1 GewStG), der Steuerschuldner ist der Unternehmer, auf dessen Rechnung das Gewerbe betrieben wird (§ 5 Abs. 1 GewStG). Hieraus ergibt sich also die Konsequenz, dass juristische Personen der Körperschaftsteuer und Gewerbesteuerpflicht und Personengesellschaften nur der **Gewerbesteuerpflicht** unterliegen. Dabei folgt der Gewinnermittlungszeitraum für die Körperschaftsteuer gem. § 8 Abs. 1 KStG i.V.m. § 4a Abs. 1 Nr. 2 EStG dem Zeitraum, für den regelmäßig Abschlüsse zu machen sind, sodass der Veranlagungszeitraum und das Geschäftsjahr immer deckungsgleich sind. Der Erhebungszeitraum für die Gewerbesteuer ist gem. § 14 S. 2 GewStG das Kalenderjahr.

Da die Unternehmen, die handelsrechtliche Jahresabschlüsse erstellen, gem. § 246 Abs. 1 HGB alle Vermögensgegenstände, Schulden, Rechnungsabgrenzungsposten sowie Aufwendungen und Erträge auszuweisen haben, erwächst auch aus den rechtlichen Ansprüchen und Verpflichtungen gegenüber dem Finanzamt die **Pflicht, die Steuern im Jahresabschluss** entsprechend zu **berücksichtigen**. Der entsprechend aufgestellte Jahresabschluss ist Gegenstand der Prüfung des Abschlussprüfers gem. §§ 317 ff. HGB und verpflichtet den Abschlussprüfer somit zur Prüfung der im handelsrechtlichen Jahresabschluss ausgewiesenen Steuern.

Vortragszeit: 1,5/2 Minuten

II. Bilanzierung und Bewertung

Wie soeben dargestellt, erwächst dem bilanzierenden Steuerpflichtigen aus dem **Vollständigkeitsgebot** des § 246 Abs. 1 HGB die Pflicht, sämtliche Vermögensgegenstände und Schulden in seinen Jahresabschluss aufzunehmen. Anhand des Dreiklangs „Ansatz, Bewertung und Ausweis" soll im Folgenden dargestellt werden, wie die Steuern Eingang in den Jahresabschluss finden. Dabei meint der Begriff Steuern grundsätzlich die Körperschaftsteuer und die Gewerbesteuer. Bei Besonderheiten der einzelnen Steuerarten werde ich gesondert darauf hinweisen.

Ansatz

Fraglich ist zunächst, wann die Steuer überhaupt rechtlich entsteht. Gem. § 30 Nr. 3 KStG entsteht die veranlagte **Körperschaftsteuer** mit Ablauf des Veranlagungszeitraums, d.h. also mit Ablauf des Geschäftsjahres. Damit sind etwaige Steuererstattungsansprüche bzw. Steuerzahllasten in dem Jahr im Jahresabschluss zu berücksichtigen, auf dessen Jahresergebnis diese sich beziehen. Die **Gewerbesteuer** entsteht gem. § 18 GewStG mit Ablauf des Erhebungszeitraums, für den die Festsetzung vorgenommen wird, also grundsätzlich immer mit Ablauf des Kalenderjahres. Sofern das bilanzierende Unternehmen also kein abweichendes Wirtschaftsjahr hat, entstehen die Steuern rechtlich mit Ablauf des Kalenderjahres. Ein Ansatz erfolgt damit entweder als Forderung oder Schuld des Steuerpflichtigen gegenüber dem Finanzamt bzw. in Fällen der Gewerbesteuer gegenüber der Gemeinde.

Bewertung

Die **Bewertung der Steuerforderung** bzw. -schuld stellt den komplexesten Teil der Bilanzierung von Steuern dar. Grundsätzlich bemisst sich die Steuer nach der einfachen Formel Bemessungsgrundlage × Steuersatz. Dabei liegt der aktuelle Körperschaftsteuersatz gem. § 23 KStG bei 15 % und beträgt unter Berücksichtigung des Solidaritätszuschlags 15,83 %. Die **Höhe der Gewerbesteuer** wird durch die Höhe der gemeindespezifischen Hebesätze beeinflusst. Auf den sich aus dem Gewerbeertrag ergebenden Steuermessbetrag (Steuermesszahl 3,5 %) wird eben dieser Hebesatz angewendet. Dieser beträgt mindestens 200 % (§ 16 Abs. 4 S. 2 GewStG).

Für die **Ermittlung der Bemessungsgrundlage** sind die den Steuerarten eigenen Ermittlungsschemata zugrunde zu legen. Da der **Gewerbeertrag** gem. § 7 S. 1 GewStG zunächst vom steuerpflichtigen Gewinn ausgeht, der sich nach den Vorschriften des EStG und des KStG ermittelt, werde ich zunächst das Schema der **körperschaftsteuerlichen Gewinnermittlung** darstellen. Wie einleitend ausgeführt, ermittelt sich das körperschaftsteuerliche zu versteuernde Einkommen gem. § 8 Abs. 1 KStG nach den Vorschriften des Einkommensteuergesetzes und des Körperschaftsteuergesetzes.

Ausgehend vom handelsrechtlichen Jahresergebnis ist zunächst entweder eine Überleitungsrechnung gem. § 60 EStDV vorzunehmen oder der **Steuerbilanzgewinn** zu ermitteln. Dabei sind innerbilanziell die sogenannten steuerlichen Bewertungsvorbehalte zu berücksichtigen. Steuerlich bestehen insbesondere gem. § 5 EStG besondere Ansatz- und gem. § 6 EStG besondere Bewertungsvorschriften. So besteht zum Beispiel für handelsrechtlich gebildete Drohverlustrückstellungen ein steuerrechtliches Passivierungsverbot gem. § 5 Abs. 4a S. 1 EStG. Die entsprechende Rückstellung ist sodann ertragswirksam aufzulösen. Eine steuerrechtliche Bewertungsbesonderheit ergibt sich beispielsweise aus § 6 Abs. 1 Nr. 3 EStG, nach dem langfristige Verbindlichkeiten mit 5,5 % abzuzinsen sind und nicht wie nach § 253 Abs. 2 S. 1 HGB mit dem der Restlaufzeit entsprechenden durchschnittlichen Marktzinssatz der letzten sieben Geschäftsjahre. Auch diese Differenz ist entsprechend erfolgswirksam zu korrigieren.

Neben diesen **innerbilanziellen Korrekturen** sind weitere **außerbilanzielle Gewinnkorrekturen** vorzunehmen. Vor allem sind die nicht abziehbaren Betriebsausgaben gem. § 4 Abs. 5 EStG und § 10 KStG vorzunehmen. Hier sind all jene Aufwendungen hinzuzurechnen, die sich steuerlich nicht auswirken dürfen – regelmäßig die geleisteten Steuervorauszahlungen oder bestimmte Teile der Bewirtungskosten. Vice versa sind natürlich auch Erträge abzuziehen, die nicht der Besteuerung unterliegen. Dies sind gem. § 8b Abs. 1 und Abs. 5 KStG zum Beispiel 95 % der Dividenden, die eine Kapitalgesellschaft von einer Tochterkapitalgesellschaft bezogen hat. Weitere Besonderheiten bei der Ermittlung des zu versteuernden Einkommens bestehen auch beim Vorliegen einer ertragsteuerlichen Organschaft. Dies soll hier allerdings nicht weiter beleuchtet werden.

Am Ende ergibt sich aus diesem Ermittlungsschema das **zu versteuernde Einkommen,** auf das der Steuersatz angewendet wird, sofern dieses positiv ist. Von diesem Betrag werden die geleisteten Vorauszahlungen abgezogen, sodass sich entsprechend eine finale **Steuerzahllast** oder ein finaler **Steuererstattungsanspruch** ergibt. Sofern das zu versteuernde Einkommen negativ ist, wird ein steuerlicher Verlustvortrag festgestellt, der in Folgejahren mit positiven Ergebnissen zu verrechnen ist. Der steuerliche Verlustvortrag allein findet allerdings keinen Eingang in die Bilanz.

Ausgehend vom steuerpflichtigen Gewinn nach EStG und KStG wird der **Gewerbeertrag** ermittelt. Dem steuerpflichtigen Gewinn sind in § 8 GewStG festgelegte Aufwendungen hinzuzurechnen, sofern diese den Gewinn gemindert haben. Typischerweise sind dies Schuldzinsen oder Mietaufwendungen. § 9 GewStG ist die im Gegenzug bestehende **Kürzungsvorschrift**, aus der hervorgeht, dass für bestimmte Sachverhalte Abschläge vom Gewinn gemacht werden müssen. Dies ist der Fall, wenn im Gewinn beispielsweise Erträge aus Beteiligungen an Personengesellschaften enthalten sind. Da diese bereits bei der Personengesellschaft der Besteuerung unterlagen, soll durch die Kürzung eine **Doppelbesteuerung** vermieden werden. Nach Anwendung der Hinzurechnungs- und Kürzungsvorschriften ergibt sich der Gewerbeertrag, auf den die Steuermesszahl und der Hebesatz der entsprechend hebeberechtigten Gemeinde anzuwenden ist. Auch hier werden die entsprechend geleisteten Vorauszahlungen von der sich ergebenden Gewerbesteuer abgezogen, sodass sich die finale Steuerzahllast oder ein finaler Steuererstattungsanspruch ergibt. Für einen negativen Gewerbeertrag gilt das zum negativen zu versteuernden Einkommen gesagte.

Ausweis

Ergibt die Steuerermittlung eine **Forderung gegenüber den Behörden**, ist ein Ausweis unter den sonstigen Vermögensgegenständen gem. § 266 Abs. 2 A. II. Nr. 4 HGB vorzunehmen. Da die Steuer mit dem Ablauf des Wirtschafts- bzw. Kalenderjahres entsteht, ist die **Aktivierung eines Erstattungsanspruchs** auch vor dem Hintergrund des Realisationsprinzips geboten. Eine etwaige Steuerschuld ist zu passivieren. Ohne, dass ein Steuerbescheid vorliegt, in dem neben der Steuerfestsetzung auch die Fälligkeit der Steuerzahlung beschieden wird, ist der Eintritt der Verpflichtung aus der Verbindlichkeit insbesondere hinsichtlich des Zeitpunkts noch ungewiss, sodass die Passivierung einer Rückstellung mit Ausweis unter § 266 Abs. 3 B. Nr. 2 HGB vorzunehmen ist.

> **Vortragszeit: 4/6 Minuten**

III. Prüfung von Steuern

Wie einleitend bereits ausgeführt, ist das Prüffeld Steuern **klassischer Bestandteil der Jahresabschlussprüfung**. Der Abschlussprüfer muss sich entsprechend bereits im Rahmen der Prüfungsplanung mit dem Thema beschäftigen. Neben den klassischen Steuerforderungen oder -rückstellungen, können sich bei einem Unternehmen diverse steuerliche Fragestellungen ergeben. So ist ein Verständnis vom für das Unternehmen relevanten steuerlichen Rechtssystem zu gewinnen und der Umfang abzuschätzen, in dem sich steuerliche Sachverhalte auf den Jahresabschluss auswirken. Steuerrelevante Sachverhalte, aus denen sich **Risiken für die Rechnungslegung** ergeben können, sind beispielsweise:

- Das Tätigwerden im Ausland, bei dem das Engagement nicht allein nach deutschem sondern auch nach ausländischem Steuerrecht gewürdigt werden muss.
- Das Vorhandensein steuerlicher Verlustvorträge vor allem bei Umstrukturierungen im Unternehmen, z.B. der Untergang der Verlustvorträge nach § 8c KStG.
- Die Ankündigung und/oder Durchführung von Betriebsprüfungen.
- Wesentliche Abweichungen zwischen Handels- und Steuerbilanz.
- Keine fachliche Fortbildung der zuständigen Mitarbeiter, etc.

Der Abschlussprüfer hat abzuschätzen, ob zur Analyse komplexer oder außergewöhnlicher Fragen zur Einhaltung von Steuervorschriften nicht gegebenenfalls ein Sachverständiger zurate zu ziehen ist. Sodann sind die Vorschriften des IDW PS 322 n.F. zur **Verwertung von Arbeiten von für den Abschlussprüfer tätigen Sachverständigen** zu berücksichtigen. Der Abschlussprüfer ist weiterhin in der alleinigen Verantwortung für das abzugebende Prüfungsurteil und muss die Arbeit des Sachverständigen entsprechend koordinieren und verwerten.

Neben der Gewinnung des Verständnisses über die steuerrechtlich relevanten Sachverhalte hat der Abschlussprüfer ebenfalls zu überprüfen, ob der vom Unternehmen eingerichtete Prozess zur Ermittlung der Steuern angemessen ist. Gegebenenfalls ist das Unternehmen auch steuerlich von einem externen Steuerberater betreut, sodass die **Grundsätze gem. IDW PS 331 zur Abschlussprüfung bei teilweiser Aus-**

lagerung der Rechnungslegung auf Dienstleistungsunternehmen anzuwenden sind. Hier ist insbesondere einzuschätzen, ob das Kontrollrisiko auf Ebene des Unternehmens verbleibt, in dem die Arbeiten des externen Dienstleisters den Kontrollmaßnahmen des auslagernden Unternehmens unterliegen, oder ob das Kontrollrisiko auf Ebene des Dienstleisters angesiedelt ist, sodass sich das auslagernde Unternehmen auf die Angemessenheit und Wirksamkeit der Kontrollen des Dienstleisters verlassen muss.

Im Rahmen der **Prüfung des inhärenten und des Kontrollrisikos** wird der Abschlussprüfer die für die Prüfung relevanten Risiken herausarbeiten. Auf dieser Basis legt er sein Prüfungsprogramm fest. Angenommen, beim Berichtsunternehmen bestehen zahlreiche Abweichungen zwischen Handels- und Steuerbilanz, die einer sorgfältigen und lückenlosen Überleitung des handels- auf den steuerrechtlichen Gewinn bedürfen, dann ist nach Feststellung eines angemessenen Systems zur Ermittlung des steuerlichen Gewinns zunächst eine Funktionsprüfung durchzuführen, mit der ermittelt wird, ob das System auch zeitraumbezogen wirksam war. Mit einem sogenannten **walk-through**, in dem der Prozess der Ermittlung der Steuern im Unternehmen anhand eines Beispielsachverhalts nachvollzogen wird, wird der Abschlussprüfer die Wirksamkeit des Systems feststellen können.

Sind die Risiken, die sich aus den steuerlichen Sachverhalten ergeben, wesentlich, kommen neben der Funktionsprüfung weitere aussagebezogene Prüfungshandlungen in Betracht. Zielführend ist der Abgleich der Steuerermittlung mit den zugrunde liegenden Daten. Wurden alle steuerlich abweichend zu beurteilenden Ansatz- und Bewertungsvorschriften entsprechend berücksichtigt und betragsmäßig richtig verarbeitet? Sind etwaige von vorherigen Betriebsprüfungen festgesetzte Vorgehensweisen entsprechend umgesetzt worden? Beispielsweise können sich aufgrund von Betriebsprüfungen Abweichungen von den handelsrechtlichen Nutzungsdauern für Vermögensgegenstände/Wirtschaftsgüter ergeben. Diese müssen sowohl konsequent für alle vorhandenen aber auch für neu angeschaffte Wirtschaftsgüter angewendet werden.

Schließlich kann die **Qualität der Ermittlung der Steuerforderung/-schuld** gegenüber den Behörden auch überprüft werden, indem die bilanzierten Steuern des Vorjahres mit dem entsprechenden Steuerbescheid abgeglichen werden. Auch kommt die Würdigung der Ergebnisse vorhergegangener Betriebsprüfungen in Betracht.

Die sich aus oben beispielhaft genannten Prüfungshandlungen ergebenden **Prüfungsfeststellungen** sind im Prüfungsurteil zu verdichten. Es liegt im Ermessen des Abschlussprüfers abzuschätzen, ob er eine hinreichende Prüfungssicherheit gewonnen hat, oder ob weitere Prüfungshandlungen getätigt werden müssen. Als finale Prüfungshandlung kommt die Einholung einer Vollständigkeitserklärung in Betracht, in der die gesetzlichen Vertreter die Vollständigkeit der vorgelegten Unterlagen bestätigen. Im Rahmen der Berichterstattung kommt in der Stellungnahme zur Lage des Unternehmens eine Berichterstattung in Betracht, sofern sich aus den steuerlichen Risiken bestandsgefährdende Risiken für das Unternehmen ergeben. Dies muss sich entsprechend im Prüfungsurteil niederschlagen. In der Vorwegberichterstattung gem. § 321 Abs. 1 S. 3 HGB berichtet der Abschlussprüfer über Verstöße des Unternehmens gegen steuerliche Vorschriften. Der Hauptteil beinhaltet die Berichterstattung über die Art und den Umfang der Prüfungshandlungen.

Werden dem Abschlussprüfer während seiner Prüfungshandlungen steuerliche Risiken gewahr, die bislang noch keinen Eingang in den Jahresabschluss gefunden haben, hat er dies unverzüglich mit dem Management zu besprechen und weitere notwendige Maßnahmen auszuloten.

> **Vortragszeit: 3/9 Minuten**

IV. Fazit

Mit diesem Kurzvortrag habe ich dargestellt, wie umfassend das Thema Steuern den handelsrechtlichen Jahresabschluss und damit seine Prüfung beeinflusst. Handels- und Steuerrecht sind grundsätzlich zwei unterschiedliche Rechtssysteme, deren Auswirkungen allerdings in einem Rechtsraum, in dem das handelsrechtliche Rechenwerk den Ausgangspunkt für die Ermittlung der Steuern darstellt, in einem starken Abhängigkeitsverhältnis voneinander stehen. Um beiden Rechtssystemen gerecht zu werden und die rechtlich richtigen Konsequenzen hieraus zu ziehen, ist ein gefestigtes Verständnis beider Rechtssysteme von Nöten. Dieses muss vor dem Hintergrund sich schnell ändernder Gesetze, Rechtsprechungen und Finanzverwaltungsauffassungen regelmäßig aktualisiert werden, damit Mandanten angemessen beraten und Abschluss-prüfungen angemessen durchgeführt werden können.

Vielen Dank für Ihre Aufmerksamkeit.

Vortragszeit: 1/10 Minuten

Vortrag 28
Die Prüfung des Lageberichts (Prüfungswesen)

Sehr geehrte/r Frau/Herr Vorsitzende/r, sehr geehrte Prüfungskommission,
aus den mir zur Auswahl gestellten Themen habe ich mich für das Thema „**Die Prüfung des Lageberichts**"
entschieden. Meinen Vortrag gliedere ich wie folgt:

I.	Begriff und Überblick
II.	Prüfungsgegenstand und -umfang
III.	Prüfungshandlungen
IV.	Berichterstattung und Bestätigungsvermerk
V.	Fazit

Vortragszeit: 0,5 Minuten

I. Begriff und Überblick

Mittelgroße und große Kapitalgesellschaften bzw. Kap & Co.-Gesellschaften haben gem. § 264 i.V.m. § 264a HGB einen **Lagebericht** aufzustellen. Darüber hinaus ist der Konzernabschluss um einen Konzernlage-bericht zu ergänzen, § 315 HGB. Auf den Konzernlagebericht und dessen Prüfung soll hier nicht weiter eingegangen werden.

Der Lagebericht stellt neben dem Jahresabschluss einen eigenständigen Teil der jährlichen Rechenschafts-legung dar. Er ergänzt und verdichtet den Jahresabschluss um eine der Komplexität der Geschäftätigkeit entsprechende analytische Beurteilung des Geschäftsverlaufs einschließlich des Geschäftsergebnisses sowie der Lage der Gesellschaft durch die Geschäftsführung, da der Jahresabschluss mit den Erläuterungen im Anhang den Adressaten nur begrenzt ermöglicht, die tatsächliche Lage zu erkennen. Dabei ist er nicht an das **Stichtags- und Vorsichtsprinzip** gebunden und deshalb umfassender und zukunftsorientierter ausge-richtet (s. Marten/Quick/Ruhnke, Wirtschaftsprüfung, 4. Auflage, Stuttgart 2011, S. 602 f.).

Der **Geschäftsverlauf** und die Lage der Gesellschaft einschließlich des Geschäftsergebnisses im Lagebe-richt sind so darzustellen, dass dem **true and fair view** Rechnung getragen wird.

§ 289 HGB erfordert folgende (Mindest-)Berichtsbestandteile: Wirtschaftsbericht, Nachtragsbericht, Prog-nose-, Chancen- und Risikobericht, Einzelangaben gem. § 289 Abs. 2 HGB (vgl. auch DRS 20). Darüber hinaus haben bestimmte Gesellschaften gem. § 289 Abs. 3-5 und § 289a HGB weitergehende Informatio-nen aufzunehmen. Die gesetzlichen Vertreter einer kapitalmarktorientierten Gesellschaft haben gem. § 289 Abs. 1 S. 5 HGB einen sog. **Bilanzeid** zu leisten.

Der Jahresabschluss und der Lagebericht von Kapitalgesellschaften bzw. Kap & Co.-Gesellschaften i.S.v. § 264a HGB, die nicht klein sind, sind durch einen **Abschlussprüfer** zu prüfen. Abschlussprüfer können gem. § 319 Abs. 1 HGB Wirtschaftsprüfer und Wirtschaftsprüfungsgesellschaften sein, wobei mittelgroße Gesellschaften auch von vereidigten Buchprüfern und Buchprüfungsgesellschaften geprüft werden können, § 319 Abs. 1 S. 2 HGB.

Vortragszeit: 2/2,5 Minuten

II. Prüfungsgegenstand und -umfang

Gegenstand und Umfang der Prüfung des Lageberichtes ergeben sich im Wesentlichen – aber nicht abschließend – aus § 317 HGB. Aus §§ 321 und 322 HGB ergeben sich weitergehende Prüfungspflichten.

Der Lagebericht ist dahingehend zu prüfen, ob er mit dem Jahresabschluss und den bei der Prüfung gewonnenen Erkenntnissen in Einklang steht und insgesamt ein **zutreffendes Bild von der Lage des Unternehmens** vermittelt. Darüber hinaus ist zu prüfen, ob die Chancen und Risiken der künftigen Entwicklung des Unternehmens zutreffend dargestellt sind.

Der Abschlussprüfer hat den Lagebericht mit der gleichen Sorgfalt wie den Jahresabschluss zu prüfen. Es sind ausreichende und angemessene Prüfungsnachweise einzuholen. Dabei sind die **Grundsätze ordnungsgemäßer Lageberichterstattung** zu beachten. Dies sind insbesondere: Vollständigkeit, Verlässlichkeit und Ausgewogenheit, Klarheit und Übersichtlichkeit, Wesentlichkeit (vgl. DRS 20, vgl. Grottel in Beck'scher Bilanzkommentar, 9. Auflage 2014, § 289 Rn. 8–14).

> **Vortragszeit: 1,5/4 Minuten**

III. Prüfungshandlungen

Da die Prüfung des Lageberichtes in einem engen zeitlichen Zusammenhang mit der Prüfung des Jahresabschlusses steht, können die dort erlangten Erkenntnisse für die Prüfung des Lageberichts verwandt werden.

Bereits zu Beginn der Abschlussprüfung hat sich der Abschlussprüfer ein **vorläufiges Bild von der Lage des Unternehmens** zu machen (vgl. IDW PS 320 Rz. 9). Dies soll u.a. der Einschätzung der Prüfungsrisiken dienen und es ermöglichen, Prüfungsschwerpunkte und daraus abgeleitet das Prüfungsprogramm zu erarbeiten. Dabei ist diese vorläufige Einschätzung um die im Rahmen der Jahresabschlussprüfung und der Prüfung des Lageberichts gewonnenen weiteren Erkenntnisse zu ergänzen bzw. zu präzisieren.

Bei wirtschaftlichen Schwierigkeiten des Unternehmens sind prognostische und wertende Angaben im Lagebericht besonders kritisch zu prüfen (IDW PS 350 Rz. 17). In diesem Fall ist gegebenenfalls eine Überschuldungs- **bzw. Zahlungsunfähigkeitsprüfung** vorzunehmen und die Zulässigkeit der **Going Concern-Prämisse** zu prüfen.

Bei der **vergangenheitsorientierten Prüfung des Lageberichts** sind insbesondere folgende Aspekte zu analysieren: globales Umfeld, Unternehmensumfeld, unternehmensinterne Erfolgsfaktoren, interne Organisation und Entscheidungsfindung und Beziehungen zu nahestehenden Personen (IDW PS 350 Rz. 18).

Darüber hinaus sind auch Angaben, die über die Vermögens-, Finanz- und Ertragslage hinausgehen und wesentlich für die Gesamtsituation des Unternehmens sind, zu berücksichtigen. Soweit diese Informationen aus internen Quellen stammen, die nicht unmittelbarer Gegenstand der Abschlussprüfung sind (z.B. Personalstatistik, Planungs- und Budgetierungsunterlagen, Umsatzstatistiken, Statistiken über Auftragsbestände etc.) muss sich der Abschlussprüfer einen Eindruck verschaffen, ob diese Quellen glaubhaft sind (IDW PS 350 Rz. 20).

Soweit wertende Angaben im Lagebericht z.B. zum Geschäftsverlauf vorhanden sind, hat der Abschlussprüfer zu prüfen, ob die zutreffenden Einzelangaben, insgesamt aufgrund der Darstellungsform ein den tatsächlichen Verhältnissen entsprechendes Bild vermitteln. In diesem Zusammenhang ist auch zu prüfen, ob z.B. durch besondere textliche Hervorhebungen Chancen besonders herausgestellt sind, die entsprechenden Risiken nicht ausreichend zum Ausdruck kommen.

Bei der **zukunftsorientierten Prüfung des Lageberichtes** ist der Abschlussprüfer vor die besondere Herausforderung gestellt, prognostische Angaben zu prüfen. Dies erfolgt zunächst durch eine Einschätzung über die Zuverlässigkeit und Funktionsfähigkeit des unternehmensinternen Planungssystems. Dabei ist darauf zu achten, dass die verwendeten Prognosemodelle sachgerecht sind und auch richtig gehandhabt wurden. Die dabei getroffenen Annahmen und Prognosen sind als solche zu kennzeichnen.

Geboten ist ebenfalls ein **Abgleich der Prognosen des Vorjahres mit den tatsächlich eingetretenen Entwicklungen**. Daraus kann eine gewisse Prognosesicherheit bzw. -Unsicherheit abgeleitet werden. Ebenfalls sind die zukunftsorientierten Angaben auf Vollständigkeit und Plausibilität zu prüfen, wobei die Prognosen im Lagebericht sich mit den internen Erwartungen der Unternehmensleitung decken müssen.

Da für die Lagerichterstattung nicht das Stichtagsprinzip gilt, hat der Abschlussprüfer bei der Prüfung des Lageberichtes ebenfalls **Vorgänge von besonderer Bedeutung nach dem Abschlussstichtag** einzubeziehen (vgl. § 289 Abs. 2 Nr. 1 HGB). Als Prüfungshandlungen kommen z.B. die Durchsicht von Zwischenberichten, von Protokollen über Sitzungen der gesetzlichen Vertreter oder Gesellschafter oder sonstiger Gremien in Betracht. Aber auch eine Befragung der gesetzlichen Vertreter oder die Durchsicht von Berichten der internen Revision können geeignete Prüfungshandlungen darstellen.

Bei der abzugebenden **Vollständigkeitserklärung** ist darauf zu achten, dass diese auch den Lagebericht und die erforderlichen Angaben zu Vorgängen von besonderer Bedeutung nach dem Abschlussstichtag umfasst (vgl. IDW PS 303 Rz. 20).

Abschließend hat der Abschlussprüfer sich davon zu überzeugen, dass die nach § 289 Abs. 2 Nr. 2 HGB vorgeschriebenen **Angaben zu den Risikomanagementzielen und -methoden** der Gesellschaft sowie den Risiken, denen die Gesellschaft ausgesetzt ist, angemessen sind (IDW PS 350 Rz. 29).

Die Prüfungshandlungen sind darauf auszurichten, ob diese im Lagebericht entsprechend den tatsächlichen Verhältnissen dargestellt sind. Dazu kommen als Prüfungshandlungen z.B. die Durchsicht der internen Richtlinien des Finanz- und Rechnungswesens, von Berichten des Controlling oder des Risikomangements in Betracht. Daneben können **Einzelfallprüfungen über die Einhaltung der internen Richtlinien und Verplausibilisierungen** zu einem besseren Verständnis des Abschlussprüfers in diesem Bereich beitragen.

> **Vortragszeit: 2,5/6,5 Minuten**

IV. Berichterstattung und Bestätigungsvermerk

Gemäß § 321 Abs. 2 Satz 1 HGB hat der Abschlussprüfer im Prüfungsbericht festzustellen, ob der Lagebericht den gesetzlichen Vorschriften und den ergänzenden Bestimmungen des Gesellschaftsvertrages bzw. der Satzung entspricht. Er hat weiterhin über die wesentlichen Aussagen des Lageberichts zu berichten und diese zu würdigen. Soweit **Mängel** vorhanden sind, die nicht zu einer Einschränkung des Bestätigungsvermerkes führen, hat der Abschlussprüfer im Prüfungsbericht darauf hinzuweisen.

Er hat insbesondere auch Stellung zu nehmen, zu der **Lagebeurteilung der gesetzlichen Vertreter**. Nach § 321 Abs. 1 Satz 3 HGB ist über bei der Durchführung der Prüfung festgestellte Unrichtigkeiten oder Verstöße gegen gesetzliche Vorschriften sowie Tatsachen zu berichten, die den Bestand des geprüften Unternehmens gefährden oder seine Entwicklung wesentlich beeinträchtigen können.

Der Abschlussprüfer hat das Ergebnis seiner Prüfung in einem **Bestätigungsvermerk** zusammen zu fassen, § 322 Abs. 1 S. 1 HGB.

Mit einem **uneingeschränkten Bestätigungsvermerk** bringt der Abschlussprüfer zum Ausdruck, dass der Lagebericht nach seiner Beurteilung im Einklang mit dem Jahresabschluss steht und insgesamt ein zutreffendes Bild von der Lage des Unternehmens vermittelt und die Chancen und Risiken der zukünftigen Entwicklung dargestellt werden (vgl. IDW PS 350 Rz. 34).

Soweit der Lagebricht **bestandsgefährdende Risiken** enthält, hat der Abschlussprüfer in dem Bestätigungsvermerk gem. § 322 Abs. 2 Satz 3 HGB einen gesonderten Hinweis aufzunehmen.

Aufgrund von Mängeln im Lagebricht kann auch eine **Einschränkung des Bestätigungsvermerkes** erforderlich sein. Dies kann z.B. der Fall sein, wenn wesentliche Lageberichtsteile nicht vorhanden sind oder gar kein Lagebericht trotz Aufstellungspflicht erstellt worden ist. Aber auch wenn prüfungspflichtige Informationen falsch sind oder nicht im Einklang mit dem Jahresabschluss stehen, kann eine Einschränkung geboten sein (vgl. IDW PS 400).

> **Vortragszeit: 2,5/9 Minuten**

V. Fazit

Die Prüfung des Lagerberichts stellt den Abschlussprüfer vor besondere Herausforderungen. Insbesondere bei der Prüfung von prognostischen Angaben hat der Abschlussprüfer besondere Prüfungshandlungen vorzunehmen, da von ihm verlangt wird festzustellen, dass die Angaben im Lagebericht in Übereinstimmung mit Gesetz, Gesellschaftsvertrag und Satzung und mit den Angaben des Jahresabschlusses stehen. Darüber hinaus muss der Lagebericht dem **true and fair view Grundsatz** genügen.

Durch eine **gewissenhafte Lageberichtsprüfung** trägt der Abschlussprüfer zu einem größeren Vertrauen in die Lageberichtsangaben durch die shareholder/stakeholder des Unternehmens insbesondere aufgrund der zukunftsorientieren Angaben aber auch aufgrund der Angabepflicht zu bestandsgefährdenden Risiken bei.

Vielen Dank für Ihre Aufmerksamkeit.

> **Vortragszeit: 1/10 Minuten**

Vortrag 29
Der Bestätigungsvermerk (Prüfungswesen)

Sehr geehrte/r Frau/Herr Vorsitzende/r, sehr geehrte Prüfungskommission,
aus den mir zur Auswahl gestellten Themen habe ich mich für das Thema „**Der Bestätigungsvermerk**" entschieden. Meinen Vortrag gliedere ich wie folgt:

I.	Begriff und Überblick
II.	Rechtliche Bedeutung eines Bestätigungsvermerks
III.	Inhalt und Bestandteile des Bestätigungsvermerks
IV.	Formen des Bestätigungsvermerks
V.	Sonderfälle
VI.	Fazit

> **Vortragszeit: 0,5 Minuten**

I. Begriff und Überblick

Der Jahresabschluss und der Lagebericht von mittelgroßen und großen Kapitalgesellschaften bzw. Kap&Co.-Gesellschaften ist gemäß § 316 Abs. 1 HGB durch einen Abschlussprüfer zu prüfen. Das Ergebnis seiner Prüfung hat der Abschlussprüfer in einem **Bestätigungsvermerk gem. § 322 HGB** zusammenzufassen.

Auf den **Bestätigungsvermerk eines Konzernabschlusses/Konzernlageberichtes** sowie auf die Besonderheiten im Zusammenhang mit internationalen Rechnungslegungsvorschriften soll an dieser Stelle nicht weiter eingegangen werden.

Der Bestätigungsvermerk stellt ein Gesamturteil über das Ergebnis der Prüfung dar das klar und schriftlich zu formulieren ist. Das **Prüfungsurteil** ist darauf auszurichten, ob der Jahresabschluss und der Lagebericht in Übereinstimmung mit den gesetzlichen Vorschriften sowie den ergänzenden Vorschriften des Gesellschaftsvertrages bzw. der Satzung erstellt wurde und ein den tatsächlichen Verhältnissen entsprechendes Bild der Vermögens-, Finanz- und Ertragslage wiedergibt. Weiterhin ist darauf einzugehen, ob der Lagebericht mit dem Jahresabschluss in Einklang steht und die Chancen und Risiken der zukünftigen Entwicklung zutreffend dargestellt sind.

Es ist zu beachten, dass der Bestätigungsvermerk keine Aussagen über den wirtschaftlichen Zustand eines Unternehmens treffen kann. Vielmehr wird bestätigt, ob die wirtschaftliche Lage zutreffend wiedergeben wurde. Insoweit stellt ein **uneingeschränkter Bestätigungsvermerk** auch kein von der Rechnungslegung losgelöstes „Gesundheitstestat" oder „Gütesiegel" dar (s. BeBiKo/Schmidt/Küster, HGB, § 322 Rn. 9).

Anders als der Prüfungsbericht richtet sich der Bestätigungsvermerk an die Öffentlichkeit. Entsprechend ist der Bestätigungsvermerk gem. § 325 HGB auch Bestandteil der Offenlegung des Jahresabschlusses/Lageberichts.

Insoweit ist zu beachten, dass zwischen den Erwartungen der Öffentlichkeit und den an den begrenzten Möglichkeiten der Rechnungslegung ausgerichteten Aussagen des Bestätigungsvermerkes eine Diskrepanz besteht (vgl. Marten/Quick/Ruhnke, Wirtschaftsprüfung, 4. Auflage 2011, S. 18 m.w.N.), welche man auch als **„Erwartungslücke"** bezeichnet (sog. **expectation gap**).

Das Institut der Wirtschaftsprüfer hat im IDW PS 400 die berufsmäßige Auffassung über die Grundsätze für die **ordnungsgemäße Erteilung von Bestätigungsvermerken bei Abschlussprüfungen** festgehalten.

> **Vortragszeit: 1,5/2 Minuten**

II. Rechtliche Bedeutung eines Bestätigungsvermerks

Durch den Bestätigungsvermerk wird – insbesondere auch gegenüber der Öffentlichkeit – zum Ausdruck gebracht, dass das prüfungspflichtige Unternehmen seiner gesetzlichen Prüfungspflicht der Rechnungslegung nachgekommen ist.

Weiterhin kann der prüfungspflichtige Jahresabschluss durch die Gesellschafterversammlung nur wirksam festgestellt werden, soweit eine gesetzliche Abschlussprüfung stattgefunden hat und ein Bestätigungsvermerk bzw. Versagungsvermerk nebst Prüfungsbericht erteilt worden ist.

> **Vortragszeit: 0,5/2,5 Minuten**

III. Inhalt und Bestandteile des Bestätigungsvermerks

Der Bestätigungsvermerk enthält die folgenden **Grundbestandteile**:

1. Überschrift,
2. Einleitender Abschnitt,
3. Beschreibender Abschnitt,
4. Beurteilung durch den Abschlussprüfer,
5. Ggf. Hinweis zur Beurteilung des Prüfungsergebnisses,
6. Ggf. Hinweis auf Bestandsgefährdungen.

Zu 1.: Überschrift

Der Bestätigungsvermerk ist als solcher zu bezeichnen. Soweit der Bestätigungsvermerk zu versagen ist, ist dieser nicht mehr als Bestätigungsvermerk zu bezeichnen (sog. **Versagungsvermerk**), § 322 Abs. 4 S. 2 HGB.

Das IDW empfiehlt den Bestätigungsvermerk als **„Bestätigungsvermerk des Abschlussprüfers"** zu bezeichnen, um deutlich zu machen, dass der Bestätigungsvermerk durch einen unabhängigen, dem Berufseid verpflichteten Prüfer erteilt wurde und schließt Verwechslungen mit Vermerken zum Jahresabschluss aus, die von Organen des Unternehmens oder von Dritten gegeben werden (s. IDW PS 400 Rn. 20).

Zu 2.: Einleitender Abschnitt

Im einleitenden Abschnitt des Bestätigungsvermerkes sind als Gegenstand der Prüfung der Jahresabschluss unter Einbeziehung der Buchführung sowie der Lagebericht zu nennen und das geprüfte Unternehmen sowie das dem Jahresabschluss und Lagebericht zugrunde liegende Geschäftsjahr zu bezeichnen (vgl. IDW PS 400 Rn. 24). Darüber hinaus sind die angewandten Rechnungslegungsgrundsätze anzugeben und die Verantwortung des Abschlussprüfers von der der gesetzlichen Vertreter abzugrenzen.

Der IDW PS 400 sieht unter der Randnummer 27 einen entsprechenden Formulierungsvorschlag vor.

Zu 3.: Beschreibender Abschnitt

Der beschreibende Abschnitt hat Art und Umfang der Abschlussprüfung zu beschreiben. Auf die dabei angewandten Prüfungsgrundsätze ist Bezug zu nehmen. Ziel dieser Regelung ist es, das Prüfungsvorgehen zu dokumentieren, um hierdurch weiter gehenden oder unzutreffenden Erwartungen der Adressaten im Hinblick auf die Tragweite der Prüfung zu begegnen (vgl. Ebenroth/Boujong/Joost/Strohn, Handelsgesetzbuch, 3. Auflage 2014, Rn. 16).

Es ist darauf hinzuweisen, dass es sich um eine Jahresabschlussprüfung handelt.

Zur Beschreibung des Umfangs gehört der Hinweis, dass der Abschlussprüfer die Prüfung so geplant und durchgeführt hat, dass mit hinreichender Sicherheit beurteilt werden kann, ob die Rechnungslegung frei von wesentlichen Mängeln ist, d.h. Unrichtigkeiten und Verstöße, die sich auf die Darstellung des durch den Jahresabschluss unter Beachtung der Grundsätze ordnungsmäßiger Buchführung und durch den Lagebericht vermittelten Bildes der Vermögens-, Finanz- und Ertragslage wesentliche Auswirkungen hat. Dabei sind die Grundsätze zu nennen, nach denen die Prüfungsplanung und die Prüfungsdurchführung erfolgen (s. IDW PS 400 Rn. 30).

Der Prüfer soll auch darauf hinweisen, dass er bei der **Festlegung der Prüfungshandlungen** die Kenntnisse über die Geschäftstätigkeit und das wirtschaftliche und rechtliche Umfeld der geprüften Gesellschaft sowie die Erwartungen möglicher Fehler bei der Festlegung der einzelnen Prüfungshandlungen berücksichtigt hat (s. Ebke, MüKo HGB, 3 Aufl. 2013, § 322 Rn. 20).

Um einer **Erwartungslücke** entgegenzuwirken, soll der Hinweis aufgenommen werden, dass die Wirksamkeit des rechnungslegungsbezogenen internen Kontrollsystems sowie der Nachweise für die Angaben in Buchführung, Jahresabschluss und Lagebericht im Rahmen der Abschlussprüfung auf der Grundlage von Stichproben beurteilt wurden (vgl. IDW PS 400 Rn. 31).

IDW PS 400 sieht in Rn. 36 eine entsprechende Formulierung für den beschreibenden Abschnitt vor.

Zu 4.: Beurteilung durch den Abschlussprüfer

Der Abschlussprüfer hat ein abschließendes Gesamturteil über die Abschlussprüfung abzugeben.

Das Prüfungsurteil trifft der Abschlussprüfer nach pflichtgemäßer Prüfung. Er beurteilt, ob das Unternehmen die maßgeblichen Rechnungslegungsgrundsätze beachtet hat und insgesamt der **true-and-fair-view Grundsatz** beachtet wurde. Insoweit wird auch von einem sog. Positivurteil gesprochen (abgrenzend dazu die Bescheinigung bei der prüferischen Durchsicht).

Dabei muss das Urteil zweifelsfrei ergeben, ob es sich um einen uneingeschränkten Bestätigungsvermerk, einen eingeschränkten Bestätigungsvermerk oder um einen Versagungsvermerk aufgrund von Einwendungen oder aufgrund fehlender Möglichkeit der Beurteilung handelt.

Zu 5.: Ggf. Hinweis zur Beurteilung des Prüfungsergebnisses

Der Abschlussprüfer hat nach § 322 Abs. 3 S. 2 HGB die Möglichkeit, im Bestätigungsvermerk auf Umstände hinzuweisen, auf die er in besonderer Weise aufmerksam machen will, ohne den Bestätigungsvermerk einzuschränken.

Zu 6.: Ggf. Hinweis auf Bestandsgefährdungen

In Abgrenzung zu dem Hinweis gem. § 322 Abs. 3 S. 2 HGB, welcher eine Ermessensvorschrift darstellt, ist der Abschlussprüfer gem. § 322 Abs. 2 S. 3 HGB verpflichtet, in das Prüfungsurteil einen Hinweis bei vorhandenen bestandsgefährdenden Risiken aufzunehmen. Auch dieser Hinweis stellt keine Einschränkung dar und ist auch aufzunehmen, wenn im Lagebericht ausführlich über die bestandsgefährdenden Risiken berichtet wird. Es bietet sich in diesem Zusammenhang sogar an, auf die Ausführungen im Lagebericht Bezug zu nehmen (vgl. auch IDW PS 400 Rn. 77).

> **Vortragszeit: 2,5/5 Minuten**

V. Formen des Bestätigungsvermerks

1. Uneingeschränkter Bestätigungsvermerk

Hat der Abschlussprüfer keine wesentlichen Einwendungen gegen die Buchführung, den Jahresabschluss und den Lagebericht zu erheben und liegen keine besonderen Umstände vor, aufgrund derer bestimmte wesentliche abgrenzbare oder nicht abgrenzbare Teile der Rechnungslegung nicht mit hinreichender Sicherheit beurteilt werden können (sog. Prüfungshemmnisse), sind die Voraussetzungen für die Erteilung eines uneingeschränkten Bestätigungsvermerkes gegeben (IDW PS 400 Rn. 42).

Es wird insgesamt also eine positive Gesamtaussage durch den Abschlussprüfer getroffen, die auch die Generalklausel des § 264 Abs. 2 HGB (sog. **true-and-fair-view**) umfasst.

2. Eingeschränkter Bestätigungsvermerk

Soweit der Abschlussprüfer nach pflichtgemäßer Prüfung zu dem Ergebnis kommt, dass wesentliche Einwendungen gegen abgrenzbare Teile des Jahresabschlusses, Lageberichts oder der Buchführung bestehen oder eine Beurteilung über abgrenzbare Teile der Rechnungslegung nicht mit hinreichender Sicherheit möglich ist (**Prüfungshemmnis**), ist der Bestätigungsvermerk einzuschränken. Dies ist im Prüfungsurteil klar und deutlich zum Ausdruck zu bringen.

Die Einschränkung ist zu begründen und so darzustellen, dass ihre Tragweite erkennbar wird, § 322 Abs. 4 Satz 3 und 4 HGB.

Es muss also der Grund der Beanstandung deutlich hervorgehen und die relative Bedeutung des Mangels zum Ausdruck kommen (vgl. IDW PS 400 Rn. 58).

3. Versagungsvermerk

Gelangt hingegen der Abschlussprüfer zu dem Ergebnis, dass wesentliche Mängel im Jahresabschluss vorhanden sind, die sich auf diesen als Ganzes auswirken oder so zahlreich sind, dass eine Einschränkung nach der Beurteilung des Abschlussprüfers nicht mehr in Betracht kommt, hat er eine **negative Gesamtaussage** in Form eines Versagungsvermerkes zu treffen. Dabei sind im Versagungsvermerk gem. § 322 Abs. 4 Satz 3 HGB die Gründe für die Versagung zu beschreiben und zu erläutern.

Weiterhin ist der Bestätigungsvermerk zu versagen, soweit so wesentliche Prüfungshemmnisse vorliegen, dass der Abschlussprüfer trotz Ausschöpfung aller angemessenen Möglichkeiten zur Klärung des Sachverhaltes nicht in der Lage ist, insgesamt eine positive Gesamtaussage zu treffen.

In Betracht kommen z.B. **nicht behebbare Mängel in der Buchführung** oder eine Verletzung von wesentlichen Vorlage- und Auskunftspflichten gem. § 320 HGB (vgl. IDW PS 400 Rn. 68a).

Im Fall der Versagung des Bestätigungsvermerkes aufgrund von Prüfungshemmnissen hat der Abschlussprüfer im einleitenden Abschnitt zu verdeutlichen, dass er zwar den Auftrag zur Durchführung einer Abschlussprüfung erhalten hat, diesen aber aufgrund des Prüfungshemmnisses nicht nachkommen konnte (BeBiKo/Schmidt/Küster, HGB, § 322 Rn. 70). Daraus folgend entfällt der beschreibende Abschnitt des Prüfungsurteils (vgl. IDW PS 400 Rn. 69 a.E.).

Auch für den **Versagungsvermerk aufgrund von wesentlichen Mängeln und aufgrund von Prüfungshemmnissen** sieht IDW PS 400 entsprechende Formulierungen vor.

> **Vortragszeit: 2/7 Minuten**

V. Sonderfälle

Über die 3 Formen des Prüfungsurteiles hinaus, kann es besondere Prüfungssituationen in der Abschlussprüfung geben, die eine entsprechende Reaktion des Abschlussprüfers und Berichterstattung im Prüfungsurteil verlangen.

I. Ergänzung des Prüfungsurteils

Soweit der Gegenstand der Abschlussprüfung durch (spezial-)gesetzliche Vorschriften (z.B. § 30 KHGG NW) über den Jahresabschluss und Lagebericht hinaus erweitert, hat der Abschlussprüfer das Prüfungsurteil um einen **gesonderten Absatz** zu erweitern.

Sollen **Offenlegungserleichterungen** – zulässigerweise – in Anspruch genommen werden, hat der Abschlussprüfer – getrennt vom Bestätigungsvermerk – dies in einer gesonderten Bescheinigung zu bestätigen (vgl. IDW PS 400 Rn. 71).

Sofern eine **Erweiterung des Prüfungsumfanges gem. § 317 Abs. 4 HGB für börsennotierte Aktiengesellschaften** nach § 91 Abs. 2 AktG vorzunehmen ist, ist das Ergebnis dieser erweiterten Prüfung nicht in den Bestätigungsvermerk, sondern in einen gesonderten Abschnitt des Prüfungsberichtes aufzunehmen (vgl. IDW PS 400 Rn. 72).

2. Bedingte Erteilung von Bestätigungsvermerken

Anstatt den Bestätigungsvermerk einzuschränken, kann der Abschlussprüfer einen uneingeschränkten Bestätigungsvermerk unter dem Vorbehalt des Eintritts eines bestimmten Ereignisses oder unter einer aufschiebenden Bedingung erteilen.

Eine solcher **bedingter Bestätigungsvermerk** ist jedoch nur zulässig, wenn noch nicht wirksame Sachverhalte nach Eintritt der Voraussetzung für seine Wirksamkeit auf den geprüften Abschluss zurückwirken. Weiterhin ist es erforderlich, dass die noch nicht erfüllte Bedingung in einem formgebundenen Verfahren inhaltlich bereits festgelegt ist und zur rechtlichen Verwirklichung nur noch eine Beschlussfassung von Organen aussteht oder rein formelle Akte erforderlich sind. Diese müssen jedoch mit an Sicherheit grenzender Wahrscheinlichkeit erwartet werden können.

3. Tatsachen nach Erteilung des Bestätigungsvermerkes

Grundsätzlich ist die Tätigkeit des Abschlussprüfers mit der Erteilung des Prüfungsurteiles und der zugrundeliegenden Dokumentation erledigt. Er hat insoweit auch nicht die Verpflichtung den geprüften Jahresabschluss und Lagebericht weiter zu verfolgen.

Werden ihm jedoch Tatsachen nach Erteilung des Bestätigungsvermerkes bekannt, die bereits zum Zeitpunkt der Erteilung des Prüfungsurteiles bestanden haben, hat der Abschlussprüfer das Unternehmen zu veranlassen den Abschluss zu ändern, wenn diese Tatsache zu einem eingeschränkten Bestätigungsvermerk oder einer Versagung geführt hätten.

Soweit das Unternehmen diesem Änderungsbegehren des Abschlussprüfers folgt, hat diese eine sog. **Nachtragsprüfung** durchzuführen. Folgt das Unternehmen nicht der Anregung des Abschlussprüfers, so hat er zu prüfen, ob der Bestätigungsvermerk zu widerrufen ist.

4. Nachtragsprüfungen

Soweit der bereits geprüfte und mit einem Prüfungsurteil versehene Jahresabschluss und/oder Lagebericht geändert wird, ist eine **Nachtragsprüfung durch den gesetzlichen Abschlussprüfer** durchzuführen.

Kommt der Abschlussprüfer im Rahmen dieser Nachtragsprüfung zu demselben uneingeschränkten Bestätigungsvermerk, ist dieser in einem gesonderten Abschnitt im Bestätigungsvermerk zu ergänzen und mit den Daten der Beendigung der ursprünglichen Abschlussprüfung und der Beendigung der Nachtragsprüfung (sog. **Doppeldatum**) zu versehen.

5. Widerruf von Bestätigungsvermerken

Kommt der Abschlussprüfer in der Nachtragsprüfung zu einem abweichenden eingeschränkten Bestätigungsvermerk oder einen **Versagungsvermerk**, ist der Abschlussprüfer verpflichtet, den (ursprünglichen) uneingeschränkten Bestätigungsvermerk zu widerrufen.

Der **Widerruf** ist schriftlich zu begründen und an den Auftraggeber zu richten. Darüber hinaus kann es im Interesse des Abschlussprüfers sein, Personen, die von dem Bestätigungsvermerk bereits Kenntnis erlangt haben, über den Widerruf zu informieren. Insbesondere kommt dies gegenüber dem Aufsichtsrat in Betracht.

Nach erfolgtem Widerruf ist ein entsprechender abweichender Bestätigungsvermerk zu erteilen.

Bevor der Abschlussprüfer einen Bestätigungsvermerk widerruft, sollte er zuvor – mit Rücksicht auf die erheblichen Auswirkungen eines Widerrufs – rechtlichen Rat einholen.

> **Vortragszeit: 2,5/9 Minuten**

VI. Fazit

Der Bestätigungsvermerk, der sich – anders als der Prüfungsbericht – an die Öffentlichkeit richtet, verdeutlicht die besondere Stellung des Abschlussprüfers und seines öffentlichen Auftrages zur Durchführung von gesetzlichen Jahresabschlussprüfungen.

Durch den Bestätigungsvermerk erlangt der Jahresabschluss eine erhöhte Glaubhaftigkeit. Jedoch hat der Bestätigungsvermerk bzw. die Jahresabschlussprüfung gerade gegenüber der Öffentlichkeit auch eine begrenzte Aussagekraft insbesondere über die Wirtschaftlichkeit eines Unternehmens. Dieser sog. **Erwartungslücke** hat der Abschlussprüfer entsprechend durch angemessene Berichterstattung im Bestätigungsvermerk und Prüfungsbericht Rechnung zu tragen.

Vielen Dank für Ihre Aufmerksamkeit.

> **Vortragszeit: 0,5/10 Minuten**

Vortrag 30
Die Grundsätze der prüferischen Durchsicht von Jahresabschlüssen nach IDW PS 900 (Prüfungswesen)

Sehr geehrte/r Frau/Herr Vorsitzende/r, sehr geehrte Prüfungskommission,
aus den mir zur Auswahl gestellten Themen habe ich mich für das Thema „**Die Grundsätze der prüferischen Durchsicht von Jahresabschlüssen nach IDW PS 900**" entschieden. Meinen Vortrag gliedere ich wie folgt:

I.	Überblick
II.	Ziel und Gegenstand der prüferischen Durchsicht von Abschlüssen
III.	Grundsätze für die Durchführung einer prüferischen Durchsicht von Abschlüssen
IV.	Auftragsbedingungen
V.	Planung
VI.	Art, zeitlicher Ablauf und Umfang der prüferischen Durchsicht von Abschlüssen
VII.	Verwertung von Arbeiten Dritter
VIII.	Dokumentation
IX.	Berichterstattung
X.	Fazit

> **Vortragszeit: 0,5 Minuten**

I. Überblick

Im Gegensatz zur gesetzlichen Jahresabschlussprüfung nach § 316 HGB besteht die Möglichkeit, einen Jahresabschluss einer **prüferischen Durchsicht** zu unterziehen. Dadurch soll die Glaubhaftigkeit der in dem Jahresabschluss enthaltenen Informationen erhöht werden. Die prüferische Durchsicht wird auch als Review bezeichnet.

Das IDW hat die berufsmäßige Auffassung zu den Grundsätzen der prüferischen Durchsicht von Abschlüssen im **IDW PS 900** niedergelegt.

Die prüferische Durchsicht stellt dabei keine und auch keine in ihrem Umfang reduzierte Abschlussprüfung dar, sondern besitzt eine begrenzte Aussagefähigkeit, welche im Folgenden dargestellt wird (vgl. IDW PS 900 Rn. 2).

Gesetzlich ist die prüferische Durchsicht nicht geregelt. Jedoch erwähnt § 37w Abs. 5 WpHG die prüferische Durchsicht ausdrücklich. § 37w Abs. 5 WpHG sieht die prüferische Durchsicht zwar für die dort geregelten Fälle nicht zwingend vor; wird jedoch eine prüferische Durchsicht durchgeführt, so ist diese so anzulegen, dass bei **gewissenhafter Berufsausübung** ausgeschlossen werden kann, dass der verkürzte

Abschluss und der Zwischenlagebericht in wesentlichen Belangen den anzuwendenden Rechnungslegungsgrundsätzen widersprechen (Walz in Schüppen/Schaub, MAH Aktienrecht, 2. Aufl. 2010, § 48 Rn. 239).

> **Vortragszeit: 1/1,5 Minuten**

II. Ziel und Gegenstand der prüferischen Durchsicht von Abschlüssen

Die prüferische Durchsicht stellt eine **betriebswirtschaftliche Prüfung** im Sinne von § 2 Abs. 1 WPO dar.

Durch die prüferische Durchsicht soll die Glaubhaftigkeit der in den Abschlüssen enthaltenen Informationen erhöht werden, wobei auf die durch eine Abschlussprüfung erreichbare hinreichende Sicherheit für ein
Prüfungsurteil mit positiver Gesamtaussage verzichtet wird (IDW PS 900 Rn. 5).

Die Aufgabe des Wirtschaftsprüfers besteht beim **Review** darin, die im Jahresabschluss getroffenen Aussagen und Informationen kritisch auf der Grundlage einer Plausibilitätsbeurteilung zu würdigen. Er muss
dabei mit einer gewissen Sicherheit ausschließen können, dass der Jahresabschluss in wesentlichen Belangen nicht in Übereinstimmung mit den angewandten Rechnungslegungsgrundsätzen erstellt worden ist. Er
trifft – anders als in der Jahresabschlussprüfung – eine negativ formulierte Gesamtaussage. Dementsprechend sind auch nicht alle bei einer Jahresabschlussprüfung erforderlichen Prüfungsnachweise zu erbringen
(vgl. Marten/Quick/Ruhnke, Wirtschaftsprüfung, 5. Aufl. 2015, 677 m.w.N.).

> **Vortragszeit: 1,5/3 Minuten**

III. Grundsätze für die Durchführung einer prüferischen Durchsicht von Abschlüssen

Auch wenn es sich bei der prüferischen Durchsicht nicht um eine Jahresabschlussprüfung handelt, finden
grundsätzlich die für den Abschlussprüfer maßgeblichen beruflichen Grundsätze Anwendung.

Um die erforderliche negativ formulierte Gesamtaussage treffen zu können, sind ausreichende und angemessene Nachweise einzuholen. Als **Prüfungsnachweise** kommen bei der prüferischen Durchsicht insbesondere Befragungen und analytische Beurteilungen in Betracht (vgl. Marten/Quick/Ruhnke, a.a.O., 773
m.w.N.).

Analytische Beurteilungen bestehen aus **Plausibilitätsbeurteilungen** von Verhältniszahlen und Trends,
durch die Beziehungen zwischen den Daten aus dem Gegenstand der prüferischen Durchsicht sowie zu
anderen Daten aufgezeigt sowie auffällige Abweichungen festgestellt werden (IDW PS 900 Rn. 10; vgl. IDW
PS 312). Dabei ist die berufsübliche kritische Grundhaltung zu wahren.

Soweit der Wirtschaftsprüfer im Rahmen der Durchführung der prüferischen Durchsicht Tatsachen feststellt, die den Bestand des geprüften Unternehmens gefährden oder seine Entwicklung wesentliche beeinträchtigen können oder schwerwiegende Verstöße gegen Gesetz, Satzung oder Gesellschaftsvertrag ersichtlich sind, ergibt sich aus der **Treuepflicht des Wirtschaftsprüfers**, dass er dies dem Unternehmen schriftlich
mitteilt (vgl. IDW PS 900 Rn. 12).

> **Vortragszeit: 1/4 Minuten**

IV. Auftragsbedingungen

Wenn der Wirtschaftsprüfer mit einer prüferischen Durchsicht beauftragt wird, hat er die berufsüblichen
Pflichten und Grundsätze zu bewahren. Dementsprechend hat er in einem Auftragsbestätigungsschreiben
die wesentlichen **Regelungen/Inhalte einer prüferischen Durchsicht** wie folgt aufzunehmen:

* Zielsetzung der prüferischen Durchsicht,
* Verantwortung der gesetzlichen Vertreter für den Abschluss,
* Art und Umfang der prüferischen Durchsicht sowie Bezugnahme auf den IDW PS 900 und dass im
  Wesentlichen Befragungen und analytische Beurteilungen vorgenommen werden,
* Erfordernis eines uneingeschränkten Zugangs zu den für die prüferische Durchsicht erforderlichen
  Dokumenten, Aufzeichnungen etc. und die Bereitschaft der gesetzlichen Vertreter, Auskünfte im erfor-
  derlichen Umfang vollständig zu erteilen,

- Hinweis auf die aufgrund der prüferischen Durchsicht immanenten Grenzen erhöhten Risiken, dass selbst wesentliche Fehler etc. nicht aufgedeckt werden,
- Form und Inhalt der Berichterstattung inklusive der Klarstellung, dass es sich nicht um eine Abschlussprüfung handelt (vgl. IDW PS 900 Rn. 14).

> **Vortragszeit: 1/5 Minuten**

V.   Planung

Nach den berufsmäßigen Grundsätzen hat der Wirtschaftsprüfer die Tätigkeit so zu planen, dass die geforderte negative Prüfungsaussage getroffen werden kann.

Dabei hat sich der Wirtschaftsprüfer **Kenntnisse über die Geschäftstätigkeit und das wirtschaftliche und rechtliche Umfeld des Unternehmens** zu verschaffen bzw. diese zu aktualisieren. Darüber hinaus muss er sich mit den Produktions- und Absatzmethoden, den Produktsortimenten und Standorten des Unternehmens sowie verbundenen Unternehmen und nachstehenden Personen vertraut machen.

Nur auf einer solchen Grundlage kann der Wirtschaftsprüfer sachdienliche Befragungen und analytische Prüfungshandlungen durchführen, um schlussendlich die erforderte (negativ formulierte) Gesamtaussage treffen zu können (vgl. IDW PS 900 Rn. 16).

> **Vortragszeit: 0,5/5,5 Minuten**

VI.   Art, zeitlicher Ablauf und Umfang der prüferischen Durchsicht von Abschlüssen

Der Wirtschaftsprüfer hat Art und Umfang der im Einzelfall erforderlichen Maßnahmen im Rahmen der Eigenverantwortlichkeit nach pflichtgemäßem Ermessen zu bestimmen (vgl. Marten/Quick/Ruhnke, a.a.O., 773 m.w.N.; IDW PS 900 Rn. 17).

Weitergehende Prüfungshandlungen als die Befragungen und analytischen Prüfungshandlungen sind regelmäßig nur dann erforderlich, wenn der Wirtschaftsprüfer Grund zu der Annahme hat, dass die erlangten Informationen wesentlich falsche Aussagen enthalten oder entsprechende Hinweise auf falsche Auskünfte vorliegen (vgl. IDW PS 900 Rn. 18). Es ist dabei jedoch der **Grundsatz der Wesentlichkeit** zu beachten.

Neben den Befragungen zu den angewandten Rechnungslegungsgrundsätzen, zu den Abläufen im Unternehmen und zu der Einschätzung der Unternehmensleitung zum Kontrollumfeld und Unregelmäßigkeiten im Unternehmen, hat der Abschlussprüfer auch **Befragungen zu Ereignissen nach dem Stichtag** vorzunehmen.

Darüber hinaus hat der Wirtschaftsprüfer den Abschluss kritisch zu lesen und abzugleichen, ob die im Rahmen der prüferischen Durchsicht erlangten Kenntnisse in Übereinstimmung mit den sich aus dem Jahresabschluss ergebenen Informationen stehen und der Jahresabschluss insgesamt (nicht) den angewandten Rechnungslegungsgrundsätzen entspricht (vgl. IDW PS 900 Rn. 219).

Soweit erforderlich, sind **Informationen von sachverständigen Dritten** zu beschaffen.

Abschließend hat der Wirtschaftsprüfer die **berufsübliche Vollständigkeitserklärung** von den gesetzlichen Vertretern einzuholen.

> **Vortragszeit: 1/6,5 Minuten**

VII.   Verwertung von Arbeiten Dritter

Grundsätzlich sind für die **Verwertung von Arbeiten Dritter** die berufsmäßigen Grundsätze anzuwenden (z.B. IDW PS 322). Es ist jedoch zu prüfen, ob diese für die Zwecke der prüferischen Durchsicht geeignet sind und hierbei eine analoge Anwendung finden können (vgl. IDW PS 900 Rn. 23).

> **Vortragszeit: 0,5/7 Minuten**

VIII. Dokumentation

Der Wirtschaftsprüfer hat die Sachverhalte zu dokumentieren, die wichtige Nachweise zur Unterstützung der Bescheinigung liefern, sowie Nachweise dafür festzuhalten, dass die prüferische Durchsicht unter Berücksichtigung des IDW PS 900 durchgeführt wurde (IDW PS 900 Rn. 24).

> **Vortragszeit: 0,5/7,5 Minuten**

IX. Berichterstattung

Der Wirtschaftsprüfer hat über die von ihm durchgeführte prüferische Durchsicht Bericht zu erstatten. Dies erfolgt im Rahmen einer Bescheinigung, welche als solche zu bezeichnen ist, um insbesondere auch die Abgrenzung von der Jahresabschlussprüfung zu verdeutlichen.

Die vom Wirtschaftsprüfer zu treffende negativ formulierte Gesamtaussage ist dahingehend zu treffen, ob die durch die prüferische Durchsicht erhaltenen Nachweise darauf hinweisen, dass der **Abschluss den angewandten Rechnungslegungsgrundsätzen widerspricht** (vgl. Marten/Quick/Ruhnke, Wirtschaftsprüfung, 5. Aufl. 2015, 775 m.w.N.; IDW PS 900 Rn. 25).

Die **Bescheinigung** hat folgende **Grundbestandteile** in der nachfolgenden Reihenfolge zu enthalten:
- Überschrift;
- Adressat;
- Einleitender Abschnitt mit Bezeichnung des Abschlusses, der angewandten Rechnungslegungsgrundsätze und einer Erklärung über die Verantwortlichkeit von Unternehmensleitung und Wirtschaftsprüfer;
- Beschreibender Abschnitt, in dem
  - Art und Weise der prüferischen Durchsicht beschrieben wird,
  - auf IDW PS 900 Bezug genommen wird,
  - erklärt wird, dass sich die prüferische Durchsicht in erster Linie auf Befragungen und analytische Prüfungshandlungen beschränkt, und
  - klargestellt wird, dass keine Abschlussprüfung durchgeführt worden ist, sodass die durchgeführten Maßnahmen der prüferischen Durchsicht zu einer geringeren Sicherheit führen, als sie bei einer Abschlussprüfung erreichbar ist und dass deshalb kein Bestätigungsvermerk erteilt wird;
- Negativ formulierte Aussage des Wirtschaftsprüfers, die besagt, dass der Wirtschaftsprüfer aufgrund der prüferischen Durchsicht nicht auf Sachverhalte gestoßen ist, die zu der Annahme veranlassen, dass der Abschluss in wesentlichen Belangen nicht in Übereinstimmung mit den angewandten Rechnungslegungsgrundsätzen aufgestellt worden ist (IDW PS 900 Rn. 26).

IDW PS 900 enthält entsprechende **Formulierungshinweise.**

Die Bescheinigung ist sodann unter Angabe von Ort und Datum vom Wirtschaftsprüfer eigenhändig zu unterzeichnen. Sie kann mit dem Berufssiegel versehen werden.

Es empfiehlt sich eine schriftliche Zusammenfassung der Ergebnisse der prüferischen Durchsicht zusätzlich zur Bescheinigung – in den Grundzügen ähnlich einem Prüfungsbericht – zu erstellen (vgl. IDW PS 900 Rn. 33).

> **Vortragszeit: 2/9,5 Minuten**

X. Fazit

Die prüferische Durchsicht oder auch **Review** genannt, hat das Ziel das Vertrauen/die Glaubhaftigkeit der in dem Jahresabschluss getroffenen Aussagen und Informationen zu erhöhen.

Kritisch ist jedoch anzumerken, dass dieses Ziel beim stakeholder nur erreicht werden kann, wenn er die wesentlichen Informationen identifizieren kann. Auch können Dritte häufig nicht erkennen, welcher Grad der Zusicherung bei einem Review angesetzt wird. Hier könnte sich eine weitere Erwartungslücke auftun. Jedoch kann die Alternative nicht darin bestehen, „noch" weniger Kommunikation zu betreiben (vgl. dazu kritisch Marten/Quick/Ruhnke, Wirtschaftsprüfung, 5. Aufl. 2015, 775 m.w.N.). Dies sollte der Berufsstand aufnehmen, um das Vertrauen in die von Wirtschaftsprüfern erbrachten Dienstleistungen (insbesondere hier durch erteilte Bescheinigungen) weiterhin auf einem hohen Qualitätsstandard zu halten.

Vielen Dank für Ihre Aufmerksamkeit.

Vortragszeit: 0,5/10 Minuten

Vortrag 31
Ereignisse nach dem Bilanzstichtag – Auswirkungen auf Unternehmensleitung und Abschlussprüfer (Wirtschaftsprüfung)

Sehr geehrte/r Frau/Herr Vorsitzende/r, sehr geehrte Prüfungskommission,
aus den mir zur Auswahl gestellten Themen habe ich mich für das Thema „**Ereignisse nach dem Bilanzstichtag – Auswirkungen auf Unternehmensleitung und Abschlussprüfer**" entschieden. Meinen Vortrag gliedere ich wie folgt:

I.	Einführung und Konzeption
II.	Ereignisse zwischen dem Abschlussstichtag und dem Datum des Bestätigungsvermerkes
III.	Ereignisse nach dem Datum des Bestätigungsvermerks
IV.	Fazit

Vortragszeit: 0,5 Minuten

I.   Einführung und Konzeption

Der Kaufmann hat den **Jahresabschluss** gem. § 242 HGB auf den Schluss seines Geschäftsjahres aufzustellen. Vermögensgegenstände und Schulden sind nicht am, sondern zum Stichtag gem. § 252 Abs. 1 Nr. 3 HGB einzeln zu bewerten. Dieses Stichtagsprinzip ist Ausfluss der Grundsätze ordnungsgemäßer Buchführung, wird jedoch an unterschiedlichen Stellen in der handelsrechtlichen Rechnungslegung durchbrochen (z.B. der Erfüllungsbetrag bei der Bewertung von Rückstellungen).

Das **Stichtagsprinzip** besagt weiterhin, dass die Kenntnisse zwischen dem Stichtag und dem Aufstellungszeitpunkt zu berücksichtigen sind. Es wird dabei zwischen wertaufhellenden Tatsachen und wertbeeinflussenden Tatsachen unterschieden, wobei nur wertaufhellende Tatsachen zu berücksichtigen sind.

Das **Wertaufhellungsprinzip** als Ausfluss des Stichtagsprinzips verlangt, dass Ereignisse, deren Ursachen bereits vor dem Bilanzstichtag liegen, auch dann bei der Bilanzierung zu berücksichtigen sind, wenn diese erst nach dem Stichtag bekannt werden.

Das Wertaufhellungsprinzip verletzt nicht das Stichtagsprinzip. Es will vielmehr sicherstellen, dass sämtliche am Bilanzstichtag objektiv bestehenden Tatsachen bei der Bilanzaufstellung berücksichtigt werden. Hierfür ist der **Zeitpunkt der Bilanzfeststellung** der letztmögliche. Deshalb ist grundsätzlich der Zeitpunkt der Bilanzaufstellung für die Berücksichtigung wertaufhellender Tatsachen und Ereignisse maßgebend (Winnefeld in Winnfeld, Bilanzhandbuch, 5. Auflage 2015, Kapitel E, Rn. 240 m.w.N.).

Unter **wertbeeinflussenden Tatsachen** versteht man dagegen Ereignisse nach dem Bilanzstichtag, die keinen Rückschluss auf die Verhältnisse an dem Bilanzstichtag zulassen, wie z.B. der Brand eines Warenlagers nach dem Stichtag. In diesen Fällen handelt es sich um wertbeeinflussende Tatsachen, die bei der Bilanzierung außer Betracht bleiben müssen (Winnefeld in Winnfeld, Bilanzhandbuch, 5. Auflage 2015, Kapitel E, Rn. 244 m.w.N.).

Im Rahmen der Lageberichterstattung ist jedoch zu beachten, dass gem. § 289 Abs. 2 Nr. 1 HGB über **Vorgänge von besonderer Bedeutung** nach dem Schluss des Geschäftsjahres zu berichten ist, die sich bis zum Datum des Bestätigungsvermerkes ereignet haben (vgl. auch IDW PS 203 Rn. 10).

Der Abschlussprüfer hat geeignete Prüfungshandlungen vorzunehmen, um alle Ereignisse nach dem Abschlussstichtag festzustellen, die wesentlichen Einfluss auf den Jahresabschluss respektive den Lagebericht haben können (Marten/Quick/Ruhnke, Wirtschaftsprüfung, 5. Auflage 2015, 555).

Vortragszeit: 1,5/2 Minuten

II. Ereignisse zwischen dem Abschlussstichtag und dem Datum des Bestätigungsvermerkes

Der Abschlussprüfer hat im Rahmen der Erlangung von Prüfungsnachweisen auch Prüfungshandlungen durchzuführen, um Kenntnisse über Ereignisse zwischen dem Abschlussstichtag und dem Datum des Bestätigungsvermerkes zu gewinnen. Dabei hat er auch festzustellen, dass gerade keine wertbeeinflussenden Ereignisse nach dem Bilanzstichtag Berücksichtigung gefunden haben (IDW PS 203 Rn. 11).

Diese Prüfungshandlungen sind in zeitlicher Nähe zum Abschlussstichtag zu beziehen. Dazu gehören beispielsweise die **Prüfung der Vorratsabgrenzung** oder die Begleichung von Verbindlichkeiten in zeitlicher Nähe zum Bilanzstichtag. Dabei ist jedoch darauf zu achten, dass diese Prüfungshandlungen zeitnah zum Datum des Bestätigungsvermerkes durchgeführt werden. Dies ist in den Arbeitspapieren zu dokumentieren.

Folgende **Prüfungshandlungen** sind diesbezüglich vorzunehmen (vgl. IDW PS 203 Rn. 13 ff.):

- Erzielung eines Verständnisses von den Maßnahmen, die die Unternehmensleitung getroffen hat, um eine vollständige und zeitlich richtige Erfassung von Ereignissen zu gewährleisten.
- Kritisches Lesen von Protokollen von Gesellschafterversammlungen/Sitzungen von Verwaltungsorganen und ggf. deren Befragung.
- Kritisches Lesen von aktuellen Zwischenabschlüssen/-berichten und anderen unternehmensinternen Berichten.
- Ggf. kann auch eine Aktualisierung der Rechtsanwaltsauskünfte in Betracht kommen.

Darüber hinaus hat der Abschlussprüfer die Unternehmensleitung und erforderlichenfalls das Aufsichtsorgan zu Ereignissen nach dem Abschlussstichtag zu befragen.

Stellt der Abschlussprüfer Ereignisse nach dem Abschlussstichtag fest, die sich wesentlich auf den Jahresabschluss bzw. den Lagebericht auswirken und nicht in der Rechnungslegung Berücksichtigung gefunden haben, obschon es sich um werterhellende Tatsachen handelt, hat der Abschlussprüfer Konsequenzen für den Bestätigungsvermerk zu ziehen (vgl. Marten/Quick/Ruhnke, Wirtschaftsprüfung, 5. Auflage 2015, 555).

Vortragszeit: 2,5/4,5 Minuten

III. Ereignisse nach dem Datum des Bestätigungsvermerks

Nach **Erteilung des Bestätigungsvermerkes** trifft den Abschlussprüfer grundsätzlich keine weitergehende Prüfungspflicht zu Ereignissen nach dem Bilanzstichtag. Es liegt vielmehr in der Verantwortung der gesetzlichen Vertreter des geprüften Unternehmens, den Abschlussprüfer über wesentliche Ereignisse nach Erteilung des Bestätigungsvermerkes zu informieren (vgl. IDW PS 203 Rn. 18).

Liegt hingegen ein längerer Zeitraum zwischen dem Bestätigungsvermerk und dessen Auslieferung bzw. waren bereits bei der Abschlussprüfung wesentliche Ereignisse nach dem Datum des Bestätigungsvermerkes zu erwarten, liegt es in der Verantwortung des Abschlussprüfers, dies mit der Unternehmensleitung zu klären (vgl. Marten/Quick/Ruhnke, Wirtschaftsprüfung, 5. Auflage 2015, 555).

Liegen nun werterhellende Tatsachen nach dem Datum des Bestätigungsvermerkes tatsächlich vor, hat der Abschlussprüfer die Unternehmensleitung damit zu konfrontieren und aufzufordern, den Jahresabschluss – soweit diese Ereignisse sich wesentlich auf den Jahresabschluss und ggf. den Lagebericht auswirken – zu ändern.

Abhängig von dem Verhalten der gesetzlichen Vertreter des geprüften Unternehmens können unterschiedliche Konstellationen unterschieden werden:

1. Der Jahresabschluss wird aufgrund **werterhellender Tatsachen geändert** (IDW PS 203 Rn. 22 ff.).
   Der Abschlussprüfer hat die geänderten Unterlagen im Wege einer **Nachtragsprüfung** gem. § 316 Abs. 3 Satz 1 HGB zu prüfen, soweit es die Änderungen erfordern.

Über das Ergebnis dieser Nachtragsprüfung hat der Abschlussprüfer in einem gesonderten Prüfungs-bericht zu berichten und den Bestätigungsvermerk zu ergänzen. Dabei ist der Bestätigungsvermerk aufgrund der Nachtragsprüfung neben dem ursprünglichen Datum mit dem Datum der Beendigung der Nachtragsprüfung zu versehen (sog. Doppeldatum). Hier ist auch darzustellen, auf welche Änderungen sich dieses zweite Datum bezieht.

Mit Erteilung des neuen Prüfungsberichtes nebst Bestätigungsvermerk hat der Abschlussprüfer die Unternehmensleitung und ggf. das Aufsichtsorgan darauf hinzuweisen, dass der ursprüngliche Bestäti-gungsvermerk nicht mehr an Dritte herauszugeben ist. Ist dies bereits erfolgt, hat der Abschlussprüfer kritisch zu prüfen, welche Maßnahmen die Unternehmensleitung diesbezüglich schon unternommen hat, um diese Dritten zu informieren.

Sollte die Unternehmensleitung keine oder keine geeigneten Maßnahmen ergreifen, hat er sie und ggf. das Aufsichtsorgan darüber zu informieren, dass er selbst entsprechende Maßnahmen ergreifen wird.

2. Der Jahresabschluss wird aufgrund werterhellender Tatsachen **nicht geändert** (IDW PS 203 Rn. 28 f.). Soweit die Unternehmensleitung trotz vorliegender wesentlicher werterhellender Tatsachen, den Jah-resabschluss nicht ändert, hat der Abschlussprüfer zu prüfen, ob der erteilte Bestätigungsvermerk zu widerrufen ist. In dieser Situation kann es auf Seiten des Abschlussprüfers angezeigt sein, rechtlichen Rat bezüglich eines beabsichtigten Widerrufs einzuholen.

Erklärt der Abschlussprüfer den Widerruf des Bestätigungsvermerks, ist das Unternehmen zugleich aufzufordern, den Jahresabschluss, den Lagebericht und den widerrufenen Bestätigungsvermerk nicht zu veröffentlichen oder an Dritte zu übergeben. Erfährt der Abschlussprüfer, dass die Unterlagen bereits an Dritte übergeben worden sind oder trotz der Aufforderung übergeben werden, hat er – entsprechend der vorgehenden Ausführungen – geeignete Maßnahmen zu ergreifen.

3. Der **Bestätigungsvermerk wurde widerrufen und das Unternehmen ändert den Jahresabschluss nicht** (IDW PS 203 Rn. 29).

Wird der Jahresabschluss und/oder der Lagebericht auch nach dem Widerruf nicht geändert, so hat der Abschlussprüfer aufgrund des erteilten Prüfungsauftrags einen neuen Bestätigungsvermerk in der Form zu erteilen, wie sie aufgrund der nachträglichen Feststellungen erforderlich ist. Es liegt hier kein Fall der Nachtragsprüfung vor, sodass auch keine weitergehenden Prüfungshandlungen erforderlich sind.

Der geänderte Bestätigungsvermerk ist unter dem ursprünglichen Datum zu erteilen; ein Hinweis auf die Änderung ist nicht erforderlich. Der ursprüngliche Prüfungsbericht bleibt unverändert; er ist durch einen schriftlichen Hinweis auf die Änderung des Bestätigungsvermerks zu ergänzen und zu begründen, wenn dies nicht bereits bei der Erklärung des Widerrufs erfolgt ist.

4. Der **Bestätigungsvermerk wurde widerrufen und das Unternehmen** ändert **den Jahresabschluss** (IDW PS 203 Rn. 30).

Wird der Jahresabschluss und/oder der Lagebericht dagegen nach dem Widerruf des Bestätigungsver-merks geändert, sind die geänderten Unterlagen von dem Abschlussprüfer im Rahmen einer Nachtrags-prüfung zu prüfen.

Dem steht auch nicht entgegen, dass der ursprünglich erteilte Bestätigungsvermerk durch den Abschluss-prüfer bereits widerrufen worden ist. Es ist jedoch in dem Nachtragsprüfungsbericht auf den Widerruf hinzuweisen. Im Übrigen gelten die Vorgehensweisen einer Nachtragsprüfung (s.o.).

> **Vortragszeit: 4/8,5 Minuten**

IV. Fazit

Hinsichtlich der Frage der Berücksichtigung von Ereignissen nach dem Bilanzstichtag sind unterschiedliche Fallkonstellationen zu unterscheiden. Maßgeblich ist der Zeitraum und die Qualität des Ereignisses als wer-terhellendes oder wertbeeinflussendes Ereignis.

Die Vorgehensweise seitens des Abschlussprüfers ist in IDW PS 203 ausführlich und klar geregelt; den-noch steht der Abschlussprüfer ggf. vor folgenschweren Entscheidungen, wenn z.B. die Unternehmenslei-tung trotz Änderungsbedürfnis den Jahresabschluss/Lagebericht nicht ändert und der Abschlussprüfer bei-spielsweise den Bestätigungsvermerk widerrufen muss. An dieser Stelle zeigt sich auch eine Systemschwäche der Abschlussprüfung: Der Abschlussprüfer als Auftragnehmer muss seinem Auftraggeber negative ggf. folgenschwere Konsequenzen „zumuten". Zwar kann der Auftraggeber (das zu prüfende Unternehmen) den Prüfungsauftrag nicht widerrufen, aber ob eine Auftragserteilung im Folgejahr an diesen Abschlussprüfer erfolgt, bleibt offen.

Vielen Dank für Ihre Aufmerksamkeit.

Vortragszeit: 1,5/10 Minuten

Vortrag 32
Wesentlichkeit im Rahmen der Jahresabschlussprüfung (Wirtschaftsprüfung)

Sehr geehrte/r Frau/Herr Vorsitzende/r, sehr geehrte Prüfungskommission,
aus den mir zur Auswahl gestellten Themen habe ich mich für das Thema „**Wesentlichkeit im Rahmen der Jahresabschlussprüfung**" entschieden. Meinen Vortrag gliedere ich wie folgt:

I.	Überblick und Problemstellung
II.	Anwendung des Konzepts der Wesentlichkeit
III.	Einfluss von falschen Angaben auf die Prüfungsdurchführung sowie auf die Rechnungslegung und das Prüfungsurteil
IV.	Dokumentation
V.	Fazit

Vortragszeit: 0,5 Minuten

I. Überblick und Problemstellung

Die **Jahresabschlussprüfung** ist gem. § 317 Abs. 2 HGB durch den Abschlussprüfer so anzulegen, dass Unrichtigkeiten und Verstöße, die sich auf die Darstellung des Bildes der Vermögens-, Finanz- und Ertragslage des Unternehmens wesentlich auswirken, bei gewissenhafter Berufsausübung erkannt werden.

Im Rahmen des risikoorientierten Prüfungsansatzes hat der Abschlussprüfer somit keine Vollprüfung vorzunehmen, sondern die Prüfung darauf auszurichten, dass er den Jahresabschluss bzw. ein Prüffeld nur akzeptiert, soweit keine wesentlich falschen Angaben vorliegen (vgl. Marten/Quick/Ruhnke, Wirtschaftsprüfung, 5. Auflage 2015, 232).

Daraus wird ersichtlich, dass das **Prüfungsrisiko** und die **Wesentlichkeit** (materiality) in einem wechselseitigen Zusammenhang zueinanderstehen: Je höher der Wesentlichkeitsgrad, umso geringer ist das Prüfungsrisiko bzw. die einzelnen Teilrisiken (IDW PS 250 Rn. 14).

Das **Konzept der Wesentlichkeit** ist adressatenorientiert. Rechnungslegungsinformationen sind als wesentlich anzusehen, wenn vernünftigerweise zu erwarten ist, dass ihre falsche Darstellung (einschließlich ihres Weglassens) im Einzelnen oder insgesamt die auf Basis der Rechnungslegung getroffenen wirtschaftlichen Entscheidungen der Rechnungslegungsadressaten beeinflusst (IDW PS 250 Rn. 5). Mit der Adressatenorientierung besteht das Problem, dass es zahlreiche Prüfungsadressaten mit heterogenen Informationsbedürfnissen gibt (Marten/Quick/Ruhnke, Wirtschaftsprüfung, 5. Auflage 2015, 241). Das IDW wirft diese Problematik im PS 250 nicht auf, sondern beschränkt sich auf die Definition der Wesentlichkeit.

In der Literatur wird – als Ausfluss des anglo-amerikanischen Prüfungswesens – zur Lösung dieses Konfliktes empfohlen, das Informationsbedürfnis eines **average prudent investor** heranzuziehen (vgl. Marten/ Quick/Ruhnke, Wirtschaftsprüfung, 5. Auflage 2015, 241 m.w.N.). Insoweit sind jedoch die divergierenden

Adressatenkreise des HGB-Jahresabschlusses auf der einen Seite und des Jahresabschlusses nach internationalen Rechnungslegungsvorschriften (IFRS) oder beispielhaft amerikanischer Rechnungslegung nach US-GAAP zu beachten. Hier steht der Abschlussprüfer somit in einem Zielkonflikt, der zurzeit nicht abschließend für den HGB-Jahresabschluss geklärt werden kann.

Die **Festlegung der Wesentlichkeit** liegt im pflichtgemäßen Ermessen des Abschlussprüfers und ist bei der Planung und Durchführung von Abschlussprüfungen zu beachten, damit der Abschlussprüfer sein Prüfungsurteil mit der notwendigen hinreichenden Sicherheit treffen kann (vgl. IDW PS 250 Rn. 6 f.).

> **Vortragszeit: 1/1,5 Minuten**

II. Anwendung des Konzepts der Wesentlichkeit

Das Konzept der Wesentlichkeit ist sowohl bei der **Prüfungsplanung** als auch bei der **Prüfungsdurchführung** zu beachten. Im Rahmen der Prüfungsplanung ist es beispielsweise bei der vorläufigen Risikoeinschätzung zu berücksichtigen. Es wird weiter angewendet für die Feststellung von Art, Zeitpunkt und Umfang der Prüfungshandlungen. Aber auch bei der Beurteilung der Auswirkung von festgestellten falschen Angaben in der Rechnungslegung und bei der Bildung des Prüfungsurteils ist die Wesentlichkeit zu berücksichtigen (vgl. IDW PS 250 Rn. 10).

Die Wesentlichkeit kann sich sowohl quantitativ in einem betragsmäßigen Grenzwert als auch qualitativ in einer Eigenschaft ausdrücken (vgl. Ebke in Münchener Kommentar zum HGB, 3. Auflage 2013, § 317 Rn. 68 m.w.N.).

Dabei sind unterschiedliche Arten von „Wesentlichkeiten" zu berücksichtigen:

Die Wesentlichkeit auf Abschlussebene bezeichnet die Gesamtwesentlichkeit und dient vor allem der Festlegung einer Prüfungsstrategie (vgl. Marten/Quick/Ruhnke, Wirtschaftsprüfung, 5. Auflage 2015, 241). Bezieht sich die Wesentlichkeit hingegen auf bestimmte Arten von Aussagen, bei denen erwartet werden kann, dass Falschdarstellungen unterhalb der Gesamtwesentlichkeitsgrenze wirtschaftliche Entscheidungen der Abschlussadressaten beeinflussen, ist von der spezifischen Wesentlichkeit (auf Aussageebene) die Rede (vgl. Marten/Quick/Ruhnke, Wirtschaftsprüfung, 5. Auflage 2015, 241 m.w.N.).

Bei der **Toleranzwesentlichkeit** handelt es sich um den Betrag oder die Beträge, die vom Abschlussprüfer unterhalb der Wesentlichkeit für den Abschluss als Ganzes festgelegt werden, um die Wahrscheinlichkeit auf ein angemessen niedriges Maß zu reduzieren, dass die Summen aus den nicht korrigierten und den nicht aufgedeckten falschen Angaben die Wesentlichkeit für den Abschluss als Ganzes überschreitet (IDW PS 250 Rn. 11).

In diesem Kontext ist auch die **Nichtaufgriffsgrenze** von Relevanz: Sie bezeichnet den Betrag unter dessen falsche Angaben zweifelsfrei unbeachtlich sind (Marten/Quick/Ruhnke, Wirtschaftsprüfung, 5. Auflage 2015, 242). Zweifelsfrei unbeachtliche Informationen haben eine erheblich geringere Größenordnung als die zuvor festgesetzte Wesentlichkeit. Um Missverständnisse zu vermeiden, sollte hier auch nicht von „nicht wesentlichen" Sachverhalten gesprochen werden (vgl. IDW PS 250 Rn. 19).

Wesentlichkeit – Prüfungsrisiko – Prüfungsplanung

Wie schon erwähnt, stehen Wesentlichkeit und Prüfungsrisiko in einem engen wechselseitigen Zusammenhang.

Das Prüfungsrisiko (audit risk), dass sich aus dem **inhärenten Risiko** (inherent risk), dem **Kontrollrisiko** (control risk) und dem **Entdeckungsrisiko** (detection Risk) zusammensetzt, ist um so geringer, je höher die Wesentlichkeit festgelegt wird. Dabei hat der Abschlussprüfer direkt nur Einfluss auf das Entdeckungsrisiko. Es wird auch als das der Abschlussprüfung innewohnende Risiko bezeichnet.

Bereits bei der Prüfungsplanung und somit bei der Erarbeitung der Prüfungsstrategie und des Prüfungsplanes hat der Abschlussprüfer für die Aufdeckung von falschen Angaben eine angemessene Wesentlichkeit für den Abschluss als Ganzes und die Toleranzwesentlichkeit festzulegen. Es wird in diesem Zusammenhang auch von einer **vorläufigen Risikoeinschätzung** gesprochen (vgl. IDW PS 250 Rn. 15 ff.).

Im Laufe der Abschlussprüfung gewinnt der Abschlussprüfer immer bessere Kenntnisse über das zu prüfende Unternehmen und hat somit ggf. die Wesentlichkeit im Laufe der Prüfung anzupassen. Er kompensiert dabei das Prüfungsrisiko durch eine **Verringerung der Höhe des Entdeckungsrisikos**, in dem Art oder Zeitpunkt der geplanten aussagebezogenen Prüfungshandlungen angepasst werden bzw. deren Umfang erweitert wird (IDW PS 250 Rn. 14).

Die Wesentlichkeit ist im Laufe der Prüfung anzupassen, wenn sich erweist, dass der Abschlussprüfer diese bei Kenntnis der neuen Informationen abweichend festgelegt hätte. Vor der abschließenden Beurteilung hat der Abschlussprüfer zu prüfen, ob die zuvor festgesetzte Wesentlichkeit weiterhin angemessen ist (vgl. IDW PS 250 Rn. 15 ff.).

> **Vortragszeit: 3/4,5 Minuten**

III. Einfluss von falschen Angaben auf die Prüfungsdurchführung sowie auf die Rechnungslegung und das Prüfungsurteil

Der Abschlussprüfer muss die **während der Prüfung festgestellten falschen Angaben** zusammenstellen, soweit diese nicht unbeachtlich sind.

Diese falschen Angaben hat der Abschlussprüfer nun strukturiert wie folgt zu beurteilen (vgl. Ablaufdiagramm in IDW PS 250 Rn. 20):

1. **Zweifelsfrei unbeachtliche Angaben unterhalb der Nichtaufgriffsgrenze** bedürfen keiner weiteren Beurteilung.
2. Die sodann verbleibenden falschen Angaben in Höhe oder oberhalb der Nichtaufgriffsgrenze sind hinsichtlich ihrer Auswirkungen auf die weitere Prüfungsdurchführung zu beurteilen.

   Insbesondere hat der Abschlussprüfer zu hinterfragen, ob die Prüfungsstrategie und das Prüfungsprogram überarbeitet werden müssen, um unter den gegebenen Umständen, ausreichende und angemessene Prüfungsnachweise zu erlangen.

   Weiterhin sind die **gesetzlichen Vertreter des prüfenden Unternehmens zur Korrektur aufzufordern**.

   a) Soweit die falschen Angaben durch die gesetzlichen Vertreter korrigiert werden, hat der Abschlussprüfer festzustellen, ob die vom Management durchgeführten Maßnahmen angemessen sind.

   b) Erfolgt die Korrektur der falschen Angaben nicht, hat der Abschlussprüfer diese in die **Aufstellung nicht korrigierter Prüfungsdifferenzen** (SUD) aufzunehmen, soweit sie nicht zweifelsfrei unbeachtlich sind. Die Gründe für die nicht erfolgte Korrektur sind dabei zu vermerken und dies bei der Bildung des Prüfungsurteils zu berücksichtigen.

   Es ist zu prüfen, ob diese nicht korrigierten Angaben einzeln oder insgesamt wesentlich sind und der Abschluss ein den tatsächlichen Verhältnissen entsprechendes Bild der Vermögens-, Finanz- und Ertragslage des Unternehmens vermittelt und der Lagebericht insbesondere eine noch zutreffende Darstellung von der Lage der Gesellschaft und über die Chancen und Risiken der zukünftigen Entwicklung widerspiegelt.

   Dabei ist zu beachten, dass originär quantitative und qualitative Angaben in Anhang und Lagebericht stets als wesentliche einzustufen sind.

   Der Abschlussprüfer hat dem Aufsichtsorgan über die von den gesetzlichen Vertretern nicht korrigierten falschen Angaben zu berichten. Dies umfasst auch die Auswirkungen dieser Angaben auf das Prüfungsurteil. Dabei hat er dem Aufsichtsorgan Gelegenheit zu geben, die gesetzlichen Vertreter zur Korrektur aufzufordern (IDW PS 250 Rn. 30).

Der Abschlussprüfer hat den **Bestätigungsvermerk einzuschränken oder zu versagen**, wenn die gesetzlichen Vertreter keine Anpassung des Abschlusses bzw. des Lageberichts vornehmen und die nicht korrigierten falschen Angaben für die Rechnungslegung wesentlich sind (vgl. IDW PS 400 Rn. 50 ff.).

> **Vortragszeit: 3,5/8 Minuten**

IV. Dokumentation

Die Berücksichtigung des Konzepts der Wesentlichkeit und ihre Schlussfolgerungen auf eingeholte Prüfungsnachweise ist in den Arbeitspapieren zu dokumentieren. Dabei sind **folgende Faktoren festzuhalten**:

- die Wesentlichkeit für den Abschluss als Ganzes,
- spezifische Wesentlichkeiten,
- Toleranzwesentlichkeit(en),
- Anpassungen der einzelnen Wesentlichkeiten,
- Nichtaufgriffsgrenze,
- Zusammenstellung der nicht korrigierten falschen Angaben als auch der korrigierten falschen Angaben,
- Schlussfolgerungen über nicht korrigierte falsche Angaben und deren Gründe.

> **Vortragszeit: 1/9 Minuten**

V. Fazit

Die Wesentlichkeit stellt eine Herausforderung des Abschlussprüfers in seiner alltäglichen Prüfungstätigkeit dar. Sowohl die vorläufige Risikoeinschätzung als auch die Festlegung der unterschiedlichen Arten von Wesentlichkeiten bedürfen einer besonderen Aufmerksamkeit des Abschlussprüfers. Darüber hinaus zwingt sie den Abschlussprüfer den Blick auf das „Wesentliche" zu richten um ein Prüfungsurteil mit hinreichender Sicherheit abgeben zu können.

Vielen Dank für Ihre Aufmerksamkeit.

> **Vortragszeit: 1/10 Minuten**

Vortrag 33
Überschuldung und bestandsgefährdende Tatsachen; Definition, Prüfung und Berichterstattung (Prüfungswesen)

Sehr geehrte/r Frau/Herr Vorsitzende/r, sehr geehrte Prüfungskommission,
aus den mir zur Auswahl gestellten Themen habe ich mich für das Thema „**Überschuldung und bestandsgefährdende Tatsachen; Definition, Prüfung und Berichterstattung**" entschieden. Meinen Vortrag gliedere ich wie folgt:

I.	Einführung
II.	Beurteilung des Vorliegens der Überschuldung
III.	Auswirkung auf die Jahresabschlussprüfung
IV.	Auswirkungen auf die Berichterstattung
V.	Fazit

> **Vortragszeit: 0,5 Minuten**

I. Einführung

Der **Jahresabschluss** ist nach § 252 Abs. 1 Nr. 2 HGB unter Fortführungsgesichtspunkten aufzustellen, sofern dem nicht tatsächliche oder rechtliche Gegebenheiten entgegenstehen. Dieses Prinzip der Fortsetzung der Unternehmenstätigkeit wird auch als **going-concern-conept** bezeichnet (vgl. Winkeljohann/Büssow in Beck´scher Bilanzkommentar, 9. Auflage 2014, § 252 Rn. 9).

Von diesem Grundsatz darf ausgegangen werden, wenn das Unternehmen in der Vergangenheit nachhaltige Gewinne erzielt hat, leicht auf finanzielle Mittel zurückgreifen kann und keine bilanzielle Überschuldung (implizite Fortbestehensprognose) droht (vgl. IDW PS 270 Rn. 9).

Neben der Überschuldung (§ 19 InsO) stellen die Zahlungsunfähigkeit (§ 17 InsO) und die drohende Zahlungsfähigkeit (§ 18 InsO) einen **Insolvenzeröffnungsgrund** dar.

Die **Verpflichtung zur Stellung eines Insolvenzantrages** trifft die gesetzlichen Vertreter. Diese haben bei Vorliegen eines Insolvenzeröffnungsgrundes innerhalb von 3 Wochen einen Eröffnungsantrag zu stellen. Bei Nichtvornahme drohen strafrechtliche Folgen (vgl. § 15a InsO) und haftungsrechtliche Konsequenzen. Es wird sodann auch von einer Insolvenzverschleppung gesprochen.

Das Institut der Wirtschaftsprüfer hat in einem neuen Standard – dem IDW S 11 – seit dem 29.01.2015 eine einheitliche Stellungnahme zur **Beurteilung des Vorliegens von Insolvenzeröffnungsgründen** veröffentlicht. Der IDW S 11 löst entsprechend den IDW PS 800 (zur Zahlungsunfähigkeit) und die Stellungnahme IDW FAR 1/1996 (zur Überschuldung) ab und ist mit der aktuellen Gesetzes- und Rechtsprechungssituation nunmehr konform.

> **Vortragszeit: 0,5/1 Minute**

II. Beurteilung des Vorliegens der Überschuldung

Überschuldung liegt nach § 19 InsO vor, wenn das Vermögen des Schuldners die bestehenden Verbindlichkeiten nicht mehr deckt, es sei denn, die Fortführung des Unternehmens ist nach den Umständen überwiegend wahrscheinlich.

Durch das Finanzmarktstabilitätsgesetz ist ab dem 18.10.2008 dieser zweistufige Überschuldungsbegriff wieder anzuwenden. Er war zunächst für 2 Jahre aufgrund der Auswirkungen der Finanzmarktkrise befristet. Als sich abzeichnete, dass die Folgen der Finanzmarktkrise nicht bis Ende 2010 bewältigt werden konnten, wurde die Regelung zunächst bis zum 31.12.2013 und sodann doch als unbefristet in das Gesetz übernommen.

Ziel dieses zweistufigen Überschuldungsbegriffes ist es, den in eine wirtschaftliche Schieflage geratenen Unternehmen gleichwohl die Einleitung eines Insolvenzverfahrens zu ersparen, soweit sie über eine positive Fortführungsprognose verfügen (Nerlich in Nerlich/Römermann, Insolvenzordnung, 28. Auflage 2015, § 19 Rn. 13 m.w.N.).

Auf Basis dieses zweistufigen Überschuldungsbegriffes ist zunächst auf der ersten Stufe eine **Fortführungsprognose** zu erstellen, bei dem die Überlebenschancen des Unternehmens zu beurteilen sind. Ist dies positiv, liegt keine Überschuldung vor und beseitigt entsprechend die Insolvenzantragspflicht (vgl. IDW S 11 Rn. 53 und Nerlich in Nerlich/Römermann, Insolvenzordnung, 28 Auflage 2015, § 19 Rn. 42).

Ist die Fortführungsprognose hingegen negativ, sind auf der zweiten Stufe Vermögen und Schulden des Unternehmens einer rechnerischen Überschuldungsprüfung zu unterwerfen.

1. Fortbestehensprognose

Obwohl textlich nachgestaltet, steht bei der Beurteilung der Überschuldung im Sinne von § 19 InsO die Fortführungsprognose aufgrund der höchstrichterlichen Rechtsprechung, dem der Gesetzestext angelehnt ist, am Anfang (vgl. Nerlich in Nerlich/Römermann, Insolvenzordnung, 28. Auflage 2015, § 19 Rn. 15 f. m.w.N.).

Eine **positive Fortführungsprognose** setzt die überwiegende Wahrscheinlichkeit voraus, dass das Unternehmen mittelfristig zahlungsfähig bleibt. Dies erfolgt auf der Grundlage des Unternehmenskonzepts und des auf der integrierten Planung abgeleiteten Finanzplans (vgl. IDW S 11 Rn. 58).

Dies stellt die Unternehmensleitung in der Regel vor große Herausforderungen, da jeder Planung immanent ist, dass die zugrunde gelegten Annahmen aufgrund von nicht vorhersehbaren Umständen nicht eintreten oder anders ausfallen können. Mit zeitlicher Entfernung steigt der Grad der Unsicherheit und sinkt der Detaillierungsgrad. Dennoch hat der Gesetzgeber dies bewusst in Kauf genommen. Überwunden werden kann diese Unsicherheit durch den Maßstab der überwiegenden Wahrscheinlichkeit.

Überwiegende Wahrscheinlichkeit bedeutet, dass die Wahrscheinlichkeit der Aufrechterhaltung der Zahlungsfähigkeit im Prognosezeitraum höher ist, als die Wahrscheinlichkeit, dass die Zahlungsfähigkeit im Prognosezeitraum nicht gegeben sein wird.

Der Prognosezeitraum umfasst das laufende und das folgende Geschäftsjahr (vgl. auch Nerlich in Nerlich/Römermann, Insolvenzordnung, 28. Auflage 2015, § 19 Rn. 45 ff.).

2. Rechnerischer Überschuldungsstatus

Soweit die **Fortführungsprognose** jedoch **negativ** ist, ist ein rechnerischer Überschuldungsstatus erforderlich.

Diese sog. **Überschuldungsbilanz** erfasst und bewertet das gesamte Vermögen und alle bestehenden Verbindlichkeiten, wobei materielle und immaterielle Vermögenswerte anzusetzen sind, die verwertbar wären. Dabei ist zu beachten, dass Verbindlichkeiten unabhängig von ihrer Fälligkeit zu passivieren sind, d.h. auch bedingte und unverzinslich betagte Schulden müssen in die Bewertung einbezogen werden (Nerlich in Nerlich/Römermann, Insolvenzordnung, 28. Auflage 2015, § 19 Rn. 15 f. m.w.N.).

Da eine Fortführung des Unternehmens nicht mehr wahrscheinlich ist, sind Vermögenswerte und Schulden zu Liquidationswerten zu bewerten. Ggf. vorhandene stille Reserven und/oder Lasten sind aufzudecken. Dabei ist von der wahrscheinlichsten Verwertungsmöglichkeit auszugehen (vgl. IDW S 11 Rn. 73 ff.).

Deckt das Vermögen die Verbindlichkeiten, liegt somit keine Überschuldung vor.

Bei negativen Reinvermögen im Überschuldungsstatus liegt der gesetzlich definierte insolvenzauslösende Tatbestand der Überschuldung vor (IDW S 11 Rn. 89).

> **Vortragszeit: 2/3 Minuten**

III. Auswirkung auf die Jahresabschlussprüfung

Der **Jahresabschluss** ist grundsätzlich unter **Fortführungsgesichtspunkten** aufzustellen. Sind Insolvenzantragsgründe gegeben, kann nicht mehr von einer Fortführung gesprochen werden.

Ob diese **going-concern-Prämisse** im Rahmen der Jahresabschlusserstellung auch Anwendung findet, ist von den gesetzlichen Vertretern des zu prüfenden Unternehmens zu beurteilen. Bei der Aufstellung des Jahresabschlusses haben sie über die Berechtigung dieser Annahme zu entscheiden, wobei sie davon ausgehen dürfen, wenn das Unternehmen in der Vergangenheit nachhaltig Gewinne erzielt hat, leicht auf finanzielle Mittel zurückgreifen kann und keine bilanzielle Überschuldung droht (vgl. IDW PS 270 Rn. 9).

Die Verantwortung des Abschlussprüfers hingegen liegt in der Beurteilung der Angemessenheit der durch die gesetzlichen Vertreter getroffenen Annahmen der Fortführung der Unternehmenstätigkeit. Dies hat er bei der Planung und Durchführung der Prüfung auf ihre Plausibilität hin zu beurteilen (vgl. IDW PS 270 Rn. 13 f.).

Bereits bei der **Prüfungsplanung** hat der Abschlussprüfer zu beurteilen, ob Anhaltspunkte dafür vorliegen, dass erhebliche Zweifel an der Fortführung der Unternehmenstätigkeit bestehen (sog. bestandsgefährdende Tatsachen).

Bestandsgefährdende Tatsachen könnten jedoch auch während der Durchführung der Prüfung bekannt werden; ihre Beurteilung ist dann im weiteren Verlauf der Prüfung fortzuführen.

Gerade die Insolvenzantragsgründe stellen bestandsgefährdende Tatsachen dar. Erkennt der Abschlussprüfer auf der Grundlage der von ihm zusätzlich vorzunehmen Maßnahmen, Anhaltspunkte für eine Insolvenzgefahr, so sind die gesetzlichen Vertreter im Rahmen der Berichtspflicht durch den Abschlussprüfer auf ihre insolvenzrechtlichen Verpflichtungen hinzuweisen (IDW PS 270 Rn. 29).

Wurde der **Jahresabschluss** unter Annahme der **going-concern-Prämisse** aufgestellt, obwohl im Zeitpunkt der Aufstellung nicht davon ausgegangen werden konnte, muss sich der Abschlussprüfer davon überzeigen, ob durch zwischenzeitliche Maßnahmen oder Ergebnisse die Bestandsgefährdung behoben wurde und damit der Abschluss zu Recht unter Forführungsgesichtspunkten aufgestellt wurde (vgl. IDW PS 270 Rn. 31).

Sind bereits **Insolvenzantragspflichten** vorhanden, denen die gesetzlichen Vertreter auch nachgekommen sind, geht die handels- und steuerrechtliche Rechnungslegungspflicht auf den Insolvenzverwalter gem. § 155 Abs. 1 InsO über. Mit der Insolvenzeröffnung beginnt ein neues Geschäftsjahr – § 155 Abs. 2 InsO.

Auf die weitergehenden Besonderheiten zur Rechnungslegung und Jahresabschlussprüfung in der Insolvenz soll an dieser Stelle nicht weiter eingegangen werden.

> **Vortragszeit: 2/5 Minuten**

IV. Auswirkungen auf die Berichterstattung

Auf der Grundlage der erlangten Prüfungsnachweise hat der Abschlussprüfer auch zu beurteilen, ob die **Bilanzierung unter Fortführungsgesichtspunkten** angemessen ist.

Besteht hier Unsicherheit, kann dies Auswirkungen auf die Berichterstattung des Abschlussprüfers haben. Es sind insoweit 4 Konstellationen zu unterscheiden:

1. **Angemessene Annahme über die Fortführung der Unternehmenstätigkeit**

   Wurde zulässigerweise von der **Fortführung der Unternehmenstätigkeit** ausgegangen, bestehen aber gleichwohl erhebliche Unsicherheiten, hat der Abschlussprüfer zu beurteilen, ob im Lagebericht die bestandsgefährdenden Tatsachen angemessen dargestellt sind und die erhebliche Unsicherheit über die Fortführung der Unternehmenstätigkeit zum Ausdruck kommt

   Ist dies der Fall, kann ein uneingeschränkter Bestätigungsvermerk erteilt werden, der jedoch um einen Hinweis nach § 322 Abs. 2 Satz 3 HGB zu ergänzen ist.

   Ist die Lageberichterstattung hingegen nicht ausreichend und angemessen, ist der Bestätigungsvermerk unter Angabe der Einschränkung einzuschränken. Im Prüfungsbericht ist entsprechend darauf einzugehen (vgl. IDW PS 450 Rn. 28 ff.).

2. **Nicht angemessene Annahme über die Fortführung der Unternehmenstätigkeit**

   Sofern das Unternehmen nach der Einschätzung des Abschlussprüfers **nicht in der Lage** sein wird, seine **Unternehmenstätigkeit fortzuführen** und der Jahresabschluss gleichwohl unter der Annahme der Fortführung der Unternehmenstätigkeit aufgestellt ist, hat der Abschlussprüfer den Bestätigungsvermerk zu versagen, um die missverständliche oder unvollständige Darstellung im Jahresabschluss zu verdeutlichen (IDW PS 270 Rn. 41 und IDW PS 400 Rn. 65).

3. **Fehlende oder unzureichende Einschätzung der Fortführung der Unternehmenstätigkeit durch die gesetzlichen Vertreter**

   Soweit die gesetzlichen Vertreter nicht bereit sind, eine Einschätzung über die Fortführung der Unternehmenstätigkeit vorzunehmen oder auf einen angemessenen Prognosezeitraum auszuweiten, kann darin ein **Prüfungshemmnis** liegen. Kann sich der Abschlussprüfer aufgrund der gegebenen Umstände und der bei der bisherigen Prüfung gewonnenen Erkenntnisse und Prüfungsfeststellungen nicht sicher sein, ob von der Unternehmensfortführung ausgegangen werden kann, ist ein positives Gesamturteil nicht mehr möglich, sodass ein Versagungsvermerk zu erteilen ist (IDW PS 270 Rn. 42 und IDW PS 400 Rn. 65).

   Lediglich in offenkundigen Fällen (in der Vergangenheit Gewinne, leicht auf finanzielle Mittel zurückgreifen und keine bilanzielle Überschuldung) kann der Abschlussprüfer auch ohne Einschätzung der gesetzlichen Vertreter die Annahme unterstellen.

4. **Verzögerung bei der Aufstellung des Jahresabschlusses**

   Wesentliche Verzögerungen bei der Aufstellung des Jahresabschlusses können ein Indiz für das Vorliegen von bestandsgefährdenden Tatsachen sein. Der Abschlussprüfer hat in diesem Fall ergänzende Prüfungshandlungen vorzunehmen, um beurteilen zu können, ob der Grund der Verzögerung tatsächlich in den bestandsgefährdenden Tatsachen liegt. Als ergänzende Prüfungshandlungen kommen beispielsweise die Analyse und Erörterung der Zahlungsströme, des geplanten Ergebnisses und anderer wichtiger Prognosedaten mit den gesetzlichen Vertretern oder die Befragung von Rechtsanwälten des Unternehmens zu bestehenden Rechtsstreitigkeiten und Klagen in Betracht.

   Aufgrund dieser ergänzenden Prüfungshandlungen hat der Abschlussprüfer zu beurteilen, ob eine wesentliche Unsicherheit besteht, die mit Ereignissen oder Verhältnissen verbunden ist, die für sich allein oder mit anderen einen erheblichen Zweifel an der Fortführung der Unternehmenstätigkeit aufwerfen und auf die im Prüfungsbericht und/oder Bestätigungsvermerk einzugehen ist (IDW PS 270 Rn. 45).

Vortragszeit: 4/9 Minuten

V. Fazit

In Zeiten von wirtschaftlich volatilen Verhältnissen gelangt die Fortführungsprognose bzw. das Vorhandensein von bestandsgefährdenden Tatsachen an zunehmender Bedeutung - auch für die Abschlussprüfung.

Dabei ist jedoch darauf hinzuweisen, dass eine Bestätigung einer positiven Fortführungsprognose durch den Abschlussprüfer keine Garantie für den Fortbestand eines Unternehmens darstellen kann und darf. Die Beurteilung der Fortführung eines Unternehmens bzw. des Vorhandenseins von bestandsgefährdenden Tatsachen liegt allein in der Verantwortlichkeit der gesetzlichen Vertreter. Darauf hat der Abschlussprüfer entsprechend hinzuweisen um einer evtl. Erwartungslücke entgegenzuwirken.

Vielen Dank für Ihre Aufmerksamkeit.

> **Vortragszeit: 1/10 Minuten**

Vortrag 34
Währungsumrechnung im HGB-Jahresabschluss (Prüfungswesen)

Sehr geehrte/r Frau/Herr Vorsitzende/r, sehr geehrte Prüfungskommission,
aus den mir zur Auswahl gestellten Themen habe ich mich für das Thema „**Währungsumrechnung im HGB-Jahresabschluss**" entschieden. Meinen Vortrag gliedere ich wie folgt:

I.	Einführung und Konzeption
II.	Umrechnung von Fremdwährungsgeschäften
III.	Fazit

> **Vortragszeit: 0,5 Minuten**

I. Einführung und Konzeption

Der **Jahresabschluss** ist gem. § 244 HGB in Euro aufzustellen. Daraus ergibt sich die Notwendigkeit auf fremde Währung laufende Geschäfte in Euro umzurechnen.

Durch das Bilanzrechtsmodernisierungsgesetz hat das HGB erstmals eine explizite Vorschrift zur Währungsumrechnung im handelsrechtlichen Jahresabschluss erfahren. Zuvor waren allgemeine Bewertungsmethoden heranzuziehen.

Durch die Einführung des § 256a HGB (und des § 308a HGB) wollte der Gesetzgeber die bereits etablierten Vorgehensweisen in den Gesetzestext übernehmen (vgl. Senger/Brune, MüKo zum Bilanzrecht, 1. Auflage 2013, § 256a, Rn. 3 m.w.N.).

§ 256a HGB ist aufgrund seiner Stellung im Gesetz von allen Kaufleuten zu beachten, bezieht sich in seiner Formulierung jedoch nur auf die Folgebewertung. Weiterhin im Gesetz nicht explizit geregelt ist die Zugangsbewertung auf fremder Währung lautende Vermögensgegenstände und Schulden. Hier sind weiterhin die „allgemeinen" Regelungen im Rahmen der Zugangsbewertung zu berücksichtigen (vgl. Grottel/Leistner in BeBiKo, 9. Auflage 2014, § 256a, Rn. 3).

Keine Anwendung findet § 256a HGB auf Bewertungseinheiten aufgrund der Sondernorm des § 254 HGB.

Darüber hinaus ist § 256a HGB nicht auf Rückstellungen, latente Steuern und Rechnungsabgrenzungsposten anzuwenden (vgl. BT-Drucksache 16/10067, 62).

Für die **Währungsumrechnung im Konzernabschluss** und von Kredit- und Finanzinstituten existieren mit § 308a HGB und § 340h HGB Spezialvorschriften (lex specialis).

> **Vortragszeit: 0,5/1 Minute**

II. Umrechnung von Fremdwährungsgeschäften

1. Anwendungsbereich des § 256a HGB

Nach § 256a HGB sind auf fremde Währung lautende Vermögensgestände und Verbindlichkeiten zum **Devisenkassamittelkurs** umzurechnen. Dabei handelt es sich um eine Vorschrift zur Folgebewertung. Die Zugangsbewertung richtet sich hingegen nach den allgemeinen Bewertungsvorschriften.

In § 256a S. 2 HGB findet sich die Sonderregelung bei Laufzeiten von einem Jahr oder weniger. In diesen Fällen findet das Realisations- und Imparitätsprinzip (kodifiziert in § 252 Nr. 4 HGB) und das **Anschaffungskostenprinzip** des § 253 Abs. 1 S. 1 HGB keine Anwendung. Diese Posten sind ausschließlich mit dem Devisenkassamittelkurs am Abschlussstichtag umzurechnen, auch wenn dies dazu führt, dass ein Wert anzusetzen ist, der über demjenigen aus der Währungsumrechnung zum Anschaffungszeitpunkt liegt.

> **Vortragszeit: 1/2 Minuten**

2. Zugangsbewertung

Bei der Zugangsbewertung finden – mangels einer gesetzlichen Spezialregelung – die allgemeinen Bilanzierungs- und Bewertungsregeln unter Berücksichtigung des Anschaffungskosten-, Realisations- und Imparitätsprinzips Anwendung (vgl. Senger/Brune, MüKo zum Bilanzrecht, 1. Auflage 2013, § 256a, Rn. 20 m.w.N.).

Die Währungsumrechnung bei der Zugangsbewertung stellt einen reinen, erfolgsneutralen Transformationsvorgang dar, indem ein Fremdwährungsbetrag mit einem Wechselkurs zum Transaktionstag multipliziert bzw. dividiert wird. Eine Bewertungsentscheidung ist ausschließlich bei der Auswahl des maßgeblichen Wechselkurses zu treffen (Grottel/Leistner in BeBiKo, 9. Auflage 2014, § 256a, Rn. 31).

Dementsprechend sind **Vermögensgegenstände des Anlage- und Umlaufvermögens (Sachanlagen, immaterielle Vermögensgegenstände und Vorräte)**, deren Anschaffungs-/Herstellungskosten auf Fremdwährung lauten, grundsätzlich mit dem Geldkurs zu bewerten, da fremde Devisen gekauft werden.

Geldkurs ist der höchste Preis, zu dem ein Marktteilnehmer bereit ist, eine Devise zu kaufen (vgl. § 30 BörsG).

Hingegen sind **Forderungen aus Lieferungen und Leistungen** mit dem Briefkurs im Zeitpunkt ihres Zuganges zu bewerten, da davon auszugehen ist, dass die Devisen im Zeitpunkt ihres Zuflusses verkauft werden.

Als **Briefkurs** wird der niedrigste Preis bezeichnet, zu dem ein Marktteilnehmer bereits ist, eine Devise zu verkaufen.

Bei einem **gewährten Fremdwährungsdarlehen** ist entsprechend der Geldkurs anzusetzen, da davon ausgegangen wird, dass die Devisen gegen Euro zunächst beschafft werden müssen.

Bei **sonstigen Vermögensgegenständen** ist von denselben dargestellten Prämissen auszugehen.

Flüssige Mittel in fremder Währung beinhalten im Wesentlichen Bankguthaben. Hier ist zu unterscheiden, ob die Zahlungsmittel gegen Hingabe von Euro oder im Rahmen einer Zahlungsverpflichtung von Dritten (z.B. Erfüllung von Forderungen aus Lieferungen und Leistungen) bestehen. Daraus folgend sind Zahlungsmittel aus der Hingabe von Euro mit dem Geldkurs und aus der Begleichung von Forderungen durch Dritte mit dem Briefkurs zu bewerten (vgl. Grottel/Leistner in BeBiKo, 9. Auflage 2014, § 256a, Rn. 151).

Da das **Eigenkapital** originär auf Euro lautet, können sich hier grundsätzlich keine Währungsproblematiken ergeben (vgl. Böcking/Gros/Koch in Ebenroth/Boujong/Joost/Strohn, HGB, 3. Auflage 2014, Rn. 4 m.w.N.). Bei ausstehenden oder eingeforderten Einlagen sind die oben beschriebenen Grundsätze anzuwenden.

Da **Rückstellungen** gem. § 253 Abs. 1 S. 2 HGB in Höhe des nach vernünftiger kaufmännischer Beurteilung notwendigen Erfüllungsbetrages anzusetzen sind, ist die Währungsumrechnung von der Art der Rückstellung und des zugrunde liegenden Sachverhaltes abhängig. Ob der Brief- oder Geldkurs anzusetzen ist, ist danach zu entscheiden, ob fremde Devisen angekauft oder verkauft werden (s.o.).

Verbindlichkeiten sind mit dem Geldkurs zu bewerten, da zur Begleichung der Verbindlichkeiten fremde Devisen angeschafft werden müssen.

Rechnungsabgrenzungsposten sind nach den oben dargestellten Prämissen (lediglich) im Zeitpunkt ihres Zuganges zu bewerten. Aktive Rechnungsabgrenzungsposten sind somit mit dem Geldkurs und passive Rechnungsabgrenzungsposten mit dem Briefkurs zu bewerten.

Abschließend ist im Rahmen der Zugangsbewertung darauf hinzuweisen, dass es nicht zu beanstanden ist, wenn Durchschnittskurse angesetzt werden (vgl. Grottel/Leistner in BeBiKo, 9. Auflage 2014, § 256a, Rn. 35 m.w.N. insbesondere auch vgl. BT-Drucksache 16/10067, 62).

> **Vortragszeit: 3/5 Minuten**

3. Folgebewertung

Im Gegensatz zu der erfolgsneutralen Erstumrechnung handelt es sich bei der Umrechnung zum Bilanzstichtag um einen Bewertungsvorgang, der bei Wechselkursänderungen Auswirkungen auf die Erfolgsrechnung der Periode hat (Senger/Brune, MüKo zum Bilanzrecht, 1. Auflage 2013, § 256a, Rn. 25).

Die in den Anwendungsbereich des § 256a HGB fallenden Vermögensgegenstände und Schulden (bei einer Restlaufzeit von mehr als einem Jahr) sind mit dem Devisenkassamittelkurs am Anschlussstichtag in Euro umzurechnen. Als Umkehrschluss aus § 256a S. 2 HGB sind jedoch das Realisations- und Imparitätsprinzip und das Anschaffungskostenprinzip zu beachten.

Der **Devisenkassamittelkurs** ist definiert als der arithmetische Mittelwert aus Brief- und Geldkurs. Zur Ermittlung dürfen die von der EZB veröffentlichten Referenzkurse oder die aus den im Interbankmarkt quotierten Kurse abgeleiteten Mittelkurse verwendet werden (vgl. Grottel/Leistner in BeBiKo, 9. Auflage 2014, § 256a, Rn. 14).

Als Besonderheit ist der Fall zu erwähnen, dass eine ausländische Betriebsstätte aus einem Hochinflationsland in den Jahresabschluss einzubeziehen ist. In diesem Fall erscheint es sachgerecht, die Regelung des § 308a HGB (sog. **Hochinflationsregelung**) analog anzuwenden (vgl. Grottel/Leistner in BeBiKo, 9. Auflage 2014, § 256a, Rn. 260).

> **Vortragszeit: 1/6 Minuten**

4. Erfassung und Ausweis in der Gewinn- und Verlustrechnung

Die Erfassung von **Währungsumrechnungen in der Gewinn- und Verlustrechnung** korrespondiert entsprechend mit der Umrechnung der Posten in der Bilanz.

Aufgrund des reinen rechnerischen Transformationsvorganges im Zeitpunkt des Zugangs können sich lediglich aus der Währungsumrechnung am darauffolgenden Abschlussstichtag aus der Folgebewertung Wertänderungen ergeben (vgl. Senger/Brune, MüKo zum Bilanzrecht, 1. Auflage 2013, § 256a, Rn. 37).

Aufwendungen und Erträge aus der Währungsumrechnung sind gem. § 277 Abs. 5 S. 2 HGB grundsätzlich gesondert unter den GuV-Posten sonstige betriebliche Erträge bzw. sonstige betriebliche Aufwendungen auszuweisen. Wahlweise kann diese Angabe auch im Anhang gemacht werden.

Soweit **währungsbedingte Abschreibungen** (auf nicht monetäre Posten) vorgenommen werden, sind diese – da sie ein integraler Bestandteil der Bewertung des betroffenen Vermögensgegenstandes sind – unter Abschreibungen gem. § 275 Abs. 2 Nr. 7 HGB auszuweisen. Währungsbedingte Wertaufholungen sind entsprechend als sonstige betriebliche Erträge (§ 275 Abs. 2 Nr. 4 HGB) auszuweisen.

Klarstellend sei darauf hingewiesen, dass es unzulässig ist währungsbedingte Aufwendungen und Erträge als außerordentliche Aufwendungen oder Erträge darzustellen. Ebenso wenig handelt es sich um periodenfremde Aufwendungen oder Erträge, da Wechselkursänderungen jeweils Vorgänge der laufenden Periode sind (vgl. auch Grottel/Leistner in BeBiKo, 9. Auflage 2014, § 256a, Rn. 238).

> **Vortragszeit: 1/7 Minuten**

5. Abgrenzung von Steuerlatenzen

Für Abweichungen zwischen Handels- und Steuerbilanzwerten sind nach dem **temporary-concept** latente Steuern abzugrenzen.

Aus der Währungsumrechnung gem. § 256a S. 2 HGB für Fremdwährungsforderungen mit einer Restlaufzeit bis zu einem Jahr, kann eine Aufwertung der Fremdwährung gegenüber dem Euro zu einem Anstieg des handelsrechtlichen Buchwertes auch über die Anschaffungskosten hinaus zu bilanzieren sein, während in der Steuerbilanz der Anschaffungskostenwert nicht überschritten werden darf.

Darauf ist eine entsprechend **Steuerlatenz gem. § 274 HGB** zu bilden.

Aber auch wechselkursbedingte außerplanmäßige Abschreibungen von Vermögensgegenständen und die Aufwertung von Schulden können die Bildung einer Steuerlatenz gem. § 274 HGB nach sich ziehen, soweit die erfasste Wertkorrektur nicht von voraussichtlicher Dauer ist und somit in der Steuerbilanz nicht angesetzt werden darf (Senger/Brune, MüKo zum Bilanzrecht, 1. Auflage 2013, § 256a, Rn. 43 ff.).

> **Vortragszeit: 1/8 Minuten**

6.   Angaben in Anhang und Lagebericht

Bis zum Inkrafttreten des Bilanzrichtlinienumsetzungsgesetzes (BilRUG) sind die Grundsätze der Währungsumrechnung im Anhang sind gem. § 284 Abs. 2 Nr. HGB a.F. anzugeben. Mit dem BilRUG ist diese Anhangangabe ersatzlos entfallen.

Im **Lagebericht** sind gem. § 289 Abs. 1 HGB der Geschäftsverlauf und die Lage der Gesellschaft darzustellen. In diesem Zusammenhang ist auf die gesamtwirtschaftliche Entwicklung, zu der auch die Entwicklung von Wechselkursen gehört, einzugehen. Soweit in den Wechselkursen der Zukunft Risiken oder auch Chancen gesehen werden, ist im Risikobericht des Lageberichts darauf einzugehen, § 289 Abs. 1 S. 4 HGB.

> **Vortragszeit: 1/9 Minuten**

III. Fazit

Die durch das Bilanzrechtsmodernisierungsgesetz eingefügte Vorschrift des § 256a HGB hat auf der einen Seite für eine klare Vorgehensweise bei der Währungsumrechnung im Jahresabschluss gesorgt. Auf der anderen Seite ist sie jedoch nur für die Folgebewertung anwendbar. Aus Praktikabilitätsgesichtspunkten wäre es wünschenswert gewesen, hätte der Gesetzgeber auch eine „vereinfachte Mittelkurs"-Regelung für die Zugangsbewertung geschaffen, wie es die Literatur heute fordert und eine entsprechende Anwendung von Mittelkursen bei der Zugangsbewertung grundsätzlich nicht beanstandet.

Abschließend sei jedoch noch darauf hinzuweisen, dass ein Verstoß gegen § 256a HGB eine Ordnungswidrigkeit gem. § 334 Abs. 1 Nr. 1b HGB darstellt, die mit einem Bußgeld von bis zum 50.000 € geahndet werden kann.

Vielen Dank für Ihre Aufmerksamkeit.

> **Vortragszeit: 1/10 Minuten**

Vortrag 35
Ansatz und Bewertung von immateriellen Vermögensgegenständen/-werten nach HGB und IFRS (Prüfungswesen)

Sehr geehrte/r Frau/Herr Vorsitzende/r, sehr geehrte Prüfungskommission,
aus den mir zur Auswahl gestellten Themen habe ich mich für das Thema „**Ansatz und Bewertung von immateriellen Vermögensgegenständen/-werten nach HGB und IFRS**" entschieden. Meinen Vortrag gliedere ich wie folgt:

I.	Einführung
II.	Immaterielle Vermögensgegenstände im Jahresabschluss nach HGB

III.	Immaterielle Vermögenswerte im Einzelabschluss nach IFRS
IV.	Fazit

Vortragszeit: 0,5 Minuten

I. Einführung

Gemäß § 242 HGB hat der **Kaufmann** zu **Beginn seines Handelsgewerbes** und für den Schluss eines jeden Geschäftsjahrs einen das Verhältnis seines Vermögens und seiner Schulden darstellenden Abschluss aufzustellen. Der **Jahresabschluss** hat gemäß § 246 Abs. 1 HGB sämtliche Vermögensgestände zu enthalten.

Daraus schlussfolgernd sind also auch (grundsätzlich) **immaterielle Vermögensgestände** in den Jahresabschluss aufzunehmen.

Allgemein werden unter immateriellen Vermögensgegenständen (**intangible assets**) Vermögensgegenstände verstanden, deren wirtschaftlicher Gehalt weder durch physische Substanz noch durch einen monetären Anspruch verkörpert wird und der in der Bilanz erfasst werden kann (vgl. Förschle/Usinger in BeBiKo, 9. Auflage 2014, § 248 Rn. 10 m.w.N.).

Vortragszeit: 0,5/1 Minute

II. Immaterielle Vermögensgegenstände im Jahresabschluss nach HGB

Im handelsrechtlichen Jahresabschluss nach HGB sind die immateriellen Vermögensgegenstände des Kaufmannes zu erfassen. Grundsätzlich sind sämtliche Vermögensgegenstände aufzunehmen. Hier ist jedoch zu differenzieren.

Eine **Aktivierung** setzt dem Grunde nach zunächst voraus, dass ein immaterieller Vermögensgegenstand im Sinne des HGB gegeben ist. Dies wird im Gesetz nicht ausdrücklich bestimmt. Aus der Rechtsprechung und Literatur als auch aus der Gesetzesbegründung zum Bilanzrechtsmodernisierungsgesetz lassen sich folgende Voraussetzungen zusammenfassen:
- Unkörperlichkeit,
- Selbständigkeit,
- Selbständige Nutzbarkeit (vgl. Hennrichs in MüKo zum Bilanzrecht, 1. Auflage 2013, § 248 Rn. 26 m.w.N.).

Weiterhin ist hier zu unterscheiden, ob der immaterielle Vermögensgegenstand entgeltlich erworben oder selbst geschaffen wurde, da § 248 HGB zum einen ein **Aktivierungswahlrecht** und zum anderen ein **Aktivierungsverbot** für bestimmte Arten von selbst geschaffenen immateriellen Vermögensgegenständen vorsieht. Diese Unterscheidung ist jedoch auch hinsichtlich des Ausweises in der Bilanz erforderlich.

1. Entgeltlich erworbene immaterielle Vermögensgegenstände

Für entgeltlich erworbene (sog. derivative) immaterielle Vermögensgegenstände besteht wegen dem Vollständigkeitsgebot des § 246 HGB eine **Aktivierungspflicht** im handelsrechtlichen Jahresabschluss.

Als entgeltlicher Erwerb ist nur der auf einen Leistungsaustausch am Markt beruhende, Anschaffungsvorgang zu bezeichnen. Dabei kommen alle Rechtsverhältnisse in Betracht, die auf Übertragung von Vermögensgegenständen gerichtet sind (z.B. Kauf § 433 BGB, Tausch § 515 BGB). Interne Aufwendungen hingegen genügen nicht (Hennrichs in MüKo zum Bilanzrecht, 1. Auflage 2013, § 248 Rn. 43 ff.).

Hinsichtlich Ansatz, Bewertung und Ausweis entgeltlich erworbener immaterieller Vermögensgegenstände gelten die allgemeinen Vorschriften.

Die **Zugangs-/Folgebewertung** erfolgt entsprechend § 253 HGB mit den Anschaffungs-/Herstellungskosten (§ 255 HGB) bzw. die um Abschreibungen geminderten Anschaffungs-/Herstellungskosten (sog. fortgeführte Anschaffungs-/Herstellungskosten).

Die voraussichtliche Nutzungsdauer muss unter kaufmännischen Gesichtspunkten geschätzt werden. Ist dies bei einem entgeltlich erworbenen Geschäfts- oder Firmenwert nicht möglich, ist eine Nutzungsdauer von 10 Jahren anzusetzen, § 253 Abs. 3 S. 3 HGB (anders § 7 Abs. 1 Satz 3 EStG (15 Jahre)).

Die entgeltlich erworbenen immateriellen Vermögensgegenstände sind nach der Bilanzgliederung des § 266 Abs. 2 A. I. Nr. 2 HGB auszuweisen.

2. Selbst geschaffene immaterielle Vermögensgegenstände

Bei selbst geschaffenen immateriellen, also nicht von Dritten erworbenen, (sog. originären) Vermögensgegenständen galt vor Inkrafttreten des Bilanzrechtsmodernisierungsgesetzes ein **Aktivierungsverbot** gem. § 248 Abs. 2 HGB a.F. Im Rahmen der weitergehenden Harmonisierung der deutschen handelsrechtlichen Rechnungslegung an internationale oder andere nationale Rechnungslegungsvorschriften (z.B. IFRS oder auch US-GAAP) wurde das bisherige Aktivierungsverbot aufgehoben und ein Aktivierungswahlrecht (anders § 5 Abs. 2 EStG (Aktivierungsverbot)) geschaffen, wobei gem. § 248 Abs. 2 HGB für selbst geschaffene Marken, Drucktitel, Verlagsrechte, Kundenlisten oder vergleichbare immaterielle Vermögensgegenstände des Anlagevermögens weiterhin ein Aktivierungsverbot gilt.

Zu beachten ist, dass die **Ausübung des Aktivierungswahlrechts** eine Ausschüttungs- und Abführungssperre nach sich zieht (§ 268 Abs. 8 HGB, § 301 S. 1 AktG).

Die **Aktivierungsmöglichkeit** beginnt nach umstrittener, aber zutreffender Ansicht, frühestens mit dem Zeitpunkt, ab dem die Kriterien eines Vermögensstands gegeben sind, da § 246 Abs. 1 HGB als Grundvoraussetzung die sog. abstrakte Aktivierungsfähigkeit für einen Vermögensgegenstand verlangt (vgl. Hennrichs in MüKo zum Bilanzrecht, 1. Auflage 2013, § 248 Rn. 36).

Die **Zugangsbewertung** bestimmt sich bei selbst geschaffenen immateriellen Vermögensgegenständen nach §§ 253 Abs. 1 Satz 1, 255 Abs. 2 und 2a HGB. Danach sind Herstellungskosten eines selbst geschaffenen immateriellen Vermögensgegenstands des Anlagevermögens, die bei dessen Entwicklung anfallenden Aufwendungen im Sinne von § 255 Abs. 2 HGB.

Entwicklung ist die Anwendung von Forschungsergebnissen oder von anderem Wissen für die Neuentwicklung von Gütern oder Verfahren oder die Weiterentwicklung von Gütern oder Verfahren mittels wesentlicher Änderungen. Aufwendungen, die in der Forschungsphase entstanden sind, dürfen nicht in die Herstellungskosten einbezogen werden.

Forschung ist die eigenständige und planmäßige Suche nach neuen wissenschaftlichen oder technischen Erkenntnissen oder Erfahrungen allgemeiner Art, über deren technische Verwertbarkeit und wirtschaftliche Erfolgsaussichten grundsätzlich keine Aussagen gemacht werden können.

Können Forschung und Entwicklung nicht verlässlich voneinander unterschieden werden, ist eine Aktivierung ausgeschlossen.

Für die **Folgebewertung** selbst geschaffener immaterieller Vermögensgegenstände sind im HGB keine speziellen Regelungen enthalten, sodass die allgemeinen Abschreibungsregelungen des § 253 HGB (sog. fortgeführte Anschaffungs-/Herstellungskosten) Anwendung finden. Die voraussichtliche betriebliche Nutzungsdauer ist vorsichtig zu schätzen. Ist dies im Einzelfall schwierig oder gar unmöglich, ist gem. § 253 Abs. 3 Satz 3 HGB eine Nutzungsdauer von 10 Jahren anzusetzen.

Im Fall der Aktivierung nach § 248 Abs. 2 HGB sind im **Anhang** gem. § 285 Nr. 22 HGB der Gesamtbetrag der Forschungs- und Entwicklungskosten des Geschäftsjahrs sowie der davon auf die selbst geschaffenen immateriellen Vermögensgegenstände des Anlagevermögens entfallende Betrag anzugeben.

Wegen dem Auseinanderfallen von handels- und steuerrechtlichen Ansätzen und Bewertungen (**temporary concept**), ist die Regelung des § 274 HGB zur Bildung von Steuerlatenzen zu berücksichtigen.

> **Vortragszeit: 4/5 Minuten**

III. Immaterielle Vermögenswerte im Einzelabschluss nach IFRS

Im Einzelabschluss nach internationalen Rechnungslegungsvorschriften (IAS/IFRS) ist bei der Bilanzierung von immateriellen Vermögenswerten (intangible assets) insbesondere IAS 29 einschlägig.

I. Anwendungsbereich des IAS 38

Grundsätzlich findet zur Frage zur Erfassung und Bewertung von intangible assets IAS 38 Anwendung. Eine Ausnahme besteht jedoch beispielsweise beim Erwerb im Rahmen eines Unternehmenszusammenschlusses

(IFRS 3) oder bei zum Verkauf im normalen Geschäftsgang gehaltene intangible assets (IAS 2 bzw. IAS 11); also ein spezieller Rechnungslegungsstandard greift.

2. Definition

Ein **immaterieller Vermögenswert** ist ein identifizierbarer, nicht monetärer (Geldmittel) Vermögenswert ohne physische Substanz.

Ein Vermögenswert ist eine Ressource, die aufgrund von Ereignissen der Vergangenheit von einem Unternehmen beherrscht wird und bei der erwartet wird, dass durch sie in Zukunft ein wirtschaftlicher Nutzen zufließt (IAS 38.8).

Der Vermögenswert ist identifizierbar, wenn er separierbar ist, d.h. er kann vom Unternehmen getrennt und verkauft, übertragen, lizenziert, vermietet oder getauscht werden (IAS 38.12).

Bezüglich der Beurteilung der Wahrscheinlichkeit des Nutzenzuflusses weist das IASB ausdrücklich darauf hin, dass begründbare und angemessene Annahmen herangezogen werden müssen, die die beste Schätzung des Managements hinsichtlich der künftigen Umweltbedingungen widerspiegeln (vgl. IAS 38.22).

3. Erfassung und Bewertung

Ein immaterieller Vermögenswert ist bei Zugang mit seinen Anschaffungs- oder Herstellungskosten zu bewerten.

Die **Anschaffungs-/Herstellungskosten** umfassen dabei die zum Erwerb oder zur Herstellung eines Vermögenswertes entrichteten Beträge an Zahlungsmitteln oder Zahlungsmitteläquivalenten (IAS 38.8).

Dieser Betrag umfasst also den Erwerbspreis, eine nicht abzugsfähige Umsatzsteuer nach Abzug von Rabatten, Boni und Skonti als auch die direkt zurechenbaren Kosten für die Vorbereitung des Vermögenswertes auf seine betriebliche Nutzung (IAS 38.27).

Hinsichtlich eines selbst geschaffenen immateriellen Vermögenswertes ist der Erstellungsprozess des Vermögenswertes in eine Forschungs- und eine Entwicklungsphase zu unterscheiden, da ein aus der Forschungsphase entstehender immaterieller Vermögenswert nicht angesetzt werden darf (vgl. IAS 38.54).

Entwicklung ist die Anwendung von Forschungsergebnissen oder von anderem Wissen auf einen Plan oder Entwurf für die Produktion von neuen oder beträchtlich verbesserten Materialien, Vorrichtungen, Produkten, Verfahren, Systemen oder Dienstleistungen. Die Entwicklung findet dabei vor Beginn der kommerziellen Produktion oder Nutzung statt.

Forschung hingegen ist die eigenständige und planmäßige Suche mit der Aussicht, zu neuen wissenschaftlichen oder technischen Erkenntnissen zu gelangen (IAS 38.8). Die Forschung ist also die der Entwicklung vorgelagerte Phase.

Können Forschungs- und Entwicklungsphase nicht voneinander getrennt werden, unterbleibt ein Ansatz.

Ein aus der Entwicklung (oder der Entwicklungsphase eines internen Projekts) entstehender immaterieller Vermögenswert ist dann und nur dann anzusetzen, wenn ein Unternehmen Folgendes nachweisen kann:

1. Die Fertigstellung des immateriellen Vermögenswerts kann technisch soweit realisiert werden, dass er genutzt oder verkauft werden kann.
2. Das Unternehmen beabsichtigt, den immateriellen Vermögenswert fertigzustellen und ihn zu nutzen oder zu verkaufen.
3. Das Unternehmen ist fähig, den immateriellen Vermögenswert zu nutzen oder zu verkaufen.
4. Die Art und Weise, wie der immaterielle Vermögenswert voraussichtlich einen künftigen wirtschaftlichen Nutzen erzielen wird; das Unternehmen kann u.a. die Existenz eines Markts für die Produkte des immateriellen Vermögenswertes oder für den immateriellen Vermögenswert an sich oder, falls er intern genutzt werden soll, den Nutzen des immateriellen Vermögenswerts nachweisen (IAS 38.57).
5. Adäquate technische, finanzielle und sonstige Ressourcen sind verfügbar, sodass die Entwicklung abgeschlossen und der immaterielle Vermögenswert genutzt oder verkauft werden kann.
6. Das Unternehmen ist fähig, die dem immateriellen Vermögenswert während seiner Entwicklung zurechenbaren Ausgaben verlässlich zu bewerten.

Eine **Aktivierung des selbst geschaffenen Geschäfts- oder Firmenwertes** ist ausgeschlossen (IAS 38.48).

Selbst geschaffene Markennamen, Drucktitel, Verlagsrechte, Kundenlisten sowie ihrem Wesen nach ähnliche Sachverhalte dürfen ebenfalls nicht als immaterielle Vermögenswerte angesetzt werden (IAS 38.63).

Bei der **Zugangsbewertung** des selbst geschaffenen immateriellen Vermögenswertes gelten die bereits oben dargestellten Grundsätze zu den Herstellungskosten.

Hinsichtlich der **Folgebewertung** (entgeltlich erworbener und selbstgeschaffener) immaterieller Vermögenswerte hat das Unternehmen ein Wahlrecht zwischen der Anschaffungskostenmethode und der Neubewertungsmethode (vgl. IAS 38.72). Die Neubewertungsmethode scheidet jedoch aus, wenn für die Vermögenswerte kein aktiver Markt existiert.

Die **Anschaffungskostenmethode** besagt, dass der Vermögenswert mit den fortgeführten Anschaffungskosten anzusetzen ist, also abzüglich kumulierter Amortisationen und Wertminderungsaufwendungen (vgl. IAS 38.74).

Bei der **Neubewertungsmethode** ist der immaterielle Vermögenswert mit einem Neubewertungsbetrag fortzuführen, der seinem beizulegenden Zeitwert zum Zeitpunkt der Neubewertung entspricht, jedoch abzüglich kumulierter Amortisationen und späterer Wertminderungsaufwendungen (vgl. IAS 38.75).

Wertsteigerungen sind bei der **Neubewertungsmethode** somit zulässig, sind jedoch im sonstigen Ergebnis und unter dem Eigenkapital in der Neubewertungsrücklage auszuweisen. Spätere Wertminderungen mindern die Neubewertungsrücklage entsprechend. Darüberhinausgehende Wertminderungen sind im Gewinn/Verlust zu zeigen (vgl. IAS 38.85 f.).

Hinsichtlich der vorzunehmen Amortisationen hat das Unternehmen zunächst zu beurteilen, ob es sich um einen Vermögenswert mit begrenzter oder unbegrenzter Nutzungsdauer handelt.

Ein Vermögenswert mit unbegrenzter Nutzungsdauer darf nicht abgeschrieben werden (IAS 38.107).

Das Unternehmen hat in Anlehnung an die in IAS 38 festgelegten Kriterien (z.B. technische Veralterung oder Zeitraum vor Verfügungsgewalt) die Nutzungsdauer zu schätzen (siehe IAS 38.90 ff.).

Zu jedem Bewertungszeitpunkt hat das Unternehmen eine Überprüfung des Wertansatzes durch einen **Impairment-Test** gem. IAS 36 vorzunehmen (sog. **impairment-only-approach**); (vgl. IAS 38.108).

4. Angaben

Nach IAS 38 sind bei immateriellen Vermögenswerten umfangreiche Angaben z.B. zur begrenzten/unbegrenzten Nutzungsdauer, die Amortisationssätze, die kumulierte Amortisation oder bei Wahl der Neubewertungsmethode der Stichtag der Neubewertung und zum Buchwert der neu bewerteten immateriellen Vermögenswerte zu machen (siehe IAS 38.118 ff.).

Darüber hinaus hat das Unternehmen die **Summe der Ausgaben für Forschung und Entwicklung** offen zu legen, die als Aufwand erfasst wurden (IAS 38.126).

> **Vortragszeit: 5/9 Minuten**

IV. Fazit

Ansatz, Bewertung und Ausweis von immateriellen insbesondere von selbst geschaffenen immateriellen Vermögenswerten stellen den Bilanzersteller aber auch den Abschlussprüfer vor eine große Herausforderung. Zwar sind im HGB als auch im IAS 38 spezifische Regelungen vorhanden. Beide Rechnungslegungswerke lassen am Ende aller Tage bei den selbst geschaffen immateriellen Vermögensgegenständen/-werten insbesondere hinsichtlich einer fehlenden scharfen Abgrenzung von Forschungs- und Entwicklungskosten große Unsicherheiten entstehen, die praktisch nach beiden Regelungskreisen zu Wahlrechten führen. Hier sind die Gesetzes-/Normengeber aufgefordert Klarheit zu schaffen, da nur eine objektive und transparente Rechnungslegung bei den Adressaten der Rechnungslegung Vertrauen in diese schaffen kann.

Vielen Dank für Ihre Aufmerksamkeit.

> **Vortragszeit: 1/10 Minuten**

Vortrag 36
Angaben zu nahestehenden Personen im Jahresabschluss nach HGB und IFRS (Prüfungswesen)

Sehr geehrte/r Frau/Herr Vorsitzende/r, sehr geehrte Prüfungskommission,
aus den mir zur Auswahl gestellten Themen habe ich mich für das Thema „**Angaben zu nahestehenden Personen im Jahresabschluss nach HGB und IFRS**" entschieden. Meinen Vortrag gliedere ich wie folgt:

I.	Einführung und Definition
II.	Angaben im Jahresabschluss nach HGB
III.	Angaben im Einzelabschluss nach IFRS
IV.	Fazit

Vortragszeit: 0,5 Minuten

I. Einführung und Definition

Beziehungen von Unternehmen zu nahestehenden Personen/Unternehmen können dazu führen, dass Geschäfte nur aufgrund dieser Beziehung abgeschlossen oder gerade unterlassen wurden. Häufig halten diese Geschäfte auch nicht dem **Drittvergleich** stand. Mithin besteht ein erhöhtes Risiko, dass solche Geschäftsvorfälle in der Rechnungslegung nicht zutreffend oder unvollständige abgebildet werden. Deshalb dient die Offenlegung von Beziehungen zu Geschäftsvorfällen mit nahestehenden Personen einer Verbesserung des Einblicks in die Vermögens-, Finanz- und Ertragslage der Bericht erstattenden Einheit (Marten/Quick/Ruhnke, Wirtschaftsprüfung, 5. Auflage 2015, 638).

Die gesetzlichen Vertreter einer Kapitalgesellschaft haben gem. § 264 HGB den **Jahresabschluss** um einen Anhang zu erweitern, der mit der Bilanz und der Gewinn- und Verlustrechnung eine Einheit bildet.

Der **Anhang** ist ebenso wie **Bilanz und Gewinn- und Verlustrechnung** ein gleichwertiger Bestandteil des Jahresabschlusses. Zusammen mit den Angaben des Anhangs haben die Bilanz und Gewinn- und Verlustrechnung unter Beachtung der Grundsätze ordnungsgemäßer Buchführung ein den tatsächlichen Verhältnissen entsprechendes Bild der Vermögens-, Finanz- und Ertragslage des Unternehmens zu vermitteln (Grottel in BeBiKo, 9. Auflage 2014, § 284 Rn. 6).

Mit dem Bilanzrechtsmodernisierungsgesetz hat der Gesetzgeber auch die **Informationsfunktion der Anhangangaben** gestärkt und damit deutlich ausgeweitet (vgl. Winnefeld, Bilanz-Handbuch, 5. Auflage 2014, Kapitel J, Rn. 10 ff.).

Auch der Begriff der „**nahestehenden Personen**" wurde durch das Bilanzrechtsmodernisierungsgesetz in das HGB in Übereinstimmung mit **IAS 24** eingeführt. Damit sind die Definitionen von anderen Gesetzen (z.B. § 15 AO, § 1 AStG, DeutscherCorporateGovernanceKodex) nicht anzuwenden. Vielmehr ist auf IAS 24 zurückzugreifen.

IAS 24 enthält jedoch keine explizite Definition der nahestehenden Personen. Vielmehr findet sich dort ein abschließender Katalog:

Eine Person oder ein naher Familienangehöriger dieser Person steht einem berichtenden Unternehmen nahe, wenn sie/er

- das berichtende Unternehmen beherrscht oder an dessen Gemeinschaftlicher Führung beteiligt ist,
- maßgeblichen Einfluss auf das berichtende Unternehmen hat oder
- im Management des berichtenden Unternehmens oder eines Mutterunternehmens des berichtenden Unternehmens eine Schlüsselposition bekleidet.

Auch die internationale Rechnungslegung verlangt mit IAS 24 vom bilanzierenden Unternehmen – unter den vorstehenden Gesichtspunkten – Angaben in den notes zu Geschäften mit nahestehenden Personen/ Unternehmen.

Vortragszeit: 2/2,5 Minuten

II. Angaben im Jahresabschluss nach HGB

Gemäß § 285 Nr. 21 HGB sind zumindest die nicht zu marktüblichen Bedingungen zustande gekommen Geschäfte, soweit sie wesentlich sind, mit nahestehenden Unternehmen und Personen, einschließlich Angabe zur Art der Beziehung, zum Wert der Geschäfte sowie weitere Angaben, die für die Beurteilung der Finanzlage notwendig sind, anzugeben (vgl. IDW RS HFA 33 Rn. 1).

Kleine Kapitalgesellschaften bzw. Kap&Co.-Gesellschaften im Sinne von § 264a HGB müssen diese Angaben nicht machen. Mittelgroße Gesellschaften brauchen die Angaben nach § 285 Nr. 21 HGB nur zu machen, sofern die Geschäfte direkt oder indirekt mit einem Gesellschafter, Unternehmen, an denen die Gesellschaft selbst eine Beteiligung hält, oder Mitgliedern des Geschäftsführungs-, Aufsichts- oder Verwaltungsorgans abgeschlossen wurden (vgl. § 288 Abs. 1 und 2 HGB).

Der Begriff **Geschäft** ist in einem umfassenden funktionalen Sinn zu verstehen. Somit sind hierunter nicht nur Rechtsgeschäfte, sondern auch andere Maßnahmen zu verstehen, die eine unentgeltliche oder entgeltliche Übertragung oder Nutzung von Vermögensgegenständen oder Schulden zum Gegenstand haben. Anzugeben sind somit alle Transaktionen rechtlicher oder wirtschaftlicher Art, die sich auf die Finanzlage des Unternehmens auswirken können (Kessler in MüKo zum Bilanzrecht, 1. Auflage 2013, § 285 Rn. 228).

Dabei sind allerdings nur solche anzugeben, die für die **Beurteilung der Finanzlage** wesentlich sind. Die Wesentlichkeit ist unter Berücksichtigung der Verhältnisse des Einzelfalls zu beurteilen. Eine kompensatorische Betrachtung der Auswirkungen gegenläufiger Geschäfte zur Beurteilung ihrer Wesentlichkeit ist nicht zulässig (IDW RS HFA 33 Rn. 7).

Eine **Negativanzeige** ist nicht notwendig, wenn keine marktunüblichen Geschäfte mit nahestehenden Personen abgeschlossen wurden (Poezlig in MüKo, 3. Auflage 2013, § 285 Rn. 350 m.w.N.).

Die Marktunüblichkeit der Bedingungen ist durch einen **Drittvergleich** (at arms length) festzustellen. Die Prüfung der Marktunüblichkeit kann anhand der betriebswirtschaftlichen Grundsätze erfolgen, die sich für die Beurteilung der Geschäfte im Rahmen des Abhängigkeitsberichts nach § 317 AktG herausgebildet haben. Anhaltspunkte bieten auch die für das Steuerrecht entwickelten Maßgaben für das Vorliegen einer verdeckten Gewinnausschüttung oder verdeckten Einlage. Maßgeblich für den Drittvergleich ist die Perspektive der Gesellschaft, nicht der nahestehenden Personen oder Unternehmen. Marktunübliche Bedingungen liegen vor, wenn die Gesellschaft das Geschäft bei gleichliegenden Verhältnissen zu diesen Konditionen mit einem fremden unabhängigen Dritten nicht abgeschlossen hätte. Unerheblich ist demnach, ob das Geschäft für die Gesellschaft im Drittvergleich vorteilhaft oder nachteilig ist. Marktunüblich und damit nach Nr. 21 angabepflichtig sind auch solche Geschäfte, die die Gesellschaft mit einem Dritten nicht abgeschlossen hätte, weil Gründe in der Person des Dritten – insbesondere finanzielle oder gar existenzielle Schwierigkeiten, verminderte Kreditwürdigkeit u.Ä. – vorlagen (Poezlig in MüKo, 3. Auflage 2013, § 285 Rn. 369 m.w.N.).

§ 285 Nr. 21 HGB verlangt Angaben zu der **Art der Beziehung**, dem Wert der Geschäfte sowie weitere Angaben, die für die Beurteilung der Finanzlage notwendig sind.

Bei den Angaben zur Art der Beziehung und der Art der Geschäfte ist eine Kategorisierung möglich.

Hinsichtlich des anzugebenden Wertes ist nicht der übliche Marktpreis gemeint, sondern das vereinbarte Gesamtentgelt. Wurde kein Entgelt vereinbart, entfällt diese Abgabepflicht nicht, sondern ist mit 0 € zu vermerken (IDW RS HFA 33 Rn. 16).

Weitere Angaben, die für die **Beurteilung der Finanzlage** von Bedeutung sind, bedeutet nicht, dass der Angabekreis des § 285 Nr. 21 HGB erweitert wird. Vielmehr sind einzelfallbezogene Angaben zu Geschäften zu machen, die hinsichtlich ihres Volumens ungewöhnlich sind oder bei Dauerschuldverhältnissen, die einer ungewöhnlich langen Bindungsdauer, ungewöhnlichen Kündigungsmöglichkeiten o.Ä. abgeschlossen wurden (vgl. IDW RS HFA 33 Rn. 18).

§ 285 Nr. 21 HGB gewährt dem bilanzierenden Unternehmen ein **Wahlrecht** („zumindest"), entweder nur die wesentlichen nicht zu marktüblichen Bedingungen zustande gekommenen Geschäfte mit nahestehenden Unternehmen und Personen oder alle wesentlichen Geschäfte mit nahestehenden Unternehmen und Personen anzugeben (vgl. Winnefeld, Bilanz-Handbuch, 5. Auflage 2014, Kapitel J, Rn. 347 m.w.N.).

Vortragszeit: 4,5/7 Minuten

III. Angaben im Einzelabschluss nach IFRS (2 Minuten)

In der **internationalen Rechnungslegung** hat der Anhang (notes) gegenüber dem handelsrechtlichen Anhang zwar die gleiche Funktion (sog. Überbrückungsfunktion), aber eine weitaus größere Bedeutung. Die notes haben die für die internationale Rechnungslegung typische Informationsfunktion, wobei ihnen – im Gegensatz zum Anhang nach HGB – keine Korrekturfunktionen zukommen (vgl. Winnefeld, Bilanz-Handbuch, 5. Auflage 2014, Kapitel J, Rn. 440).

IAS 24 regelt die **Angaben zu Geschäften mit nahestehenden Personen**:

Hat es bei einem Unternehmen, Geschäftsvorfälle mit nahestehenden Unternehmen oder Personen gegeben, so hat es anzugeben, welcher Art seine Beziehung zu dem nahestehenden Unternehmen/der nahestehenden Person ist, und die Abschlussadressaten über die diejenigen Geschäftsvorfälle und ausstehenden Salden zu informieren, die diese benötigen, um die möglichen Auswirkungen dieser auf den Abschluss nachzuvollziehen (IAS 24.18).

Angabepflichtig sind weiterhin:
- die Höhe der Geschäftsvorfälle,
- die Höhe der ausstehenden Salden einschließlich Verpflichtungen und
  - deren Bedingungen und Konditionen und
  - Einzelheiten gewährter oder erhaltender Garantien,
- Rückstellungen für zweifelhafte Forderungen im Zusammenhang mit ausstehenden Salden,
- der während der Periode erfasste Aufwand für uneinbringliche oder zweifelhafte Forderungen gegenüber nahestehenden Unternehmen und Personen.

Gleichartige Posten dürfen grundsätzlich zusammengefasst werden.

Im Gegensatz zum HGB sieht die internationale Rechnungslegung bei den notes keine größenabhängigen Erleichterungen vor.

Die Angaben zu den nahestehenden Personen sind in der Gliederung der notes im Anhang 30–35: Sonstige Angaben explizit aufgeführt (siehe IAS 1.103 ff.).

Vortragszeit: 2/9 Minuten

IV. Fazit

Durch Angaben zu Geschäften mit nahestehenden Personen/Unternehmen im Anhang bzw. den notes wird – insbesondere bei dem IFRS-Einzelabschluss – dem Informationsbedürfnis der Rechnungslegungsempfänger – Rechnung getragen. Aus diesem Grunde unterscheiden sich auch die Regelungen des § 285 Nr. 21 HGB und IAS 24 hinsichtlich der Angabepflichten. Das HGB verlangt zumindest die Angabe der marktunüblichen Geschäfte mit nahestehenden Personen/Unternehmen, wobei IAS 24 die Angabe sämtlicher Geschäfte mit nahestehenden Personen/Unternehmen verlangt.

Der deutsche Gesetzgeber hat durch die Neuschaffung des § 285 Nr. 21 HGB einen deutlichen Schritt zur weitergehenden Harmonisierung der deutschen Rechnungslegung an internationale bzw. anglo-amerikanische Rechnungslegungsvorschriften vollzogen. Dies wird sicherlich nicht der letzte Schritt dieser Art sein, damit der HGB-Jahresabschluss mit fortschreitender Globalisierung dauerhaft nicht seine Existenz verliert.

Vielen Dank für Ihre Aufmerksamkeit.

Vortragszeit: 1/10 Minuten

Vortrag 37
Qualitätssicherung und -kontrolle in der Wirtschaftsprüferkanzlei (Prüfungswesen)

Sehr geehrte/r Frau/Herr Vorsitzende/r, sehr geehrte Prüfungskommission,
aus den mir zur Auswahl gestellten Themen habe ich mich für das Thema „**Qualitätssicherung und -kontrolle in der Wirtschaftsprüferkanzlei**" entschieden. Meinen Vortrag gliedere ich wie folgt:

I.	Einführung
II.	Interne Qualitätssicherung
III.	Externe Qualitätskontrolle
IV.	Fazit

Vortragszeit: 0,5 Minuten

I. Einführung

Der **Beruf des Wirtschaftsprüfers** (Wirtschaftsprüfer/Wirtschaftsprüferin) ist ein freier Beruf, welcher durch die Wirtschaftsprüfer selbst verwaltet wird (sog. Selbstverwaltung des Berufsstandes).

Der Wirtschaftsprüfer hat seinen Beruf unabhängig, gewissenhaft, verschwiegen und eigenverantwortlich auszuüben. Er hat sich insbesondere bei der Erstattung von Prüfungsberichten und Gutachten unparteiisch zu verhalten (§ 43 WPO).

Aus der **allgemeinen Berufspflicht** der Gewissenhaftigkeit ist abzuleiten, dass der Wirtschaftsprüfer die von ihm erbrachten Dienstleistungen qualitativ hochwertig erbringt. Es bedarf mithin einer internen Qualitätssicherung innerhalb der Wirtschaftsprüferkanzlei, um diesem Anspruch und der Gewissenhaftigkeit gerecht zu werden (vgl. §§ 4, 7 der Berufssatzung).

Darüber hinaus sind Wirtschaftsprüfer nach § 57a Abs. 1 WPO verpflichtet, sich einer **externen Qualitätskontrolle** zu unterziehen, wenn sie beabsichtigen, gesetzlich vorgeschriebene Abschlussprüfungen durchzuführen. Liegt eine Teilnahmebescheinigung (oder eine Ausnahmegenehmigung der Wirtschaftsprüferkammer z.B. bei Neugründung) über die Durchführung einer externen Qualitätskontrolle nicht vor, kann der Wirtschaftsprüfer nicht gesetzlicher Abschlussprüfer sein, § 319 Abs. 1 HGB.

Die **Qualitätskontrolle** dient der Überwachung, ob das praxisinterne Qualitätssicherungssystem (§ 55b WPO) angemessen ist und die Regelungen des Qualitätssicherungssystems eingehalten werden (vgl. Schmidt in BeBiKo, 9. Auflage 2014, § 319 Rn. 15).

Vortragszeit: 0,5/1 Minute

II. Interne Qualitätssicherung

Die Sicherstellung der Qualität in der Arbeit der Wirtschaftsprüfer nimmt im deutschen Berufsstand einen hohen Stellenwert ein. Dies ergibt sich zum einen aus gesetzlichen Vorschriften wie z.B. §§ 43-56 WPO aber auch aus der gemeinsamen Stellungnahme der Wirtschaftsprüferkammer und des Instituts der Wirtschaftsprüfer e.V. „Anforderungen an die Qualitätssicherung in der Wirtschaftsprüferpraxis" (VO 1/2006).

Diese VO 1/2006 beinhaltet Regelungen zur allgemeinen Praxisorganisation, zur Auftragsabwicklung und zur internen Nachschau.

Die **Verantwortlichkeit für die Einrichtung, Durchsetzung und Überwachung des internen Qualitätssicherungssystems** liegt bei der Leitung der Wirtschaftsprüferpraxis. Sämtliche getroffenen Regelungen müssen angemessen und wirksam sein. Dies ist der Fall, wenn die Regelungen geeignet sind, eine Verletzung von Berufspflichten zu verhindern oder zumindest zeitnah aufzudecken und die Regelungen bei der täglichen Arbeit angewendet werden (vgl. Marten/Quick/Ruhnke, Wirtschaftsprüfung, 5. Auflage 2015, 589 f.).

1. Regelungen zur allgemeinen Praxisorganisation

Die Regelungen zur allgemeinen Praxisorganisation umfassen folgende Punkte:

- **Beachtung der allgemeinen Berufspflichten**

  Die Praxisleitung hat sicherzustellen, dass die allgemeinen Berufpflichten des § 43 WPO eingehalten werden. So hat sie z.B. darauf hinzuwirken, dass die jeweils geltenden Unabhängigkeitsvorschriften durch sämtliche Mitarbeiter eingehalten werden.

- **Annahme, Fortführung und vorzeitige Beendigung von Aufträgen**

  Die Wirtschaftsprüferpraxis darf einen Auftrag nur annehmen oder fortführen, wenn sie über die ausreichenden sachlichen, zeitlichen und personellen Ressourcen hierfür verfügt.

  Im Rahmen der Abwicklung eines Auftrages können Sachverhalte bekannt werden, die zu einer Ablehnung des Auftrages geführt hätten. In diesem Fall sind Regelungen zur weiteren Vorgehensweise in Übereinstimmung mit den berufsrechtlichen Vorschriften zu fassen.

- **Mitarbeiterentwicklung**

  Die Mitarbeiterentwicklung hat sich daran zu orientieren, dass ausreichend qualifiziertes Personal zur Abwicklung der Aufträge zur Verfügung steht. Mitarbeiter sind aber auch regelmäßig fachlich und persönlich zu beurteilen, um eine Mitarbeiterentwicklung zu fördern.

- **Gesamtplanung aller Aufträge**

  Neben der Planung des Einzelauftrages hat die Wirtschaftsprüferpraxis alle Aufträge einer Planungsperiode im Rahmen einer Gesamtplanung zeitlich, sachlich und personell zu planen.

- **Umgang mit Beschwerden und Vorwürfen**

  Bereits aus der Berufssatzung ergibt sich die Pflicht der Wirtschaftsprüferpraxis, Regelungen zum Umgang mit Beschwerden und Vorwürfen im Rahmen der berufsrechtlichen Vorschriften zu schaffen.

2. Regelungen zur Auftragsabwicklung

Sind die Regelung zur allgemeinen Praxisorganisation für sämtliche Tätigkeitsbereiche der Wirtschaftsprüferpraxis maßgeblich, sind die folgenden auftragsbezogenen Regelung der **VO 1/2006** nur bei der Durchführung von betriebswirtschaftlichen Prüfungen nach § 2 Abs. 1 WPO zu beachten (vgl. VO 1/2006 Rn. 5):

- Organisation der Auftragsabwicklung,
- Einhaltung der gesetzlichen Vorschriften und der fachlichen Regelungen,
- Anleitung des Prüfungsteams,
- Einholung von fachlichem Rat (Konsultation),
- Laufende Überwachung der Auftragsabwicklung,
- Abschließende Durchsicht der Auftragsergebnisse,
- Auftragsbezogene Qualitätssicherung (nur bei § 319a HGB),
- Lösung von Meinungsverschiedenheiten,
- Abschluss der Dokumentation der Auftragsabwicklung und Archivierung.

3. Regelungen zur internen Nachschau

Das **Ziel der internen Nachschau** besteht in der Überprüfung der Angemessenheit und Wirksamkeit des internen Qualitätssicherungssystems. Die Nachschauaktivitäten erstrecken sich demnach sowohl auf Einhaltung der Regelung zur allgemeinen Praxisorganisation, als auch auf die Beachtung der Anforderungen an eine ordnungsgemäße Auftragsabwicklung. Organisation und Durchführung der in diesem Zusammenhang erforderlichen Aktivitäten können jedoch nur an eine mit entsprechender Erfahrung, Fachkompetenz und Autorität ausgestatte Person übertragen werden, die selbst nicht an den betroffenen Aufträgen beteiligt war (Marten/Quick/Ruhnke, Wirtschaftsprüfung, 5. Auflage 2015, 597).

Kleinen Wirtschaftsprüfungspraxen wird die Möglichkeit der **Selbstvergewisserung** eingeräumt, soweit keine Jahresabschlüsse von Unternehmen des öffentlichen Interesses i.S.v. § 319a HGB geprüft werden (vgl. VO 1/2006 Rn. 177).

Die im Zuge der Nachschau getroffenen Feststellungen dienen der Weiterentwicklung des praxisinternen Qualitätssicherungssystems und bedürfen somit durch die Praxisleitung einer Umsetzung und internen Kommunikation.

> **Vortragszeit: 3/4 Minuten**

III. Externe Qualitätskontrolle

Ein **System der externen Qualitätskontrolle** hat es zum Ziel, eine hohe Prüfungsqualität zu gewährleisten. Diese soll den Abschlussinformationen Verlässlichkeit verleihen und insofern dem Schutz der Abschlussadressaten dienen und das Vertrauen der Nutzer von Finanzinformationen stärken (Marten/Quick/Ruhnke, Wirtschaftsprüfung, 5. Auflage 2015, 597).

In Deutschland umfasst das **System der externen Qualitätssicherung** externe Qualitätskontrollen für Wirtschaftsprüfer, die gesetzliche Abschlussprüfungen durchführen (wollen) und für Wirtschaftsprüfer, die gesetzliche Abschlussprüfungen von Unternehmen des öffentlichen Interesses gem. § 319a HGB durchführen, sog.   anlassunabhängige Sonderuntersuchungen.

Die weiteren Ausführungen beschränken sich auf die externe Qualitätskontrolle gem. § 57a WPO (zum Unterschied der externen Qualitätskontrolle und der Sonderuntersuchungen siehe auch Marten/Quick/Ruhnke, Wirtschaftsprüfung, 5. Auflage 2015, 600).

Das **deutsche Qualitätssicherungssystem** ist insbesondere auch ein Ausfluss der europäischen Anforderungen der Abschlussprüferrichtlinie. Aber auch der **Sarbanes-Oxley-Act** von 2002 (vgl. Grützner/Jakob, Compliance von A-Z, 1. Auflage 2010 m.w.N.) – als Reaktion der US-Regierung auf die sog. **Enron-Affäre** – hatte einen nicht unerheblichen Einfluss auf die internationalen und nationalen Regelungen zur Qualitätssicherung.

Die **deutsche externe Qualitätskontrolle** ist als Systemprüfung ausgestaltet und dient der Beurteilung der Angemessenheit und Wirksamkeit des internen Qualitätssicherungssystems einer Wirtschaftsprüferpraxis.

Verfügt ein Wirtschaftsprüfer über keine (wirksame) **Teilnahmebescheinigung** zur Durchführung einer externen Qualitätskontrolle bzw. über keine Ausnahmegenehmigung, kann er qua Gesetzes nicht gesetzlicher Abschlussprüfer sein, § 319 Abs. 1 S. 3 HGB.

I. Durchführung

Die Durchführung der externen Qualitätskontrolle wird durch den **Prüfer für Qualitätskontrolle** wie folgt vorgenommen.

Die externe Qualitätskontrolle ist durch einen Berufskollegen (sog. **peer**) durchzuführen, der registrierte Prüfer für Qualitätskontrolle ist. Die näheren Voraussetzungen zur Registrierung führt § 57a Abs. 3 WPO auf:

- seit mindestens 3 Jahren als Wirtschaftsprüfer bestellt und in der Abschlussprüfung tätig,
- Kenntnisse in der Qualitätssicherung,
- in den letzten 5 Jahren kein berufsgerichtliches Verfahren,
- Teilnahme an speziellen Fortbildungen für Prüfer für Qualitätskontrolle.

Daneben muss der Prüfer für Qualitätskontrolle selbst über eine Teilnahmebescheinigung verfügen.

Nur unter den vorstehenden Voraussetzungen darf der Prüfer den Auftrag zur Qualitätskontrolle annehmen.

Das IDW hat im PS 140 die Berufsauffassung wiedergegeben, wie eine externe Qualitätskontrolle normenkonform abzuwickeln ist.

Da es sich bei der externen Qualitätskontrolle um eine betriebswirtschaftliche Prüfung i.S.d. § 2 Abs. 1 WPO handelt, unterliegt ihre Durchführung den **allgemeinen Berufspflichten des § 43 WPO** (vgl. IDW PS 140 Rn. 10).

a) Prüfungsplanung

Der Prüfer für Qualitätskontrolle hat den Auftrag sachgerecht zu planen, damit die Prüfung wirksam und wirtschaftlich durchgeführt werden kann. Es muss ein in sachlicher, personeller und zeitlicher Hinsicht angemessener Prüfungsablauf gewährleistet werden. Dabei hat er auch Überlegungen zur Wesentlichkeit anzustellen (IDW PS 140 Rn. 31).

Der Prüfer muss die Prüfungshandlungen so planen und durchführen, dass das Qualitätskontrollrisiko soweit reduziert wird, dass mit hinreichender Sicherheit beurteilt werden kann, ob das in der Wirtschaftsprüferpraxis eingeführte Qualitätssicherungssystem mit den gesetzlichen und satzungsmäßigen Anforderungen in Einklang steht und mit hinreichender Sicherheit eine ordnungsmäßige Abwicklung von Prüfungsaufträgen nach § 2 Abs. 1 WPO gewährleistet, bei denen das Berufssiegel geführt wird oder zu führen ist (sog. **risikoorientierter Prüfungsansatz**); (IDW PS 140 Rn. 34).

Die Planung der Qualitätskontrolle umfasst die Entwicklung einer Prüfungsstrategie und eines Prüfungsprogramms.

b) Auftragsdurchführung

Bei der **Durchführung der Qualitätskontrolle** ist zu beachten, dass die Beurteilung der Angemessenheit und Wirksamkeit des Qualitätssicherungssystems auf der Grundlage der in der WPO und in der Berufssatzung dargestellten Berufspflichten und ihrer Konkretisierung in der VO 1/2006 zu erfolgen hat. Art und Umfang der Maßnahmen, die im Einzelnen von den Berufsangehörigen zu ergreifen sind, hängen von der Größe und der organisatorischen Struktur, insbesondere dem Grad der Arbeitsteilung der jeweiligen Wirtschaftsprüferpraxis ab. Qualitätskontrollen sind im Wesentlichen vor Ort in der zu prüfenden Wirtschaftsprüferpraxis durchzuführen (IDW PS 140 Rn. 47 f.).

Im Rahmen der Auftragsdurchführung hat der Prüfer geeignete und angemessene Prüfungshandlungen zu ergreifen, die ihm erlauben, Prüfungsfeststellungen zur Angemessenheit und Wirksamkeit der einzelnen Bestandteile des Qualitätssicherungssystems in Anlehnung an die VO 1/2006 (s.o.) zu treffen.

Nach Beendigung der Prüfungshandlungen und vor Abgabe des Qualitätskontrollberichtes hat mit der Praxisleitung eine **Schlussbesprechung** über alle Feststellungen und deren Auswirkungen stattzufinden (vgl. IDW PS 140 Rn. 78 f.).

c) Dokumentation

Der Prüfer hat die Auftragsannahme, die Prüfungsplanung, Prüfungsdurchführung und die Prüfungsergebnisse der Qualitätskontrolle zu dokumentieren (vgl. IDW PS 140 Rn. 80 ff.).

d) Qualitätskontrollbericht

Über die Durchführung der Qualitätskontrolle hat der Prüfer einen schriftlichen Qualitätskontrollbericht anzufertigen, der ein Prüfungsurteil zu enthalten hat.

Der **Qualitätskontrollbericht** hat die folgenden **Bestandteile** zu enthalten:
- Adressat des Qualitätskontrollberichts,
- Auftrag und Prüfungsgegenstand,
- Angaben zur Wirtschaftsprüferpraxis,
- Beschreibung des Qualitätssicherungssystems,
- Art und Umfang der Qualitätskontrolle,
- Maßnahmen aufgrund der in der vorangegangenen Qualitätskontrolle bzw. seit- dem festgestellten Mängel,
- Darstellung und Würdigung der Prüfungsfeststellungen als Mängel im Qualitätssicherungssystem und der Prüfungshemmnisse,
- Empfehlungen zur Beseitigung festgestellter wesentlicher Mängel,
- Prüfungsurteil,
- Unterzeichnung des Qualitätskontrollberichts.

Das **Prüfungsurteil** kann uneingeschränkt, eingeschränkt oder versagt werden. Es gelten die Grundsätze des IDW PS 400.

Bei einer Einschränkung oder Versagung soll die Wirtschaftsprüferpraxis gegenüber der Kommission für Qualitätskontrolle Stellung nehmen zu den Feststellungen und Empfehlungen des Prüfers (vgl. IDW PS 140 Rn. 113).

Der Qualitätskontrollbericht ist zu richten an die Leitung der Wirtschaftsprüferpraxis und an die Kommission für Qualitätskontrolle bei der Wirtschaftsprüferkammer (§ 57a Abs. 5 WPO).

2. Organisation und Überwachung

Nach Eingang des Qualitätskontrollberichts bescheinigt die Wirtschaftsprüferkammer dem Wirtschaftsprüfer in eigener Praxis oder der Wirtschaftsprüfungsgesellschaft die **Teilnahme an der Qualitätskontrolle**. Die Bescheinigung ist auf sechs Jahre und bei Berufsangehörigen, die gesetzliche Abschlussprüfungen bei Unternehmen von öffentlichem Interesse (§ 319a Abs. 1 Satz 1 HGB) durchführen, auf drei Jahre zu befristen (§ 57a Abs. 6 WPO).

Liegen Mängel bei Berufsangehörigen in eigener Praxis oder bei einer Wirtschaftsprüfungsgesellschaft vor, wurden Verletzungen von Berufsrecht, die auf Mängeln des Qualitätssicherungssystems beruhen, festgestellt oder wurde die Qualitätskontrolle nicht nach Maßgabe der §§ 57a-57d und der Satzung für Qualitätskontrolle durchgeführt, kann die Kommission für Qualitätskontrolle **Auflagen zur Beseitigung der Mängel** erteilen oder eine **Sonderprüfung** anordnen. Werden Auflagen erteilt, sind diese in einer von der Kommission für Qualitätskontrolle vorgegebenen Frist umzusetzen, und es ist von dem oder der Geprüften hierüber unverzüglich ein schriftlicher Bericht vorzulegen (§ 57e Abs. 2 WPO).

Eine darüberhinausgehende Fachaufsicht liegt bei der **Abschlussprüferaufsichtskommission** gem. § 66a WPO.

> **Vortragszeit: 5/9 Minuten**

IV. Fazit

Das deutsche Berufsrecht der Wirtschaftsprüfer umfasst umfangreiche qualitätssichernde Maßnahmen – im speziellen die interne Qualitätssicherung und die externe Qualitätskontrolle. Dadurch wird das Vertrauen in die Qualität der Arbeit der Wirtschaftsprüfer weiterhin auf einem hohen Niveau gehalten, welches eine existentielle Grundlage für das vorhandene System ist. Der einzelne Wirtschaftsprüfer ist darüber hinaus in seiner alltäglichen Arbeit daran gehalten, dieses Vertrauen in seine und die seiner Berufskollegen aufrecht zu halten. Es bleibt darüber hinaus abzuwarten, welche europäischen Einflüsse auf die externe Qualitätskontrolle, insbesondere hinsichtlich der Person des Qualitätsprüfers, in Zukunft das System verändern werden.

Vielen Dank für Ihre Aufmerksamkeit.

> **Vortragszeit: 1/10 Minuten**

Vortrag 38
Beurteilung der Unternehmensfortführung in der Jahresabschlussprüfung (Prüfungswesen)

Sehr geehrte/r Frau/Herr Vorsitzende/r, sehr geehrte Prüfungskommission,
aus den mir zur Auswahl gestellten Themen habe ich mich für das Thema „**Beurteilung der Unternehmensfortführung in der Jahresabschlussprüfung**" entschieden. Meinen Vortrag gliedere ich wie folgt:

I.	Einführung
II.	Grundlagen
III.	Maßnahmen des Abschlussprüfers
IV.	Auswirkungen auf die Berichterstattung
V.	Fazit

Vortragszeit: 0,5 Minuten

I. Einführung

Der **Jahresabschluss** ist nach § 252 Abs. 1 Nr. 2 HGB unter Fortführungsgesichtspunkten aufzustellen, sofern dem nicht tatsächliche oder rechtliche Gegebenheiten entgegenstehen. Dieses Prinzip der **Fortführung der Unternehmenstätigkeit** wird auch als **going-concern-concept** bezeichnet (vgl. Winkeljohann/Büssow in Beck'scher Bilanzkommentar, 9. Auflage 2014, § 252 Rn. 9).

Von diesem Grundsatz darf ausgegangen werden, wenn das Unternehmen in der Vergangenheit nachhaltige Gewinne erzielt hat, leicht auf finanzielle Mittel zurückgreifen kann und keine bilanzielle Überschuldung (implizite Fortbestehensprognose) droht (vgl. IDW PS 270 Rn. 9).

Der Abschlussprüfer hat im Rahmen der Jahresabschlussprüfung somit Feststellungen zu treffen, ob tatsächliche oder rechtliche Gegebenheiten vorliegen, die einer Bilanzierung unter Fortführungsgesichtspunkten entgegenstehen.

Vortragszeit: 0,5/1 Minute

II. Grundlagen

Die **Fortführung der Unternehmenstätigkeit** kann durch die nachhaltige Störung des finanziellen Gleichgewichts eines Unternehmens oder durch die aufgrund einer nachhaltigen Beeinträchtigung seiner Ertragskraft verursachten Aufzehrung des Eigenkapitals bedroht sein. Kann von der Fortführung des Unternehmens nicht mehr ausgegangen werden, hat dies Auswirkungen auf die anzuwendenden Bewertungsregeln (IDW PS 270 Rn. 5 f.).

Ob die **going-concern-Prämisse** im Rahmen der Jahresabschlusserstellung auch Anwendung findet, ist von den gesetzlichen Vertretern des zu prüfenden Unternehmens zu beurteilen. Bei der Aufstellung des Jahresabschlusses haben sie über die Berechtigung dieser Annahme zu entscheiden (vgl. IDW PS 270 Rn. 9).

Es können finanzielle, betriebliche oder sonstige Umstände einzeln oder zusammen daran zweifeln lassen, ob die Fortführung der Unternehmenstätigkeit möglich sein wird. In Betracht kommen beispielhaft negative Zahlungssalden aus der laufenden Geschäftstätigkeit, die Schulden über das Vermögen, Verlust eines Hauptabsatzmarktes oder anhängige Gerichtsverfahren, die zu Ansprüchen führen können, die wahrscheinlich durch das Unternehmen nicht erfüllbar sind (weitere Beispiele in IDW PS 270 Rn. 11).

Das Vorliegen von Indikatoren allein begründet für sich noch nicht die **Abkehr von der going-concern-Annahme**. Letztlich kann die Entscheidung über das Bestehen der Regelvermutung nur in einer Prognoseentscheidung der gesetzlichen Vertreter unter Heranziehung aller für den Fortbestand des Unternehmens relevanten Gegebenheiten und eingeleiteten Maßnahmen getroffen werden (Winkeljohann/Büssow in Beck'scher Bilanzkommentar, 9. Auflage 2014, § 252 Rn. 15).

Die Verantwortung des Abschlussprüfers hingegen liegt in der Beurteilung der Angemessenheit der durch die gesetzlichen Vertreter getroffenen Annahmen der Fortführung der Unternehmenstätigkeit. Dies hat er bei der Planung und Durchführung der Prüfung auf deren Plausibilität hin zu beurteilen (vgl. IDW PS 270 Rn. 13 f.).

Vortragszeit: 1,5/2,5 Minuten

III. Maßnahmen des Abschlussprüfers

Bereits bei der **Prüfungsplanung** hat der Abschlussprüfer zu beurteilen, ob Anhaltspunkte dafür vorliegen, dass erhebliche Zweifel an der Fortführung der Unternehmenstätigkeit bestehen (sog. bestandsgefährdende Tatsachen).

Bestandsgefährdende Tatsachen könnten jedoch auch während der Durchführung der Prüfung bekannt werden; ihre Beurteilung ist dann im weiteren Verlauf der Prüfung fortzuführen.

Haben die gesetzlichen Vertreter noch keine erste Einschätzung vorgenommen, wird der Abschlussprüfer mit ihnen die Grundlage der beabsichtigten Anwendung der Annahme der Fortführung der Unternehmenstätigkeit erörtern und sie nach Anhaltspunkten befragen, die gegen diese Annahme sprechen.

Werden bestandsgefährdende Tatsachen festgestellt, hat er neben den weiteren zu ergreifenden Maßnahmen zu beurteilen, ob diese die Komponenten des Prüfungsrisikos berühren (IDW PS 270 Rn. 16).

Die zentrale Prüfungshandlung des Abschlussprüfers im Rahmen der Prüfung der **going-concern-Prämisse** ist die Beurteilung der durch die gesetzlichen Vertreter vorgenommenen Einschätzung.

Die gesetzlichen Vertreter der Gesellschaft haben diese Einschätzung mit der Sorgfalt eines ordentlichen Geschäftsleiters zu treffen. Für eine positive Prognose wird es regelmäßig als ausreichend angesehen, wenn die **Fortsetzung der Unternehmenstätigkeit** für das volle auf den Abschlussstichtag folgende Geschäftsjahr zu erwarten ist. Damit ist aber nicht ausgeschlossen, wegen besonderer Umstände des Einzelfalles (z.B. Fertigungsdauer der Erzeugnisse, Umschlaghäufigkeit des Warenlagers, Saisonabhängigkeit der Unternehmenstätigkeit) von einem längeren oder kürzeren Zeitraum auszugehen (Tiedchen in MüKo zum Bilanzrecht, 1. Auflage 2013, § 252 Rn. 20).

Maßgebend für die Prognose sind die **Verhältnisse am Abschlussstichtag**. Maßgeblich sind die **Grundsätze des Stichtagsprinzips**. Entsprechend sind wertaufhellende Tatsachen zu berücksichtigen, wertbeeinflussende Tatsachen hingegen nicht (Tiedchen in MüKo zum Bilanzrecht, 1. Auflage 2013, § 252 Rn. 21 m.w.N.).

Der Abschlussprüfer hat angemessene und geeignete **Prüfungshandlungen** vorzunehmen, um die von den gesetzlichen Vertretern getroffene Beurteilung beurteilen zu können. Diese können beispielsweise das kritische Lesen von Zwischenberichten des Unternehmens und von Protokollen der Sitzungen der Organe des Unternehmens sein. Der Abschlussprüfer sollte sich auch die interne/externe Unternehmensplanung für den Prognosezeitraum zeigen lassen.

Insgesamt muss die **Prognoseentscheidung der gesetzlichen Vertreter** sachlich und rechnerisch richtig und die getroffenen Annahmen plausibel und nachvollziehbar sein

Hierbei spielen die Realisierbarkeit der geplanten Maßnahmen sowie der Wille der gesetzlichen Vertreter zur Umsetzung der Maßnahmen eine zentrale Rolle (Winkeljohann/Büssow in Beck'scher Bilanzkommentar, 9. Auflage 2014, § 252 Rn. 15). Er hat sich von ihnen schriftlich bestätigen zu lassen, dass sie solche Maßnahmen tatsächlich durchführen wollen (IDW PS 270 Rn. 28).

Nimmt der Abschlussprüfer an, dass bestimmte Ereignisse oder Verhältnisse erhebliche **Zweifel an der Fortführung der Unternehmenstätigkeit** aufwerfen könnten, also als **bestandsgefährdende Tatsachen** zu qualifizieren sein könnten, werden bestimmte Prüfungshandlungen möglicherweise eine zusätzliche Bedeutung erhalten. Hierzu gehören beispielhaft die Analyse und Erörterung der Zahlungsströme, des geplanten Ergebnisses und anderer wichtiger Prognosedaten oder die Befragung von Rechtsanwälten des Unternehmens zu bestehenden Rechtsstreitigkeiten (IDW PS 270 Rn. 29 mit weiteren PH).

Erkennt der Abschlussprüfer auf der Grundlage der von ihm zusätzlich vorzunehmenden Maßnahmen, Anhaltspunkte für eine Insolvenzgefahr, so sind die gesetzlichen Vertreter im Rahmen der Berichtpflicht durch den Abschlussprüfer auf ihre insolvenzrechtlichen Verpflichtungen hinzuweisen (IDW PS 270 Rn. 29).

Wurde der **Jahresabschluss** unter Annahme der **going-concern-Prämisse** aufgestellt, obwohl im Zeitpunkt der Aufstellung nicht davon ausgegangen werden konnte, muss sich der Abschlussprüfer davon überzeugen, ob durch zwischenzeitliche Maßnahmen oder Ergebnisse die Bestandsgefährdung behoben wurde und damit der Abschluss zu Recht unter Fortführungsgesichtspunkten aufgestellt wurde (vgl. IDW PS 270 Rn. 31).

> **Vortragszeit: 3,5/6 Minuten**

IV. Auswirkungen auf die Berichterstattung

Besteht hinsichtlich der Annahme der Bilanzierung unter Fortführungsgesichtspunkten Unsicherheit, kann dies Auswirkungen auf die Berichterstattung des Abschlussprüfers haben.

Es sind insoweit 4 Konstellationen zu unterscheiden:

1. **Angemessene Annahme über die Fortführung der Unternehmenstätigkeit**

   Wurde zulässigerweise von der Fortführung der Unternehmenstätigkeit ausgegangen, bestehen aber gleichwohl erhebliche Unsicherheiten, hat der Abschlussprüfer zu beurteilen, ob im Lagebericht die bestandsgefährdenden Tatsachen angemessen dargestellt sind und die erhebliche Unsicherheit über die Fortführung der Unternehmenstätigkeit zum Ausdruck kommt.

   Ist dies der Fall, kann ein uneingeschränkter Bestätigungsvermerk erteilt werden, der jedoch um einen Hinweis nach § 322 Abs. 2 Satz 3 HGB zu ergänzen ist.

   Ist die **Lageberichterstattung hingegen nicht ausreichend und angemessen**, ist der Bestätigungsvermerk unter Angabe der Einschränkung einzuschränken. Im Prüfungsbericht ist entsprechend darauf einzugehen (vgl. IDW PS 450 Rn. 28 ff.).

2. **Nicht angemessene Annahme über die Fortführung der Unternehmenstätigkeit**

   Sofern das Unternehmen nach der Einschätzung des Abschlussprüfers nicht in der Lage sein wird, seine Unternehmenstätigkeit fortzuführen und der Jahresabschluss gleichwohl unter der Annahme der Fortführung der Unternehmenstätigkeit aufgestellt ist, hat der Abschlussprüfer den Bestätigungsvermerk zu versagen, um die missverständliche oder unvollständige Darstellung im Jahresabschluss zu verdeutlichen (IDW PS 270 Rn. 41 und IDW PS 400 Rn. 65).

3. **Fehlende oder unzureichende Einschätzung der Fortführung der Unternehmenstätigkeit durch die gesetzlichen Vertreter**

   Soweit die gesetzlichen Vertreter nicht bereit sind, eine Einschätzung über die Fortführung der Unternehmenstätigkeit vorzunehmen oder auf einen angemessenen Prognosezeitraum auszuweiten, kann darin ein Prüfungshemmnis liegen. Kann sich der Abschlussprüfer aufgrund der gegebenen Umstände und der bei der bisherigen Prüfung gewonnenen Erkenntnisse und Prüfungsfeststellungen nicht sicher sein, ob von der Unternehmensfortführung ausgegangen werden kann, ist ein positives Gesamturteil nicht mehr möglich, sodass ein Versagungsvermerk zu erteilen ist (IDW PS 270 Rn. 42 und IDW PS 400 Rn. 65).

   Lediglich in offenkundigen Fällen (in der Vergangenheit Gewinne, leicht auf finanzielle Mittel zurückgreifen und keine bilanzielle Überschuldung) kann der Abschlussprüfer auch ohne Einschätzung der gesetzlichen Vertreter die Annahme unterstellen.

4. **Verzögerungen bei der Aufstellung des Jahresabschlusses**

   Wesentliche Verzögerungen bei der Aufstellung des Jahresabschlusses können ein Indiz für das Vorliegen von bestandsgefährdenden Tatsachen sein. Der Abschlussprüfer hat in diesem Fall ergänzende Prüfungshandlungen vorzunehmen, um beurteilen zu können, ob der Grund der Verzögerung tatsächlich in den bestandsgefährdenden Tatsachen liegt.

   Aufgrund dieser ergänzenden Prüfungshandlungen hat der Abschlussprüfer zu beurteilen, ob eine wesentliche Unsicherheit besteht, die mit Ereignissen oder Verhältnissen verbunden ist, die für sich allein oder mit anderen einen erheblichen Zweifel an der Fortführung der Unternehmenstätigkeit aufwerfen und auf die im Prüfungsbericht und/oder Bestätigungsvermerk einzugehen ist (IDW PS 270 Rn. 45).

> **Vortragszeit: 3/9 Minuten**

V. Fazit

In Zeiten von wirtschaftlich volatilen Verhältnissen gelangt die Berechtigung der Bilanzierung unter Fortführungsgesichtspunkten, welche der gesetzliche Regelfall darstellen soll, zunehmend in den Fokus der Abschlussprüfung, da häufig gerade in der Vergangenheit keine Gewinne erzielt wurden oder auch nicht leicht auf finanzielle Mittel zurückgegriffen werden kann.

In diesem Zusammenhang muss der Abschlussprüfer klar zum Ausdruck bringen, dass ein uneingeschränkter Bestätigungsvermerk bei der Bilanzierung unter Fortführungsgesichtspunkten keine Garantie für den Fortbestand eines Unternehmens darstellen kann und darf. Die Beurteilung der Fortführung eines Unternehmens bzw. des Vorhandenseins von bestandsgefährdenden Tatsachen liegt allein in der Verantwortlichkeit der gesetzlichen Vertreter. Darauf hat der Abschlussprüfer entsprechend hinzuweisen um einer eventuellen Erwartungslücke entgegenzuwirken.

Vielen Dank für Ihre Aufmerksamkeit.

> **Vortragszeit: 1/10 Minuten**

Vortrag 39
Eigenkapitalausweis bei Personengesellschaften nach HGB (Prüfungswesen)

Sehr geehrte/r Frau/Herr Vorsitzende/r, sehr geehrte Prüfungskommission,
aus den mir zur Auswahl gestellten Themen habe ich mich für das Thema „**Eigenkapitalausweis bei Personengesellschaften nach HGB**" entschieden. Meinen Vortrag gliedere ich wie folgt:

I.	Einführung und Grundlagen
II.	Die einzelnen Bestandteile des Eigenkapitals
III.	Fazit

> **Vortragszeit: 0,5 Minuten**

I. Einführung und Grundlagen

Der **Kaufmann** hat nach dem **Vollständigkeitsgebot** des § 246 Abs. 1 HGB sämtliche Vermögensgegenstände, Schulden und Rechnungsabgrenzungsposten in seine Bilanz aufzunehmen. Die daraus resultierende Residualgröße bestimmt das **Eigenkapital**, welches Bestandteil der Mindestgliederung der Bilanz gem. § 247 HGB ist. Diese Regelungen gelten für alle Kaufleute, somit auch für die hier zu behandelnden Personengesellschaften.

Eine **Personengesellschaft** liegt vor, wenn sich mindestens zwei natürliche respektive juristische Personen zur Erreichung eines gemeinsamen Zweckes zusammentun. Als typische Personengesellschaften kommen die Gesellschaft bürgerlichen Rechts (§ 705 BGB), die offene Handelsgesellschaft (§ 105 HGB) und die Kommanditgesellschaft (§ 161 HGB) mit ihren unterschiedlichsten Ausprägungen insbesondere der GmbH & Co. KG in Betracht.

Eigenkapital liegt bei einer Personengesellschaft vor, wenn die bereitgestellten Mittel als Verlustdeckungspotenzial zur Verfügung stehen (vgl. HFA 7 Rn. 14).

Dieses ist bei der GbR, der oHG und den Komplementären einer KG immer gegeben, da diese unbeschränkt haften.

Ein **Ausweis als Eigenkapital** ist somit nur möglich wenn:
- künftige Verluste mit den bereitgestellten Mitteln – also mit den betreffenden Gesellschafterkonten – zur vollen Höhe zu verrechnen sind (**Grundsatz der vollen Verlustteilnahme**).
- im Falle einer Insolvenz der Gesellschaft eine Insolvenzforderung nicht geltend gemacht werden kann bzw. bei einer Liquidation erst nach Befriedigung aller Gesellschaftsgläubiger mit dem Eigenkapital auszugleichen ist (**Grundsatz der Nachrangigkeit**); (BStBK vom 2./3. März 2006 in DStR 2006, 669).

Die Fristigkeit der Überlassung der Mittel ist heute kein Kriterium mehr für die Qualifikation als Eigenkapital.

Die weitergehenden Ausführungen beschränken sich auf die Darstellung einer Kap&Co. Personengesellschaft, also einer Personengesellschaft, bei der nicht mindestens eine natürliche Person persönlich haftender Gesellschafter ist, da hier alle Aspekte des Eigenkapitalausweises einer Personengesellschaft behandelt werden (vgl. § 264a HGB).

Durch das **Kapitalgesellschaften und Co.-Richtliniengesetz** vom 24.02.2000 wurden in das HGB spezielle Vorschriften zur Rechnungslegung für diese Personengesellschaften mit den §§ 264a ff. HGB aufgenommen. Damit finden grundsätzlich auf die Kap&Co. i.S.v. § 264a Abs. 1 HGB die Vorschriften für Kapitalgesellschaften Anwendung.

§ 264c HGB ergänzt die **Eigenkapitalgliederung** des § 266 HGB für diese Personengesellschaften. Danach ist das Eigenkapital wie folgt zu gliedern:

I. Kapitalanteile
   1. Kapitalanteile persönlich haftender Gesellschafter
   2. Kapitalanteile von Kommanditisten
II. Rücklagen
III. Gewinnvortrag/Verlustvortrag
IV. Jahresüberschuss/Jahresfehlbetrag

> **Vortragszeit: 2/2,5 Minuten**

II. Die einzelnen Bestandteile des Eigenkapitals

Unter der Position **Kapitalanteile** sind die Kapitalanteile der persönlich haftenden Gesellschafter und der Kommanditisten getrennt auszuweisen.

1. Feste Kapitalkonten

Die festen Kapitalkonten (Kapitalkonto I) entsprechen der gesellschaftsvertraglich vereinbarten Pflichteinlage (vgl. Reiner in MüKo, 3. Auflage 2013, § 264c, Rn. 23 m.w.N.).

Anstelle des Postens „Gezeichnetes Kapital" sind die **Kapitalanteile der persönlich haftenden Gesellschafters** auszuweisen. Der auf den Kapitalanteil eines persönlich haftenden Gesellschafters für das Geschäftsjahr entfallende Verlust ist von dem Kapitalanteil abzuschreiben.

Bei der klassischen GmbH & Co. KG, bei der die Komplementär GmbH nicht am Kapital der Gesellschaft beteiligt ist, wird hier nur das Kommanditkapital der Kommanditisten ausgewiesen.

2. Variable Kapitalkonten

Die Kapitalanteile sind ausgehend von den gesellschaftsvertraglich bedungenen Pflichteinlagen zu ermitteln. Eine weitere Untergliederung des Postens „Kapitalanteile" ist zwar vom Gesetz nicht gefordert, in der Praxis jedoch durch den getrennten Ausweis von festen und variablen Unterkonten des Kapitalkontos gebräuchlich.

Bei der KG besteht für **Komplementäre** die Möglichkeit, entsprechend der gesetzlichen Regelung ausschließlich variable Kapitalkonten zu führen oder zwischen festen und variablen Kapitalkonten zu differenzieren.

Für **Kommanditisten** hingegen ist gemäß § 161 Abs. 2 HGB i.V.m. § 120 Abs. 2 HGB auch die **Führung eines beweglichen Kapitalkontos** vorgeschrieben. Jedoch ist der Gewinnanteil des Kommanditisten nach § 167 Abs. 2 HGB seinem Kapitalanteil nur solange zuzuschreiben, wie die im Gesellschaftsvertrag festgelegte Pflichteinlage nicht erreicht ist. Diese Regelung macht es zwingend erforderlich, ein weiteres Kapitalkonto (**Kapitalkonto II**) zu führen, was im Gegensatz zum Kapitalkonto II der Komplementäre Verbindlichkeitscharakter und aufgrund eines fehlenden Verlustdeckungspotenzials damit auch Fremdkapitalcharakter hat (BStBK vom 2./3. März 2006 in DStR 2006, 672).

Wird das Kapitalkonto II fälschlicherweise unter dem Eigenkapital ausgewiesen, kann dies dazu führen, dass der Jahresabschluss entgegen § 264 Abs. 2 Satz 1 HGB kein den tatsächlichen Verhältnissen entsprechendes Bild der Vermögenslage der Gesellschaft vermittelt.

Werden gesellschaftsvertraglich **Verlustsonderkonten** als Untergliederung des Kapitalkontos I geführt, so sind die Verlustanteile der Gesellschafter dort zu erfassen. Weist dieses Konto einen Verlustvortrag aus, werden Gewinne solange mit dem Verlustvortrag verrechnet, bis kein Verlustvortrag mehr vorhanden ist. Erst darüber hinausgehende Gewinne werden wieder dem Kapitalkonto II oder den Privat- oder Verrechnungskonten zugewiesen (BStBK vom 2./3. März 2006 in DStR 2006, 672).

Sinkt der Kapitalanteil des Kommanditisten aufgrund von Verlusten unter den Betrag der gesellschaftsvertraglich vereinbarten Summe oder wird er gar negativ, darf gemäß § 264c Abs. 2 S. 7 HS 1 HGB auf der Aktivseite der Bilanz eine Forderung gegen den Kommanditisten ebenso wie bei persönlich haftenden Gesellschaftern nur ausgewiesen werden, soweit er gegenüber der Gesellschaft zur Leistung eines Nachschusses verpflichtet ist. Eine entsprechende **Nachschussverpflichtung des Kommanditisten** kann sich aus dem Gesellschaftsvertrag ergeben. Nach dem Gesetz ist der Kommanditist grundsätzlich nicht zum Ausgleich von Verlusten verpflichtet.

Entnimmt der Kommanditist dagegen Gewinne und sinkt der Wert seines Kapitalanteils dadurch nicht unter den gesellschaftsvertraglich vorgesehenen Betrag, so entsteht noch kein Ausgleichsanspruch (Reiner in MüKo, 3. Auflage 2013, § 264c, Rn. 2). Erst bei Überentnahmen entsteht ein Ausgleichsanspruch und somit eine aktivische Forderung gegenüber dem Kommanditisten.

Im **Anhang** ist im Interesse der Gläubiger der KG die gesellschaftsvertraglich vorgesehene Pflichteinlage gem. § 264c Abs. 2 S. 9 HGB anzugeben, soweit diese nicht geleistet ist.

Über das sog. **Zwei-Konten-Modell** – als dem gesetzlichen Regelfall des § 264c Abs. 1 HGB – hinaus kann gesellschaftsvertraglich ein **Drei- oder Vier-Konten-Modell** vereinbart werden.

Bei diesen Modellen wird anstelle des einheitlich variablen Kapitalkontos zunächst ein unveränderliches Festkapitalkonto, ein bewegliches Kapitalkonto und ein Verrechnungskonto gebildet. Darüber hinaus könnte noch ein Gewinn-/Verlustvortragskonto gebildet werden (vgl. insbesondere Graf/Bisle in MüKo zum Bilanzrecht, 1. Auflage 2013, § 264c Rn. 26 ff. und 34).

Darüber hinaus kann gesellschaftsvertraglich vereinbart werden, dass das Kapitalkonto II oder auch die weitergehenden Konten z.B. im 3-Konten-Modell an der Verlustverrechnung teilnimmt und somit Eigenkapitalcharakter erhält (vgl. insbesondere Hoffman in DStR 2000, 837).

Im Rahmen der gesellschaftsvertraglichen Gestaltung sollten die Gesellschafter sich zunächst im klaren darüber sein, ob ihre weitergehenden Kapitalkonten Eigenkapital- oder Fremdkapitalcharaker erhalten sollen. Dies kann neben dem eigentlichen Kapitalausweis (z.B. im Bankenrating anhand der Eigenkapitalquote) auch stark steuerlich motiviert sein, da aufgrund der Sondervorschrift des § 15a EStG Verluste nur soweit steuerlich abzugsfähig sind, als Eigenkapital vorhanden ist. Darüber hinaus können Überentnahmen zu nicht abzugsfähigen Schuldzinsen gem. § 4 Abs. 4a EStG führen.

3. Rücklagen

Auch bei Personengesellschaften i.S.d. § 264a Abs. 1 HGB kann es zur Bildung von Rücklagen kommen, die allein auf gesellschaftsrechtlicher Grundlage möglich sind (§ 264c Abs. 2 Satz 8 HGB). Eine Unterscheidung nach Gewinn- oder Kapitalrücklagen wird nicht vorgenommen (vgl. Reiner in MüKo, 3. Auflage 2013, § 264c, Rn. 26 m.w.N.). Es handelt sich hier in der Regel um nicht entnahmefähige Gewinne, die der langfristigen Selbstfinanzierung der Gesellschaft dienen, Eigenkapitalcharakter haben und ganz oder teilweise gesonderten Rücklagekonten zugewiesen werden (BStBK vom 2./3. März 2006 in DStR 2006, 673).

4. Gewinnausweis und -verwendung

Für den **Gewinnausweis und die -verwendung** gelten auch für Personengesellschaften i.S.d. § 264a Abs. 1 HGB die allgemeinen Grundsätze, sofern keine abweichenden gesellschaftsvertraglichen Bestimmungen vorliegen. Der einem Gesellschafter zustehende Gewinn ist somit seinem Kapitalanteil zuzubuchen (§ 120 Abs. 2 HGB).

Für Kommanditisten gilt dies mit der Maßgabe, dass eine Zuschreibung von Gewinnanteilen auf das Kapitalkonto I nur insoweit erfolgt, als der Kapitalanteil den Betrag der Pflichteinlage unterschreitet (§ 167 Abs. 2 HGB); dies ist beispielsweise der Fall, wenn zuvor Verlustanteile oder Entnahmen verrechnet worden sind (vgl. BStBK vom 2./3. März 2006 in DStR 2006, 674).

Die auf voll eingezahlte Kommanditanteile entfallenden Gewinnanteile sind daher nicht dem Kapital-konto I zuzubuchen, sondern dem Kapitalkonto II, welches – bei nicht anderweitiger gesellschaftsvertrag-licher Regelung – Fremdkapitalcharakter besitzt.

Aufgrund der Gewinnzuweisung gem. § 120 Abs. 2 i.V.m. § 161 Abs. 2 und § 264c Abs. 2 HGB sind die auf einen Gesellschafter der Personengesellschaft entfallenden Gewinn-/Verlustanteile grundsätzlich **unmit-telbar** dem Kapitalanteil eines Gesellschafter zu- bzw. abzuschreiben.

Danach ist im gesetzlichen Regelfall ein Ausweis eines Verlust-/Gewinnvortragskonto nicht möglich. Des weiteren hat dies zur Folge, dass der Jahresabschluss der Personengesellschaft unter vollständiger Ergeb-nisverwendung im Sinne von § 268 Abs. 1 HGB aufzustellen ist. Der Ergebnisanspruch des Personengesell-schafters steht den Gesellschaftern mit dem Abschlussstichtag zu (vgl. Graf/Bisle in MüKo zum Bilanzrecht, 1. Auflage 2013, § 264c Rn. 30 ff. m.w.N.).

Der Ausweis eines Jahresüberschusses ist somit nicht zulässig (anders Hoffman in DStR 2000, 842).

5.   Ausweis des Kapitalkontos II

Für Personengesellschaften i.S.d. § 264a Abs. 1 HGB sieht § 264c Abs. 1 Satz 1 HGB für die Darstellung der Verbindlichkeiten/Forderungen gegenüber Gesellschaftern zwei Methoden vor:

* Entweder erfolgt der Ausweis der Kapitalkonten II je nach Saldo in der Bilanz als „Verbindlichkeiten gegenüber Gesellschaftern", „Forderungen gegen Gesellschafter", „Ausleihungen an Gesellschafter" oder
* der Saldo auf dem Kapitalkonto II wird innerhalb der Position „Sonstige Vermögensgegenstände" bzw. „Sonstige Verbindlichkeiten" ausgewiesen und im Anhang werden die jeweiligen, den Gesellschafter betreffenden Beträge gesondert dargestellt (vgl. BStBK vom 2./3. März 2006 in DStR 2006, 674).

Bei dieser Darstellung ist zu beachten, dass sie von dem gesetzlichen Regelfall ausgeht, dass das **Kapital-konto II Fremdkapitalcharakter** besitzt. Auf die Möglichkeit der gesellschaftsverträglichen abweichenden Regelung ist bereits hingewiesen worden.

> **Vortragszeit: 6,5/9 Minuten**

III. Fazit

Durch das Kap&Co.-Richtliniengesetz sind im HGB Regelungen für diese speziellen Personengesellschaften zur Rechnungslegung insbesondere auch zum Kapitalausweis aufgenommen worden. Diese Regelungen lassen jedoch noch viele Fragen offen, die in der Folgezeit durch Rechtsprechung, Literatur oder auch den Berufsstand aufgegriffen worden sind. Dadurch ist zwar ein gewisses Maß an Sicherheit entstanden, dennoch stellt der Kapitalausweis den Bilanzaufsteller respektive den Abschlussprüfer einer Personengesell-schaft vor eine nicht einfache Aufgabe.

Vielen Dank für Ihre Aufmerksamkeit.

> **Vortragszeit: 1/10 Minuten**

Vortrag 40
Handelsrechtliche Bilanzierung von Verpflichtungen aus Altersteilzeitvereinbarungen (Prüfungswesen)

Sehr geehrte/r Frau/Herr Vorsitzende/r, sehr geehrte Prüfungskommission,
aus den mir zur Auswahl gestellten Themen habe ich mich für das Thema **„Handelsrechtliche Bilanzie-rung von Verpflichtungen aus Altersteilzeitvereinbarungen"** entschieden. Meinen Vortrag gliedere ich wie folgt:

I.	Grundlagen
II.	Bilanzierung von Verpflichtungen zur Zahlung von Aufstockungsbeträgen
III.	Bilanzierung von Erfüllungsrückständen
IV.	Fazit

Vortragszeit: 1 Minute

I. Grundlagen

Im Jahr 1996 war das **Gesetz zur Förderung eines gleitenden Übergangs in den Ruhestand (Altersteilzeitgesetz)** in Kraft getreten. Danach besteht die Möglichkeit, mit Arbeitnehmern, die das 55. Lebensjahr vollendet haben, für den darauf folgenden Zeitraum **Altersteilzeitverhältnisse** zu vereinbaren. Dabei sind zwei grundsätzliche Varianten zu unterscheiden. In der ersten Variante kann die verbleibende Arbeitszeit vor Eintritt in den Ruhestand gleichmäßig auf die Hälfte der regelmäßigen tariflichen Wochenarbeitszeit reduziert werden, weshalb diese Variante auch **Gleichverteilungsmodell** genannt wird. In der Praxis wird hiervon jedoch vergleichsweise wenig Gebrauch gemacht.

Des Weiteren gibt es eine Variante, die **Blockmodell** genannt wird, weil bei deren Anwendung das Altersteilzeitarbeitsverhältnis in zwei gleich lange Zeiträume zerlegt wird. Während der Arbeitnehmer in der ersten Hälfte die Arbeitsleistung für die volle tarifliche Arbeitszeit erbringt (sog. **Beschäftigungsphase**), wird er in der während der zweiten Hälfte völlig von der Arbeit freigestellt (sog. **Freistellungsphase**). Das Blockmodell ist die in der Praxis mit Abstand am weitesten verbreitete Variante (vgl. Höfer/Kempkes, Rückstellungen für Altersteilzeit, DB 50/1999, S. 2537 f.).

Ursprünglich zielte das Altersteilzeitgesetz darauf ab, mit älteren Arbeitnehmern einen gleitenden Übergang in deren Ruhestand vereinbaren zu können und zwar auf der Basis eines gesetzlichen Rahmens für die Sozialpartner.

Um die Möglichkeit aus Arbeitnehmersicht attraktiver zu gestalten, erhält dieser nicht nur seine Bezüge, wie sie bei normaler Teilzeitarbeit angefallen wären, sondern darüber hinaus sog. **Aufstockungszahlungen**. Die Höhe dieser Aufstockungsleistungen ergibt sich im Einzelfall aus den jeweils geltenden **kollektivrechtlichen** Vorschriften (Tarifvertrag oder Betriebsvereinbarung) oder aus individualrechtlichen Regelungen (Arbeitsvertrag).

Wurden in der Vergangenheit Verträge abgeschlossen, nach denen die Altersteilzeitarbeit noch vor dem 01. Januar 2010 begonnen worden ist, erbringt die Bundesagentur für Arbeit (BA) unter bestimmten weiteren Voraussetzungen (nach §§ 2 und 3 Altersteilzeitgesetz) über einen Zeitraum von höchstens sechs Jahren **finanzielle Förderleistungen** (IDW Stellungnahme zur Rechnungslegung: Handelsrechtliche Bilanzierung von Verpflichtungen aus Altersteilzeitregelungen (IDW RS HFA 3) (Stand: 19.06.2013), Tz. 2, 24 f.).

Der Hauptfachausschuss des Instituts der Wirtschaftsprüfer hat mit IDW RS HFA 3 Stellung zu der Frage der **Bilanzierung von Verpflichtungen aus Altersteilzeitregelungen** genommen.

Vortragszeit: 2/3 Minuten

II. Bilanzierung von Verpflichtungen zur Zahlung von Aufstockungsbeträgen

Bei der bilanziellen Behandlung der **Aufstockungsbeträge** ist danach zu unterscheiden, ob diesen ein reiner Abfindungscharakter oder ein zusätzlicher Entlohnungscharakter zukommt. Entscheidend ist dabei auf den wirtschaftlichen Charakter der entsprechenden Vereinbarung im Einzelfall abzustellen: Eine **eigenständige Abfindungsverpflichtung** des Arbeitgebers liegt in all denjenigen Fällen vor, die in erster Linie – der ursprünglichen Zielsetzung des Altersteilzeitgesetzes entsprechend – einen gleitenden Übergang älterer Arbeitnehmer in den Ruhestand fördern wollen. Dieses war bzw. ist in Zeiten eines **Strukturwandels** innerhalb einzelner Branchen ein nachvollziehbares Anliegen betroffener Arbeitgeber. Aufstockungsleistungen dienen in diesem Fall der Steigerung der Attraktivität der Vereinbarung aus Arbeitnehmersicht (IDW RS HFA 3, Tz. 7 f.).

Daneben werden Altersteilzeitvereinbarungen – nicht zuletzt vor dem Hintergrund des häufig bemühten Arguments eines zunehmenden **„Fachkräftemangels"** auch mit der Zielsetzung abgeschlossen, langjährige und damit vor allem erfahrene Arbeitnehmer – die langjährige Betriebszugehörigkeit von Arbeitnehmern durch zusätzliche Honorierung im Wege von Altersteilzeitvereinbarungen – zu einer Verlängerung ihrer Gesamtlebensarbeitszeit zu bewegen. Aufstockungsbeträge sind in diesem Kontext als **Bestandteil der Leistungs- und Entgeltpflichten aus dem Arbeitsverhältnis** anzusehen (IDW RS HFA 3, Tz. 9).

Für die Verpflichtung zur Zahlung der Aufstockungsbeträge ist dem Grunde nach eine **Rückstellung für ungewisse Verbindlichkeiten** nach § 249 Abs. 1 Satz 1 HGB zu bilden. Sie ist gemäß § 253 Abs. 1 Satz 2 HGB mit dem nach **vernünftiger kaufmännischer Beurteilung notwendigen Erfüllungsbetrag** anzusetzen. Sofern sich ihre Restlaufzeit auf mehr als ein Jahr beläuft, ist sie entsprechend § 253 Abs. 2 Satz 1 HGB mit dem ihrer Restlaufzeit entsprechenden durchschnittlichen Marktzinssatz der vergangenen sieben Geschäftsjahre abzuzinsen. Zwar darf nach Auffassung des IDW grundsätzlich auch von der Vereinfachungsregel Gebrauch gemacht werden, wonach es bei der Ableitung des Abzinsungssatzes erlaubt ist, von einer pauschalen Restlaufzeit von 15 Jahren auszugehen. Jedoch empfiehlt das IDW, von der tatsächlichen Restlaufzeit auszugehen, weil diese bei Altersteilzeitvereinbarungen regelmäßig deutlich kürzer als 15 Jahre ist (IDW RS HFA 3, Tz. 18).

Eine Besonderheit bei der Bewertung ergibt sich beispielsweise für aufgrund eines bestehenden **Wahlrechts der Arbeitnehmer** voraussichtlich zukünftig abzuschließenden Altersteilzeitvereinbarungen: Auszugehen ist dabei vom Grad der wahrscheinlichen Inanspruchnahme, wobei die zu leistenden Beträge verständlicherweise vorsichtig geschätzt werden müssen. Liegen hierfür keinerlei Erfahrungswerte vor, hält es das IDW für sachgerecht, hilfsweise die Ergebnisse einer unternehmens- bzw. betriebsinternen Umfrage heranzuziehen (IDW RS HFA 3, Tz. 14).

Bei der Bewertung muss im Übrigen der Umstand Berücksichtigung finden, dass die Leistungsverpflichtung des Arbeitgebers mit Eintritt des Todes oder einer Invalidität des Arbeitnehmers erlischt (IDW RS HFA 3, Tz. 16).

Für den **Zeitpunkt der Passivierung der Rückstellung für Aufstockungsbeträge** kommt es auf das Ergebnis ihrer Klassifizierung (Abfindungs- oder Entlohnungscharakter?) an. Werden Vereinbarungen getroffen, in denen der Zahlung von Aufstockungsbeträgen **Abfindungscharakter** zukommt, so sind diese im Zeitpunkt ihrer Entstehung sofort (d.h. mit Abschluss der Vereinbarung) in voller Höhe aufwandswirksam zu passivieren.

Anders verhält es sich mit Vereinbarungen, nach denen Aufstockungsbeträge **Entlohnungscharakter** haben. In diesem Fall ist eine entsprechende **Rückstellung über den Zeitraum der Erdienung** der zusätzlichen Entlohnung hinweg anzusammeln, da diese dann in der Freistellungsphase zahlungswirksam werden. Sofern diesbezüglich keine explizite Vereinbarung getroffen wurde, ist davon auszugehen, dass die Erdienung während der Beschäftigungsphase stattfindet (bis zu deren Ende dann auch die Rückstellung anzusammeln ist), während die Auszahlung der zusätzlichen Entlohnung während der Freistellungsphase erfolgt, mit deren Beginn die Rückstellung bis zu deren Ende sukzessive aufgelöst wird.

> **Vortragszeit: 3,5/6,5 Minuten**

III. Bilanzierung von Erfüllungsrückständen

Bei Altersteilzeitverhältnissen im Rahmen des sog. **Blockmodells** erbringt der Arbeitnehmer während der Beschäftigungsphase die volle Arbeitsleistung, während er in der zweiten Hälfte der Laufzeit von der Arbeitsleistung freigestellt ist. Infolgedessen entsteht auf Seiten des Arbeitgebers im Laufe der Beschäftigungsphase ein Erfüllungsrückstand in Höhe des noch nicht entlohnten Anteils der geleisteten Arbeit. Hierfür ist durch ratierliche Ansammlung eine **Rückstellung für ungewisse Verbindlichkeiten** gemäß § 249 Abs. 1 Satz 1 HGB zu bilden.

Die Bewertung dieser Rückstellung erfolgt – § 253 Abs. 1 Satz 2 HGB entsprechend – in Höhe des nach vernünftiger kaufmännischer Beurteilung notwendigen Erfüllungsbetrages.

Nach § 8a Altersteilzeitgesetz ist der Arbeitgeber für den Fall, dass eine Altersteilzeitvereinbarung zum Aufbau eines Wertguthabens führt (im Blockmodell während der Beschäftigungsphase), welches das Dreifache des Regelarbeitsentgeltes inklusive des darauf entfal-lenden Arbeitgeberanteils zum Gesamtsozialversicherungsbeitrag übersteigt, verpflichtet, das Wertguthaben inklusive des darauf entfallenden Arbeitgeberanteils zum Gesamtsozialversicherungsbeitrag in geeigneter Weise (beispielsweise im Rahmen eines Treuhandmodells) gegen das Risiko seiner Zahlungsunfähigkeit abzusichern (**Insolvenzsicherung,** vgl. Thaut: Die Bilanzierung von Aufstockungsleistungen bei Altersteilzeit nach HGB, in: DB 48/2013, S. 2693).

Da es sich hierbei um Vermögensgegenstände handelt, die dem Zugriff aller übrigen Gläubiger entzogen sind und ausschließlich der Erfüllung von Schulden aus dem Wertguthaben dienen, fallen diese unter die Definition des § 246 Abs. 2 Satz 2 Halbsatz 2 HGB (sog. **zweckexklusives Deckungsvermögen**; s. IDW Stellungnahme zur Rechnungslegung: Handelsrechtliche Bilanzierung von Altersversorgungsverpflichtungen (IDW RS HFA 30) (Stand: 10.06.2011), Tz. 22 ff.).

Nach dem HGB in der Fassung des Bilanzrechtsmodernisierungsgesetzes (BilMoG) sind derartige Vermögensgegenstände – als **Ausnahme vom Saldierungsverbot** des § 252 Abs. 1 Nr. 3 HGB – zwingend mit den dazugehörigen Schulden, d.h. mit den Wertguthaben, zu verrechnen. Sofern nach der Verrechnung ein Passivüberhang verbleibt, ist dieser als **sonstige Rückstellung** (§ 266 Abs. 3 Buchstabe B. Nr. 3 HGB) auszuweisen. Übersteigen stattdessen die beizulegenden Zeitwerte des Deckungsvermögens die Wertguthaben, so ist der saldierte Betrag in einem gesonderten Aktivposten als „**aktiver Unterschiedsbetrag aus der Vermögensverrechnung**" auszuweisen.

Die **Inanspruchnahme der Rückstellung** erfolgt in Perioden, in denen der Arbeitnehmer der Altersteilzeitregelung entsprechend entlohnt wird, ohne noch eine Arbeitsleistung zu erbringen (im Blockmodell während der Freistellungsphase); (IDW RS HFA 3, Tz. 26).

Vortragszeit: 2,5/9 Minuten

IV. Fazit

Durch die **Regelungen des Altersteilzeitgesetzes** soll älteren Arbeitnehmern die Möglichkeit eines frühzeitigen und gleitenden Übergangs in den Ruhestand eröffnet werden. Die unternehmerische Praxis nutzt die Altersteilzeit bisweilen aber auch als ein **personalwirtschaftliches Instrument zum Stellenabbau.**

Das IDW hat mit RS HFA 3 Stellung zur **handelsrechtlichen Bilanzierung von Verpflichtungen aus Altersteilzeitregelungen** genommen. Die Stellungnahme ist anwenderorientiert, da sie einen klaren und strukturierten Überblick über die bestehenden gesetzlichen Grundlagen der Altersteilzeit aber auch über den Ansatz, die Bewertung und den Ausweis in der Handelsbilanz bietet. Die Entscheidung zugunsten eines bestimmten Ansammlungsverfahrens (beispielsweise Anwendung des sog. **ARAP-Modells** oder des sog. **Fifo-Verfahrens**) hat das IDW in seiner o.g. Stellungnahme vermutlich bewusst nicht vorgenommen. Mit der einmal getroffenen Entscheidung zugunsten eines bestimmten Verfahrens bei der erstmaligen Bildung einer Rückstellung werden vonseiten der Bilanzierenden Fakten geschaffen, die später nicht ohne Weiteres revidierbar sein dürften (vgl. Thaut, a.a.O., 2699).

Die Stellungnahme RS HFA 3 wird – hinsichtlich der Bilanzierung des zweckexklusiven Deckungsvermögens – von der IDW Stellungnahme RS HFA 30 (**Handelsrechtliche Bilanzierung von Altersversorgungsverpflichtungen**) „flankiert".

Vielen Dank für Ihre Aufmerksamkeit.

Vortragszeit: 1/10 Minuten

Vortrag 41
Aufdeckung von Unregelmäßigkeiten im Rahmen der Abschlussprüfung (Prüfungswesen)

Sehr geehrte/r Frau/Herr Vorsitzende/r, sehr geehrte Prüfungskommission,
aus den mir zur Auswahl gestellten Themen habe ich mich für die „**Aufdeckung von Unregelmäßigkeiten im Rahmen der Abschlussprüfung**" entschieden. Meinen Vortrag gliedere ich wie folgt:

I.	Grundlagen
II.	Prüfungsansatz zur Berücksichtigung von Unregelmäßigkeiten
III.	Maßnahmen bei Vermutung oder Aufdeckung von Unregelmäßigkeiten
IV.	Fazit

Vortragszeit: 0,5 Minuten

I. Grundlagen

Unregelmäßigkeiten werden danach unterschieden, inwieweit sie zu falschen Angaben in der Rechnungslegung führen (**Unrichtigkeiten** und **Verstöße**) oder nicht (**sonstige Gesetzesverstöße**).

Während unter **Unrichtigkeiten** unbeabsichtigte falsche Angaben im Jahresabschluss und Lagebericht, wie beispielsweise bloße Schreib- oder Rechenfehler oder eine unbewusst falsche Anwendung von Rechnungslegungsgrundsätzen verstanden werden, handelt es sich bei **Verstößen** um bewusste Täuschungen, Vermögensschädigungen und Gesetzesverstöße, die zu falschen Angaben in der Rechnungslegung führen.

Verantwortung für die Vermeidung und Aufdeckung von Unregelmäßigkeiten und Verstößen tragen zunächst die gesetzlichen Vertreter eines Unternehmens. Ihnen obliegt es bereits im Rahmen ihrer kaufmännischen Sorgfaltspflichten (§ 93 Abs. 1 Satz 1 AktG, § 43 Abs. 1 GmbHG), geeignete organisatorische Maßnahmen – Stichwort: **Internes Kontrollsystem** – zur Einhaltung von gesetzlichen Vorschriften und der Satzung einzuführen und laufend zu unterhalten.

Dem **Deutschen Corporate Governance Kodex** entsprechend hat der Vorstand einer börsennotierten Gesellschaft und einer Gesellschaft mit Kapitalmarktbezug im Sinne des § 161 Abs. 1 Satz 2 AktG für die Einhaltung der gesetzlichen Bestimmungen und der unternehmensinternen Richtlinien zu sorgen und auf die Beachtung durch Konzernunternehmen hinzuwirken (Stichwort: **Compliance**). Für eine wirksame Unternehmensüberwachung trägt wiederum der Aufsichtsrat die Verantwortung (§ 107 Abs. 3 AktG).

Inwieweit Wirtschaftsprüfer Unregelmäßigkeiten im Rahmen der Abschlussprüfung aufzudecken und über diese zu berichten haben, hat das IDW in seinem Prüfungsstandard „Zur Aufdeckung von Unregelmäßigkeiten im Rahmen der Abschlussprüfung" (IDW PS 210) dargelegt. Eine Verantwortung für die Verhinderung von Unrichtigkeiten und Verstößen trägt der Abschlussprüfer nach Auffassung des IDW nicht (vgl. IDW Prüfungsstandard: Zur Aufdeckung von Unregelmäßigkeiten im Rahmen der Abschlussprüfung (IDW PS 210) (Stand: 12.12.2012) Tz. 11).

Vortragszeit: 2/2,5 Minuten

II. Prüfungsansatz zur Berücksichtigung von Unregelmäßigkeiten

Die Abschlussprüfung ist nach § 317 Abs. 1 Satz 3 HGB so anzulegen, dass Unrichtigkeiten und Verstöße gegen gesetzliche Vorschriften und sie ergänzende Bestimmungen des Gesellschaftsvertrags oder der Satzung, die sich auf die Darstellung des sich nach § 264 Abs. 2 HGB ergebenden Bildes der Vermögens-, Finanz- und Ertragslage des Unternehmens wesentlich auswirken, bei gewissenhafter Berufsausübung erkannt werden.

Des Weiteren hat der Abschlussprüfer über bei der Prüfung festgestellte Tatsachen zu berichten, die schwerwiegende (sonstige) Verstöße der gesetzlichen Vertreter oder von Arbeitnehmern gegen Gesetz, Gesellschaftsvertrag oder Satzung erkennen lassen.

Zunächst ist die Abschlussprüfung ganz allgemein mit einer kritischen Grundhaltung gegenüber dem geprüften Unternehmen, dessen gesetzlichen Vertretern, Mitarbeitern und Mitgliedern des Aufsichtsorgans zu planen und durchzuführen. Ein darüber hinausgehendes **besonderes Misstrauen**, wie es bei einer **Unterschlagungsprüfung**, d.h. einer Sonderprüfung zur gezielten Aufdeckung von Vermögensschädigungen gefordert ist (vgl. IDW Fachgutachten 1/1937 i.d.F. 1990: Pflichtprüfung und Unterschlagungsprüfung), entspricht nicht dem Prüfungsansatz einer pflichtgemäßen Abschlussprüfung.

Im Rahmen der Anwendung des **risikoorientierten Prüfungsansatzes** hat der Abschlussprüfer Prüfungshandlungen durchzuführen, um die bestehenden Fehlerrisiken festzustellen. Anschließend sind die festgestellten Fehlerrisiken zu beurteilen. Auf der Grundlage dieser Beurteilung hat der Prüfer Nachweise zur Funktion relevanter Teile des internen Kontrollsystems (Funktionsprüfungen) und zu den einzelnen Aussagen in der Rechnungslegung (aussagebezogene Prüfungshandlungen) einzuholen (vgl. IDW Prüfungsstandard: Feststellungen zur Beurteilung von Fehlerrisiken und Reaktionen des Abschlussprüfers auf die beurteilten Fehlerrisiken (IDW PS 261 n.F.) (Stand: 13.03.2013) Tz. 10).

Der Abschlussprüfer muss bei der Planung und Durchführung seiner Prüfung auch das Risiko berücksichtigen, dass interne Kontrollmaßnahmen durch das für deren Einrichtung selbst verantwortliche Management und/oder durch instrumentalisierte unterstellte Mitarbeiter außer Kraft gesetzt worden sein könnten (neudeutsch: „**Management Override**").

In jedem Fall muss der Abschlussprüfer vorliegenden Anhaltspunkten für erhöhte Risiken falscher Angaben aufgrund von Unrichtigkeiten und Verstößen (neudeutsch: „Red Flags") im Sinne von IDW in PS 210 nachgehen. Dieses können beispielsweise **Zweifel an der Integrität oder der Kompetenz des Managements** (z.B. grenzwertige Bilanzpolitik, Beherrschung des Geschäftsführungsgremiums durch eine Person ohne wirksame Kontrolle), **kritische Unternehmenssituationen** (z.B. ungünstige Ergebnisentwicklung, fehlende Liquidität), **ungewöhnliche Geschäfte** (z.B. sog. „Off-balance-sheet-Gestaltungen"), **Schwierigkeiten bei der Erlangung von Prüfungsnachweisen** (z.B. schwer nachvollziehbare Auskünfte des Managements) oder auch **sonstige Umstände** (z.B. hohe ergebnisabhängige Vergütungen für leitende Mitarbeiter, „fast-close") sein.

Weil wesentliche falsche Angaben aufgrund von Täuschungen häufig auf einen erhöhten Umsatzausweis zurückzuführen sind, muss der Abschlussprüfer unterstellen, dass hinsichtlich der **Umsatzrealisation Verstoßrisiken** vorliegen können. Sollte er zu dem Ergebnis kommen, diese Frage ausnahmsweise nicht als bedeutsames Risiko einzuschätzen, so muss er die Gründe hierfür dokumentieren.

Bei der Auswahl von Art, Umfang und Zeitpunkt seiner Prüfungshandlungen muss der Abschlussprüfer u.a. auch ein Überraschungselement vorsehen, um dem Risiko bewusster Täuschungen entgegenwirken zu können.

Darüber hinaus muss der Prüfer beispielsweise auch Befragungen von in den Rechnungslegungsprozess eingebundenen Mitarbeitern vornehmen, um falsche Angaben im Abschluss aufgrund von Verstößen durch Manipulationen innerhalb dieses Prozesses erkennen zu können.

Hingegen kann der Abschlussprüfer – sofern keine gegenteiligen Anhaltspunkte vorliegen – grundsätzlich durchaus von der Echtheit der ihm vorgelegten Dokumente und Buchungsunterlagen sowie von der Korrektheit der ihm übergebenen Informationen ausgehen.

> **Vortragszeit: 3/5,5 Minuten**

III. Maßnahmen bei Vermutung oder Aufdeckung von Unregelmäßigkeiten

Liegen Anzeichen für Unrichtigkeiten und Verstöße vor, muss der Abschlussprüfer im Rahmen einer **erweiterten Prüfungspflicht** möglichen Ursachen und Auswirkungen auf den Grund gehen. Im Zweifel ist davon auszugehen, dass die vermutete Unrichtigkeit nicht bloßen Einzelfallcharakter hat. Mitunter kann in solchen Situationen auch die Einholung rechtlichen Rates geboten sein.

Sofern der Abschlussprüfer von der Annahme ausgeht, falsche Angaben im Jahresabschluss oder im Lagebericht könnten auf Verstöße zurückzuführen sein, an denen das Management mitgewirkt hat, so muss er die daraus resultierenden Risiken wesentlicher Falschangaben und deren Auswirkungen auf Art, Umfang und Zeitpunkt der entsprechenden Prüfungshandlungen erneut beurteilen. Auch ist dabei nach Auffassung des IDW die Möglichkeit eines **kollusiven Verhaltens** – also einer gemeinschaftlichen Tatbegehung – womit regelmäßig eine intensivere Tatverschleierung sowie ein deutlich erhöhtes Entdeckungsrisiko einhergeht, zu berücksichtigen.

Werden Unregelmäßigkeiten vermutet oder sogar aufgedeckt, treffen den Abschlussprüfer weitreichende **Mitteilungspflichten**. In diesem Fall hat er zeitnah nach pflichtgemäßem Ermessen zu beurteilen, welche Managementebene zu informieren ist. Grundsätzlich ist dieses die nächsthöhere Hierarchieebene über derjenigen, welcher die verdächtigte Person angehört. Deckt der Abschlussprüfer beispielsweise wesentliche Verstöße auf, in welche die gesetzlichen Vertreter verwickelt sind, muss er darüber unverzüglich das Aufsichtsorgan informieren. In Zweifelsfällen – falls beispielsweise keine nächsthöhere Ebene vorhanden ist oder das Aufsichtsorgan an den Verstößen beteiligt ist – muss der Abschlussprüfer abwägen, ob diesbezüglich rechtlicher Rat einzuholen geboten ist. Vor dem Hintergrund seiner **Verschwiegenheitspflicht** darf der Abschlussprüfer – von wenigen Ausnahmen aufgrund gesetzlicher Regelungen im Falle bestimmter Prüfungen (beispielsweise nach § 29 Abs. 3 KWG) abgesehen – Dritten seine Erkenntnisse über Unrichtigkeiten und Verstöße nicht mitteilen.

Von den gesetzlichen Vertretern hat der Abschlussprüfer eine schriftliche Erklärung (regelmäßig im Rahmen der Vollständigkeitserklärung) darüber einzuholen, dass diese ihn über die Ergebnisse von Risikobeurteilungen im Hinblick auf wesentliche Falschangaben in Jahresabschluss und/oder Lagebericht in Kenntnis gesetzt und über alle ihnen bekannten oder vermuteten Verstöße sowie von außen zugetragener Behauptungen begangener oder vermuteter Verstöße informiert haben.

Neben den allgemeinen **Dokumentationspflichten** muss der Abschlussprüfer auch die Ergebnisse derjenigen Prüfungshandlungen festhalten, welche er mit Blick auf das „**Management-Override-Risiko**" durchgeführt hat. Des Weiteren hat er insbesondere festgestellte Verstöße und Ergebnisse aus geführten Gesprächen mit den gesetzlichen Vertretern, dem Aufsichtsorgan und Aufsichtsbehörden zu dokumentieren.

Während der Abschlussprüfer im Falle erkannter wesentlicher Unrichtigkeiten und Verstöße im Bestätigungsvermerk und im Prüfungsbericht zu berichten hat, muss er über sonstige Gesetzesverstöße, die zu keinen falschen Angaben in der Rechnungslegung geführt haben, im Prüfungsbericht berichten.

Der **Bestätigungsvermerk ist jedoch nur dann einzuschränken oder zu versagen**, wenn sich festgestellte Unrichtigkeiten und Verstöße wesentlich auf den Abschluss auswirken und die Falschangabe innerhalb der Rechnungslegung im Zeitpunkt der Beendigung der Prüfung noch vorliegt und keine zutreffende Darstellung im Abschluss erfolgt ist.

> **Vortragszeit: 3,5/9 Minuten**

IV. Fazit

Nicht zuletzt unter dem Eindruck zahlreicher internationaler (z.B. Enron) und nationaler Bilanzskandale (z.B. FlowTex) sowie unter dem Einfluss des US-amerikanischen „Sarbanes-Oxley-Acts" und der International Standards on Auditing (ISA) hat sich das in Deutschland vorherrschende Leitbild der Abschlussprüfung von einer reinen Ordnungsmäßigkeitsprüfung hin zu einer Prüfung gewandelt, die zwischenzeitlich durchaus auch auf eine Aufdeckung möglicher deliktischer Handlungen ausgerichtet sein muss (vgl. Peemöller/ Hofmann, Bilanzskandale, Berlin 2005).

Zwar bedeutet dieses ausdrücklich keine Gleichsetzung einer gesetzlichen Pflichtprüfung, die sich methodisch zwar risikoorientiert aber gleichwohl auch auf Stichproben stützt, mit einer Unterschlagungsprüfung, bei der ganze Teilbereiche – gegebenenfalls auch periodenübergreifend – untersucht werden müssen. Gleichwohl sind hinsichtlich der Berücksichtigung des „Fraud-Risikos" eine ganze Reihe von Besonderheiten beginnend mit der Prüfungsplanung bis hin zur Dokumentation durch den Abschlussprüfer zu berücksichtigen. Gerade in dem Bewusstsein, dass die Abschlussprüfung keine absolute Sicherheit erreichen kann und somit auch keine Gewähr dafür bietet, dass wesentliche falsche Angaben aufgrund von Unrichtigkeiten und Verstößen durch den Abschlussprüfer zwangsläufig aufgedeckt werden, kommt der Berücksichtigung der dargestellten Grundsätze eine große Bedeutung zu. Grenzen erfährt die Abschlussprüfung regelmäßig dann, wenn bewusste Verstöße auf erheblicher krimineller Energie (wie z.B. bei Belegfälschungen) der Täter beruhen.

Vielen Dank für Ihre Aufmerksamkeit.

> **Vortragszeit: 1/10 Minuten**

Vortrag 42
Genussrechte und deren Bilanzierung (Prüfungswesen)

Sehr geehrte/r Frau/Herr Vorsitzende/r, sehr geehrte Prüfungskommission,
aus den mir zur Auswahl gestellten Themen habe ich mich für das Thema „**Genussrechte und deren Bilanzierung**" entschieden. Meinen Vortrag gliedere ich wie folgt:

I.	Grundlagen
II.	Bilanzierung bei der Genussrechte emittierenden Kapitalgesellschaft
III.	Bilanzierung beim Genussrechtsinhaber
IV.	Fazit

> **Vortragszeit: 0,5 Minuten**

I. Grundlagen

Zur Finanzierung des Baus des Suez-Kanals vor etwa 150 Jahren wurden erstmals **Genussscheine** eingesetzt. Nachdem diese infolge der Einführung der stimmrechtslosen Vorzugsaktie an Bedeutung verloren hatten, erlebt diese Finanzierungsform – begünstigt durch verschiedene gesetzgeberische Maßnahmen – seit den 1980er Jahren eine Renaissance (vgl. von Alvensleben: Genussrechte, in: Häger/Elkemann-Reusch, Mezzanine Finanzierungsinstrumente, Berlin 2004, Rn. 536).

Ihr Einsatz ist heute vielfältig: So können sie beispielsweise als Erfolgsbeteiligung der Mitarbeiter dienen, in Sanierungsfällen zur Entschädigung eines Schuldenerlasses an die Gläubiger ausgegeben werden oder – was in der Praxis überwiegt – als **Finanzierungsgenussschein** zum Einsatz kommen (vgl. von Alvensleben, Rn. 543).

Obwohl der **Begriff des Genussrechts** in vielen gesetzlichen Regelungen Erwähnung findet, hat der Gesetzgeber auf seine exakte Definition verzichtet. Auf schuldrechtlicher Grundlage vereinbart, gewähren Genussrechte vermögensrechtliche Ansprüche, wie Teilhabe am Gewinn und/oder Verlust und/oder am Liquidationserlös. Mitgliedschaftliche Verwaltungsrechte gewähren sie dagegen nicht. Nach herrschender Auffassung sind sie – obwohl ausdrücklich im Aktiengesetz (beispielsweise § 160 Abs. 1 Nr. 6 AktG) erwähnt – rechtsformneutral, d.h. auch bei der GmbH und bei Personengesellschaften zulässig.

Als **reines Finanzierungsinstrument** können sie – ohne unternehmerische Mitsprache einzuräumen – sehr flexibel eingesetzt werden, indem Genussrechte als nachrangiges Kapital Haftungsfunktion übernehmen und handelsbilanziell die Eigenkapitalquote steigern können, während sie sich ergebnisabhängig bedienen lassen und Ausschüttungen auf Genussrechte steuerrechtlich als Betriebsausgaben abzugsfähig sind (vgl. von Alvensleben: Genussrechte, in: Häger/Elkemann-Reusch, Mezzanine Finanzierungsinstrumente, Berlin 2004, Rn. 545).

Aus Sicht des Genussrechtsinhabers erweist sich der Umstand eines qua Gesetz bestehenden **Verwässerungsschutzes** als vorteilhaft.

Der Hauptfachausschuss des IDW hat mit **HFA 1/1994** Stellung zur Behandlung von Genussrechten im Jahresabschluss von Kapitalgesellschaften genommen (vgl. Hauptfachausschuss des Instituts der Wirtschaftsprüfer: Zur Behandlung von Genussrechten im Jahresabschluss von Kapitalgesellschaften (HFA 1/1994)). Der HFA äußert sich darin sowohl zur **Bilanzierung bei der Genussrechte emittierenden Kapitalgesellschaft** als auch zur **Bilanzierung bei dem Genussrechtsinhaber** sowie zu Sonderfragen, die nicht Gegenstand dieses Vortrags sind.

> **Vortragszeit: 2/2,5 Minuten**

II. Bilanzierung bei der Genussrechte emittierenden Kapitalgesellschaft

In Abhängigkeit von der jeweiligen konkreten Ausgestaltung der zugrunde liegenden Genussrechtsbedingungen kann **Genussrechtskapital bei seiner Zuführung** (in Form einer Kapitalzufuhr oder eines Forderungsverzichts nach § 397 BGB) als Fremd- oder Eigenkapital auf der Passivseite zu bilanzieren oder aber erfolgswirksam zu vereinnahmen sein.

Eine Qualifizierung des Genussrechtskapitals als bilanzielles Eigenkapital setzt voraus, dass dieses aus Gründen des Gläubigerschutzes eine ausreichende Haftungsqualität erreicht, die in der kumulativen Einhaltung folgender **drei Kriterien** ihren Ausdruck findet:

1. Muss das Genussrechtskapital **im Liquidations- oder Insolvenzfall als Haftungssubstanz verfügbar** sein. Das bedeutet, dass ein Rückzahlungsanspruch der Genussrechtsinhaber erst nach Befriedigung aller anderen Gläubiger geltend gemacht werden kann, deren Kapitalüberlassung nicht als bilanzielles Eigenkapital behandelt werden kann (vgl. HFA 1/1994, Ziffer 2.1.1). Ein qualifizierter Rangrücktritt nach § 39 Abs. 2 InsO ist damit zwar bilanzrechtlich nicht erforderlich, jedoch lässt sich durch Kombination mit einem **insolvenzrechtlichen Rangrücktritt** durchaus gleichzeitig eine Nicht-Passivierung eines als Sanierungsinstruments eingesetzten Genussrechts im insolvenzrechtlichen Überschuldungsstatus (§ 19 Abs. 2 Satz 2 InsO) herbeiführen. Zu beachten ist dabei, dass der Rangrücktritt sowohl für den Fall des Insolvenzverfahrens als auch für die Liquidation außerhalb der Insolvenz erklärt werden muss, um bilanziellen Eigenkapitalcharakter zu gewinnen (vgl. Rusch/Brocker, Debt Mezzanine Swap bei Unternehmensfinanzierungen, in: ZIP 45/2012, 2196).

2. Dürfen die **gesetzlichen Kapitalerhaltungsregeln** nicht durch etwaige Beschränkungen der Verlustteilnahme und Zusagen von erfolgsunabhängigen Vergütungen des Genussrechtskapitals umgangen werden können.

3. Es bedarf einer **Längerfristigkeit der Kapitalüberlassun**g (vgl. HFA 1/1994, Ziffer 2.1.1). Während ein genauer Zeitraum in der Stellungnahme des IDW nicht genannt wird, geht die Literatur überwiegend von einem Zeitraum von mindestens fünf Jahren aus, in dem die Rückzahlung ausgeschlossen ist (vgl. Rusch/Brocker, Debt Mezzanine Swap bei Unternehmensfinanzierungen, in: ZIP 45/2012, 2197).

Wenn eine Rückzahlung vor Ablauf des auf den Abschlussstichtag folgenden Geschäftsjahres möglich ist, hat eine **Umqualifizierung von Eigen- in Fremdkapital** zu erfolgen (vgl. HFA 1/1994, Ziffer 2.1.1).

Eine **erfolgswirksame Vereinnahmung des überlassenen Genussrechtskapitals durch den Genussrechtsemittenten** kommt nur unter der Bedingung infrage, dass der Genussrechtsinhaber keinen Rückzahlungsanspruch hat und dieser einen Ertragszuschuss leisten will.

Als **bilanzielles Eigenkapital zu qualifizierendes Genussrechtskapital** ist nach § 266 Abs. 3 HGB innerhalb des Postens Eigenkapital – und zwar in einem separaten Posten wahlweise nach dem gezeichneten Kapital, den Gewinnrücklagen oder als letzter Posten innerhalb des Eigenkapitals – auszuweisen. Sofern es dagegen als Fremdkapital zu qualifizieren ist, ist es unter der Position Verbindlichkeiten als Genußrechtskapital, während erfolgswirksam zu vereinnahmendes Genußrechtskapital gegenwärtig (noch) als außerordentlicher Ertrag (§ 277 Abs. 3 Satz 1 und 2 HGB) ausgewiesen wird (vgl. HFA 1/1994, Ziffer 2.1.3).

Im Anhang sind nach § 160 Abs. 1 Nr. 6 AktG die Art und Zahl der bestehenden sowie die der während des Geschäftsjahres neu entstandenen Rechte anzugeben. Sind Genussrechte bilanziell als Fremdkapital zu behandeln, so müssen nach § 285 Nr. 1a HGB diejenigen mit einer Restlaufzeit von mehr als fünf Jahren angegeben werden. Werden sie hingegen als bilanzielles Eigenkapital qualifiziert, so verlangt HFA 1/1994 zur bestehenden Restlaufzeit am Bilanzstichtag Erläuterungen. Die Angabe des frühestmöglichen Kündigungs- und Auszahlungstermins ist aus der Sicht Abschlussadressaten erforderlich, um die Dauer der Haftungsqualität des Genussrechts (unter der o.g. Voraussetzung ist gegebenenfalls eine **Umqualifizierung von Eigen- und Fremdkapital** geboten) einschätzen zu können (vgl. HFA 1/1994, Ziffer 2.1.3).

Die laufende Vergütung von **Genußrechtskapital mit bilanziellem Fremdkapitalcharakter** ist in der Gewinn- und Verlustrechnung unter der Position Zinsen und ähnliche Aufwendungen auszuweisen. Treten bei der Genussrechte emittierenden Gesellschaft Verluste ein und nimmt der Genussrechteinhaber vereinbarungsgemäß am Verlust teil, wird die Rückzahlungsverpflichtung des Emittenten ergebniswirksam als gesondert ausgewiesener **Ertrag aus der Verlustübernahme** herabgesetzt (vgl. HFA 1/1994, Ziffer 2.2.1).

Die laufende Vergütung von Genußrechtskapital mit bilanziellem Eigenkapitalcharakter ist in der Gewinn- und Verlustrechnung unter der Position **Vergütung für Genussrechtskapital** gesondert auszuweisen. Da die Vergütung auf einem schuldrechtlichen Vertrag beruht, stellt sie Aufwand dar und ist nicht Teil der Gewinnverwendung. Veränderungen des Genussrechtskapitals mit Eigenkapitalcharakter sind wie Veränderungen der Rücklagen nach dem Jahresergebnis – unter der Bezeichnung **Entnahme aus Genussrechtskapital** bzw. als **Wiederauffüllung des Genussrechtskapitals** auszuweisen (vgl. HFA 1/1994, Ziffer 2.2.2).

Treten bei der Genussrechte emittierenden Gesellschaft Verluste ein und nimmt der Genussrechteinhaber vereinbarungsgemäß am Verlust teil, wird die Rückzahlungsverpflichtung des Emittenten ergebniswirksam als gesondert ausgewiesener **Ertrag aus der Verlustübernahme** herabgesetzt.

> **Vortragszeit: 4,5/7 Minuten**

III. Bilanzierung beim Genussrechtsinhaber

Durch Kapitalüberlassung erwirbt der Genussrechtsinhaber mit dem **Genussrecht** einen eigenständigen Vermögensgegenstand, dessen Anschaffungskosten der Höhe des Betrags des überlassenen Kapitals entsprechen. Erfolgt die Kapitalüberlassung demgegenüber in der Form eines Forderungsverzichts (§ 397 BGB), so entsprechen die Anschaffungskosten dem fortgeführten Buchwert der untergehenden Forderung im Zeitpunkt der Anschaffung. Im Fall einer **Sanierung** ist dieses häufig lediglich der beizulegende Zeitwert bzw. Erinnerungswert (vgl. HFA 1/1994, Ziffer 3.1).

Der Ausweis richtet sich danach, ob Genussrechte (als Inhaber- oder Orderpapiere) mit der Absicht gehalten werden, dem Betrieb **dauerhaft** zu dienen, sodass ein Ausweis unter den Wertpapieren des Anlagevermögens – oder bei Zuordnung zum Umlaufvermögen wegen kurzfristiger Besitzabsicht unter den sonstigen Wertpapieren stattfindet. Als nicht verbriefte Rechte sind sie bei Dauerbesitzabsicht als sonstige Ausleihungen auszuweisen (vgl. HFA 1/1994, Ziffer 3.1).

Für den Fall, dass Genussrechte über pari ausgegeben werden und das Aufgeld gedanklich einer vergleichsweise hohen Verzinsung entspricht, ist es als Rechnungsabgrenzungsposten zu aktivieren, wenn es **Aufwand für eine bestimmte Zeit nach dem Abschlussstichtag** repräsentiert. Die Auflösung des Abgrenzungspostens mindert in diesem Fall in den Folgeperioden den Ertrag aus den Genussrechten (vgl. HFA 1/1994, Ziffer 3.1).

Für die **handelsrechtliche Bewertung** gibt es keine besonderen Regeln, sodass die allgemeinen Bewertungsregeln der §§ 252 ff., 279 ff. HGB anzuwenden sind (vgl. HFA 1/1994, Ziffer 3.1).

Der Genussrechtsinhaber weist seine **Vergütung für die Kapitalüberlassung** als Zins- oder Wertpapiererträge aus. Eine Verlusteilnahme darf nur insoweit Berücksichtigung finden, wie die aktivierten Genussrechte abgewertet werden müssen bzw. dürfen. Je nach Ausweisposition der Genussrechte innerhalb der Bilanz sind Abwertungen als Abschreibungen auf Finanzanlagen und auf Wertpapiere des Umlaufvermögens oder als sonstige betriebliche Aufwendungen auszuweisen.

> **Vortragszeit: 2/9 Minuten**

IV. Fazit

Genussscheine erleben seit den 1980er Jahren eine Renaissance – zum Beispiel als Gegenleistung für einen Forderungsverzicht (**Debt Mezzanine Swap**) – vor allem aber als **Finanzierungsgenussschein**. Als flexibles Finanzierungsinstrument vereinen sie im Wesentlichen fünf Funktionen miteinander:

1. Unter Vereinbarung der Nachrangigkeit entsteht zusätzliche Haftungssubstanz,
2. die bilanzielle Eigenkapitalquote lässt sich – insbesondere im Rahmen von Unternehmenssanierungen verbessern (positive Auswirkungen auf die Kredit- und Ratingentscheidungen); dies gilt insbesondere bei Vorliegen der in Kap. II genannten drei Kriterien,
3. es erfolgt eine ergebnisabhängige Verzinsung,
4. Ausschüttungen sind als Betriebsausgaben abzugsfähig und
5. eine unternehmerische Mitsprache der Genussrechtsinhaber ist ausgeschlossen.

Hinsichtlich der **handelsrechtlichen Bilanzierung von Genussrechten** hatte der Hauptfachausschuss des IDW zuletzt im Jahre 1994 Stellung (s. HFA 1/1994) genommen. Diese Stellungnahme ist heute nach wie vor das Maß der Dinge auf diesem Gebiet.

Eine gewisse Brisanz erfuhr die Umwandlung nicht werthaltiger Gesellschafterdarlehen bei in die Krise geratenen Kapitalgesellschaften in Genussrechte (**„Debt-Mezzanine-Swaps"**) im Jahre 2011 durch eine Verwaltungsanweisung der OFD Rheinland. Die OFD war der Auffassung, dass eine handelsbilanzielle Umqualifizierung der Verbindlichkeit in Eigenkapital infolge des Maßgeblichkeitsprinzips auch eine steuerrechtliche Umqualifizierung in Eigenkapital nach sich ziehe. Infolge dessen komme es zu einem steuerbilanziellen Ertrag, während eine entsprechende Ausgestaltung des Genussrechts zur Vermeidung der Rechtsfolgen aus § 8 Abs. 3 Satz 2 Halbsatz 2 KStG ins Leere greife (vgl. Rusch/Brocker, Debt Mezzanine Swap bei Unternehmensfinanzierungen – rechtliche und steuerliche Rahmenbedingungen, in: ZIP 45/2012, 2194 f.).

Vielen Dank für Ihre Aufmerksamkeit.

> **Vortragszeit: 1/10 Minuten**

Vortrag 43
Qualitätssicherung in der Wirtschaftsprüfungspraxis (Prüfungswesen)

Sehr geehrte/r Frau/Herr Vorsitzende/r, sehr geehrte Prüfungskommission,
aus den mir zur Auswahl gestellten Themen habe ich mich für das Thema „**Qualitätssicherung in der Wirtschaftsprüfungspraxis**" entschieden. Meinen Vortrag gliedere ich wie folgt:

I.	Grundlagen
II.	Berufspflicht zur Einrichtung, Durchsetzung und Überwachung eines ordnungsgemäßen Qualitätssicherungssystems
III.	Regelungen zur Qualitätssteuerung und -überwachung in der WP-Praxis
IV.	Fazit

> **Vortragszeit: 0,5 Minuten**

I. Grundlagen

Nach dem mit der 6. WPO-Novelle eingeführten § 55b WPO haben Wirtschaftsprüfer Regelungen zu schaffen, die zur **Einhaltung der Berufspflichten** (Unabhängigkeit, Gewissenhaftigkeit, Verschwiegenheit und Eigenverantwortlichkeit) erforderlich sind sowie deren Anwendung zu überwachen und durchzusetzen. Die Berufspflichten selbst werden in der Berufssatzung für Wirtschaftsprüfer/vereidigte Buchprüfer (**BS WP/vBP**) konkretisiert. Ursprünglich war die Berufspflicht zur Schaffung eines Qualitätssicherungssystems allein aus dem **Grundsatz der gewissenhaften Berufsausübung** nach § 43 Abs. 1 Satz 1 WPO abgeleitet worden.

Im Übrigen werden **gesetzliche Anforderungen an die Qualitätssicherung** im Wesentlichen in den §§ 43 ff. WPO, §§ 316 ff. HGB sowie in den Regelungen der BS WP/vBP festgelegt. Flankierend hierzu haben die Vorstände der Wirtschaftsprüferkammer (WPK) und des Instituts der Wirtschaftsprüfer (IDW) mit der VO 1/2006 zu den Anforderungen an die Qualitätssicherung in der Wirtschaftsprüferpraxis gemeinsam Stellung genommen. Die VO 1/2006 hat zwar keinen Gesetzescharakter, jedoch stellt sie für den Vorstand der Wirtschaftsprüferkammer eine Selbstbindung dar. Der Umfang und die konkrete Ausgestaltung des internen Qualitätssicherungssystems hängen jeweils maßgeblich von der Art und Größe, dem gegenwärtigen und künftigen Tätigkeitsbereich, aber auch von den qualitätsgefährdenden Risiken einer Wirtschaftsprüferpraxis ab. Werden nach den individuellen Belangen einer Praxis erforderliche Anforderungen der Stellungnahme nicht beachtet und die Einhaltung der Berufspflichten nicht anderweitig sichergestellt, so kann dieses nachteilige Konsequenzen in einem berufsaufsichtlichen oder einem zivilrechtlichen Verfahren nach sich ziehen.

Im Kern kommt diesem internen System – ebenso wie der **externen Qualitätskontrolle** nach §§ 57a ff. WPO – **Präventivfunktion** zu.

> **Vortragszeit: 1,5/2 Minuten**

II. Berufspflicht zur Einrichtung, Durchsetzung und Überwachung eines ordnungsgemäßen Qualitätssicherungssystems

Für die **Einrichtung, Durchsetzung und Überwachung eines ordnungsgemäßen, d.h. angemessenen und wirksamen Qualitätssicherungssystems** ist nach § 31 BS WP/vBP die Praxisleitung verantwortlich. Jedoch können Aufgaben auch auf einzelne Mitglieder der Praxisleitung oder leitende Mitarbeiter delegiert werden. Voraussetzung dafür ist allerdings, dass die betreffenden Personen über ausreichende Kompetenzen und Erfahrungen sowie über die nötige persönliche Autorität verfügen.

Die Regelungen innerhalb eines Qualitätssicherungssystems sind angemessen, wenn sie mit hinreichender Sicherheit gewährleisten, dass Verstöße gegen Berufspflichten verhindert bzw. zeitnah erkannt werden. Dieses setzt zunächst eine **Feststellung von qualitätsgefährdenden Risiken** bezogen auf Verstöße gegen Berufspflichten, deren Analyse sowie entsprechende Berichterstattung an die zuständige Stelle innerhalb der Praxis voraus. Die verantwortliche Stelle muss sodann dafür Sorge tragen, dass bei erkannten Risiken und Verstößen unverzüglich und angemessen reagiert wird. Werden diese Regelungen von allen Berufsträgern und sonstigen Mitarbeitern zur Kenntnis genommen und bei ihrer täglichen Arbeit entsprechend ihrer jeweiligen Verantwortung angewendet, so ist das interne System zu Qualitätssicherung wirksam.

Grundkomponenten eines internen Qualitätssicherungssystems sind nach der VO 1/2006:

- Qualitätsumfeld,
- Feststellung und Einschätzung qualitätsgefährdener Risiken,
- Regelungen zur Qualitätssicherung,
- Kommunikation und Dokumentation der Regelungen zur Qualitätssicherung und
- Überwachung der Angemessenheit und Wirksamkeit der Regelungen zur Qualitätssicherung.

Da ein **wirksames Qualitätsumfeld** maßgeblich von der Integrität und den Verhaltensweisen der Entscheidungsträger innerhalb der Praxis abhängt (zu neudeutsch: „tone at the top"), sind es auch diese Personen, welche ein positives Qualitätsumfeld aufbauen und fördern müssen. Durch eine Aufnahme in Aus- und Fortbildungsprogramme und das Mitarbeiterbeurteilungssystem wird die Bedeutung des Qualitätsaspektes im Rahmen der Berufsausübung hervorgehoben. Im Idealfall führt ein hohes Maß an persönlicher Identifikation aller Praxisangehörigen mit den Qualitätszielen dazu, dass der notwendige Überwachungsaufwand durch die Praxisleitung entsprechend reduziert werden kann.

Qualitätsgefährdende Risiken können aus unterschiedlichen Sachverhalten, wie beispielsweise aus dem Ausbildungsniveau der Mitarbeiter, aus dem Grad der Gewichtung geschäftlicher Ziele (zulasten oder zugunsten der Qualität) oder aus dem Grad der Risikobehaftung einzelner Aufträge, resultieren. Ihre Feststellung und Analyse müssen fortlaufend gewährleistet bleiben, da dieses die Grundlage für die **Festlegung von Regelungen zur Qualitätssicherung** bildet. Diese müssen wiederum ausreichend Gewähr dafür bieten, dass Mängel in der Berufsausübung, die auf qualitätsgefährdende Risiken zurückzuführen sind, präventiv verhindert oder aufgedeckt und behoben werden.

Das **Qualitätssicherungssystem** ist – zwecks Verstetigung und Nachvollziehbarkeit – schriftlich oder in elektronischer Form zu dokumentieren und den Praxismitarbeitern – beispielsweise in Form von Seminaren oder schriftlichen Informationen – zur Kenntnis zu bringen. Im Zweifel gilt auch hier der allgemeine Grundsatz: „Not documented, not done".

Schließlich sind Angemessenheit und Wirksamkeit der Regelungen zur Qualitätssicherung zu überwachen, um ihre Einhaltung innerhalb der Praxis sicherzustellen. Zu unterscheiden ist zwischen prozessintegrierten und prozessunabhängigen Überwachungsmaßnahmen. Während durch **prozessintegrierte Maßnahmen** beispielsweise die laufende Auftragsabwicklung überwacht wird oder die Auftragsergebnisse durch den verantwortlichen Wirtschaftsprüfer abschließend durchgesehen werden, findet im Rahmen der Nachschau eine **prozessunabhängige Überwachung** statt. Die Nachschau dient der Überprüfung des vorhandenen Qualitätssicherungssystems, auch unter dem Aspekt, Verbesserungsmöglichkeiten erkennen und deren Umsetzung im Zeitfortschritt überprüfen zu können.

> **Vortragszeit: 3/5 Minuten**

III. Regelungen zur Qualitätssteuerung und -überwachung in der WP-Praxis

Den Mindestanforderungen von § 32 BS WP/vBP entsprechend, umfasst das **interne Qualitätssicherungssystem** folgende Regelungsbereiche, wenn betriebswirtschaftliche Prüfungen durchgeführt werden, bei denen das Berufssiegel geführt werden soll:

- **Allgemeine Praxisorganisation**,
- **Auftragsabwicklung bei betriebswirtschaftlichen Prüfungen** und
- **Nachschau**.

Zu deren individueller Ausgestaltung bietet die VO 1/2006 eine Reihe von Anhaltspunkten.

Die zu treffenden Regelungen zur **Beachtung der allgemeinen Berufspflichten** sind vielfältig. Um beispielsweise die gewissenhafte Abwicklung der Aufträge gewährleisten zu können, lassen sich Regelungen zur Einhaltung der gesetzlichen und fachlichen Regeln, wie Schulungsmaßnahmen, Einsatz von Arbeitshilfen und Muster-Berichten treffen. Der Einhaltung der Verschwiegenheitspflicht können Regelungen zu schriftlichen Verpflichtungen der Mitarbeiter beim Abschluss ihrer Arbeitsverträge oder zur Sicherung der Arbeitspapiere gegen unbefugten Zugriff unberechtigter Personen dienen.

Regelungen zur Auftragsannahme, -fortführung und vorzeitigen Beendigung dienen unter anderem der Sicherstellung der Einhaltung der Berufspflichten, insbesondere des Grundsatzes der Unabhängigkeit. So muss beispielsweise gewährleistet werden, dass Aufträge nur angenommen bzw. fortgeführt werden, nachdem eine **auftragsbezogene Risikoanalyse** vorgenommen worden ist, die Pflichten nach dem Geldwäschegesetz erfüllt wurden und sichergestellt ist, dass ausreichende fachliche, personelle und zeitliche Ressourcen zur Auftragsabwicklung vorhanden sind.

Zur **Mitarbeiterentwicklung** dienen Regelungen bei Einstellung von Mitarbeitern (beispielsweise zur Prüfung der fachlichen und persönlichen Eignung), zur Aus- und Fortbildung (beispielsweise zur Beachtung der 20 Stundenregel bezüglich der Teilnahme an Fachveranstaltungen) sowie zur Beurteilung (beispielsweise in Form von jährlichen „Feedback-Gesprächen" mit ihren Vorgesetzten), aber auch zur regelmäßigen Bereitstellung von Fachinformationen.

Regelungen zur **Gesamtplanung aller Aufträge** sollen sicherstellen, dass die übernommenen und absehbaren Aufträge zeitlich, fachlich und personell ordnungsgemäß abgearbeitet werden können. Mit zunehmender Praxisgröße und Volumen an Aufträgen steigt diesbezüglich auch der Regelungsbedarf.

Auch ist ein angemessener **Umgang mit Beschwerden und Vorwürfen** von Mandanten, Mitarbeitern oder Dritten regulativ zu berücksichtigen. So dürfen weder Beschwerden von Mitarbeitern zu deren persönlichen Nachteil gereichen, noch sollte es versäumt werden, Maßnahmen zur Beseitigung von Schwächen zu ergreifen, wenn Beschwerden oder Vorwürfe zweifelsfrei auf deren Vorliegen hinweisen.

Hinsichtlich der **Auftragsabwicklung bei betriebswirtschaftlichen Prüfungen** existiert ein vergleichsweise hoher Regelungsbedarf: Dieser betrifft die Organisation der Auftragsabwicklung, die Einhaltung der gesetzlichen Vorschriften und der fachlichen Regelungen, die Anleitung des/der Prüfungsteams, Konsultationen (von Berufskollegen, von wp.net oder des IDW), die laufende Überwachung der Auftragsabwicklung sowie die abschließende Durchsicht der Prüfungsergebnisse durch den verantwortlichen Wirtschaftsprüfer. Des Weiteren bedarf es Regelungen zur auftragsbezogenen Qualitätssicherung (Durchführung einer Berichtskritik und – im Falle der Durchführung von **gesetzlichen Abschlussprüfungen** im Auftrag von Unternehmen von öffentlichem Interesse i.S.d. § 319a Abs. 1 HGB – zur **auftragsbegleitenden Qualitätssicherung**), zur Lösung von Meinungsverschiedenheiten sowie zum Abschluss der Arbeitspapiere (beispielsweise zur Beachtung der sog. 60-Tage-Regel).

Schließlich sind Regelungen zur Planung, Art und zum Umfang sowie zur Würdigung der Ergebnisse der **Nachschau** festzulegen. Diese lassen sich beispielsweise im Rahmen einer Nachschaurichtlinie verbindlich dokumentieren. Ziel der Nachschau ist es gemäß § 33 Abs. 1 BS WP/vBP, die Angemessenheit und Wirksamkeit des Qualitätssicherungssystems in angemessenen Zeitabständen sowie bei gegebenem Anlass zu beurteilen. Sie bezieht sich sowohl auf die Praxisorganisation insgesamt als auch auf die Abwicklung einzelner Aufträge. Da das Ergebnis der Nachschau die Grundlage für die Weiterentwicklung des Qualitätssicherungssystems darstellt, ist es – nicht zuletzt im eigenen Interesse – zu dokumentieren.

Praktische **Arbeitshilfen für die Qualitätssicherung** bieten beispielsweise Niemann oder auch das IDW an (vgl. Niemann, Jahresabschlussprüfung – Arbeitshilfen zur Qualitätssicherung, 4. Auflage, München 2011; IDW (Hrsg.), Praxishandbuch zur Qualitätssicherung, 8. Auflage, Düsseldorf 2013).

> **Vortragszeit: 4/9 Minuten**

IV. Fazit

Da der Umfang und die konkrete Ausgestaltung des internen Qualitätssicherungssystems maßgeblich von der Art und Größe, dem Tätigkeitsbereich aber auch den qualitätsgefährdenden Risiken einer Wirtschaftsprüferpraxis abhängen, stellt dessen Einrichtung, Durchsetzung und Überwachung keine unzumutbare Aufgabe für die jeweilige Praxisleitung dar. Denn bei kleineren Praxen wird angesichts regelmäßig einfacherer organisatorischer Strukturen und geringerer Aufgabendelegation grundsätzlich auch ein geringerer Grad an Differenzierung und Formalisierung nötig sein, um ein angemessenes und wirksames Qualitätssicherungssystem einzurichten, durchzusetzen und zu überwachen.

Den Mitteilungen der WPK ist jedenfalls zu entnehmen, dass sich die Reichweite derjenigen Praxen im Berufsstand, die sich am Qualitätskontrollverfahren beteiligt haben, auf 62 % (2014) belief (vgl. Qualitätskontrolle 2014 – Tätigkeitsbericht der Kommission für Qualitätskontrolle, in: WPK Magazin 2/2015, 17). Dieser Umstand ist sicher auch ein Indiz dafür, dass das Bewusstsein für die Bedeutung eines angemessenen und wirksamen internen Qualitätssicherungssystems im Berufsstand insgesamt recht ausgeprägt ist.

Vielen Dank für Ihre Aufmerksamkeit.

> **Vortragszeit: 1/10 Minuten**

Vortrag 44
Einholung von Bestätigungen Dritter im Rahmen einer Abschlussprüfung (Prüfungswesen)

Sehr geehrte/r Frau/Herr Vorsitzende/r, sehr geehrte Prüfungskommission,
aus den mir zur Auswahl gestellten Themen habe ich mich für das Thema „**Einholung von Bestätigungen Dritter im Rahmen einer Abschlussprüfung**" entschieden. Meinen Vortrag gliedere ich wie folgt:

I.	Grundlagen
II.	Anforderungen an die Einholung von Bestätigungen Dritter
III.	Besondere Anwendungsfälle
IV.	Fazit

Vortragszeit: 0,5 Minuten

I. Grundlagen

Um zu begründeten **Prüfungsfeststellungen** kommen zu können, müssen Abschlussprüfer durch geeignete Prüfungshandlungen ausreichende und angemessene Prüfungsnachweise einholen. Anderenfalls besteht für sie keine Möglichkeit, die Aussagen im Prüfungsbericht und im Bestätigungsvermerk mit hinreichender Sicherheit treffen zu können.

Ziel der Durchführung von Prüfungshandlungen ist es, eine **Risikobeurteilung** vornehmen zu können (dazu gehört auch eine Aufbauprüfung des internen Kontrollsystems), die mindestens um **Funktionsprüfungen** und gegebenenfalls auch um **aussagebezogene Prüfungshandlungen** zu ergänzen sind. Die Art und der Umfang aussagebezogener Prüfungshandlungen hängen vom Ergebnis der Risikobeurteilung hinsichtlich wesentlicher falscher Angaben ebenso ab, wie von den Ergebnissen der Funktionsprüfungen. Dabei werden **analytische Prüfungshandlungen**, wie beispielsweise Plausibilitätsprüfungen, und **Einzelfallprüfungen** unterschieden.

In bestimmten Fällen kann es – als eine Form der Einzelfallprüfung – erforderlich sein, **Bestätigungen Dritter** einzuholen. Dabei handelt es sich um einen Prüfungsnachweis, den der Abschlussprüfer unmittelbar als schriftliche Antwort (in Papierform, mittels eines elektronischen oder eines anderen Mediums) direkt von einem externen Dritten erhält. Der Vorteil einer Einholung von Bestätigungen Dritter liegt generell gesehen in dem Umstand, dass diese – zumindest, wenn sie mit der gebotenen Sorgfalt eingeholt werden – einen **höheren Grad an Verlässlichkeit** versprechen, als (interne) Bestätigungen von Personen aus dem geprüften Unternehmen selbst.

Die Berufsauffassung, nach der Wirtschaftsprüfer – unbeschadet ihrer Eigenverantwortlichkeit – Bestätigungen Dritter einholen, hat das Institut der Wirtschaftsprüfer seinen Prüfungsstandard „**Bestätigungen Dritter**" zuletzt im Zuge der „ISA-Transformation" im Jahr 2014 neu gefasst (IDW Prüfungsstandard: Bestätigungen Dritter (IDW PS 302 n.F.) (Stand: 10.07.2014), Tz. 1).

Vortragszeit: 1,5/2 Minuten

II. Anforderungen an die Einholung von Bestätigungen Dritter

Die **Einholung von Saldenbestätigungen** kann nach zwei unterschiedlichen Methoden vorgenommen werden. Zum einen lässt sich eine **positive Bestätigungsanfrage** stellen und zwar entweder dergestalt, dass der Adressat gebeten wird, den in seinen Büchern vorhandenen Saldo mitzuteilen (**Bestätigungen Dritter bei Abschlussprüfungen: offene Anfrage**) oder aber dergestalt, dass der Adressat gebeten wird, seine Übereinstimmung mit einem mitgeteilten Saldo zu bestätigen (**Bestätigungen Dritter bei Abschlussprüfungen: geschlossene Anfrage**). Die offene Anfrage stellt gegenüber der geschlossenen Anfrage die zuverlässigere Methode dar. Zum anderen kann der Adressat im Zuge einer **negativen Bestätigungsanfrage** gebeten werden, nur im Falle einer Nichtübereinstimmung eine Saldenmitteilung abzugeben. Nachteil der letztgenannten Methode ist, dass sich im Falle eines ausbleibenden Rücklaufs kein expliziter Prüfungsnachweis für das Vorhandensein des mitgeteilten Saldos generieren lässt. Insofern stellt die positive Methode insgesamt die zuverlässigere der beiden Varianten dar. Eine Kombination beider Methoden ist möglich (IDW PS 302 n.F., Tz. 7).

Unter bestimmten Voraussetzungen dürfen nach den Vorstellungen des IDW allerdings auch allein negative Bestätigungsanfragen als aussagebezogene Prüfungshandlung zur Anwendung kommen. Sofern das Fehlerrisiko als gering eingeschätzt werden kann und geeignete Nachweise zur wirksamen internen Kontrolle erlangt worden sind, die Anfrage eine hohe Grundgesamtheit kleiner, homogener Kontensalden oder

Geschäftsvorfälle betrifft, der Prüfer in der Erwartung einer sehr geringen Anzahl von Abweichungen ist und zumindest mit einer gewissen Rücklaufquote rechnet, ist das der Fall (IDW PS 302 n.F., Tz. 9).

Bestätigungen Dritter können vor oder zum Abschlussstichtag eingeholt werden. Eine Einholung vor dem Abschlussstichtag ist nach der Neufassung des IDW PS 302 – anders als nach der vorangegangenen Fassung – selbst dann möglich, wenn das Fehlerrisiko als nicht gering eingestuft wird. Allerdings muss der Abschlussprüfer in einem solchen Fall sicherstellen, dass der Zeitraum zwischen der Einholung der Anfrage und dem Abschlussstichtag abgedeckt ist. Dieses gewährleistet er durch sog. **„Roll-forward"-Prüfungshandlungen** im hinsichtlich der Weiterentwicklung des jeweils geprüften Bestands.

Weigern sich die gesetzlichen Vertreter, dem Abschlussprüfer die Versendung einer Bestätigungsanfrage zu gestatten, muss der Prüfer sie zu ihren Gründen hierfür befragen, und deren Stichhaltigkeit und Vertretbarkeit durch Einholung von Nachweisen überprüfen. Darüber hinaus muss der Abschlussprüfer die Auswirkungen auf seine vorgenommene Beurteilung der Fehlerrisiken beurteilen **und alternative Prüfungshandlungen zur Erlangung einschlägiger und verlässlicher Prüfungsnachweise** durchführen. Kann er keine stichhaltigen Gründe für die Weigerung der gesetzlichen Vertreter feststellen, so muss er darüber mit dem Aufsichtsorgan – in Übereinstimmung mit IDW PS 470 (vgl. IDW Prüfungsstandard: Grundsätze für die Kommunikation des Abschlussprüfers mit dem Aufsichtsorgan (IDW PS 470) (Stand: 01.03.2012)) – kommunizieren. Gegebenenfalls muss der Prüfer auch über Auswirkungen auf die Prüfungsdurchführung und das Prüfungsurteil entscheiden (IDW PS 302 n.F., Tz. 12).

Unter Umständen ergibt sich hieraus auch ein **Verstoß der gesetzlichen Vertreter gegen ihre Mitwirkungspflichten nach § 320 Abs. 2 HGB**. Hierauf wäre im Prüfungsbericht hinzuweisen.

Wesentlich ist bei der Einholung von Bestätigungen Dritter, dass der Abschlussprüfer die **Kontrolle über das Bestätigungsverfahren bewahren muss**, d.h. er muss nicht nur festlegen, welche Informationen im Einzelnen von welchen (geeigneten) externen Dritten einzuholen sind, sondern auch die Ausgestaltung der Bestätigungsanfragen und Kontrolle über den Versand und den Rücklauf übernehmen (IDW PS 302 n.F., Tz. 8). Geeignete Dritte können natürliche oder juristische Personen sein, sofern sie relevante und verlässliche Prüfungsnachweise abgeben können.

Ergeben sich Zweifel hinsichtlich der Verlässlichkeit einer dem Abschlussprüfer gegebenen Antwort, so muss dieser weitere Prüfungshandlungen durchführen, um sie zu beseitigen. Insbesondere muss er seine vorgenommene Beurteilung der Fehlerrisiken sowie Art, Umfang und Zeitpunkt der damit zusammenhängenden Prüfungshandlungen überdenken.

Auftretende Abweichungen müssen (**zwingend**) vom Prüfer ausgewertet werden, selbst dann, wenn sie **unterhalb der Nichtaufgriffsgrenze** im Sinne von IDW PS 250 liegen (vgl. IDW Prüfungsstandard: Wesentlichkeit im Rahmen der Abschlussprüfung (IDW PS 250) (Stand: 12.12.2012)). Für Abweichungen sind zwei Gründe denkbar:

1. Einerseits könnte es sich um einen Fehler innerhalb der Rechnungslegung des geprüften Unternehmens handeln.
2. Andererseits könnte sich die Antwort des Dritten als falsch herausstellen. Bisweilen handelt es sich dabei allerdings lediglich um zeitliche Buchungsdifferenzen oder aber um Bewertungsunterschiede.

Alternative Prüfungshandlungen müssen übrigens bei jeder Nichtbeantwortung durchgeführt werden (IDW PS 302 n.F., Tz. 16).

Ein klassischer Anwendungsfall für die Einholung von Bestätigungen Dritter sind **Saldenbestätigungen betreffend Forderungen und Verbindlichkeiten aus Lieferungen und Leistungen**.

> **Vortragszeit: 4/6 Minuten**

III. Besondere Anwendungsfälle

Über den Umfang der Geschäftsbeziehungen des geprüften Unternehmens mit Kreditinstituten sind im Rahmen der Abschlussprüfung **Bankbestätigungen** einzuholen. Die zu erfragenden Informationen beinhalten insbesondere bestehende Konten und deren Stand am Abschlussstichtag, bestehende Kreditlinien, gestellte

Sicherheiten, Gewährleitungen, Geschäfte über Finanzderivate und Unterschriftsberechtigungen (IDW PS 302 n.F., Tz. 21).

Von der Einholung von Bankbestätigungen darf der Abschlussprüfer nur in wenigen und eng abgegrenzten Fällen absehen. Ein solcher **Ausnahmefall** liegt beispielsweise vor, wenn die Einholung von Bankbestätigungen aufgrund einer hohen Anzahl von Kreditinstituten, mit denen das geprüfte Unternehmen Geschäftsbeziehungen unterhält, die ausschließlich dem Zahlungsverkehr dienen, mit Blick auf die dadurch erzielbare und zu erzielende Prüfungssicherheit unpraktikabel und unwirtschaftlich ist (IDW PS 302 n.F., Tz. 23).

Deuten Hinweise der gesetzlichen Vertreter oder eigens durchgeführte Prüfungshandlungen des Abschlussprüfers darauf hin, dass **wesentliche Rechtsstreitigkeiten anhängig** sind, so muss der Abschlussprüfer auch mit den Rechtsberatern des Unternehmens kommunizieren. Dieses geschieht im Wege einer von den gesetzlichen Vertretern erstellten und durch den Abschlussprüfer versandten Anfrage. Im Regelfall wird der Prüfer eine Antwort in Form einer **Rechtsanwaltsbestätigung** erhalten. Wenn dieses nicht der Fall ist – oder die gesetzlichen Vertreter die Einholung einer solchen Bestätigung verweigern – und der Prüfer keine ausreichenden und angemessenen Prüfungsnachweise aus anderen Prüfungshandlungen erlangen kann, muss er sein Prüfungsurteil – den **Grundsätzen ordnungsmäßiger Erteilung von Bestätigungsvermerken** entsprechend (vgl. IDW Prüfungsstandard: Grundsätze für die ordnungsmäßige Erteilung von Bestätigungsvermerken bei Abschlussprüfungen (IDW PS 400) (Stand: 28.11.2014)) – im Zweifel einschränken oder sogar versagen.

IDW PS 302 n.F. behandelt darüber hinaus auch Besonderheiten betreffend die **Bestätigung für von Dritten** (zum Beispiel in Konsignationslagern) **verwahrte Vorräte**. Derartige Bestätigungen sind einzuholen, falls diese für den Abschluss wesentlich sind und er nicht in der Lage ist, die Vorräte persönlich in Augenschein zu nehmen oder andere ausreichende und verlässliche Prüfungshandlungen – wie beispielsweise eine Inventurprüfung, Einsichtnahme in die Lagebuchführung und Dokumente – vornehmen zu können (IDW PS 302 n.F., Tz. 19).

> **Vortragszeit: 3/9 Minuten**

IV. Fazit

Durch die **verschärften Anforderungen** an die Einholung von Bestätigungen Dritter, insbesondere hinsichtlich der **Kontrolle des Abschlussprüfers über das Bestätigungsverfahren**, hat das Institut der Wirtschaftsprüfer mit seiner jüngsten Neufassung des Prüfungsstandards IDW PS 302 n.F. die Bedeutung derartiger Prüfungshandlungen für den Berufsstand erneut unterstrichen.

Dass diese Anforderungen in der Praxis durchaus ihre Berechtigung haben, hatte beispielsweise der Fall des italienischen Nahrungsmittelkonzerns „Parmalat" aus dem Jahr 2003 gezeigt. In dessen Konzernbilanz zum 31. Dezember 2002 waren u.a. Bankguthaben eines Tochterunternehmens in Höhe von beinahe 4 Milliarden € aktiviert worden. Zum Nachweis waren den Abschlussprüfern sogar über viele Jahre hinweg **gefälschte Bankbestätigungsschreiben** vorgelegt worden, die sich schließlich als nicht authentisch erwiesen haben (vgl. Peemöller/Hofmann, Bilanzskandale, Berlin 2005, 72).

Die Abschlussprüfung ist ihrem Wesen nach zwar nicht auf die gezielte Aufdeckung betrügerischer Handlungen auszurichten, allerdings muss der Abschlussprüfer bei Planung und Durchführung seiner Prüfung durchaus das Risiko berücksichtigen, dass interne Kontrollmaßnahmen auf Initiative des Managements selbst außer Kraft gesetzt worden sein könnten („**Management Override**"). In diesem Kontext leistet die Neufassung des Prüfungsstandards IDW PS 302 n.F. einen wichtigen Beitrag zur Erlangung möglichst verlässlicher Prüfungsnachweise im Falle der Einholung von Bestätigungen Dritter.

Vielen Dank für Ihre Aufmerksamkeit.

> **Vortragszeit: 1/10 Minuten**

Vortrag 45
Vergangenheits- und zukunftsbezogene Prüfung des Lageberichts bei Unternehmen in der Krise (Prüfungswesen)

Sehr geehrte/r Frau/Herr Vorsitzende/r, sehr geehrte Prüfungskommission,
aus den mir zur Auswahl gestellten Themen habe ich mich für die **„Vergangenheits- und zukunftsbezogene Prüfung des Lageberichts bei Unternehmen in der Krise"** entschieden. Meinen Vortrag gliedere ich wie folgt:

I.	Gesetzliche Grundlagen und Standards
II.	Prüfung der Lageberichterstattung in der Krise
III.	Besondere Prüfungshandlungen
IV.	Fazit und Ausblick

Vortragszeit: 0,5 Minuten

I. Gesetzliche Grundlagen und Standards

Die Vertreter einer Kapitalgesellschaft, die nicht klein im Sinne von § 267 HGB ist, haben – neben dem Jahresabschluss – gemäß § 264 Abs. 1 Satz 1 HGB auch einen **Lagebericht** aufzustellen. Gleiches gilt für Mutterunternehmen im Hinblick auf den **Konzernlagebericht** (§ 290 Abs. 1 Satz 1 HGB). Der Inhalt des Lageberichts richtet sich nach den Vorschriften § 289 HGB (für den Einzelabschluss) bzw. § 315 HGB (für den Konzernabschluss). Die gesetzlichen Anforderungen an den Konzernlagebericht werden durch den **Deutschen Rechnungslegungs Standard DRS 20 „Konzernlagebericht"** konkretisiert. Soweit DRS 20 die Auslegung allgemeiner gesetzlicher Grundlagen behandelt ist dieses auch für den Lagebericht nach § 289 HGB bedeutsam, auf dem der Fokus dieses Vortrags liegt.

Der Abschlussprüfer hat nach § 317 Abs. 2 Satz 1 HGB zu prüfen, ob der Lagebericht mit dem Jahresabschluss – das heißt im Wesentlichen vergangenheitsorientiert – und mit den bei der Prüfung gewonnenen Erkenntnissen im Einklang steht und ob der Lagebericht insgesamt ein zutreffendes Bild von der Lage des Unternehmens vermittelt. Dabei hat der Abschlussprüfer auch zu prüfen, ob die Chancen und Risiken der zukünftigen Entwicklung zutreffend dargestellt sind. **Weitere Prüfungspflichten** ergeben sich zudem aus den §§ 321 und 322 HGB.

Im **Prüfungsbericht** muss der Abschlussprüfer gemäß § 321 Abs. 1 Satz 2 HGB vorweg zur Beurteilung der Lage des Unternehmens durch die gesetzlichen Vertreter Stellung nehmen. Dabei hat er – soweit die geprüften Unterlagen dieses erlauben – insbesondere auf die Beurteilung des Fortbestands und der künftigen Entwicklung des Unternehmens einzugehen.

Im Hauptteil des Prüfungsberichts muss der Abschlussprüfer feststellen, ob der Lagebericht den gesetzlichen Vorschriften und den ergänzenden Bestimmungen des Gesellschaftsvertrags bzw. der Satzung entspricht (§ 321 Abs. 2 Satz 1 HGB).

Sofern der Lagebericht nach der Beurteilung des Abschlussprüfers in Einklang mit dem Jahresabschluss steht und insgesamt ein zutreffendes Bild von der Lage des Unternehmens vermittelt und die Chancen und Risiken der zukünftigen Entwicklung zutreffend darstellt, bringt der Abschlussprüfer dieses mit dem insoweit **uneingeschränkten Bestätigungsvermerk** zum Ausdruck (§ 322 Abs. 3 HGB). Sind Einwendungen gegen den Lagebericht zu erheben, so ist das Prüfungsurteil insoweit einzuschränken. Beispielsweise kann der Lagebericht entgegen der gesetzlichen Verpflichtung nicht aufgestellt worden sein oder wesentliche Pflichtangaben vermissen lassen.

Zur Prüfung des Lageberichts hat der Hauptfachausschuss des Instituts der Wirtschaftsprüfer hat mit **IDW PS 350** einen Berufsstandard veröffentlicht (IDW Prüfungsstandard: Prüfung des Lageberichts (IDW PS 350); (Stand: 09.09.2009)).

Vortragszeit: 1,5/2 Minuten

II. Prüfung der Lageberichterstattung in der Krise

Zu Beginn der Prüfung muss der Abschlussprüfer im Rahmen seiner **Prüfungsplanung** eine vorläufige **Beurteilung der Lage des Unternehmens** vornehmen, um Prüfungsrisiken identifizieren, Schwerpunkte festsetzen und geeignete Prüfungshandlungen – auch für die Prüfung der Angaben innerhalb des Lageberichts – bestimmen zu können (vgl. IDW PS 350, Tz. 15). Besonders kritisch sind die prognostischen und wertenden Angaben im Lagebericht in der „Krise" des Unternehmens zu prüfen. Ohne Frage ist dies der Fall, wenn es fragwürdig ist, ob weiterhin von der zutreffenden **Annahme der Unternehmensfortführung** (§ 252 Abs. 1 Nr. 2 HGB) ausgegangen werden kann. Gegebenenfalls ist der Eintritt von Zahlungsunfähigkeit und/oder Überschuldung anhand der vom IDW aufgestellten Grundsätze zu beurteilen (IDW Standard: Beurteilung des Vorliegens von Insolvenzeröffnungsgründen (IDW S 11); (Stand: 29.01.2015)). Nach der Rechtsprechung des Bundesgerichtshofs ist eine Krise regelmäßig bereits dann indiziert, wenn ein Unternehmen von Dritter Seite nicht mehr zu marktüblichen Bedingungen Kredit erhält (vgl. BGHZ 76, 326, 330).

Zur (vergangenheitsorientierten) **Prüfung des Geschäftsverlaufs** und der (stichtagsbezogenen) Lage des Unternehmens muss der Abschlussprüfer das Unternehmensumfeld und die innerbetriebliche Organisation und Entscheidungsfindung analysieren. In diesem Kontext hat er ferner das Geschäftsergebnis und die wesentlichen finanziellen Leistungsindikatoren zu analysieren, um eine Beurteilung des **Krisenstadiums** und der **Krisenursachen** treffen zu können (vgl. IDW PS 350, Tz. 18).

Erhöhte Aufmerksamkeit muss der Prüfer im Falle einer Krise – zukunftsgerichtet – der **kurz- und mittelfristigen Erfolgs- und Finanzplanung** widmen. Nicht zuletzt ist schließlich auch das Augenmerk von Abschlussadressaten wie (potenziellen) Kreditgebern hierauf in besonderem Maße zu richten.

Da in Studien eine **Zunahme an Manipulationshandlungen** betreffend des Jahresabschlusses und des Lageberichts von Unternehmen in der Krise nachgewiesen worden ist, gewinnt die kritische Grundhaltung des Abschlussprüfers hier auch hinsichtlich der Beurteilung der Lageberichtangaben (Angaben zu Krisenursachen, zum Sanierungskonzept des Managements, zu geplanten oder bereits durchgeführten Restrukturierungsmaßnahmen und deren zukünftigen Auswirkungen auf das Unternehmen) besonders an Gewicht (vgl. Peemöller/Hofmann, Bilanzskandale, Berlin 2005, 142 ff.; Deckers/Hermann, Die kritische Grundhaltung des Abschlussprüfers (professional scepticism), DB 41/2013, 2315 ff.; Berndt/Jeker, Fraud Detection im Rahmen der Abschlussprüfung, BB 48/2007, 2615 ff.).

Die **Prüfungsstrategie des Abschlussprüfer**s wird bei Unternehmen in der Krise dem risikoorientierten Prüfungsansatz entsprechend insgesamt stärker auf prognostische Aussagen des Managements und deren Plausibilität und Widerspruchsfreiheit ausgerichtet sein. Demzufolge wird der Prüfer auch hinsichtlich des Lageberichts **besondere Prüfungshandlungen** durchführen, um schließlich sein Prüfungsurteil auf der Basis angemessener und ausreichender Nachweise mit hinreichender Sicherheit treffen zu können.

> **Vortragszeit: 3/5 Minuten**

III. Besondere Prüfungshandlungen

Vergangenheitsbezogen unterzieht der Prüfer den **Wirtschaftsbericht der gesetzlichen Vertreter** nicht nur hinsichtlich des Verlaufs des vergangenen Geschäftsjahres und der aktuellen Vermögens-, Finanz- und Ertragslage des Unternehmens sowie der enthaltenen Angaben zu **finanziellen Leistungsindikatoren** (wie beispielsweise Cashflow, Eigenkapital- und Umsatzrentabilität, Working Capital, Liquiditäts- und Verschuldungsgrade, etc.), sondern – jedenfalls bei großen Kapitalgesellschaften gemäß § 267 Abs. 3 HGB – auch die **nicht-finanziellen Leistungsindikatoren** einer eingehenden Prüfung. Gerade in einer Krisensituation kann diesbezüglichen Angaben (wie beispielsweise zu einem Kundenzufriedenheitsindex, Fluktuationsraten, Ausgaben für Fertigung und Entwicklung, etc.) aus Abschlussadressatensicht ein hoher Stellenwert zukommen, indem diese beispielsweise Anhaltspunkte zur möglichen Wirksamkeit der von den gesetzlichen Vertretern bereits durchgeführten oder noch geplanten Sanierungsmaßnahmen bieten können.

Einen ungleich größeren Stellenwert gewinnen in der Krise aus Adressatensicht jedoch zukunftsbezogene Angaben im **Prognosebericht**. Denn hinsichtlich der voraussichtlichen Entwicklung mit ihren wesentlichen Chancen und Risiken sowie der ihnen zugrunde liegende Annahmen sind Angaben der gesetzlichen Vertreter regelmäßig stark von Prognosen, wertenden Angaben, geschätzten Werten und Annahmen des Managements geprägt, die besonders infolge des in der Krise häufig überproportional gestiegenen Drucks auf das Management durchaus auch einseitig ausfallen können.

Der Abschlussprüfer ist zwar nicht für die Vorhersage zukünftiger Bedingungen, Geschäftsvorfälle oder Ereignisse verantwortlich, jedoch muss er die Angemessenheit der organisatorischen Vorkehrungen des Managements zur Ermittlung von **geschätzten Werten** einer **Aufbauprüfung des unternehmensinternen Planungssystems** und im weiteren Prüfungsverlauf dessen Wirksamkeit einer Funktionsprüfung unterziehen (vgl. IDW Prüfungsstandard: Die Prüfung von geschätzten Werten in der Rechnungslegung einschließlich von Zeitwerten (IDW PS 314 n.F.); (Stand: 09.09.2009; Tz. 26). Der entsprechend anzuwendende Prüfungsstandard IDW PS 314 n.F. bezieht sich explizit auch auf die Prüfung geschätzter Werte im Lagebericht (vgl. IDW PS 314 n.F., Tz. 3). Auch hier ist zu prüfen, ob die – beispielsweise in der **integrierten Planungsrechnung** als Kernstück eines im Lagebericht beschriebenen **Sanierungskonzeptes** – enthaltenen Angaben zu den geschätzten Werten mit den angewandten Rechnungslegungsgrundsätzen im Einklang stehen und nicht irreführend sind (vgl. IDW PS 314 n.F., Tz. 73 f.). Ferner müssen die zugrunde liegenden Annahmen den Kriterien Relevanz, Zuverlässigkeit, Neutralität, Verständlichkeit und Vollständigkeit genügen und eine vertretbare und hinreichende Grundlage für die Bewertung bilden (vgl. IDW PS 314 n.F., Tz. 40 f.).

Prognostische und wertende Angaben hat der Abschlussprüfer auf der Grundlage der Jahresabschlussangaben hinsichtlich ihrer Plausibilität und Übereinstimmung mit seinen bei der Prüfung gewonnenen Erkenntnissen – ebenfalls auf der Basis einer Aufbau- und Funktionsprüfung des unternehmensinternen Planungssystems – zu beurteilen (vgl. IDW PS 350, Tz. 22 f.). Bei wertenden Annahmen ist außerdem zu prüfen, ob nicht durch Wortwahl und Form der Darstellung – unter Umständen auch vorsätzlich – ein aus Adressatensicht irreführendes Bild der tatsächlich erwarteten Verhältnisse vermittelt wird (vgl. IDW PS 350, Tz. 26).

Bezogen auf den **Nachtragsbericht** (§ 289 Abs. 2 HGB) muss der Abschlussprüfer besondere Prüfungshandlungen vornehmen, um **Vorgänge von besonderer Bedeutung nach dem Abschlussstichtag** (in der Krisensituation können dies beispielsweise Kündigung von Krediten, Stellung eines Insolvenzantrags – häufig durch einen Träger der Sozialversicherung –, Abgabe einer Rangrücktrittserklärung, ergriffene weitere finanzielle oder organisatorische Sanierungsmaßnahmen sein) beurteilen zu können. Diesbezüglich sieht das Bilanzrichtlinie-Umsetzungsgesetz (BilRUG) künftig eine Änderung vor.

Abschließend hat der Abschlussprüfer von den gesetzlichen Vertretern eine **schriftliche Erklärung** einzuholen, die sich auch auf den Lagebericht und die erforderlichen Angaben zu Vorgängen von besonderer Bedeutung nach dem Abschlussstichtag erstrecken muss (IDW PS 350, Tz. 28). Des Weiteren muss diese – bezogen auf bedeutende Annahmen bei Schätzwerten – eine Aussage dazu enthalten muss, ob diese Annahmen vertretbar sind und ob die gesetzlichen Vertreter die Möglichkeit und die Absicht haben, entsprechende (Sanierungs-)Handlungen auch tatsächlich durchzuführen (vgl. IDW PS 314 n.F., Tz. 77).

> **Vortragszeit: 4/9 Minuten**

IV. Fazit und Ausblick

Deutlich geworden ist, dass der Prüfung der vergangenheits- und insbesondere der zukunftsgerichteten Angaben im Lagebericht – in Erfüllung seiner Ergänzungsfunktion – in der Unternehmenskrise ein hoher Stellenwert zukommt. Gleichzeitig steigt in der Krise aber auch das Risiko falscher Angaben im Jahresabschluss sowie im Lagebericht, denn der Druck auf die gesetzlichen Vertreter steigt in einer solchen Ausnahmesituation häufig überproportional an. Besonders zukunftsgerichtete Angaben (z.B. im Chancen- und Risikobericht) enthalten aufgrund der ihnen zugrunde liegenden (subjektiven) Annahmen und prognostischer Elemente unweigerlich größere Unschärfen als vergangenheitsbezogene Angaben, für die sich in der Regel verlässlichere Prüfungsnachweise einholen lassen. Um auch diesbezüglich sein Prüfungsurteil mit hinreichender Sicherheit treffen zu können, gewinnt die kritische Grundhaltung des Abschlussprüfers in der Krise daher besonders an Bedeutung.

Das IDW bietet dem Abschlussprüfer mit den Prüfungsstandards 350 und 314 n.F. umfassende Hilfestellung bei der prüferischen Herangehensweise – auch in der Unternehmenskrise.

Das BilRUG entlastet den Lagebericht künftig übrigens durch Streichung des Abs. 2 Nr. 1 in § 289 HGB dergestalt, dass Angaben zu Vorgängen von besonderer Bedeutung, die nach Schluss des Geschäftsjahres eingetreten sind (sog. **„Prüfung des Lageberichts bei Unternehmen in der Krise: Nachtragsbericht"**), im Anhang abzubilden sind. Für den Arbeitsaufwand des Abschlussprüfers insgesamt bedeutet das freilich kaum einen wesentlichen Unterschied.

Vielen Dank für Ihre Aufmerksamkeit.

> **Vortragszeit: 1/10 Minuten**

Vortrag 46
Ausstellung einer Bescheinigung nach § 270b InsO (Prüfungswesen)

Sehr geehrte/r Frau/Herr Vorsitzende/r, sehr geehrte Prüfungskommission,
aus den mir zur Auswahl gestellten Themen habe ich mich für das Thema „**Ausstellung einer Bescheinigung nach § 270b InsO**" entschieden. Meinen Vortrag gliedere ich wie folgt:

I.	Gesetzliche Grundlagen
II.	Anforderungen an den Gutachter
III.	Auftragsgegenstand
IV.	Berichterstattung
V.	Fazit und Ausblick

> **Vortragszeit: 0,5 Minuten**

I. Gesetzliche Grundlagen

Mit dem **Gesetz zur weiteren Erleichterung der Sanierung von Unternehmen (ESUG)**, das im Jahr 2012 in Kraft getreten ist, wollte der Gesetzgeber sanierungsfähigen Unternehmen die Möglichkeit geben, die angestrebte Sanierung mit den Instrumenten des Insolvenzrechts zu begünstigen. Das ESUG sieht hierzu im Wesentlichen einen stärkeren Einfluss der Gläubiger auf die Auswahl des Insolvenzverwalters, die Aufwertung des Insolvenzplanverfahrens sowie die Vereinfachung des Zugangs zur Eigenverwaltung vor. Nach § 270b Abs. 1 InsO bestimmt das Insolvenzgericht auf Antrag des Schuldners eine Frist von höchstens drei Monaten zur **Vorlage eines Insolvenzplans**, wenn der Schuldner den Eröffnungsantrag aufgrund drohender Zahlungsunfähigkeit (§ 18 InsO) oder Überschuldung (§ 19 InsO) gestellt hat (sog. **Schutzschirmverfahren**).

Dem Antrag ist eine begründete Bescheinigung eines in Insolvenzsachen erfahrenen Wirtschaftsprüfers, Steuerberaters, Rechtsanwalts oder einer Person mit vergleichbarer Qualifikation beizufügen, aus der sich ergibt, dass **drohende Zahlungsunfähigkeit** oder Überschuldung, aber **keine Zahlungsunfähigkeit** (§ 17 InsO) vorliegt und die angestrebte Sanierung nach Einschätzung dieses Gutachters nicht offensichtlich aussichtslos ist.

Das IDW hat mit seinem **Standard Bescheinigung nach § 270b InsO (IDW S 9)** seine Berufsauffassung darüber dargelegt, welche Anforderungen an den beauftragten Gutachter, an die durchzuführenden Tätigkeiten und an den Inhalt der Bescheinigung zu stellen sind (vgl. IDW Standard: Bescheinigung nach § 270b InsO (IDW S 9); (Stand: 18.08.2014)).

> **Vortragszeit: 1,5/2 Minuten**

II. Anforderungen an den Gutachter

Darüber hinaus muss der Gutachter vor einer Auftragsannahme feststellen, ob er die gesetzlichen Voraussetzungen erfüllt. Zunächst einmal muss es sich bei dem Gutachter um einen **Angehörigen der in dem Gesetzestext erwähnten Berufsgruppen** (Wirtschaftsprüfer, Steuerberater, Rechtsanwälte oder Personen mit vergleichbarer Qualifikation) handeln. Hervorzuheben ist insbesondere, dass er über Erfahrung in Insolvenzsachen verfügen muss. Gute theoretische Kenntnisse allein – wie sie durch das Ablegen eines der genannten Berufsexamina nachgewiesen werden können – sind somit nicht ausreichend, vielmehr muss der Gutachter auch vertiefte praktische Erfahrung in der Bearbeitung der zu testierenden Fragestellungen vorweisen können. Verlangt wird eine mehrjährige Tätigkeit als Insolvenzverwalter, als Sanierungsberater oder Ersteller von bzw. Gutachter für Sanierungskonzepten einschließlich der Beurteilung des Vorliegens von Insolvenzeröffnungsgründen.

Der Aussteller der Bescheinigung nach § 270b InsO darf außerdem mit dem vorläufigen Sachwalter oder einer dem vorläufigen Sachwalter nahestehenden Person **nicht identisch** sein.

> **Vortragszeit: 1/3 Minuten**

III. Auftragsgegenstand

Die Beauftragung hat die gutachterliche Würdigung der Fragen zum Gegenstand, ob drohende Zahlungsunfähigkeit oder Überschuldung, aber noch keine Zahlungsunfähigkeit vorliegt und die angestrebte Sanierung nicht offensichtlich aussichtslos ist.

Zahlungsunfähig ist ein Schuldner dann, wenn er nicht in der Lage ist, seine fälligen Zahlungsverpflichtungen zu erfüllen (§ 17 Abs. 2 InsO). Davon abzugrenzen ist das Vorliegen einer bloßen **Zahlungsstockung**, also der vorübergehenden Unfähigkeit, seine fälligen Verpflichtungen vollständig zu begleichen. Nach der Rechtsprechung des Bundesgerichtshofs ist von einer Zahlungsunfähigkeit regelmäßig dann auszugehen, wenn die bestehende Liquiditätslücke am Ende des für ihre Beseitigung zugebilligten Dreiwochenzeitraums 10 % oder mehr der fälligen Gesamtverbindlichkeiten beträgt, es sei denn, es ist mit an Sicherheit grenzender Wahrscheinlichkeit zu erwarten, dass die Lücke demnächst vollständig oder fast vollständig geschlossen sein wird und den Gläubigern nach den Umständen des Einzelfalls ein Zuwarten zumutbar ist. Ist die Liquiditätslücke hingegen geringer, so ist zunächst von einer Zahlungsstockung auszugehen. Da eine dauerhafte Unterdeckung im Interesse des Gläubigerschutzes bedenklich ist, liegt selbst bei einer geringen Unterdeckung – sofern sie länger als drei Monate (in Ausnahmefällen sechs Monate) nicht geschlossen werden kann – Zahlungsunfähigkeit vor.

Zahlungsunfähigkeit droht hingegen dann, wenn nach der Finanzplanung absehbar ist, dass die vorhandenen liquiden Mittel nicht mehr zur Erfüllung der fällig werdenden Zahlungsverpflichtungen ausreichen werden und dieser Umstand auch nicht mehr durch anderweitige Dispositionen und Finanzierungsmaßnahmen ausgeglichen werden kann. In diesem Fall kann der Schuldner einen **Insolvenzantrag nach § 18 InsO** stellen.

Ein **Überschuldung im Sinne von § 19 Abs. 2 InsO** liegt vor, wenn das Vermögen des Schuldners die bestehenden Verbindlichkeiten nicht mehr deckt, es sei denn, die Fortführung des Unternehmens ist den Umständen nach überwiegend wahrscheinlich. Die Prüfung der Überschuldung erfolgt zweistufig: Auf der ersten Stufe sind die Überlebenschancen des Unternehmens im Rahmen einer **Fortbestehensprognose** zu beurteilen. Fällt diese positiv aus, ist eine Überschuldungsprüfung im engeren Sinne nicht erforderlich. Für den Fall einer **negativen Fortbestehensprognose** sind auf der zweiten Stufe das Vermögen und die Schulden des Unternehmens und zwar zu Liquidationswerten in einem stichtagsbezogenen Status gegenüberzustellen. Deckt das Vermögen die Verbindlichkeiten nicht mehr ab, so liegt insolvenzrechtlich Überschuldung vor.

Der Planungszeitraum für die **insolvenzrechtliche Fortbestehensprognose** umfasst regelmäßig das laufende und das folgende Geschäftsjahr. Weitere Details zur Technik der Beurteilung von Zahlungsunfähigkeit und Überschuldung ergeben sich aus dem IDW Standard S 11 (vgl. IDW Standard: Beurteilung des Vorliegens von Insolvenzeröffnungsgründen (IDW S 11); (Stand: 29.01.2015)).

Das **Schutzschirmverfahren** soll nach dem Willen des Gesetzgebers jedenfalls dann ausgeschlossen sein, wenn die **Sanierung offensichtlich aussichtslos** ist. Dieses ist immer dann der Fall, wenn trotz Sanierungsbemühungen eindeutig negative Erfolgsaussichten bestehen. Es müssen wenigstens im Rahmen eines **Grobkonzepts** grundsätzliche Vorstellungen darüber vorhanden sein, wie die angestrebte Sanierung konzeptionell und finanziell erreicht werden kann. Dieses umfasst mindestens eine Analyse der Krisenursachen, die Darstellung der aktuellen wirtschaftlichen Situation, ein skizziertes Leitbild für die Zukunft sowie eine grobe Beschreibung der geplanten Sanierungsmaßnahmen samt ihrer finanziellen Auswirkungen.

Im Rahmen seiner Tätigkeit muss sich der Gutachter ein **Bild von der Geschäftstätigkeit** und zurückliegenden Entwicklung sowie der Krisenursachen des betreffenden Unternehmens verschaffen, indem er beispielsweise Einsicht in die letzten Jahresabschlüsse, ggf. vorhandene Prüfungsberichte sowie laufende Controllingunterlagen nimmt.

Die dem Grobkonzept zugrunde liegenden konkreten Annahmen müssen begründet werden. Sofern dem Gutachter das Grobkonzept vonseiten der gesetzlichen Vertreter oder deren Beratern vorgelegt wird, muss er es dahingehend würdigen, ob offensichtliche Bedenken gegen dessen Schlüssigkeit bestehen. Insbesondere dürfen dem Grobkonzept – gemessen an den zur Verfügung stehenden Ressourcen (sachlich, personell und finanziell) – keine offensichtlichen Hinderungsgründe entgegenstehen. Dabei muss sich der Gutachter auch einen Eindruck davon verschaffen, ob das voraussichtliche Verhalten der Gläubiger die angestrebte Sanierung offensichtlich aussichtslos erscheinen lässt. Denn das „**Schutzschirmverfahren**" dient dazu, zunächst einen Insolvenzplan zu entwickeln, der anschließend den Gläubigern vorzulegen ist.

Der Gutachter hat seine durchgeführte Arbeit im Zusammenhang mit der Bescheinigung nach § 270b InsO zu **dokumentieren** und eine **Vollständigkeitserklärung** zu seinen Unterlagen zu nehmen, die zum Ausstellungsdatum der Bescheinigung einzuholen und zu datieren ist. In der Vollständigkeitserklärung versichern die gesetzlichen Vertreter, dass sie die für die Erstellung der Fortbestehensprognose, des Überschuldungsstatus und des Grobkonzepts relevanten Informationen zur Verfügung gestellt haben und erklären des weiteren, dass keine Umstände der Unternehmensfortführung entgegenstehenden Umstände ersichtlich sind und keine Anzeichen dafür bekannt sind, welche die Sanierung im Rahmen eines Insolvenzplanverfahrens als offensichtlich aussichtslos erscheinen ließen.

> **Vortragszeit: 4,5/7,5 Minuten**

IV. Berichterstattung

Über seine Würdigungen und Feststellungen erstattet der Gutachter einen Bericht, der mit den Gründen für seine Einschätzung zu versehen ist.

Das Grobkonzept ist – als Bestandteil des Berichts – entweder innerhalb des Berichts selbst darzustellen oder diesem als Anlage beizufügen. Der Gutachter muss dem Bericht des Weiteren einen Nachweis über seine Qualifikation (z.B. aufgrund eigener Verwaltertätigkeit bei geeigneten Insolvenzverfahren, Erteilung von Bescheinigungen nach § 270b InsO, Erstellung von Sanierungskonzepten nach IDW S 6 oder gutachterlichen Stellungnahmen zum Vorliegen von Insolvenzgründen nach IDW S 11) beizufügen. Im Zweifel muss sich der Gutachter zuvor von seiner **Verschwiegenheitspflicht** befreien lassen.

Abschließend umfasst der Bericht eine zusammenfassende **Schlussbemerkung über die Frage der Insolvenzreife und die nicht offensichtliche Aussichtslosigkeit der Sanierung**. Insoweit trägt der Gutachter auch die Verantwortung für seine Würdigung der Insolvenzeröffnungsgründe und für seine Einschätzung der nicht offensichtlichen Aussichtslosigkeit der Sanierung.

> **Vortragszeit: 1,5/9 Minuten**

V. Fazit und Ausblick

Zwar handelt es sich bei der Ausstellung einer Bescheinigung nach § 270b InsO nicht um eine Tätigkeit, die alleine Wirtschaftsprüfern vorbehalten wäre. Nichtsdestotrotz legen die Insolvenzgerichte die Messlatte hinsichtlich der geforderten Qualifikation des Gutachters in der Praxis vergleichsweise hoch – zum Teil sogar höher, als vom Gesetz selbst gefordert – jedenfalls dann, wenn sie anstelle einer richterlichen Plausibilitätskontrolle (sei es mangels Sachkunde und/oder mangels Zeit) beschließen, neben dem Gutachter einen **weiteren** Sachverständigen damit zu beauftragen, die Bescheinigung des Gutachters zu überprüfen.

Nicht nur wird dadurch die Funktion der Bescheinigung nach § 270b InsO als solche infrage gestellt. Vielmehr ist zu konstatieren, dass eine Überprüfung der Bescheinigung ohnehin nur in formeller Hinsicht möglich ist. Dieses liegt in der Natur der Sache, denn in materieller Hinsicht kann der zwischenzeitliche Fortgang der Dinge dazu führen, dass der „Zweitgutachter" im Zeitpunkt seiner Überprüfung bereits zu einem anderen Ergebnis kommen kann, als der Gutachter zuvor (vgl. Braun, Das Gegenteil der (Rechtsanwendungs-)Kunst ist gut gemeint!, NZI 2013, Heft 1–2, VI f).

Die **Akzeptanz des sog. „Schutzschirmverfahrens"** hat in den vergangenen Jahren, seit dem Inkrafttreten des ESUG kontinuierlich zugenommen, jedenfalls wenn man die einschlägigen Statistiken hierüber beobachtet. Demzufolge ist auch ein zunehmender Bedarf an qualifizierten Gutachtern zu erwarten, die Bescheinigungen nach § 270b InsO auszustellen bereit und in der Lage sind.

Vielen Dank für Ihre Aufmerksamkeit.

> **Vortragszeit: 1/10 Minuten**

Vortrag 47
Erstellung von Sanierungskonzepten unter besonderer Berücksichtigung von Marktumfeld und Wettbewerbern (Prüfungswesen)

Sehr geehrte/r Frau/Herr Vorsitzende/r, sehr geehrte Prüfungskommission,
aus den mir zur Auswahl gestellten Themen habe ich mich für das Thema **„Erstellung von Sanierungskonzepten unter besonderer Berücksichtigung von Marktumfeld und Wettbewerbern"** entschieden. Meinen Vortrag gliedere ich wie folgt:

I.	Einleitung
II.	Branchenstrukturanalyse nach Porter und Konkurrenzanalyse
III.	Neuausrichtung der Unternehmensstrategie mithilfe von Portfolio-Techniken
IV.	Fazit

> **Vortragszeit: 0,5 Minuten**

I. Einleitung

Als mitunter komplexe Organisationen unterliegen Unternehmen – gleich welcher Rechtsform und Branche – in aller Regel einem steten Wandel. Damit geht auch das Risiko einher, in eine wirtschaftliche Krisensituation geraten zu können. Die Ursachen hierfür können vielfältiger Natur sein und lassen sich in **endogene** und **exogene Krisenursachen** unterscheiden. Interne Ursachen sind im Kern in der Regel **Managementfehler**, wenngleich sie zunächst an anderer Stelle, wie beispielsweise als (unbehobene) Organisationsmängel, Qualitätsmängel, Mangel an Ertragskraft oder Eigenkapital, etc. häufig zu spät erkannt werden. Die Unternehmensleitung trägt als Geschäftsführung (GmbH) oder Vorstand (Aktiengesellschaft) hierfür stets die **operative Gesamtverantwortung**.

Da sich Unternehmen naturgemäß in einer ständigen Interaktion mit ihrer Außenwelt bewegen, liegen Krisenursachen aber in aller Regel auch in äußeren Umständen. **Kürzere Produktlebenszyklen** als Folge sich immer schneller verändernder Verbrauchergewohnheiten sowie eine fortschreitende „Liberalisierung" der Volkswirtschaften (in diesem Kontext ist aktuell beispielsweise das Bestreben der Bundesregierung nach dem Abschluss des nicht zuletzt aufgrund seines intransparenten Zustandekommens viel kritisierten sog. „Transatlantischen Freihandelsabkommens" – TTIP – zu nennen, der für 2016 geplant ist), die zum einen die Abhängigkeit der Unternehmen untereinander, zum anderen aber auch den Wettbewerbsdruck erhöhen, gepaart mit einer zunehmend rasanten technologischen Entwicklung haben das Insolvenzrisiko – besonders vieler mittelständischer Unternehmen mit zum Teil generationenübergreifender Historie – spürbar erhöht (vgl. Goldstein/Hahne, Sanierungsmanagement mithilfe der Hausbank, in: Schmeisser/Bretz/Kessler/Krimphove (Hrsg.), Handbuch Krisen- und Insolvenzmanagement, Stuttgart 2007, 143).

In der **Finanzmarkt- und Bankenkrise** erhöhte sich dieses Risiko zuletzt überproportional (Stichwort: „**Kreditklemme**"). Darüber hinaus können bisweilen politische Entscheidungen erhebliche Auswirkungen auf die Entwicklung eines Unternehmens, eines Konzerns oder gar ganzer Branchen zeitigen, wie das Extrembeispiel des so nicht vorhersehbaren, weil völlig abrupten „Atomausstiegs" eindrucksvoll verdeutlicht, der das Oligopol der Betreiber von Kernkraftwerken in Deutschland insgesamt in nachhaltige wirtschaftliche Schwierigkeiten gebracht hat.

In Krisensituationen gehört es jedenfalls zu den **Sorgfaltspflichten von Vorständen und Geschäftsführern**, angemessene und wirksame Sanierungsmaßnahmen in Angriff zu nehmen (vgl. z.B. Sikora, Der GmbH-Geschäftsführer in der Unternehmenskrise, NWB 4/2007, 1171). Dabei muss berücksichtigt werden, dass der Handlungsspielraum des Managements in der Krise mit zunehmendem Zeitfortschritt in aller Regel abnimmt, weshalb stets Eile das Gebot der Stunde ist.

Der Fachausschuss Sanierung und Insolvenz des IDW hat **Anforderungen an die Erstellung von Sanierungskonzepten** in dem Berufsstandard S 6 zusammengefasst (vgl. IDW Standard: Anforderungen an die Erstellung von Sanierungskonzepten (IDW S 6); (Stand: 20.08.2012)). Darin werden – insbesondere vor dem Hintergrund der einschlägigen Rechtsprechung des Bundesgerichtshofs – die betriebswirtschaftlichen und rechtlichen Kernanforderungen an Sanierungskonzepte gestellt und umfassend beschrieben.

In seinem ersten Teil beinhaltet ein solches **Sanierungskonzept** neben den wesentlichen Unternehmensdaten, Aussagen betreffend die Analyse der Unternehmenslage, die Feststellung des Krisenstadiums (**Stakeholder- und Strategiekrise**, Produkt-/Absatzkrise, Erfolgs-, Liquiditätskrise und schließlich das Stadium der Insolvenzreife). Mit zunehmendem Krisenstadium sinkt der Handlungsspielraum des Managements. Auf der Basis einer **systematischen Lagebeurteilung** ist ein **Leitbild des sanierten Unternehmens** zu entwickeln und die hierfür notwendigen **Sanierungsmaßnahmen** sind zu beschreiben und ihre Auswirkungen sind innerhalb einer **integrierten Planungsrechnung** (Plan-Bilanzen, Plan-Gewinn- und Verlustrechnungen, Plan-Liquiditätsrechnungen) zu quantifizieren (vgl. IDW S 6, Tz. 2).

Befindet sich ein Unternehmen in einer **Strategiekrise** oder einem weiter fortgeschrittenen Krisenstadium, muss ein tragfähiges Sanierungskonzept zwangsläufig das Marktumfeld und den Wettbewerb in besonderer Weise berücksichtigen, wenn es der Überwindung der Krise dienlich sein soll. IDW S 6 fordert eine „stadiengerechte Bewältigung" der Unternehmenskrise (vgl. IDW S 6, Tz. 100 ff.). Hierzu sind umfassende Analysen vorzunehmen und anschließend eine Neuausrichtung der Geschäftsstrategie zu entwickeln und umzusetzen.

> **Vortragszeit: 3/3,5 Minuten**

II. Branchenstrukturanalyse nach Porter und Konkurrenzanalyse

Um angesichts einer überkommenen Unternehmensstrategie eine gebotene Neuausrichtung derselben vornehmen zu können, bedarf es **vorher** umfassender **Analysen der Chancen und Risiken des Markt- und Wettbewerbsumfeldes.** Hierfür existiert gleich eine Vielzahl unterschiedlicher Methoden (vgl. Coenenberg, Strategisches Controlling, Stuttgart 2007, 54 ff.). Ein bekanntes Beispiel zur **Analyse des Wettbewerbsumfeldes** sind die sog. „**five forces**" von Porter.

Porter unterscheidet zwischen fünf Kräften, welche die **Wettbewerbsintensität** innerhalb einer Branche beeinflussen:

1. Es kann eine „**Bedrohung" durch neue Konkurrenten** entstehen. Denn dadurch entstehen höhere Kapazitäten, die ceteris paribus geringere Preise sowie eine geringe Rentabilität innerhalb der Branche zur

Folge haben. Markteintrittsbarrieren, beispielsweise aufgrund von „economies of scale", Produktdifferenzierung oder staatlicher Politik, den Grad der Wahrscheinlichkeit des Eintritts dieser „Bedrohung".

2. Die **Verhandlungsstärke der Abnehmer** sowie

3. Diejenige der Lieferanten beeinflusst die Rentabilität innerhalb der Branche, beispielsweise durch den jeweiligen Konzentrationsgrad (ein Beispiel für einen hohen Konzentrationsgrad der Abnehmer bildet in Deutschland der Lebensmitteleinzelhandel).

4. **Substitutionsprodukte** lassen die Rentabilität sinken (beispielsweise lässt sich Kernenergie durch erneuerbare Energie ersetzen).

5. Der **Grad der Rivalität der existierenden Wettbewerber** ist in der Lage, die Branchenrentabilität (negativ) zu beeinflussen (Beispiel: Verstärkter Preiskampf aufgrund homogener Produkte bei den sog. „Billigfliegern"); (vgl. Coenenberg, 59 ff.).

In Abhängigkeit von der Zugehörigkeit des untersuchten Unternehmens zu einer strategischen Gruppe (beispielsweise Spezialist oder Generalist) wirken sich die fünf Kräfte unterschiedlich auf dessen Entwicklung aus.

Wird die **Branchenstrukturanalyse** um eine **Konkurrenzanalyse** – zum Beispiel unter Nutzung von Branchen- und Wirtschaftsdiensten, Veröffentlichungen von Verbänden und Kammern, Firmen und Presseberichten – erweitert, kann auf der Basis der so gewonnenen Erkenntnisse eine fundierte **Neuausrichtung der Unternehmensstrategie zur Überwindung einer Strategiekrise** entwickelt werden (ebenda, 63 f.).

> **Vortragszeit: 1,5/5 Minuten**

III. Neuausrichtung der Unternehmensstrategie mithilfe von Portfolio-Techniken

Ursprüngliches Anwendungsgebiet der Portfolio-Technik ist die Finanzwirtschaft. Während es dort um eine optimale Mischung (hinsichtlich des Zielkonflikts eingegangener Risiken und einer gewissen Renditeerwartung) eines **Wertpapier-Portfolios** geht, wird das Streben nach Ausgewogenheit auf die strategische Unternehmensplanung übertragen. In einem Unternehmen konkurrieren in der Regel verschiedene unternehmerische Handlungsfelder stets um lediglich begrenzt vorhandene Ressourcen. Um einen möglichst **nachhaltigen Mix an Produkt-Markt-Bereichen** verfolgen zu können, sollen sich Investitions- und Desinvestitionsobjekte die Waage halten (**Ausgeglichenheitspostulat**).

Auch im Bereich der **Portfolio-Ansätze** existiert eine Vielzahl mehr oder minder unterschiedlicher Ausprägungsformen. Einen gewissen Bekanntheitsgrad haben – möglicherweise wegen ihrer Verbreitung in der Praxis – das sog. „**Marktanteils-Marktwachstums-Portfolio**" der Boston-Consulting-Group (BCG) sowie das „**Marktattraktivitäts-Wettbewerbsstärken-Portfolio**" (McKinsey) erreicht. In Abhängigkeit ihres relativen Marktanteils und ihres realen Marktwachstums werden beim BCG-Modell Produkte im Rahmen einer **Vierfeldermatrix** in **Star-Produkte** (Investition!) und **Poor-Dogs** (Auslaufmodelle, d.h. Desinvestition) sowie **Question-Marks** (Nachwuchsprodukte) und **Cash-Cows** (Milchkühe) eingeteilt. Erklärtes Ziel ist dabei die Sicherung eines hohen Marktanteils in Märkten mit hohen Wachstumsraten (ebenda, 192 f.).

Der Vorteil dieses **quantitativen Ein-Faktoren-Systems** kann allerdings gleichzeitig auch als dessen Nachteil ausgelegt werden: Die theoretisch überzeugende, jedoch lediglich simplifizierte Darstellung gerät in der Realität naturgemäß schnell an ihre Grenzen. Dass dieserart Techniken gleichwohl eingesetzt werden, hat u.E. einen einfachen Grund: Vorstände haben bei ihrer Geschäftsführung die Sorgfalt eines ordentlichen und gewissenhaften Geschäftsleiters anzuwenden (§ 93 Abs. 1 Satz 2 AktG). **Investitions- und Desinvestitionsentscheidungen** sind – wegen der damit verbundenen Prognoseungewissheit – stets risikobehaftet. Im Falle einer gerichtlichen Überprüfung derartiger Entscheidungen, die immer ex ante (d.h. mit vollständigen Informationen – unter Inkaufnahme des sog. „hindsight-bias-Problems"!) stattfindet, ist darzulegen, dass der Vorstand dabei vernünftigerweise annehmen durfte, auf der Grundlage angemessener Informationen zum Wohle der Gesellschaft zu handeln (**„Business-Judgement-Rule"**). Anstatt sich – zumal als erfahrener Manager – bei Entscheidungen unter Ungewissheit durchaus auf die eigene Intuition und Heuristiken zu verlassen (und dies entsprechend zu dokumentieren), dienen stattdessen vermeidlich treffsicherere Theoriemodelle (BCG, Mc-Kinsey, etc.) als Vorwand für eine „vernünftige" Entscheidung.

Dass dies durchaus ein Fehler ist, haben Psychologen, wie Gigerenzer (Max-Planck-Institut für Bildungs-forschung, Berlin) längst erkannt (vgl. Gigerenzer, Bauchentscheidungen – Die Intelligenz des Unbewussten und die Macht der Intuition, 10. Auflage, München 2008). Nur ist eben das Bauchgefühl – selbst eines gestandenen Managers – weniger gut dokumentierbar bzw. überprüfbar und damit auch justiziabel, als eine Entscheidung auf der Basis eines der zwar theoretisch überzeugenden, praktisch aber – bei Entscheidungen unter Restunsicherheiten – unterlegenen Modells.

Mit anderen Worten zählt bei der **Neuausrichtung einer Unternehmensstrategie** auch im Rahmen einer Unternehmenssanierung – zumindest dann, wenn sie möglichst erfolgreich sein soll – vor allem eines: Praktische Erfahrung.

> **Vortragszeit: 3,5/8,5 Minuten**

IV. Fazit

Es bleibt festzustellen, dass eine Sanierung stets ein anspruchsvolles und durch zahlreiche Unsicherheiten geprägtes Vorhaben darstellt. So gibt es durchaus spektakuläre Beispiele gescheiterter Sanierungsvorhaben, an denen selbst renommierte Beratungsgesellschaften beteiligt waren. Bislang ist jedoch kein sicher und schnell wirkendes „Patentrezept" bekannt geworden (vgl. Hess, Sanierungshandbuch, 4. Aufl., Köln, Kap. 3 Rz. 252). Obwohl die vom IDW formulierten **Anforderungen an die Erstellung von Sanierungskonzepten** aus Praktikersicht stellenweise etwas technokratisch formuliert sind, bieten sie eine wertvolle Orientie-rungsmöglichkeit für ein planvolles Vorgehen bei der Entwicklung eines umfassenden Sanierungskonzeptes. Deutlich geworden ist – am Beispiel Marktumfeld und Wettbewerb – auch, dass jeder Sanierungsfall seine individuelle und fachgerechte Lösung erfordert.

Da Unternehmenskrisen in aller Regel auf vielfältige Ursachen zurückzuführen sind, bedarf es einer mehr-dimensionalen Herangehensweise. Grundvoraussetzung einer erfolgreichen strategischen Neuausrichtung eines in die Krise geratenen Unternehmens ist jedenfalls die **sorgfältige Analyse des Marktumfeldes und seiner Wettbewerber**. Die methodischen Ansätze hierfür sind vielfältig. Eine Möglichkeit ist – wie darge-stellt – die Durchführung einer **Branchenstrukturanalyse nach Porter.** Die Neuausrichtung der Unterneh-mensstrategie lässt sich beispielsweise mithilfe der **Portfolio-Technik** bewältigen.

Ein weiterer Schlüsselfaktor einer erfolgreichen Sanierung ist zudem erfahrungsgemäß die Auswahl kom-petenter und erfahrener neuer Umsetzungsverantwortlicher (Geschäftsführer bzw. Vorstände oder gegebe-nenfalls Interimsmanager). Denn der Erfolg eines „Turnarounds" beruht letztlich auf **drei Säulen**:

1. dem **Sanierungskonzept**,
2. einem **erfahrenen Krisenmanagement** sowie
3. einer **konsequenten Umsetzung**

(vgl. Göttken/Schwandt, Mehrdimensionale Sanierung – Nutzen Sie die Krise zur nachhaltigen Sanierung Ihres (Non-Profit-)Unternehmens, Osnabrück 2009, 8).

Vielen Dank für Ihre Aufmerksamkeit.

> **Vortragszeit: 1,5/10 Minuten**

Vortrag 48
Prüfung von Compliance-Management-Systemen (Prüfungswesen)

Sehr geehrte/r Frau/Herr Vorsitzende/r, sehr geehrte Prüfungskommission,
aus den mir zur Auswahl gestellten Themen habe ich mich für das Thema „**Prüfung von Compliance-Mangement-Systemen**" entschieden. Meinen Vortrag gliedere ich wie folgt:

I.	Grundlagen
II.	Gegenstand, Ziel und Umfang der Prüfung
III.	Prüfungsanforderungen
IV.	Fazit und Ausblick

Vortragszeit: 0,5 Minuten

I. Grundlagen

Der Begriff **„Compliance"** stammt ursprünglich aus dem Bereich der Medizin und bedeutet konsequentes Befolgen der ärztlichen Ratschläge durch den Patienten (Therapietreue). Zunächst von der angloamerikanischen Rechtssprache adaptiert, umfasst der zwischenzeitlich auch in Deutschland gebräuchliche Terminus im engeren Sinne die **Einhaltung von gesetzlichen Bestimmungen, regulatorischen Standards** (z.B. DCGK – Deutscher Corporate Governanve Kodex) **und unternehmensinternen Richtlinien** (z.B. „Code of Conduct"). Insoweit vermittelt der Begriff den Eindruck, als handele es sich um eine „neudeutsche Bezeichnung altbekannter Selbstverständlichkeiten" (vgl. Poppe in: Inderst/Bannenberg/Poppe (Hrsg.), Compliance, 2. Auflage 2013, 1).

Compliance reicht allerdings insoweit darüber hinaus, als es eben nicht nur die **Legalitätspflicht des Vorstands** umfasst, sondern auch dessen **Legalitätskontrollpflicht**. Letztere ist nicht Bestandteil der Legalitätspflicht, sondern als **Organisationspflicht** Teil der allgemeinen **Sorgfaltspflicht** (§ 93 Abs. 1 Satz 1 AktG). In diesem weiteren Sinne umfasst Compliance daher die Gesamtheit der erforderlichen Maßnahmen zur Verhinderung von Verstößen gegen Gesetze, Richtlinien und Standards durch das Unternehmen, dessen Organmitglieder und Mitarbeiter. Hierfür existiert allerdings keine einzelne Rechtsgrundlage sondern ein ganzes „Zusammenspiel von Normen". In ihrer Gesamtheit bilden die darin enthaltenen Pflichten das Anforderungsprofil an eine unternehmensindividuell einzurichtende **Compliance-Organisation** (vgl. Bunting, Konzernweite Compliance – Pflicht oder Kür?, ZIP 32/2012, 1542 ff.); (neudeutsch: Compliance Management System, kurz CMS).

Die Bedeutung der **Einrichtung, Aufrechterhaltung und Überwachung eines angemessenen und wirksamen CMS** aus der Sicht des Vorstands lässt sich an dem Beispiel des Korruptionsfalls bei Siemens erkennen: Das LG München hat in seinem Urteil deutlich gemacht, dass Compliance-Verstöße zivilrechtlich durchaus streng geahndet werden können (vgl. LG München I, Urteil vom 10.12.2013, 5 HK O 1387/10).

Im Rahmen seiner **Überwachungspflicht** kann der Vorstand eine freiwillig durchgeführte **betriebswirtschaftliche Systemprüfung** in Auftrag geben, auf deren Grundlage sich eine Beurteilung über die in der CMS-Beschreibung enthaltenen Aussagen zur Einrichtung, Angemessenheit und Wirksamkeit des CMS abgeben lässt. Es handelt sich dabei zwar nicht um eine Vorbehaltsaufgabe von Berufsträgern. Gleichwohl hat das IDW mit seinem Prüfungsstandard 980 die Berufsauffassung dargelegt, nach der Wirtschaftsprüfer unbeschadet ihrer Eigenverantwortlichkeit eine solche Prüfung durchführen (vgl. IDW Prüfungsstandard: Grundsätze ordnungsmäßiger Prüfung von Compliance Management Systemen (IDW PS 980)).

Vortragszeit: 2/2,5 Minuten

II. Gegenstand, Ziel und Umfang der Prüfung

Verantwortung für das CMS und für seine Beschreibung tragen die gesetzlichen Vertreter. **Prüfungsgegenstand** sind die einzelnen, in einer CMS-Beschreibung enthaltenen Aussagen.

Die Prüfung wird nach IDW PS 980 in drei mögliche Ausprägungsarten unterschieden. Im Rahmen einer **Konzeptionsprüfung** trifft der Prüfer mit hinreichender Sicherheit eine Aussage darüber, ob die konzeptionellen Aussagen innerhalb der CMS-Beschreibung in allen wesentlichen Belangen angemessen dargestellt worden sind. Das Ziel der **Angemessenheitsprüfung** greift weiter: Angemessen ist ein CMS dann, wenn es geeignet ist, mit hinreichender Sicherheit rechtzeitig Risiken für wesentliche Verstöße zu erkennen aber auch Regelverstöße zu verhindern. Dieses setzt natürlich voraus, dass die Grundsätze und Maßnahmen zu einem bestimmten Zeitpunkt in die Geschäftsprozesse des Unternehmens tatsächlich eingebunden waren. Hierüber hat der Prüfer eine Beurteilung abzugeben.

Da weder die Konzeptions- noch die Angemessenheitsprüfung eine Aussage über die Wirksamkeit des CMS ermöglichen, richten sie sich zuvorderst an die verantwortlichen Organe, um die Implementierung eines CMS mit unabhängiger externer Expertise zu begleiten.

Ziel der **Wirksamkeitsprüfung** ist es, durch Einholung ausreichender und angemessener Prüfungsnachweise zu beurteilen, ob und inwieweit das eingerichtete und beschriebene CMS in allen wesentlichen Belangen angemessen dargestellt und während eines bestimmten Zeitraums wirksam war. Dies ist insbesondere dann der Fall, wenn die Grundsätze und Maßnahmen von den davon betroffenen Personen ihrer individuellen Verantwortung entsprechend zur Kenntnis genommen und auch beachtet wurden.

Im Zweifel vermag die CMS-Prüfung nur in ihrer letztgenannten Ausprägungsart (**Wirksamkeitsprüfung**) einen Beitrag für den Nachweis zu leisten, dass das Management gegebenenfalls seiner Leitungsverantwortung gerecht geworden ist („Exculpationsgedanke").

> **Vortragszeit: 2/4,5 Minuten**

III. Prüfungsanforderungen

Der Prüfer hat bei einer CMS-Prüfung nach IDW PS 980 sowohl die **allgemeinen Berufspflichten** Unabhängigkeit, Verschwiegenheit, Eigenverantwortlichkeit und Gewissenhaftigkeit aber auch die **Besonderen Berufspflichten** nach den §§ 20 ff. BS WP/vBP zu beachten. Die Auftragsbedingungen hat der Prüfer mit seinem Auftraggeber schriftlich zu vereinbaren.

Vor der Auftragsannahme muss der Prüfer die **Auftragsrisiken** beurteilen und feststellen, ob die für die Durchführung des Auftrags notwendigen (in der Regel **rechtliche!**) Fachkenntnisse vorliegen oder im Zweifel nötigenfalls (in der Regel **anwaltliche!**) Spezialisten verfügbar sind. Um letzteres beurteilen zu können, muss er sich Informationen über die Ausgestaltung des CMS sowie dessen Dokumentation beschaffen. Insgesamt ist die Prüfung so zu planen, dass ihre ordnungsgemäße Durchführung in sachlicher, personeller und zeitlicher Hinsicht sichergestellt ist. Um sein Prüfungsurteil mit hinreichender Sicherheit abgeben zu können, muss der Prüfer durch Planung und Durchführung seiner Prüfungshandlungen das Prüfungsrisiko unter Berücksichtigung einer nach pflichtgemäßem Ermessen zu bestimmenden Wesentlichkeit entsprechend reduzieren. Die geplanten Prüfungshandlungen werden in einem Prüfungsprogramm zusammengefasst.

Gleich jeder Systemprüfung beinhaltet die CMS-Prüfung eine Aufbauprüfung und eine Funktionsprüfung. Im Rahmen der **Aufbauprüfung** muss der Prüfer beurteilen, ob die vonseiten der gesetzlichen Vertreter dokumentierten Grundsätze und Maßnahmen (Konzeption) so ausgestaltet und eingerichtet waren (Angemessenheit), dass sie geeignet sind, mit hinreichender Sicherheit wesentliche Regelverstöße und Risiken für wesentliche Regelverstöße zu verhindern.

Das IDW weist darauf hin, dass ein angemessenes CMS folgende Grundelemente enthält, die zueinander in Wechselwirkung stehen und in die betrieblichen Abläufe eingebunden sind: Durch seine eigene Grundeinstellung und sein eigenes Verhalten prägen gesetzliche Vertreter und Mitglieder des Aufsichtsorgans maßgeblich („tone at the top") die **Compliance-Kultur** innerhalb des Unternehmens, also das gemeinsame Verständnis für die notwendige Akzeptanz und Bereitschaft zur Regelkonformität. Unter Berücksichtigung von **Compliance-Zielen** (beispielsweise Geldwäscheprävention) werden unternehmensinterne **Compliance-Risiken** (im genannten Beispiel: Entgegennahme größerer Bargeldbeträge) festgestellt, aus denen sich Verstöße gegen einzuhaltende Regeln (hier: Geldwäschegesetz) ergeben können.

In einem systematischen Verfahren werden hierzu Risiken identifiziert, berichtet und hinsichtlich ihrer Eintrittswahrscheinlichkeit und Folgen analysiert. Im Zuge der Entwicklung eines **Compliance-Programms** werden auf dieser Basis Grundsätze und Maßnahmen eingeführt, die auf die Vermeidung von Compliance-Verstößen ausgerichtet sind. Das Compliance-Programm ist vonseiten des Managements in die Aufbau- und Ablauforganisation des Unternehmens einzubinden (**Compliance-Organisation**). Dabei müssen insbesondere Aufgaben und Verantwortlichkeiten klar geregelt und sauber voneinander abgegrenzt werden.

Im Rahmen einer **Compliance-Kommunikation** müssen die betroffenen Mitarbeiter über das entwickelte Maßnahmeprogramm aber auch dessen organisatorische Verankerung bis hin zu den festgelegten Aufgaben und Verantwortlichkeiten informiert werden. Des Weiteren ist das Berichtswesen an die zuständigen Stellen (Compliance-Officer, gesetzlicher Vertreter, Aufsichtsorgan) festzulegen.

Der **Legalitätskontrollpflicht** entsprechend bedarf es schließlich einer Überwachung der Angemessenheit und Wirksamkeit des CMS. Dieses setzt eine ausreichende Dokumentation (= Soll-Objekt) voraus. Im Rahmen der **Compliance-Überwachung** kann auch eine **Prüfung nach IDW PS 980** beauftragt werden. Die gesetzlichen Vertreter tragen die Verantwortung für die Umsetzung, für die Beseitigung von Mängeln aber auch für die laufende Optimierung des CMS.

Die Beurteilung, ob und inwieweit das System innerhalb des Prüfungszeitraums wirksam war, erfolgt im Rahmen der **Funktionsprüfung**. Als Prüfungshandlungen kommen hier die Befragung von Mitarbeitern, die Durchsicht von Nachweisen, die Beobachtung der in der Dokumentation dargestellten Maßnahmen, das Nachvollziehen von Kontrollaktivitäten sowie die Einsichtnahme in Berichte der Internen Revision in Betracht.

Zum Abschluss der Prüfungstätigkeit wird eine **Vollständigkeitserklärung** eingeholt, in der die gesetzlichen Vertreter versichern, dass die CMS-Beschreibung vollständig und richtig ist und dem Prüfer sämtliche erforderlichen Nachweise zu Konzeption, Angemessenheit, Implementierung und Wirksamkeit erteilt worden sind.

In Abhängigkeit von dem beauftragten Prüfungsumfang enthält der schriftliche **Prüfungsbericht** ein Urteil über die Aussagen innerhalb der CMS-Beschreibung hinsichtlich Konzeption, Angemessenheit und Wirksamkeit. Über festgestellte wesentliche Schwächen des CMS muss der Prüfer gegebenenfalls dem Aufsichtsorgan gegenüber berichten. Zur Stützung seines Urteils hat der Prüfer die zugrunde liegenden Prüfungsnachweise in seinen Arbeitspapieren festzuhalten. Die CMS-Beschreibung der gesetzlichen Vertreter ist dem Bericht als Anlage beizufügen.

Da es sich nicht um eine berufliche Vorbehaltsaufgabe handelt, besteht bei der Erstattung des Prüfungsberichts keine Verpflichtung zur Führung des Berufssiegels.

> **Vortragszeit: 4,5/9 Minuten**

IV. Fazit und Ausblick

Die Einrichtung eines CMS gehört zu den Pflichtaufgaben von Vorstand und Geschäftsführung. Dieses ist allgemein anerkannt und wird von den Gerichten in einschlägigen Entscheidungen inzwischen auch genauso umgesetzt (LG München I, Urteil vom 10.12.2013). Ein wirksames CMS schützt die Leitungsorgane vor der Inanspruchnahme auf Schadenersatz und/oder der Abberufung als Leitungsorgan und führt zur Entlastung im Rahmen von Haupt- und/oder Gesellschafterversammlung, aber auch in Straf- und Ordnungswidrigkeitenverfahren. Durch Beauftragung einer CMS-Prüfung kann nicht nur die Legalitätskontrollpflicht der gesetzlichen Vertreter dokumentiert werden. Vielmehr kann ein **durch einen Sachverständigen geprüftes CMS** unter bestimmten Voraussetzungen durchaus haftungsvermeidende Wirkung entfalten. Verfolgt ein gesetzlicher Vertreter mit der Beauftragung einer CMS-Prüfung in erster Linie das zuletzt genannte Ziel, wird er möglicherweise als Prüfer eine Anwaltskanzlei gegenüber einem Wirtschaftsprüfer bevorzugen.

Unabhängig von der Frage, ob es sich bei einer CMS-Prüfung um eine genuine Aufgabe von Juristen oder eher um eine betriebswirtschaftliche Analyse der Organisationsstruktur (oder beides?!) handelt, kommt einer CMS-Prüfung – nicht erst seit der Debatte um den **Entwurf eines Gesetzes zur Einführung der strafrechtlichen Verantwortlichkeit von Unternehmen und sonstigen Verbänden (VerbStrG)** des nordrhein-westfälischen Justizministers – in der Praxis zwischenzeitlich eine wahrnehmbare Bedeutung zu.

Vielen Dank für Ihre Aufmerksamkeit.

> **Vortragszeit: 1/10 Minuten**

Vortrag 49
Das Shareholder-Value-Prinzip – Bedeutung und Kritik (Prüfungswesen)

Sehr geehrte/r Frau/Herr Vorsitzende/r, sehr geehrte Prüfungskommission,
aus den mir zur Auswahl gestellten Themen habe ich mich für das Thema „**Das Shareholder-Value-Prinzip – Bedeutung und Kritik**" entschieden. Meinen Vortrag gliedere ich wie folgt:

I.	Grundlagen und Bedeutung
II.	Berechnung des Shareholder-Value
III.	Kritik am Shareholder-Value-Ansatz
IV.	Fazit

Vortragszeit: 0,5 Minuten

I. Grundlagen und Bedeutung

Die Diskussion um den sog. „**Sharehoder-Value-Ansatz**" wurde zu Beginn der 80er Jahre des 20. Jahrhunderts von Finanzwissenschaftsprofessoren amerikanischer Business Schools (wie Fruhan, Rappaport) angeregt (Rappaport: Creating Shareholder Value, 1986; in deutscher Übersetzung Shareholder Value, 2. Aufl. 1999. Vorher schon Fruhan: Financial Strategy-Studies in the creation, transfer and destruction of shareholder value, 1979). Nachdem diese Diskussion in den Vereinigten Staaten eine regelrechte „**Shareholder-Value-Welle**" ausgelöst hatte, hat nicht zuletzt ein angesichts des erheblichen Kapitalbedarfs globalisierter Großunternehmen verstärkter Wettbewerb auf den internationalen Kapitalmärkten dazu geführt, dass insbesondere institutionelle Anleger (wie beispielsweise Versicherungen, Banken und Hedgefonds) weltweit den Druck auf das Management börsennotierter Unternehmen erheblich dahingehend erhöht haben, ihre Entscheidungen strikt am Ziel der Steigerung des Marktwertes des Eigenkapitals (**Shareholder-Value**) auszurichten (vgl. Labbe, Der Einfluss des Kapitalmarkts auf die Strategieentwicklung börsennotierter Unternehmen, DB 2005, 2089). Wegweisend hatte hierzulande zunächst die Siemens AG das Modell übernommen (vgl. Groh, Shareholder Value und Aktienrecht, DB 2000, 2153).

Im Kern verlangt dieser Ansatz vom Management also eine Unternehmensführung, die den Wert des Unternehmens für die Aktionäre maximiert, mit anderen Worten also die **Rendite der Eigentümer** zur zentralen Zielgröße als Maßstab der Unternehmensführung erhebt.

Den Maximen des **Shareholder-Value-Managementkonzeptes** entsprechend, soll das Management zum einen nur in solche Projekte oder Geschäftsfelder investieren, die einen **risikoadäquaten Mindesterfolg** versprechen, da nur in diesen Bereichen ein Beitrag zur Steigerung des Unternehmenswertes zu erwarten ist. Weniger rentierliche Geschäftsfelder sind dementsprechend zu verkaufen oder zu zerschlagen. Zum anderen sind frei verfügbare Mittel – für die gegenwärtig keine lukrative Investitionsmöglichkeit im Sinne der Mindestrendite besteht –, an die Anteilseigner auszuschütten (vgl. Lorson, Shareholder-Value-Ansätze, DB 1999, 1329).

Die genannten Maximen sollen – nach Auffassung der Protagonisten des Shareholder-Value-Konzeptes – möglichst tief im betrieblichen Handeln verankert werden, indem einerseits ein am Shareholder-Value orientiertes **Managementinformations- und Berichtssystem** einzuführen und andererseits zumindest der Vorstand an der Entwicklung des Unternehmenswertes finanziell zu beteiligen ist. Die **unternehmenswertorientierte Entlohnung** soll dabei der Überwindung sog. „**Principal-Agent-Konflikte**" dienen.

Der deutsche Gesetzgeber hatte zu diesem Zweck im Jahre 1998 mit dem **Gesetz zur Kontrolle und Transparenz im Unternehmensbereich (KonTraG)** gerade erst Instrumente für eine am Shareholder-Value orientierte Unternehmensführung bereitgestellt: Beispielsweise sollte das Management unter Durchführung einer bedingten Kapitalerhöhung (bei fehlendem Bezugsrecht der Aktionäre) durch die Gewährung von

Bezugsrechten (**„Stock options"**) im Rahmen eines Aktienoptionsprogramms zu einer an der langfristigen Steigerung des „Shareholder-Value" orientierten Unternehmensstrategie motiviert werden können (§ 186 Abs. 2 Nr. 3 AktG). Hierbei kommt in der Praxis einer möglichst sorgfältigen Formulierung der Erfolgsziele entscheidende Bedeutung zu, sollen ungerechtfertigte, weil nicht leistungsbezogene **„windfall profits"** der Organmitglieder infolge allgemeiner Kurssteigerungen während einer „Hausse" vermieden werden.

Beim **Shareholder-Value-Ansatz** handelt es sich jedenfalls im Kern keineswegs um ein grundsätzlich neues Prinzip. Vielmehr wurden dadurch Erkenntnisse aus der Kapitalmarkttheorie, der Unternehmensbewertung, dem strategischen und dem operativen Controlling miteinander verknüpft (vgl. Baum/Coenenberg/Günther, Strategisches Controlling, 4. Aufl., Stuttgart 2007, 273). Der „Shareholder-Value" entspricht dem Marktwert des Eigenkapitals und wird als **DCF-Unternehmenswert** oder – bei börsennotierten Unternehmen – als **Börsenkapitalisierung** ermittelt (vgl. Volkart, Corporate Finance, 5. Aufl., Zürich 2011, 45).

> **Vortragszeit: 3,5/4 Minuten**

II. Berechnung des Shareholder-Value

Zur **Berechnung des Shareholder**-Value sind in der Praxis vielfältige Variationen entwickelt worden (vgl. Lorson, a.a.O., 1329 ff.). Das **Grundprinzip** lässt sich jedoch anhand des Gesamtkapitalansatzes wie folgt verdeutlichen: Zunächst werden für die einzelnen Geschäftseinheiten eines Unternehmens – im Idealfall auf der Basis einer integrierten Unternehmensplanung – differenzierte Geschäftspläne (bestehend aus den Elementen Plan-GuV, Planbilanz und Plan-Kapitalflussrechnung) für einen Planungshorizont von fünf bis zehn Jahren ermittelt. Der Planungshorizont erstreckt sich in der Regel über eine drei- bis fünfjährige **Detailplanungsphase** sowie einer anschließenden **Globalplanungsphase.**

Der einzelne Wert einer Geschäftseinheit ergibt sich als **Barwert der Free Cash Flows**, d.h. der Cash Flows abzüglich Investitionen in das Anlagevermögen und in das Netto-Umlaufvermögen, unter Diskontierung mit einem **risikoangepassten Gesamtkapitalkostensatz** über den individuellen Detailplanungszeitraum von drei bis fünf Jahren, zuzüglich eines Residualwertes.

Da die freien Cash Flows unter der Annahme einer 100 %igen Eigenkapitalfinanzierung (vor Zinsen) berechnet werden, wird der Steuervorteil einer zunehmenden Fremdfinanzierung bis hierher vernachlässigt. Diese Vernachlässigung des Steuervorteils aus der Fremdfinanzierung (sog. **Tax Shield**) bei der Ermittlung der Free Cash Flows wird beseitigt, indem zur Diskontierung ein steuerangepasster Kapitalkostensatz verwendet wird.

Als **Diskontierungszinsfuß** werden bei diesem Ansatz die **durchschnittlichen Gesamtkapitalkosten** oder **Weighted Average Cost of Capital** (**WACC**) herangezogen. Dieser Mischzinsfuß repräsentiert die gewichteten Renditeforderungen von Eigen- und Fremdkapitalgebern (vgl. Seppelfricke, Aktien- und Unternehmensbewertung, 3. Aufl., Stuttgart 2007, 24).

Aus der Summe der Einzelwerte für die Geschäftseinheiten – korrigiert um etwaige Wertbeiträge von Zentralbereichen – ergibt sich der **Gesamtwert des Unternehmens**. Der Marktwert des Eigenkapitals (**Shareholder-Value**) ergibt sich anschließend als Differenz des Gesamtwertes des Unternehmens und des Marktwertes des verzinslichen Fremdkapitals.

Bei der Ermittlung des Unternehmenswertes kommen in der gegenwärtigen Praxis überwiegend das **Discounted-Cashflow-Verfahren** und das **Ertragswertverfahren** zur Anwendung. Die genannten Berechnungsverfahren sind zwar methodisch stringent, die damit erzielten Ergebnisse jedoch praktisch nicht unangreifbar: Grundlage der Bewertung bleibt schließlich stets eine Prognose von Cash Flows, die um Jahre in die Zukunft reicht (vgl. ebenda, 39 f.). Insoweit vermitteln die mathematisch exakten Ergebnisse bisweilen eine (Schein-)Genauigkeit, die sich ex ante – wenn überhaupt – nur sehr begrenzt (beispielsweise hinsichtlich der Plausibilität und Widerspruchsfreiheit der zugrunde liegenden Annahmen) überprüfen lässt.

> **Vortragszeit: 3/7 Minuten**

III. Kritik am Shareholder-Value-Ansatz

Der Shareholder-Value-Ansatz polarisiert – und das nicht erst seit dem Ausbruch der jüngsten Finanzmarktkrise: Bereits indem dieser Ansatz für die Eigentümer bzw. Anteilseigner ein **alleiniges** Interesse an der Verbesserung ihrer Einkommens- und Vermögensposition unterstellt, greift er nach Auffassung von Kritikern unter inhaltlichen Gesichtspunkten zu kurz.

Ganz abgesehen davon ist der hierzulande bestehende Rheinische Kapitalismus schon aufgrund seiner gesetzlich vorgeschriebenen Unternehmensverfassung (durch Betriebsräte und Aufsichtsräte) gegenüber dem angloamerikanischen Kapitalismus – jedenfalls in bestimmten Bereichen – stärker als jener (auch) von den **Stakeholder-Interessen** mitgeprägt. Während die Corporation im US-amerikanischen Aktienrecht von jeher als reine Veranstaltung der Gesellschafter verstanden wird, unterlag das jedenfalls seinem Ursprung nach ebenfalls „liberalere" deutsche Aktienrecht – zunächst in der Weimarer Republik und sodann im NS-Staat und schließlich selbst in der BRD – einem bis heute fortgesetzten Wandel (vgl. Groh, a.a.O., 2154 ff.). Nachdem der Gesetzgeber beispielsweise im Jahre 1998 mit dem Gesetz zur Kontrolle und Transparenz im Unternehmensbereich (KonTraG) gerade erst Instrumente für eine am Shareholder-Value orientierte Unternehmensführung bereitgestellt hatte, sah er sich als Reaktion auf die jüngste Finanzmarktkrise unter dem Druck der Öffentlichkeit dazu gezwungen, das eben erst liberalisierte aktienrechtliche Entlohnungssystem mit dem **Gesetz zur Angemessenheit der Vorstandsvergütung (VorstVG)** wieder enger zu regulieren und Vorstände wieder stärker in die Pflicht zu nehmen. So wurde damit beispielsweise die **Wartefrist für Aktienoptionen** von bisher zwei auf nun vier Jahre verlängert (§ 193 Abs. 2 AktG). Darüber hinaus soll der Aufsichtsrat beispielsweise bereits bei einer Verschlechterung der Lage und Unbilligkeit der Weitergewährung der Vergütung die Vergütung des Vorstands herabsetzen (§ 87 Abs. 2 Satz 1 AktG). Zu diesem Mittel konnte der Aufsichtsrat bisher erst bei einer wesentlichen Verschlechterung der Lage und schweren Unbilligkeit der Weitergewährung der Vergütung greifen.

Hinsichtlich der **Anwendung barwertorientierter Methoden** als solcher wird im Zusammenhang mit dem Shareholder-Value von Haeseler/Hörmann beispielsweise kritisiert, dass eine **verlässliche Schätzung zukünftiger Zahlungsströme** aufgrund der inneren Komplexität des sozialen Konstrukts Unternehmen, welches in laufender Interaktion mit einem ebenso ungewissen Umfeld steht, schlichtweg unmöglich ist (vgl. Haesler/Hörmann, Unternehmensbewertung auf dem Prüfstand, Wien 2008, 20).

Peemöller/Hofmann erkannten zu Beginn der Jahrtausendwende in der – durch die „Shareholder-Value-Orientierung" bedingte – verstärkte Abhängigkeit der Unternehmensleitungen von der Entwicklung der Börsenkurse sogar die eigentliche Ursache für die meisten, der ihrerseits untersuchten **Bilanzskandale** (vgl. Peemöller/Hofmann, Bilanzskandale, Berlin 2005, 153 f.).

> **Vortragszeit: 2/9 Minuten**

IV. Fazit

Da die Shareholder-Value-Diskussion im Wesentlichen auf die große Akzeptanz unter den institutionellen Anlegern zurückzuführen ist, die wiederum ganz erheblichen Einfluss an den internationalen Kapitalmärkten ausüben, richtet sich der Shareholder-Value-Ansatz zuvorderst an die dort auftretenden Akteure, namentlich auf Publikumsgesellschaften in der Rechtsform von Aktiengesellschaften. Bereits nach der Konzeption des Aktiengesetzes darf der **Shareholder-Value** zumindest als **Indikator für den Unternehmenserfolg** betrachtet werden.

Der Shareholder-Value entzieht sich u.E. – wie oben angedeutet – trotz vorhandener, mathematisch durchaus stringenter Berechnungsmethoden bereits seinem Wesen nach einer verlässlichen Berechnung. Denn nicht zuletzt sind die den geschätzten zukünftigen Free Cash Flows zugrunde liegenden Annahmen nur sehr begrenzt intersubjektiv nachvollziehbar.

Nach der Rechtsprechung des Bundesverfassungsgerichts und des Bundesgerichtshofes – und das ist auch ökonomisch unstreitig – markiert jedoch der **Börsenkurs** grundsätzlich den aktuellen Marktwert des Anteilseigentums, das die Aktie verkörpert (vgl. BVerfG vom 27.04.1999, ZIP 1999, 1436 – „DAT/Altana" und BGH vom 12.03.2001, ZIP 2001, 734).

Dieser Umstand lässt u.E. jedoch nicht darauf schließen, dass der Shareholder-Value nach dem Konzept des Aktiengesetzes zwangsläufig als alleinige Zielgröße unternehmerischen Handelns durch den Vorstand anzusehen ist.

Angesichts des Umstandes, dass sich – im Lichte der jüngsten weltweiten Finanzmarktkrise – zwischenzeitlich selbst Hauptprotagonisten des „Shareholder-Value-Ansatzes", wie beispielsweise der langjährige CEO von General Electric, Jack Welch, medienwirksam von diesem Gedanken distanziert haben, dürfte es inzwischen argumentativ schwerfallen, Vorstände und Geschäftsführer auch heute noch zu einer alleinigen Befolgung dieses Ansatzes anzuhalten (http://www.sueddeutsche.de/wirtschaft/shareholder-value-lehre-die-bloedeste-idee-der-welt-1.405826).

Vielen Dank für Ihre Aufmerksamkeit.

> **Vortragszeit: 1/10 Minuten**

Vortrag 50
Die Bedeutung der integrierten Unternehmensplanungsrechnung (Prüfungswesen)

Sehr geehrte/r Frau/Herr Vorsitzende/r, sehr geehrte Prüfungskommission,
aus den mir zur Auswahl gestellten Themen habe ich mich für das Thema „**Die Bedeutung der integrierten Unternehmensplanungsrechnung**" entschieden. Meinen Vortrag gliedere ich wie folgt:

I.	Planungsanlässe
II.	Gesetzliche Grundlagen und Berufsstandards
III.	Entwicklung eines integrierten Planungsmodells
IV.	Fazit

> **Vortragszeit: 0,5 Minuten**

I. Planungsanlässe

Unter **Planung** wird die gedankliche Vorwegnahme und aktive Gestaltung zukünftiger Ereignisse verstanden (Perridon/Steiner/Rathgeber, Finanzwirtschaft der Unternehmung, 15. Auflage, München 2009, 631). Im Rahmen einer integrierten Unternehmensplanung wird die **Plan-Finanzrechnung** (Liquiditätsplanung) in die regelmäßig vorhandenen Planungsinstrumente einbezogen und damit eine Verbindung zur **Erfolgs- und Vermögensplanung (Plan-Gewinn- und Verlustrechnung und Plan-Bilanz)** hergestellt. Hinsichtlich für die Zukunft prognostizierter Geschäftsvorfälle wird somit auch deren künftige Liquiditätswirkung berücksichtigt (vgl. Chmielewicz, Finanz- und Erfolgsplanung, Stuttgart 1972).

In Abhängigkeit von der jeweiligen Unternehmenssituation kann eine Unternehmensplanungsrechnung ganz unterschiedlichen Zwecken dienen: Bereits im Zuge einer **Existenzgründung** bildet ein integriertes Planungsmodell das „Herzstück" eines vollständigen und aussagekräftigen **Businessplans**. Nach erfolgreicher Gründung dient dem Unternehmer im Idealfall eine integrierte Planung als Soll-Objekt für den laufenden Soll-Ist-Vergleich mithin zu internen Steuerungszwecken im Rahmen seines **operativen Controllings**. Im Laufe der Zeit treten erfahrungsgemäß immer wieder Situationen ein, in denen eine **Kapitalbeschaffung** erforderlich ist. Dieser geht im Regelfall eine Prüfung der Kapitaldienstfähigkeit durch die jeweiligen Eigen- oder Fremdkapitalgeber voraus. Ohne das Vorhandensein belastbarer Planzahlen ist dieses jedoch kaum zuverlässig möglich. Daher ist eine **integrierte Unternehmensplanungsrechnung** auch typischer Bestandteil eines **Credit Ratings** (Wambach/Rödl, Rating, Frankfurt 2001, 150 f.).

Gerät ein Unternehmen in eine mehr oder minder schwere wirtschaftliche **Krisensituation**, die – aus den unterschiedlichsten Gründen – bis zum Stadium der Insolvenznähe reichen kann, ist von den Verantwortlichen (Geschäftsführung, Vorstand) zur Abwendung der Krise unter Berücksichtigung ihrer kaufmännischen Sorgfaltspflichten (§ 93 Abs. 1 AktG, § 43 Abs. 1 GmbHG) zeitnah ein tragfähiges **Sanierungskonzept** zu erstellen und umzusetzen. Kernbestandteil eines solchen Konzepts ist nach **IDW S 6 – Anforderungen an die Erstellung von Sanierungskonzepten** – ein integrierter Finanzplan (vgl. IDW S 6 – Anforderungen an die Erstellung von Sanierungskonzepten (Stand: 20.08.2012), Tz. 8).

Unabhängig von der Vielzahl denkbarer Bewertungsanlässe (Umwandlungen, Squeeze Out, Kauf oder Verkauf von Unternehmen oder Beteiligungen an Kapitalgesellschaften, Gesellschafterwechsel bei Personengesellschaften, usw.) hängt nicht zuletzt auch die Güte einer vorgenommenen **Unternehmensbewertung** – neben der Qualität der im Rahmen einer zuvor durchgeführten Unternehmensanalyse gewonnenen Erkenntnisse über vorhandene Stärken und Schwächen sowie der künftigen Potentiale und Risiken – von der Qualität der Zukunftsprognose ab. Erfolgsorientierte Bewertungsverfahren erfordern sowohl eine Prognose zukünftiger Cashflows als auch Bestandsgrößen, wie beispielsweise den Marktwert des Fremdkapitals für die Gewichtung der Kapitalkosten (vgl. Seppelfricke, Handbuch Aktien- und Unternehmensbewertung, 3. Auflage, Stuttgart 2007, 241 ff., 305). Im Regelfall wird daher eine integrierte Planung – bestehend aus **Plan-Gewinn- und Verlustrechnungen, Plan-Bilanzen** und **Plan-Kapitalflussrechnungen** – vorgenommen, denn der Wert eines Unternehmens ergibt sich nicht aus den Erfolgen der Vergangenheit sondern aus denen der Zukunft.

> **Vortragszeit: 2,5/3 Minuten**

II. Gesetzliche Grundlagen und Berufsstandards

So vielfältig geartet, wie die möglichen Planungsanlässe, sind auch deren Grundlagen innerhalb der Gesetze und Berufsstandards. Nach § 90 Abs. 1 Nr. 1 AktG hat der Vorstand einer Aktiengesellschaft dem Aufsichtsrat über die beabsichtigte Geschäftspolitik und andere grundsätzliche Fragen der **Unternehmensplanung** (insbesondere die Finanz-, Investitions- und Personalplanung) zu berichten, wobei auf Abweichungen der tatsächlichen Entwicklung von früher berichteten Zielen unter Angabe von Gründen einzugehen ist. Durch den Einsatz einer integrierten Unternehmensplanung lässt sich u.E. diesem Anspruch des Gesetzgebers vollumfänglich gerecht werden.

Aus handelsrechtlicher Sicht bildet § 252 Abs. 1 Nr. 2 HGB eine zentrale Vorschrift in diesem Kontext. Bei der Bewertung ist danach von der **Fortführung der Unternehmenstätigkeit** auszugehen, sofern dem nicht rechtliche oder tatsächliche Gegebenheiten entgegenstehen (sog. **Going-Concern-Prinzip**). Ob dieser grundlegenden Annahme nun tatsächliche (beispielsweise das Bestehen wirtschaftlicher Schwierigkeiten, wie sie etwa bei hälftigem Verlust des Kapitals offenkundig werden) oder rechtliche Gegebenheiten (Vorliegen eines Insolvenzgrundes) entgegenstehen, kann im Detail regelmäßig nur mithilfe einer integrierten Unternehmensplanung beurteilt werden. Aufschluss über die Vorgehensweise zur **Beurteilung des Vorliegens von Insolvenzeröffnungsgründen** bietet der **IDW Standard S 11** (IDW Standard: Beurteilung des Vorliegens von Insolvenzeröffnungsgründen (IDW S 11); (Stand: 29.01.2015)). Dieser Berufsstandard basiert übrigens im Wesentlichen auf Grundsätzen, die der Bundesgerichtshof in seiner Rechtsprechung zu dieser Frage aufgestellt hat. Der Standard unterscheidet – der Insolvenzordnung folgend – zwischen der **Beurteilung eingetretener Zahlungsunfähigkeit** (§ 17 InsO) als allgemeinem Eröffnungsgrund und der **Beurteilung des Vorliegens einer Überschuldung** (§ 19 InsO) als zusätzlichem Eröffnungsgrund für juristische Personen.

Die Beurteilung eingetretener Zahlungsunfähigkeit erfolgt im Wesentlichen anhand eines **Finanzstatus**, in dem die verfügbaren liquiden Mittel des Unternehmens dessen (sämtlichen) fälligen Verbindlichkeiten gegenübergestellt werden. Für den Fall, dass der Finanzstatus eine Liquiditätslücke ergibt, ist der Status um die erwarteten Ein- und Auszahlungen in einem ausreichend detaillierten Finanzplan auf Basis einer nach betriebswirtschaftlichen Grundsätzen durchzuführenden und ausreichend zu dokumentierenden Unternehmensplanung fortzuschreiben. Nicht nur kurzfristige Finanzpläne sind auf der Basis einer **integrierten**

Unternehmensplanung – bestehend aus einer **Erfolgs-, Vermögens- und Liquiditätsplanung** – von der dafür verantwortlichen Unternehmensleitung zu erstellen.

Im Zuge der **zweistufigen Überschuldungsprüfung** sind die Überlebenschancen auf der ersten Stufe mittels einer **Fortbestehensprognose** zu beurteilen. Dabei handelt es sich um das wertende Gesamturteil über die Lebensfähigkeit des Unternehmens in der vorhersehbaren Zukunft. Getroffen wird dieses Gesamturteil auf der Grundlage des Unternehmenskonzepts und des **von der integrierten Unternehmensplanung abgeleiteten Finanzplans** (IDW S 11, Tz. 53 und 58).

Im Bereich des Handelsrechts ist in diesem Kontext darüber hinaus § 289 HGB betreffend den **Lagebericht** relevant, der von mittelgroßen und großen Kapitalgesellschaften aufzustellen ist. In dem Lagebericht ist im Rahmen des sog. **Prognoseberichts** auch die voraussichtliche Entwicklung mit ihren wesentlichen Chancen und Risiken zu beurteilen und zu erläutern; zugrunde liegende Annahmen sind anzugeben (§ 289 Abs. 1 Satz 4 HGB). Das Unternehmen soll also unter Offenlegung der Prognoseprämissen darlegen, welchen Geschäftsverlauf es in der Zukunft erwartet.

Das Deutsche Rechnungslegungs Standard Committee (DRSC) hat im Jahr 2012 den neuen **DRS 20 (Konzernlagebericht)** verabschiedet. Obwohl primär für die Konzernrechnungslegung entwickelt, entfalten die DRS durchaus auch für den Einzelabschluss (und Lagebericht) insoweit Bedeutung, als mitunter auch Regelungen zu Fragen enthalten sind, die in gleicherweise sowohl Einzel- als auch Konzernabschlüsse berühren (vgl. Baetge/Kirsch/Thiele, Bilanzen, 10. Auflage Düsseldorf 2009, 49).

Da eine wesentliche Änderung des DRS 20 gegenüber den beiden Vorläufern DRS 15 und DRS 5 in der **Erhöhung der Prognosegenauigkeit** (bei gleichzeitiger Verkürzung des Prognosezeitraums auf ein Jahr) liegt und die berichteten Prognosen im Wirtschaftsbericht des Folgejahres mit der tatsächlichen Entwicklung zu vergleichen sind (DRS 20.57), wird u.E. hierdurch auch die Bedeutung der integrierten Unternehmensplanungsrechnung – zumindest implizit – erhöht.

> **Vortragszeit: 3,5/6,5 Minuten**

III. Entwicklung eines integrierten Planungsmodells

Unabhängig von der Zuordnung der Planungsprozesse zu den hierarchischen Ebenen innerhalb des Unternehmens („**Top-down-Planung**" oder „**Bottom-up-Planung**") bilden die längerfristige Unternehmensplanung und die gegenwärtige Unternehmenssituation ihren Ausgangspunkt. Da alle Ein- und Auszahlungen des Unternehmens aus Geschäftsvorfällen aus dessen realwirtschaftlichen Bereich resultieren, sind zunächst die jeweiligen Teilpläne (Absatz-, Produktions-, Einkaufs-, Investitions- und Personalplanung) zu generieren.

Hervorzuheben ist an dieser Stelle besonders die gegenseitige Abhängigkeit der betrieblichen Funktionsbereiche. In der Praxis werden diese Funktionsbereiche daher regelmäßig, gegebenenfalls auch Kunden und Lieferanten („**Supply-Chain-Management**-Gedanke"), mit dem Ziel eng in die Planung einbezogen, einen effizienten Ressourceneinsatz sicherzustellen und ein größtmögliches Maß an Planungssicherheit erreichen zu können. Die Teilpläne werden zweckmäßigerweise beginnend mit deren Engpassbereich generiert. Typischerweise ist dieses der Absatzbereich. Erst darauf folgen Produktions-, Einkaufs-, Investitions- und Personalplanung.

Aus den realwirtschaftlichen Plänen werden anschließend die erfolgswirtschaftlichen Konsequenzen, die in **der Plan-Gewinn- und Verlustrechnung** sowie der **Plan-Bilanz** abgebildet werden, ebenso abgeleitet, wie die finanzwirtschaftlichen Konsequenzen. Die **Finanzplanung** dient nicht zuletzt der Feststellung des erforderlichen Kapitalbedarfs sowie der Abstimmung des zu beschaffenden Kapitals nach Art, Umfang und Verfügungsdauer und zwar dergestalt, dass die Liquidität im Planungszeitraum jederzeit sichergestellt wird („**Treasury-Management**"); (vgl. Volkart, Corporate Finance, 5. Auflage, Zürich 2011, 1013 ff.).

Durch Anwendung anerkannter Planungsgrundsätze und -prinzipien wird eine robuste Planung sichergestellt: Die **Unternehmensplanung** muss vollständig sein, d.h. alle wesentlichen Geschäftsvorfälle müssen einbezogen werden. Darüber hinaus müssen die getroffenen Prämissen plausibel, die enthaltenen Angaben zutreffend und nicht nur rechnerisch richtig entwickelt, sondern im Verhältnis zu den vorhandenen Erkenntnissen auch widerspruchsfrei, also schlüssig und intersubjektiv nachvollziehbar sein. Diese **Mindestanforderungen** an **eine ordnungsmäßige Planung** hat der Bund Deutscher Unternehmensberater –

BDU in dem Leitfaden **Grundsätze ordnungsmäßiger Planung (GoP)** zusammengeführt. Im Wesentlichen werden die GoP auch vom Institut der Wirtschaftsprüfer in den beiden Standards IDW S 6 und IDW S 11 aufgegriffen (IDW S 6, Tz. 35 ff. und IDW S 11, Tz. 8 ff.).

Bei der **Erstellung einer integrierten Unternehmensplanung** ist dem Praktiker der Einsatz einer Software-Unterstützung unbedingt zu empfehlen. Auf diese Weise lassen sich verschiedene Szenarien (**worstcase, realcase, bestcase**) mit Eintrittswahrscheinlichkeiten zuverlässiger durchspielen. Für den Modulator einer integrierten Unternehmensplanungsrechnung bietet sich eine ganze Bandbreite möglicher Softwareunterstützung an, die von dem in der Praxis im Mittelstand häufig hierfür eingesetzten „Microsoft Excel" bis hin zu Produkten wie „SAP Financial Supply Chain Management" reichen. Anzumerken bleibt in diesem Zusammenhang jedoch, dass dem Anspruch nach der Verwendung möglichst exakter Daten durch die immanente Unsicherheit von Zukunftsinformationen stets Grenzen gesetzt bleiben werden.

Vortragszeit: 2,5/9 Minuten

IV. Fazit

Die vielseitige Bedeutung einer integrierten Unternehmensplanung beruht u.E. – neben der Erfüllung gesetzlicher Verpflichtungen – zuvorderst auf ihrem großen Nutzen für das Unternehmen selbst. So dient sie einer verantwortungsbewussten Unternehmensleitung als wesentliche Informationsquelle, im Idealfall nicht erst in der Unternehmenskrise sondern bereits als Standardrepertoire – zum Beispiel im Rahmen des **Treasury-Managements**.

Abschlussprüfer haben nicht nur nach § 317 Abs. 2 Satz 2 HGB auch zu prüfen, ob die Chancen und Risiken der künftigen Entwicklung im Lagebericht zutreffend dargestellt sind, sondern – im Rahmen der sog. **Vorwegberichterstattung** im Prüfungsbericht – auch über Tatsachen zu berichten, die den Bestand des Unternehmens (oder Konzerns) gefährden oder seine Entwicklung wesentlich beeinträchtigen können. Darüber hinaus haben sie nach § 322 Abs. 2 Satz 3 HGB im **Bestätigungsvermerk** auf Risiken gesondert hinzuweisen, die den Fortbestand des Unternehmens (oder eines Konzernunternehmens) gefährden. Von mindestens ebenso grundlegender Bedeutung ist in diesem Zusammenhang die Frage der Beurteilung einer zutreffenden Anwendung des **Going-Concern-Prinzips**.

Spätestens in Zweifelsfällen versetzt das Vorhandensein einer fundierten integrierten Unternehmensplanung die Unternehmensleitung ebenso wie den Abschlussprüfer in eine günstige Situation: Während die erstgenannte über ein wirksames Frühwarninstrument verfügt, kann der letztgenannte erst so zu einem substantiierten Prüfungsergebnis gelangen.

Vielen Dank für Ihre Aufmerksamkeit.

Vortragszeit: 1/10 Minuten

Vortrag 51
Zusammenwirken von handelsrechtlicher Fortführungsannahme und insolvenzrechtlicher Fortbestehensprognose (Prüfungswesen)

Sehr geehrte/r Frau/Herr Vorsitzende/r, sehr geehrte Prüfungskommission,
aus den mir zur Auswahl gestellten Themen habe ich mich für das Thema „**Zusammenwirken von handelsrechtlicher Fortführungsannahme und insolvenzrechtlicher Fortbestehensprognose**" entschieden. Meinen Vortrag gliedere ich wie folgt:

I.	Grundlagen
II.	Going-Concern-Annahme in der Unternehmenskrise

III.	Beurteilung des Vorliegens von Zahlungsunfähigkeit und Überschuldung
IV.	Fazit

Vortragszeit: 0,5 Minuten

I. Grundlagen

Nach § 252 Abs. 1 Nr. 2 HGB ist bei der **Bewertung der im Jahresabschluss ausgewiesenen Vermögensgegenstände und Schulden** von der **Fortführung der Unternehmenstätigkeit** auszugehen, sofern dem nicht rechtliche oder tatsächliche Gegebenheiten entgegenstehen (sog. **Going-Concern-Prämisse**).

Welche tatsächlichen oder rechtlichen Gegebenheiten der handelsrechtlichen Fortführungsannahme entgegenstehen können, wird vom Gesetzgeber im HGB nicht näher spezifiziert. Klar ist jedoch, dass die gesetzlichen Vertreter – als Adressaten der Norm – bei jeder Aufstellung des Jahresabschlusses über die Berechtigung der Annahme zu entscheiden haben.

Das IDW hat in **IDW PS 270** die Auffassung des Berufsstandes dargelegt, nach der Wirtschaftsprüfer unbeschadet ihrer Eigenverantwortlichkeit die Einschätzung der gesetzlichen Vertreter zur **Fortführungsannahme im Rahmen einer Abschlussprüfung** zu beurteilen.

Danach können die gesetzlichen Vertreter grundsätzlich von **Going-Concern** ausgehen, wenn das Unternehmen in der Vergangenheit nachhaltige Gewinne erzielt hat, leicht auf finanzielle Mittel zurückgreifen kann, keine bilanzielle Überschuldung droht und die Fortführung des Unternehmens weiterhin beabsichtigt ist (vgl. IDW Standard, Die Beurteilung der Fortführung der Unternehmenstätigkeit im Rahmen der Abschlussprüfung (IDW PS 270), Tz. 9); (**Sonnenscheinkriterien**).

Gemäß dieser Regelvermutung sind bei der Aufstellung des Jahresabschlusses sodann die allgemeinen Bewertungsvorschriften (§§ 252 bis 256a HGB) anzuwenden.

Das Gesetz enthält wiederum keine ausdrückliche Regelung über die Auswirkungen einer **Abkehr von der Going-Concern-Prämisse** auf den handelsrechtlichen Jahresabschluss. Hierzu hat der Hauptfachausschuss des Instituts der Wirtschaftsprüfer im Rahmen seiner entsprechenden Stellungnahme **IDW RS HFA 17** Position bezogen. Tendenziell hat eine Abkehr vom Going-Concern-Prinzip einen Übergang von den allgemeinen Bewertungsregeln hin zu den jeweiligen Einzelveräußerungswerten der Vermögensgegenstände und zur Abbildung von nur in der Unternehmensauflösung begründeten Schulden zur Folge.

Tatsächliche Gegebenheiten, die der Fortführungsannahme entgegenstehen, sind vorrangig wirtschaftliche Schwierigkeiten, wie Zahlungsunfähigkeit und hälftiger Kapitalverzehr. Selbst wenn diese Umstände noch nicht vollends eingetreten sind, kommen als Umstände, welche die Fortsetzung der Unternehmenstätigkeit als zweifelhaft erscheinen lassen, beispielsweise in Betracht: Die **Verhängung politischer Sanktionen gegen wichtige Exportländer** oder ein **plötzlicher Technologieausstieg**. Zu entgegenstehenden rechtlichen Gegebenheiten zählt insbesondere die Eröffnung eines Insolvenzverfahrens, jedenfalls dann, wenn der Unternehmensfortbestand – mangels Entwicklung eines tragfähigen Sanierungskonzeptes (vgl. IDW Standard: Anforderungen an die Erstellung von Sanierungskonzepten (IDW S 6)) – ernsthaft gefährdet ist.

Als **Bezugsperiode für die Going-Concern-Prognose** ist ein Zeitraum von mindestens zwölf Monaten, gerechnet von dem Abschlussstichtag des Geschäftsjahres an, zugrunde zu legen. Darüber hinaus dürfen bis zum Abschluss der Aufstellung des Jahresabschlusses keine fundierten Anhaltspunkte dafür vorliegen, dass die Fortführungsannahme zu einem nach dem Aufstellungszeitpunkt liegenden Zeitpunkt nicht mehr aufrecht erhalten werden kann. Im Zweifel verlängert sich der Prognosezeitraum.

Bei prüfungspflichtigen Unternehmen gehört die **Anwendbarkeit der Regelvermutung aus § 252 Abs. 1 Nr. 2 HGB** zum Prüfungsgegenstand. Der Abschlussprüfer hat die Angemessenheit der getroffenen Fortführungsannahme der gesetzlichen Vertreter im Rahmen seiner Prüfung hinsichtlich ihrer Plausibilität nachzuvollziehen und zu erwägen, ob bestehende wesentliche Unsicherheiten hinsichtlich der Fortführungsfähigkeit des Unternehmens in dessen Jahresabschluss und Lagebericht zum Ausdruck gebracht werden müssen (vgl. IDW PS 270, Tz. 13). Des Weiteren können sich Auswirkungen auf die Berichterstattung durch den Abschlussprüfer in Form des Prüfungsberichts (Stichwort: **Vorwegberichterstattung** nach § 321 Abs. 1

Satz 2 HGB) und/oder in Form des Bestätigungsvermerks (im Zweifel kann beispielsweise ein **Hinweis** nach § 322 Abs. 2 Satz 2 HGB erforderlich sein) ergeben.

> **Vortragszeit: 3/3,5 Minuten**

II. Going-Concern-Annahme in der Unternehmenskrise

Liegen die „Sonnenscheinkriterien" nicht vor und verfügt das Unternehmen nicht über ausreichend stille Reserven, haben die gesetzlichen Vertreter die Unternehmensfortführung anhand aktueller und hinreichend detaillierter Planungsunterlagen zu untersuchen. Diese beinhalten – soweit erforderlich – auch die Auswirkungen realisierbarer Sanierungsmaßnahmen auf die zukünftige Vermögens-, Finanz- und Ertragslage des Unternehmens.

Indikatoren, die Anlass zum Zweifel an der Fortführungsmöglichkeit geben können, können **finanzielle Umstände** (z.B. Verluste, kurzfristige Schulden übersteigen das Umlaufvermögen, ungünstige Schlüsselkennzahlen oder sogar der Bruch von Covenants), **betriebliche Umstände** (z.B. Verlust eines Hauptabsatzmarktes, Verlust von Schlüsselkunden/Schlüssellieferanten) oder **sonstige Umstände** (z.B. Verstöße gegen Kapitalerhaltungsvorschriften) sein (vgl. IDW PS 270, Tz. 11).

Selbst das Vorliegen der oben genannten „Sonnenscheinkriterien" entbindet die gesetzlichen Vertreter nicht von der Pflicht zur Planung (§ 90 AktG, § 289 Abs. 1 Satz 4 HGB, § 321 Abs. 1 Satz 3 HGB). So hat der BGH in seiner Rechtsprechung entschieden, dass sich die gesetzlichen Vertreter stets über die wirtschaftliche Lage der von ihnen vertretenen Gesellschaft vergewissern müssen, um Hinweise auf eine Insolvenzgefahr erkennen zu können (vgl. BGH, Urteil vom 14.05.2007, II ZR 48/06, Rn. 16). Dies folgt einerseits bereits aus der **Sorgfaltspflicht des ordentlichen und gewissenhaften Geschäftsleiters**. Andererseits droht den gesetzlichen Vertretern – jedenfalls im Falle einer verspäteten Stellung eines notwendigen Insolvenzantrags – Haftung und Strafe wegen **Insolvenzverschleppung** (§ 15a Abs. 4 InsO). Aus diesem Grund müssen sie im Zweifel in der Lage sein, den Nachweis dafür erbringen zu können, dass eine Insolvenzreife der Gesellschaft rechtzeitig festgestellt wurde.

Je konkreter die Indizien für eine nachteilige wirtschaftliche Entwicklung sind, desto detaillierter müssen die gesetzlichen Vertreter die Auswirkungen derartiger Umstände analysieren, im Rahmen ihrer Unternehmensplanung berücksichtigen und dieses dokumentieren.

In einem **fortgeschrittenen Krisenstadium** (insbesondere während einer Erfolgs- und/oder einer Liquiditätskrise (vgl. IDW S 6, Tz. 74 ff.)) ist daher sogar eine **insolvenzrechtliche Fortbestehensprognose** durch das dafür verantwortliche Management zu erstellen, um eine Aussage über das Vorliegen oder Nichtvorliegen der **Insolvenzreife** zu treffen. Zwingende Gründe für die Eröffnung des Insolvenzverfahrens sind **Zahlungsunfähigkeit** (§ 17 InsO) und – bei juristischen Personen auch – **Überschuldung** (§ 19 InsO).

Die insolvenzrechtliche Fortbestehensprognose wird im fortgeschrittenen Krisenstadium somit zum integralen Bestandteil der handelsrechtlichen Fortführungsannahme.

Das Institut der Wirtschaftsprüfer hat mit dem **IDW S 11**, der sich sowohl an die gesetzlichen Vertreter als auch an die Berufsträger richtet – unter Berücksichtigung der einschlägigen höchstrichterlichen Rechtsprechung des BGH –, **Anforderungen an die Beurteilung des Vorliegens von Insolvenzeröffnungsgründen** zusammengestellt.

> **Vortragszeit: 3/6,5 Minuten**

III. Beurteilung des Vorliegens von Zahlungsunfähigkeit und Überschuldung

Zunächst einmal müssen die für die **Beurteilung der Insolvenzreife** verwendeten Informationen vollständig, aktuell, verlässlich und schlüssig sein (vgl. IDW Standard: Beurteilung des Vorliegens von Insolvenzeröffnungsgründen (IDW S 11), Tz. 7). **Vergangenheitsorientierte Informationen** müssen zutreffend aus der Rechnungslegung übernommen worden und plausibel sein. Bei **zukunftsbezogenen Angaben** müssen die zugrunde liegenden Annahmen schlüssig sein. Sie müssen des Weiteren im Hinblick auf die sonst gewonnenen Erkenntnisse widerspruchsfrei sowie sachlich und rechnerisch richtig aus den Ausgangsdaten übernommen worden sein. Durch ein planvolles Vorgehen haben die Beurteilenden die erforderliche Vollständigkeit und Verlässlichkeit der wesentlichen Informationen sicherzustellen.

Der **Prognosezeitraum** erstreckt sich in diesem Kontext in der Regel über das laufende und das nächste Geschäftsjahr. Im Kern zielt die Fortbestehensprognose – im Wege einer Vorausschau über die Zahlungsfähigkeit des Unternehmens – auf dessen Finanzkraft ab.

Nach § 17 Abs. 2 Satz 1 InsO ist ein **Schuldner zahlungsunfähig**, wenn er nicht in der Lage ist, seine fälligen Zahlungsverpflichtungen zu erfüllen. Zahlungsunfähigkeit ist von der bloßen Zahlungsstockung, also einer vorübergehenden Unfähigkeit, die fälligen Verbindlichkeiten vollständig begleichen zu können, abzugrenzen (vgl. BGH, Urteil vom 24.05.2005, IX ZR 123/04). Wenn der Schuldner bereits seine Zahlungen eingestellt hat, ist nach § 17 Abs. 2 Satz 2 InsO in aller Regel Zahlungsunfähigkeit anzunehmen. Beweisanzeichen für das Vorliegen einer Zahlungseinstellung können beispielsweise die Nichtbegleichung von Sozialversicherungsbeiträgen oder Pfändungen und Vollstreckungen sein (vgl. IDW S 11, Tz. 19).

Um Zahlungsunfähigkeit von einer bloßen vorübergehenden Zahlungsstockung abgrenzen zu können, bedarf es der Aufstellung eines **stichtagsbezogenen Finanzstatus** sowie im Anschluss gegebenenfalls eines **zeitraumbezogenen Finanzplans**.

In dem Status werden alle gegenwärtig verfügbaren liquiden Finanzmittel des Unternehmens sowie dessen sämtliche fällige Verbindlichkeiten erfasst und gegenübergestellt. Zu den gegenwärtig verfügbaren Finanzmitteln gehören Barmittel, Bankguthaben, Schecks in der Kasse und nicht ausgeschöpfte und ungekündigte Kreditlinien. **Kurzfristig verfügbare Finanzmittel**, wie beispielsweise erwartete Zahlungszuflüsse aus Kundenforderungen, dürfen erst im Finanzplan berücksichtigt werden. Die Fälligkeit der Verbindlichkeiten bestimmt sich nach allgemeinen Grundsätzen: Bei Fehlen einer rechtsgeschäftlichen Vereinbarung liegt nach § 271 Abs. 1 BGB jedenfalls **sofortige Fälligkeit** vor.

Weist der Finanzstatus zur **Ermittlung der Stichtagsliquidität** aus, dass der Schuldner seine fälligen Zahlungsverpflichtungen erfüllen kann, so ist **keine Zahlungsunfähigkeit** gegeben. Zwar ist in diesem Fall eine Erstellung eines Finanzplanes nicht erforderlich, jedoch hat der Schuldner seine Liquiditätsentwicklung – insbesondere in der Krise – laufend (kritisch) zu beobachten. Ergibt sich aus dem Status des Schuldners eine Liquiditätslücke, so hat er die während des Prognosezeitraums erwarteten Ein- und Auszahlungen zusätzlich in einer **Liquiditätsplanung** zu berücksichtigen. Der erforderliche Detaillierungsgrad (quartals-, monats- oder wochenweise) wird durch die Größe der bestehenden Liquiditätslücke, die Länge des Prognosezeitraums sowie durch Besonderheiten des Einzelfalls (Branche, etc.) bestimmt (vgl. IDW S 11, Tz. 43). Zahlungsunfähigkeit liegt nach der Auffassung des BGH vor, wenn zu erwarten ist, dass eine nach drei Wochen verbleibende Liquiditätslücke von 10 % oder mehr nicht innerhalb „überschaubarer Zeit" geschlossen werden kann (vgl. BGH, Urteil vom 24.05.2005, IX ZR 123/04, Abschn. II. 4.b).

Überschuldung liegt nach § 19 Abs. 2 InsO vor, wenn das Vermögen des Schuldners die bestehenden Verbindlichkeiten nicht mehr deckt. Ihre Prüfung erfordert ein **zweistufiges Vorgehen**: Zuerst sind die Überlebenschancen des Unternehmens mittels einer **Fortbestehensprognose** zu beurteilen. Nur wenn diese negativ ausfällt, sind Vermögen und Schulden des Unternehmens auf der zweiten Stufe in einem **stichtagsbezogenen Status zu Liquidationswerten** gegenüberzustellen. Ergibt der Überschuldungsstatus ein negatives Reinvermögen, so liegt Überschuldung vor, die zur Stellung eines Insolvenzantrags verpflichtet.

Bei **negativer Fortbestehensprognose** und **positivem Reinvermögen** besteht zwar keine Insolvenzantragspflicht, aufgrund der drohenden Zahlungsunfähigkeit (§ 18 InsO) kann jedoch ein Eröffnungsantrag gestellt werden.

> **Vortragszeit: 3/9,5 Minuten**

IV. Fazit

Das Gesetz selbst enthält keine Details zu der Differenzierung zwischen der Annahme und der Aufgabe des Going-Concern-Prinzips. Gleichwohl gehört das rechtzeitige Erkennen des Zeitpunktes, zu dem die Unternehmensfortführung in Frage gestellt und gegebenenfalls verworfen wird – nicht zuletzt während einer akuten Unternehmenskrise –, zu den schwierigsten Bilanzierungsfragen überhaupt (vgl. Adams, Das Going-Concern-Prinzip in der Jahresabschlussprüfung, Wiesbaden 2007, 25). Denn im fortgeschrittenen

Krisenstadium wird die **Durchführung einer insolvenzrechtlichen Fortbestehensprognose** zum integralen Bestandteil der handelsrechtlichen Fortführungsannahme. Dabei stellt die notwendige Beurteilung der von den gesetzlichen Vertretern getroffenen Annahme – jedenfalls in der fortgeschrittenen Unternehmenskrise – regelmäßig auch für den Abschlussprüfer eine besondere Herausforderung im Rahmen der Prüfungsdurchführung dar.

Vielen Dank für Ihre Aufmerksamkeit.

Vortragszeit: 0,5/10 Minuten

Vortrag 52
Zusammenarbeit zwischen Wirtschaftsprüfer und Aufsichtsrat (Prüfungswesen)

Sehr geehrte/r Frau/Herr Vorsitzende/r, sehr geehrte Prüfungskommission,
aus den mir zur Auswahl gestellten Themen habe ich mich für das Thema „**Zusammenarbeit zwischen Wirtschaftsprüfer und Aufsichtsrat**" entschieden. Meinen Vortrag gliedere ich wie folgt:

I.	Einleitung
II.	Auftrag zur Abschlussprüfung durch den Aufsichtsrat
III.	Durchführung der Abschlussprüfung
IV.	Aushändigung des Prüfungsberichts an den Aufsichtsrat und Teilnahme an der Bilanzsitzung des Aufsichtsrats
V.	Fazit

Vortragszeit: 0,5 Minuten

I. Einleitung
Aufgrund mehrerer Bilanzskandale, in den USA **Enron** oder **FannieMae** in Deutschland **IBG** oder **FlowTex** und der Geschehnisse in der Finanz- und Wirtschaftskrise, wird die Frage diskutiert, wie die Kapitalmarktinformationen durch Jahres- und Konzernjahresabschlüsse verbessert und damit die Funktionsfähigkeit der Kapitalmärkte gesichert werden kann. Eine Folge ist, dass kapitalmarktorientierte Unternehmen verpflichtet sind, eine **Corporate-Governance-Erklärung** anzugeben. In der Diskussion stehen ferner Maßnahmen, die die Prüfungsqualität verbessern, die Unabhängigkeit der Wirtschaftsprüfer sicherstellen sowie einen Beitrag zur Erreichung eines effizienteren **Corporate-Governance-Systems** leisten sollen. Der Abschlussprüfer steht dabei vermehrt im Blickpunkt der Öffentlichkeit.

In den USA wurde mit dem **Sarbanes-Oxley-Act** das Ziel einer stärkeren Professionalisierung des Corporate-Governance-Systems verfolgt. Ähnliches verfolgen die Reformvorschläge der EU-Kommission zur Stärkung der Qualität der Corporate Governance. In dem Zusammenhang wurden drei Grünbücher zur Corporate Governance und Abschlussprüfung sowie zwei weitere Regulierungsvorschläge zur Abschlussprüfung veröffentlicht. Das KonTraG bezweckt eine konkretere Beschreibung und Transparenz der Verantwortlichkeiten von Gesellschaftsorganen. Auch die Zusammenarbeit des Wirtschaftsprüfers mit Gesellschaftsorganen hat sich vor diesem Hintergrund verändert. War früher der Vorstand Hauptansprechpartner; so kommt der Zusammenarbeit mit dem Aufsichtsrat verstärkt Bedeutung zu. Der IDW PS 470 (IDW PS 470: Grundsätze für die Kommunikation des Abschlussprüfers mit dem Aufsichtsorgan vom 08.05.2003 i.d.F. vom 01.03.2012) regelt die Grundsätze für die Kommunikation des Abschlussprüfers mit dem Aufsichtsorgan. Er gilt sowohl für die Kommunikation mit dem Aufsichtsrat als auch für die Kommunikation mit Beiräten oder anderen Aufsichtsgremien, deren Aufgabenstellung mit der eines Aufsichtsrats vergleichbar ist.

Vortragszeit: 2,5/3 Minuten

II. Auftrag zur Abschlussprüfung durch den Aufsichtsrat

Durch § 111 Abs. 2 Satz 3 AktG, wurden das **Vorschlagsrecht des Abschlussprüfers** sowie die **Erteilung des Prüfungsauftrags vom Vorstand auf den Aufsichtsrat** übertragen.

Dies soll die Unabhängigkeit des Abschlussprüfers stärken und die Mitverantwortung des Aufsichtsrats für die Rechnungslegung unterstreichen. Die Erteilung des Auftrags braucht gem. § 107 Abs. 3 Satz 2 AktG nicht zwangsläufig durch das Aufsichtsratsplenum erfolgen, sondern kann auch an einen Prüfungsausschuss (audit committee) delegiert werden.

Der **Corporate Governance Kodex** empfiehlt, dass der Aufsichtsrat vom Abschlussprüfer im Vorfeld der Unterbreitung des Wahlvorschlags an die Hauptversammlung eine sog. Unabhängigkeitserklärung des Abschlussprüfers einholt. Diese bezieht sich auf die beruflichen, finanziellen oder sonstigen Beziehungen zwischen dem Prüfer und seinen Organen und Prüfungsleitern sowie ggf. dem Netzwerk, dem er angehört. Auf diese Erklärung ist im Rahmen der Ausführungen zum Prüfungsauftrag hinzuweisen. Zudem sollte der Aufsichtsrat bzw. der Prüfungsausschuss mit dem Abschlussprüfer Prüfungsschwerpunkte vereinbaren. Prüfungs- und sonstige Honorare des Abschlussprüfers sind im Anhang gem. § 285 Nr. 17 HGB auszuweisen.

Von § 111 Abs. 2 Satz 3 AktG nicht umfasst sind dagegen solche Tätigkeiten des Abschlussprüfers, die über die Prüfung des Jahresabschlusses hinausgehen. Diese Tätigkeiten werden vom Vorstand in Auftrag gegeben. Allerdings ist der Aufsichtsrat verpflichtet, sich auch hinsichtlich dieser Tätigkeiten über die Unabhängigkeit des Abschlussprüfers zu vergewissern. Nach § 111 Abs. 4 Satz 2 AktG darf der Aufsichtsrat den Abschluss von Beratungsverträgen, die über die Prüfung des Jahresabschlusses hinausgehen, von seiner Zustimmung abhängig zu machen.

Vortragszeit: 2,5/5,5 Minuten

III. Durchführung der Abschlussprüfung

Der Abschlussprüfer hat darauf hinzuweisen, dass die Prüfung unter Beachtung der vom IDW festgestellten Grundsätze ordnungsmäßiger Abschlussprüfung durchgeführt wird. Zur Darstellung des risikoorientierten Prüfungsansatzes wird der Abschlussprüfer insbesondere auf die Bedeutung der Kenntnisse der Geschäftstätigkeit sowie des wirtschaftlichen und rechtlichen Umfelds eingehen und darlegen, welche Konsequenzen daraus für die Schwerpunktbildung der Abschlussprüfung sowie die **Anwendung von Stichprobenverfahren** gezogen wurden. Darzustellen sind rechtliche und wirtschaftliche Besonderheiten, die sich im Geschäftsjahr für die Gesellschaft bzw. den Konzern ergeben haben. Hierzu gehören z.B. bedeutende Akquisitionen, Unternehmensverkäufe, Umwandlungen, Restrukturierungen oder Umstellung der Rechnungslegung. Gegebenenfalls ist auf Besonderheiten im Konzern einzugehen, z.B. die Abgrenzung und/oder die Änderung des Konsolidierungskreises.

Vortragszeit: 1/6,5 Minuten

IV. Aushändigung des Prüfungsberichts an den Aufsichtsrat und Teilnahme an der Bilanzsitzung des Aufsichtsrats

Der Prüfungsbericht hat gemäß § 111 Abs. 1 AktG zentrale Bedeutung bei der Unterstützung des Aufsichtsrats zu der **Erfüllung seines Überwachungsauftrags**. Er ist nach § 170 Abs. 3 Satz 2 AktG grundsätzlich jedem Aufsichtsratsmitglied auszuhändigen.

Der Abschlussprüfer hat auf die **Ordnungsmäßigkeit der Rechnungslegung** und darauf einzugehen, ob der Abschluss insgesamt unter Beachtung der Grundsätze ordnungsmäßiger Buchführung ein den tatsächlichen Verhältnissen entsprechendes Bild der Vermögens-, Finanz- und Ertragslage vermittelt. Ausführliche Erläuterungen sind dann geboten, wenn die Rechnungslegung zu beanstanden ist. Sofern im Konzernabschluss ein gesetzliches Wahlrecht abweichend von einer DRSC ausgeübt wird, begründet dies keine Einwendung des Konzernabschlussprüfers gegen die Ordnungsmäßigkeit der Konzernrechnungslegung. Dennoch empfiehlt der IDW PS 470, bei wesentlichen Abweichungen den Aufsichtsrat hierauf aufmerksam zu machen.

Die **Berichterstattung** soll problemorientiert zur Beurteilung der Lage des Unternehmens durch den Vorstand, insbesondere auch zum Fortbestand und zur künftigen Entwicklung des Unternehmens Stellung nehmen. Sie erfordert eine Berichterstattung über festgestellte Unrichtigkeiten oder schwerwiegende Verstöße gegen gesetzliche Vorschriften sowie zu bestandsgefährdenden/entwicklungsbeeinträchtigenden Tatsachen durch den Vorstand oder von Arbeitnehmern. Auch über Maßnahmen des Vorstands zur Risikoüberwachung, insbesondere die Einrichtung eines Risikofrüherkennungssystems ist zu berichten, vgl. § 321 Abs. 4 HGB i.V.m. § 91 Abs. 2 AktG. Da sich der Vorstand oft stark mit der Unternehmensentwicklung identifiziert und zu einer zu optimistischen Unternehmensbeurteilung neigt, hat der Aufsichtsrat ein starkes Interesse an einer Kommentierung der Lageberichterstattung des Vorstands durch den Abschlussprüfer. Durch die Wiedergabe der wesentlichen Ergebnisse der Prüfung, soll es den Aufsichtsratsmitgliedern ermöglicht werden, sich effizient auf die bilanzfeststellende Aufsichtsratssitzung vorzubereiten.

Damit wächst dem Aufsichtsrat bzw. dem Prüfungsausschuss Verantwortung dahingehend zu, den Prüfungsbericht vor der Bilanzsitzung durchzuarbeiten und die vom Abschlussprüfer vorgenommenen Beurteilungen auszuwerten.

In der **Bilanzsitzung** ist die die Teilnahme des Abschlussprüfers zwingend. Der mündliche Prüfervortrag in der Bilanzsitzung soll dem Aufsichtsratsmitglied die Möglichkeit geben, den Prüfer zu wichtigen Feststellungen aus seinem Bericht zu befragen. Der mündliche Prüferbericht, für den der IDW PS 470 Berichtsgegenstände benennt, soll grundsätzlich nichts enthalten, was nicht schon im schriftlichen Prüfungsbericht niedergelegt ist.

Der Abschlussprüfer hat auch zu dem im Bestätigungsvermerk abgegebenen Prüfungsurteil Stellung zu nehmen. Insbesondere ist auf die Gründe für eine Einschränkung oder Versagung des Bestätigungsvermerks einzugehen.

> **Vortragszeit: 2,5/9 Minuten**

V. Fazit

Der IDW PS 470 der als Reaktion auf die Finanz- und Wirtschaftskrise 2012 verfasst wurde, beschreibt aus der Sicht des Abschlussprüfers im Sinne einer guten Corporate Governance, die Grundsätze für die Kommunikation des Abschlussprüfers mit dem Aufsichtsorgan. Er gilt sowohl für die Kommunikation mit dem Aufsichtsrat als auch für die Kommunikation mit Beiräten oder anderen Aufsichtsgremien. Dabei werden vor allem die Themen der Auswahl des Abschlussprüfers, insbesondere unter dem Gesichtspunkt der Unabhängigkeit, der Auftragserteilung, der Prüfungsplanung, der Prüfungsdurchführung und der Berichterstattung behandelt. Im Zuge eines EU-Verordnungsvorschlags zur Stärkung der Unabhängigkeit und Leistungsfähigkeit der audit committees im Bereich der Unternehmen des öffentlichen Interesses und das Abschlussprüfungsreformgesetz zeichnen sich im Vergleich zur bisherigen deutschen Rechtslage weitgehende Änderungen ab.

Vielen Dank für Ihre Aufmerksamkeit.

> **Vortragszeit: 1/10 Minuten**

Vortrag 53
Bilanzierung und Bewertung nach deutschem Handelsrecht bei Wegfall der Going-Concern-Prämisse (Prüfungswesen)

Sehr geehrte/r Frau/Herr Vorsitzende/r, sehr geehrte Prüfungskommission,

aus den mir zur Auswahl gestellten Themen habe ich mich für das Thema „**Bilanzierung und Bewertung nach deutschem Handelsrecht bei Wegfall der Going-Concern-Prämisse**" entschieden. Meinen Vortrag gliedere ich wie folgt:

I.	Grundlagen
II.	Bilanzansatz
III.	Auswirkungen auf die Bewertung
IV.	Auswirkungen auf den Ausweis
V.	Auswirkungen auf Anhang und Lagebericht
VI.	Fazit

Vortragszeit: 0,5 Minuten

I. Grundlagen

Nach handelsrechtlichen Vorschriften ist bei der Erstellung eines Jahresabschlusses grundsätzlich von der **Fortführung der Unternehmenstätigkeit der Gesellschaft** auszugehen, sofern dem nicht tatsächliche oder rechtliche Gründe entgegenstehen (vgl. § 252 Abs. 1 Nr. 2 HGB). Damit gilt die Annahme der Unternehmensfortführung als gesetzliche Regelvermutung, welche neben der Bewertung von Vermögensgegenständen, Schulden, Rechnungsabgrenzungsposten und Sonderposten sowie für die Angaben im Anhang, ebenso deren Ansatz und Ausweis beeinflusst. Von dieser Regelvermutung ist insbesondere auszugehen, wenn das Unternehmen nachhaltige Gewinne erzielt hat, es problemlos auf finanzielle Mittel zugreifen kann, keine bilanzielle Überschuldung droht und die Fortführung des Unternehmens beabsichtigt ist.

Die Beurteilung, wann von einer **negativen Fortführungsprognose** auszugehen ist, wird in IDW PS 270 problematisiert. Die Auswirkungen einer Abkehr von der Going-Concern-Prämisse auf den handelsrechtlichen Jahresabschluss und den Lagebericht werden in IDW RS HFA 17 aufgeführt.

Zu beachten ist, dass hiermit keine Regelungen definiert werden, wie sie für einen stichtagsbezogenen Überschuldungsstatus gelten. Diese sind Gegenstand der IDW St/FAR 1/1996 (vgl. IDW PS 270, Tz. 1 und 9). Allerdings gelten die genannten Ausführungen sehr wohl für Gesellschaften, die sich in Abwicklung bzw. Liquidation oder in der Insolvenz befinden, es sei denn, die Unternehmensfortführung zum Beispiel aufgrund einer geplanten Sanierung ist hinreichend sicher.

Entfällt die Annahme des Going-Concern, tritt die periodengerechte Gewinnermittlung in den Hintergrund und die Rechnungslegung folgt dem Ziel der Feststellung des vorhandenen Reinvermögens (vgl. IDW RS HFA 17 Auswirkungen einer Abkehr von der Going-Concern-Prämisse auf den handelsrechtlichen Jahresabschluss (Stand: 10.06.2011), Tz. 4). Primäres Ziel der Rechnungslegung ist nunmehr die Feststellung des zum Bilanzstichtag vorhandenen Reinvermögens.

Vortragszeit: 2/2,5 Minuten

II. Bilanzansatz

Die **Abkehr von der Going-Concern-Prämisse** kann teilweise erhebliche Auswirkungen auf den Bilanzierungsansatz haben (vgl. IDW RS HFA 17, Tz. 7 ff.). Durch das primäre Ziel der sachgerechten Ermittlung des Reinvermögens folgt für den Bilanzansatz, dass nur noch bis zum Zeitpunkt der Beendigung des Geschäftsbetriebs verwertbare Vermögensgegenstände zu aktivieren sind. Dementgegen sind neben den bislang zu passivierenden, auch solche Verpflichtungen zu berücksichtigen, die durch die Abkehr von der Going-Concern-Prämisse erst verursacht wurden (vgl. IDW RS HFA 17, Tz. 4).

- Das Aktivierungsverbot für bestimmte **selbstgeschaffene immaterielle Vermögensgegenstände** des Anlagevermögens – z.B. Marken, Drucktitel und Kundenlisten (vgl. § 248 Abs. 2 Satz 2 HGB) – besteht weiterhin, auch wenn die entsprechenden Vermögenswerte nun für den Verkauf vorgesehen sind. Ein originärer Geschäfts- oder Firmenwert darf auch bei Wegfall der Going-Concern-Prämisse nicht aktiviert werden.
- Die **Aktivierung eines Rechnungsabgrenzungspostens** (vgl. § 250 Abs. 1 HGB) setzt voraus, dass der Vertrag fortgesetzt und nicht aufgrund der wirtschaftlichen Situation von der Gegenseite gekündigt wird. Ein aktiviertes Disagio (vgl. § 250 Abs. 3 HGB) ist auszubuchen, sofern die Verbindlichkeit vorzeitig zurückgezahlt wird. Das Beibehaltungswahlrecht von **Sonderposten mit Rücklageanteil** (vgl. Art. 67 Abs. 3 Satz 1 EGHGB) gilt nicht für Posten, für die die umgekehrte Maßgeblich nicht durch das BilMoG, sondern durch die Abwicklungsbesteuerung nach § 11 KStG weggefallen ist. Im Falle der Liquidation erfolgt die Gewinnermittlung durch Gegenüberstellung des Liquidations-Endvermögens zu dem Liquidations-Anfangsvermögen.
- Können Bindungsfristen auf Grund der Liquidation nicht eingehalten werden, sind **Sonderposten für nicht rückzahlungspflichtige Zuwendungen** aufzulösen.
- Durch die Abwicklung müssen eventuell weitere **Rückstellungen für Abfindungen** von Mitarbeitern, Vertragsstrafen, Rückbau- und Abbauverpflichtungen passiviert werden. Mittelbare Pensionsverpflichtungen und Altzusagen, die bislang zulässigerweise nicht passiert wurden (vgl. Art. 28 Abs. 1 EGHGB) sind nun zu passivieren, da das Argument, der Zahlungsverpflichtung stünden ausreichende künftige Gewinne aus der laufenden Geschäftstätigkeit gegenüber, weggefallen ist.
- **Gesellschafterdarlehen** müssen – obwohl sie grundsätzlich nachrangig i.S.d. InsO sind (vgl. § 39 Abs. 1 Nr. 5 InsO) – weiterhin in der Handelsbilanz passiviert werden.

> **Vortragszeit: 2/4,5 Minuten**

III. Auswirkungen auf die Bewertung

Auf die Bewertung hat eine Abkehr von der Going-Concern-Prämisse folgende Auswirkungen (vgl. IDW RS HFA 17, Tz. 18 ff.).

Die **generellen Bewertungsgrundsätze** (vgl. § 252 HGB) – Ansatz der Schulden zum Erfüllungsbetrag, Anschaffungskostenprinzip, Einzelbewertungsgrundsatz, Grundsatz der Bilanzidentität, Saldierungsverbot und Stichtagsprinzip – sind trotz geänderter Zielsetzung weiterhin zu beachten. Allerdings richtet sich die Bewertung nunmehr im Wesentlichen nach den Verhältnissen auf dem Absatzmarkt. Bilanzierte Schulden sind weiterhin mit dem Erfüllungsbetrag (s. § 253 Abs. 1 Satz 2 HGB) zu bilanzieren, allerdings ist kritisch zu hinterfragen, ob Schulden gegebenenfalls aufgrund der veränderten Situation vorzeitig fällig werden. Diese Bedenken sind auch bei der Bewertung der Rückstellungen und der Bestimmung der voraussichtlichen Restlaufzeit sowie des Abzinsungszinssatzes zu beachten (vgl. IDW RS HFA 17, Tz. 18).

Bemerkenswert ist in diesem Zusammenhang, dass die Abkehr von der Going-Concern-Prämisse einen **begründeten Ausnahmefall** i.S.d. § 252 Abs. 2 HGB darstellt, der eine Abweichung von den bisherigen Ansatz- (über § 246 Abs. 3 Satz 2 HGB anwendbar) und Bewertungsmethoden rechtfertigt.

Obwohl sich das Hauptziel der Rechnungslegung verändert, folgt daraus aber keineswegs eine Aufhebung oder Abschwächung des handelsrechtlichen Vorsichtsprinzips. Insbesondere gelten das Anschaffungskosten-, Realisations- und Imparitätsprinzip fort. Vermögensgegenstände sind mit den unter Liquiditätsgesichtspunkten ermittelten Zeitwerten nur insoweit zu bewerten, als diese die Anschaffungs-/Herstellungskosten nicht übersteigen.

Folgende Einzelsachverhalte seien separat erwähnt:

Ein **aktivierter Geschäfts- oder Firmenwert** darf nur fortgeführt werden, wenn entsprechende Verwertungserlöse erwartet werden. **Immaterielle Vermögensgegenstände und Sachanlagen** sind nur dann weiterhin planmäßig abzuschreiben, wenn sie auch weiterhin voraussichtlich über einen längeren Zeitraum genutzt werden. **Ansammlungsrückstellungen** müssen mit dem vollen Wert passiviert werden, wenn der

Ansammlungszeitraum aufgrund der Abwicklung beendet ist. Die Bewertung von **latenten Steuern** ist aufgrund der bevorstehenden Abwicklung besonders kritisch zu prüfen. Dies gilt insbesondere für vortragsfähige Verluste und Zinsen (vgl. IDW RS HFA 17, Tz. 15).

> **Vortragszeit: 3/7,5 Minuten**

IV. Auswirkungen auf den Ausweis

Beim Bilanzausweis sind ebenfalls Besonderheiten zu beachten (vgl. IDW RS HFA 17, Tz. 33 ff.):

* Auch wenn **Vermögensgegenstände des Anlagevermögens** unter Veräußerungsgesichtspunkten zu bewerten sind, sind sie weiterhin dem Anlagevermögen zuzuordnen; eine Umgliederung ins Umlaufvermögen ist nicht zulässig, da eine Umgliederung zu Informationsverlusten führen würde. So werden beispielsweise noch veräußerbare Maschinen zum erzielbaren Veräußerungspreis bilanziert, aber trotz der Veräußerungsabsicht weiterhin unter den Sachanlagen ausgewiesen.
* Im **Verbindlichkeitenspiegel** sind Sonderkündigungsrechte der Gläubiger anzugeben.
* Änderungen in der Bilanzierung und Bewertung aufgrund der Abkehr von der Fortführungsprognose sind als außerhalb der gewöhnlichen Geschäftstätigkeit angefallene Ereignisse anzusehen; die Posten „außerordentliche Erträge" und „außerordentliche Aufwendungen" sind gegebenenfalls der Klarheit und Übersichtlichkeit wegen weiter zu untergliedern. Erfolgswirkungen aus der Verwertung des Vermögens sind hingegen als im Rahmen der gewöhnlichen Geschäftstätigkeit angefallene Erträge und Aufwendungen auszuweisen.

> **Vortragszeit: 1/8,5 Minuten**

V.   Auswirkungen auf Anhang und Lagebericht

Zuletzt gehe ich kurz auf die Auswirkung der Abkehr von der Going-Concern-Prämisse auf den Anhang und den Lagebericht ein (vgl. IDW RS HFA 17, Tz. 39 ff.). Im **Anhang** sollten erhebliche stille Reserven durch Darstellung von voraussichtlichen Veräußerungswerten neben den Buchwerten, bei denen unverändert das Anschaffungskostenprinzip gilt, angegeben werden.

Die Durchbrechungen der Stetigkeit von Ansatz- und Bewertungsgrundsätzen aufgrund der Abkehr von der Going-Concern-Prämisse müssen im Anhang erläutert werden und die Gründe und Anhaltspunkte, die für die Abkehr von der Fortführungsprognose herangezogen wurden, sind im **Lagebericht** ausführlich zu erläutern. Die Abkehr von der Fortführungsprognose muss auch durch die Darstellung der zukünftigen Entwicklung und der Ereignisse nach dem Bilanzstichtag zum Ausdruck kommen.

> **Vortragszeit: 1/9,5 Minuten**

VI. Fazit

Im Gesetz wird festgelegt, dass für die Bewertung normalerweise von der Fortführung der Unternehmenstätigkeit auszugehen ist. Die Going-Concern-Prämisse ist also ein grundlegendes Prinzip, aus dem weitere Grundsätze abgeleitet werden. Eine Abkehr von der Going-Concern-Prämisse hingegen ist gesetzlich nicht normiert, hat aber dennoch weitreichende Konsequenzen auf den handelsrechtlichen Jahresabschluss sowie den Lagebericht. Das IDW hat mit einer Stellungnahme zur Rechnungslegung (IDW RS HFA 17) zum Ansatz und zur Bewertung im Jahresabschluss sowie zum Ausweis und den Auswirkungen auf Anhang und Lagebericht im Fall einer Abkehr von der Going-Concern-Prämisse die Berufsauffassung der Wirtschaftsprüfer dargestellt, welche ich Ihnen in diesem Kurzvortrag in der gebotenen Kürze vorgestellt habe.

Vielen Dank für Ihre Aufmerksamkeit.

> **Vortragszeit: 0,5/10 Minuten**

Vortrag 54
Rechnungslegung und Prüfung von gemeinnützigen Stiftungen und Vereinen (Prüfungswesen)

Sehr geehrte/r Frau/Herr Vorsitzende/r, sehr geehrte Prüfungskommission,
aus den mir zur Auswahl gestellten Themen habe ich mich für das Thema „**Rechnungslegung und Prüfung von gemeinnützigen Stiftungen und Vereinen**" entschieden. Meinen Vortrag gliedere ich wie folgt:

I.	Grundlagen der Rechnungslegung
II.	Jahresabschluss und Lagebericht
III.	Einnahmen-/Ausgaben- und Vermögensrechnung
IV.	Prüfung
V.	Fazit

Vortragszeit: 0,5 Minuten

I. Grundlagen der Rechnungslegung

Originäre Rechnungslegungsvorschriften für Vereine und Stiftungen ergeben sich lediglich rudimentär aus dem BGB (§ 27 Abs. 3 i.V.m. 666 BGB). Stiftungen haben darüber hinaus Regelungen zu beachten, die sich aus den einzelnen Landesstiftungsgesetzen ergeben. Die Vorschriften verpflichten u.a. den Vorstand der Einrichtungen Rechenschaft über die Geschäftsführung abzugeben. Der Umfang der Rechnungslegung bestimmt sich nach den §§ 259 und 260 BGB bzw. nach den Landesstiftungsgesetzen. Diese Vorschriften definieren jedoch lediglich als Mindestanforderungen eine geordnete Zusammenstellung der Einnahmen und Ausgaben sowie ein Vermögensbestandsverzeichnis. Regelungen zur konkreten Ausgestaltung dieser Rechnungen bestehen nicht. Auch existieren keine ausdrücklichen Prüfungs- oder Offenlegungspflichten.

Handelsrechtliche Vorschriften sind von Vereinen und Stiftungen dann verpflichtend anzuwenden, wenn diese durch gewerbliche Betätigung oder Eintragung im Handelsregister Kaufmannseigenschaft erlangt haben (vorbehaltlich des § 241a HGB, wonach auch Kaufleute nicht buchführungspflichtig werden, sofern bestimmte Größenkriterien nicht überschritten werden). Nichts desto trotz entsteht dadurch grundsätzlich keine Pflicht zur Anwendung der ergänzenden Vorschriften für Kapitalgesellschaften und somit auch keine Publizitätspflicht. Die **ergänzenden Rechnungslegungsvorschriften der §§ 264–335 HGB** für Kapitalgesellschaften sind für eingetragene Vereine und Stiftungen dann anzuwenden, wenn sie zwei der drei Größenmerkmale des § 1 PublG überschreiten (Schwellenwerte gemäß § 1 PublG: 65 Mio. € Bilanzsumme, 130 Mio. € Umsatzerlöse und 5.000 Arbeitnehmer). Aus diesem Umstand resultiert dann eine Prüfungs- und Publikationspflicht durch analoge Anwendung der §§ 316–329 HGB für den unternehmerischen Bereich.

Steuerliche Regelungen zur Führung von Büchern und Aufzeichnungen können unterschieden werden in abgeleitete und originäre Buchführungspflichten. Gemäß § 140 AO hat derjenige, der schon nach anderen als den Steuergesetzen Bücher und Aufzeichnungen zu führen hat, diese Verpflichtungen auch für die Besteuerung zu erfüllen (sog. abgeleitete Buchführungspflicht). Eine **originäre Buchführungspflicht** kann sich bei Überschreiten bestimmter Größenmerkmale aus § 141 AO ergeben.

Doch auch aus den **Anforderungen des Gemeinnützigkeitsrechts** ergeben sich bestimmte Maßgaben für die Rechnungslegung: Dabei sollen sich aus der Rechnungslegung eine Aufteilung der Einnahmen und Ausgaben auf die Sphären (ideeller Bereich, Vermögensverwaltung, Zweckbetrieb und steuerpflichtiger wirtschaftlicher Geschäftsbetrieb) einer gemeinnützigen Organisation ableiten lassen. Dies ergibt sich u.a. aus der möglichen partiellen Steuerpflicht wirtschaftlicher Geschäftsbetriebe sowie aus der Pflicht zum Nachweis einer ordnungsgemäßen tatsächlichen Geschäftsführung. Auch ist ein Nachweis erforderlich, dass das Gebot der zeitnahen Mittelverwendung eingehalten wurde. Hier sind für gemeinnützige Organisationen verpflichtend **Nebenrechnungen** zu führen, sofern sich die Angaben nicht unmittelbar aus der Rechnungslegung ableiten lassen.

Das IDW empfiehlt sowohl für Vereine als auch für Stiftungen die handelsrechtliche Rechnungslegung für das gesamte Unternehmen und geht in zwei Standards auf Einzelfragen ein (IDW RS HFA 5 und 14). Bei spendensammelnden Organisationen ist der IDW RS HFA 21 zu beachten.

> **Vortragszeit: 2,5/3 Minuten**

II. Jahresabschluss und Lagebericht

Sofern Handelsrecht angewandt wird (verpflichtend oder freiwillig), besteht der **Jahresabschluss** mindestens aus Bilanz und Gewinn- und Verlustrechnung. Grundsätzlich gelten dann neben den **allgemeinen Grundsätzen ordnungsgemäßer Buchführung** auch die Vorschriften zu Ansatz, Ausweis und Bewertung des HGB. Die **Aufstellung eines Anhangs** wird empfohlen – u.a. zur Darstellung der angewandten Bilanzierungs- und Bewertungsmethoden sowie für Angaben zum Kapitalerhaltungskonzept. Auch die **Aufstellung eines Lageberichts** wird empfohlen – ggf. können Angaben des Berichts über die Erfüllung des Stiftungszwecks ganz oder teilweise im Lagebericht gegeben werden.

Hinsichtlich der **Bewertung** gelten folgende Besonderheiten: Unentgeltlich erworbene, aktivierungspflichtige Vermögensgegenstände (insbesondere durch Stiftungsakt oder bei Zustiftungen übertragenes Sachvermögen sowie Sachspenden) sollten im Zugangszeitpunkt mit dem vorsichtig geschätzten beizulegenden Wert (angenommene Anschaffungskosten) angesetzt werden (beschaffungsmarktorientiert).

Hinsichtlich des **Ausweises** gelten folgende Besonderheiten, da Anpassungen der handelsrechtlichen Gliederungen an die Strukturmerkmale von Vereinen bzw. Stiftungen (§ 265 Abs. 5, 6 und 8 HGB) erfolgen müssen: Bei der Gliederung der Bilanz ist insbesondere beim Eigenkapital darauf zu achten, dass neben dem Stiftungs- (Errichtungskapital plus Zustiftungen) bzw. Vereinskapital, Rücklagen, bei Stiftungen sog. Umschichtungsergebnisse (Ausweis von Aufwendungen und Erträgen aus Umschichtungen des Grundstockvermögens) und der Ergebnisvortrag auszuweisen sind.

Bei der Gliederung der **Gewinn- und Verlustrechnung** wird das Umsatzkostenverfahren empfohlen mit dem gesonderten Ausweis der Posten „Projektaufwendungen" und „Werbeaufwand" bzw. einer Anhangangabe ebendieser Aufwendungen, sofern das Gesamtkostenverfahren Anwendung findet. Eine Vermischung der beiden Verfahren ist auch für Vereine und Stiftungen unzulässig.

Hinsichtlich der **Kapitalerhaltungspflicht von Stiftungen** benennt das IDW grundsätzlich drei Konzepte: Die substanzielle, nominale oder reale Kapitalerhaltung. Maßgeblich ist dabei die Satzung der Stiftung. Enthält diese keine konkreten Vorgaben empfiehlt das IDW die reale Kapitalerhaltung. Der Nachweis hat dabei entweder im Anhang, unter der Bilanz oder in einer separaten Anlage zu erfolgen. Dabei ist dem indexierten Stiftungskapital das bilanzielle Eigenkapital der Stiftung zuzüglich wesentlicher stiller Reserven abzüglich wesentlicher stiller Lasten gegenüberzustellen. Hier besteht jedoch ein Problem bei **steuerbegünstigten Geldstiftungen** (z.B. Förderstiftungen ohne Sachvermögen → keine stillen Reserven/Lasten): Die „erwirtschafteten" Mittel unterliegen dem Gebot der zeitnahen und ausschließlichen Mittelverwendung. Die Zuführung zu einer Kapitalerhaltungsrücklage (wie im RS vorgeschlagen) stellt gemeinnützigkeitsrechtlich einen Verstoß gegen das Gebot der zweckentsprechenden Mittelverwendung dar und ist vor dem Hintergrund gemeinnützigkeitsschädlich.

> **Vortragszeit: 2/5 Minuten**

III. Einnahmen-/Ausgaben- und Vermögensrechnung

Sofern keine kaufmännische Rechnungslegung erfolgt, haben Vereine und Stiftungen mindestens eine Einnahmen-/Ausgaben- und Vermögensrechnungen zu erstellen. Dabei sind auch zwingend Vorjahreszahlen anzugeben. Die angewandten Rechnungslegungsgrundsätze sowie die Bilanzierungs- und Bewertungsmethoden sind z. B. in einer Anlage zu erläutern.

Im Rahmen der **Einnahmen-/Ausgabenrechnung** sind alle Zu- und Abflüsse an Geldmitteln aufzunehmen. Zu den Geldmitteln zählen dabei auch jederzeit fällige Bankverbindlichkeiten, sofern sie zur Disposition der liquiden Mittel gehören. Als Einnahmen und Ausgaben sind auch Einnahmen aus Sachspenden und Abgänge aus ihrer Verwendung zu werten. Im Namen von Dritten erfolgter Einnahmen und Ausgaben sind gesondert auszuweisen.

Im Rahmen der **Vermögensrechnung** sind Vermögensgegenstände und Schulden grundsätzlich in entsprechender Anwendung des HGB anzusetzen. Rücklagen sind zumindest als **Davon-Vermerk** anzugeben und zu erläutern. Eine Darstellung der Veränderungen des Reinvermögens wird empfohlen.

Aufgrund gemeinnützigkeitsrechtlicher Maßgaben kann eine **Mittelverwendungsrechnung** als weiteres Informationsinstrument in Betracht kommen.

Vortragszeit: 1/6 Minuten

IV. Prüfung

Für die **Prüfung von Vereinen und Stiftungen** gelten IDW PS 740 und 750. Für Vereine kennt das Gesetz keine rechtsformbezogene gesetzliche **Prüfungspflicht**. Für Stiftungen kann sich eine Prüfungspflicht durch die Stiftungsaufsicht aus den Landesstiftungsgesetzen ergeben, welche dann auf Dritte übertragen werden kann (zum Beispiel auf Wirtschaftsprüfer). Weiterhin kann sich eine gesetzliche Prüfungspflicht aufgrund branchenspezifischer Tätigkeit, z.B. als Krankenhaus, oder aufgrund des Publizitätsgesetzes ergeben. Teilweise sehen Satzungen eine (freiwillige) Prüfung der Rechnungslegung vor.

Prüfungsgegenstand sind dabei der aufgestellte Jahresabschluss einschließlich Lagebericht (sofern aufgestellt) oder die Einnahmen-/Ausgabenrechnung mit Vermögensrechnung, jedoch immer entsprechend §§ 317 ff. HGB unter Berücksichtigung der zugrundeliegenden Buchführung.

Hinsichtlich der Beauftragung ist bei freiwilligen Prüfungen mangels gesetzlicher Vorschriften darauf zu achten, dass Gegenstand, Art und Umfang der Prüfung, Art der Berichterstattung, Haftungsvereinbarungen, etc. im Auftragsbestätigungsschreiben hinreichend konkretisiert sind. IDW PS 220 ist entsprechend anzuwenden. Gegebenenfalls kommen Auftragserweiterungen zur Prüfung der Erhaltung des Stiftungsvermögens, satzungsgemäße Verwendung der Stiftungsmittel, Ordnungsmäßigkeit der Geschäftsführung, Einhaltung steuerrechtlicher Vorschriften der AO, in Betracht.

Hinsichtlich der **Prüfungsdurchführung** ist Folgendes zu beachten:

Da die Form der Rechnungslegung gesetzlich nicht vorgeschrieben ist, hat der Abschlussprüfer zunächst zu beurteilen, ob aufgrund der Größe und Komplexität der Organisationen die **Aufstellung eines kaufmännischen Jahresabschlusses im Sinne des HGB** oder einer Einnahmen-/Ausgaben-Rechnung sachgerecht ist. Darüber hinaus sind auch bei diesen Prüfungen Aussagen mit hinreichender Sicherheit zu treffen. Es kommt also der **risikoorientierte Prüfungsansatz** zur Anwendung. Das bedeutet, dass Prüfungshandlungen durchgeführt werden müssen, um Risiken wesentlicher falscher Angaben in der Rechnungslegung (Fehlerrisiken) festzustellen. Auf der Grundlage der Beurteilung der Fehlerrisiken hat der Prüfer ausreichende und angemessene Prüfungsnachweise zur Funktion relevanter Teile des IKS (Funktionsprüfungen) und zu den einzelnen Aussagen in der Rechnungslegung einzuholen (**aussagebezogene Prüfungshandlungen**).

Wegen der häufig ehrenamtlichen Verwaltung bei gemeinnützigen Vereinen und Stiftungen sind die Struktur- und Organisationsmerkmale in diesen Fällen wie bei KMU anzusehen. Bei rein vermögensverwaltenden Stiftungen kann es ausreichen, die Genehmigungs- und Überwachungsprozesse bei Vermögensanlagen und -umschichtungen festzustellen und die Einhaltung der Vorgaben zu überprüfen.

Im Rahmen der **Berichterstattung zu Abschlussprüfung im Sinne der §§ 317 ff. HGB** sowie bei Prüfungen der Jahres(ab)rechnungen ist ein Prüfungsbericht analog zu IDW PS 450 zu erstellen. Die Erteilung eines Bestätigungsvermerks entsprechend § 322 HGB setzt jedoch zwingend eine Prüfung nach §§ 317 ff. HGB voraus. In anderen Fällen kann ein Prüfungsvermerk (vgl. IDW PS 480) oder eine Bescheinigung (vgl. IDW PS 900) erteilt werden. Ein uneingeschränktes Prüfungsurteil bedingt die Einhaltung der verpflichtenden Vorgaben des IDW RS HFA 5 bzw. 14. Musterformulierungen für Bestätigungsvermerke sind in den Anlagen zu den IDW PS 740 und 750 aufgeführt.

Vortragszeit: 3/9 Minuten

V. Fazit

Für Vereine und Stiftungen gelten nur rudimentäre gesetzliche Bestimmungen zur Rechnungslegung. Aufgrund dieser Regelungslücken empfiehlt das IDW die analoge Anwendung der Vorschriften für Kapitalgesellschaften auch für Vereine und Stiftungen und geht im Rahmen der beiden erwähnten Rechnungslegungsstandards auf Besonderheiten der beiden Organisationsformen ein. Des Weiteren wird die Berufsauffassung dargelegt, welche Voraussetzungen erfüllt sein müssen, damit ein uneingeschränkter Bestätigungsvermerk im Sinne des § 322 HGB erteilt werden kann.

Vielen Dank für Ihre Aufmerksamkeit.

> **Vortragszeit: 1/10 Minuten**

Vortrag 55
Der Komponentenansatz im handelsrechtlichen Jahresabschluss (Prüfungswesen)

Sehr geehrte/r Frau/Herr Vorsitzende/r, sehr geehrte Prüfungskommission,
aus den mir zur Auswahl gestellten Themen habe ich mich für das Thema „**Der Komponentenansatz im handelsrechtlichen Jahresabschluss**" entschieden. Meinen Vortrag gliedere ich wie folgt:

I.	Einführung und Hintergrund
II.	Begriff
III.	Anwendung
IV.	Der Komponentenansatz im Verhältnis zu ausgewählten Grundsätzen ordnungsgemäßer Buchführung und Bilanzierung
V.	Fazit

> **Vortragszeit: 0,5 Minuten**

I. Einführung und Hintergrund

Durch das Bilanzrechtsmodernisierungsgesetz wurde die Möglichkeit für alle Bilanzierenden aufgehoben, sogenannte **Aufwandsrückstellungen** zu bilden (vgl. § 249 Abs. 2 HGB i.d.F. vor Inkrafttreten des Bilanzrechtsmodernisierungsgesetzes). Dadurch entfiel die Möglichkeit, Rückstellungen für genau beschriebene Maßnahmen, zu bilden, deren Aufwendungen dem Berichtsjahr oder früheren Jahren zuzuordnen waren, wenn die Aufwendungen am Bilanzstichtag hinreichend sicher, aber hinsichtlich der exakten Höhe bzw. dem Zeitpunkt der Aufwendungen unbestimmt waren. Es bestand daher beispielsweise auch die Möglichkeit, Rückstellungen für notwendige Großreparaturen zu bilden, also für anfallende Instandhaltungsmaßnahmen ohne rechtliche Verpflichtung bei Gegenständen des Anlagevermögens.

Ziel der Streichung war eine Angleichung des HGB an die IFRS, nach denen Rückstellungen aufgrund von reinen Innenverpflichtungen grundsätzlich nicht gebildet werden dürfen (vgl. IAS 37.20). Gleichzeitig beinhalten die Regelungen zur Bilanzierung des Anlagevermögens nach IFRS die Verpflichtung, jeden Teil einer Sachanlage mit einem im Verhältnis zum gesamten Wert des Gegenstandes bedeutsamen Anschaffungswert getrennt abzuschreiben, sofern diese einzelnen Komponenten unterschiedliche Nutzungsdauern aufweisen (vgl. IAS 16.43-49). Korrespondierend dazu werden **Aufwendungen für Großinspektionen und -reparaturen** bei Vorliegen der Ansatzvoraussetzungen als nachträgliche Anschaffungs- und Herstellungskosten erfasst und der Aufwand so über die Abschreibungen verursachungsgerecht verteilt.

Aufgrund dieser Entwicklung hat das IDW einen Rechnungslegungshinweis veröffentlicht, in dem die Zulässigkeit einer komponentenweisen planmäßigen Abschreibung von Sachanlagen nach Handelsrecht erörtert wird (vgl. IDW RH HFA 1.016).

> **Vortragszeit: 1,5/2 Minuten**

II. Begriff

Als Komponentenansatz definiert das IDW das **Aufteilen eines abnutzbaren Gegenstandes des Anlagevermögens in seine wesentlichen Komponenten** mit unterschiedlicher wirtschaftlicher Nutzungsdauer anstelle der einheitlichen Abschreibung eines Vermögensgegenstands als Ganzes. Der Betrag der planmäßigen Abschreibung ergibt sich dann aus der Summe der auf seine einzelnen Komponenten entfallenden Abschreibungen. Dieser Betrag kann sich von dem Betrag, der sich von der pauschalen Abschreibung des einheitlichen Vermögensgegenstandes ergibt, unterscheiden, was jedoch im Grunde zu einer verursachungsgerechteren Verteilung des Aufwands führt (vgl. IDW RH HFA 1.016, Tz. 4). Wesentlicher Unterschied zwischen dem Komponentenansatz nach HGB zu jenem nach IFRS ist, dass nach HGB im Grundsatz ausschließlich physisch separierbare Komponenten gebildet werden können, wohingegen es nach IFRS möglich ist, neben physischen Komponenten auch Komponenten für regelmäßig wiederkehrende Wartungsmaßnahmen zu bilden.

> **Vortragszeit: 1/3 Minuten**

III. Anwendung

Die Anwendung des **Komponentenansatzes nach HGB** ist zulässig, wenn physisch separierbare Komponenten eines Sachanlagevermögensgegenstands ausgetauscht werden, die im Verhältnis zum gesamten Gegenstand wesentlich sind. Als wesentlich kann z.B. angesehen werden, wenn die Komponente mindestens 5 % der gesamten Anschaffungs- oder Herstellungskosten übersteigt. Zu beachten in diesem Zusammenhang ist, dass die Anzahl der Komponenten die Fülle an nachzuhaltenden Informationen und organisatorisch zu treffenden Vorkehrungen erheblich beeinflusst. Eine zu starke Aufteilung führt dazu, dass der Komponentenansatz in der Folge nicht mehr praktikabel umsetzbar ist. Der sachgerechten Auswahl geeigneter Komponenten kommt damit wesentliche Bedeutung zu. Als plastisches Beispiel nennt das IDW im Rechnungslegungshinweis ein Gebäude mit grundsätzlich 60 Jahren Nutzungsdauer, dessen Dach jedoch bereits nach 20 Jahren erneuert werden muss und welches daher über die geringere Nutzungsdauer abgeschrieben wird.

Für jede Komponente muss eine eigene Nutzungsdauer geschätzt und die Abschreibungsmethode für die Vornahme der planmäßigen Abschreibungen bestimmt werden. Hinsichtlich der Wahl der Abschreibungsmethodik gibt es keine konkreten Vorgaben. Es ist jene Methode zu wählen, die den Abnutzungsverlauf am besten widerspiegelt. Technisch wird seitens des IDW für die Verbuchung der separaten Abnutzung/Ausbuchung ein Teilabgang/-verbrauch bzw. für den Ersatz der Komponente ein Teilzugang empfohlen. Damit stellt der Ersatz der Komponente **nachträgliche Anschaffungs- und Herstellungskosten** dar, die nicht im Zeitpunkt des Zugangs erfolgswirksam werden, sondern über die Abschreibungen den Unternehmenserfolg belasten.

Anhand der vorstehenden Ausführungen wird deutlich, dass eine Voraussetzung für die **Anwendung des Komponentenansatzes** nach Handelsrecht die Erfüllung der Ansatzkriterien des Sachanlagevermögens ist. Somit scheidet die Anwendung des Komponentenansatzes für Großreparaturen bzw. -inspektionen mangels physischen Austauschs aus.

Weiterhin ist zu beachten, dass der Komponentenansatz steuerlich nicht zur Anwendung kommt. Maßgebend sind hier weiterhin der sog. einheitliche Funktions- und Nutzenzusammenhang und eine einheitliche Abschreibung des Vermögenswerts. Die Anwendung des Komponentenansatzes in der Handelsbilanz führt daher zu Bilanzunterschieden zwischen Handels- und Steuerbilanz und damit zu latenten Steuern.

> **Vortragszeit: 3/6 Minuten**

IV. Der Komponentenansatz im Verhältnis zu ausgewählten Grundsätzen ordnungsgemäßer Buchführung und Bilanzierung

In § 252 Abs. 1 Nr. 3 HGB ist der **Einzelbewertungsgrundsatz** kodifiziert, also dass Vermögensgegenstände und Schulden zum Abschlussstichtag einzeln zu bewerten sind. Die Frage stellt sich nun aber, ob der Komponentenansatz mit diesem Grundsatz in Einklang stehen kann. Das IDW vertritt in seinem Hinweis die Auffassung, dass dies so ist und der Komponentenansatz dem Einzelbewertungsgrundsatz nicht entgegensteht. Vielmehr werde durch die komponentenweise Abschreibung der Betrag, der in der jeweiligen Periode als Aufwand zu erfassen ist realitätsnäher bestimmt.

Einen weiteren Bilanzierungsgrundsatz stellt das **Konzept des einheitlichen Nutzungs- und Funktionszusammenhangs** dar. Auch gegen ebendiesen verstößt der Komponentenansatz nicht, da der Vermögensgegenstand als solcher durch den Komponentenansatz nicht aufgeteilt wird. Vielmehr betrifft der Komponentenansatz die Art der Abschreibung, also der Verteilung der Anschaffungskosten sowie die bilanzielle Abbildung der Erhaltungsinvestitionen (vgl. IDW RH HFA 1.016, Tz. 9).

Im Rahmen der Folgebewertung von Vermögensgegenständen des Sachanlagevermögens ist regelmäßig ein **Niederstwerttest** zu machen, ob über die planmäßige Abschreibung hinaus Abschreibungsbedarf aufgrund von Wertminderungen besteht (§ 253 Abs. 3 Satz 3 HGB). Unter Anwendung des Komponentenansatzes könnte man überlegen, was Gegenstand dieses Tests sein könnte. Da jedoch wie bereits ausgeführt durch die Anwendung des Komponentenansatzes lediglich die Art der Abschreibung und nicht der Vermögensgegenstand selbst beeinflusst wird, ist auch der Vermögensgegenstand insgesamt Objekt des Niederstwerttests. Das bedeutet, dass vorhandene stille Lasten einer Komponente, die durch stille Reserven einer anderen Komponente kompensiert werden, nicht zu außerplanmäßigen Abschreibungen führen. Kommt man infolge eines Niederstwerttests zum Ergebnis, dass eine außerplanmäßige Abschreibung vorzunehmen ist, so ist der Abschreibungsbedarf sachgerecht auf die Komponenten zu verteilen. Ob eine **Wertminderung von Dauer** ist oder nicht, hängt von der Entwicklung des Buchwerts im Verhältnis zum beizulegenden Wert (Marktwert) ab. Da die Anwendung des Komponentenansatzes in den ersten Perioden i.d.R. zu höheren planmäßigen Abschreibungen als bei einheitlicher Abschreibung führt, kann die Anwendung des Komponentenansatzes dazu führen, dass eine außerplanmäßige Abschreibung nicht erforderlich ist. Sollte der Grund für die Vornahme einer außerplanmäßigen Abschreibung später nicht mehr bestehen, so ist zwingend eine Zuschreibung bis maximal zur Höhe der fortgeführten Anschaffungs- oder Herstellungskosten vorzunehmen. Der Zuschreibungsbetrag ist erneut auf die einzelnen Komponenten aufzuteilen.

> **Vortragszeit: 3/9 Minuten**

V. Fazit

Mit dem Bilanzrechtsmodernisierungsgesetz wurden im Handelsgesetzbuch Anpassungen nach dem Vorbild der Internationalen Rechnungslegungsstandards umgesetzt, wie unter anderem das Verbot von Aufwandsrückstellungen. Dadurch wurde es den Bilanzierenden unmöglich Rückstellungen für künftige Aufwendungen zu bilden, die jedoch eine verursachungsgerechtere Verteilung dieser abbilden würden. Andere Vorschriften der IFRS wie die Möglichkeit zur komponentenweisen Abschreibung von Sachanlagevermögen wurden vom deutschen Gesetzgeber nicht übernommen. Als Reaktion auf den Protest des Mittelstandes erörtert das IDW die handelsrechtliche Zulässigkeit von einer komponentenweisen Abschreibung von Sachanlagen in einem gesonderten Rechnungslegungshinweis. Dabei werden Aufwendungen für Großreparaturen und -inspektionen jedoch explizit ausgenommen, sodass auch trotz dieses Hinweises keine gleichwertige Alternative zu Aufwandsrückstellungen geschaffen wurde. Insbesondere im Hinblick auf die praktische Anwendung muss Klarheit darüber bestehen, dass die nachzuhaltenden Informationen und zu treffenden Vorkehrungen deutlich höher sind als bei einheitlicher Abschreibung.

Vielen Dank für Ihre Aufmerksamkeit.

> **Vortragszeit: 1/10 Minuten**

Vortrag 56
Handelsbilanzielle Behandlung von Zuschüssen der öffentlichen Hand (Prüfungswesen)

Sehr geehrte/r Frau/Herr Vorsitzende/r, sehr geehrte Prüfungskommission,
aus den mir zur Auswahl gestellten Themen habe ich mich für das Thema „**Handelsbilanzielle Behandlung von Zuschüssen der öffentlichen Hand**" entschieden. Meinen Vortrag gliedere ich wie folgt:

I.	Einführung
II.	Begriffsabgrenzungen
III.	Bilanzierung von nicht rückzahlbaren Zuwendungen
IV.	Bilanzierung von bedingt rückzahlbaren Zuwendungen
V.	Prüfungsaspekte
VI.	Fazit

Vortragszeit: 0,5 Minuten

I. Einführung

So facettenreich **öffentliche Förderungen** ausgestaltet sein können, so facettenreich ist ihre Bilanzierung. Prägend ist dabei häufig die steuerliche Behandlung. Das IDW hat daher in der Stellungnahme des HFA 1/1984 Bilanzierungsfragen bei Zuwendungen, dargestellt am Beispiel finanzieller Zuwendungen der öffentlichen Hand beantwortet. Dabei wird nicht auf unbedingt rückzahlbare Zuwendungen eingegangen, da diese als Fremdkapital, genauer Verbindlichkeiten, zu bilanzieren sind und insofern keine Fragen aufwerfen. Ebenfalls eindeutig ist die Bilanzierung, wenn der Zuwendende durch die Mittel dem Gesellschaftskapital zuführt oder dem Unternehmen Sachzuwendungen und sonstige Vorteile, wie zum Beispiel Zinsvorteile oder Bürgschaften zuwendet.

Vortragszeit: 0,5/1 Minute

II. Begriffsabgrenzungen

Unter **finanziellen Zuwendungen** sind im Allgemeinen Zahlungen an einen Berechtigten zu verstehen (vgl. IDW HFA 1/1984 Bilanzierungsfragen bei Zuwendungen, dargestellt am Beispiel finanzieller Zuwendungen der öffentlichen Hand, Abschnitt 1). Es gibt vielfältige Bezeichnungen wie beispielsweise Beihilfen, Prämien, Subventionen, Zulagen und Zuschüsse. Eine konkrete Legaldefinition nach deutschem Recht gibt § 264 Abs. 7 StGB. Danach ist eine **Subvention** eine Leistung aus öffentlichen Mitteln nach Bundes- oder Landesrecht an Betriebe oder Unternehmen, die wenigstens zum Teil ohne marktmäßige Gegenleistung gewährt wird und der Förderung der Wirtschaft dienen soll. Im Rahmen des Europarechts wird für Subvention der Begriff staatliche Beihilfe verwendet. Diese Beihilfen werden über § 264 Abs. 7 Nr. 2 StGB in den Subventionsbegriff des deutschen StGB einbezogen.

Steuerpflichtige Zuwendungen werden als Zuschüsse und steuerfreie Zuwendungen als Zulagen bezeichnet (vgl. IDW HFA 1/1984, Abschnitt 1). Ihre Gewährung bezieht sich im Wesentlichen entweder auf Investitionen oder auf Aufwendungen. Vor allem **Investitionszuschüsse** werden häufig mit einer Bindungsdauer belegt, in der der geförderte Vermögensgegenstand weder veräußert, noch aus der Betriebsstätte entfernt werden darf. Bei Nichteinhaltung dieser Frist folgt eine vollständige oder teilweise Rückzahlungspflicht.

Im Hinblick auf die Bilanzierung sind insbesondere nicht rückzahlbare oder nur bedingt rückzahlbare Zuwendungen zu unterscheiden. Bei bedingt rückzahlbaren Zuwendungen ist die Rückzahlungspflicht von dem Eintritt oder Ausbleiben bei der Gewährung festgelegter Bedingungen abhängig.

Vortragszeit: 1/2 Minuten

III. Bilanzierung von nicht rückzahlbaren Zuwendungen

Nicht rückzahlbare Zuwendungen stellen für das empfangene Unternehmen zusätzliche Finanzierungs-mittel dar. Es handelt sich hierbei nicht um Eigenkapital und auch mangels Rückzahlungspflicht nicht um Fremdkapital. Sie müssen daher als Erfolgsbeiträge in der Gewinn- und Verlustrechnung ihren Niederschlag finden. Die Gewährung von nicht rückzahlbaren Zuwendungen ist häufig an bestimmte Voraussetzungen geknüpft, dementsprechend hängen die bilanzielle Behandlung und der zutreffende Erfolgsausweis von diesen Voraussetzungen ab. Bei Investitionszuschüssen ist zu beachten, dass diese sachgerecht über den Zeitraum der Nutzungsdauer des geförderten Vermögensgegenstandes verteilt werden. Aufwandszuschüsse sollten in den Zeiträumen erfolgswirksam werden, in denen der Aufwand zu dessen Deckung sie dienen, anfällt.

Die sofortige vollständige **erfolgswirksame Vereinnahmung** ist grundsätzlich nicht sachgerecht. Aus-nahmen von dieser Regel können geboten sein, wenn für den bezuschussten Vermögensgegenstand eine Verteilung über die Nutzungsdauer nicht mehr erforderlich ist, weil beispielsweise eine außerplanmäßige Abschreibung vorgenommen wurde und hierdurch die künftigen Geschäftsjahre bereits von Aufwand entla-stet sind (vgl. IDW HFA 1/1984, Abschn. 2a).

Hinsichtlich des **Zeitpunkts der Bilanzierung** ist Folgendes zu beachten: Der Anspruch auf eine Zuwen-dung ist als Forderung zu aktivieren, wenn das Unternehmen am Bilanzstichtag die Voraussetzungen für die Gewährung der Zuwendung erfüllt und bis zur Aufstellung des Abschlusses diese Zuwendung bewilligt wurde. Basiert die Gewährung der Zuwendung auf einem rechtlichen Anspruch, ist eine Forderung einzu-buchen, wenn das Unternehmen zum Bilanzstichtag die Voraussetzungen erfüllt und bis zur Aufstellung des Abschlusses der erforderliche Antrag gestellt ist oder verlässlich mit der Antragstellung gerechnet werden darf (vgl. IDW HFA 1/1984, Abschnitt 2b). Wird eine nicht rückzahlbare Zuwendung ausbezahlt, bevor die Voraussetzungen dafür erfüllt sind, so ist die Zuwendung als sonstige Verbindlichkeit zu passivieren bis er bestimmungsgemäß verwendet ist.

Ist die grundsätzlich nicht rückzahlbare Zuwendung mit einer sogenannten auflösenden Bedingung ver-sehen, so ist eine **Passivierung der Rückzahlungsverpflichtung** erst dann geboten, wenn die Nichteinhal-tung feststeht, beabsichtigt oder zu erwarten ist. In Betracht kommen beispielsweise Bindungsfristen bei Investitionszuschüssen die den Zuwendungsempfänger verpflichten, ein gefördertes Anlagengut innerhalb der Frist nicht zu veräußern.

Hinsichtlich des **Ausweises** von Zuwendungen ist wiederum zwischen Investitions- und Aufwands-zuschüssen zu unterscheiden: Für den Bilanzierenden gibt es im Handelsrecht zwei Möglichkeiten zur Erfassung von Investitionszuwendungen: die direkte und indirekte Methode. Der internationale Rechnungs-legungsstandard IAS 20 „Bilanzierung und Darstellung von Zuwendungen der öffentlichen Hand" kennt ebenfalls diese Methoden.

Bei der **direkten Methode** werden die Zuwendungen von den Anschaffungskosten des Vermögensge-genstandes abgesetzt, sodass sich in der Folge die Abschreibungen auf das Sachanlagevermögen um die zeitanteiligen Beträge der Zuwendungen vermindern.

Bei der **indirekten Methode** wird ein Sonderposten auf der Passivseite gebildet. Dieser Sonderposten ist nicht mit dem „Sonderposten mit Rücklageanteil" nach dem HGB a.F. zu verwechseln, sondern wird dem Bilanz-Gliederungsschema hinzugefügt (vgl. § 265 Abs. 5 Satz 2 HGB). Ein Ausweis unter den Rück-lagen, der Rechnungsabgrenzungsposten oder ein Ausweis unter Wertberichtigungen ist nicht zulässig. Es ist darauf zu achten, dass der Charakter des Passivpostens aus der Bezeichnung hervorgeht. Das IDW emp-fiehlt die Bezeichnung „Sonderposten für Investitionszuschüsse zum Anlagevermögen" (IDW HFA 1/1984, Abschn. 2d1). Die erfolgswirksame Auflösung erfolgt ratierlich entsprechend der Nutzungsdauer des Ver-mögensgegenstands und ist entweder als gesonderter Posten, als Absetzung von den Abschreibungen oder unter den sonstigen betrieblichen Erträgen auszuweisen.

Aufwandszuschüsse sind im Fall der notwendigen Abgrenzung nach den Umständen des Einzelfalls als sonstige Verbindlichkeiten oder als passive Rechnungsabgrenzungen auszuweisen. In der Gewinn- und Verlustrechnung sind vereinnahmte Aufwandszuschüsse unter den sonstigen betrieblichen Erträgen auszuweisen. Eine Verrechnung mit den entsprechenden Aufwendungen ist aufgrund des grundsätzlichen Saldierungsverbots unzulässig. Möglich ist allenfalls eine offene Absetzung (vgl. IDW HFA 1/1984, Abschn. 2d2).

> **Vortragszeit: 3/5 Minuten**

IV. Bilanzierung von bedingt rückzahlbaren Zuwendungen

Bedingt rückzahlbare Zuwendungen kommen in der Praxis häufig und in verschiedensten Formen vor. Die Bilanzierung hängt daher von der konkreten Ausgestaltung der Bedingungen im Einzelfall ab. Das IDW geht in seiner Stellungnahme auf folgende Beispiele ein:

- Sehen die Zuwendungsbedingungen vor, dass Zuschüsse zurückzuzahlen sind, sofern Gewinne erzielt werden, so stellt dies eine vertragliche Gewinnverfügung dar. Es sind in Höhe des Anteils am Gewinn im Jahr der Gewinnerzielung entsprechende Verbindlichkeiten zu bilden. Etwaige nicht zu bilanzierende Verpflichtungen sind im Anhang gemäß § 264 Abs. 2 Satz 2 HGB anzugeben. In Betracht kommen solche vertraglichen Bedingungen beispielsweise bei Sanierungszuschüssen.

- Sehen die Zuwendungsbedingungen vor, dass Zuschüsse zur Förderung bestimmter Projekte zurückzuzahlen sind, sofern die Projekte zu Erlösen führen oder profitabel sind, handelt es sich um eine vertragliche Risikobeteiligung des Zuschussgebers an dem Projekt. Führt eine etwaige Rückzahlungspflicht zu einer wirtschaftlichen Belastung für das Unternehmen, ist diese zu passivieren. Führt demnach das Projekt zu einem Erfolg, ist dementsprechend eine sonstige Verbindlichkeit zu passivieren. Gegebenenfalls, wenn damit gerechnet werden muss, dass die Rückzahlung nicht aus den Gewinnen des Projekts erfolgen kann, ist eine Rückstellung für drohende Verluste aus schwebenden Geschäften zu bilden. Bei der Bewertung der Rückstellung ist insbesondere zu berücksichtigen, ob das Unternehmen verpflichtet ist, das Projekt weiter zu betreiben.

- Sehen die Zuwendungsbedingungen vor, dass die Zuwendung grundsätzlich binnen eines Zeitraums zurückzuzahlen ist, diese Verpflichtung jedoch entfällt, wenn das mit der Förderung bezweckte Ziel nicht erreicht wird, gilt folgendes: So lange die Verpflichtung noch nicht entfällt, ist in der Bilanz eine sonstige Verbindlichkeit auszuweisen.

> **Vortragszeit: 2/7 Minuten**

V. Prüfungsaspekte

Anregungen für Aspekte, die bei der **Prüfung von Zuschüssen der öffentlichen Hand** zu beachten sind bietet unter anderem der IDW Prüfungsstandard 700 zur „Prüfung von Beihilfen nach Art. 107 AEUV insbesondere zugunsten öffentlicher Unternehmen" (vgl. IDW PS 700 Prüfung von Beihilfen nach Artikel 107 AEUV insbesondere zugunsten öffentlicher Unternehmen (Stand: 07.09.2011)). Dieser Standard behandelt zwar einen Spezialfall, seine grundsätzlichen Aussagen lassen sich jedoch auch auf generell für die Prüfung von Zuschüssen übertragen. Nach IDW PS 700 hat der Abschlussprüfer im Rahmen von Jahresabschlussprüfungen zu beurteilen, ob Beihilfen im Jahresabschluss ordnungsgemäß abgebildet und die erforderlichen Angaben im Lagebericht gemacht worden sind (vgl. IDW PS 700, Tz. 2). Hierbei sollte der Abschlussprüfer insbesondere folgende Prüfungsaspekte beurteilen:

Bereits im Rahmen der Gewinnung eines Verständnisses von dem zu prüfenden Unternehmen und dessen rechtlichen und wirtschaftlichen Umfelds hat der Abschlussprüfer festzustellen, ob das zu prüfende Unternehmen Beihilfen oder andere Zuwendungen erhalten hat. Auf dieser Basis soll dann beurteilt werden, ob die erhaltenen Mittel ordnungsgemäß gewährt wurden und korrekt im Jahresabschluss und Lagebericht abgebildet sind. Insbesondere sind **mögliche Rückzahlungsverpflichtungen** zu identifizieren und hinsichtlich ihrer Auswirkungen auf Jahresabschluss und Lagebericht zu beurteilen.

Nach der Beurteilung der sich aus den gewährten Beihilfen ergebenden Fehlerrisiken hat der Abschlussprüfer Art und Umfang weiterer Prüfungshandlungen festzulegen (vgl. IDW PS 700, Tz. 40).

In Betracht kommen Prüfungshandlungen zur Überprüfung, ob etwaige Verwendungsvorgaben eingehalten wurden, ob die Zahlungseingänge den Bescheiden über die Mittel entsprechen, ob der Zeitpunkt der Bilanzierung korrekt gewählt wurde oder die Erträge periodengerecht verbucht wurden.

Auf der Grundlage der durchgeführten Prüfungshandlungen muss der Abschlussprüfer abschließend würdigen, ob er **angemessene und ausreichende Prüfungsnachweise** erhalten hat, um mit hinreichender Sicherheit sein Prüfungsurteil treffen zu können. Auswirkungen auf den Bestätigungsvermerk sind nach dem IDW PS 400 zu beurteilen (vgl. IDW PS 700, Tz. 49): Sind die Mittel unzulässigerweise gewährt worden und resultieren daraus wesentlich falsche Angaben im Jahresabschluss, so hat der Abschlussprüfer im Prüfungsbericht darüber zu berichten und den Bestätigungsvermerk einzuschränken oder zu versagen. Hat das zu prüfende Unternehmen im Lagebericht unangemessen über die mit den Zuschüssen verbundenen Risiken Bericht erstattet, so ist der Bestätigungsvermerk ebenfalls einzuschränken und im Prüfungsbericht darüber zu informieren.

An dieser Stelle sei insbesondere auf Folgendes hingewiesen: Liegt aufgrund der Passivierung einer Rückzahlungsverpflichtung eine Überschuldung vor oder ist von einer **Zahlungsunfähigkeit** auszugehen, ist der Bestätigungsvermerk zu versagen, sofern das zu prüfende Unternehmen den Jahresabschluss unzulässigerweise unter der Annahme des Going-concerns aufgestellt hat (vgl. IDW PS 700, Tz. 52 ff.).

Kann der Abschlussprüfer die **Ordnungsmäßigkeit der Zuschussbilanzierung** nicht beurteilen, so liegt ein Prüfungshemmnis vor und der Bestätigungsvermerk ist einzuschränken. Sind die Prüfungshemmnisse in Summe so wesentlich, dass der Abschlussprüfer nicht in der Lage ist, ein positives Gesamturteil abzugeben, ist ein Versagungsvermerk zu erteilen (vgl. IDW PS 700, Tz. 60).

> **Vortragszeit: 2/9 Minuten**

V. Fazit

Abschließend ist festzuhalten, dass die ordnungsgemäße Bilanzierung und Lageberichterstattung von Zuschüssen der öffentlichen Hand eine vollständige tatsächliche Identifizierung und zutreffende rechtliche Beurteilung der Zuwendungen erfordert. Dies ist unter der teilweise sehr schwierigen Auslegung der Verträge über die Gewährung unerlässlich. Hier sind in erster Linie die gesetzlichen Vertreter des Unternehmens gefragt, die die Risiken im Jahresabschluss und Lagebericht konkret darstellen müssen, insbesondere im Hinblick auf Rückforderungsansprüche, die zu einer möglichen Überschuldung führen können.

Vielen Dank für Ihre Aufmerksamkeit.

> **Vortragszeit: 1/10 Minuten**

Vortrag 57
Fortführungsprognose und Fortbestehensprognose (Definieren Sie die beiden Begriffe nach Inhalt und Bedeutung und grenzen Sie sie gegeneinander ab) (Prüfungswesen)

Sehr geehrte/r Frau/Herr Vorsitzende/r, sehr geehrte Prüfungskommission,
aus den mir zur Auswahl gestellten Themen habe ich mich für das Thema „**Fortführungsprognose und Fortbestehensprognose (Definieren Sie die beiden Begriffe nach Inhalt und Bedeutung und grenzen Sie sie gegeneinander ab)**" entschieden. Meinen Vortrag gliedere ich wie folgt:

I.	Begriffliche Grundlagen und Abgrenzungen
II.	Die handelsrechtliche Fortführungsprognose
III.	Insolvenzrechtliche Fortbestehensprognose
IV.	Fazit

> **Vortragszeit: 0,5 Minuten**

I. Begriffliche Grundlagen und Abgrenzungen

Ein in § 252 Abs. 1 Nr. 2 HGB kodifizierter Grundsatz ordnungsgemäßer Buchführung und damit konzeptionelle Bedingung eines Jahresabschlusses ist die Annahme der Unternehmensfortführung. Diese Annahme gilt als gesetzliche Regelvermutung („**Going-Concern-Prinzip**"). Von dieser ist auszugehen, wenn das Unternehmen nachhaltige Gewinne erzielt hat, es problemlos auf finanzielle Mittel zugreifen kann, keine bilanzielle Überschuldung droht und die Fortführung des Unternehmens beabsichtigt ist (vgl. IDW PS 270, Tz. 1 und 9). Bestehen Anzeichen auf bestandsgefährdende Risiken, so sind die gesetzlichen Vertreter der Gesellschaft verpflichtet, Untersuchungen zur Unternehmensfortführung anzustellen. Sie sind verpflichtet, eine **Fortführungsprognose** zu erstellen. Eine positive handelsrechtliche Fortführungsprognose setzt voraus, dass die Insolvenzgründe Zahlungsunfähigkeit und Überschuldung im Planungszeitraum (mindestens 12 Monate) nicht eintreten, keine Zahlungsunfähigkeit droht und auch keine anderen rechtlichen oder tatsächlichen Gegebenheiten der Annahme der Unternehmensfortführung im Wege stehen (vgl. IDW Standards Anforderungen an die Erstellung von Sanierungskonzepten (IDW S 6); (Stand: 20.08.2012), Tz. 85).

Von dieser handelsrechtlichen Fortführungsprognose ist die **insolvenzrechtliche Fortbestehensprognose nach § 19 Abs. 2 Satz 1 InsO** zu unterscheiden. Nach § 19 Abs. 2 InsO haben die gesetzlichen Vertreter einen Insolvenzantrag zu stellen, sobald das Vermögen der Gesellschaft die bestehenden Verbindlichkeiten nicht mehr deckt – es sei denn, die Fortführung des Unternehmens ist den Umständen nach überwiegend wahrscheinlich. Zur Beurteilung der Fortführungsfähigkeit ist eine insolvenzrechtliche Fortbestehensprognose zu erstellen. Diese ist eine Zahlungsfähigkeitsprognose und muss aufzeigen, ob die Gesellschaft im laufenden und folgenden Geschäftsjahr ihre fälligen Zahlungsverpflichtungen bedienen kann oder eine Zahlungsunfähigkeit droht (der IDW-Prüfungsstandard: Beurteilung eingetretener oder drohender Zahlungsunfähigkeit bei Unternehmen (IDW PS 800); (Stand: 06.03.2009), Tz. 21), spricht von einem „Finanzplan", aus dem die Fortbestehensprognose abgeleitet wird. Die Beurteilung erfolgt mithilfe von sorgfältigen Analysen von Verlustursachen, eines Finanzierungsplans sowie unter Berücksichtigung der Zukunftsaussichten der Gesellschaft. Die Auswirkungen geplanter Sanierungsmaßnahmen sind in diese Überlegungen einzubeziehen. Eine positive Aussage kann getroffen werden, wenn die geplanten Einzahlungen mit überwiegender Wahrscheinlichkeit die geplanten Auszahlungen decken. Eine insolvenzrechtliche Überschuldung liegt demnach nur dann vor, wenn die Fortbestehensprognose ungünstig, d.h. die Liquidation oder Zahlungsunfähigkeit wahrscheinlich und das nach Liquidationswerten zu bewertende Vermögen zur Befriedigung der Gläubiger im Liquidationsfall unzureichend ist.

Letztlich kann eine **negative insolvenzrechtliche Fortbestehensprognose** auch die handelsrechtliche Fortführungsprognose beeinflussen. Es ist allerdings zu beachten, dass auch im eröffneten Insolvenzverfahren eine positive Fortführungsannahme gerechtfertigt sein kann, wenn hinreichende Sicherheit besteht, dass das Unternehmen im Insolvenzplanverfahren saniert werden kann (vgl. IDW Stellungnahme zur Rechnungslegung: Auswirkungen einer Abkehr von der Going-Concern-Prämisse auf den handelsrechtlichen Abschluss (IDW RS HFA 17); (Stand: 10.06.2011), Tz. 3, sowie IDW Rechnungslegungshinweis: Externe (handelsrechtliche) Rechnungslegung im Insolvenzverfahren (IDW RH HFA 1.012); (Stand: 10.06.2011), Tz. 36)).

> **Vortragszeit: 2,5/3 Minuten**

II. Die handelsrechtliche Fortführungsprognose

Verantwortlich für die Erstellung der handelsrechtlichen Fortführungsprognose sind die gesetzlichen Vertreter. Grundlegende Voraussetzung ist die Erstellung einer **integrierten Unternehmensplanung**. Dabei werden – ausgehend von der bisherigen Entwicklung – alle für die zukünftige Entwicklung maßgeblichen Daten zusammentragen und die bisherige Planung auf dieser Basis für den Planungszeitraum fortgeschrieben. Sie ist wesentliche Grundlage der Prognose und damit des Jahresabschlusses und muss zwingend konsistent mit der Darstellung im Jahresabschluss und Lagebericht sein.

Bei der **Erstellung von Prognosen** sind bestimmte **Grundsätze** zu beachten:

- **Grundsatz der Vollständigkeit:** Prognosen müssen aus der Sicht der Unternehmensleitung sämtliche Informationen enthalten, die erforderlich sind, dass ein sachverständiger Dritter die zukünftige Entwicklung der Gesellschaft beurteilen kann. Es sind alle zum Entscheidungszeitpunkt bekannten und absehbaren Chancen und Risiken darzustellen.

- **Grundsatz der Verlässlichkeit:** Prognosen müssen nachvollziehbar sein. Die getroffenen Annahmen müssen plausibel und konsistent gegenüber dem Jahresabschluss und der Lageberichterstattung sein.
- **Grundsatz der Vermittlung der Sicht der Unternehmensleitung:** Prognosen sollen die Lage der Gesellschaft aus Sicht der Unternehmensleitung zeigen. Dies gilt insbesondere für die Einschätzung der Chancen und Risiken.

Der **Prognosezeitraum** erstreckt sich für die handelsrechtliche Fortführungsprognose grundsätzlich auf mindestens zwölf Monate ab dem Abschlussstichtag. In bestimmten Fällen kann es sachgerecht sein, den Prognosezeitraum zu verlängern. Dies kann dann geboten sein, wenn zum Beispiel längere Produktionszyklen abgebildet werden sollen oder anderweitige Gründe dafür sprechen (vgl. IDW PS 270, Tz. 8). Ein längerer Prognosezeitraum kann auch dann geboten sein, wenn aufgrund von Anhaltspunkten eine insolvenzrechtliche Fortbestehensprognose erstellt werden muss, deren Prognosezeitraum weiter reicht (vgl. IDW S 6, Tz. 13; IDW PS 800, Tz. 51).

Der Prognose haben die gesetzlichen Vertreter ihre Beurteilung über die Entwicklung des Marktumfelds und des Unternehmens selbst zugrunde zu legen. Bei vorliegender Bestandsgefährdung sind die gesetzlichen Vertreter darüber hinaus verpflichtet, Maßnahmen anzugeben, mithilfe derer sie die Krise überwinden wollen (vgl. IDW PS 270, Tz. 26; IDW S 6, Tz. 13).

Als Ergebnis sind die Erkenntnisse aus der Prognose des wirtschaftlichen Umfelds, der Unternehmensentwicklung und der Durchführbarkeit von Maßnahmen zu einer **Gesamtaussage über die Tragfähigkeit der Annahme der Unternehmensfortführung** zu aggregieren. Sofern sich aus der Aggregation ergibt, dass es sich um eine Bestandsgefährdung handelt, aber (noch) kein Insolvenzgrund vorliegt, muss eine abschließende Einschätzung vorgenommen werden, ob diese der Annahme der Unternehmensfortführung entgegenstehen.

Die Prognose sowie die Gesamtaussage der gesetzlichen Vertreter sind angemessen zu **dokumentieren** (Ableitung aus § 238 Abs. 1 HGB, insbesondere Satz 2). Die Anforderungen an den Detaillierungsgrad der Dokumentation erhöhen sich, je konkreter die Anhaltspunkte für eine Gefährdung der Unternehmensfortführung sind.

> **Vortragszeit: 3/6 Minuten**

III. Insolvenzrechtliche Fortbestehensprognose

Gemäß § 15a InsO sind die gesetzlichen Vertreter einer Gesellschaft verpflichtet, ohne schuldhaftes Zögern auf Zahlungsunfähigkeit oder Überschuldung zu reagieren. Mindestens um den Nachweis hierzu erbringen zu können, müssen die gesetzlichen Vertreter die wirtschaftliche Lage des Unternehmens laufend beobachten. Diese Verpflichtung ergibt sich zwar bereits aus der allgemeinen Sorgfaltspflicht des ordentlichen und gewissenhaften Geschäftsleiters, sie ist allerdings auch erforderlich, um sich im Falle der Insolvenz vor Haftung und Strafbarkeit wegen Insolvenzverschleppung zu schützen (zu den strafrechtlichen Konsequenzen eines zu spät gestellten Insolvenzantrags vgl. § 15a Abs. 4 und 5 InsO, §§ 238 f. StGB). Unabhängig hiervon, ist auch der Abschlussprüfer verpflichtet, neben der Prüfung der handelsrechtlichen Fortführungsprognose die gesetzlichen Vertreter auf diesen Gesetzesverstoß hinweisen.

Im fortgeschrittenen Krisenverlauf haben die gesetzlichen Vertreter eine insolvenzrechtliche Fortbestehensprognose zu erstellen, um eine Aussage über das Vorliegen der Insolvenzgründe der Zahlungsunfähigkeit (vgl. IDW PS 800) sowie der Überschuldung (vgl. IDW Stellungnahme des Fachausschusses Recht 1/1996: Empfehlungen zur Überschuldungsprüfung bei Unternehmen (IDW St/FAR 1/1996)) zu treffen. Diese leitet sich, wie die handelsrechtliche Betrachtung, aus der Vermögens-, Finanz- und Ertragslage des Unternehmens ab. Hinsichtlich der zu beachtenden Grundsätze, der Grundbestandteile und der Dokumentation gelten die gleichen Anforderungen wie bei der Fortführungsprognose (vgl. Positionspapier des IDW: Zusammenwirken von handelsrechtlicher Fortführungsannahme und insolvenzrechtlicher Fortbestehensprognose (Stand: 13.08.2012)). Da sie jedoch allein auf die Finanzkraft eines Unternehmens abzielt, setzt die Fortbestehensprognose einen **Finanzplan** basierend auf einem Unternehmenskonzept voraus (vgl. IDW St/FAR 1/1996, Abschn. 2.1; IDW S 6, Tz. 83). Die Aufstellung des Finanzplans ist die zweite Stufe der Prüfung von **Zahlungsunfähigkeit**. Basierend auf einem sogenannten Finanzstatus, welcher Aufschluss darüber gibt, ob am Stichtag der Prüfung sämtliche fälligen Verbindlichkeiten durch das verfügbare Finanzpotenzial gedeckt werden können. Im Gegensatz dazu gibt der Finanzplan Auskunft darüber, ob die eingetretene Zahlungsunfähigkeit nicht bloß eine Zahlungsstockung ist, sondern über einen Zeitraum von mindestens 3 Wochen anhält. Der Finanzplan soll in der Regel über einen Zeitraum von vier bis sechs Wochen, gerechnet ab dem Datum der Aufstellung des Finanzstatus, sämtliche Zahlungsein- und -ausgänge darstellen. Im Rahmen dieser Betrachtung dürfen neben den erwarteten Liquiditätsströmen aus der laufenden Geschäftätigkeit auch außerordentliche Geschäfte zur Hebung von Liquiditätsreserven berücksichtigt werden. Beispielhaft zu nennen seien hier die Veräußerung von nicht betriebsnotwendigem Vermögen, Sale-and-lease-back-Geschäfte oder von den Anteilseignern zugesagte Liquiditätshilfen mit den entsprechenden Folgeauswirkungen (vgl. IDW PS 800, Tz. 22).

Insolvenzrechtlich ist ein Unternehmen dann nicht überschuldet, wenn die Fortführung des Unternehmens überwiegend wahrscheinlich ist (§ 19 Abs. 2 InsO). Jeder Planung ist immanent, dass die zugrunde liegenden Annahmen nicht sicher sind. Naturgemäß ist deshalb auch die insolvenzrechtliche Fortbestehensprognose mit Unsicherheit behaftet. Es kommt also umso mehr darauf an, dass die getroffenen Annahmen begründbar sind. Wenn nach Abwägen aller relevanten Umstände mehr Gründe für das Fortbestehen der Gesellschaft sprechen als dagegen, kann eine positive Fortbestehensprognose gegeben werden. Maßgeblich ist hier, wie auch bei der handelsrechtlichen Fortführungsprognose, die Sicht der gesetzlichen Vertreter.

Der **Prognosezeitraum** für insolvenzrechtliche Fortbestehensprognosen ist gesetzlich nicht geregelt. Die h.M. geht davon aus, dass die Planung mittelfristig, d.h. für das laufende und das folgende Geschäftsjahr, anzulegen ist (vgl. IDW S 6, Tz. 13; IDW PS 800, Tz. 51).

> **Vortragszeit: 3/9 Minuten**

IV. Fazit

Die insolvenzrechtliche Fortbestehensprognose und die handelsrechtliche Fortführungsprognose haben unterschiedliche Zwecke und sind verschieden ausgestaltet. Eine Abgrenzung zwischen diesen beiden Begriffen ist insbesondere aufgrund der unklaren Erwartungshaltungen von Abschlussadressaten erforderlich. Denn von einer Abschlussprüfung kann grundsätzlich nicht erwartet werden, dass sie Sicherheit über die künftige Lebensfähigkeit vermittelt (vgl. Positionspapier des IDW: Zusammenwirken von handelsrechtlicher Fortführungsannahme und insolvenzrechtlicher Fortbestehensprognose (Stand: 13.08.2012)).

Vielen Dank für Ihre Aufmerksamkeit

> **Vortragszeit: 1/10 Minuten**

Vortrag 58
Die Erstellung von Jahresabschlüssen durch den Wirtschaftsprüfer hinsichtlich der einzelnen Auftragsarten bezüglich Inhalt, Auftragsdurchführung und Berichterstattung (Prüfungswesen)

Sehr geehrte/r Frau/Herr Vorsitzende/r, sehr geehrte Prüfungskommission,
aus den mir zur Auswahl gestellten Themen habe ich mich für das Thema „**Die Erstellung von Jahresabschlüssen durch den Wirtschaftsprüfer hinsichtlich der einzelnen Auftragsarten bezüglich Inhalt, Auftragsdurchführung und Berichterstattung**" entschieden. Meinen Vortrag gliedere ich wie folgt:

I.	Einführung und Hintergrund
II.	Inhalt der Erstellung
III.	Auftragsannahme und -durchführung
IV.	Berichterstattung
V.	Fazit

Vortragszeit: 0,5 Minuten

I. Einführung und Hintergrund

Die **Pflicht zur Aufstellung des Jahresabschlusses** liegt grundsätzlich in der Verantwortung der gesetzlichen Vertreter (§ 242 Abs. 1-3 ggf. i.V.m. §§ 264 Abs. 1, 264a HGB). Anders jedoch als die der Erstellung zugrunde liegenden Entscheidungen können die mit der Erstellung verbundenen Arbeiten sehr wohl auf externe Sachverständige übertragen werden.

Nicht selten sind **Wirtschaftsprüfer zugleich auch Steuerberater** und bieten, mit oder ohne Steuerberater-Titel, klassische Steuerberatungsleistungen, wie zum Beispiel die Erstellung von Jahresabschlüssen an. Um Unsicherheiten darüber zu begegnen, wie Bescheinigungen bei Aufträgen zu erteilen sind, die die Erstellung eines Jahresabschlusses mit gleichzeitiger Plausibilitätsbeurteilung beinhalten, hat das **IDW** einen **Standard** erlassen, der eben dieses Thema behandelt (IDW Standard: Grundsätze für die Erstellung von Jahresabschlüssen (IDW S 7)).

Wenn ein Wirtschaftsprüfer von Mandanten mit der Erstellung von Jahresabschlüssen beauftragt wird, hat er auch hierbei die **Vorschriften der WPO** sowie die **Berufspflichten** zu beachten (vgl. IDW S 7, Tz. 2).

Vortragszeit: 0,5/1 Minute

II. Inhalt der Erstellung

Jeder Erstellungsauftrag beinhaltet die Entwicklung der **Bilanz** sowie der **Gewinn- und Verlustrechnung** aus der Buchführung sowie, falls notwendig, die Aufstellung eines Anhangs und/oder weiterer Abschlussbestandteile. Ein etwaiger **Lagebericht** ist stets von den gesetzlichen Vertretern aufzustellen, da dieser ihre Sicht auf die Lage des Unternehmens präsentiert.

Der Auftrag beinhaltet darüber hinaus immer die erforderliche Dokumentation, eine Bescheinigung über die Erstellung sowie gegebenenfalls einen Erstellungsbericht. Die Entscheidung über die Ausübung bilanzieller Wahlrechte obliegt in jedem Fall den gesetzlichen Vertretern. Hierzu gehören neben den Entscheidungen über materielle und formelle Gestaltungsmöglichkeiten, aber auch Entscheidungen über die Anwendung von Aufstellungs- und Offenlegungserleichterungen.

Der IDW S 7 sieht drei verschiedene Auftragsarten zur Erstellung von Jahresabschlüssen vor:
- erstens die Erstellung ohne Beurteilungen,
- zweitens die Erstellung mit Plausibilitätsbeurteilungen,
- drittens die Erstellung mit umfassenden Beurteilungen (vgl. IDW S 7, Tz. 11 und 37).

Während die Erstellung ohne Beurteilungen lediglich die Entwicklung des Jahresabschlusses aus den vorgelegten Unterlagen sowie erteilten Auskünften vorsieht, gehen die anderen beiden Auftragsarten weiter und erfordern zusätzlich, dass der Wirtschaftsprüfer die Unterlagen und erteilten Auskünfte auf ihre **Plausibilität** hin beurteilt. Im Rahmen der Erstellung mit umfassenden Beurteilungen muss er sich darüber hinaus auch von der **Ordnungsmäßigkeit der Belege, Bücher und Bestandsnachweise** überzeugen.

Vortragszeit: 1/2 Minuten

III. Auftragsannahme und -durchführung

Aufgrund des nicht gesetzlich normierten Auftragsumfangs zur Erstellung eines Jahresabschlusses sind die vom Wirtschaftsprüfer zu übernehmenden Aufgaben eindeutig festzulegen. Insbesondere ist festzulegen, auf welcher Grundlage und nach welchen Grundsätzen der Jahresabschluss erstellt werden soll. Auch ist festzulegen in welchem Umfang die Berichterstattung erfolgen soll. Eine Bescheinigung ist in jedem Fall zu erteilen, doch gegebenenfalls wünscht der Auftraggeber darüber hinaus einen Erstellungsbericht. Dann sind Art und Umfang hinreichend zu konkretisieren. Im Zweifel berichtet der Wirtschaftsprüfer im berufsüblichen Umfang.

Auch ansonsten gelten für den Wirtschaftsprüfer, der mit einer Erstellung betraut wurde, die berufsüblichen **Grundsätze der Unabhängigkeit**, **Gewissenhaftigkeit, Verschwiegenheit, Eigenverantwortlichkeit und Unparteilichkeit** (§ 43 Abs. 1 WPO). Soweit sich die Erstellung der Prüfung oder auch der prüferischen Durchsicht ausschließen, muss der Wirtschaftsprüfer stets darauf achten, die Tätigkeiten gegeneinander abzugrenzen.

Bei der **Abschlusserstellung ohne Plausibilitätsbeurteilungen** entwickelt der Wirtschaftsprüfer den Jahresabschluss aus den ihm zur Verfügung gestellten Informationen, ohne deren Ordnungsmäßigkeit oder Plausibilität zu beurteilen. Erkennt der Wirtschaftsprüfer jedoch offensichtliche Unrichtigkeiten im Rahmen der Erstellung, so hat er die gesetzlichen Vertreter darauf hinzuweisen. An erkannten unzulässigen Wertansätzen und Darstellungen darf der Wirtschaftsprüfer in keiner der dargestellten Auftragsarten mitwirken.

Die **Abschlusserstellung mit Plausibilitätsbeurteilungen** umfasst neben den eigentlichen Erstellungsarbeiten auch die Beurteilung der Plausibilität der ihm vorgelegten Unterlagen. Bei Plausibilitätsbeurteilungen im Rahmen der Jahresabschlusserstellung handelt es sich allgemein um Methoden, in deren Rahmen ein Wert überschlagsmäßig daraufhin überprüft wird, ob er stimmig sein kann oder nicht. Dabei kann nicht immer die Richtigkeit des Ansatzes oder des Werts verifiziert werden. Für einen Auftrag zur Erstellung von Jahresabschlüssen mit Plausibilitätsbeurteilungen bedeutet dies, dass der Wirtschaftsprüfer die vorgelegten Belege, Bücher, Bestandsnachweise sowie erteilten Auskünfte durch geeignete Maßnahmen wie Befragungen und analytische Beurteilungen auf ihre Stimmigkeit untersuchen muss (vgl. IDW S 7, Tz. 11). Dies soll „…dem Wirtschaftsprüfer mit einer gewissen Sicherheit die Feststellung ermöglichen, dass ihm keine Umstände bekannt geworden sind, die gegen die Ordnungsmäßigkeit der vorgelegten Belege, Bücher und Bestandsnachweise in allen für den Jahresabschluss wesentlichen Belangen sprechen" (vgl. IDW S 7, Tz. 37). Sofern der Wirtschaftsprüfer Zweifel an der Plausibilität hat, hat er diese durch weitergehende Maßnahmen zu klären (vgl. IDW S 7, Tz. 30).

Der IDW S 7 nennt Maßnahmen, die zur **Beurteilung der Plausibilität mindestens** durchzuführen sind. Diese sind die Befragung nach den angewandten Verfahren zur Erfassung und Verarbeitung von Geschäftsvorfällen im Rechnungswesen, Befragung zu allen wesentlichen Abschlussaussagen, analytische Beurteilungen der einzelnen Abschlussaussagen, Befragung nach Gesellschafter- und/oder Aufsichtsratsbeschlüssen mit Bedeutung für den Jahresabschluss und Abgleich des Gesamteindrucks des Jahresabschlusses insgesamt mit den im Verlauf der Erstellung erhaltenen Informationen (vgl. IDW S 7, Tz. 40). In welchem Umfang diese Mindestanforderungen durchzuführen sind, hängt vom Grad der Wesentlichkeit und dem Fehlerrisiko der Aussage ab (vgl. IDW S 7, Tz. 41).

Befragungen sind im Wesentlichen darauf auszurichten, dass der Wirtschaftsprüfer Kenntnisse über das rechnungslegungsbezogene interne Kontrollsystem erlangt. Aufbau- und Funktionsprüfungen entfallen jedoch (vgl. IDW S 7, Tz. 42). Dabei sind solche Befragungen und Analysen wie folgt auszugestalten: Ist zum Beispiel das Vorratsvermögen ein wesentlicher Posten des Jahresabschlusses, kann der Wirtschaftsprüfer Befragungen von Mitarbeitern hinsichtlich des internen Kontrollsystems der Materialwirtschaft durchführen. Die Befragung kann sich zum Beispiel auf die Vorgehensweise bei der Inventur sowie durchgeführter Niederstbewertung beziehen. Bekommt der Wirtschaftsprüfer hierbei die Auskunft, dass ein Niederstwerttest durchgeführt wurde, während die erhaltenen Belege und Bücher keinen Hinweis hierauf enthalten, ist diese Aussage zunächst unplausibel. Der Wirtschaftsprüfer hat diesem durch weitere Maßnahmen nachzugehen.

Ein typisches Beispiel für eine analytische Beurteilung ist der **Vorjahresvergleich**, sofern Vorjahreswerte verfügbar sind. Durch den Vorjahresvergleich bekommt der Wirtschaftsprüfer einen Eindruck davon, wie sich das Geschäft des Mandanten im Wirtschaftsjahr entwickelt hat. Diese Entwicklung und deren Niederschlag in den einzelnen Jahresabschlussposten kann er nach durchgeführter Analyse durch z.B. weitere Befragungen oder den Abgleich mit erhaltenen Unterlagen plausibilisieren.

Ebenso ist es möglich, dass der Wirtschaftsprüfer einen **Kennzahlenvergleich** durchführt. Mögliche betrachtete Kennzahlen können die Lagerumschlagshäufigkeit, die Umsatzrendite oder der Rohertrag sein. Sofern der Wirtschaftsprüfer Fehler im zu erstellenden Jahresabschluss oder in den ihm zugrunde liegenden Unterlagen feststellt, muss er Vorschläge für die Korrektur unterbreiten und hat auf die entsprechende Abbildung im Jahresabschluss zu achten (vgl. IDW S 7, Tz. 44).

Bei der **Erstellung mit umfassenden Beurteilungen** muss der Wirtschaftsprüfer mit hinreichender Sicherheit die Ordnungsmäßigkeit bescheinigen können. Der Aktivitäten zur Erstellung des Jahresabschlusses sind also so zu planen und durchzuführen, dass ein hinreichend sicheres Urteil abgegeben werden kann. Zu beurteilen sind dabei die Ordnungsmäßigkeit der Buchführung sowie Angemessenheit und Wirksamkeit des rechnungslegungsbezogenen internen Kontrollsystems. Art und Umfang der Aktivitäten ähnlen daher bei diesem Erstellungsauftrag denen einer Abschlussprüfung. Daher hat der Wirtschaftsprüfer auch entsprechend die jeweils einschlägigen IDW Prüfungsstandards zu berücksichtigen.

Wie bereits eingangs erwähnt, sind **Unterlagen** über das Zustandekommen des Jahresabschlusses notwendiger Bestandteil der Rechnungslegung und somit auch des Auftrages der Abschlusserstellung. Die Abschlussunterlagen umfassen dabei sämtliche Unterlagen die erforderlich sind um die Entwicklung des Jahresabschlusses aus Buchführung und den weiteren vorgelegten Unterlagen nachvollziehen zu können. Ebenfalls dokumentiert werden müssen die durch den Wirtschaftsprüfer vorgenommenen Tätigkeiten und Beurteilungshandlungen nach Art, Umfang und Ergebnis.

> **Vortragszeit: 5/7 Minuten**

IV. Berichterstattung

Ebenfalls notweniger Bestandteil jedes Erstellungsauftrages ist die **Bescheinigung**, aus der sich Art und Umfang der Tätigkeit des Wirtschaftsprüfers ergeben. Eine bloße Unterzeichnung des Abschlusses ist nicht zulässig (vgl. IDW S 7, Tz. 56). Aus der Bescheinigung muss klar hervorgehen, dass der Wirtschaftsprüfer den Jahresabschluss erstellt, d.h. nicht geprüft hat. Auf Einwendungen oder Beurteilungshemmnisse ist hinzuweisen. Im Falle von Mängeln oder Unrichtigkeiten in den gesamten vorgelegten Unterlagen darf keine Bescheinigung erteilt werden. In dem Fall, dass dem Jahresabschluss ein Lagebericht beigefügt wird, ist darauf hinzuweisen, dass dieser von den gesetzlichen Vertretern der Gesellschaft erstellt wurde und nicht Gegenstand des Erstellungsauftrages war.

Im Rahmen der Bescheinigung sind der **Umfang der Erstellungstätigkeit** und damit die Verantwortlichkeit des Wirtschaftsprüfers genau zu beschreiben. Bei einem Auftrag ohne Beurteilungen muss in der Bescheinigung deutlich werden, dass der Wirtschaftsprüfer den Abschluss erstellt hat, ohne die vorgelegten Unterlagen eine Plausibilitätsbeurteilung zu unterziehen. Bei einem Auftrag mit Plausibilitätsbeurteilungen ist in der Bescheinigung auf ebendiese hinzuweisen. Die Ordnungsmäßigkeit des Jahresabschlusses darf nicht bescheinigt werden (vgl. IDW S 7, Tz. 62). Musterformulierungen für diese Bescheinigungen sind als Anlage zum IDW Standard 7 abgedruckt.

Eine Bescheinigung über die Erstellung eines Jahresabschlusses darf nur **gesiegelt** werden, wenn in ihr Erklärungen über Beurteilungsergebnisse abgegeben werden. Also nur dann, wenn der Auftrag mindestens Plausibilitätsbeurteilungen oder umfassende Beurteilungen umfasst. Ein **Erstellungsauftrag ohne Beurteilungen** darf in keinem Fall gesiegelt werden (vgl. IDW S 7, Tz. 67).

Die **Erstattung eines Erstellungsberichts** wird seitens des IDW empfohlen, ist jedoch abhängig vom Willen des Auftraggebers. Die Auftraggeber, also die gesetzlichen Vertreter des Unternehmens sind auch die Adressaten des Berichts. Dabei hat der Wirtschaftsprüfer darauf zu achten, dass die Form der Berichterstattung nicht den Eindruck erweckt, es habe eine Abschlussprüfung im Sinne des § 316 HGB stattgefunden (vgl. IDW S 7, Tz. 69). Ansonsten gelten für den Erstellungsbericht dieselben Grundsätze zur Berichterstattung wie bei einem Prüfungsbericht: Unparteilichkeit, Vollständigkeit, Wahrheit und Klarheit. Und auch die einschlägigen berufsständischen Vorgaben sind einzuhalten.

> **Vortragszeit: 2/9 Minuten**

V. Fazit

Werden durch Angehörige des Berufsstands der Wirtschaftsprüfer Jahresabschlüsse erstellt, so sind einige Besonderheiten zu beachten. Der IDW S 7 beschreibt die Maßgaben, die für solche Aufträge gelten und unterscheidet dabei verschiedene Auftragsarten. Die Durchführung von Plausibilitätsbeurteilungen im Rahmen der Jahresabschlusserstellung erhöht die Sicherheit, dass nichts gegen die Ordnungsmäßigkeit des erstellten Jahresabschlusses spricht. Eine positive Aussage zum Jahresabschluss kann jedoch nur bei einem Auftrag mit umfassenden Beurteilungen getroffen werden. Zudem nimmt im Vergleich zum Auftrag der Jahresabschlusserstellung ohne Beurteilungen die Verantwortung des Wirtschaftsprüfers im Rahmen dieser Tätigkeit zu. Dies muss er bei seiner Beauftragung, Planung und Durchführung sowie bei der Dokumentation und Berichterstattung entsprechend berücksichtigen.

Vielen Dank für Ihre Aufmerksamkeit.

> **Vortragszeit: 1/10 Minuten**

Vortrag 59
Die Ermittlung des Erfüllungsbetrages von Verbindlichkeitsrückstellungen unter Berücksichtigung der Abzinsungsproblematik und des Beibehaltungswahlrechts (Prüfungswesen)

Sehr geehrte/r Frau/Herr Vorsitzende/r, sehr geehrte Prüfungskommission,
aus den mir zur Auswahl gestellten Themen habe ich mich für das Thema „**Die Ermittlung des Erfüllungsbetrages von Verbindlichkeitsrückstellungen unter Berücksichtigung der Abzinsungsproblematik und des Beibehaltungswahlrechts**" entschieden. Meinen Vortrag gliedere ich wie folgt:

I.	Grundsätze und Begriffsverständnis
II.	Verteilungsrückstellungen
III.	Sach- und Dienstleistungsverpflichtungen
IV.	Preis- und Kostenänderungen
V.	Kompensation von Aufwendungen
VI.	Ermittlung der Restlaufzeit
VII.	Abzinsung und Beibehaltungswahlrecht
VIII.	Ausweis in Gewinn- und Verlustrechnung und Anhangangaben
IX.	Fazit

> **Vortragszeit: 0,5 Minuten**

I. Grundsätze und Begriffsverständnis

Mit dem **Bilanzrechtsmodernisierungsgeset**z wurde ein neuer Rechtsbegriff im HGB eingeführt. Seither sind **Rückstellungen** in Höhe des nach vernünftiger kaufmännischer Beurteilung notwendigen Erfüllungsbetrags zu bilanzieren (vgl. § 253 Abs. 1 Satz 2 HGB). Aufgrund der in diesem Zusammenhang aufkommenden Fragestellungen hat das IDW 2012 eine Stellungnahme zur Rechnungslegung veröffentlicht, in der auf Einzelfragen zur handelsrechtlichen Bilanzierung von Verbindlichkeitsrückstellungen eingegangen wird.

Neben der Änderung der Bewertung von Rückstellungen gibt es noch weitere Änderungen hinsichtlich des Ansatzes und Ausweises. Die im Zusammenhang mit Rückstellungen entwickelten **Grundsätze ordnungsgemäßer Bilanzierung** bleiben jedoch weitestgehend unverändert.

Rückstellungen sind Verpflichtungen gegenüber Dritten, die dem Grunde nach bereits entstanden, deren Höhe und bzw. oder Fälligkeit jedoch ungewiss sind (vgl. § 249 Abs. 1 HGB). Die Rückstellungstatbestände werden im § 249 HGB abschließend aufgeführt und deren Bewertung im § 253 HGB geregelt. Diese Vorschriften gelten für alle Kaufleute und auch für den Konzernabschluss (vgl. §§ 298 Abs. 1 i.V.m. 249, 253 HGB). Der **Ausweis der Rückstellungen** ist in den ergänzenden Vorschriften für Kapitalgesellschaften und sogenannte haftungsbeschränkte Personenhandelsgesellschaften (vgl. § 264a HGB) im § 266 HGB geregelt. Andere bilanzierende Gesellschaften können diese Vorschrift freiwillig anwenden.

Anzusetzen sind Rückstellungen für ungewisse Verbindlichkeiten und für drohende Verluste aus schwebenden Geschäften. Weiter sind unterlassene Aufwendungen für Instandhaltung – somit eine Innenverpflichtung – passivierungspflichtig, soweit sie in den ersten drei Monaten des Folgejahres nachgeholt werden. Auch Gewährleistungen, die ohne rechtliche Verpflichtung erbracht werden, sind zu passivieren (vgl. § 249 Abs. 1 HGB). An dieser Stelle ist zu erwähnen, dass die Bildung von Aufwandsrückstellungen nicht mehr zulässig ist. Rückstellungen dürfen nur aufgelöst werden, soweit der Grund für die Rückstellung entfallen ist (vgl. § 249 Abs. 2 Satz 2 HGB).

Der **Ausweis von Rückstellungen** erfolgt auf der Passivseite der Bilanz, jeweils gesondert in den Positionen Pensionsrückstellungen, Steuerrückstellungen und sonstige Rückstellungen (vgl. § 266 Abs. 3 Buchstabe b HGB). Zu beachten ist an dieser Stelle das Saldierungsgebot für Rückstellungen für Altersversorgungsverpflichtungen mit einem Deckungsvermögen (vgl. § 246 Abs. 2 Satz 2 HGB).

Hinsichtlich der **Bewertung von Rückstellungen** ergeben sich durch den neuen Rechtsbegriff grundlegende Änderungen. Der Ansatz in Höhe des nach vernünftiger kaufmännischer Beurteilung notwendigen Erfüllungsbetrags bedeutet zunächst, dass die Bewertung unter Berücksichtigung künftiger Preis- und Kostensteigerungen zu erfolgen hat. Ebenfalls zu berücksichtigen sind wertaufhellende Ereignisse, die für den voraussichtlichen Erfüllungszeitpunkt erwartet werden (vgl. IDW Stellungnahme zur Rechnungslegung: Einzelfragen zur handelsrechtlichen Bilanzierung von Verbindlichkeitsrückstellungen (IDW RS HFA 34), Tz. 14). Notwendigkeit bedeutet in diesem Zusammenhang, dass zum voraussichtlichen Erfüllungszeitpunkt tatsächlich eine Vermögensminderung entweder durch Zahlung oder durch Sach- oder Dienstleistung des Bilanzierenden zu erwarten ist (vgl. IDW RS HFA 34, Tz. 15). Auch impliziert der Begriff die Verpflichtung, den Nominalbetrag bei einer Restlaufzeit von mehr als einem Jahr abzuzinsen (vgl. IDW RS HFA 34, Tz. 17).

> **Vortragszeit: 2,5/3 Minuten**

II. Verteilungsrückstellungen

Bei der **Bewertung von Verteilungsrückstellungen** ergeben sich Besonderheiten aufgrund dessen, dass die Verpflichtung zwar rechtlich unmittelbar mit Verwirklichung des auslösenden Ereignisses entsteht, deren wirtschaftliche Verursachung sich jedoch über die nachfolgenden Jahre erstreckt. Als Beispiel seien hier Rückbauverpflichtungen zu nennen. Hier sollten auch die Aufwendungen aus der Zuführung zu Rückstellungen über die Gesamtperiode verteilt werden. Zur Verteilung kommen gemäß IDW zwei Methoden zur Verteilung in Betracht: Beim **Barwertverfahren** wird der Nominalbetrag der Rückstellung gleichmäßig auf die Perioden verteilt und mit dem aktuellen restlaufzeitadäquaten Zinssatz auf den Abschlussstichtag abgezinst. Durch diese Vorgehensweise steigt, aufgrund der kürzer werdenden Restlaufzeit, der jährliche operative Aufwand. Beim **Gleichverteilungsverfahren** bleibt der operative Aufwand hingegen nahezu konstant, da zu jedem Abschlussstichtag der Betrag ermittelt wird, der sich bei annuitätischer Verteilung des Gesamtbetrags ergibt. Abweichungen ergeben sich durch Aufzinsung und abweichende Zinssätze.

Kommt es im Laufe der Ansammlung zu einer Verlängerung des Verteilungszeitraums, verringert sich der jährlich zuzuführende Betrag entsprechend. Eine Auflösung zur Verringerung des Rückstellungsbestands kommt nach Meinung des IDW nicht in Betracht. Im Falle einer Verkürzung des Verteilungszeitraums erhöht sich entsprechend der jährlich zuzuführende Betrag (vgl. IDW RS HFA 34, Tz. 18 ff.).

> **Vortragszeit: 1/4 Minuten**

III. Sach- und Dienstleistungsverpflichtungen

Im Falle von Sach- und Dienstleistungsverpflichtungen ist der **Nominalbetrag der Rückstellung** unter Berücksichtigung der Vollkosten zu ermitteln. Angesetzt werden also Einzel- und notwendige Gemeinkosten, unabhängig davon, ob diese nach § 255 Abs. 2 HGB aktivierungsfähig oder -pflichtig sind. Einbezogen werden auch gegebenenfalls anfallende Transaktionskosten, falls der geschuldete Vermögensgegenstand erst noch beschafft werden muss. Ebenso sind sogenannte Geldwertschulden zu bewerten, also Verpflichtungen, die zwar in Geld auszugleichen sind, die sich jedoch nach Preisen von Sach- oder Dienstleistungen bemessen. Befindet sich der geschuldete Vermögensgegenstand bereits im Vermögen des Bilanzierenden, so entspricht der Nominalbetrag der Rückstellung seinem Buchwert. Eine Abzinsung kommt dann nicht in Betracht (vgl. IDW RS HFA 34, Tz. 21 ff.).

> **Vortragszeit: 1/5 Minuten**

IV. Preis- und Kostenänderungen

Künftige Preis- und Kostensteigerungen sind bei der **Ermittlung des Erfüllungsbetrags** in dem Maße zu berücksichtigen, wie sie unter Beachtung des Stichtagsprinzips (vgl. § 252 Abs. 1 Nr. 3 HGB) absehbar sind. Das bedeutet, dass diese Annahmen durch objektive Hinweise gestützt werden müssen. Das pauschale Zugrundelegen von voraussichtlichen Inflationsraten der Europäischen Zentralbank ist nur in Ausnahmefällen zulässig. Vielmehr sind die unternehmens- und branchenspezifischen Gegebenheiten zu berücksichtigen. Nachhaltige Preis- und Kostensenkungen sind im Hinblick auf das handelsrechtliche Vorsichtsprinzip grundsätzlich nicht zu berücksichtigen, es sein denn, es liegen hinreichend objektive Hinweise darauf vor (vgl. IDW RS HFA 34, Tz. 25 ff.).

> **Vortragszeit: 1/6 Minuten**

V. Kompensation von Aufwendungen

Kann das bilanzierende Unternehmen im Zusammenhang mit den zurückzustellenden Aufwendungen Ansprüche geltend machen, unterscheidet man zwischen **Netto- und Bruttobilanzierung**. Eine **Nettobilanzierung**, also eine unmittelbare Verrechnung der zu erwartenden Erträge mit den Aufwendungen, kommt lediglich in Betracht, wenn die Ansprüche nicht die Voraussetzungen zur Aktivierung erfüllen. Darüber hinaus müssen die erwarteten Erträge unmittelbar aus demselben Geschäft resultieren und ihr Entstehen hinreichend sicher sein. Als Beispiel nennt das IDW die Unzulässigkeit der Saldierung einer Rückstellung für die Verpflichtung zur Rekultivierung einer Kiesgrube mit erwarteten Erträgen aus Kippgebühren. Erfüllen hingegen die Ersatz- oder Rückgriffsansprüche die Aktivierungsvoraussetzungen, scheidet eine Saldierung ebenfalls aus (§ 246 Abs. 2 Satz 1 HGB); (vgl. IDW RS HFA 34, Tz. 30 ff.).

> **Vortragszeit: 1/7 Minuten**

VI. Ermittlung der Restlaufzeit

Der Restlaufzeit kommt bei der **Ermittlung des Erfüllungsbetrages** große Bedeutung zu. Sie ist der Zeitraum zwischen Abschlussstichtag und voraussichtlichem Erfüllungszeitpunkt der Verpflichtung und bestimmt die Zeitspanne über die künftige Preis- und Kostensteigerungen berücksichtigt werden müssen (vgl. § 253 Abs. 1 Satz 2 HGB) und über die abgezinst werden muss (vgl. § 253 Abs. 2 Satz 1 HGB) sowie die Höhe des Abzinsungssatzes. Bei der Ermittlung des voraussichtlichen Erfüllungszeitpunktes kann vereinfachend bei Verträgen mit vereinbarter Laufzeit stets das Ende ebendieser angenommen worden. Dies gilt auch dann, wenn Verlängerungsoptionen Vertragsbestandteil sind und die Inanspruchnahme dieser Optionen wirtschaftlich sinnvoll und daher wahrscheinlich sind. Bei Verträgen mit Kündigungsoption ist der frühestmögliche Kündigungstermin anzusetzen. Sofern den Verpflichtungen eine unbestimmte Laufzeit zu Grunde liegt, ist die Restlaufzeit vorsichtig zu schätzen. Verpflichtungen, die nicht zu einem bestimmten Zeitpunkt, sondern über einen Zeitraum zu erfüllen sind, sind in Teilbeträgen, sogenannten Jahresscheiben, zurückzustellen und gesondert zu bewerten. Als Beispiel kann hier die Verpflichtung zur Aufbewahrung von Geschäftsunterlagen angeführt werden (vgl. IDW RS HFA 34, Tz. 36 ff.).

Vortragszeit: 1/8 Minuten

VII.   Abzinsung und Beibehaltungswahlrecht

Die handelsrechtliche Abzinsung erfolgt zwingend mit den unter **Berücksichtigung der Rückabzinsungsverordnung** von der Deutschen Bundesbank ermittelten und monatlich veröffentlichten Zinssätzen. Diese repräsentieren den restlaufzeitadäquaten durchschnittlichen Marktzinssatz der vergangenen sieben Jahre. Allerdings sind diese Zinssätze nur für ganzjährige Laufzeiten angegeben. Endet die Restlaufzeit **unterjährig**, kommen zur Ableitung grundsätzlich drei Methoden in Betracht:

1. Lineare Interpolation,
2. Verwendung des ganzjährigen Zinssatzes, der der Restlaufzeit am nächsten kommt oder
3. bei im Zeitablauf steigenden Zinssätzen, Verwendung des ganzjährigen Zinssatzes für die nächstkürzere Restlaufzeit.

Die Bundesbank ermittelt Zinssätze für Restlaufzeiten zwischen einem und 50 Jahren. Werden Rückstellungen mit einer Restlaufzeit von weniger als einem Jahr freiwillig abgezinst, so ist es nicht zu beanstanden, wenn hierzu der Zinssatz für eine einjährige Restlaufzeit angenommen wird. Bei einer Restlaufzeit von über 50 Jahren, ist es nicht zu beanstanden, wenn der Zinssatz für eine 50-jährige Restlaufzeit zugrunde gelegt wird (vgl. IDW RS HFA 34, Tz. 41 ff.).

Die **Zinssätze der Bundesbank** sind zur Abzinsung auch dann zu verwenden, wenn es sich um eine verzinsliche Verpflichtung handelt. Dabei erhöhen fällige Zinsen grundsätzlich den anzusetzenden Erfüllungsbetrag wie zu erwartende Preissteigerungen. In einem zweiten Schritt muss zur Abzinsung grundsätzlich der restlaufzeitadäquate Zinssatz gemäß Rückabzinsverordnung genommen werden. Von dieser Vorgehensweise darf nur unter Wesentlichkeitsgesichtspunkten abgewichen werden (vgl. IDW RS HFA 34, Tz. 34 f.).

Führt die erstmalige Anwendung der durch BilMoG geänderten **Bewertungsvorschriften** letztlich, also nach Erhöhung aufgrund von Preis- und Kostensteigerungen und nach Verringerung wegen des Abzinsungsgebots, zu einer Reduktion des Rückstellungsbetrags, so darf der bisherige Rückstellungsbetrag beibehalten werden, wenn dieser bis 2024 wieder zugeführt werden müsste. Lediglich darüber hinausgehende Beträge waren erfolgswirksam aufzulösen (vgl. Art. 67 Abs. 1 Satz 2 EGHGB). Das Beibehaltungswahlrecht war insoweit beschränkt. Wird von dem Beibehaltungswahlrecht kein Gebrauch gemacht, sind die aufzulösenden Beträge unmittelbar in die Gewinnrücklagen einzustellen (vgl. Art. 67 Abs. 1 Satz 3 EGHGB).

Vortragszeit: 1/9 Minuten

VIII.   Ausweis in Gewinn- und Verlustrechnung und Anhangangaben

Aufwendungen aus der erstmaligen Zuführung zu Rückstellungen sind grundsätzlich im operativen Ergebnis abzubilden. Erträge und Aufwendungen aus der Ab- und Aufzinsung im Finanzergebnis. Für diese wird ein gesonderter Ausweis in der Gewinn- und Verlustrechnung gefordert (vgl. § 277 Abs. 5 Satz 1 HGB). Dem kann entweder durch eine Vorspalte, durch einen davon-Vermerk oder eine Anhangangabe Rechnung getragen werden.

Im **Anhang** sind grundsätzlich die angewandten Bilanzierungs- und Bewertungsmethoden anzugeben (vgl. §§ 284 Abs. 2 Nr. 1, 313 Abs. 1 Nr. 1 HGB) wie auch grundlegende Annahmen, Berechnungsverfahren und Zusammensetzung (vgl. §§ 285 Nr. 12, Nr. 24, 314 Abs. 1 Nr. 16 HGB) der jeweiligen Rückstellungspositionen. Wurde von den Beibehaltungswahlrechten für vor der Einführung des BilMoG gebildete Aufwandsrückstellungen (vgl. Art. 67 Abs. 3 Satz 1 EGHGB) oder für aufgrund der Bewertungsänderung geringere Rückstellungen Gebrauch gemacht, so ist auch dies im Anhang anzugeben (vgl. § 284 Abs. 2 Nr. 1 HGB).

Vortragszeit: 0,5/9,5 Minuten

IX. Fazit

Mit der Einführung des Begriffs des Erfüllungsbetrags im Rahmen des BilMoG sind in der Praxis viele Fragen aufgeworfen worden. Das IDW hat einige der Problemstellungen in einem Rechnungslegungshinweis aufgegriffen und die Meinung des Berufsstands festgeschrieben. Es ergeben sich durch die Neuerungen gegenläufige Effekte: Zum Einen ist der Erfüllungsbetrag unter Berücksichtigung von Preis- und Kostensteigerungen zu ermitteln. Zum Anderen wird dieser durch die Abzinsungsverpflichtung wieder verringert. Wie die Auswirkungen im Ergebnis sind, muss im Einzelfall beurteilt werden.

Vielen Dank für Ihre Aufmerksamkeit.

> **Vortragszeit: 0,5/10 Minuten**

Vortrag 60
Die Bilanzierung von Anteilen an Personenhandelsgesellschaften (Prüfungswesen)

Sehr geehrte/r Frau/Herr Vorsitzende/r, sehr geehrte Prüfungskommission,
aus den mir zur Auswahl gestellten Themen habe ich mich für das Thema „**Die Bilanzierung von Anteilen an Personenhandelsgesellschaften**" entschieden. Meinen Vortrag gliedere ich wie folgt:

I.	Einführung
II.	Ausweis
III.	Zugangs- und Folgebewertung
IV.	Vereinnahmung von Gewinnanteilen
V.	Kapitalrückzahlungen und andere ergebnisneutrale Ausschüttung der Gesellschaft
VI.	Fazit

> **Vortragszeit: 0,5 Minuten**

I. Einführung

Die **bilanzielle Abbildung von Anteilen an Personengesellschaften in der Handels- und Steuerbilanz der Gesellschafter** ist mit schwierigen bilanzrechtlichen Fragen verbunden. Das IDW legt in einer Stellungnahme zur Rechnungslegung die Berufsauffassung dar, wie Anteile an Personenhandelsgesellschaften im handelsrechtlichen Jahresabschluss zu bilanzieren sind (IDW Stellungnahme zur Rechnungslegung: Bilanzierung von Anteilen an Personenhandelsgesellschaften im handelsrechtlichen Jahresabschluss (IDW RS HFA 18)). Dabei gelten die gegebenen Hinweise für alle Gesellschafter, grundsätzlich unabhängig von deren Rechtsform.

> **Vortragszeit: 0,5/1 Minute**

II. Ausweis

Anteile an Personenhandelsgesellschaften sind im handelsrechtlichen Jahresabschluss, im Gegensatz zur Steuerbilanz, als einheitlicher Vermögensgegenstand als Beteiligung im Finanzanlagevermögen auszuweisen. Der Ausweis im Finanzanlagevermögen bedingt, dass die Anteile dazu bestimmt sind, dem eigenen Geschäftsbetrieb dauerhaft zu dienen (vgl. § 271 Abs. 1 Satz 1 HGB). Dies ist bei Anteilen an Personenhandelsgesellschaften unabhängig von der Höhe der Beteiligung regelmäßig der Fall (vgl. WP-Handbuch 2006, Bd. I, F 185). Sind die Voraussetzungen für Anteile an verbundenen Unternehmen erfüllt, erfolgt der Ausweis entsprechend (vgl. § 271 Abs. 2 HGB). Für den **Ausweis als Beteiligung** kommt es nicht darauf an, ob es sich um die Beteiligung als Gesellschafter einer OHG, als persönlich haftender Gesellschafter an einer KG oder als Kommanditist handelt. Aus der unbeschränkten Haftung können sich jedoch passivierungspflichtige Verbindlichkeiten oder Angabepflichten ergeben, auf die im Rahmen dieses Kurzvortrags nicht weiter eingegangen werden soll.

> **Vortragszeit: 1/2 Minuten**

III. Zugangs- und Folgebewertung

Bei einem Erwerb von Dritten ergeben sich die Anschaffungskosten handels- wie steuerrechtlich aus dem vereinbarten Kaufpreis unter Berücksichtigung etwaiger Anschaffungsnebenkosten oder Anschaffungskostenminderungen (vgl. IDW RS HFA 18, Tz. 6 f.). Als **Anschaffungsnebenkosten** kommen Kosten der Eintragung ins Handelsregister, Vermittlungs- und Maklerprovisionen, Beratungs- und Gutachterkosten sowie gegebenenfalls Notarkosten in Betracht.

Werden **Anteile an einer Personenhandelsgesellschaft im Tausch gegen Hingabe eigener Vermögensgegenstände erworben**, besteht handelsrechtlich in Bezug auf die zu aktivierenden Anschaffungskosten ein Wahlrecht entweder zum Ansatz zum Zeitwert des hingegebenen Vermögensgegenstandes oder zum Ansatz zum Buchwert (vgl. IDW RS HFA 18, Tz. 9). Steuerrechtlich bemessen sich die Anschaffungskosten beim Tausch grundsätzlich nach dem gemeinen Wert des hingegebenen Wirtschaftsguts (vgl. § 6 Abs. 6 S. 1 EStG).

Während Anteile an Personenhandelsgesellschaften handelsrechtlich einen einheitlichen Vermögensgegenstand darstellen, erfolgt die Bilanzierung in der **Steuerbilanz** nach der sogenannten **Spiegelbildmethode** (vgl. IDW RS HFA 18, Tz. 43). Maßgeblich für den Beteiligungsansatz ist das Kapitalkonto des Gesellschafters bei der Personenhandelsgesellschaft, das bei einem davon abweichenden Kaufpreis durch eine Ergänzungsbilanz korrigiert wird. Während der Beteiligungsansatz in der Handelsbilanz dem Kaufpreis entspricht, wird der Buchwert in der Steuerbilanz um alle Entnahmen, Einlagen und die steuerlichen Jahresergebnisse aus Gesamthands-, Ergänzungs- und Sonderbilanzen fortgeführt. Die Jahresergebnisse werden phasengleich vereinnahmt. Da der Anteil an einer Personenhandelsgesellschaft steuerlich nicht selbständig bewertbar ist, kann keine Teilwertabschreibung vorgenommen werden.

Handelsbilanziell ist die Beteiligung einem **Niederstwerttest** zu unterziehen. Ist einer Beteiligung am Abschlussstichtag dauerhaft ein niedrigerer Wert beizulegen, muss eine außerplanmäßige Abschreibung auf diesen Wert vorgenommen werden (vgl. § 253 Abs. 3 Satz 3 HGB). Für den Fall einer nur vorübergehenden Wertminderung besteht ein Abschreibungswahlrecht (vgl. § 253 Abs. 3 Satz 4 HGB). Der beizulegende Zeitwert ist dabei nach den allgemeinen Grundsätzen zur Bewertung von Beteiligungen (vgl. IDW Stellungnahme zur Rechnungslegung: Anwendung der Grundsätze des IDW S 1 bei der Bewertung von Beteiligungen und sonstigen Unternehmensanteilen für die Zwecke eines handelsrechtlichen Jahresabschlusses (IDW RS HFA 10)) vorzunehmen. Entfallen die Gründe für die vorgenommene außerplanmäßige Abschreibung, ist eine Wertaufholung bis zur Höhe der um Kapitalrückzahlungen und Abgänge geminderten Anschaffungskosten zwingend.

Im Hinblick auf etwaige zu bildende **latente Steuern** gilt grundsätzlich Folgendes: Bei Gründung oder Erwerb einer Beteiligung besteht in aller Regel kein Unterschied zwischen steuerlichem Kapitalkonto und handelsrechtlichem Buchwert. Temporäre Differenzen entstehen im Zeitablauf, beispielsweise wenn in der Ergänzungsbilanz aufgedeckte stille Reserven bei unverändertem Beteiligungsbuchwert in der Handelsbilanz abgeschrieben werden oder wenn Entnahmen getätigt werden, die nicht zu einer Verringerung des Beteiligungsbuchwerts führen und damit latente Steuern auf Gesellschafterebene auslösen. **Passive latente Steuern** sind beispielsweise zu berücksichtigen, wenn Verluste der Personenhandelsgesellschaft das steuerliche Kapitalkonto mindern, handelsrechtlich aber keine Abschreibung des Beteiligungsbuchwerts vorgenommen wurde. Dies gilt nicht, soweit es sich um Verluste i.S.d. § 15a EStG handelt.

> **Vortragszeit: 3/5 Minuten**

IV. Vereinnahmung von Gewinnanteilen

Steuerlich erfolgt stets eine **phasengleiche Gewinnvereinnahmung**. Dem Gesellschafter einer Personen-handelsgesellschaft wird der Gewinnanteil mit Ablauf des Wirtschaftsjahres der Personenhandelsgesell-schaft zugerechnet. Auf Ebene der Personenhandelsgesellschaft erhöht der Gewinnanteil das Kapitalkonto, weshalb der Gewinnanteil auf Ebene des Gesellschafters den steuerlichen Beteiligungsansatz erhöht.

In der Handelsbilanz ist der einem Gesellschafter zustehende Gewinnanteil als Forderung bilanzierungs-pflichtig, wenn der Gesellschafter einen Anspruch auf die Gewinnausschüttung hat. Im Rahmen der für die Bilanzierung maßgebenden wirtschaftlichen Betrachtungsweise ist eine phasengleiche Vereinnahmung zulässig, wenn das künftige Entstehen des Rechtsanspruchs hinreichend gesichert ist (vgl. IDW RS HFA 18, Tz. 12). Ist der Gewinnanteil im Entstehungszeitpunkt aufgrund gesetzlicher Vorschriften der Verfügungs-gewalt des Gesellschafters entzogen, z.B. durch eine Ausschüttungssperre, darf keine Forderung aktiviert werden (vgl. IDW RS HFA 18, Tz. 19).

Nach der **gesetzlichen Regelung** steht dem Gesellschafter der Personenhandelsgesellschaft der Gewinn-anteil am Abschlussstichtag ohne weiteren Gesellschafterbeschluss zu. Erforderlich ist aber, dass das Geschäftsjahr der Personenhandelsgesellschaft spätestens mit dem Geschäftsjahr des (bilanzierenden) Gesellschafters endet (vgl. WP-Handbuch 2006, Bd. I, E 403). Außerdem muss die auszuweisende For-derung innerhalb des Wertaufhellungszeitraums der Höhe nach durch das Festliegen aller wesentlichen Bilanzierungs- und Bewertungsentscheidungen hinreichend konkretisiert sein (vgl. IDW RS HFA 18, Tz. 14), d.h. sämtliche Bilanzierungs- und Bewertungsentscheidungen müssen getroffen sein, die auf die Höhe des Gewinnanteils wesentlichen Einfluss haben können. Dies ist der Fall, wenn der Jahresabschluss der Per-sonenhandelsgesellschaft innerhalb des maßgeblichen Werterhellungszeitraums festgestellt worden ist. Steht die Feststellung noch aus, genügt es, dass der aufgestellte Jahresabschluss aus Sicht des persönlich haftenden Gesellschafters verbindlichen Charakter erlangt hat, was durch eine entsprechende Unterschrift unter dem Jahresabschluss zu dokumentieren ist (vgl. WP-Handbuch 2006, Bd. I E 403). Unterliegt der Jahresabschluss der Personenhandelsgesellschaft allerdings der Prüfung durch einen Abschlussprüfer, steht die verbindliche Fassung erst nach Beendung der Prüfungshandlungen fest (vgl. IDW RS HFA 18, Tz. 15). Das IDW (vgl. IDW RS HFA 18, Tz. 16) geht davon aus, dass es bei der Änderung von Bilanzierungsent-scheidungen bei einem noch nicht festgestellten Jahresabschluss allenfalls zu einer Erhöhung des verteil-lungsfähigen Gewinns kommt und der sich aus dem aufgestellten Jahresabschluss ergebene Gewinnanteil als ein Mindestgewinnanteil anzusehen ist, der als Beteiligungsertrag vor Feststellung vereinnahmt werden darf. Ein darüber hinausgehender, sich aus einer abweichenden Feststellung ergebender Gewinn, darf erst berücksichtigt werden, wenn die Feststellung bis zum Ende des Wertaufhellungszeitraums beschlossen wor-den ist.

Eine **Erhöhung der Anschaffungskosten der Anteile an der Personenhandelsgesellschaft** liegt vor, wenn ein aktivierter Gewinnauszahlungsanspruch durch Gesellschaftervereinbarung in voller Höhe oder teilweise zur Erhöhung der Kapitaleinlage verwendet wird.

Abweichend von der gesetzlichen Regelung kann die Gewinnverwendung der Beschlussfassung der Gesellschafter obliegen. Außerdem können durch Gesellschaftsvertrag oder Gesellschafterbeschluss Teile des Jahresüberschusses den Rücklagen zuzuführen sein. In diesem Fall kann der Gesellschafter zum Abschluss-stichtag der Personenhandelsgesellschaft nicht über seinen Gewinnanteil verfügen, so dass ihm zu diesem Zeitpunkt noch kein aktivierbarer Anspruch zusteht. Obliegt die Gewinnverwendung dem Beschluss der Gesellschafterversammlung, entsteht eine aktivierungsfähige Forderung erst im Zeitpunkt der Beschlussfas-sung. Wenn ein Gesellschafter über die notwendige Stimmrechtsmehrheit für die Beschlussfassung verfügt, kann sein Anteil am Gewinn unter entsprechender Anwendung der BGH-Rechtsprechung (BGH-Urteil vom 12.01.1998, II ZR 82/93, DB 1998, 567 zur Aktivierungspflicht von Gewinnansprüchen, wenn der Jahresab-schluss der Tochtergesellschaft noch vor Abschluss der Prüfung der Muttergesellschaft festgestellt ist) – ggf. vor Beschlussfassung – phasengleich vereinbart werden.

Im Hinblick auf etwaige **Steuerlatenzen** sei Folgendes anzumerken: Kommt es in Handels- und Steu-erbilanz zu einer phasengleichen Gewinnvereinnahmung, kommt ein Ansatz latenter Steuern lediglich in Betracht, wenn sich die Gewinnanteile zum Beispiel aufgrund unterschiedlicher Ansatz- und Bewertungsfragen in Handels- und Steuerbilanz nicht entsprechen. Bei einer phasenverschobenen Gewinnvereinnahmung sind latente Steuern bei Gesellschaftern dann zu bilden, wenn das steuerbilanzielle Aktivum den handelsrechtlichen Wertansatz übersteigt. Die Auflösung der aktiven latenten Steuern erfolgt, wenn der Gewinnanspruch in der Handelsbilanz aktiviert wird (vgl. IDW RS HFA 18, Tz. 45 ff.).

> **Vortragszeit: 3/8 Minuten**

V. Kapitalrückzahlungen und andere ergebnisneutrale Ausschüttung der Gesellschaft

Beschließt die Personenhandelsgesellschaft die **Auskehrung von Rücklagen**, die in einer Zeit thesauriert wurden, bevor das bilanzierende Unternehmen Gesellschafter der Personenhandelsgesellschaft wurde, waren die Rücklagen bereits Bestandteil bei der Ermittlung der Anschaffungskosten der Anteile an der Personenhandelsgesellschaft. In der Folge ist die Auskehrung ebendieser Rücklagen als Kapitalrückzahlung anzusehen, welche ergebnisneutral sowohl in Handels- als auch Steuerbilanz den Beteiligungsbuchwert mindert.

Das zu **Kapitalrückzahlungen** gesagte gilt auch bei Entnahmen zulasten des Kapitalanteils des Gesellschafters. Sowohl handels- als auch steuerrechtlich liegt eine Kapitalrückzahlung vor, die den Beteiligungsbuchwert als Abgang erfolgsneutral reduziert. Eine Kapitalrückzahlung ist auch gegeben, wenn eine Personenhandelsgesellschaft freie Liquidität an die Gesellschafter auszahlt, ohne dass es sich dabei um eine Ausschüttung handelt. Handelt es sich jedoch um gesellschaftsrechtlich unzulässige Auszahlungen ist beim Empfänger einer Rückzahlungsverbindlichkeit zu passivieren. Eine Passivierung einer Verbindlichkeit hat auch dann zu erfolgen, wenn die Liquiditätsausschüttungen den Buchwert der Beteiligung übersteigen. Diese Verbindlichkeit hat den Charakter eines Vorschusses auf künftig entstehende Gewinnanteile und ist bei Gewinnen in der Folgezeit erfolgswirksam auszubuchen.

> **Vortragszeit: 1/9 Minuten**

VI. Fazit

Im Ergebnis ist festzuhalten, dass die Bilanzierung von Anteilen an Personenhandelsgesellschaften insbesondere aufgrund der unterschiedlichen Behandlung in Handels- und Steuerbilanz nicht trivial ist. Zur Bestimmung des Zeitpunktes der Gewinnvereinnahmung sind die gesellschaftsrechtlichen Vereinbarungen genau zu prüfen, denn in Abhängigkeit der bestehenden Regelungen kommt es handelsrechtlich zu einer phasengleichen oder phasenverschobenen Gewinnvereinnahmung. Steuerlich kommt stets die Spiegelbildmethode zur Anwendung und damit erfolgt stets eine phasengleiche Gewinnvereinnahmung. Bei Ausschüttungen einer Personenhandelsgesellschaft ist zu prüfen, ob es sich um Gewinnausschüttungen oder Kapitalrückzahlungen handelt. In Abhängigkeit davon, hat eine unterschiedliche Abbildung in der Handelsbilanz des Gesellschafters zu erfolgen. Auch die Beteiligungsbewertung von Anteilen an Personenhandelsgesellschaften folgt unterschiedlichen Grundsätzen. Während bei der Folgebewertung steuerrechtlich die Spiegelbildmethode Anwendung findet, erfolgt die handelsrechtliche Folgebewertung unter Beachtung der allgemeinen Grundsätze zur Bewertung von Beteiligungen. Die unterschiedliche handelsrechtliche und steuerrechtliche Beteiligungsbewertung führt regelmäßig zur Abgrenzung latenter Steuern.

Vielen Dank für Ihre Aufmerksamkeit.

> **Vortragszeit: 1/10 Minuten**

Vortrag 61
Die Beurteilung der Fortführung der Unternehmenstätigkeit im Rahmen der Abschlussprüfung (Prüfungswesen)

Sehr geehrte/r Frau/Herr Vorsitzende/r, sehr geehrte Prüfungskommission,
aus den mir zur Auswahl gestellten Themen habe ich mich für das Thema „**Die Beurteilung der Fortführung der Unternehmenstätigkeit im Rahmen der Abschlussprüfung**" entschieden. Meinen Vortrag gliedere ich wie folgt:

I.	Einführung
II.	Verantwortlichkeit der gesetzlichen Vertreter
III.	Prüfung der Going Concern-Prämisse durch den Abschlussprüfer
IV.	Prüfungsbericht und Bestätigungsvermerk
V.	Fazit

Vortragszeit: 0,5 Minuten

I. Einführung
Nach § 252 Abs. 1 Nr. 2 **HGB** ist bei der Bewertung der im Jahresabschluss ausgewiesenen Vermögensgegenstände und Schulden von der **Fortführung der Unternehmenstätigkeit** auszugehen, sofern dem nicht tatsächliche oder rechtliche Gegebenheiten entgegenstehen. Kann von der Fortführung der Unternehmenstätigkeit nicht mehr ausgegangen werden, hat dies Auswirkungen auf die anzuwendenden Bewertungsregeln. Außerdem sind die Konsequenzen für den Lagebericht (§ 289 HGB) und das Risikofrüherkennungssystem (§ 91 Abs. 2 AktG) zu berücksichtigen.

Mit dem **IDW PS 270** legt das IDW die Berufsauffassung dar, nach der Wirtschaftsprüfer unbeschadet ihrer Eigenverantwortlichkeit bei einer Abschlussprüfung die Einschätzung der gesetzlichen Vertreter des bilanzierenden Unternehmens zur Fortführung der Unternehmenstätigkeit beurteilen.

Vortragszeit: 0,5/1 Minute

II. Verantwortlichkeit der gesetzlichen Vertreter
Die gesetzlichen Vertreter haben bei jeder Jahresabschlusserstellung Überlegungen anzustellen, ob die Bewertung noch unter der Annahme der Unternehmensfortführung erfolgen kann. Sie können hiervon ausgehen, wenn:
- das Unternehmen in der Vergangenheit erfolgreich war,
- leicht auf finanzielle Mittel zurück gegriffen werden kann,
- keine Überschuldung droht oder besteht.

Als **Bezugsgröße** bei der Beurteilung der Fortführung der Unternehmenstätigkeit ist mindestens ein Zeitraum von 12 Monaten vom Abschlussstichtag des Geschäftsjahres zugrunde zu legen.

Bestehen **Zweifel an der Annahme** der Fortführung der Unternehmenstätigkeit, so ist durch die gesetzlichen Vertreter eine qualifizierte **Fortführungsprognose** zu erstellen. Eine solche Fortbestehensprognose stellt ein qualitativ wertendes Gesamturteil über die Lebensfähigkeit des Unternehmens im Prognosezeitraum dar. Dabei sind sowohl finanzielle als auch betriebliche oder sonstige Umstände zu berücksichtigen.

Finanzielle Umstände können sein:
- Eingetretene oder für die Zukunft erwartete negative Cashflows aus der laufenden Geschäftstätigkeit,
- Bilanzielle Überschuldung,
- Erhebliche Verluste im betrieblichen Bereich oder Wertminderungen des betriebsnotwendigen Vermögens,

- Übermäßige kurzfristige Finanzierung langfristiger Vermögenswerte,
- Zahlungsunfähigkeit,
- uvm.

Betriebliche Umstände können sein:
- Verlust eines Hauptabsatzmarktes bzw. eines wesentlichen Kunden,
- Verlust eines Hauptlieferanten bzw. Engpässe bei der Beschaffung wichtiger Vorräte,
- Ausscheiden von Mitarbeitern in Schlüsselpositionen.

Sonstige Umstände können sein:
- Verstöße gegen Eigenkapitalvorschriften oder andere gesetzliche Vorschriften,
- Anhängige Gerichts- oder Aufsichtsverfahren, die zu Ansprüchen führen können, die wahrscheinlich durch das Unternehmen nicht erfüllbar sind,
- Änderungen in der Gesetzgebung, von denen negative Folgen für das Unternehmen erwartet werden.

Beim Vorliegen eines oder mehrerer der genannten Umstände ist jedoch nicht notwendigerweise von ernsthaften Zweifeln an der Fortführung der Unternehmenstätigkeit auszugehen. Zu beachten ist, dass negative Umstände auch ganz oder zumindest teilweise durch positive Umstände kompensiert werden können. Entscheidend ist der Gesamteindruck, den der Wirtschaftsprüfer erlangt.

> **Vortragszeit: 2,5/3,5 Minuten**

III. Prüfung der Going Concern-Prämisse durch den Abschlussprüfer

Im Rahmen der Jahresabschlussprüfung hat der Abschlussprüfer die Angemessenheit der durch die gesetzlichen Vertreter getroffenen Annahme der Fortführung der Unternehmenstätigkeit bei der Planung und Durchführung der Prüfungshandlungen und bei der Abwägung der Prüfungsaussagen auf ihre Plausibilität hin zu beurteilen. Hält der Abschlussprüfer die Prognose für angemessen, so ist dies keinesfalls ein Garant für das Fortbestehen des Unternehmens. Die Prognose bleibt stets eine Hypothese, die nicht zwingend eintreten muss.

Darüber hinaus hat der Abschlussprüfer zu beurteilen, ob gegebenenfalls bestehende **Unsicherheiten über das Fortbestehen im Jahresabschluss und Lagebericht** angemessen zum Ausdruck kommen. Im Einzelnen bedeutet dies:
- Anpassungen von Bewertungen,
- Thematisierung der Bewertung unter Going Concern im Anhang,
- Darstellung der Chancen und Risiken im Lagebericht mit der Maßgabe, die Risiken i.e.S. auch als bestandsgefährdende Risiken zu bezeichnen.

Bereits im Rahmen der **Prüfungsplanung** muss der Abschlussprüfer erste Einschätzungen treffen, ob Anhaltspunkte gegeben sind, die erhebliche Zweifel an der Fortführung der Unternehmenstätigkeit (bestandsgefährdende Tatsachen) begründen. War das Unternehmen in der Vergangenheit erfolgreich, kann es leicht auf finanzielle Mittel zurückgreifen und droht keine bilanzielle Überschuldung, können die gesetzlichen Vertreter ihre Einschätzung ohne eingehendere Untersuchungen treffen. In diesem Fall kann auch der Abschlussprüfer diese Einschätzung ohne weitere Prüfungshandlungen als angemessen annehmen (vgl. IDW PS 270, Tz. 21). Ist dies nicht der Fall, so hat der Abschlussprüfer eine Einschätzung der gesetzlichen Vertreter zur Annahme der Fortführung der Unternehmenstätigkeit einzuholen und mit den gesetzlichen Vertretern zu besprechen. Darüber hinaus hat er die Konsequenzen der festgestellten bestandsgefährdenden Risiken auf das Prüfungsrisiko sowie die Auswirkungen auf Art, Umfang und den zeitlichen Einsatz von Prüfungshandlungen zu beurteilen.

Allgemeine **Prüfungshandlungen** des Abschlussprüfers bei der Überprüfung der Einschätzung der gesetzlichen Vertreter auf Angemessenheit sind die Beurteilung der angewandten Prognoseverfahren, der zugrunde gelegten Annahmen, des Zeitraums der Einschätzung sowie der künftigen, von den gesetzlichen Vertretern beabsichtigten, Vorhaben. Diese Überprüfung umfasst grundsätzlich den Zeitraum, den auch die gesetzlichen Vertreter bei ihrer Einschätzung betrachtet haben, mindestens jedoch 12 Monate gerechnet vom Abschlussstichtag des Geschäftsjahres. Darüber hinaus hat der Abschlussprüfer die gesetzlichen Vertreter nach Kenntnissen zu bestandsgefährdenden Tatsachen nach dem Beurteilungszeitraum zu befragen. Ergänzend hat er stets Anhaltspunkte zu berücksichtigen, die der Abschlussprüfer im Rahmen der Jahresabschlussprüfung gewinnt. Der Abschlussprüfer ist jedoch nicht verpflichtet, Prüfungshandlungen mit dem Ziel durchzuführen, bestandsgefährdende Tatsachen nach dem Prognosezeitraum aufzudecken, wenn keine Anzeichen oder Hinweise auf solche Tatsachen bestehen. Dies ist insbesondere dem Umstand geschuldet, dass die Prognosesicherheit mit zeitlicher Entfernung abnimmt.

Bestehen erhebliche **Zweifel an der Fähigkeit zur Fortführung der Unternehmenstätigkeit**, hat der Abschlussprüfer die festgestellten Umstände auch mit dem Aufsichtsorgan zu erläutern.

Liegen Anzeichen für **bestandsgefährdende Tatsachen** vor, hat der Abschlussprüfer geeignete Prüfungshandlungen durchzuführen, um ausreichende und angemessene Prüfungsnachweise für die Feststellung zu verschaffen, ob tatsächlich eine Bestandsgefährdung vorliegt (vgl. IDW PS 270, Tz. 27). Liegen dem künftigen Unternehmenskonzept Umstrukturierungen usw. zugrunde, sollte der Abschlussprüfer Bestätigungen der gesetzlichen Vertreter einholen, dass diese Maßnahmen auch tatsächlich durchgeführt werden sowie Nachweise darüber verlangen, dass die Maßnahmen umsetzbar sind und auch zu einer Verbesserung der Situation führen. Hängt das Fortbestehen davon ab, dass nahestehende Personen oder Dritte finanzielle Unterstützung gewähren, so sind auch hierüber geeignete Bestätigungen wie zum Beispiel **Finanzierungszusagen, Rangrücktrittserklärungen oder Patronatserklärungen** (siehe IDW RH 1.013) einzuholen. Weiterhin können u.a. folgende zusätzliche **Prüfungshandlunge**n durchgeführt werden:
- Analyse und Erörterung der Zahlungsströme, des geplanten Ergebnisses und anderer wichtiger Prognosedaten,
- Kritische Durchsicht der Sitzungsprotokolle der Aufsichtsgremien und der gesetzlichen Vertreter,
- Feststellungen zu Ereignissen nach dem Abschlussstichtag mit dem Ziel, solche Ereignisse zu erkennen, die Einfluss auf die Annahme der Fortführung der Unternehmenstätigkeit haben.

Erkennt der Abschlussprüfer im Rahmen dieser Prüfungshandlungen eine Insolvenzgefahr, so sind die gesetzlichen Vertreter im Rahmen der Berichtspflicht auf ihre insolvenzrechtlichen Verpflichtungen hinzuweisen.

> **Vortragszeit: 3,5/7 Minuten**

IV. Prüfungsbericht und Bestätigungsvermerk

Hinsichtlich der Auswirkungen auf die Berichterstattung in Prüfungsbericht und Bestätigungsvermerk sind drei Fallkonstellationen zu unterscheiden:

Bestehen **keine Bedenken** für die **Anwendung der Going Concern-Prämisse** kann ein uneingeschränkter Bestätigungsvermerk erteilt werden und es ergeben sich auch keine Konsequenzen für den Prüfungsbericht. Ist die Anwendung der Going Concern-Prämisse zwar angemessen, besteht jedoch **Unsicherheit** über die Annahme der Unternehmensfortführung, so kann nur dann ein uneingeschränkter Bestätigungsvermerk erteilt werden, wenn diese Unsicherheit in Jahresabschluss und Lagebericht angemessen zum Ausdruck kommt. Im Anhang ist die Anwendung der Fortführungsprämisse zu begründen und aus der Darstellung im Lagebericht muss klar hervorgehen, dass es sich um bestandsgefährdende Tatsachen handelt, die eine erhebliche Unsicherheit über die Fortführung des Unternehmens erkennen lassen. Die Darstellung im Lagebericht muss dabei auch die Pläne der gesetzlichen Vertreter beinhalten, wie den Risiken begegnet wird. In seiner Stellungnahme zur Lagebeurteilung durch die gesetzlichen Vertreter muss der Abschlussprüfer explizit auf die Beurteilung des Fortbestands und der künftigen Entwicklung des Unternehmens durch die gesetzlichen Vertreter eingehen (§ 321 Abs. 1 Satz 2 HGB) sowie seiner Redepflicht nach § 321 Abs. 1 Satz 3 HGB nachkommen (IDW PS 450, Tz. 31).

Gemäß § 322 Abs. 2 Satz 3 HGB hat der Abschlussprüfer in seinem Bestätigungsvermerk auf bestandsgefährdende Risiken hinzuweisen. Lediglich wenn der Lagebericht keine angemessene Berichterstattung über die bestehenden Risiken enthält, ist der Bestätigungsvermerk einzuschränken (IDW PS 270, Tz. 37).

Kommt der Abschlussprüfer zu der Einschätzung, dass die **Fortführungsprognose binnen des Prognosezeitraums negativ ist**, wurde der Jahresabschluss jedoch unter einer positiven Annahme aufgestellt, so ist der Bestätigungsvermerk zu versagen. Die **Versagung des Bestätigungsvermerks** ist im Prüfungsbericht zu erläutern. Trägt die Unternehmensleitung dieser negativen Fortführungsprognose im Jahresabschluss und Lagebericht jedoch angemessen Rechnung, so kann der Abschlussprüfer einen uneingeschränkten Bestätigungsvermerk erteilen. Im Rahmen der Stellungnahme zur Lagebeurteilung der gesetzlichen Vertreter wird sich der Abschlussprüfer auf die voraussichtlich nicht mehr mögliche Unternehmensfortführung konzentrieren und deren Ursache darstellen. Auch ist die Redepflicht nach § 321 Abs. 1 Satz 3 HGB auszuüben und der Bestätigungsvermerk mit einem Hinweis zu versehen. Eine Versagung des Bestätigungsvermerks ist ausdrücklich nur dann sachgerecht, wenn mit einer hohen Eintrittswahrscheinlichkeit vom Zusammenbruch des Unternehmens im Prognosezeitraum ausgegangen werden kann. Dabei muss sich der Abschlussprüfer stets bewusst sein, dass die Erteilung eines Versagungsvermerks auch zu einer sich selbst erfüllenden Prophezeiung werden und die nicht sachgerechte Erteilung eines Versagungsvermerks haftungsrechtliche Konsequenzen haben kann.

Mangelt es an der Einschätzung der gesetzlichen Vertreter in Gänze oder ist diese unzureichend, ist zu beurteilen, ob darin ein Prüfungshemmnis liegt. Kann der Abschlussprüfer nicht mit Sicherheit einschätzen, ob bestandsgefährdende Tatsachen vorliegen oder Pläne bestehen die Geschäftstätigkeit zu beenden, kann keine positive Gesamtaussage über den Abschluss getroffen werden. **In diesem Fall ist aufgrund des Prüfungshemmnisses ein Versagungsvermerk zu erteilen.** Es ist dabei nicht Aufgabe des Abschlussprüfers, die Einschätzung der gesetzlichen Vertreter durch eigene Analysen zu ersetzen. Lediglich in offenkundigen Fällen darf der Abschlussprüfer auch ohne Einschätzung der gesetzlichen Vertreter die Annahme über eine positive Fortführungsprognose treffen.

> **Vortragszeit: 2,5/9,5 Minuten**

V. Fazit

Die **Annahme der Unternehmensfortführung** gehört zu den Grundsätzen ordnungsgemäßer Buchführung und gehört zu den Grundbedingungen, auf denen die Konzeption des Jahresabschlusses beruht. Damit ist die Beurteilung der Fortführung der Unternehmenstätigkeit durch den Abschlussprüfer integrierter Bestandteil des Bestätigungsvermerks. Eine sachgerechte Beurteilung der Einschätzung über die Unternehmensfortführung der gesetzlichen Vertreter durch den Abschlussprüfer ist daher von großer Bedeutung.

Vielen Dank für Ihre Aufmerksamkeit.

> **Vortragszeit: 0,5/10 Minuten**

Vortrag 62
Auswirkungen einer skalierten Prüfungsdurchführung (Prüfungswesen)

Sehr geehrte/r Frau/Herr Vorsitzende/r, sehr geehrte Prüfungskommission,
aus den mir zur Auswahl gestellten Themen habe ich mich für das Thema „**Auswirkungen einer skalierten Prüfungsdurchführung**" entschieden. Meinen Vortrag gliedere ich wie folgt:

I.	Grundlagen und Hintergründe
II.	Grundlegende Skalierungsaspekte
III.	Spezifische Skalierungsaspekte
IV.	Fazit

> **Vortragszeit: 0,5 Minuten**

I. Grundlagen und Hintergründe

Abschlussprüfer haben bei der **Durchführung von Jahresabschlussprüfungen** sämtliche einschlägigen Verlautbarungen des IDW zur berücksichtigen, da diese als Qualitätsstandards die Berufsauffassung darlegen. Zudem hat der deutsche Gesetzgeber in § 317 Abs. 5 HGB die verpflichtende Anwendung der **International Standards on Auditing** – kurz ISA – kodifiziert, nachdem diese durch die EU-Kommission angenommen werden, was mittelfristig zu erwarten ist. Die ISA verfolgen als Leitbild die Prüfung großer, kapitalmarktorientierter Unternehmen und erheben gleichzeitig den Anspruch als universell anwendbare Standards. Im März 2012 wurde durch die Wirtschaftsprüferkammer eine Änderung der **Berufssatzung** für Wirtschaftsprüfer und vereidigte Buchprüfer beschlossen und die Auftragsabwicklung gem. § 24b der Berufssatzung um einen neuen Absatz 1 ergänzt. Die „**skalierte Prüfungsdurchführung**" wird so kodifiziert, dass der Wirtschaftsprüfer für eine den Verhältnissen entsprechende Prüfungsdurchführung Sorge zu tragen hat und dabei Art, Umfang und Dokumentation im Rahmen seiner Eigenverantwortlichkeit nach pflichtgemäßem Ermessen zu bestimmen hat.

Diese Entwicklung hat zu einer zunehmenden Verunsicherung des Berufsstandes in Bezug auf den Anforderungsgehalt der nationalen und internationalen Verlautbarungen bei der Prüfung von kleinen und mittelgroßen Unternehmen geführt. Als Reaktion hierauf hat die Wirtschaftsprüferkammer den „**Hinweis zur skalierten Prüfungsdurchführung auf Grundlage der ISA**" erarbeitet, welcher als Hilfestellung bei der Prüfung weniger komplexer Unternehmen dienen soll. Die Ausführungen im Hinweis können auch auf IDW Prüfungsstandards weitgehend übertragen werden, da die ISA in die IDW Standards transformiert wurden.

Die **Skalierbarkeit** der Prüfungsdurchführung ist dabei von Größe, Komplexität und Risiko des Prüfungsmandats abhängig. Die Prüfungsqualität und die Verlässlichkeit des Prüfungsurteils müssen nach wie vor bei allen Abschlussprüfungen einheitlich sein. Eine skalierte Prüfungsdurchführung bedeutet somit nicht, einschlägige Standards nicht zu beachten, weil die Anwendung zu umfangreich und aufwendig erscheint. Skalierung heißt vielmehr, dass bei gleichbleibender Prüfungsqualität der Weg zur Zielerreichung je nach Größe, Komplexität und Risiko von Prüfungsgegenstand zu Prüfungsgegenstand unterschiedlich sein kann.

Neben dem Hinweis der Wirtschaftsprüferkammer und dem Passus in der Berufssatzung finden sich Hinweise auf die Skalierbarkeit der Prüfungsdurchführung in vielen Standards des IDW. An dieser Stelle sei insbesondere auf den IDW Prüfungshinweis zu den Besonderheiten der Abschlussprüfung bei KMU, d.h. kleinen und mittleren Unternehmen, hingewiesen. Das Konzept der skalierten Prüfungsdurchführung ist jedoch nicht auf KMU oder auf Abschlussprüfungen beschränkt, sondern ist vielmehr auf jede betriebswirtschaftliche Prüfung anwendbar. Dabei hängt die Anwendbarkeit nicht ausschließlich von der quantitativen Größe einer Unternehmung ab. Vielmehr sind qualitative Merkmale entscheidend, wie die Komplexität des Geschäftsmodells oder das Risiko des Prüfungsgegenstandes. Die Entscheidung, welchen Weg zur einheitlichen Zielerreichung der Abschlussprüfer wählt, kann der Berufsangehörige im Rahmen seiner Eigenverantwortlichkeit nach pflichtgemäßen Ermessen bestimmen.

> **Vortragszeit: 2,5/3 Minuten**

II. Grundlegende Skalierungsaspekte

Im Hinweis der Wirtschaftsprüferkammer wird von **vier grundlegenden Skalierungsaspekten** gesprochen:

- Der Erste benennt die Möglichkeit zur **Nicht-Anwendung von sachlich irrelevanten Standards** insgesamt, wie zum Beispiel den Standard zu Erstprüfungen bei Folgeaufträgen.
- Der Zweite nennt die **Nicht-Anwendung von Detailregelungen innerhalb von Standards**, wie zum Beispiel Regelungen zur Einschränkung von Bestätigungsvermerken, wenn das Prüfungsurteil uneingeschränkt zu treffen ist.
- Drittens besteht die Möglichkeit **allgemein gehaltene Anforderungen mehr oder weniger umfangreich umzusetzen**. Insbesondere Aussagen in den Standards, die „angemessene", „den Umständen entsprechende" oder „hinreichende" Anforderungen stellen, ermöglichen dem Abschlussprüfer im Rahmen seiner Eigenverantwortlichkeit Art und Umfang seiner Prüfungshandlungen zu bestimmen.

- Letztlich wird angeführt, dass auch **spezifische Anwendungshinweise und sonstige Erläuterungen zu kleineren Einheiten berücksichtigt werden sollten**.

> **Vortragszeit: 1/4 Minuten**

III. Spezifische Skalierungsaspekte

Neben den bereits dargestellten grundlegenden Skalierungsaspekten führt die Wirtschaftsprüferkammer darüber hinaus spezifische Skalierungsaspekte auf, welche sich konkret auf Grundsätze der Jahresabschlussprüfung, mit Ausnahme der Berichterstattung, beziehen:

Durch Anwendung des **risikoorientierten Prüfungsansatzes** erfolgt im Rahmen der Abschlussprüfung stets eine Fokussierung auf die Bereiche der Rechnungslegung, die risikobehaftet sind.

Die **Risikoidentifikation** als erste Phase im risikoorientierten Prüfungsansatz beschreibt die Feststellung von Fehlerrisiken durch Verstehen der Einheit und ihres Umfeldes sowie ihres IKS. Durch das Verstehen der Einheit und ihres Umfeldes erkennt der Abschlussprüfer inhärente Risiken; durch das Verstehen des IKS werden Kontrollrisiken identifiziert.

Skalierungsaspekte im Rahmen der Risikoidentifikation umfassen die erleichterte Feststellung von Fehlerrisiken bei mehrjährigen Mandantenbeziehungen. Hier kann sowohl beim Verständnis des Unternehmensumfelds und der Geschäftätigkeit als auch bei der Prüfung des internen Kontrollsystems auf Vorjahresinformationen zurückgegriffen werden, die die Aufnahme- und Aufbauprüfung erleichtern. Zu betonen sei an dieser Stelle, dass eine fehlende IKS-Dokumentation seitens des Mandanten nicht zwingend ein Prüfungshemmnis darstellt, sondern im Zweifel durch den Abschlussprüfer selbst wichtige Elemente des IKS zu dokumentieren sind. Die identifizierten Fehlerrisiken werden hinsichtlich Auswirkung und Eintrittswahrscheinlichkeit gewürdigt und beeinflussen die Prüfungsstrategie. Als Reaktion auf die beurteilten Fehlerrisiken erfolgt die Festlegung des Prüfungsprogramms und die Durchführung der Prüfungshandlungen. Der Abschlussprüfer legt im Prüfungsprogramm fest, ob Funktionsprüfungen, aussagebezogene Prüfungshandlungen oder eine Kombination dieser zielführend sind. Sofern der Abschlussprüfer sich im Rahmen seiner Prüfungsstrategie auf das IKS des Unternehmens stützen will und aussagebezogene Prüfungshandlungen in Art und Umfang reduzieren will, müssen Funktionsprüfungen zwingend geplant und durchgeführt werden um die Wirksamkeit des IKS zu testen.

Sie sind auch den Bereichen zwingend durchzuführen, in denen aussagebezogene Prüfungshandlungen alleine keine ausreichenden und angemessenen Prüfungsnachweise erbringen können. Dies ist beispielsweise bei automatisierten Routinetransaktionen, sogenannten Massentransaktionen der Fall. Lediglich bei Folgeprüfungen und sofern keine bedeutsamen Änderungen an der Kontrolle vorgenommen wurden, kann auf einzelne Funktionsprüfungen verzichtet werden. Alle drei Jahre ist sie allerdings trotz mangelnder Änderungen definitiv zu aktualisieren. Aussagebezogene Prüfungshandlungen sind für alle wesentlichen Arten von Geschäftsvorfällen, Kontensalden sowie Abschlussangaben durchzuführen. Sogenannte „**Dualpurpose-Tests**", d.h. Prüfungshandlungen, die mehrfach als Prüfungsnachweise dienen, stellen mögliche Skalierungsmaßnahmen dar. So können im Rahmen von Funktionsprüfungen erlangte Prüfungsnachweise zum einen die Wirksamkeit von Kontrollen bestätigen und zum anderen eine einzelne Prüfungsaussage für ein Prüffeld stützen. Auf Basis des Ergebnisses der IKS Prüfung hat der Abschlussprüfer nach pflichtgemäßem Ermessen Art und Umfang der aussagebezogenen Prüfungshandlungen festzulegen. Dabei kann der verstärkte Einsatz von analytischen Prüfungshandlungen weitere Arbeitserleichterung bringen und je nach Risiko können Einzelfallprüfungen gegebenenfalls sogar gänzlich entfallen.

Prüfungsziel jeder **Abschlussprüfung** ist es, ein Prüfungsurteil mit **hinreichender Sicherheit** zu treffen. Der Abschlussprüfer hat dafür grundsätzlich seine Prüfungshandlungen so zu planen und durchzuführen, dass **ausreichende und geeignete Prüfungsnachweise** für das Prüfungsurteil erlangt werden. Im Rahmen der Skalierung wird betont, dass die Abschlussprüfung keine lückenlose Prüfung ist. Hinreichende Sicherheit, also ein hohes Maß aber keine absolute Sicherheit muss darüber erlangt werden, ob der Abschluss als Ganzes frei von wesentlichen falschen Darstellungen ist. Bei hohem Risiko kann die Anzahl der Nachweise erhöht oder es können verlässlichere Nachweise eingeholt werden. Risikoarme Prüfgebiete können weniger intensiv geprüft werden, auch wenn sie gesondert geregelt sind, wie z.B. geschätzte Werte und die Fortführung der Unternehmenstätigkeit. Prüfungsnachweise aus Vorjahren können ggf. verwendet werden und in wenig strukturierten Prüfgebieten haben aussagebezogene Prüfungshandlungen und Befragungen eine große Bedeutung.

Ausfluss des Konzepts der hinreichenden Sicherheit ist ebenfalls, dass der Abschlussprüfer sich bei seiner Prüfung auf wesentliche Risiken und wesentliche Abschlussposten konzentriert. Dementsprechend wird im Rahmen der **Prüfungsstrategie** zunächst eine **Gesamtwesentlichkeit** für den Abschluss festgelegt, die den Umfang der Prüfungshandlungen beeinflusst. Skaliert, also risikobedingt und komplexitätsbedingt, kann auch die Toleranzwesentlichkeit bzw. die sachverhaltsspezifische Wesentlichkeit als Ausgangspunkt für weitere Prüfungshandlungen zum reduzierten Umfang beitragen. Das Ausmaß der Skalierung im Rahmen der Prüfungsplanung wird maßgeblich vor der Erfahrung und Größe des Prüfungsteams und der Orientierung an Prüfungen der Vorjahre beeinflusst und umfasst u.a. die Anleitung und Überwachung der Teammitglieder sowie die Durchsicht ihrer Arbeit. Die Planung bei Ein-Mann-Prüfungen ist entsprechend einfach, die Einholung von fachlichem Rat bei Dritten kann jedoch angebracht sein.

Die **Prüfungsdokumentation** soll eine ausreichende und geeignete Aufzeichnung, sämtlicher relevanten durchgeführten Prüfungshandlungen, erlangten Prüfungsnachweisen und den gezogenen Schlussfolgerungen sein, welche als Grundlage für das Prüfungsurteil dienen. Weiter weist sie nach, dass die Prüfung in Übereinstimmung mit den Standards und einschlägigen rechtlichen Anforderungen geplant und durchgeführt wurde. Der Maßstab für Skalierungsmaßnahmen ist, dass die Dokumentation ausreicht, um einen erfahrenen auftragsfremden Prüfer in die Lage zu versetzen, Art und Umfang der Prüfungshandlungen, die Prüfungsnachweise, die Ergebnisse und die Schlussfolgerungen samt Beurteilungen in bedeutsamen Bereichen zu verstehen.

Es muss u.a. erkennbar sein, von wem, wann und in welchem Umfang die Prüfungsdokumentation durchgesehen wurde. Das bedeutet aber nicht, dass jedes einzelne Arbeitspapier abgezeichnet werden muss.

> **Vortragszeit: 5/9 Minuten**

IV. Fazit

Zusammenfassend kann festgehalten werden, dass die in der Praxis bereits häufig eingesetzte skalierte Prüfungsdurchführung durch § 24b in der Berufssatzung kodifiziert wurde. Die Skalierung führt auf anderen Wegen zu qualitätsmäßig gleich hohen Prüfungsurteilen wie nicht-skalierte Prüfungen, wodurch Abschlussprüfer jedoch die Chance haben, den immer größer werden Effizienzansprüchen gerecht werden zu können. Durch den „Hinweis zur skalierten Prüfungsdurchführung auf Grundlage der ISA" werden keine neuen, weiteren Anforderungen festgelegt, sondern es wird aufgezeigt, dass auch die Einführung bzw. Übernahme der ISA nichts an der bestehenden Berufspraxis ändern.

Vielen Dank für Ihre Aufmerksamkeit.

> **Vortragszeit: 1/10 Minuten**

Vortrag 63
Anhangangaben nach HGB zu Geschäften mit nahestehenden Unternehmen und Personen (Prüfungswesen)

Sehr geehrte/r Frau/Herr Vorsitzende/r, sehr geehrte Prüfungskommission,
aus den mir zur Auswahl gestellten Themen habe ich mich für das Thema „**Anhangangaben nach HGB zu Geschäften mit nahestehenden Unternehmen und Personen**" entschieden. Meinen Vortrag gliedere ich wie folgt:

I.	Gesetzliche Grundlagen
II.	Begriff der nahestehenden Unternehmen und Person
III.	Inhalt der Angabepflichten
IV.	Beziehungen zu nahestehenden Personen im Rahmen der Abschlussprüfung
V.	Schlussbemerkung

Vortragszeit: 0,5 Minuten

I. Gesetzliche Grundlagen

Der Kaufmann bzw. der gesetzliche Vertreter der Gesellschaft ist gemäß § 242 Abs. 1–3 i.V.m. §§ 264 Abs. 1, 264a HGB dazu verpflichtet einen **Jahresabschluss** aufzustellen. Gemäß § 264 Abs. 1 HGB haben die gesetzlichen Vertreter einer Kapitalgesellschaft den Jahresabschluss um einen Anhang zu erweitern. Dieser bildet mit der Bilanz und Gewinn- und Verlustrechnung eine Einheit.

Der Anhang ist unter Berücksichtigung der gesetzlichen Vorschriften (§§ 284 bis 288 HGB) aufzustellen.

Gemäß § 285 Nr. 21 HGB sind **alle wesentlichen Geschäftsvorfälle** mit nahestehenden Unternehmen und Personen anzugeben, die nicht zu marktüblichen Bedingungen zustande gekommen sind.

Ausgenommen von der Anhangangabe sind Geschäfte mit und zwischen unmittel- oder mittelbar in 100 %-prozentigem Anteilsbesitz stehenden Unternehmen, die in einen Konzernabschluss einbezogen werden.

Es können **Angaben über Geschäfte nach Geschäftsarten** zusammengefasst werden, sofern die getrennte Angabe für die Beurteilung der Auswirkungen auf die Finanzlage nicht notwendig ist.

Entsprechendes gilt gemäß § 314 Abs. 1 Nr. 13 HGB für den Konzernanhang.

Das IDW konkretisiert in der **IDW Stellungnahme zur Rechnungslegung** (IDW RS HFA 33) Einzelfragen im Zusammenhang mit den Anhangangaben zu Geschäften mit nahe stehenden Unternehmen und Personen.

Darüber hinaus besteht die Möglichkeit, anstatt der Angabe der wesentlichen nicht zu marktüblichen Bedingungen zustande gekommenen Geschäfte, **alle wesentlichen Geschäfte mit nahestehenden Unternehmen und Personen** anzugeben. Werden sämtliche wesentliche Geschäfte mit nahestehenden Unternehmen und Personen angegeben, ist eine Untergliederung in marktübliche und marktunübliche Geschäfte nicht mehr vorzunehmen.

Kleine Kapitalgesellschaften i.S.v. § 267 Abs. 1 HGB können größenabhängige Erleichterungen gemäß § 288 Abs. 1 HGB in Anspruch nehmen und somit auf diese Anhangangabe verzichten. Mittelgroße Kapitalgesellschaften i.S.v. § 267 Abs. 2 HGB brauchen die Angabe zu marktunüblichen Geschäften nur vorzunehmen, wenn es sich um **Aktiengesellschaften** handelt. Die Angabe kann in diesem Fall auf Geschäfte beschränkt werden, die direkt oder indirekt mit dem Hauptgesellschafter oder Mitgliedern des Geschäftsführungs-, Aufsichts- oder Verwaltungsorgans abgeschlossen werden.

Vortragszeit: 1,5/2 Minuten

II. Begriff der nahestehenden Unternehmen und Person

Die Begriffsbestimmung und Definition der „**Nahestehenden Person**" erfolgt in Anlehnung an IAS 24.

Danach steht eine natürliche Person oder ein naher Familienangehöriger dieser Person einem berichtenden Unternehmen (das zu prüfende Unternehmen) nahe, wenn er/sie das berichtende Unternehmen beherrscht oder an dessen gemeinschaftlicher Führung beteiligt ist, maßgeblichen Einfluss auf das zu prüfende Unternehmen hat oder im Management des berichtenden Unternehmens oder eines Mutterunternehmens des berichtenden Unternehmens eine Schlüsselposition bekleidet.

Nahe Familienangehörige einer Person sind als nahestehende Person zu bezeichnen, wenn angenommen werden kann, dass sie Einfluss auf die Entscheidungen der natürlichen Person nehmen können. Hierzu gehören insbesondere die Kinder und Ehegatten der natürlichen Person.

Ein Unternehmen steht dem zu prüfenden Unternehmen nahe, wenn eine der folgenden **Voraussetzungen** vorliegt:

- Das Unternehmen und das berichtende Unternehmen gehören zum selben Konzern.
- Eines der beiden Unternehmen ist ein assoziiertes Unternehmen oder ein Gemeinschaftsunternehmen des anderen.
- Beide Unternehmen sind Gemeinschaftsunternehmen desselben Dritten.
- Eines der beiden Unternehmen ist ein Gemeinschaftsunternehmen eines dritten Unternehmens und das andere ist assoziiertes Unternehmen dieses dritten Unternehmens.
- Bei dem Unternehmen handelt es sich um einen Plan für Leistungen nach Beendigung des Arbeitsverhältnisses zugunsten der Arbeitnehmer entweder des berichtenden Unternehmens oder eines dem berichtenden Unternehmen nahestehenden Unternehmens. Handelt es sich bei dem berichtenden Unternehmen selbst um einen solchen Plan, sind auch die in diesen Plan einzahlenden Arbeitgeber als dem berichtenden Unternehmen nahestehend zu betrachten.
- Das Unternehmen wird von einer dem berichtenden Unternehmen nahestehenden natürlichen Person beherrscht oder steht unter gemeinschaftlicher Führung, an der eine dem berichtenden Unternehmen nahe stehende natürliche Person beteiligt ist.
- Eine natürliche Person, die das berichtende Unternehmen beherrscht oder an dessen gemeinschaftlicher Führung beteiligt ist, hat maßgeblichen Einfluss auf das Unternehmen oder bekleidet im Management des Unternehmens (oder eines Mutterunternehmens) eine Schlüsselposition.

> **Vortragszeit: 2/4 Minuten**

III. Inhalt der Angabepflichten

Es sind Angaben zu der **Art von Geschäftsvorfällen** mit nahestehenden Unternehmen und Personen, die **Art der Beziehung** zu diesen Unternehmen und Personen sowie zum **Wert dieser Geschäfte** zu machen. Außerdem sind weitere Angaben vorzunehmen, die für die Beurteilung der Finanzlage notwendig sind. Das IDW empfiehlt für diese Angaben eine matrixförmige Darstellung im Anhang.

In diesem Zusammenhang stellt sich die Frage, welche Arten von Geschäften unter die Angabepflicht gemäß § 285 Nr. 21 und § 314 Abs. 1 Nr. 13 HGB fallen. Der **Begriff „Geschäft"** umfasst sowohl sämtliche Rechtsgeschäfte als auch andere getroffene Maßnahmen. Hierzu zählen unter anderem die entgeltlichen und unentgeltlichen Übertragungen von Vermögensgegenständen bzw. deren Nutzungsüberlassung, Bezug/Erbringung von Dienstleistungen, Finanzierungen jeglicher Art (inklusive Cash-Pooling), Gewährung/Erhalt von Bürgschaften oder auch die Übernahme der Erfüllung von Verbindlichkeiten. Es handelt sich mithin um alle Transaktionen rechtlicher und wirtschaftlicher Art, die sich auf die gegenwärtige und zukünftige Finanzlage des Unternehmens auswirken können.

Ob ein Geschäft zu marktunüblichen Bedingungen abgeschlossen wurde, ist – unter Beachtung des **Grundsatzes der Wesentlichkeit** – über einen Drittvergleich zu beurteilen. Geschäfte können einzeln oder zusammen mit anderen gleichartigen oder wirtschaftlich zusammengehörenden Geschäften wesentlich sein. In jedem Fall ist die Wesentlichkeit unter Berücksichtigung der Verhältnisse des Einzelfalls zu beurteilen. Für diese Beurteilung können auch steuerliche Beurteilungskriterien zur verdeckten Gewinnausschüttung oder Einlage herangezogen werden.

Liegen angabepflichtige Geschäfte vor, sind die Arten von Beziehungen anzugeben, die zu der entsprechenden Nähe führen. Aus Vereinfachungsgründen können die nahe stehenden Unternehmen und Personen in geeignete Gruppen zusammengefasst werden. Es können beispielsweise folgende Gruppen gebildet werden: Tochterunternehmen, assoziierte Unternehmen, Personen in Schlüsselpositionen des Unternehmens sowie nahe Familienangehörige. Es ist nicht erforderlich, einzelne nahe stehende Unternehmen oder natürliche Personen namentlich zu nennen, sodass die Geschäftspartner von einem außenstehenden Dritten identifiziert werden können.

Bei der Angabe zu den Arten von Geschäften empfiehlt das IDW die **sachgerechte Kategorisierung der angabepflichtigen Geschäfte** (z.B. Verkäufe, Käufe, Erbringen von Dienstleistungen, Bezug von Dienstleistungen). Alternativ kann die Kategorisierung auch in Beschaffungs-, Absatz-, Finanzierungs- und sonstige Geschäfte erfolgen.

Der Gesetzgeber schreibt auch die **Angabe des Wertes der Geschäfte** vor. Hierunter ist das zwischen dem Bilanzierenden und der nahe stehende Person vereinbarte Gesamtentgelt zu verstehen. Handelt es sich um einen Geschäftsvorfall, der unentgeltlich erbracht wurde, entfällt dadurch nicht die Angabepflicht. In diesem Fall ist ein Betrag von null Euro zu berücksichtigen.

Von der Angabepflicht nach § 285 Nr. 21 bzw. § 314 Abs. 1 Nr. 13 HGB bleiben weitere Angaben im Jahresabschluss, die Beziehungen zu nahe stehenden Unternehmen und Personen betreffen unberührt.

Im Hinblick auf die an die Mitglieder des Geschäftsführungsorgans, eines Aufsichtsrats oder Beirats gewährten **Gesamtbezüge** besteht mit §§ 285 Nr. 9, 314 Abs. 1 Nr. 6 HGB eine umfangreiche und abschließende Regelung, die auch die Schutzklausel des § 286 Abs. 4 HGB einbezieht. Aufgrund dieser lex specialis sind die entsprechenden Angaben aus dem Anwendungsbereich der §§ 285 Nr. 21, 314 Abs. 1 Nr. 13 HGB ausgenommen.

> **Vortragszeit: 2,5/6,5 Minuten**

IV. Beziehungen zu nahestehenden Personen im Rahmen der Abschlussprüfung

Bei Geschäften mit nahestehenden Personen besteht ein hohes **Kontrollrisiko**. Diese Geschäfte sind vollständig zu erfassen und die entsprechenden Konditionen festzustellen. Aus diesem Grund haben die gesetzlichen Vertreter ein internes Kontrollsystem zu implementieren, welches auch in Bezug auf Geschäftsvorfälle mit nahestehenden Personen angemessen und wirksam ist. Mit Hilfe des internen Kontrollsystems können diese Geschäfte in der Buchführung ordnungsgemäß erfasst und im Jahresabschluss entsprechend der angewandten Rechnungslegungsgrundsätze dargestellt werden.

Neben den oben beschriebenen Anhangangaben gehören hierzu nach den handelsrechtlichen Vorschriften auch der Ausweis von Forderungen und Verbindlichkeiten gegen verbundene Unternehmen (§ 266 HGB) sowie Ausleihungen, Forderungen und Verbindlichkeiten gegenüber den Gesellschaftern (§ 42 Abs. 3 GmbHG).

Im Rahmen der Jahresabschlussprüfung hat der Abschlussprüfer Prüfungshandlungen in einem Umfang vorzunehmen, die ihm eine Beurteilung ermöglichen, ob das interne Kontrollsystem angemessen und wirksam in Bezug auf Geschäftsvorfälle mit nahe stehenden Personen ausgestaltet ist. Allerdings kann nicht erwartet werden, dass alle Beziehungen zu und Geschäfte mit nahestehenden Personen im Rahmen der Prüfung aufgedeckt werden. In diesem Zusammenhang hat der Abschlussprüfer auch zu prüfen, ob die nach den Rechnungslegungsgrundsätzen erforderlichen Angaben zu den nahestehenden Unternehmen und Personen erfolgten und ordnungsgemäß abgebildet wurden.

Die **Angemessenheit der Konditionen** ist grundsätzlich nicht durch den Abschlussprüfer zu beurteilen. Der Abschlussprüfer hat nur dann die Marktüblichkeit der vereinbarten Konditionen zu prüfen, wenn im Anhang nur die wesentlichen marktunüblichen Geschäfte angegeben werden, d.h. gegebenenfalls auch überhaupt keine Geschäfte. Dies ist mit der impliziten Aussage verbunden, dass in diesem Geschäftsjahr keine wesentlichen marktunüblichen Geschäfte stattgefunden haben und alle übrigen Geschäfte mit nahe stehenden Personen zu marktüblichen Bedingungen abgeschlossen wurden.

> **Vortragszeit: 2,5/9 Minuten**

V. Schlussbemerkung

Transaktionen mit nahestehenden Unternehmen und Personen deuten häufig auf bedeutsame Risiken hin und können damit auch Indizien für Risiken im Zusammenhang mit Unrichtigkeiten und Verstößen darstellen.

Das Ziel der Berichterstattung über Beziehungen zu nahestehenden Personen im Jahresabschluss ist die Offenlegung des Kreises der nahe stehenden Personen sowie die Auswirkungen von Geschäftsvorfällen mit diesen Personen. Beziehungen zu nahe stehenden Personen können dazu führen, dass Geschäfte nur aufgrund dieser Beziehung abgeschlossen werden bzw. dass sie zu Bedingungen zustande kommen oder durchgeführt werden, die Dritten nicht eingeräumt werden. Aus diesem Grund verbessert die Offenlegung die Transparenz und den Einblick in die Vermögens-, Finanz- und Ertragslage.

In der Praxis vermeiden die gesetzlichen Vertreter häufig die Angabe der marktunüblichen Geschäfte mit nahe stehenden Unternehmen und Personen und üben stattdessen das Wahlrecht aus, d.h. sie geben alle wesentliche Geschäfte mit nahestehenden Unternehmen und Personen an.

Vielen Dank für Ihre Aufmerksamkeit.

> **Vortragszeit: 1/10 Minuten**

Vortrag 64
Das Konzept der Wesentlichkeit (Prüfungswesen)

Sehr geehrte/r Frau/Herr Vorsitzende/r, sehr geehrte Prüfungskommission,
aus den mir zur Auswahl gestellten Themen habe ich mich für das Thema „**Das Konzept der Wesentlichkeit**" entschieden. Meinen Vortrag gliedere ich wie folgt:

I.	Einleitung
II.	Das Konzept der Wesentlichkeit und dessen Anwendungsbereich
III.	Die Festlegung von Wesentlichkeitsgrenzen
IV.	Schlussbemerkung

> **Vortragszeit: 0,5 Minuten**

I. Einleitung

Der **Begriff der Wesentlichkeit** sowie dessen Bedeutung spielen für die Jahresabschlussprüfung eine entscheidende Rolle. Die Prüfung des Jahresabschlusses und des Lageberichts ist so auszurichten, dass mit hinreichender Sicherheit falsche Angaben in der Rechnungslegung, die wegen ihrer Größenordnung oder Bedeutung für die Adressaten wesentlich sind, aufgedeckt werden.

Um die Wesentlichkeitsgrenzen sachgerecht bestimmen zu können, muss man das **Konzept der hinreichenden Sicherheit** und den risikoorientierten Prüfungsansatz verstanden haben.

Die **Festlegung der Wesentlichkeitsgrenzen** ist die Basis dafür, welche Bereiche in welchem Umfang zu prüfen sind und welche Fehler noch akzeptiert werden können, ohne den Bestätigungsvermerk einzuschränken oder zu versagen.

> **Vortragszeit: 0,5/1 Minuten**

II. Das Konzept der Wesentlichkeit und dessen Anwendungsbereich

Der Gesetzgeber bestimmt in § 317 Abs.1 Satz 3 HGB, dass die Prüfung so auszulegen ist, dass **Unrichtigkeiten und Verstöße gegen die gesetzlichen Vorschriften** und die sie ergänzenden Bestimmungen des Gesellschaftsvertrag oder der Satzung, die sich wesentlich auf die Vermögens-, Finanz- und Ertragslage auswirken, bei gewissenhafter Berufsausübung erkannt werden.

Aus diesem Grund legt das IDW in dem IDW PS 250 n.F. die Berufsauffassung dar, nach der Wirtschaftsprüfer als Abschlussprüfer unbeschadet ihrer Eigenverantwortlichkeit das **Konzept der Wesentlichkeit bei der Abschlussprüfung** zu berücksichtigen haben.

Durch die Anwendung des Wesentlichkeitsgrundsatzes erfolgt eine Konzentration auf entscheidungserhebliche Sachverhalte. Das Konzept der Wesentlichkeit wird auch als adressatenorientiert beschrieben. Es sind nur solche Rechnungslegungsinformationen als wesentlich anzusehen, wenn zu erwarten ist, dass ihre falsche Darstellung im Einzelnen oder insgesamt die wirtschaftlichen Entscheidungen der Rechnungslegungsadressaten beeinflussen. Dabei kann die **Wesentlichkeit quantitativ** in einem Grenzwert, aber auch **qualitativ in einer Eigenschaft** ausgedrückt werden.

Darüber hinaus kann sich die Wesentlichkeit auch daraus ergeben, dass mehrere Fehler, die für sich allein betrachtet unwesentlich sind, zusammen mit anderen wesentlich werden.

Grundsätzlich ist das Konzept der Wesentlichkeit sowohl bei der **Prüfung des Abschlusses als Ganzes** als auch bei der Prüfung einzelner Prüffelder zu beachten. Die Anwendung und dessen Auswirkung auf das Prüfungsrisiko sind

- im Rahmen der Prüfungsplanung, d.h. im Zusammenhang mit Prüfungshandlungen zur Risikobeurteilung sowie für die Festlegung von Art, Zeitpunkt und Umfang der Prüfungshandlungen,
- zur Beurteilung der Auswirkungen von festgestellten falschen Angaben auf die Prüfungsdurchführung,
- zur Beurteilung der Auswirkungen von nicht korrigierten falschen Angaben auf Jahresabschluss bzw. Lagebericht sowie
- bei der Bildung des Prüfungsurteils

zu berücksichtigen.

Die Wesentlichkeitsgrenzen und das Prüfungsrisiko stehen in einem wechselseitigen Zusammenhang: Je höher die Wesentlichkeit festgelegt wird, umso geringer ist das **Prüfungsrisiko**, da die Wahrscheinlichkeit von Fehlerfeststellungen durch den Abschlussprüfer durch hohe Wesentlichkeitsgrenzen verringert wird. Dies bedeutet im Umkehrschluss, dass niedrige Wesentlichkeitsgrenzen zu einem höheren Prüfungsrisiko führen, da in so einem Fall umfangreichere Prüfungshandlungen erfolgen müssen. Stellt der Abschlussprüfer z.B. im Rahmen der Prüfung fest, dass die Wesentlichkeitsgrenzen niedriger festzulegen sind, als ursprünglich vermutet, steigt das Prüfungsrisiko. Der Abschlussprüfer kompensiert dies durch eine Verringerung der Höhe des Entdeckungsrisikos, indem Art oder Zeitpunkt der geplanten aussagebezogenen Prüfungshandlungen angepasst werden bzw. deren Umfang erweitert wird.

Der Abschlussprüfer hat im Rahmen der Jahresabschlussprüfung eines Einzelunternehmens grundsätzlich drei **Wesentlichkeitsgrenzen** zu bestimmen. Hierbei handelt es sich um

- die Wesentlichkeit für den Abschluss als Ganzes – gilt für Bilanz, GuV, Anhang und Lagebericht,
- die spezifische Wesentlichkeit (einzelne Arten von Geschäftsvorfällen, Kontensalden, Abschluss- bzw. Lageberichtsangaben),
- die Toleranzwesentlichkeit zur Beurteilung der Risiken (für Wesentlichkeit für den Abschluss als Ganzes und für spezifische Wesentlichkeiten festlegen).

Darüber hinaus gibt es noch eine sogenannte **Nichtaufgriffsgrenze**. Hierbei handelt es sich jedoch um keine Wesentlichkeitsgrenze. Während der Prüfung festgestellte falsche Angaben unterhalb dieser Grenze sind für die weitere Prüfung nicht zu berücksichtigen.

Im Rahmen einer **Konzernabschlussprüfung** hat der Abschlussprüfer noch eine vierte Wesentlichkeit festzulegen, und zwar die sogenannte Teilbereichswesentlichkeit.

Letztendlich erfolgt die Festlegung der Wesentlichkeitsgrenzen durch den Abschlussprüfer und liegt in dessen pflichtgemäßen Ermessen. Neben seinen beruflichen Erfahrungen werden auch die **Prüfungsfeststellungen der letzten Jahre** sowie die Umstände des Einzelfalls mit in seine Beurteilung einfließen.

> **Vortragszeit: 2,5/3,5 Minuten**

III. Die Festlegung von Wesentlichkeitsgrenzen

Im Rahmen der Prüfungsplanung wird die **Wesentlichkeit für den Abschluss als Ganzes** festgelegt. Sie dient der Festlegung einer Prüfungsstrategie, also der Festlegung von Art, Umfang und Zeitpunkt der Prüfungshandlungen und dient ebenfalls als Maßstab zur Bildung des Prüfungsurteils. Sie hilft insoweit zu beurteilen, welche falsche Angaben insgesamt betrachtet noch akzeptiert werden können, ohne den Bestätigungsvermerk einzuschränken oder zu versagen.

Eine bestimmte Methode zur Festlegung der Wesentlichkeit schreibt der IDW PS 250 nicht vor. In diesem Zusammenhang wird in dem Standard immer wieder auf die pflichtgemäße Ermessenausübung des Abschlussprüfers verwiesen. In der Praxis wird häufig als Ausgangspunkt für die Festlegung der Wesentlichkeit für den Abschluss als Ganzes ein vom Abschlussprüfer als angemessen angesehener Prozentsatz auf eine gewählte Bezugsgröße verwendet.

Auch bezüglich der zu wählenden **Bezugsgröße** gibt es keine exakten Vorgaben durch das IDW. Auch hier liegt die Festlegung einer geeigneten Bezugsgröße und eines geeigneten Prozentsatzes im pflichtgemäßen Ermessen des Abschlussprüfers. In der Praxis werden häufig das Ergebnis vor Steuern, die Umsatzerlöse, das Eigenkapital, die Bilanzsumme oder der Gewinn aus laufender Geschäftstätigkeit verwendet.

Bei der **Wahl der geeigneten Bezugsgröße** hat der Abschlussprüfer einige Faktoren bei seiner Auswahl zu berücksichtigen. Handelt es sich z.B. um eine Holdinggesellschaft oder Immobiliengesellschaft wird die Position des Anlagevermögens oder der Bilanzsumme häufig geeigneter sein als die Bezugsgröße Umsatzerlöse. Handelt es sich dagegen um ein Produktionsunternehmen, richtet sich die Aufmerksamkeit der Rechnungslegungsadressaten häufig auf den Gewinn, die Erlöse oder das Eigenkapital und somit ist einer dieser entsprechenden Bezugsgrößen zu wählen. Bei einem Non-Profit-Unternehmen sind dagegen häufig die Gesamtaufwendungen die richtige Bezugsgröße.

Darüber hinaus ist auch die **Volatilität der Bezugsgröße** zu berücksichtigen. Bruttogrößen, wie z.B. Umsatzerlöse, sind weniger volatil als Residualgrößen, wie z.B. Gewinn vor Steuern und deshalb bei stark schwankenden Jahresergebnissen besser als Bezugsgröße geeignet.

Außerdem kann es sinnvoll sein, nicht die Jahreswerte zu nehmen, sondern **Durchschnittswerte der letzten drei bis fünf Jahre** zu bilden, um damit Ergebniseffekte zu relativieren. Auch die Bereinigung von einmaligen oder außergewöhnlichen Effekten kann sinnvoll sein um eine geeignetere Bezugsgröße zu erhalten.

Die Wesentlichkeit wird jedes Jahr neu festgelegt. Die Faktoren, die für die Auswahl der Bezugsgröße herangezogen wurden, sind zu dokumentieren. Sollte im Vergleich zum Vorjahr eine **abweichende Bezugsgröße** gewählt werden, ist dies in den Arbeitspapieren zu dokumentieren.

Wie oben bereits erwähnt, erfolgt auch die Auswahl eines geeigneten Prozentsatzes nach pflichtgemäßem Ermessen, wobei zwischen dem Prozentsatz und der gewählten Bezugsgröße eine Beziehung besteht.

In der Praxis werden häufig folgende **Prozentsätze** verwendet: 0,5–2 % der Umsatzerlöse, 0,25–4 % der Bilanzsumme, 3–10 % des Gewinn vor Steuern und 3–5 % des Eigenkapitals.

Neben der Wesentlichkeitsgrenze für den Abschluss als Ganzes können **spezifische Wesentlichkeitsgrenzen** festgelegt werden. Dies ist der Fall, wenn in einzelnen Geschäftsvorfällen, Kontensalden oder Abschlussangaben Fehler zu erwarten sind, die unterhalb der Wesentlichkeitsgrenze für den Abschluss als Ganzes liegen und die wirtschaftlichen Entscheidungen der Rechnungslegungsadressaten beeinflussen.

Die **spezifische Wesentlichkeit** steht in keinem Zusammenhang mit der Wesentlichkeit für den Abschluss als Ganzes, außer dass sie definitionsgemäß niedriger sein muss. Sie wird in der Höhe angesetzt, ab der ein Fehler für den Rechnungslegungsadressat entscheidungsrelevant ist. Es kann sich daher anbieten, wie bei der Wesentlichkeit für den Abschluss als Ganzes, einen Prozentsatz zu wählen, der auf den Geschäftsvorfall, den Kontensaldo oder die Abschlussangabe angewendet wird. Wird eine spezifische Wesentlichkeit festgelegt, ist hierfür auch eine Toleranzwesentlichkeit, die sogenannte spezifische Toleranzwesentlichkeit, festzulegen.

Die Toleranzwesentlichkeit wird nach pflichtgemäßem Ermessen des Abschlussprüfers festgelegt. Die Toleranzwesentlichkeit kann als einheitlicher Betrag für den Abschluss als Ganzes oder auch in unterschiedlichen Beträgen für verschiedene Prüffelder festgelegt werden.

Bei der Festlegung der **Toleranzwesentlichkeitsgrenze** wird der Abschlussprüfer regelmäßig auch von Art und Umfang der bei vorhergehenden Abschlussprüfungen festgestellten Fehlern beeinflusst. Aber auch sein „business understanding" ist von entscheidender Bedeutung., das während der Prüfungshandlungen zur Risikobeurteilung fortlaufend aktualisiert wird.

Bei der Toleranzwesentlichkeit handelt es sich um einen Betrag, der unterhalb der Wesentlichkeit für den Abschluss als Ganzes festgelegt wird. Damit soll die Wahrscheinlichkeit auf ein angemessenes niedriges Maß reduziert werden, dass die Summe aus den nicht korrigierten und nicht aufgedeckten falschen Angaben die Wesentlichkeit für den Abschluss als Ganzes überschreitet.

Der **IDW PS 250** enthält keine Vorgaben für geeignete Prozentsätze. In der Praxis orientiert sich die Toleranzwesentlichkeitsgrenze häufig in einem prozentualen Verhältnis zur Wesentlichkeitsgrenze für den

Abschluss als Ganzes. Als Orientierungshilfen werden hierfür Bandbreiten zwischen 70–80 % von der Wesentlichkeit für den Abschluss als Ganzes genannt.

Bei der Festlegung des geeigneten Prozentsatzes ist das **Aggregationsrisiko** zu beachten; D.h. je höher das Risiko eingeschätzt wird, desto niedriger muss der Prozentsatz für die Toleranzwesentlichkeit gewählt werden. Das Aggregationsrisiko wird unter anderem durch folgende Faktoren beeinflusst: Festgestellte Mängel im internen Kontrollsystem und somit schwaches Kontrollumfeld, viele oder betragsmäßig hohe festgestellte Fehler im Vorjahr und gegebenenfalls auch deren Nicht-Korrektur im laufenden Abschluss sowie hohe Schätzunsicherheit in den Finanzinformationen.

> **Vortragszeit: 5,5/9 Minuten**

IV. Schlussbemerkung

Das Konzept der Wesentlichkeit ist für die Jahresabschlussprüfung von essentieller Bedeutung. Der risikoorientierte Prüfungsansatz und die damit im Zusammenhang stehende Konzentration auf entscheidungserhebliche Sachverhalte basiert auf diesem Konzept. Mit der im Rahmen des risikoorientierten Prüfungsansatzes erfolgten Prüfungshandlungen wird das Risiko minimiert, dass der Abschlussprüfer falsche Angaben in der Rechnungslegung nicht entdeckt, die wesentliche Auswirkungen auf die Ordnungsmäßigkeit der Rechnungslegung und der Berichterstattung haben.

Darüber hinaus hat der Wirtschaftsprüfer die Abschlussprüfung auch unter dem Maßstab der Wirtschaftlichkeit durchzuführen und somit die Prüfungstätigkeiten auf den notwendigen Umfang zu begrenzen, um so Aussagen über das Prüfungsurteil mit einer hinreichenden Sicherheit treffen können. Auch dieses Vorhaben ist nur unter Beachtung des Wesentlichkeitsgrundsatzes zu erreichen.

Das IDW legt in dem IDW PS 250 n.F. die Berufsauffassung dar, nach der die Wirtschaftsprüfer das Konzept der Wesentlichkeit im Rahmen einer Abschlussprüfung zu berücksichtigen haben. Allerdings enthält der Standard keine konkreten Vorgaben zur Berechnung der Wesentlichkeitsgrenzen. Die Festlegung der Wesentlichkeitsgrenzen liegt stets im pflichtgemäßen Ermessen des Abschlussprüfers.

Vielen Dank für Ihre Aufmerksamkeit.

> **Vortragszeit: 1/10 Minuten**

Vortrag 65
Der Prüfungsbericht über die Jahresabschlussprüfung von Kapitalgesellschaften – Bedeutung, allgemeine Grundsätze, berichtspflichtige Sachverhalte, Gliederung (Prüfungswesen)

Sehr geehrte/r Frau/Herr Vorsitzende/r, sehr geehrte Prüfungskommission,
aus den mir zur Auswahl gestellten Themen habe ich mich für das Thema „**Der Prüfungsbericht über die Jahresabschlussprüfung von Kapitalgesellschaften – Bedeutung, allgemeine Grundsätze, berichtspflichtige Sachverhalte, Gliederung**" entschieden. Meinen Vortrag gliedere ich wie folgt:

I.	Einleitung
II.	Allgemeine Grundsätze für die Erstellung eines Prüfungsberichts
III.	Form, Aufbau und Gliederung des Prüfungsberichts sowie berichtspflichtige Sachverhalte
IV.	Schlussbemerkung

> **Vortragszeit: 0,5 Minuten**

I. Einleitung

In § 321 HGB wird die **Gestaltung und der Mindestinhalt des Prüfungsberichts** gesetzlich geregelt. Gemäß § 321 Abs. 1 Satz 1 HGB hat der Abschlussprüfer über Art und Umfang sowie über das Ergebnis der Prüfung schriftlich zu berichten. Der Prüfungsbericht soll die gesetzlichen Vertreter bzw. den Aufsichtsrat über Prüfungsfeststellungen und Prüfungsergebnisse sachgerecht unterrichten (Informationsfunktion), die pflichtgemäße Durchführung der Prüfung nach § 317 HGB nachweisen (Dokumentationsfunktion) und bei der Überwachung des Unternehmens unterstützen.

Die **Anforderungen an den Prüfungsbericht** wurden in den letzten Jahren unter anderem durch das KonTraG, BilReG oder das BilMoG mehrmals modifiziert und erweitert. So wurde z.B. mit dem BilMoG im Jahr 2010 die Unabhängigkeitserklärung des Abschlussprüfers im Prüfungsbericht vorgeschrieben (§ 321 Abs. 4a HGB).

In der berufsständischen Verlautbarung IDW PS 450 konkretisiert das IDW die gesetzlichen Anforderungen an den Prüfungsbericht. Hierbei ist es nicht entscheidend, ob es sich um eine gesetzliche oder freiwillige Jahresabschlussprüfung handelt. Sofern für freiwillige Abschlussprüfungen ein **Bestätigungsvermerk** erteilt werden soll, ist der Prüfungsbericht ebenfalls nach den im IDW PS 450 festgelegten Grundsätzen zu erstellen.

> **Vortragszeit: 1/1,5 Minuten**

II. Allgemeine Grundsätze für die Erstellung eines Prüfungsberichts

Ein Prüfungsbericht hat einer Reihe allgemeiner Grundanforderungen zu entsprechen, damit er seinen Aufgaben gerecht werden kann.

Der Abschlussprüfer hat den Prüfungsbericht unter **Beachtung der Berufspflichten** gewissenhaft, unparteiisch und mit der gebotenen Klarheit zu erstatten.

Der **Grundsatz der Unparteilichkeit** (§ 43 Abs. 1 Satz 2 WPO, § 323 Abs. 1 Satz 1 HGB) verlangt, dass die Sachverhalte unter Berücksichtigung aller verfügbaren Informationen sachgerecht und objektiv gewertet werden.

Zu dem **Grundsatz der Gewissenhaftigkeit** gehört neben der wahrheitsgetreuen Berichterstattung auch die vollständige Berichterstattung. Der Prüfungsbericht muss nach der Überzeugung des Abschlussprüfers den tatsächlichen Gegebenheiten entsprechen und alle Feststellungen und Tatsachen wiedergeben, die für eine ausreichende Information der Berichtsempfänger und für die Vermittlung eines klaren Bildes über das Prüfungsergebnis von Bedeutung sind. Das Weglassen wesentlicher Informationen würde zu einer Verletzung des Grundsatzes führen.

Der **Grundsatz der Klarheit** fordert eine verständliche, eindeutige und problemorientierte Darlegung der berichtpflichtigen Sachverhalte sowie eine übersichtliche Gliederung. Hierzu gehört auch die Beschränkung auf das Wesentliche.

Unter Berücksichtigung der gesetzlichen Vorgaben empfiehlt das IDW folgende **Gliederung** für den Prüfungsbericht:

- Prüfungsauftrag,
- Bestätigung der Unabhängigkeit des Abschlussprüfers,
- Grundsätzliche Feststellungen,
- Gegenstand, Art und Umfang der Prüfung,
- Feststellungen und Erläuterungen zur Rechnungslegung,
- Feststellungen zum Risikofrüherkennungssystem,
- Feststellungen aus Erweiterungen des Prüfungsauftrags,
- Wiedergabe des Bestätigungsvermerks,
- Anlagen zum Prüfungsbericht.

Darüber hinaus gilt bei der Berichterstattung der **Grundsatz der Stetigkeit**. Die Form der Berichterstattung sowie dessen Gliederung sind in den Jahren beizubehalten.

> **Vortragszeit: 1,5/3 Minuten**

III. Form, Aufbau und Gliederung des Prüfungsberichts sowie berichtspflichtige Sachverhalte

1. Prüfungsauftrag

In dem **einleitenden Berichtsabschnitt** sind Angaben zum Prüfungsauftrag vorzunehmen. Hier sind u.a. der Name des geprüften Unternehmens sowie der Abschlussstichtag zu nennen. Außerdem sollte hervorgehoben werden, ob es sich um eine Pflichtprüfung gem. §§ 316 ff. HGB oder um eine freiwillige Prüfung handelt. Auch Angaben zur Wahl und zur Beauftragung des Abschlussprüfers sind vorzunehmen. Ferner empfiehlt es sich, auf die Auftragsbedingungen hinzuweisen. Schließlich muss erwähnt werden, dass der Prüfungsbericht nach dem IDW PS 450 erstellt wurde.

Darüber hinaus ist gegebenenfalls der Adressatenkreis zu nennen. Handelt es sich um eine gesetzliche Jahresabschlussprüfung, ergeben sich die Adressaten aus den gesetzlichen Regelungen. In diesem Fall erscheint es nicht als sachgerecht, den Prüfungsbericht zu adressieren. Dagegen sollte bei freiwilligen Jahresabschlussprüfungen der Adressatenkreis des Prüfungsberichts stets benannt werden.

2. Bestätigung der Unabhängigkeit des Abschlussprüfers

Gemäß § 321 Abs. 4a HGB hat der Abschlussprüfer in dem Prüfungsbericht auch seine Unabhängigkeit zu erklären. Hiermit wird im Nachgang dokumentiert, dass der Abschlussprüfer während der Prüfung unabhängig war.

3. Grundsätzliche Feststellungen

Gemäß § 321 Abs. 1 Satz 2 HGB hat der Abschlussprüfer in einer sogenannten **Vorwegberichterstattung zu der Lagebeurteilung des Unternehmens** durch die gesetzlichen Vertreter Stellung zu nehmen. Dabei hat er insbesondere auf die Annahme der Fortführung der Unternehmenstätigkeit und auf die Beurteilung der künftigen Entwicklung des Unternehmens einzugehen. Er hat diejenigen Angaben der gesetzlichen Vertreter hervorzuheben, die für die Berichtsadressaten zur Beurteilung der Lage des Unternehmens wesentlich sind. Darüber hinaus hat der Abschlussprüfer eine eigenständige Beurteilung etwaiger bestandsgefährdender Umstände vorzunehmen und die den Einschätzungen der gesetzlichen Vertreter zugrunde liegenden Annahmen kritisch zu würdigen.

Gemäß § 321 Abs. 1 Satz 3 HGB besteht für den Abschlussprüfer die sogenannte **Redepflicht**. Stellt er im Rahmen der ordnungsmäßigen Durchführung der Abschlussprüfung Tatsachen fest, die die Entwicklung des geprüften Unternehmens wesentlich beeinträchtigen oder seinen Bestand gefährden, hat er hierüber zu berichten.

Darüber hinaus hat der Abschlussprüfer auch über **festgestellte Unrichtigkeiten und Verstöße gegen gesetzliche Vorschriften** sowie Tatsachen zu berichten, die schwerwiegende Verstöße der gesetzlichen Vertreter oder von Arbeitnehmern gegen Gesetz, Gesellschaftsvertrag oder Satzung erkennen lassen. Die sich daraus gegebenenfalls ergebenden Konsequenzen für den Bestätigungsvermerk sind zu erläutern.

Sollten keine bestandsgefährdenden Tatsachen vorliegen und keine schwerwiegenden Verstöße im Rahmen der Prüfungsdurchführung aufgedeckt werden, ist auf eine **Negativerklärung im Prüfungsbericht** zu verzichten.

4. Gegenstand, Art und Umfang der Prüfung

In diesem Berichtsteil hat der Abschlussprüfer den Berichtsadressaten gemäß § 321 Abs. 3 HGB **Gegenstand, Art und Umfang der Prüfung** zu erläutern. Die Berichtsadressaten sollen somit die Prüfungstätigkeit des Abschlussprüfers besser beurteilen können.

Als **Prüfungsgegenstand** sind gemäß § 317 HGB die Buchführung, der Jahresabschluss, der Lagebericht sowie gegebenenfalls das gemäß § 91 Abs. 2 AktG einzurichtende Risikofrüherkennungssystem zu nennen. Ferner sind die angewandten Rechnungslegungsgrundsätze darzulegen. Es empfiehlt sich im Prüfungsbericht die Aufgaben des Abschlussprüfers darzulegen und darauf hinzuweisen, dass die gesetzlichen Vertreter für die Rechnungslegung sowie für die gegenüber dem Abschlussprüfer gemachten Angaben die Verantwortung tragen.

Hinsichtlich **Art und Umfang der Abschlussprüfung** sind im Prüfungsbericht die Grundsätze zu nennen, nach denen die Prüfung erfolgt ist, wobei an dieser Stelle neben den §§ 316 ff. HGB auch auf die ebenfalls vom IDW aufgestellten **Grundsätze ordnungsmäßiger Abschlussprüfung** (GoA) Bezug zu nehmen ist. Die Beschreibung des Prüfungsumfangs muss ausführlich sein. Der Abschlussprüfer hat die Grundzüge des Prüfungsvorgehens und der zugrunde liegende Prüfungsstrategie darzustellen. Eine Begründung des Prüfungsvorgehens ist nicht erforderlich. Allerdings muss es den Aufsichtsgremien möglich sein, aus den Ausführungen im Prüfungsbericht Konsequenzen für die eigene Überwachungsaufgabe zu ziehen.

Außerdem ist im Prüfungsbericht darauf hinzuweisen, dass die gesetzlichen Vertreter die verlangten Aufklärungen und Nachweise (§ 320 HGB) erbracht haben.

5.   Feststellungen und Erläuterungen zur Rechnungslegung

Im Hauptteil des Prüfungsberichts ist gemäß § 321 Abs. 2 Satz 1 HGB festzustellen, ob die geprüften Unterlagen den gesetzlichen Vorschriften und den gegebenenfalls vorliegenden, ergänzenden Vereinbarungen des Gesellschaftsvertrags oder der Satzung entsprechen.

Der Abschlussprüfer hat in diesem Berichtsteil auf die Ordnungsmäßigkeit der Rechnungslegung einzugehen und auch Feststellungen zur Gesamtaussage des Jahresabschlusses zu treffen. In diesem Zusammenhang hat er u.a. festzustellen, ob die Bilanz und GuV ordnungsgemäß aus der Buchführung abgeleitet wurden und die Ansatz-, Ausweis- und Bewertungsvorschriften beachtet worden sind, der Stetigkeitsgrundsatz beachtet wurde, der Lagebericht im Einklang mit Jahresabschluss und den bei der Prüfung gewonnenen Erkenntnissen steht. Außerdem hat der Abschlussprüfer darauf einzugehen, ob der Jahresabschluss insgesamt unter Beachtung der **Grundsätze ordnungsmäßiger Buchführung** ein den tatsächlichen Verhältnissen entsprechendes Bild der Vermögens-, Finanz- und Ertragslage der Kapitalgesellschaft vermittelt.

An dieser Stelle ist auch über Beanstandungen zu berichten, die nicht zur Einschränkung des Bestätigungsvermerks geführt haben, jedoch für die Überwachung der Geschäftsführung und des Unternehmens von Bedeutung sind. Hierzu zählen z.B. festgestellte bedeutsame Schwächen im internen Kontrollsystem, die sich allerdings nicht auf den Jahresabschluss oder Lagebericht beziehen.

Die Abschnitte zu **Feststellungen zum Risikofrüherkennungssystem** und zu **Feststellungen aus Erweiterungen des Prüfungsauftrags** entfallen, wenn § 317 Abs. 4 HGB nicht zur Anwendung kommt bzw. mit dem Auftraggeber keine Erweiterungen des Prüfungsauftrages vereinbart werden.

Handelt es sich bei dem zu prüfenden Unternehmen um eine börsennotierte Aktiengesellschaft ist das **Ergebnis der Prüfung des Risikofrüherkennungssystems** in einem gesonderten Berichtsteil darzustellen. Es ist insbesondere darauf einzugehen, ob der Vorstand die ihm nach § 91 Abs. 2 AktG obliegenden Maßnahmen erfüllt hat und ein geeignetes und funktionierendes Überwachungssystems eingerichtet hat

Als Beispiel für die Erweiterung des Prüfungsauftrags ist in der Praxis häufig die **Prüfung der Geschäftsführung** zu nennen. In diesem Fall ist in einem gesonderten Abschnitt des Prüfungsberichts darüber zu berichten.

6.   Wiedergabe des Bestätigungsvermerks

Gemäß § 322 Abs. 7 HGB ist der datierte und unterzeichnete Bestätigungsvermerk unter Angabe von Ort, Datum und Namen des unterzeichneten Abschlussprüfers auch im Prüfungsbericht wiederzugeben. Allerdings ist der im Prüfungsbericht wiedergegebene Bestätigungsvermerk nicht gesondert zu unterzeichnen.

7.   Anlagen zum Prüfungsbericht

Der geprüfte Jahresabschluss und der Lagebericht sind dem Prüfungsbericht als Anlagen beizufügen. Das IDW empfiehlt außerdem auch die im Rahmen der Abschlussprüfung zugrunde gelegten allgemeinen Auftragsbedingungen als Anlage beizulegen. Darüber hinaus wird der Abschlussprüfer häufig auch noch einen Erläuterungsteil, mit Aufgliederungen und Erläuterungen der Jahresabschlussposten erstellen und als Anlage beifügen. Auch die Darstellung der rechtlichen, wirtschaftlichen und steuerlichen Verhältnisse erfolgt in der Regel in einer Anlage zum Prüfungsbericht.

> **Vortragszeit: 6/9 Minuten**

IV. Schlussbemerkung

Der Prüfungsbericht hat eine wichtige Informationsfunktion für die Abschlussadressaten. Gemäß § 321 Abs. 5 HGB richtet er sich grundsätzlich an die Auftraggeber. Bei einer GmbH sind dies im Regelfall die gesetzlichen Vertreter. Bei einer AG dagegen erteilt der Aufsichtsratsvorsitzende gemäß § 111 Abs. 2 Satz 3 AktG dem Abschlussprüfer den Prüfungsauftrag. Der Abschlussprüfer hat die Prüfungsberichte nach Fertigstellung unmittelbar an seinen Auftraggeber zu übergeben. Darüber hinaus gibt es natürlich mittelbare Adressaten, wie z.B. Kreditinstitute und Anteilseigener, die üblicherweise von dem Auftraggeber einen Bericht erhalten. Die Berichtsinhalte richten sich somit – unmittelbar oder mittelbar – an einen ausgewählten Adressatenkreis.

Außerdem gilt die Prüfung ohne schriftlichen Bericht als noch nicht abgeschlossen. Sie ist erst mit Vorlage des unterzeichneten und gesiegelten Prüfungsberichts nachweislich beendet. In der Folge kann der Jahresabschluss erst dann rechtswirksam festgestellt werden (§ 316 Abs. 1 Satz 2 HGB).

Vielen Dank für Ihre Aufmerksamkeit.

> **Vortragszeit: 1/10 Minuten**

Vortrag 66
Die Erstellung von Jahresabschlüssen durch den Wirtschaftsprüfer (Prüfungswesen)

Sehr geehrte/r Frau/Herr Vorsitzende/r, sehr geehrte Prüfungskommission,
aus den mir zur Auswahl gestellten Themen habe ich mich für das Thema „**Die Erstellung von Jahresabschlüssen durch den Wirtschaftsprüfer**" entschieden. Meinen Vortrag gliedere ich wie folgt:

I.	Einleitung
II.	Inhalt, Art und Umfang der Jahresabschlusserstellung
III.	Berichterstattung
IV.	Schlussbemerkung

> **Vortragszeit: 0,5 Minuten**

I. Einleitung

Der Kaufmann bzw. der gesetzliche Vertreter der Gesellschaft ist gemäß § 242 Abs. 1-3 i.V.m. §§ 264 Abs. 1, 264a HGB dazu verpflichtet einen **Jahresabschluss** aufzustellen. Die genannten Personen haben auch über die Ausübung der Gestaltungsmöglichkeiten zu entscheiden. Jedoch kann die Erstellung auf externe Sachverständige übertragen werden.

Das IDW hat mit dem IDW S 7 „Grundsätze für die Erstellung von Jahresabschlüssen" die berufsständische Verlautbarung herausgegeben, die Grundsätze festlegen, nach denen Wirtschaftsprüfer Jahresabschlüsse erstellen dürfen.

Das **Berufsbild des Wirtschaftsprüfers** umfasst nach § 2 WPO neben der Jahresabschlussprüfung auch die Beratung und Vertretung der Mandanten in steuerlichen und wirtschaftlichen Angelegenheiten, gutachterliche Tätigkeiten und die treuhänderische Verwaltung von Vermögen.

Wird der Wirtschaftsprüfer mit der Erstellung eines Jahresabschlusses beauftragt, wird er als Sachverständiger i.S.d. § 2 Abs. 3 Nr. 1 WPO tätig. Er kann daher von den gesetzlichen Vertretern der Gesellschaft damit beauftragt werden, den Abschluss zu erstellen, hierüber zu berichten und eine Bescheinigung zu erteilen. Der Wirtschaftsprüfer hat bei dieser Tätigkeit und bei der Berichterstattung hierüber die einschlägigen Normen der WPO und die Berufspflichten zu beachten.

Allerdings darf ein Wirtschaftsprüfer, der zugleich der Abschlussprüfer der Gesellschaft ist, aus Gründen der Unabhängigkeit und des Selbstprüfungsverbotes (§ 319 Abs. 3 HGB) weder an der Aufstellung noch an der Erstellung des Abschlusses beteiligt sein. Der Wirtschaftsprüfer muss gerade wegen seiner öffentlichen Funktion besonderes Augenmerk darauf legen, dass er keine Ordnungsmäßigkeit von Unterlagen bescheinigt, an deren Zustandekommen er selbst mitgewirkt hat.

Die **Erstellung von Jahresabschlüssen nach IDW S 7** ist von der Tätigkeit einer prüferischen Durchsicht (IDW PS 900) und der Durchführung von freiwilligen oder gesetzlichen Jahresabschlussprüfungen i.S.d. §§ 316 ff. HGB abzugrenzen.

> **Vortragszeit: 1/1,5 Minuten**

II. Inhalt, Art und Umfang der Jahresabschlusserstellung

Grundsätzlich umfasst der Auftrag zur Erstellung des Jahresabschlusses die **Entwicklung der Bilanz** sowie **Gewinn- und Verlustrechnung** aus der Buchführung. Zusätzlich werden gegebenenfalls die Anfertigung des zugehörigen Anhangs sowie weitere Abschlussbestandteile, wie z.B. die Erstellung der Kapitalflussrechnung und Eigenkapitalspiegel beauftragt.

Darüber hinaus gehört zur Erstellung auch eine Bescheinigung über die Erstellung sowie in Abhängigkeit von der getroffenen Vereinbarung ein Erstellungsbericht sowie die erforderliche Dokumentation der Erstellungstätigkeit.

Der Wirtschaftsprüfer hat den Auftraggeber über bilanzielle Sachverhalte mit Ermessenspielräumen aufgrund von Bilanzierungs- und Bewertungswahlrechten zu informieren, um entsprechende Entscheidungsvorgaben einzuholen.

Die **Lageberichterstattung** darf der Wirtschaftsprüfer nicht übernehmen. Diese hat seitens der gesetzlichen Vertreter zu erfolgen. Der Grund hierfür ist, dass der Wirtschaftsprüfer keine ermessensbehaftete Aussagen treffen kann. Er darf hierbei jedoch beratend tätig sein und dem gesetzlichen Vertreter Hilfestellungen geben.

Der **Auftragsumfang** zur Erstellung eines Jahresabschlusses ist gesetzlich nicht geregelt und kann deshalb zwischen Auftraggeber und Auftragnehmer im Rahmen des dispositiven Vertragsrechtes frei vereinbart werden.

Das IDW unterscheidet in S 7 nach dem Grad der Beurteilung folgende drei Fälle:
- Erstellung ohne Beurteilungen,
- Erstellung mit Plausibilitätsbeurteilungen,
- Erstellung mit umfassenden Beurteilungen.

I. Erstellung ohne Beurteilungen

Bei der Erstellung ohne Beurteilungen handelt es sich um den **Mindestumfang einer Jahresabschlusserstellung**. In diesem Fall entwickelt der Wirtschaftsprüfer den Jahresabschluss aus den vorgelegten Büchern und Bestandsnachweisen unter Berücksichtigung der erteilten Auskünfte. Dabei verwendet der Wirtschaftsprüfer die ihm vorgelegten Unterlagen, ohne deren Ordnungsmäßigkeit oder Plausibilität zu beurteilen. Es gehört auch nicht zu seinen Aufgaben, die Angemessenheit und Funktion der internen Kontrollen sowie der Ordnungsmäßigkeit der Buchführung oder der Inventur zu prüfen. Die durchzuführenden Abschlussbuchungen (z.B. Berechnung von Abschreibungen, Wertberichtigungen, Rückstellungen) beziehen sich auf die vorgelegten Unterlagen und erteilten Auskünfte ohne eine Beurteilung ihrer Richtigkeit.

Darüber hinaus gehören die erforderlichen Entscheidungen über die **Ausübung materieller und formeller Gestaltungsmöglichkeiten** (Ansatz-, Bewertungs- und Ausweiswahlrechte sowie Ermessensentscheidungen) nicht zu den Erstellungtätigkeiten. Bestehende Gestaltungsmöglichkeiten sind im Rahmen der Erstellung nach den Vorgaben des Kaufmanns bzw. der gesetzlichen Vertreter auszuüben. Gleiches gilt für die Frage, inwieweit **Aufstellungs- und Offenlegungserleichterungen** für kleine und mittelgroße Kapitalgesellschaften in Anspruch genommen werden sollen. Darüber hinaus hat der Wirtschaftsprüfer die gesetzlichen Vertreter über gesetzliche Fristen zur Aufstellung, Feststellung und Offenlegung des Jahresabschlusses zu informieren.

Grundsätzlich fallen vom Wirtschaftsprüfer im Rahmen seiner Erstellungstätigkeit nicht entdeckte Mängel der Unterlagen sowie sich daraus ergebende Auswirkungen auf den Jahresabschluss nicht in die Verantwortlichkeit des Wirtschaftsprüfers. Allerdings hat er bei **Zweifel an der Ordnungsmäßigkeit der vorgelegten Dokumente**, diese zu klären. Sollten sich die Zweifel bestätigen und die entsprechenden Mängel nicht behoben werden, so hat der Wirtschaftsprüfer dieses in seiner Bescheinigung zum Ausdruck zu bringen.

2. Erstellung mit Plausibilitätsbeurteilungen

Bei der Erstellung eines Jahresabschlusses mit Plausibilitätsbeurteilungen hat der Wirtschaftsprüfer neben der eigentlichen Erstellungstätigkeit die ihm vorgelegten Bücher, Belege und Bestandsnachweise durch Befragungen und analytische Beurteilungen auf ihre Plausibilität hin zu beurteilen, um mit einer gewissen Sicherheit beurteilen zu können, dass die vorgelegten Unterlagen und Geschäftsprozesse ordnungsgemäß sind.

Der Wirtschaftsprüfer hat bei dieser Art der Auftragserteilung die Mitarbeiter und gesetzlichen Vertreter mindestens nach den **Verfahren zur Erfassung von Geschäftsvorfällen**, zu allen wesentlichen Abschlussaussagen zu befragen und ein Verständnis über das interne Kontrollsystem zu erlangen. Darüber hinaus hat er analytische Beurteilungen der einzelnen Abschlussaussagen vorzunehmen (z.B. Vergleiche mit Vorjahreszahlen, Kennzahlenvergleich) und sich Gesellschafter-, Beirats- und/oder Aufsichtsratsbeschlüsse zeigen zu lassen, die Auswirkungen auf den Jahresabschluss haben. Am Ende hat der Wirtschaftsprüfer einen Abgleich vorzunehmen, um festzustellen, ob sich der Gesamteindruck mit den Erkenntnissen deckt, die er im Rahmen der Jahresabschlusserstellung gewonnen hat.

Der Umfang der vorzunehmenden Plausibilitätsbeurteilungen hängt vom Grad der Wesentlichkeit und dem Fehlerrisiko der betreffenden Abschlussaussage ab.

Eine weitergehende Beurteilung ist nur vorzunehmen, wenn sich Hinweise auf wesentlich unrichtige Aussagen sowie falsche Auskünfte oder ähnliche Anhaltspunkte ergeben.

3. Erstellung mit umfassenden Beurteilungen

Insbesondere der **Auftrag zur Erstellung mit umfassenden Beurteilungen** ist darauf gerichtet, dass sich der Wirtschaftsprüfer zusätzlich zu den eigentlichen Erstellungstätigkeiten im Rahmen der Auftragsdurchführung durch geeignete Maßnahmen von der Ordnungsmäßigkeit der ihm vorgelegten Belege, Bücher und Bestandsnachweise überzeugt und somit eine hinreichende Sicherheit über die Ordnungsmäßigkeit dieser Unterlagen erlangt. Der Wirtschaftsprüfer hat seine Handlungen so zu planen und durchzuführen, dass er ein hinreichend sicheres Urteil zur Ordnungsmäßigkeit der vorgelegten Unterlagen abgeben kann.

Neben der **Beurteilung der Ordnungsmäßigkeit** und **Angemessenheit der Buchführung** gehört zur Erstellung mit umfassenden Beurteilungen auch die **Beurteilung der Wirksamkeit des rechnungslegungsbezogenen internen Kontrollsystems**. Diese Beurteilungen sind nach Art und Umfang wie bei der Abschlussprüfung vorzunehmen. Vom Ergebnis dieser Beurteilungen hängt es ab, ob die Buchführung und die Bestandsnachweise mit hinreichender Sicherheit dazu geeignet sind, daraus einen Jahresabschluss zu erstellen, der den gesetzlichen Vorschriften entspricht.

Der Wirtschaftsprüfer hat bei dieser Art der Beauftragung z.B. folgende Maßnahmen durchzuführen: Handelt es sich bei dem Vorratsvermögen um einen wesentlichen Abschlussposten, sollte der Wirtschaftsprüfer an der Inventur teilnehmen. Außerdem hat der Wirtschaftsprüfer zu entscheiden, ob er eine Saldenbestätigungsaktion bei Debitoren und Kreditoren durchführt sowie Bank- und Rechtsanwaltsbestätigungen einholt.

Es darf allerdings nicht der Eindruck von Prüfungshandlungen entstehen und somit dem Anschein erwecken, dass eine Prüfung des Abschlusses oder dessen prüferische Durchsicht stattgefunden hat.

Vortragszeit: 6/7,5 Minuten

III. Berichterstattung

Im Falle der Erstellung von Abschlüssen hat der Wirtschaftsprüfer stets eine **Bescheinigung** zu erteilen. Die bloße Unterzeichnung, Siegelung oder Wiedergabe auf einem Bogen mit Briefkopf des Wirtschaftsprüfers ist unzulässig.

Die Bescheinigung enthält eine schriftlich formulierte Aussage über die Erstellung des Jahresabschlusses durch den Wirtschaftsprüfer. Bei festgestellten und nicht behobenen Mängeln hat der Wirtschaftsprüfer in der Bescheinigung darauf hinzuweisen.

Die Bescheinigung ist als solche zu bezeichnen. Der Wortlaut der Bescheinigung hat sich allerdings an dem erteilten Auftrag zu orientieren und enthält folgende Mindestinhalte: Überschrift, Adressat, Art des Erstellungsauftrags und eventuelle Ergänzungen, zugrunde liegendes Geschäftsjahr, Verantwortlichkeit der gesetzlichen Vertreter und des Wirtschaftsprüfers, maßgebende Rechtsvorschriften und vorgelegte Unterlagen, Hinweis auf die Einhaltung der Grundsätze des IDW Standards, Ergebnisse der Tätigkeiten des Wirtschaftsprüfers sowie Datum, Ort und Unterschrift.

Wichtig hierbei ist die **Abgrenzung zum Bestätigungsvermerk**. Da es sich um eine Erstellung und nicht um eine Prüfung handelt, darf in keinem Fall ein Bestätigungsvermerk erteilt werden.

Darüber hinaus darf in der Bescheinigung keine positive Aussage zur Ordnungsmäßigkeit des Jahresabschlusses getroffen werden. Vielmehr ist festzustellen, ob dem Wirtschaftsprüfer Umstände bekannt geworden sind, die gegen die Ordnungsmäßigkeit der ihm vorgelegten Unterlagen und des auf dieser Grundlage von ihm auftragsgemäß erstellten Jahresabschlusses sprechen.

Eine Bescheinigung über die Erstellung eines Jahresabschlusses darf nur dann gesiegelt werden, wenn der Wirtschaftsprüfer über die reine Erstellungstätigkeit hinaus noch Plausibilitätsbeurteilungen oder umfassende Beurteilungen vorgenommen hat. In dem Fall, dass der Wirtschaftsprüfer nur mit der Erstellung ohne Beurteilung beauftragt wird, besteht Siegelverbot für die Bescheinigung.

Neben der verpflichtend zu erstellenden Bescheinigung empfiehlt das IDW auch die Erstellung eines Berichts (**Erstellungsbericht**). Wird die Anfertigung eines Erstellungsberichts mit dem Mandanten vereinbart, sind Art und Umfang der Berichterstattung bereits im Auftragsbestätigungsschreiben zu vereinbaren.

Im Erstellungsbericht werden die gesetzlichen Vertreter über Art und Umfang der durchgeführten Tätigkeiten unterrichtet. Insofern dient der Bericht auch zum Nachweis der Erfüllung der Pflichten des Wirtschaftsprüfers aus dem Auftragsverhältnis.

Die **Form der Berichterstattung** darf nicht den Anschein erwecken, es habe eine Abschlussprüfung i.S.d. §§ 316 ff. HGB oder prüferische Durchsicht des Abschlusses (IDW PS 900) stattgefunden.

Ansonsten gelten für den Erstellungsbericht die allgemeinen **Berichtsgrundsätze des IDW PS 450**.

Der Wirtschaftsprüfer hat seine Arbeit angemessen zu dokumentieren. Aus den Arbeitspapieren müssen die im Rahmen der Erstellung vorgenommenen Tätigkeiten einschließlich der vorgenommenen Beurteilungshandlungen nach Art, Umfang und Ergebnis festgehalten werden. Außerdem hat der beauftragte Wirtschaftsprüfer eine **Vollständigkeitserklärung** von seinem Mandanten einzuholen, denn die Erstellung des Jahresabschlusses durch einen Sachverständigen befreit das für die Buchführung zuständige Organ nicht von seiner gesetzlichen Verantwortung für die Vollständigkeit und Richtigkeit der Buchführung.

> **Vortragszeit: 2/9,5 Minuten**

IV. Schlussbemerkung

Die Jahresabschlusserstellung gehört zu den zentralen Aufgaben einer Steuerberatungs- und Wirtschaftsprüfungskanzlei. Der Wirtschaftsprüfer sollte daher den Auftragsumfang mit seinem Mandanten gegebenenfalls unter Einbeziehung der Kreditgeber (z.B. Banken) durch schriftliche Vereinbarung und Auftragsbestätigungsschreiben klar festlegen. Haftungsrisiken lassen sich so eingrenzen. Ebenfalls ist der Leistungsumfang für die Honorargestaltung von entscheidender Bedeutung.

Vielen Dank für Ihre Aufmerksamkeit.

> **Vortragszeit: 0,5/10 Minuten**

Vortrag 67
Die Grundsätze für die Durchführung von Konzernabschluss-prüfungen, einschließlich der Tätigkeit von Teilbereichsprüfern (Prüfungswesen)

Sehr geehrte/r Frau/Herr Vorsitzende/r, sehr geehrte Prüfungskommission,
aus den mir zur Auswahl gestellten Themen habe ich mich für das Thema „**Die Grundsätze für die Durchführung von Konzernabschlussprüfungen, einschließlich der Tätigkeit von Teilbereichsprüfern**" entschieden. Meinen Vortrag gliedere ich wie folgt:

I.	Gesetzliche Grundlagen
II.	Verantwortung des Abschlussprüfers
III.	Durchführung der Konzernabschlussprüfung
IV.	Schlussbemerkung

Vortragszeit: 0,5 Minuten

I. Gesetzliche Grundlagen

Die **Pflicht zur Aufstellung von Konzernabschlüssen** sowie **Konzernlageberichten** ist rechtsformspezi-fisch in den §§ 290 bis 293 HGB bzw. in § 11 PublG geregelt. Konkretisiert werden diese gesetzlichen Regelungen durch DRS 19 „Pflicht zur Konzernrechnungslegung und Abgrenzung des Konsolidierungskreis".

Der **Konzernabschluss** nach HGB besteht gemäß § 297 Abs. 1 HGB aus einer: Konzernbilanz, Konzerngewinn- und -verlustrechnung, Konzernanhang, Kapitalflussrechnung und Eigenkapitalspiegel. Darüber hinaus kann der Abschluss freiwillig um eine Segmentberichterstattung erweitert werden.

Im Gegensatz zu den einbezogenen Unternehmen ist der Konzern kein eigenständiges Rechtssubjekt. Aus diesem Grund ist der Konzernabschluss auch nicht Grundlage für die Ausschüttungs- oder Steuerbemessungsfunktion. Er hat nur die reine Informationsfunktion.

Der Konzernabschluss ist gemäß § 171 Abs. 2 Satz 5 AktG vom Aufsichtsrat respektive von der Gesellschafterversammlung gem. § 46 Nr. 1b GmbHG zu billigen. Der Konzernabschluss als solcher ist nicht festzustellen.

Eine **Legaldefinition des Konzernbegriffs** gibt es im HGB und PublG nicht. Gemäß § 290 HGB sind inländische Kapitalgesellschaften grundsätzlich zur Aufstellung eines Konzernabschlusses und -lageberichts verpflichtet, wenn sie mit einem anderen Unternehmen in einem in § 290 Abs. 1 oder 2 Nr. 1–4 HGB definierten Beziehungsverhältnis (= **Mutter-/Tochterverhältnis**) stehen.

Gemäß § 316 Abs. 2 HGB ist der Konzernabschluss und der Konzernlagebericht von Kapitalgesellschaften durch einen Abschlussprüfer zu prüfen. Ohne Prüfung kann der Konzernabschluss nicht gebilligt werden.

Das IDW legt in der berufsständischen Verlautbarung IDW PS 320 n.F. besondere **Grundsätze für die Durchführung von Konzernabschlussprüfungen** fest. Insbesondere behandelt der Standard die Verwertung der Tätigkeit von Teilbereichsprüfern im Rahmen der Konzernabschlussprüfung.

Vortragszeit: 1/1,5 Minuten

II. Verantwortung des Abschlussprüfers

Der beauftragte **Konzernabschlussprüfer** ist für die gewissenhafte **Durchführung der Konzernabschlussprüfung** verantwortlich. Er hat sich davon zu überzeugen und sicherzustellen, dass die mit der Durchführung betrauten Personen, einschließlich der Teilbereichsprüfer, über ausreichend fachliche Kenntnisse, angemessene praktische Erfahrungen sowie notwendige Branchenkenntnisse verfügen, um den Auftrag ordnungsgemäß durchführen zu können. Der Konzernabschlussprüfer ist für die Anleitung, Überwachung und

Durchführung des Auftrags zur Konzernabschlussprüfung unter Berücksichtigung der beruflichen Standards und den relevanten gesetzlichen und sonstigen rechtlichen Anforderungen verantwortlich.

Das **Prüfungsrisiko** einer Konzernabschlussprüfung umfasst das Risiko, dass wesentliche falsche Angaben in der Rechnungslegung des Konzerns im Rahmen der Prüfung nicht aufgedeckt werden. Hierzu zählen insbesondere auch Fehler in einem Teilbereich, die weder durch den Teilbereichsprüfer noch durch das Konzernprüfungsteam bemerkt werden.

Aus diesem Grund hat der Konzernabschlussprüfer bereits im Rahmen der sorgfältigen Planung der Konzernabschlussprüfung die Einbindung sowie Art und Umfang der Tätigkeit von **Teilbereichsprüfern** zu berücksichtigen.

Ein **Teilbereich** ist eine Einheit oder Geschäftstätigkeit, deren Rechnungslegungsinformationen in den Konzernabschluss einzubeziehen sind. Ein Teilbereich muss damit nicht zwingend eine rechtlich selbstständige Einheit sein. Es kann sich z.B. auch um eine unselbständige Niederlassung oder Geschäftssparte handeln, die buchhalterisch getrennt geführt und im Rahmen des Konsolidierungsprozesses zusammengeführt werden.

Ziel und Zweck der Einbindung von Teilbereichsprüfern ist es, ausreichende und angemessene Prüfungsnachweise über die Rechnungslegungsinformationen der Teilbereiche und über den Konsolidierungsprozess zu gewinnen. Daraus ableitend soll der Abschlussprüfer ein eigenständiges Prüfungsurteil über den Konzernabschluss und den Konzernlagebericht erlangen.

Wird ein Teilbereich aus dem Konzernabschluss durch einen anderen Abschlussprüfer geprüft, hat der Konzernabschlussprüfer bzw. das Konzernprüfungsteam dessen Arbeit gemäß § 317 Abs. 3 HGB zum Zwecke der Verwertung im Rahmen der Konzernabschlussprüfung zu überprüfen und dies zu dokumentieren. Art und Umfang der Überprüfung hängen von der Risikobeurteilung und dem Verständnis des Konzernabschlussprüfers, von den Teilbereichen sowie der Bedeutung des jeweiligen Teilbereichs ab.

> **Vortragszeit: 2,5/4 Minuten**

III. Durchführung der Konzernabschlussprüfung

Der Konzernabschlussprüfer hat bereits vor der Auftragsannahme ein Verständnis von dem Konzern, seinen Teilbereichen und dem jeweiligen Umfeld zu gewinnen, um die voraussichtlich bedeutsamen Teilbereiche des Konzerns zu identifizieren. Nur mit Hilfe dieser Kenntnisse kann er beurteilen, ob das Prüfungsteam voraussichtlich ausreichende und angemessene Prüfungsnachweise zum Konsolidierungsprozess und zu den Rechnungslegungsinformationen der Teilbereiche erlangt, aus denen sich ein hinreichend sicheres Prüfungsurteil ableiten lässt. Sollte dies nicht möglich sein, z.B. aufgrund von Beschränkungen des Prüfungsumfangs durch das Konzernmanagement, ist das Mandat abzulehnen.

Sollte der Auftrag angenommen werden, hat der verantwortliche Abschlussprüfer eine **Prüfungsstrategie** festzulegen und ein **Prüfungsprogramm** zu entwickeln.

In einem ersten Schritt hat er das bei der Auftragsannahme gewonnene Verständnis von dem Konzern und seinen Teilbereichen zu vertiefen. Aus diesem Grund hat der Abschlussprüfer zunächst eine umfangreiche **Prozessaufnahme** durchzuführen. Hierzu zählen insbesondere der Prozess zur Aufstellung des Konzernabschlusses einschließlich der vorgesehenen Konsolidierungsmaßnahmen, die Konzernbilanzrichtlinien sowie die sonstigen Anweisungen des Konzernmanagements für die Aufstellung des Konzernabschlusses. Das hierdurch gewonnene Verständnis muss ausreichen, um die Risiken wesentlicher falscher Angaben im Konzernabschluss beurteilen zu können.

Plant der Konzernabschlussprüfer im Rahmen der Konzernabschlussprüfung die **Einbindung von Teilbereichsprüfern** und deren Verwertung der Arbeit, muss er ein Verständnis darüber erlangen, ob die Teilbereichsprüfer, die für die Konzernabschlussprüfung maßgeblichen Berufspflichten beachten und unabhängig sind. Außerdem hat der Teilbereichsprüfer über ausreichende fachliche Kompetenzen zu verfügen und er hat in einem regulatorischen Umfeld tätig zu sein, in dem Abschlussprüfer aktiv beaufsichtigt werden. Gemäß § 320 Abs. 3 Satz 2, 2. Halbsatz i.V.m. Abs. 2 HGB steht dem Konzernabschlussprüfer im Falle einer gesetzlichen Konzernabschlussprüfung ein Auskunftsrecht gegenüber dem Abschlussprüfer des Mutterunternehmens oder von inländischen Tochterunternehmen zu.

Im Anschluss an die Gewinnung eines Verständnisses von dem Konzern und seinen Teilbereichen hat der Konzernabschlussprüfer die Wesentlichkeit für die Konzernabschlussprüfung zu bestimmen.

Das **Konzernprüfungsteam** hat im Rahmen der Planung zunächst die Konzernwesentlichkeit für Zwecke der Festlegung der **Konzernprüfungsstrategie** festzulegen. Darüber hinaus sind gegebenenfalls eine oder mehrere unter der Konzernwesentlichkeit liegende spezifische Wesentlichkeitsgrenzen für bestimmte Arten von Geschäftsvorfällen, Kontensalden oder Abschlussangaben zu bestimmen. Außerdem sind Teilbereichs-wesentlichkeiten für solche Teilbereiche festzulegen, die für Zwecke der Konzernabschlussprüfung einer Prüfung unterzogen werden. Die **Teilbereichswesentlichkeitsgrenze** liegt immer unterhalb der **Konzern-wesentlichkeitsgrenze**. Darüber hinaus wird noch eine sogenannte **Nichtaufgriffsgrenze** festgelegt. Ober-halb dieser Schwelle werden falsche Angaben nicht als zweifelsfrei unbeachtlich für den Konzernabschluss angesehen. Bei dieser Schwelle handelt es sich jedoch um keine Wesentlichkeitsgrenze.

Die Teilbereichsprüfer haben bei der Planung und Durchführung des Teilbereichs in eigener Verantwor-tung Toleranzwesentlichkeiten festzulegen. Diese **Wesentlichkeitsgrenzen** müssen unterhalb der vom Konzernprüfungsteam festgelegten Teilbereichswesentlichkeit liegen. Das Konzernabschlussprüfungsteam hat die Angemessenheit der von den Teilbereichsprüfern festgelegten Toleranzwesentlichkeitsgrenzen zu beurteilen.

Als Reaktion auf das gewonnene Verständnis, der Prozessaufnahmen und der beurteilen Risiken hat der Konzernabschlussprüfer die Art und den Umfang der Tätigkeiten sowie die zeitliche Einteilung festzulegen, die von dem Prüfungsteam und gegebenenfalls von den Teilbereichsprüfern in Bezug auf die Rechnungsle-gungsinformationen durchzuführen sind.

Die Anwendung des risikoorientierten Prüfungsansatzes erfordert die **Funktionsprüfung des konzern-weiten rechnungslegungsbezogenen Kontrollsystems**. Wenn es sich um bedeutsame Teilbereiche handelt und die Erwartung auf wirksamen konzernweiten Kontrollen basiert, oder wenn aussagebezogene Prüfungs-handlungen allein keine ausreichenden und/oder angemessene Nachweise liefern, muss der verantwort-liche Abschlussprüfer die Wirksamkeit dieser Kontrollen prüfen oder einen Teilbereichsprüfer auffordern, diese Prüfung vorzunehmen. Das Konzernprüfungsteam muss bei bedeutsamen Teilbereichen in die Risiko-beurteilung des Teilbereichsprüfers sowie gegebenenfalls auch in weitere Prüfungshandlungen eingebunden werden, um bedeutsame Risiken wesentlicher falscher Angaben im Konzernabschluss festzustellen.

Für nicht bedeutsame Teilbereiche des Konzerns sind **analytische Prüfungshandlungen** ausreichend. Sie können vom Konzernprüfungsteam vorgenommen werden.

In einem nächsten Schritt ist der **Konsolidierungsprozess** zu prüfen. Auf Grundlage der Prozessaufnah-men und Funktionsprüfung des internen Kontrollsystems hat das Konzernprüfungsteam die Wirksamkeit der für die Konsolidierung relevanten Kontrollen zu beurteilen sowie die Vollständigkeit des Konsolidie-rungskreises und die Ordnungsmäßigkeit der konsolidierungsbedingten Anpassungen sicherzustellen. Das Konzernprüfungsteam muss darüber hinaus weitere Prüfungshandlungen planen und durchführen, um auf die beurteilten Risiken im Konsolidierungsprozess zu reagieren. Das Konzernprüfungsteam hat zu prü-fen, ob die in der Berichterstattung des Teilbereichsprüfers enthaltenden Rechnungslegungsinformationen mit den in den Konzernabschluss einbezogenen Informationen übereinstimmen. Darüber hinaus hat der Konzernabschlussprüfer zu beurteilen, ob eine zutreffende Anpassung der Rechnungslegungsinformationen des Teilbereichs an die konzerneinheitlichen Rechnungslegungsmethoden (HB II) und gegebenenfalls ein-schließlich der Währungsumrechnung und des konzerneinheitlichen Stichtags vorgenommen wurde.

Ein wichtiges Element zur **Reduzierung des Prüfungsrisikos** und zur **Erlangung ausreichender und angemessener Prüfungsnachweise** als Grundlage für das Konzernprüfungsurteil ist eine wirksame wech-selseitige Kommunikation zwischen dem Konzernprüfungsteam und den Teilbereichsprüfern. Hierzu hat der Konzernabschlussprüfer den Teilbereichsprüfern rechtzeitig umfangreiche Prüfungsanweisungen zu erteilen. Diese Prüfungsanweisungen sollten u.a. mindestens Informationen zur Art der durchzuführenden Tätigkeiten und zum Umfang der geplanten Verwertung der Tätigkeiten enthalten, und zwar die Festlegung von Form und Inhalt der Kommunikation des Teilbereichsprüfers mit dem Konzernprüfungsteam, die zu beachtenden Berufspflichten, insbesondere die Unabhängigkeitsanforderungen, die Teilbereichswesentlich-keit sowie festgestellte bedeutsame Risiken wesentlicher falscher Angaben im Konzernabschluss, die für die Tätigkeit des Teilbereichsprüfers relevant sind.

Darüber hinaus hat der **Teilbereichsprüfer** das Konzernprüfungsteam über alle weiteren Sachverhalte zu informieren, die für die **Konzernabschlussprüfung** relevant sind. Hierzu zählt z.B. insbesondere eine Aufstellung der nicht korrigierten falschen Angaben in der Rechnungslegung des Teilbereichs oberhalb der Nichtaufgriffsgrenze, die Beschreibung von festgestellten wesentlichen Schwächen im rechnungslegungsbezogenen internen Kontrollsystem des Teilbereichs, die Information über Fälle der Nichteinhaltung von Gesetzen oder anderer Rechtsvorschriften, die eine wesentliche falsche Angabe im Konzernabschluss zur Folge haben könnten, sowie zumindest eine zusammenfassende Feststellung des Teilbereichsprüfers, seine Schlussfolgerungen und das Prüfungsurteil.

> **Vortragszeit: 5/9 Minuten**

IV. Schlussbemerkung

Im Rahmen der Konzernabschlussprüfung wird häufig die Einbindung von Teilbereichsprüfern sinnvoll und notwendig sein. Wichtig in diesem Zusammenhang ist die Beachtung der berufsrechtlichen Vorgaben.

In diesem Zusammenhang ist auch auf die Auswirkung der Verwertung der Tätigkeit eines Teilbereichsprüfers auf den Bestätigungsvermerk des Konzernabschlussprüfers hinzuweisen. Hat sich der verantwortliche Abschlussprüfer nach pflichtgemäßem Ermessen für die Einbindung von Teilbereichsprüfern entschieden, so dürfen hierauf keine verweisenden Angaben in den Bestätigungsvermerk zum Konzernabschluss aufgenommen werden. Dies würde dem **Grundsatz der Gesamtverantwortung des Konzernabschlussprüfers** widersprechen. Sollten in dem Teilbereich solche Prüfungsfeststellungen vorliegen, die allein betrachtet zu einer Einschränkung oder Versagung des Teilbereichs führen würden, hat der Konzernabschlussprüfer die Auswirkungen auf den Bestätigungsvermerk vom Konzernabschluss zu beurteilen. Je nach Art und Bedeutung der festgestellten falschen Angaben in der Rechnungslegung kann es auch erforderlich sein, dass der Bestätigungsvermerk zum Konzernabschluss eingeschränkt oder versagt wird.

Vielen Dank für Ihre Aufmerksamkeit.

> **Vortragszeit: 1/10 Minuten**

Vortrag 68
Risiko- und Prognosebericht in der Lageberichterstattung (Prüfungswesen)

Sehr geehrte/r Frau/Herr Vorsitzende/r, sehr geehrte Prüfungskommission,
aus den mir zur Auswahl gestellten Themen habe ich mich für das Thema „**Risiko- und Prognosebericht in der Lageberichterstattung**" entschieden. Meinen Vortrag gliedere ich wie folgt:

I.	Gesetzliche Grundlagen
II.	Grundsätze und Inhalte der Lageberichterstattung
III.	Prüfung des Lageberichts
IV.	Schlussbemerkung

> **Vortragszeit: 0,5 Minuten**

I. Gesetzliche Grundlagen

Die **Lageberichterstattung** war in den letzten Jahren ein wesentlicher Reformschwerpunkt im deutschen Handelsrecht. Diverse Gesetzesnovellierungen, wie z.B. das Übernahmerichtlinie-Umsetzungsgesetz, das Transparenzrichtlinien-Umsetzungsgesetz sowie das Bilanzrechtsmodernisierungsgesetz haben die Anforderungen an die Lageberichterstattung verändert.

Gem. § 264 Abs. 1 HGB haben die gesetzlichen Vertreter einer mittelgroßen und großen Kapitalgesellschaft den Jahresabschluss, bestehend aus Bilanz, GuV und Anhang, um einen **Lagebericht** zu ergänzen.

Die gesetzlichen **Mindestanforderungen an die Aufstellung des Lageberichts** ergeben sich aus § 289 HGB.

Darüber hinaus hat am 14.09.2012 das Deutsche Rechnungslegungs Standards Committee (DRSC) den DRS 20 **„Konzernlagebericht"** verabschiedet. Dieser ersetzt die bisherigen Standards DRS 15, DRS 5, DRS 5-10 und DRS 5-20 und regelt als übergreifender Standard die Lageberichterstattung für alle Mutterunternehmen, die gem. § 315 HGB einen Konzernlagebericht aufstellen müssen oder freiwillig aufstellen. Es besteht für den Einzelabschluss keine Verpflichtung diese Grundsätze anzuwenden, allerdings empfiehlt der DRSC auch eine entsprechende Anwendung für die Lageberichterstattung nach § 289 HGB. Der DRS 20 ist erstmals verpflichtend für die nach dem 31.12.2012 beginnenden Geschäftsjahre anzuwenden.

> **Vortragszeit: 1,5/2 Minuten**

II. Grundsätze und Inhalte der Lageberichterstattung

Das übergeordnete **Ziel der Lageberichterstattung** ist es, Rechenschaft über die Verwendung der anvertrauten Ressourcen im Berichtszeitraum zu legen, sowie dem verständigen Adressaten Informationen zur Verfügung zu stellen. So kann dieser sich ein zutreffendes Bild vom Geschäftsverlauf, von der Lage und von der voraussichtlichen Entwicklung des Konzerns mit den einhergehenden Chancen und Risiken machen.

Der Gesetzgeber kodifiziert in § 289 und § 315 HGB keine expliziten Vorgaben zu **Aufbau, Form und Umfang des Lageberichts**. Es werden lediglich die inhaltlichen Mindestanforderungen an die Lageberichterstattung geregelt.

Der DRS 20 formuliert **sechs Grundsätze der Konzernlageberichterstattung**, die von den gesetzlichen Vertretern der Kapitalgesellschaft bei der Aufstellung des Lageberichts zu berücksichtigen sind. Hierzu zählen Vollständigkeit, Verlässlichkeit und Ausgewogenheit, Klarheit und Übersichtlichkeit, Vermittlung der Sicht der Konzernleitung, Wesentlichkeit und Informationsabstufung.

Darüber hinaus konkretisiert der DRS 20 die gesetzlichen Anforderungen und fordert die **Untergliederung der Lageberichterstattung** in folgende Berichtsteile:

1. Grundlagen des Geschäfts,
2. Wirtschaftsbericht,
3. Nachtragsbericht,
4. Prognose-, Chancen- und Risikobericht,
5. Internes Kontrollsystem und Risikomanagementsystem bezogen auf den Rechnungslegungsprozess,
6. Risikoberichterstattung in Bezug auf die Verwendung von Finanzinstrumenten,
7. Übernahmerelevante Angaben,
8. Erklärung gemäß § 289a HGB,
9. Versicherung der gesetzlichen Vertreter.

Ausgangspunkt für die Darstellung, Analyse und Beurteilung des Geschäftsverlaufs und der wirtschaftlichen Lage bilden **Angaben zu den Grundlagen des Unternehmens**. Es ist auf das Geschäftsmodell sowie auf die Forschungs- und Entwicklungsaktivitäten einzugehen. Kapitalmarktorientierte Unternehmen haben außerdem das unternehmensintern eingesetzte Steuerungssystem darzustellen.

Im **Wirtschaftsbericht** sind der Geschäftsverlauf einschließlich der Geschäftsergebnisse und die Lage des Konzerns darzustellen, zu analysieren und zu beurteilen. Dabei ist auch auf die gesamtwirtschaftlichen und branchenbezogenen Rahmenbedingungen einzugehen.

In einem **Nachtragsbericht** sind Vorgänge von besonderer Bedeutung, die nach dem Schluss des Geschäftsjahres eingetreten sind, und ihre erwarteten Auswirkungen auf die Vermögens-, Finanz- und Ertragslage darzustellen. Auf ihren Eintritt nach Schluss des Berichtszeitraums ist gesondert hinzuweisen.

Im Folgenden wird insbesondere auf den **Prognose- und Risikobericht** eingegangen. Gemäß § 289 Abs.1 Satz 4 HGB ist im Lagebericht die voraussichtliche Entwicklung mit ihren wesentlichen Chancen und Risiken zu beurteilen und zu erläutern.

Der **Prognose-, Chancen- und Risikobericht** soll es dem verständigen Adressaten ermöglichen, sich in Verbindung mit dem Abschluss ein zutreffendes Bild von der voraussichtlichen Entwicklung des Unternehmens und den mit ihr einhergehenden wesentlichen Risiken und Chancen zu machen. Es sind sowohl Prognosen zu den wichtigsten finanziellen als auch zu den nichtfinanziellen Leistungsindikatoren anzugeben.

Der **Prognosehorizont** hat sich laut DRS 20 von zwei Jahren auf mindestens ein Jahr, gerechnet vom letzten Abschlussstichtag an, verkürzt. Im Gegenzug zur Verkürzung des Prognosezeitraumes soll sich aber die Prognosegenauigkeit erhöhen. Bisher verlangte der DRS 15 eine Beschreibung der Prognose mindestens als positiven oder negativen Trend. Gemäß DRS 20 müssen in Zukunft nunmehr auch Aussagen zur Richtung (z.B. steigen, fallen) und Intensität (z.B. stark, erheblich, geringfügig, leicht) der erwarteten Veränderungen vom prognostizierten Wert und dem Istwert der Berichtsperiode erfolgen. Es sind somit keine komparativen und qualitativen Prognosen mehr zulässig, sondern vielmehr sind sog. **Punkt-, Intervall- oder qualifiziert-komparative Prognosen** gefordert.

Darüber hinaus sind **absehbare Sondereinflüsse auf die wirtschaftliche Lage des Unternehmens** darzustellen und zu analysieren.

Es darf nur dann von den geforderten Prognoseaussagen bzw. der Prognosegenauigkeit abgewichen werden, wenn bezüglich der Zukunftserwartungen außergewöhnlich hohe Unsicherheit besteht. In diesen Fällen darf von der erforderlichen Konkretisierung abgesehen werden und es dürfen alternativ verschiedene Zukunftsszenarien angegeben werden.

Die **Risikoberichterstattung** umfasst Angaben zu den einzelnen Risiken sowie eine zusammenfassende Darstellung der Risikolage. Es sind alle wesentlichen Risiken zu nennen, welche die Entscheidungen eines verständigen Adressaten des Lageberichts beeinflussen können.

Die Chancen und Risiken der künftigen Entwicklung stehen gleichwertig nebeneinander. Die Chancen sind somit analog zu den Risiken zu behandeln. Es ist jedoch jeweils getrennt über die beiden Bereiche zu berichten. Darüber hinaus besteht auch ein **Verrechnungsverbot** für die Auswirkungen unterschiedlicher Chancen und Risiken.

Die Risiken können nach einer sogenannten **Brutto- oder Nettobetrachtung** dargestellt werden. Bei der Bruttobetrachtung erfolgt die Darstellung und die Beurteilung der Risiken vor den ergriffenen Maßnahmen zur Risikobegrenzung. Bei der Nettobetrachtung dagegen werden nur die Risiken dargestellt und beurteilt, die nach den Maßnahmen zur Risikobegrenzung verbleiben.

Die **Risikoeinschätzung** ist nunmehr auch über den Bilanzstichtag hinaus vorzunehmen, sofern sich Risiken nach dem Schluss des Berichtszeitraums ändern oder neue auftreten.

Darüber hinaus sind die Risiken gegebenenfalls zu quantifizieren, wenn dies auch zur internen Steuerung erfolgt und die quantitativen Angaben für den verständigen Adressaten wesentlich sind.

Um die Klarheit und Übersichtlichkeit des Risikoberichts zu erhöhen, sind die einzelnen Risiken entweder in einer Rangfolge zu ordnen oder zu Kategorien gleichartiger Risiken zusammenzufassen.

Angaben zum Risikomanagementsystem sind grundsätzlich von allen Unternehmen vorzunehmen. Handelt es sich um kapitalmarktorientierte Unternehmen enthält DRS 20 zusätzliche Angaben und Anforderungen in Bezug auf die Beschreibung der Merkmale des Risikomanagementsystems. In diesem Fall ist zusätzlich auf die Strategie, den Prozess und die Organisation des Risikomanagements einzugehen.

Es besteht grundsätzlich die Möglichkeit einer zusammengefassten Darstellung der Berichtsinhalte des Prognose-, Chancen- und Risikoberichts, aber auch die Möglichkeit der Abfassung in einzelnen Teilbereichen.

Die Angaben zum internen **Kontroll- und zum Risikomanagementsystem** in Bezug auf die Rechnungslegung umfassen Strukturen, Prozesse und Kontrollen zur Erstellung des Abschlusses. Aussagen zur Effektivität sind nicht erforderlich.

In dem Berichtsteil **Risikoberichterstattung in Bezug auf die Verwendung von Finanzinstrumenten** hat die Unternehmensleitung über ihre Risikoziele und Risikomanagementmethoden im Zusammenhang mit eingesetzten Finanzinstrumenten zu berichten. Dabei ist auch auf konkrete Risiken aus der Verwendung von Finanzinstrumenten einzugehen, denen das Unternehmen ausgesetzt ist.

Mit dem übernahmerelevanten Angaben wird das Ziel verfolgt, einen potenziellen Bieter in die Lage zu versetzen, sich vor Abgabe eines Übernahmeangebots ein umfassendes Bild über die mögliche Zielgesellschaft und ihre Struktur sowie etwaige Übernahmehindernisse zu verschaffen.

Börsennotierte Aktiengesellschaften haben zusätzlich die Erklärung zur Unternehmensführung gemäß § 289a HGB abzugeben. Darüber hinaus haben bestimmte kapitalmarktorientierte Unternehmen eine „Versicherung der gesetzlichen Vertreter" mit in den Lagebericht aufzunehmen.

> **Vortragszeit: 5,5/7,5 Minuten**

III. Prüfung des Lageberichts

Der IDW PS 350 enthält die berufsständischen Regelungen zur Prüfung des Lage- sowie Konzernlageberichts.

§ 316 Abs. 1 Satz 1 HGB schreibt die **Prüfung des Lageberichts** im Rahmen der Jahresabschlussprüfung vor. Gemäß § 317 Abs. 2 Satz 1 HGB hat der Abschlussprüfer zu prüfen, ob der Lagebericht mit dem Jahresabschluss sowie mit den bei der Prüfung gewonnen Erkenntnissen in Einklang steht und ob der Lagebericht insgesamt ein zutreffendes Bild von der Lage des Unternehmens vermittelt.

Darüber hinaus ist auch zu prüfen, ob die Chancen und Risiken der zukünftigen Entwicklung im Lagericht zutreffend dargestellt sind (§ 317 Abs. 2 Satz 2 HGB) Insbesondere bei den prognostischen Angaben hat der Abschlussprüfer zu prüfen, ob sie im Einklang mit dem Jahresabschluss stehen und ob sie vor dem Hintergrund der Jahresabschlussangaben vollständig und plausibel erscheinen. Die **Prüfung der Risikoberichterstattung** stellt oft den schwierigsten Teilbereich der gesamten Jahresabschlussprüfung dar. Die zu prüfenden Unternehmen haben häufig kein effizientes Risikofrüherkennungssystem installiert. Die gesetzlichen Vertreter vertrauen vielmehr auf ihre Erfahrungen und den gesunden Menschenverstand. Eine weitere Schwierigkeit besteht darin, die Vollständigkeit der Risikosituation zu erfassen und zu dokumentieren.

Die Notwendigkeit einer intensiven Auseinandersetzung mit den Risiken der zukünftigen Entwicklung ergibt sich auch aus der Verpflichtung, im Prüfungsbericht vorweg zu der Beurteilung der Lage durch die gesetzlichen Vertreter Stellung zu nehmen. Dabei ist insbesondere auf deren Beurteilung des Fortbestands und der zukünftigen Entwicklung des Unternehmens einzugehen (§ 321 Abs. 1 Satz 2 HGB).

Auch im **Bestätigungsvermerk** ist gemäß § 322 Abs. 2 Satz 3 HGB gesondert auf fortbestandsgefährdende Risiken einzugehen.

> **Vortragszeit: 1,5/9 Minuten**

IV. Schlussbemerkung

Die **Anforderungen an die Lageberichterstattung** werden zunehmend komplexer und umfangreicher. Die Lageberichterstattung erlangt insbesondere auch durch die verstärkte Berücksichtigung der Informationsbedürfnisse von Investoren immer mehr an Bedeutung. Gerade in Krisenzeiten wie der Finanzmarktkrise und der Euro-Staaten-Krise legen die Rechnungslegungsadressaten und Abschlussprüfer einen größeren Wert auf eine angemessene und sachgerechte Lageberichterstattung. Hier steht natürlich vor allem der Risiko- und Prognosebericht im Fokus der Aufmerksamkeit.

Die **Deutsche Prüfstelle für Rechnungslegung** (DPR) hat in der Vergangenheit mehrfach bemängelt, dass in den Lageberichten häufig die Risiken nur unvollständig oder gar nicht dargestellt werden. Aus diesem Grund will die DPR in Zukunft verstärkt Untersuchungen in Bezug auf die Chancen- und Risikodarstellung vornehmen.

Vielen Dank für Ihre Aufmerksamkeit.

> **Vortragszeit: 1/10 Minuten**

Vortrag 69
Steuerfreie Rücklagen (Steuerrecht)

Sehr geehrte/r Frau/Herr Vorsitzende/r, sehr geehrte Prüfungskommission,
aus den mir zur Auswahl gestellten Themen habe ich mich für das Thema „**Steuerfreie Rücklagen**" entschieden. Meinen Vortrag gliedere ich wie folgt:

I.	Einleitung
II.	Reinvestitionsrücklage, § 6b EStG
III.	Rücklage für Ersatzbeschaffung nach R 6.6 EStR 2012
IV.	Zuschussrücklage, R 6.5 EStR 2012
V.	Latente Steuern
VI.	Fazit

Vortragszeit: 0,5 Minuten

I. Einleitung

Die **Bildung der steuerfreien Rücklage** (handelsrechtlich bis 2008 als Sonderposten mit Rücklageanteil, §§ 247 III, 273 HGB-alt, ab 2009 durch das BilMoG handelsrechtlich aufgehoben) bedarf unter dem Gesichtspunkt des steuerlichen Gleichbehandlungsgebots einer besonderen rechtlichen Grundlage, denn sie bewirkt, dass ein realisierter Gewinn abweichend von §§ 4, 5 EStG nicht im Jahr seiner Entstehung, sondern erst später bei der Gewinn erhöhenden Auflösung der Rücklage versteuert wird. In den Fällen der Zuschussrücklage gem. R 6.5 Abs. 4 EStR und der Rücklage für Ersatzbeschaffung nach R 6.6 Abs. 4 EStR fehlt eine gesetzliche Regelung, sie sind aber gewohnheitsrechtlich anerkannt (BFH vom 05.06.2003, IV R 56/01, BStBl II 2003, 801). Nach § 6 UmwStG darf eine steuerfreie Rücklage auch für einen sog. Übernahmefolgegewinn gebildet werden, der im Rahmen einer Verschmelzung oder Spaltung durch Konfusion nicht wertgleicher Bilanzpositionen als laufender Gewinn anfallen kann. Die bis zum 31.12.2006 mögliche Ansparrücklage nach § 7g Abs. 3 EStG a.F. ist durch den außerbilanziellen Investitionsabzugsbetrag ersetzt worden. Für Sonderposten mit Rücklageanteil, die bis zum 31.12.2008 gebildet worden sind, besteht gem. Art. 66 Abs. 1 EGHB ein Wahlrecht zur handelsrechtlichen Beibehaltung.

Vortragszeit: 1/1,5 Minuten

II. Reinvestitionsrücklage, § 6b EStG

Die Vorschrift soll Unternehmern eine wirtschaftlich sinnvolle Anpassung an strukturelle Veränderungen erleichtern. Dies geschieht dadurch, dass, stille Reserven aus der Veräußerung eines Wirtschaftsguts nicht sofort aufgedeckt, sondern steuerneutral in eine Rücklage eingestellt bzw. mit den Kosten der Neuinvestition verrechnet werden. Verkauft ein Unternehmer bestimmte Wirtschaftsgüter des Anlagevermögens (Grund und Boden, Aufwuchs bei land- und fortwirtschaftlichem Betriebsvermögen, Gebäude oder Binnenschiffe) die bestimmte Vorbesitzzeiten (i.d.R. 6 Jahre) aufweisen, kann er einen ggf. entstehenden Gewinn entweder von den Anschaffungs-/Herstellungskosten entsprechender Wirtschaftsgüter absetzen oder in eine sog. Reinvestitionsrücklage einstellen und so die liquiditätsnachteilige sofortige Besteuerung vermeiden.

Der Abzug ist zulässig bei den **Anschaffungs- oder Herstellungskosten** von

- Grund und Boden, soweit der Gewinn bei der Veräußerung von Grund und Boden entstanden ist,
- Aufwuchs auf Grund und Boden mit dem dazugehörigen Grund und Boden, wenn der Aufwuchs zu einem land- und forstwirtschaftlichen Betriebsvermögen gehört, soweit der Gewinn bei der Veräußerung von Grund und Boden oder der Veräußerung von Aufwuchs auf Grund und Boden mit dem dazugehörigen Grund und Boden entstanden ist,

- Gebäuden, soweit der Gewinn bei der Veräußerung von Grund und Boden, von Aufwuchs auf Grund und Boden mit dem dazugehörigen Grund und Boden oder Gebäuden entstanden ist, oder
- Binnenschiffen, soweit der Gewinn bei der Veräußerung von Binnenschiffen entstanden ist.

Der **Anschaffung oder Herstellung von Gebäuden** steht ihre Erweiterung, ihr Ausbau oder ihr Umbau gleich. Der Abzug ist in diesem Fall nur von dem Aufwand für die Erweiterung, den Ausbau oder den Umbau der Gebäude zulässig.

Der Unternehmer muss den Gewinn allerdings innerhalb von vier Jahren (bei Gebäuden im Bau Verlängerung innerhalb von 6 Jahren) für die Herstellung oder die Anschaffung bestimmter der betreffenden Wirtschaftsgüter des Anlagevermögens verwenden.

Investiert der Unternehmer nicht oder nur teilweise, muss er die **Rücklage in Höhe des abgezogenen Betrags gewinnerhöhend auflösen**, § 6b Abs. 3 EStG. Außerdem erhöht sich dann der Gewinn für jedes volle Wirtschaftsjahr, in dem die Rücklage bestanden hat, um 6 % des aufgelösten Betrages, § 6b Abs. 7 EStG. Dies soll den durch die Steuerstundung erreichten Zinsvorteil ausgleichen. Der Zinssatz ist im Hinblick auf das seit Längerem aktuelle Zinsniveau jedoch realitätsfremd.

Die **Rücklagenbildung** ist unternehmerbezogen nicht unternehmensbezogen, d.h. möglich ist auch eine Übertragung auf Personengesellschaften an der der veräußernde Unternehmer beteiligt ist, d.h. auf einen anderen Betrieb oder ein Sonderbetriebsvermögen des Steuerpflichtigen.

Nach § 6b Abs. 10 EStG dürfen **Gewinne aus der Veräußerung von Kapitalgesellschaftsbeteiligungen** mit entsprechenden Vorbesitzzeiten bis zu 500.000 € auf die Anschaffungskosten von Kapitalgesellschaftsbeteiligungen, Gebäuden und abnutzbaren beweglichen Wirtschaftsgütern übertragen bzw. in eine Reinvestitionsrücklage eingestellt werden. Für die Besteuerung gelten die Grundsätze des Teileinkünfteverfahrens entsprechend. Auch die Übertragungs- und Strafbesteuerungsgrundsätze gelten entsprechend.

Deutschland wurde von der EU-Kommission aufgefordert, Änderungen bezüglich der Regelung des Inlandsbezugs bei der Übertragung stiller Reserven vorzunehmen, weil die Rücklage nur auf Ersatzwirtschaftsgüter übertragen werden kann, die zum Anlagevermögen einer in Deutschland belegenen Betriebsstätte des Steuerpflichtigen gehören. Hingegen führt eine Reinvestition in ein Wirtschaftsgut, das zum Anlagevermögen einer in einem anderen Mitgliedstaat belegenen Betriebsstätte gehört, zu einer sofortigen Besteuerung der aufgedeckten stillen Reserven. Der EuGH (EuGH, Urteil vom 16.04.2015, C-591/13, Kommission/Deutschland, IStR 361) hatte die bestehende Regelung zu der Rücklagenübertragung nach § 6b EStG als Verstoß gegen die Niederlassungsfreiheit, Art. 49 AEUV, gewertet. Durch das Steueränderungsgesetz 2015 wird ein neuer Absatz 2a geschaffen. Der Steuerpflichtige kann entweder den Gewinn sofort versteuern, oder auf Antrag bei einer beabsichtigten Reinvestition des Veräußerungsgewinns im EU-/EWR-Raum die auf den Veräußerungsgewinn entfallende Steuer über einen Zeitraum von 5 Jahren verteilen. Die Änderung gilt rückwirkend für alle offenen Fälle.

> **Vortragszeit: 3,5/5 Minuten**

III. Rücklage für Ersatzbeschaffung nach R 6.6 EStR 2012

Zur Gewinnrealisierung kommt es nach der **Systematik der steuerlichen Gewinnermittlung** auch, wenn ein Wirtschaftsgut nicht durch Verkauf, sondern durch höhere Gewalt oder Enteignung aus dem Betriebsvermögen ausscheidet und dem Steuerpflichtigen dafür eine Entschädigung gezahlt wird, die den Buchwert des ausgeschiedenen Wirtschaftsguts übersteigt. Die Rechtsprechung sah es jedoch als unbillig an, den Gewinn aus diesem „Geschäft" nach den allgemeinen Regeln zu besteuern und damit dem Steuerpflichtigen die Mittel für den Ersatz des ausgeschiedenen Wirtschaftsguts durch ein Ersatz-Wirtschaftsgut teilweise zu entziehen (z.B. BFH vom 29.04.1982, IV R 10/79, BStBl II 1982, 568). Die Finanzverwaltung hat hierauf reagiert. Von der Gewinnrealisierung kann, soweit nicht § 6b in Anspruch genommen werden kann, unter den besonderen Voraussetzungen der R 6.6 EStR 2012 abgesehen werden. Der Mechanismus der R 6.6 EStR besteht ebenso wie der des § 6b EStG darin, dass der Steuerpflichtige aufgrund eines ihm gewährten Wahlrechts, entweder die Entschädigung erfolgswirksam zu vereinnahmen hat um dann ggf. eine höhere

AfA-Bemessungsgrundlage zu haben oder die AK/HK von ihm angeschaffter oder hergestellter Ersatz-Wirtschaftsgüter um den Gewinn aus dem begünstigten Veräußerungs- oder Enteignungsvorgang zu kürzen.

Eine **Entschädigung** i.S.v. R 6.6 Abs. 1 EStR liegt nur vor, soweit sie für das aus dem Betriebsvermögen ausgeschiedene Wirtschaftsgut als solches und nicht für Schäden gezahlt worden ist, die die Folge des Ausscheidens aus dem Betriebsvermögen sind (z.B. Entschädigungen für künftige Nachteile beim Wiederaufbau, Ertragswertentschädigung für die Beeinträchtigung des verbleibenden Betriebs); ausnahmsweise können auch Zinsen in die Entschädigung im Sinne von R 6.6 Abs. 1 EStR einzubeziehen sein (BFH vom 29.04.1982, IV R 177/78, BStBl II 1982, 568, H 6.6 Abs. 1 EStR). Ein Ersatzwirtschaftsgut können alle Wirtschaftsgüter des Anlage- oder Umlaufvermögens sein. Ein Ersatzwirtschaftsgut setzt nicht nur ein der Art nach funktionsgleiches Wirtschaftsgut voraus, es muss auch funktionsgleich genutzt werden. Rücklagen für Ersatzbeschaffung können nur gebildet werden, wenn das Ersatzwirtschaftsgut in demselben Betrieb angeschafft oder hergestellt wird, dem auch das entzogene Wirtschaftsgut diente. Das gilt nicht, wenn die durch Enteignung oder höhere Gewalt entstandene Zwangslage zugleich den Fortbestand des bisherigen Betriebes selbst gefährdet oder beeinträchtigt hat (BFH vom 22.01.2004, IV R 65/02, BStBl II 2004, 421). Scheidet ein Wirtschaftsgut infolge einer behördlichen Anordnung oder zur Vermeidung eines behördlichen Eingriffs durch Veräußerung aus dem Betriebsvermögen aus, tritt an die Stelle der Entschädigung der Veräußerungserlös. Bei Auflösung der Rücklage fällt anders als bei § 6b EStG kein Zwangszins an.

> **Vortragszeit: 2/7 Minuten**

IV. Zuschussrücklage, R 6.5 EStR 2012

Werden Wirtschaftsgüter mit **Zuschüssen aus öffentlichen oder privaten Mitteln** angeschafft oder hergestellt, so hat der Steuerpflichtige nach R 6.5 Abs. 2 EStR grundsätzlich ein vergleichbares Wahlrecht. Er kann die Zuschüsse als Betriebseinnahmen ansetzen; in diesem Fall werden die AK/HK der betreffenden Wirtschaftsgüter durch die Zuschüsse nicht berührt. Er kann die Zuschüsse aber auch erfolgsneutral behandeln; in diesem Fall dürfen die Anlagegüter, für die die Zuschüsse gewährt worden sind, nur mit den Anschaffungs- oder Herstellungskosten bewertet werden, die der Steuerpflichtige selbst, also ohne Berücksichtigung der Zuschüsse, aufgewendet hat. Lediglich die eigenen Aufwendungen bilden dann die Grundlage für die Bemessung der AfA. Werden Zuschüsse gewährt, die erfolgsneutral behandelt werden sollen, wird aber das Anlagegut ganz oder teilweise erst in einem auf die Gewährung des Zuschusses folgenden Wirtschaftsjahr angeschafft, so kann in Höhe des noch nicht verwendeten Zuschussbetrags eine steuerfreie Rücklage gebildet werden, die im Wirtschaftsjahr der Anschaffung auf das Anlagegut zu übertragen ist.

> **Vortragszeit: 1/8 Minuten**

V. Latente Steuern

Ansätze in rein steuerliche Ergänzungsbilanzen führen zu **Steuerlatenzen** in der Handelsbilanz.

Die Auswirkung auf die handelsrechtlichen Jahresabschlüsse soll anhand des folgenden Beispiels verdeutlicht werden. Durch den Ansatz der Rücklage nur in der Steuerbilanz ergibt sich zunächst ein niedrigeres steuerliches Ergebnis. Dies führt zu einer Rückstellung für latente Steuern in der Handelsbilanz (für Kapitalgesellschaften und Personenhandelsgesellschaften i.S.d. § 264a HGB, (ausgenommen kleine Personenhandelsgesellschaften i.S.d. § 267 HGB, vgl. § 274a Nr. 4 HGB; jedoch sollen kleine Personenhandelsgesellschaften i.S.d. § 264a HGB und reine Personenhandelsgesellschaften nach Auffassung des IDW zumindest Rückstellungen für passive temporäre Differenzen abgrenzen; vgl. IDW RS HFA 7, anderer Auffassung Verlautbarung der Bundessteuerberaterkammer zum Ausweis passiver latenter Steuern als Rückstellungen in der Handelsbilanz)). Durch höhere Abschreibungen in der Handelsbilanz in den Folgejahren ergeben sich dann aktive latente Steuern.

> **Vortragszeit: 1/9 Minuten**

VI. Fazit

Steuerfreie Rücklagen bilden ein bilanztechnisches Instrument, um stille Reserven auf spätere Besteuerungszeiträume bzw. andere Wirtschaftsgüter zu übertragen. Sie haben steuerbilanziell eine große Bedeutung. Sie können steuerlich nach Maßgabe bestimmter Sondervorschriften als sog. **Sonderposten mit Rücklageanteil** offen ausgewiesen werden. Steuerfreie Rücklagen sind zweckgebundene Rücklagen, wie z.B. die Reinvestitionsrücklage nach § 6b EStG, die Rücklage für Ersatzbeschaffung, die Reinvestitionsrücklage nach § 6b EStG oder die Zuschussrücklage. Abweichend vom handelsrechtlichen Passivierungsverbot unterliegen steuerfreie Rücklagen steuerlich einem Passivierungswahlrecht. Soweit die Begünstigung einen reinen Inlandsbezug hat, sind sie unter dem Gesichtspunkt der EU-Niederlassungsfreiheit kritisch zu sehen und nachzubessern.

Vielen Dank für Ihre Aufmerksamkeit.

> **Vortragszeit: 1/10 Minuten**

Vortrag 70
Ergänzungsbilanzen und Ergänzungs-GuV-Rechnungen bei Personengesellschaften (Steuerrecht)

Sehr geehrte/r Frau/Herr Vorsitzende/r, sehr geehrte Prüfungskommission,
aus den mir zur Auswahl gestellten Themen habe ich mich für das Thema „**Ergänzungsbilanzen und Ergänzungs-GuV-Rechnungen bei Personengesellschaften**" entschieden. Meinen Vortrag gliedere ich wie folgt:

I.	Einleitung
II.	Vorgänge die zu Ergänzungsbilanzen führen
III.	Aufstellung der Ergänzungsbilanz
IV.	Fortführung und Auflösung der Ergänzungsbilanz
V.	Latente Steuern
VI.	Fazit

> **Vortragszeit: 0,5 Minuten**

I. Einleitung

Die **Einkünfte einer Personengesellschaft** sind additiv zu ermitteln. Um den Gesamtgewinn der Personengesellschaft nach § 15 Abs. 1 S. 1 Nr. 2 EStG auf die Mitunternehmer aufzuteilen, ist zu dem Ergebnis der Steuerbilanz der Personengesellschaft das Ergebnis der Ergänzungs- und Sonderbilanzen der Gesellschafter hinzuzurechnen. Der Begriff der „**Ergänzungsbilanz**" wird in § 6 Abs. 5 Sätze 4-6 EStG und in § 24 Abs. 2 Satz 1 UmwStG verwendet, jedoch nicht definiert. Da die steuerrechtlichen Bilanzierungs- und Bewertungsvorschriften von den handelsrechtlichen abweichen, differieren Handelsbilanz und Steuerbilanz eines Unternehmens. Sind nur einzelne Gesellschafter einer Personenhandelsgesellschaft hiervon betroffen, muss eine Ergänzungsbilanz aufgestellt werden. Die Wertansätze in der Ergänzungsbilanz beinhalten rechnerische Korrekturposten für den jeweiligen Gesellschafter zu den Wertansätzen in der Steuerbilanz der Personengesellschaft für die Wirtschaftsgüter des Gesellschaftsvermögens (Gesamthandsvermögens).

Damit unterscheidet sich die Ergänzungsbilanz von der Sonderbilanz. In der **Sonderbilanz** werden Wirtschaftsgüter im Eigentum des Gesellschafters bilanziert, wogegen in der Ergänzungsbilanz der Mehr- oder Minderwertanteil des Gesellschafters an Wirtschaftsgütern im (Gesamthands-)Eigentum der Gesellschaft bilanziert wird. Betreffen Mehr- oder Minderbelastungen die gesamte Personengesellschaft kann auf eine Ergänzungsbilanz verzichtet werden.

Entgegen dem Wortlaut sind Ergänzungsbilanzen auch bei nichtbilanzierenden Personengesellschaften, d.h. solchen die ihren Gewinn durch **Einnahmen-Überschussrechnung nach § 4 Abs. 3 EStG** ermitteln, zu erstellen. Ein Beispiel ist der Erwerb eines Anteils an einer Freiberufler-Sozietät. Der BFH (vom 24.06.2009, VIII R 13/07, BStBl II 2009, 993) spricht jetzt in diesen Fällen von einer steuerlichen Ergänzungsrechnung und wendet die Grundsätze zur Aufstellung von Ergänzungsbilanzen auf die Einnahmen-Überschussrechnung an.

> **Vortragszeit: 1,5/2 Minuten**

II. Vorgänge die zu Ergänzungsbilanzen führen

Eine **Ergänzungsbilanz wird insbesondere in folgenden Fällen erforderlich**:

* Inanspruchnahme personenbezogener steuerlicher Regelungen (z.B. degressive Gebäude-AfA nach § 7 Abs. 5 EStG a.F.),
* personenbezogene Steuervergünstigungen, z.B. § 6b-Rücklage für Reinvestitionen,
* entgeltlicher Erwerb eines Mitunternehmeranteils (Gesellschafterwechsel), zu einem über oder unter dem Buchwert liegenden Kaufpreis,
* Änderung der Beteiligungsverhältnisse an einer Personengesellschaft,
* Einbringung von Betrieben, Teilbetrieben und Beteiligungen in eine Personengesellschaft gegen Gewährung von Gesellschaftsrechten, sofern die Gesellschaft die Buchwerte der eingebrachten Wirtschaftsgüter in ihrer Steuerbilanz nicht fortführt, sowie
* beim Ausscheiden eines Gesellschafters gegen Abfindung über oder unter dem Buchwert,
* Umwandlungen (Verschmelzungen, Formwechsel, Auf- und Abspaltungen).

> **Vortragszeit: 1,5/3,5 Minuten**

III. Aufstellung der Ergänzungsbilanz

Nach § 15 Abs. 1 Satz 1 Nr. 2 EStG werden die dem jeweiligen Mitunternehmer zuzurechnenden Einkünfte in zwei Stufen ermittelt:

1. Der Anteil des Mitunternehmers an dem gesamthänderisch erwirtschafteten Gewinn der Personengesellschaft und
2. die Vergütungen, die der Mitunternehmer von der Gesellschaft für seine Tätigkeit im Dienst der Gesellschaft, für die Hingabe von Darlehen oder die Überlassung von Wirtschaftsgütern bezogen hat.

Der auf der ersten Stufe zu ermittelnde **Gewinn der Gesamthand** ergibt sich aus der von der Handelsbilanz aufgrund der Maßgeblichkeit gemäß § 5 Abs. 1 EStG abgeleiteten und aufgrund steuerlicher Regeln modifizierten Steuerbilanz der Personengesellschaft. In diesem Gewinn sind insbesondere auch die an die Gesellschafter geleisteten Sondervergütungen berücksichtigt – entweder als sofort abzugsfähige Betriebsausgabe oder als aktivierungspflichtiger Herstellungsaufwand. Der dort ausgewiesene Gewinn wird sodann entsprechend den gesellschaftsvertraglichen Vereinbarungen auf die Gesellschafter verteilt. Dieser aus der Gesamthandsbilanz zugeteilte Gewinnanteil ist jedoch ggf. zu korrigieren. Ein wesentlicher Korrekturposten sind die sog. Ergänzungsbilanzen und Ergänzungs-GuV-Rechnungen. Ergänzungsbilanzen enthalten die Wertdifferenzen zwischen den steuerlichen Anschaffungskosten eines Gesellschafters und den korrespondierenden Anschaffungs- oder Herstellungskosten der Gesellschaft für die einem Gesellschafter anteilig zuzurechnenden Wirtschaftsgüter.

> **Beispiel:** K erwirbt vom Personenhandelsgesellschafter V erwirbt einen Anteil an einer Personengesellschaft, der einen Wert von 500 T€ für 700 T€. Statt V ist nun K an dem Eigenkapital der Gesellschaft i.H.v. 500 T€ beteiligt. K hat aber 200 T€ mehr bezahlt, also höhere Anschaffungskosten bezahlt als es dem Buchwert seines Kapitalkontos entspricht. Die Mehranschaffungskosten für die Wirtschaftsgüter der Personengesellschaft sind in einer positiven Ergänzungsbilanz auszuweisen.

> Die Aufteilung des über dem Buchkapital liegenden Erwerbspreis (Mehrwert) ist in der **Eröffnungsergänzungsbilanz** nach dem Verhältnis der Teilwerte in drei Stufen vorzunehmen:
> 1. auf die in der Gesamthandsbilanz der Gesellschaft bereits aktivierten Wirtschaftsgüter,
> 2. darüber hinaus, soweit relevant auf nicht aktivierungsfähige, originäre immaterielle Einzel-Wirtschaftsgüter, die bei derivativem Erwerb aufgrund des Vollständigkeitsgrundsatzes zu aktivieren sind und
> 3. auf den Geschäftswert.
>
> Nach einer modifizierten **Stufentheorie** wird der Mehrbetrag (200 T€) proportional auf alle Wirtschaftsgüter (inklusive der erstmals aktivierten immateriellen Wirtschaftsgüter und eines Geschäftswerts) verteilt.

Bei **personenbezogenen Steuervergünstigungen**, etwa einer § 6b EStG Rücklage, erhalten lediglich die Gesellschafter die Begünstigung der Steuerstundung des Veräußerungsgewinns, die die persönlichen Voraussetzungen, insbesondere eine ausreichende Vorbesitzzeit haben. Um dies nach den steuerlichen Vorgaben darzustellen, wird der Veräußerungsgewinn in der steuerlichen Gesamthandsbilanz der Gesellschaft voll ausgewiesen. Die Gesellschafter, bei denen die persönlichen Begünstigungsvoraussetzungen vorliegen, neutralisieren ihren Veräußerungsgewinnanteil durch eine negative Ergänzungsbilanz.

Vortragszeit: 2/5,5 Minuten

IV. Fortführung und Auflösung der Ergänzungsbilanz

Die in der Ergänzungsbilanz enthaltenen **Mehr- oder Minderwerte** für die Wirtschaftsgüter und Schulden sind fortzuentwickeln bzw. fortzuschreiben. So sind z.B. stille Reserven abzuschreiben, die in abnutzbaren Wirtschaftsgütern aufgedeckt wurden. Ein Geschäfts- oder Firmenwert ist ebenfalls abzuschreiben.

Zu den Ergänzungsbilanzen für die einzelnen Gesellschafter sind korrespondierende **Ergänzungsgewinn- und -verlustrechnungen** aufzustellen, welche die Ergebnisbeiträge aus den Ergänzungsbilanzen für die einzelnen Gesellschafter im jeweiligen Wirtschaftsjahr enthalten. Die Ergebnisbeiträge aus den Ergänzungsgewinn- und -verlustrechnungen bilden mit den Ergebnissen aus den Sondergewinn- und -verlustrechnungen und dem Ergebnis aus der Gesamthandsbilanz den einheitlich festgestellten Gewinn der Personenhandelsgesellschaft.

Es besteht Einigkeit darin, dass die **Korrekturposten** (Mehrwert/Minderwert) einen Bezug zur Hauptbilanz haben müssen. Über die weitergehende Behandlung besteht Streit (Blümich/Bode, § 15 EStG Rn. 556a; Dreissig, BB 1990, 958, 959; Ley, kösdi 11/1992, 9152, 9160 einerseits; s. andererseits auch Regniet, Ergänzungsbilanzen bei der Personengesellschaft, 180; Niehus, StuW 2002, 116, 119 ff.; Schmidt/Wacker, EStG, 33. Auflage, § 15 Rn. 465 in Bezug auf die Restnutzungsdauer; Reiß in Kirchhof, EStG, 13. Auflage, § 15 Rn. 251).

Nach einer auch vom FG Niedersachsen als Vorinstanz vertretenen Auffassung, sei ein in der Ergänzungsbilanz eines Mitunternehmers aktivierter Mehrwert eines abnutzbaren beweglichen Wirtschaftsguts des Gesellschaftsvermögens entsprechend der in der Gesamthandsbilanz zugrunde gelegten **Abschreibungsmethode und Restnutzungsdauer abzuschreiben** (FG Niedersachsen, Urteil vom 20.10.2009, 8 K 323/05, EFG 2010, 558). Der BFH beurteilte die strittige (ergänzungs-)bilanzielle Rechtsfrage anders und stellte – im dezidierten Gegensatz zum Finanzgericht – entscheidend auf den Zweck der Ergänzungsbilanz ab. Diesen identifiziert er darin, den einen Mitunternehmeranteil erwerbenden Gesellschafter einer Mitunternehmerschaft so weit wie möglich einem Einzelunternehmer gleichzustellen, der im Wege des **„asset deal"** einzelne Wirtschaftsgüter erwirbt (BFH Urteil vom 20.11.2014, IV R 1/11, DStR 2015, 283; zur linearen Gebäude-AfA ebenso H 7.2 EStH „Zeitliche Anwendung bei linearer Gebäude AfA"). Daher muss bezogen auf die Abschreibung der in der Ergänzungsbilanz ausgewiesenen Mehrwerte die Restnutzungsdauer im Zeitpunkt des Anteilserwerbs neu geschätzt werden. Zugleich stehen dem Gesellschafter die gleichen Abschreibungswahlrechte wie einem Einzelunternehmer zu. Das bedeutet in letzter Konsequenz, dass auch die Abschreibungsmethode anzuwenden ist, die für den in der Ergänzungsbilanz dargestellten Anschaffungsvorgang maßgeblich ist. Wird in der Gesamthandsbilanz nach § 7 Abs. 2 EStG degressiv abgeschrieben und fällt diese Möglichkeit weg, darf in der Ergänzungsbilanz nur linear abgeschrieben werden.

Eine Ergänzungsbilanz wird aufgelöst, wenn ein Gesellschafter ausscheidet, für den eine Ergänzungsbilanz aufgestellt wurde. Das **Veräußerungsergebnis** wird folgendermaßen ermittelt:

Veräußerungspreis
+ gemeiner Wert der entnommenen Wirtschaftsgüter
./. Kapitalkonto der Gesamthandsbilanz
./. Kapitalkonto der Ergänzungsbilanz.

Vortragszeit: 2,5/8 Minuten

V. Latente Steuern

Ansätze in rein steuerliche Ergänzungsbilanzen führen zu **Steuerlatenzen** in der Handelsbilanz (für Personenhandelsgesellschaften i.S.d. § 264a HGB (ausgenommen kleine Personenhandelsgesellschaften i.S.d. § 267 HGB, vgl. § 274a Nr. 4 HGB; jedoch sollen kleine Personenhandelsgesellschaften i.S.d. § 264a HGB und reine Personenhandelsgesellschaften nach Auffassung des IDW zumindest Rückstellungen für passive temporäre Differenzen abgrenzen; vgl. IDW RS HFA 7, anderer Auffassung Verlautbarung der Bundessteuerberaterkammer zum Ausweis passiver latenter Steuern als Rückstellungen in der Handelsbilanz)). Die **Aktivierung aufgedeckter stiller Reserven** in einer positiven Ergänzungsbilanz führt auf Ebene der Personengesellschaft zu aktiven latenten Steuern. Diese aktiven latenten Steuern werden in Zukunft korrespondierend zur Abschreibung der stillen Reserven aufgelöst. Die Aktivierung latenter Steuern erfolgt grundsätzlich erfolgsneutral, da sie im Zusammenhang mit einem Anschaffungsvorgang stehen. Im Falle des Gesellschafterwechsels über dem Buchwert ist jedoch danach zu unterscheiden ob der Veräußerungsvorgang auf Ebene der Personengesellschaft der Gewerbesteuer nach § 7 Satz 2 GewStG unterliegt, falls ja ist die Einbuchung der aktiven latenten Steuern erfolgswirksam, falls nein ist sie erfolgsneutral.

Wird ein Mitunternehmeranteil unter dem Buchwert des Kapitalkontos des ausscheidenden Gesellschafters veräußert oder sind in der Bilanz stille Lasten vorhanden, werden die **Wertansätze der Wirtschaftsgüter** in der Gesamthandsbilanz herabgesetzt. Dies erfolgt durch die Aufstellung einer negativen Ergänzungsbilanz. Die unterschiedlichen Wertansätze zwischen Handels- und Steuerbilanz der Personengesellschaft führen zur verpflichtenden Abgrenzung passiver latenter Steuern

Vortragszeit: 1/9 Minuten

V. Fazit

Ergänzungsbilanzen betreffen gesellschafterspezifische Korrekturposten zu dem gesamthänderisch gebundenen Vermögen. Sie gewährleisten eine zutreffende Erfassung des jeweiligen Beteiligungsanteils der einzelnen Mitunternehmer für steuerliche Zwecke.

Große praktische Bedeutung kommt ihrer Aufstellung im Falle eines Gesellschafterwechsels zu. Über ihre Fortführung besteht Streit. Die Finanzverwaltung hat nur partiell hierzu Stellung genommen, ein hierzu ergangenes BFH-Urteil ist noch nicht im Bundessteuerblatt veröffentlicht.

Auch die Ergänzungsbilanzen unterliegen – ebenso wie die Gesamthands- und Sonderbilanzen – der elektronischen Übermittlungspflicht nach § 5b EStG. Jedoch wird für die von Personenhandelsgesellschaften und anderen Mitunternehmerschaften einzureichenden Ergänzungsbilanzen (ebenso Sonderbilanzen) nicht beanstandet, wenn diese für Wirtschaftsjahre, die vor dem 01.01.2015 enden, im Freitext unter dem Modul „Steuerliche Modifikationen" übermittelt werden; eine Gliederung nach dem Taxonomie-Datensatz ist dann nicht erforderlich.

Vielen Dank für Ihre Aufmerksamkeit.

Vortragszeit: 1/10 Minuten

Anhang

Konkretisierung der Prüfungsgebiete nach § 4 Wirtschaftsprüfer-prüfungsverordnung (§ 4 WiPrPrüfV)

A. Wirtschaftliches Prüfungswesen, Unternehmensbewertung und Berufsrecht

1. Rechnungslegung

a) Buchführung, Jahresabschluss und Lagebericht
1. Buchführung
2. Funktionen und Konzeption der externen Rechnungslegung
3. Grundlagen des Jahresabschlusses
    3.1. Nationale Quellen der Rechnungslegung
    3.2. Nationale Auswirkungen von EU-Vorschriften
4. Bilanzierungsgrundsätze
5. Bewertungsgrundsätze
6. Ausweisvorschriften
7. Anhang
8. Lagebericht
9. Besonderheiten bestimmter Rechtsformen
10. Besonderheiten des Jahresabschlusses nach dem Publizitätsgesetz
11. Änderung von Jahresabschlüssen
12. Nichtigkeit und Anfechtbarkeit von Hauptversammlungsbeschlüssen und des festgestellten Jahresabschlusses
13. Offenlegung
14. Straf- und Bußgeldvorschriften

b) Konzernabschluss und Konzernlagebericht, Bericht über die Beziehungen zu verbundenen Unternehmen
1. Grundlagen des Konzernabschlusses
2. Pflicht zur Aufstellung eines Konzernabschlusses und Konzernlageberichts
3. Abgrenzung des Konsolidierungskreises
4. Überleitung von der HB I zur HB II
5. Konzernbilanz
    5.1. Bilanzierung von Tochterunternehmen
    5.2. Quotenkonsolidierung
    5.3. Equity-Methode
6. Konzern-Gewinn- und Verlustrechnung
7. Konzernergebnis
8. Konzernanhang
9. Kapitalflussrechnung
10. Eigenkapitalspiegel
11. Segmentberichterstattung
12. Konzernlagebericht
13. Besonderheiten des Konzernabschlusses nach dem Publizitätsgesetz
14. Bericht über die Beziehungen zu verbundenen Unternehmen

c) International anerkannte Rechnungslegungsgrundsätze
1. Grundlagen der Rechnungslegung nach IAS/IFRS

4.   Kennzahlensysteme
   4.1.   Traditionelle Kennzahlensysteme
   4.2.   Rating Verfahren
   4.3.   Multivariate Diskriminanzanalyse (MDA)
   4.4.   Künstliche Neuronale Netzanalyse (KNN)
   4.5.   Jahresabschlussanalyse auf der Grundlage empirischer Bilanzforschung

- Enforcement der Rechnungslegung

2. Prüfung

a) Prüfung der Rechnungslegung: rechtliche Vorschriften und Prüfungsstandards, insbesondere Prüfungsgegenstand und Prüfungsauftrag, Prüfungsansatz und Prüfungsdurchführung, Bestätigungsvermerk, Prüfungsbericht und Bescheinigungen, andere Reporting-Aufträge

1.   Rechtliche Vorschriften und Prüfungsstandards
   1.1.   Grundlagen
   1.2.   Rechtliche Vorschriften
   1.3.   Nationale Prüfungsgrundsätze
   1.4.   Internationale Prüfungsgrundsätze
2.   Prüfungsgegenstand und Prüfungsauftrag, Prüfungsansatz und Prüfungsdurchführung, (insbesondere IDW PS 200 bis 399)
   2.1.   Prüfungsgegenstand
   2.2.   Prüfungsauftrag
       2.2.1.   Bestellung des Abschlussprüfers (Wahl, Ausschlussgründe, Prüfungsauftrag)
       2.2.2.   Inhalt des Prüfungsauftrags
       2.2.3.   Verantwortlichkeit des Abschlussprüfers
   2.3.   Prüfungsplanung durch den Abschlussprüfer
       2.3.1.   Grundlagen
       2.3.2.   Gegenstand und Zweck der Planung
       2.3.3.   Sachliche Planung (Risikoorientierung)
       2.3.4.   Zeitliche Planung
       2.3.5.   Personelle Planung
       2.3.6.   Erstellung und Dokumentation des Prüfungsplans
       2.3.7.   Berücksichtigung des Risikos von Unregelmäßigkeiten und Verstößen bei der Prüfungsplanung
   2.4.   Durchführung der Abschlussprüfung
       2.4.1.   Grundlagen
       2.4.2.   Prüfung der Rechtsgrundlagen und der rechtlichen Verhältnisse
       2.4.3.   Berücksichtigung des Risikos von Unregelmäßigkeiten und Verstößen bei der Prüfungsdurchführung
       2.4.4.   Analyse der Strategie
       2.4.5.   Prüfung des internen Kontrollsystems (IKS-Prüfung) bzw. Prozessanalyse
       2.4.6.   Aussagebezogene Prüfungshandlungen
       2.4.7.   Prüfung des Lageberichts
   2.5.   Besonderheiten bei der Erstprüfung
   2.6.   Ereignisse nach dem Bilanzstichtag
   2.7.   Besonderheiten bei der Konzernabschlussprüfung und der Prüfung des Konzernlageberichts
   2.8.   Verwendung der Arbeit Dritter
   2.9.   Beurteilung von zusätzlichen Informationen, die von Unternehmen zusammen mit dem Jahresabschluss veröffentlicht werden
   2.10.   Gemeinschaftsprüfungen (Joint Audit)

    4. Prüfungen nach dem Umwandlungsgesetz
    5. Geschäftsführungsprüfung

c) Andere betriebswirtschaftliche Prüfungen, insbesondere Due-DiligencePrüfungen, Kreditwürdigkeitsprüfungen, Unterschlagungsprüfungen, Wirtschaftlichkeitsprüfungen, Prüfung von Sanierungskonzepten

    1. Due-Diligence-Prüfung
    2. Kreditwürdigkeitsprüfung
    3. Unterschlagungsprüfung
    4. Wirtschaftlichkeitsprüfung
    5. Prüfung von Sanierungskonzepten
    6. Sonstige betriebswirtschaftliche Prüfungen

3. Grundzüge und Prüfung der Informationstechnologie

    1. Allgemeine Grundlagen im Bereich der Informationstechnologie
        1.1. Systemkonzepte
        1.2. IT-Strategie
        1.3. IT-Organisation
        1.4. IT-Management
        1.5. Systementwicklung und -beschaffung
        1.6. Hardware und sonstige Komponenten von IT-Systemen
        1.7. Netzwerke und Datenübertragungstechnologien
        1.8. Software
        1.9. Datenorganisation und Datenzugriff
        1.10. Verarbeitungstechniken in rechnungslegungsrelevanten IT-Systemen
    2. Berufsständische Verlautbarungen und relevante Vorschriften zur Ordnungsmäßigkeit und Prüfung IT-gestützter Rechnungslegungssysteme
        2.1. Verlautbarungen des IDW
        2.2. Steuerrechtliche Verlautbarungen
        2.3. Sonstige rechtliche Vorschriften
    3. Grundlagen IT-gestützter interner Kontrollsysteme
        3.1. Risiken des IT-Einsatzes
        3.2. Kontrollziele
        3.3. Aufbau des IT-Kontrollsystems
        3.4. Kontrollverantwortlichkeit
        3.5. Bestimmungsfaktoren des Kontrollumfelds
        3.6. Beurteilung von IT-Risiken
        3.7. Realisierung von IT-bezogenen Kontrollen und Sicherungsmaßnahmen in IT-Systemen mit Rechnungslegungsbezug
        3.8. Generelle Kontrollmaßnahmen in IT-Systemen mit Rechnungslegungsbezug
        3.9. Überwachung des IT-Kontrollsystems
    4. Prüfungsmethoden und Prüfungstechniken
        4.1. Prüfungsprozess
        4.2. Prüfungsmethoden und Prüfungstechniken
        4.3. IT-gestützte Prüfung
    5. Berufstypischer Umgang mit IT
        5.1. Praxisorientierter Einsatz von IT zur Unterstützung berufstypischer Tätigkeiten
        5.2. Kenntnisse betrieblicher Rechnungslegungssysteme
        5.3. Einrichtung von Kontrollen in PC-System-Umgebungen
        5.4. Definition von Anforderungen an PC-Systeme

B. Angewandte Betriebswirtschaftslehre, Volkswirtschaftslehre

    2.2.   Elemente des Controlling
        2.2.1. Funktionen, Institutionen, Instrumente
        2.2.2. Informationssystem
        2.2.3. Berichtswesen
3.   Operatives Controlling
    3.1.   Unternehmenssteuerung mit integrierten Kennzahlersystemen
    3.2.   Planung und Kontrolle der Ertragskraft der Unternehmung
        3.2.1. Liquidität und Rentabilität
        3.2.2. Kennzahlen zur Planung und Kontrolle (z.B. ROI)
        3.2.3. Kostenorientierte Entscheidungen einschließlich Break-Even-Analyse
    3.3.   Planung und Kontrolle der Finanzkraft der Unternehmung (Cash-Flow-Management)
    3.4.   Planung und Kontrolle der Liquidität
4.   Strategisches Controlling
    4.1.   Grundlagen
        4.1.1. Gap-Analyse
        4.1.2. Strategischer Planungsprozess
        4.1.3. Ebenen der strategischen Planung
        4.1.4. Bildung strategischer Geschäftseinheiten
    4.2.   Unternehmens- und Umfeldanalyse
        4.2.1. Umfeldanalyse
        4.2.2. Unternehmensanalyse
    4.3.   Geschäftsstrategien
        4.3.1. Strategische Stoßrichtungen
        4.3.2. Kostenwettbewerb
        4.3.3. Qualitätswettbewerb
        4.3.4. Zeitwettbewerb
    4.4.   Unternehmensstrategien
        4.4.1. Portfolio-Konzepte
        4.4.2. Wettbewerbsmatrizen
        4.4.3. Konzept der Kernkompetenzen
    4.5.   Balanced Scorecard
    4.6.   Steuerung von Strategien durch strategische Kontrolle
5.   Früherkennungssysteme zur Analyse und Prognose
    5.1.   Früherkennungssysteme als Bestandteil eines umfassenden Risikomanagement
    5.2.   Früherkennungssystem der strategischen Planung
    5.3.   Aufbaustufen eines Früherkennungssystems
    5.4.   Einsatz von Szenarien
        5.4.1. Grundlagen
        5.4.2. Szenarien im Prozess der strategischen Planung
        5.4.3. Phasenablauf eines Szenarios

c) Unternehmensführung und Unternehmensorganisation
1.   Grundlagen
2.   Organisatorische Gestaltungsalternativen
    2.1.   Divisionale Organisationsstrukturen
    2.2.   Funktionale Organisationsstrukturen
    2.3.   Matrixorganisation
    2.4.   Holdingkonzepte
    2.5.   Aktuelle Varianten (z.B. virtuelle Organisation, Netzwerke)

3. Organisation und Erfolgssteuerung (inklusive anreiztheoretischer Grundlagen und Performance-maßen)

4. Organisation und Kontrolle (insbesondere entscheidungstheoretische Grundlagen der Kontrolle)

5. Corporate Governance

d) Unternehmensfinanzierung

1. Grundlagen
   1.1. Finanzplanung als betriebliche Teilplanung
   1.2. Ziele
   1.3. Instrumente
   1.4. Finanzmärkte

2. Finanzierungsformen
   2.1. Systematisierung
   2.2. Formen der Innenfinanzierung
   2.3. Formen der Außenfinanzierung
      2.3.1. Beteiligungsfinanzierung
         2.3.1.1. Kapitalerhöhung der Aktiengesellschaft
         2.3.1.2. Kapitalbeteiligungsgesellschaften
         2.3.1.3. Venture-Capital-Gesellschaften
         2.3.1.4. Unternehmensbeteiligungsgesellschaften
      2.3.2. Fremdfinanzierung (Kreditfinanzierung)
         2.3.2.1. Langfristige Fremdfinanzierung
         2.3.2.2. Kurzfristige Fremdfinanzierung
         2.3.2.3. Finanzierungsinstrumente am Euromarkt
      2.3.3. Kreditsubstitute

3. Finanzierungsplanung
   3.1. Begriff und Aufgaben
   3.2. Kapitalmarktmodell
   3.3. Bedarfsplanung
      3.3.1. Prognose von Finanzströmen
      3.3.2. Budgetierung
   3.4. Liquiditätsplanung
   3.5. Strukturplanung
      3.5.1. Problemfelder
      3.5.2. Kosten einzelner Finanzierungsformen (mit/ohne Steuern)
      3.5.3. Optimierung der Kapitalstruktur (Entscheidung über Eigen- und Fremdfinanzierung)
      3.5.4. Optimierung der Dividendenpolitik (Entscheidung über Außen- oder Innenfinanzie-rung mit Eigenkapital)

4. Risikoabsicherung durch Termingeschäfte
   4.1. Überblick
   4.2. Risikoabsicherung mit Forwards und Futures
   4.3. Risikoabsicherung mit Optionen

e) Investitionsrechnung

1. Grundlagen
   1.1. Arten der Investitionsentscheidungen
   1.2. Ablauf des Entscheidungsprozesses

2. Investitionsentscheidungen bei Sicherheit
   2.1. Statik und Dynamik
   2.2. Wichtige dynamische Verfahren

        2.2.1. Vollständiger Finanzplan
        2.2.2. Kapitalwert
        2.2.3. Interner Zinssatz
        2.2.4. Annuität
    2.3. Investitionsprogrammplanung bei Sicherheit
        2.3.1. Dean-Modell
        2.3.2. Programmplanung mit Hilfe linearer Programmierung
3. Berücksichtigung von Steuern
    3.1. Standardmodell
    3.2. Steuerparadoxon
4. Investitionsentscheidungen bei Unsicherheit
    4.1. Grundlagen
    4.2. (Statische) Amortisationsrechnung
    4.3. Sensitivitätsanalysen
    4.4. Risikoanalysen
    4.5. Markowitzmodell (Portfolioselection)
    4.6. Marktorientierte Bewertung riskanter Investitionen (Investitionsbeurteilung mit dem CAPM)

2. Volkswirtschaftslehre
a) Grundzüge der Volkswirtschaftslehre und Volkswirtschaftspolitik
1. Mikroökonomik
    1.1. Märkte und Marktformen
    1.2. Haushaltstheorie
    1.3. Unternehmenstheorie
    1.4. Preistheorie
2. Soziale Marktwirtschaft, Unternehmertum und Wettbewerb
    2.1. Unternehmertum und Wirtschaftsordnung
    2.2. Wettbewerbstheorie
    2.3. Wettbewerbspolitik in Deutschland und in der EU
3. Makroökonomik
    3.1. Volkswirtschaftliche Gesamtrechnung
    3.2. Kreislauftheorie und Volkswirtschaftliche Gesamtrechnung
    3.3. Wohlstands- und Leistungsmaße
    3.4. Einkommensrechnungen der Volkswirtschaftlichen Gesamtrechnung
4. Geld- und Fiskalpolitik
    4.1. Stabilisierungs- und wachstumspolitische Ziele
    4.2. Instrumente und Akteure
    4.3. Fiskalpolitik
    4.4. Geldpolitik der EZB

b) Grundzüge der Finanzwissenschaft
1. Das System der öffentlichen Einnahmen
2. Öffentliche Güter versus öffentliche Ausgaben
3. Finanzwissenschaftliche Steuertheorie

3. Die Nummern 1. (Angewandte Betriebswirtschaftslehre) und 2. (Volkswirtschaftslehre) umfassen Grundkenntnisse anwendungsorientierter Mathematik und Statistik.

C. Wirtschaftsrecht

1. Grundzüge des Bürgerlichen Rechts einschließlich Grundzüge des Arbeitsrechts und Grundzüge des internationalen Privatrechts, insbesondere Recht der Schuldverhältnisse und Sachenrecht

1. Grundlagen
2. Rechtsgeschäfte
   - 2.1. Rechtssubjekte
   - 2.2. Geschäftsfähigkeit
   - 2.3. Willenserklärung
   - 2.4. Form
   - 2.5. Gesetzes- und Sittenwidrigkeit
   - 2.6. Willensmängel, Anfechtung, Widerruf
   - 2.7. Verjährung
3. Verträge
   - 3.1. Vertragsarten
   - 3.2. Vertragsschluss
   - 3.3. Vertragsinhalt
   - 3.4. Leistungsort und Leistungszeit
   - 3.5. Stellvertretung
   - 3.6. Erfüllung
   - 3.7. Abtretung
   - 3.8. Zurückbehaltung und Aufrechnung
4. Leistungsstörungen
   - 4.1. Pflichtverletzung
   - 4.2. Unmöglichkeit
   - 4.3. Schuldnerverzug
   - 4.4. Gläubigerverzug
   - 4.5. Schlechtleistung
   - 4.6. culpa in contrahendo
   - 4.7. Verschulden
   - 4.8. Schadensersatz
5. Kaufvertrag
   - 5.1. Sach- und Rechtskauf
   - 5.2. Vertragspflichten
   - 5.3. Sachmängelhaftung
   - 5.4. Rechtsmängelhaftung
6. Werkvertrag
   - 6.1. Vertragspflichten
   - 6.2. Sachmängelhaftung
7. Geschäftsbesorgungsvertrag
8. Bürgschaftsvertrag
9. Arbeitsrecht
   - 9.1. Arbeitsvertrag
   - 9.2. Arbeitszeit
   - 9.3. Kündigung
   - 9.4. Kündigungsschutz
   - 9.5. Betriebsverfassungsrecht
   - 9.6. Sozialversicherungsrecht
10. AGB-Recht
11. Deliktsrecht

    11.1. Unerlaubte Handlung

    11.2. Gefährdungshaftung

12. Eigentum und Besitz

13. Eigentumsvorbehalt

14. Pfandrecht an beweglichen Sachen und Rechten

15. Sicherungsübereignung

16. Grundpfandrechte

17. Internationales Privatrecht

    17.1. Anwendungsbereich

    17.2. Vertragliche Schuldverhältnisse

    17.3. Außervertragliche Schuldverhältnisse

    17.4. Sachenrecht

2. Handelsrecht, insbesondere Handelsstand und -geschäfte einschließlich internationalem Kaufrecht

1. Grundlagen

2. Kaufleute

    2.1. Einzelkaufmann

    2.2. Handelsgesellschaften

3. Firmen- und Registerrecht

    3.1. Handelsfirma

    3.2. Handelsregister

    3.3. Andere Register

    3.4. Zweigniederlassungen

    3.5. Haftung bei Inhaberwechsel

4. Stellvertretung

    4.1. Prokura

    4.2. Handlungsvollmacht

    4.3. Rechtscheinsvollmacht

5. Handelsvertreter und Handelsmakler

6. Handelsgeschäfte

    6.1. Allgemeines

    6.2. Handelsbrauch

    6.3. Kaufmännisches Bestätigungsschreiben

    6.4. Gutgläubiger Erwerb

    6.5. AGB-Recht

7. Handelskauf

    7.1. Allgemeines

    7.2. Untersuchungs- und Rügepflicht

8. Internationales Kaufrecht (CISG)

    8.1. Anwendungsvoraussetzungen

    8.2. Rechtliche Besonderheiten

9. Kommissionsgeschäfte und andere spezielle Handelsgeschäfte

10. Wertpapierrecht

    10.1. Allgemeines

    10.2. Wertpapiere des BGB und des HGB

3. **Gesellschaftsrecht (Personengesellschaften und Kapitalgesellschaften, Recht der verbundenen Unternehmen), Corporate Governance und Grundzüge des Kapitalmarktrechts**
   1. Grundlagen
   2. BGB-Gesellschaft
   3. Offene Handelsgesellschaft
      - 3.1. Rechtsnatur
      - 3.2. Errichtung
      - 3.3. Rechte und Pflichten der Gesellschafter
      - 3.4. Geschäftsführung
      - 3.5. Vertretung
      - 3.6. Haftung für Gesellschaftsverbindlichkeiten
      - 3.7. Gesellschafterwechsel
      - 3.8. Beendigung
   4. Kommanditgesellschaft
      - 4.1. Errichtung
      - 4.2. Rechte und Pflichten der Gesellschafter
      - 4.3. Geschäftsführung und Vertretung
      - 4.4. Haftung für Gesellschaftsverbindlichkeiten
      - 4.5. Gesellschafterwechsel
      - 4.6. GmbH & Co. KG
      - 4.7. Beendigung
   5. Partnerschaftsgesellschaft
      - 5.1. Rechtsnatur und Errichtung
      - 5.2. Rechte und Pflichten der Partner
      - 5.3. Vertretung und Haftung
   6. Europäische Gesellschaftsformen
   7. Stille Gesellschaft
      - 7.1. Errichtung
      - 7.2. Rechte und Pflichten der Gesellschafter
   8. Gesellschaft mit beschränkter Haftung
      - 8.1. Allgemeines
      - 8.2. Errichtung
      - 8.3. Rechte und Pflichten der Gesellschafter
      - 8.4. Geschäftsführung und Vertretung
      - 8.5. Erwerb und Übertragung von Geschäftsanteilen
      - 8.6. Einmann-GmbH
      - 8.7. Kapitalerhaltung und Gesellschafterdarlehen
      - 8.8. Haftung für Gesellschaftsverbindlichkeiten
      - 8.9. Beendigung
   9. Aktiengesellschaft
      - 9.1. Allgemeines
      - 9.2. Errichtung
      - 9.3. Rechte und Pflichten der Aktionäre
      - 9.4. Organe
      - 9.5. Grundkapital und Aktien
      - 9.6. Haftung für Gesellschaftsverbindlichkeiten
      - 9.7. Kleine Aktiengesellschaft
      - 9.8. Beendigung
   10. Kommanditgesellschaft auf Aktien
   11. Eingetragene Genossenschaft

12. Recht der verbundenen Unternehmen
    12.1. Allgemeines
    12.2. Herrschende und abhängige Unternehmen
    12.3. Vertragskonzern
    12.4. Faktischer Konzern
    12.5. GmbH-Konzern
    12.6. Fusionskontrolle
13. Corporate Governance
    13.1. Allgemeines
    13.2. Deutscher Corporate Governance Kodex
    13.3. Entsprechenserklärung gemäß § 161 AktG
14. Kapitalmarktrecht
    14.1. Allgemeines
    14.2. Mitteilungs- und Veröffentlichungspflichten nach dem Wertpapierhandelsgesetz
    14.3. Insiderrecht
    14.4. Unternehmensübernahmerecht

4. **Umwandlungsrecht**
    1. Grundlagen
    2. Formwechselnde Umwandlung
       2.1. Personengesellschaften
       2.2. Kapitalgesellschaften
    3. Verschmelzung
       3.1. Arten
       3.2. Verschmelzungsvertrag
       3.3. Verschmelzungsbericht und Verschmelzungsprüfung
    4. Spaltung
       4.1. Arten
       4.2. Durchführung
    5. Vermögensübertragung

5. **Grundzüge des Insolvenzrechts**
    1. Grundlagen
    2. Eröffnung des Insolvenzverfahrens
    3. Massegläubiger und Masseverbindlichkeiten
    4. Aussonderung, Absonderung und Aufrechnung
    5. Wirkungen der Insolvenzeröffnung
    6. Insolvenzanfechtung
    7. Verwaltung und Verwertung der Insolvenzmasse, Eigenverwaltung
    8. Anmeldung, Prüfung und Feststellung der Forderungen
    9. Verteilung und Beendigung
    10. Insolvenzplan

6. **Grundzüge des Europarechts**
    1. Verfassung der Europäischen Union
       1.1. Struktur der Europäischen Union
       1.2. Rechtsnatur der EG und der EU
       1.3. Aufgaben der EU
       1.4. Befugnisse der EU
       1.5. Institutionen der EU

D. Steuerrecht

8.1. Berichtigung offenbarer Unrichtigkeiten (§ 129 AO)

8.2. Rücknahme rechtswidriger Verwaltungsakte (§ 130 AO)

8.3. Widerruf rechtmäßiger Verwaltungsakte (§ 131 AO)

8.4. Aufhebung und Änderung von Steuerbescheiden (§ 172 AO)

8.5. Berichtigung wegen neuer Tatsachen oder Beweismittel (§ 173 AO)

8.6. Widerstreitende Steuerfestsetzungen (§ 174 AO)

8.7. Änderung von Bescheiden (§ 175 Abs. 1 Nr. 1 AO)

8.8. Eintritt eines Ereignisses mit steuerlicher Wirkung für die Vergangenheit

8.9. Einschränkungen des Berichtigungsumfangs

8.10. Berichtigung von Rechtsfehlern (§ 177 AO)

9. Haftung

9.1. Haftungstatbestände und Verfahren

9.2. Einzelne Haftungstatbestände nach der AO

9.3. Haftung nach Einzelsteuergesetzen

9.4. Zivilrechtliche Haftungstatbestände

9.5. Festsetzungsverfahren

10. Erhebungsverfahren

11. Außergerichtliches Rechtsbehelfsverfahren

11.1. Zulässigkeitsvoraussetzungen

11.2. Verfahrensgrundsätze

11.3. Hinzuziehung

12. Klagen und Rechtsmittel im Steuerprozess

12.1. Statthaftigkeit der Klage

12.2. Weitere Sachurteilsvoraussetzungen

12.3. Beteiligte

12.4. Verfahren vor dem Finanzgericht

12.5. Verfahren vor dem Bundesfinanzhof

13. Vorläufiger Rechtsschutz

14. Rechtsschutz im Recht der EU

15. Grundzüge des Straf- und Bußgeldverfahrens

2. Recht der Steuerarten, insbesondere

a) Einkommen-, Körperschaft- und Gewerbesteuer

Einkommensteuer

Grundlagen der Einkommensbesteuerung

1. Steuerpflicht

1.1. Unbeschränkte Steuerpflicht

1.2. Beschränkte Steuerpflicht

2. Steuergegenstand

2.1. Bestimmung der steuerbaren Einkünfte

2.2. Bestimmung der Einkunftsart

3. Bemessungsgrundlage der ESt

4. Die personelle Einkünftezurechnung, Zurechnung der Einkünfte bei Ehegatten, Verträge zwischen Ehegatten

5. Ermittlung der Einkünfte
einschließlich steuerfreie Einnahmen, nicht abziehbare Ausgaben

6. Vereinnahmung und Verausgabung

7. Bemessungszeitraum, Veranlagungszeitraum, Ermittlungszeitraum

8. Nichtabzugsfähige Kosten der Lebensführung

9. Sonderausgaben

Besteuerung der gewerblichen Einkünfte einschließlich der Personengesellschaften
1. Besteuerung der gewerblichen Einkünfte gem. § 15 EStG
   1.1. Grundlagen
   1.2. Einzelunternehmer
   1.3. Einkünfte aus gewerblich tätigen Mitunternehmerschaften
       1.3.1. Mitunternehmerschaften/vermögensverwaltende Personengesellschaften
       1.3.2. Regelung des § 15 Abs. 3 EStG
       1.3.3. Steuerliches Betriebsvermögen
       1.3.4. Leistungsaustausch zwischen Mitunternehmerschaft und Mitunternehmern
       1.3.5. Gewinnanteil/Vergütungen
2. Veräußerung des Betriebs (§ 16 EStG)
   2.1. Grundlagen
   2.2. Veräußerungstatbestände des § 16 Abs. 1 EStG
   2.3. Betriebsaufgabe nach § 16 Abs. 3 EStG
   2.4. Ermittlung des Veräußerungsgewinns (§ 16 Abs. 2 EStG)
   2.5. Freibetrag nach § 16 Abs. 4 EStG
   2.6. Erbfall und Erbauseinandersetzung
   2.7. Verpachtung eines ganzen Gewerbebetriebs oder eines Teilbetriebs
3. Veräußerung von Anteilen an Kapitalgesellschaften (§ 17 EStG/§ 23 EStG)
   3.1. Anwendungsbereich
   3.2. Wesentliche Beteiligung
   3.3. Veräußerung
   3.4. Ermittlung des Veräußerungsgewinns
   3.5. Besteuerung des Veräußerungsgewinns
   3.6. Auflösung und Kapitalherabsetzung
4. Sonderfälle
   4.1. Betriebsaufspaltung
   4.2. GmbH & Co. KG (einschließlich Verlustausgleichsbeschränkungen nach § 15a EStG)
   4.3. GmbH & atypisch stille Gesellschaft
   4.4. Die Kommanditgesellschaft auf Aktien (KGaA)
   4.5. Familienpersonengesellschaften
   4.6. Gewerbliche Tierzucht und gewerbliche Tierhaltung

Einkünfte aus Kapitalvermögen
1. Umfang der Einkunftsart
   1.1. Kapitalanlage und Ertrag
   1.2. Zurechnung von Kapitalerträgen
2. Einnahmen aus Kapitalvermögen
3. Steuerbefreiungen, Steuererleichterungen
4. Ermittlung der Einkünfte aus Kapitalvermögen (einschließlich Werbungskosten)
5. Zurechnung zu anderen Einkunftsarten
6. Veräußerung von Kapitalanlagen
7. Kapitalertragsteuer
8. Gebietsfremde mit Kapitalanlagen im Inland

Einkünfte aus Vermietung und Verpachtung
1. Umfang der Einkunftsart
2. Ermittlung der Einkünfte (Einnahmen, Werbungskosten)
3. Veräußerung von Wirtschaftsgütern, Abgrenzung gegenüber anderen Einkunftsarten (insbesondere gewerblicher Grundstückshandel)

2. Steuerpflicht
   2.1. Sachliche Steuerpflicht (Steuergegenstand)
   2.2. Persönliche Steuerpflicht (Steuerschuldner)
   2.3. (Persönliche) Steuerbefreiungen
3. Gewerbeertrag
   3.1. Ermittlungszeitraum
   3.2. Ausgangsgröße: Gewinn aus Gewerbebetrieb i.S.d. EStG oder KStG
   3.3. Modifikationen: Hinzurechnungen und Kürzungen
4. Festsetzung und Zerlegung des Gewerbesteuermessbetrags
5. Entstehung, Festsetzung und Erhebung
6. Steuererklärungspflicht
7. Steuerermäßigung nach § 35 EStG
8. Gewerbesteuerliche Organschaft

Einfluss der Besteuerung auf die Rechtsformwahl und Finanzierung von Unternehmen

1. Einfluss der Besteuerung auf die Unternehmensrechtsform
   1.1. Grundformen: Einzelunternehmen, Personengesellschaften, Kapitalgesellschaften
   1.2. Mischformen, insbes. Betriebsaufspaltung, stille Gesellschaft
2. Einfluss der Besteuerung auf die Finanzierung von Unternehmen
   2.1. Vergleich Eigen- und Fremdfinanzierung in Abhängigkeit von der Rechtsform
   2.2. Gesellschafter-Fremdfinanzierung (einschl. Einschränkung der Gesellschafter-Fremdfinanzierung)
   2.3. Leasing

Steuern im Konzern

1. Ertragsteuern
   1.1. Grundsätze der Besteuerung eines Inlandskonzerns/-teilkonzerns
      1.1.1. Getrennte Besteuerung eines Inlandskonzerns/-teilkonzerns
      1.1.2. Vermeidung der Mehrfachbesteuerung
      1.1.3. Berücksichtigung von Verlusten
      1.1.4. Innerkonzernliche Geschäftsbeziehungen
   1.2. Organschaft
      1.2.1. Voraussetzungen
      1.2.2. Einkommensermittlung im Organkreis
      1.2.3. Gescheiterter Gewinnabführungsvertrag
   1.3. Sonstige Unternehmensverträge
   1.4. Steuerliche Aspekte der Gestaltung des Konzernaufbaus
      1.4.1. Konzernorganisation und Organschaft
      1.4.2. Steueroptimierung durch geeignete Beteiligungsstruktur
      1.4.3. Umgestaltung innerkonzernlicher Beteiligungsverhältnisse
      1.4.4. Abschreibung der Anschaffungskosten beim Beteiligungserwerb
      1.4.5. Besteuerung inländischer Konzernverwaltungsstellen
2. Verkehrsteuern
   2.1. Umsatzsteuer
      2.1.1. Organschaft
      2.1.2. Beteiligungsverwaltung
      2.1.3. Bemessungsgrundlage bei konzerninternen Lieferungen und Leistungen
   2.2. Grunderwerbsteuer

Unternehmenskauf – Unternehmensverkauf
1. Einzelunternehmen, Personengesellschaften
    1.1. Besteuerung des Verkäufers: §§ 16, 34 EStG
    1.2. Besteuerung des Käufers
    1.3. Gestaltungsmöglichkeiten (z.B. Verkauf gegen wiederkehrende Bezüge)
2. Kapitalgesellschaften
    2.1. Besteuerung des Verkäufers (asset deal oder share deal)
    2.2. Besteuerung des Käufers (asset deal oder share deal)
    2.3. Gestaltungsmöglichkeiten

b) Bewertungsgesetz, Erbschaftsteuer, Grundsteuer Bewertungsgesetz
1. Grundlagen
2. Feststellungszeitpunkte
3. Bewertung des Betriebsvermögens
4. Aufteilung des Werts des Betriebsvermögens bei Personengesellschaften
5. Wertfeststellung bei Kapitalgesellschaften
6. Die Bedarfsbewertung des Grundbesitzes
7. Sonderfälle der Bewertung

Erbschaftsteuer
1. Grundlagen
2. Steuerpflichtige Vorgänge
3. Persönliche Steuerpflicht
4. Bemessungsgrundlage: Ermittlung des steuerpflichtigen Erwerbs (einschließlich Begünstigung für Betriebsvermögen)
5. Steuerklassen
6. Freibeträge, Steuersatz, Tarifbesonderheiten (einschl. Zusammenrechnungen)
7. Vor- und Nacherbschaft
8. Ehegüterrecht und Erbschaftsteuer
9. Auslandsberührung
    9.1. Doppelbesteuerungsabkommen und innerstaatliche Vermeidungsnormen
    9.2. Regelung des Außensteuerrechts
    9.3. Erbschaftsteuerplanung bei Auslandsberührung
10. Besteuerungsverfahren
11. Erbschaftsteuerplanung/Nachfolgeplanung

Grundsteuer
1. Steuergegenstand
2. Befreiungen und Vergünstigungen, Steuerschuldner
3. Berechnung: Bemessungsgrundlage, Steuertarif
4. Durchführung der Besteuerung

c) Umsatzsteuer, Grunderwerbsteuer Umsatzsteuer
1. Gemeinschaftsrecht und einzelstaatliches Umsatzsteuerrecht
2. Steuerbarkeit
    2.1. Unternehmer und Unternehmen
    2.2. Leistung und Leistungsaustausch
    2.3. Geltungsbereich des UStG, Gebietsbegriffe
    2.4. Lieferung
        2.4.1. Begriff

2.4.2. Sonderformen (Tausch und tauschähnliche Umsätze, Lieferungen und sonstige Leistungen eines Arbeitgebers)

2.4.3. Zeitpunkt der Lieferung

2.4.4. Ort der Lieferung

2.5. Sonstige Leistungen

2.5.1. Begriff

2.5.2. Ort der sonstigen Leistung

2.6. Unentgeltliche Wertabgaben

2.7. Innergemeinschaftlicher Erwerb

2.8. Einfuhr von Gegenständen im Inland

3. Wichtige steuerfreie Umsätze und Verzicht auf die Steuerbefreiung

3.1. Steuerbefreiungen mit Vorsteuerabzugsrecht (insbesondere innergemeinschaftliche Lieferung)

3.2. Unechte Steuerbefreiungen mit Vorsteuerausschluss

3.3. Verzicht auf Steuerbefreiung (Umsatzsteueroption)

4. Bemessungsgrundlagen

5. Steuersatz

6. Rechnungen

7. Vorsteuerabzug und Vorsteuerberichtigung

7.1. System des Vorsteuerabzugs

7.2. Vorsteuerberichtigung nach § 15a UStG

8. Steuerentstehung, Steuerschuldner, Haftung für schuldhaft nicht abgeführte Steuer

9. Besteuerung besonderer Unternehmer und besonderer Leistungen

10. Besteuerungsverfahren (Besteuerungszeitraum, Rechnungslegungsverpflichtungen einschl. Regelungen im Europäischen Binnenmarkt)

Grunderwerbsteuer

1. Steuerbare Erwerbsvorgänge

2. Steuerbefreiungen

3. Bemessungsgrundlage, Steuertarif

4. Durchführung der Besteuerung

d) Umwandlungssteuerrecht

1. Grundlagen

1.1. Steuerliche Problembereiche von Umwandlungen

1.2. Grundstruktur von Umwandlungsvorgängen nach dem UmwStG

1.3. Verhältnis zwischen UmwG und UmwStG

1.4. Begriff des Teilbetriebes

1.5. Relevante Stichtage

1.6. Einfluss des Maßgeblichkeitsprinzips auf Umwandlungsvorgänge

2. Umwandlung einer Kapitalgesellschaft auf eine Personengesellschaft oder auf eine natürliche Person

2.1. Ermittlung des Übertragungs- und Übernahmeergebnisses

2.2. Spezifika einzelner Umwandlungsformen

3. Verschmelzung von Kapitalgesellschaften

3.1. Ebene der übertragenden Gesellschaft

3.2. Ebene der übernehmenden Gesellschaft

3.3. Besteuerung der Gesellschafter der übertragenden Körperschaft

3.4. Auswirkungen auf ein Organschaftsverhältnis

3.5. Zusammenfassung des verwendbaren Eigenkapitals

Stichwortverzeichnis